本书得到2023年度国家自然科学基金面上项目（批准号：42371193）资助

空间结构与发展

点-轴系统理论、T字形结构的提出及体系化

陆大道　著

科　学　出　版　社

北　京

内 容 简 介

本书阐述了点-轴系统理论与国土开发与经济布局 T 字形结构的提出及其体系化过程。全书分为上中下三篇。上篇，呈现了作者对 20 世纪 80 年代社会上出现的国家发展重点“战略大转移”争论的观察，阐述了点-轴系统理论与 T 字形结构提出的历史背景、知识基础及目的，点-轴系统理论与 T 字形结构的功能预设和内在联系，以及相关文章写作及传播情况。中篇，重点阐述了点-轴系统理论与 T 字形结构体系化的目标与主要任务，跟踪、解读点-轴系统与 T 字形结构在国家改革开放实践中取得的巨大成就，以及理论与模式是如何得到检验与完善的。下篇阐述了在理论与模式的发现与推导中实证主义科学方法论的作用，总结了点-轴系统理论对空间结构理论发展及我国国土空间规划与经济地理学科的意义。本书附录，收录了上述过程 40 多年的主要历史文档。

本书可供地理学，特别是人文地理学（包括经济地理学）、区域科学、经济学、城市科学等领域的学者阅读与参考。

审图号：GS 京（2025）0907 号

图书在版编目（CIP）数据

空间结构与发展 ：点-轴系统理论、T 字形结构的提出及体系化 / 陆大道著. -- 北京 ：科学出版社, 2025. 8. -- ISBN 978-7-03-082451-6

Ⅰ. TU984.2

中国国家版本馆 CIP 数据核字第 2025EY5983 号

责任编辑：牛 玲 / 责任校对：贾娜娜
责任印制：师艳茹 / 封面设计：有道文化

科学出版社 出版
北京东黄城根北街 16 号
邮政编码：100717
http://www.sciencep.com
北京汇瑞嘉合文化发展有限公司印刷
科学出版社发行 各地新华书店经销
*
2025 年 8 月第 一 版 开本：787×1092 1/16
2025 年 8 月第一次印刷 印张：38
字数：661 000

定价：398.00 元

（如有印装质量问题，我社负责调换）

前　言

一、我为什么写这本书？

1984 年 9 月，在乌鲁木齐召开的中国地理学会经济地理专业学术讨论会上，我做了题为《二〇〇〇年我国工业生产力布局总图的科学基础》的大会报告，首次提出点-轴系统理论，并提出我国国土开发与经济布局的 T 字形结构的构想（即以沿海地带为纵轴，以长江沿岸地带为横轴，构建起我国一级发展轴线格局），至今已历经 40 余载。

T 字形结构，这个以一个大写英文字母来表征的国家发展战略构想，由我这样一个当时还名不见经传的青年学人提出，历经重重审查与修改，最终进入国家政府文件，直至今日产生了如此长时期的实际影响，同时得到了诸多国家政府高级官员和著名专家的认可与推崇，其原因何在？在我看来，可能是因为：点-轴系统理论与 T 字形结构模式（本书中简称为“理论与模式”）契合了我国当时的国情与发展阶段的特点，符合当时（20 世纪 80 年代）我国不能实行再一次“战略转移”但又要逐步推进全国国土开发与实现区域经济较为平衡发展的客观要求，展现了我国生产力布局与自然结构（主要要素包括土地资源、交通、水资源、城市基础设施及改革开放带来的国内外大市场等）之间可实现有机空间耦合的潜力。

几十年来，T字形结构的两条一级轴线地带，始终是我国改革开放的前沿高地，并将开放的活力辐射到全国广大的地域，产出了我国主要部分的经济增长业绩，国家财政收入越来越集中地来自这个结构内，国家参与国际经济循环的高端服务业及有竞争力的中高端制造业也越来越集中在这个结构内。T字形结构产生如此长期的重要作用，当然是取决于这期间国家的重要决策，时至今日我当初的作为已经微不足道。

写作本书的目的是要全面总结点-轴系统理论与我国国土开发与经济布局T字形结构模式的理论基础、构思和提出的过程，以及传播情况，具体内容包括：我是在什么样的大背景下发现以及如何发现和提出点-轴系统理论与T字形结构的；此后十多年我对点-轴系统理论和T字形结构所做的发展和完善，对该理论的核心和形成机制所做的深入分析和总结、推导①；点-轴系统理论与T字形结构提出之后是如何被政府采纳并逐步扩散的，以及其在国家政府相关部门、经济学界与地理学界的影响。

在上述写作目的的基础上，我还希望进一步明晰：如何借助沿海、沿江地带的大规模开发与发展来促进相关二级发展轴线地带开放开发，进而在全国范围内逐步形成开放开发的整体效应，即在理论上呈现出全国的“最佳发展”态势。

点-轴系统和T字形结构之所以能够在国家发展中发挥重要作用，原因在于其可以实现经济发展与资源（矿产、能源及淡水等）条件、交通运输条件，以及与国内外市场这几个关键要素的有机结合，契合中国当时经济高速增长（特别是以基础产业为主体的经济增长）的需求（这一需求需要有大的交通通道作为保障）。彼时，国家出台的一系列适合中国国情的开放开发的大政方针，为点-轴系统与T字形结构所构成的国土开发空间结构，提供了便于应用实施的多项条件。

① 在这里，“推导”就是对已经发现的客观存在的社会经济空间结构系统进行“反演”。

二、本书的主要结构及其逻辑关联

本书以上、中、下三篇的结构进行编写。

1. 上篇（第一章至第六章）

上篇主要呈现了我在 20 世纪 80 年代初对国内学术界泛起的关于国家发展重点的“战略大转移”争论的观察及强烈的忧虑，同时阐述了我提出新的理论与空间格局模式的知识基础与科学目标。

上篇以较大的篇幅阐述了我当时的观点——在国家刚刚将战略重点从“三线”地区转移到沿海地区的情况下，绝对不可以再次搞“战略大转移”；在此基础上，对我的观点进行了系统的分析和论证，并得出结论：在 20 世纪末及 21 世纪初年，我国国土开发与经济布局的战略重点应该置于沿海地带与长江沿岸地带，这两条一级发展轴线共同组成 T 字形，辅以若干条二级发展轴线，这是我国发展的最佳空间结构。

在这里，就“系统地分析、论证我的观点”作简要的解释。我在 1984 年《二〇〇〇年我国工业生产力布局总图的科学基础》一文中提出的“点-轴系统”和“T 字形结构”，并非我的创造，而是在我国的自然地理结构和社会经济地理结构长时期相互作用中，已初步形成的客观存在。我只是凭借我的知识与思维，首先看出这样的空间形态，并对其对于我国当时及今后一个较长时期内国土开发与经济布局的重要意义做出了判断，从内涵与实际运作上强调了这种空间形态的合理性与科学性。这就是我对“当时是如何能提出点-轴系统理论和 T 字形结构的”这一问题的回答。当然，在这部分内容中我也回答了“为何我在那个时候有公开提出可以用 T 字形来代表全国国土开发与经济布局空间战略的信心与魄力”的问题。

我在提出点-轴系统理论和 T 字形结构战略模式之前，经过了长时期的构思与分析总结，实则是在做“寻找与初步发现”的工作；“点-轴开发是最有效的空间组织形式”这一部分内容，论证了点-轴系统的

“客观存在”；基于此提出我国国土开发与经济布局的T字形结构，并将其作为重要政策建议提出，则是对点-轴系统理论实践价值的证明。

此外，上篇具体回顾了我写作《二〇〇〇年我国工业生产力布局总图的科学基础》一文的过程，包括知识积累、点-轴系统理论和T字形结构构想的形成、全文提纲、写作手稿及三个版本正式发表的相关情况。本书附录部分收录了与这个跨越40多年的整个过程密切关联的历史文档。

2. 中篇（第七章至第十三章）

本书书名的副标题有两个内容概念，其一是理论与模式的提出，这在上篇得以体现；其二是理论与模式的体系化，则是中篇的主要内容。中篇的开头简要叙述了体系化的目标与主要任务（含重要领域与重大问题）。中篇存在两条性质不同却紧密关联的主线。

（1）第一条主线。1984年，点-轴系统理论与国土开发与经济布局T字形结构尚属“初步提出”阶段，即“寻找与初步发现”，还需要进一步进行理论上的深化、扩展。一方面，要继续深入解释实际地表空间中，社会经济客体集聚与分散所呈现的点-轴空间结构（系统）形态的发现过程。其重点在于从理论角度，对已经寻找、发现、确认且付诸实施的点-轴系统理论和T字形结构模式，作发生学上的反演。另一方面，将点-轴系统理论进一步延伸至点-轴渐进式扩散的新概念，通过对点-轴渐进式扩散的反演推导，形成“点-轴-集聚区”空间格局新形态，并分析这种新形态演化所需的具体条件。集聚区及城市群是点-轴系统理论的优化与应用的体现。

（2）第二条主线，跟踪、解读点-轴系统与T字形结构在国家改革开放实践中取得的巨大成就，以及理论与模式是如何得到检验与完善的。首先，阐述点-轴系统与T字形结构是如何从地域空间上保障改革开放空间扩展的顺利实施的，以及理论与模式在多大的程度上前瞻了我国对外开放开发的地域空间过程；强调了我国的三大自然区与地势三级阶梯对宏观地域社会经济发展的巨大影响；在此基础上，重点分析了我国区域发展不平衡的若干重大问题；最后，回顾了40多年来国家针对T字形结构的两条重点轴线（即沿海地带、沿江地带）所制定并实施的大规模开放开发的方针政策。此外，在这一部分中，我还系统分析了国家重大工程与项目的建设情况、特大城市与大中型城市迅速发展态势、开放开发中工业技术与交通等基础设施所取得的重大进步、能源重化工与新兴产业的发展状况，以及大开发所带来的生态环境问题，并对沿海沿江地带重要的大城市、枢纽港口对其腹地经济的带动与促进作用进行了分析与肯定。所有这些，都是为“点-轴系统与T字形结构在长时期内对国家社会经济发展发挥了重要作用”这一结论所提供的重要佐证。

两条主线，综合体现了点-轴系统向点-轴渐进式扩散的延伸与体系化过程，从多角度、多维度展现了点-轴系统理论与T字形结构模式的科学性和实用性。通过这两条主线可以看出，点-轴系统理论与T字形结构模式紧密相连，理论支撑与实践检验相辅相成，在理论生成及其驱动力、演变、内涵、应用等方面是有机的统一体。这是本书最主要的内容。

3. 下篇（第十四章、第十五章）

下篇的内容为点-轴系统理论与T字形结构的科学方法论及其科学意义，是我对几十年在人文地理这个领域研究的总结与观念上的升华。希望研究学者与规划学者能借此对点-轴系统理论与T字形结构加深一些了解，也便于读者从较高的层次上对我的工作提出批评与指导。

科学方法论一章，从思想观念的维度，解释我是如何提出点-轴系统理论与T字形结构并进行体系化的。内容集中在如何运用实证主义的哲学方法论，去寻找、认识社会经济发展在客观上形成的、具有某种规律的未知的空间结构。而这种客观存在的空间结构中蕴含了人类社会经济活动在地表空间活动轨迹所遵循的科学原理。考察、分析、发现这种空间结构形成的原理，可以指导人类的实践。

书中还对空间结构研究的目标，即发现与反演的“路线图”进行了理论上的演绎与描述。

对于点-轴系统理论与T字形结构，我可以作如下概括性的正面的自我评价：理论与模式的发现及提出，有明确的目标，有实践基础，有科学理论依据，有实际内涵及要点的揭示与说明，有较系统化的理论总结，有国家与社会的实践，有社会与学术界的认可。这一理论与模式经历了几十年的实践检验与学术界同行的广泛思考，有手稿、文章、书籍、报刊、政府文件等实物作为成果佐证。这其中，理论观点上的逻辑、实践各环节之间的逻辑，以及理论与实践相互关系的逻辑，都是比较严谨和有说服力的。

三、资料与文献基础

本书的内容时间跨度涵盖1984年之前的20年及1984年之后的40年，空间跨度也很大。因此，在编写过程中参考的文献也相当广泛。在本书写作过程中，我主要依据的是我自己的早期调查研究的实践知识、案例材料、当时写作手稿、初期发表的各版本、《全国国土总体规划纲要（草案）》（1987年3月25日颁布试行）和我参与写作的手稿等，以及20世纪80年代至90年代我的三本著作（《区位论与区域分析方法》，1988年；《中国工业布局的理论与实践》，1990年；《区域发展及其空间结构》，1995年）。2023年5月，商务印书馆出版《陆大道文集》，收录了《二〇〇〇年我国工业生产力布局总图的科学基础》的全文版、精炼版、专题版及《全国国土总体规划纲要（草案）》第三章“全国建设布局的总体构想”（初稿）。该文集还收录了《我国区域开发的宏观战略1987》《我国生产力区域布局的基本框架》《空间结构理论与区域发展》《论区域的最佳结构与最佳发展》《关于点-轴空间结构系统的形成机理分析》《工业的点轴开发模式与长江流域经济发展》等20余篇。这些都是本书撰写的基础材料。

本书大量参考了国内知名的管理专家及科研人员的著作与文章，他们有：桂世镛、魏礼群、孙尚清、李泊溪、王梦奎、李善同、侯永志、徐国弟、刘江、左大康、李文彦、陆玉麒、吴传清、樊杰、金凤君、刘卫东、陈明星、段进军等。特别是方磊、郭来喜，他们作为1984年9月底召开的中国地理学会经济地理专业学术讨论会的亲身经历者，从自身视角出发，分别撰写了观察感受材料。他们对点-轴系统理论与T字形结构的评述与认可，不仅为我编写本书提供了珍贵资料，更极大地增强了我写好本书的责任感。我衷心感谢他们。但他们二位写给我的材料，由于不是用于公开发表的，没有收录在本书中。

四、关于点-轴系统与T字形结构部分名词的运用

我在1984年发表《二〇〇〇年我国工业生产力布局总图的科学基础》一文，已提出点-轴系统理论，并以此为基础提出了我国国土开发与经济布局T字形结构。此后，在简要表述学术观点时，我总是将二者紧密联系，以一句话概括。《全国国土总体规划纲要（草案）》中的表述极为精炼："我国东部沿海地带和横贯东西的长江形成密切结合的'T'字形态势，是2000年或更长时期内进行重点开发和布局的两条最主要的轴线。"我之所以从来都是将理论与模式放在一起表述，是因为，客观上点-轴系统是理论的基础，T字形结构是理论的应用。点-轴系统理论与T字形结构实际上是同时在同一个思维体系内产生的。更重要的是，我的理念与目标就是要探寻科学理论及应用之间的必然联系，以解决国家的空间战略问题。由此可见，点-轴系统理论与国土开发与经济布局T字形结构具有天然的关联性与不可分割性。

至于点-轴系统理论这个概念（名词），当然可以称之为"点-轴开发"理论，甚至简化为"点轴理论"。关于T字形结构，长时间里，我在大部分场合都是不厌其烦将其与"沿海地带与长江沿岸

地带为我国国土开发经济布局的一级轴线的战略”连在一起表述。也就是说，以沿海沿江为一级轴线的战略，就是T字形结构，反之亦然。其他若干简单的表述也可以使用，如T字形战略、T字形构架、T字形模式等。

有关政府部门及诸多的学界（经济学界、区域经济学界、地理学界、管理学界等）专家，在谈到我国国土开发与经济布局的战略与实际态势时，直接对国土开发与经济布局T字形结构做阐述，而不提社会经济空间结构的点-轴系统理论了，这当然也很正常。

在2023年5月商务印书馆出版的《陆大道文集》中，我撰写了三万多字的“前言（对内容的说明）”，主要是回顾与自评我60年从事经济地理学业的经历，还写了一万多字的“结束语：人生的回顾与感怀”。要说的话与“感怀”已经都写完了，但对点-轴系统与T字形结构的命运多舛并没有正面描述。在20世纪末，部分学术界包括我们人文与经济地理学界人士在内，开始有了该理论与T字形结构大约是个好东西的感知，也就有极个别的学者生出了某些想法。我步入老年时，罹患重度残疾，也是命运多舛。有意思的是，两种“命运多舛”是如此的巧合且并行不悖。或许有的同志认为我表现顽强。实际上，我真的是别无选择。

陆大道

2025年2月

目　录

中　篇

下　篇

上　篇

第一章

知识积累与综合思维方法的训练

点-轴系统理论和国土开发与经济布局 T 字形结构的提出，是建立在我 20 年左右的知识积累，以及对国家发展态势与阶段特点的全面、准确认识的基础之上的。这个过程我曾经下了很大的工夫，如今要将当时的种种思绪描述清楚，是相当难的事情了。

本章将简单叙述 1963—1984 年，我在经济地理学领域所参与的部分学习与工作，同时也包括在这些学习与工作中我的科学思维能力的提升，意在说明我为提出点-轴系统理论和国土开发与经济布局 T 字形结构所做的知识基础与理论方法方面的准备。

《二〇〇〇年我国工业生产力布局总图的科学基础》是我运用近 20 年关于国内外大量资料与理论的积累写成的、体现强烈愿望与社会责任感的一篇文章。文章的核心有两点：一是明确提出并从我国国情及国土开发客观规律出发论证“在本世纪（20 世纪）内国土开发与经济布局不能实行战略转移”；二是提出点-轴系统理论，以及建立在此基础之上的我国国土开发与经济布局 T 字形结构，即以沿海、沿江两个一级重点地带作为我国国土开发与经济布局的战略重点。点-轴系统理论与 T 字形结构，是我国长时期实行区域经济合理的空间组织理论，也是逐步实行国家建设重点的空间推移的最有效模式。

第一节　工业地理专业学习与资料积累

我对于经济地理的热爱从初中时就开始了。1963 年，我到中国科学院地理研究所（下文简称“地理所”）读研究生，在这个专业里，我坚持了几十年。一开始，我的学习领域是影响工业布局的主要因素及其作用，涉及水源与工业布局、交通与工业布局、资源与工业布局等问题；之后，我的学习重点转到地域生产综合体方面，这是苏联经济地理学和苏联国家计委生产力研究委员会最强的研究领域，也是对我产生深刻影响的理论学习内容。

对工业布局与工业地理的野外考察，我非常有兴趣，我一直坚信知识来源于实际、解释实际，解决实际问题。我的大学导师北京大学的侯仁之先生、研究生导师中国科学院地理研究所的吴传钧先生，都教导我说，“地理学是经世致用的学问”，这句话成为我坚定不移的专业信仰与人生目标。自 1964 年起，我开始参与实际的国内工业基地布局与规划的调查、研究任务。1967 年底，我开始对我国在“三线建设”期间的工业与城镇布局的经验教训进行资料收集与得失分析。1973—1983 年，我先后在胡序威[①]、李文彦[②]的领导下，做了几年关于地区资源开发与工业发展及其规划研究（主要包括山东济宁与枣庄地区、淄博及其以东地区、胜利油田地区、安徽两淮地区、京津唐地区、河北冀东地区及唐山市、辽宁中南部地区、天津海岸地带等的工业基地与区域规划），研究重点逐渐地由工业用水问题过渡到工业基地及区域规划论证。

在这些调查和研究工作中，我走访了大量的中层与基层政府及其计划、基建、经济职能部门，实地考察的工业企业、农业经营单位，以及地质、水利、交通运输、环保等职能单位有数百个，还有大中小型钢铁厂及其炼焦厂、石油化工厂、煤矿的井下与工业广场、水电和火电站、汽车制造厂、多种工业设备的制造厂、铁路枢纽及其站场和编组场等，收集、整理了数量庞大的与工业基地开发建设有关的交通、矿产资源、水、土地、原材料与产品之间的关系的资料（包括文字、数据、图形及自画图等）。对于全国性或大区域性范围内的工程、矿山、港口等项目，我从基本的客体出发，将其内部及与外部各方面的主要关系，包括联系的方式（铁路、公路、管道）与性质（资源、原材料、半成

---

① 经济地理学家和城市规划学家，长期从事区域经济地理、区域规划和城市发展研究。

② 经济地理学家、中国工业地理学的奠基人之一。

品、成品、规模及其供求平衡等），思考、梳理清楚；从一个个工厂、各类客体入手，加上扩建、新建、改造，复线电气化等发展概念，一直到一个个城市、区域，将它们在空间上如何发生的复杂关系恰当地表述出来。这是我专注于学习与积累专业知识的基本做法。

我一点一滴地工作，也一点一滴地积累。我勤于对看到的、听到的、读到的做大量的笔记，并围绕目标问题进行整理。因此，保留下来的资料中既有大量的记录，也有综合性的总结。除了对国内大量的工业基地、工业区与工业企业、工业城市调查研究外，20 世纪 60—70 年代，我还通过地理学领域的期刊文章与名家的著作，接触到苏联和西欧的经验与理论。在广泛阅读的同时，我将自己的思考记录下来，并进行了学科发展态势的综合与整理。这些，是我抱着“博观而约取”的态度做的。到今天，除了上报的咨询报告与发表的论文外，我保留下的野外笔记，阅读国内外的理论、案例、经验的总结，以及为著文所准备的资料等手写文墨，有近千万字。

20 世纪 80 年代初，在积累了丰富的国内外经验与理论后，我开始写作，也就是步入了“厚积而薄发”的阶段，至今已有 40 余年。这 40 多年，既是我坚持学习的过程，也是缓缓释放的过程。

我从大量的关于企业布局、工业区及工业基地条件评价、协作集聚及其合理规模与形态等的资料中认识到，组织社会经济要素的空间布局极大地关系到经济效果。其中，通过对国内外钢铁、石油化工、电力及耗电工业等工业地域综合体的资料收集与研究，特别是通过对以 20 世纪六七十年代苏联援建我国的 156 项重点工程为主的工业综合基地的开发建设和综合布局的实地考察，我获得了大量的实际案例资料。我将研究聚焦于如何实现综合布局的效益提升与成本节约。在对这些资料的总结、分类、分析、概括后，我得出了工业区的工业企业成组布局类型与经济效益的分析结果，形成了算得上是我第一篇合格的论文《工业区的工业企业成组布局类型及其技术经济效果》[①]。在这篇文章的写作过程中，光是各种案例的资料和分析的资料，就积累了几十万字。文章在《地理学报》上发表之后，产生了比较好的影响。这篇文章的写作过程，不仅使我在微观研究上面获得了知识的积累，也对我后来的研究工作产生了深刻的影响。这个影响是潜移默化且持久深远的。

通过历史联想，将技术经济知识灵活应用于多种场景，这个方法成为我长期有用的无形资产，也是我后来从微观研究迈向宏观研究的一块重要的基石。

---

① 陆大道．工业区的工业企业成组布局类型及其技术经济效果．地理学报，1979，3：248-264.

通过十多年（除去“文化大革命”的耗时）的学习与积累，我对社会经济客体的空间集聚、合理集聚、集聚形态及集聚效果的认识不断深入，兴趣愈发浓厚，这也成为激发我毕生学术活动的“第一原动力”，构筑起我基本的学术信仰。

第二节　苏联实践及西欧理论的学习

一、苏联的经济地理学及生产力布局实践与理论的学习

我早年对苏联经济地理（学）非常感兴趣。在北京大学读书期间，听老师讲解了经济地理学基本原理与中国经济地理特点；进入地理所工作的最初十多年中，我仔细阅读了 Ю.Г.萨乌什金的《经济地理学导论》，工业经济学家A.E.普洛勃斯特 1962 年著的《社会主义工业布局概论》（1987 年，商务印书馆出版中文版），经济学家哈努科夫的《运输与生产配置》（1959 年，商务印书馆出版中文版）及苏联国家建筑设计研究院编著的《工业区区域规划原理》等几本著作，部分阅读的著作有近十本。同时，我也阅读了几十篇文章，包括苏联国家计委生产力研究委员会著名学者 C.A.尼科拉耶夫的《生产最优配置因素与阶段》（《苏联科学院院刊地理类》，1970 年第 4 期）与 B.B. 库斯塔波夫的《工业综合体最优配置问题：以钢铁厂及其配套协作企业为例》（苏联科学院院刊地理类，1971 年第 5 期）等。许多著文，我都做了部分的摘译，还组织翻译了一本关于工业区综合开发的书，并发表了几篇编译而成的介绍性文章。

苏联的经济地理学论著，使我对这门学科在苏联的发展、苏联学者对这门学科内涵的理论阐述与实践分析所达到的水平，有了基本的认识，这也成为引领我走上科研人生之路的一股力量。

苏联大规模工业化与城市发展，重点聚焦于伏尔加河沿岸与西伯利亚大铁路沿线这两个地带。苏联学者针对生产力布局与交通运输的关系进行的实践研究与理论总结，相当深刻地阐述了一系列关键问题：现代化大工业生产是如何被不同形式和等级的交通线组织起来的；工业企业、城市居民点及整个社会经济客体是如何有机地联系在一起的；工业生产是如何与各种资源开发地及各种工业产品消费地合理联系的。从中，我分析得到对各种运输方式的干线、枢纽及整个交通网与生产力布局、城市发展、农业基地布局的关系的认识，并探索出让各类产品从生产到运输、消费的全过程的交通运输成本最小化的方法。

这些学习，使我加深了对各经济要素、自然要素如何评价及其与空间布局的关系的认识，明白了如何综合开发、实现科学配置与空间组织，以及如何实现经济节约的科学原理。苏联学者的研究往往是大尺度的，经济要素突出，对读者具有很强的吸引力与说服力。我通过对我国大量的生产与运输及其成本的分析，将苏联的理论、案例等与我国各地区生产力发展及交通运输系统实际关系的分析相结合。在微观与宏观相结合的层面上所积累起来的学问使我终身受益。

对苏联经济地理与生产力布局的大量学习与资料收集，对于我提出点-轴系统与 T 字形结构最主要的启发，体现在国土开发与经济布局为何及如何与资源、交通线路、城市网络、国内外市场密切结合的知识、科学性判断及案例上。这些，我在构思点-轴系统与 T 字形结构时，曾经作了反反复复地衡量与比照，同时对我国主要工业部门的大企业在 T 字形结构内区域布局的经济效益进行了基本的数量论证。在对城市企业的合理集聚规模与相应的经济效益分析的过程中，我也受到苏联经济地理学研究成果的一些具体的启发。

二、关于欧洲区位论与空间结构理论的学习

1980—1982 年，我在联邦德国波鸿鲁尔大学进修，学习区位理论与空间结构理论。对西方区位论、区域分析及空间结构理论的学习、思考，是我一系列著作与文章（当然也是 1984 年《二〇〇〇年我国工业生产力布局总图的科学基础》一文）的重要知识基础。

这期间，我深入细读了关于工业区位论、农业区位论、中心地（城市）理论、市场区位论（廖什）的部分原著，同时有重点地阅读了 20 世纪 50—70 年代西欧在区域分析与空间规划方面的代表性研究成果，特别是 70 年代德国著名的地理学家与区域科学家 E.维尔特（E.Wirth）的《理论地理学》、博芬特尔（E.V.Boeventer）的《区位确定及空间结构》、著名地理学家拉采尔（F.Ratzel）的《人类地理学》、K.霍特斯的《工业区位与工业区：理论与实践》，以及英国著名地理学家彼得·哈格特（P. Haggett）的《人文地理学中的区位分析》等著作。阅读过程中，我做了大量的摘译、思考笔记与案例分析。仅系统保存下来的部分就有 80 万字以上。这段学习让我看到，欧洲的地理与空间经济研究正在由第二次世界大战前的区位论研究逐渐向比较综合的空间结构研究过渡，早在 20 世纪 80 年代他们大量的实际工作就已经是区域发展政策与规划的编制了。

1982 年从联邦德国进修回国后，我自觉已经在理论与实践两方面积累了较多的知识与案例，于是开始抓紧（业余）时间写作。这阶段写作的理论基础，除了地域生产综合体理论外，主要还是当时西欧学术界已经研究了大约有十年时间的空间结构理论，包括社会经济客体的空间集聚、合理集聚、合理规模、空间扩散及其形态，等等。最终在生产力合理布局方面，我形成了专著《区位论及区域研究方法》，由科学出版社于 1988 年出版。

由于掌握了西方区位论及空间结构理论的相关知识，我从社会经济客体的空间集聚与合理集聚着手，开始了从微观到宏观且结合我国生产力与社会经济国情的地域组织的实践运用研究。

学习与参考欧洲的区位论及空间结构理论时，我最先接触的是关于社会经济客体的空间集聚与合理集聚问题，例如，各种居民点与城市，是如何形成的？为何有各种不同的发展规模？它们之间有何实质性的关联？这其中受哪些因素的支配？可有什么法则与原理？

社会经济要素的空间“集聚”（Agglomaretion）是社会经济空间格局形成及演变的“第一原动力”，是构成纷繁复杂的人与自然共同组成的三维世界基本“骨架”的基础。在空间集聚的同时，空间扩散也遵循某种规律进行着。根据区域社会经济要素运动的原动力与驱动力，从集聚出发，可以揭示空间集聚的合理规模与集聚形态；从微观集聚（城镇居民点体系）到宏观集聚（区域的空间结构）解析区域集聚形成空间结构的过程，就能看到社会经济空间组织的点-轴系统。现实中，社会经济总是会客观形成并存在某种空间结构，但不是那么规则、那么合乎数学原理。从将实践经验总结提炼，上升为理论、规则与政策，进而用于指导实践，我认为这就是实证主义的哲学方法论。

德国的学习经历，使我较深刻地认识到，经济与社会要素空间组织是由点、线组成的具有优化经济内涵的模型，是抽掉了自然本底的（所谓“均质”地表）由各方作用力与反作用力相互作用所形成的高度概括的最佳图形，这些构成了经济地理学与空间经济学的基础理论。

西方古典区位论都包含点、线等共同元素。西方的工业区位论、农业区位论、中心地（城市）理论、市场区位论（廖什）等，都是建立在这些理论基础之上的。但不可否认，这些理论各自局限于某个特定的产业或领域，如工业、农业、城市、市场等，不能很好地描述、刻画生产力布局和区域发展的战略模式等重大综合性格局及其等级体系。这也促使我在后来的研究中，持续对这些理论进行整合，使其更契合我国国情，为我国国土开发与经济布局提供更具实践指导意义的理论支撑。

第三节　综合思维与分析方法的训练

一、关于综合思维基本概念与内涵

从 20 世纪七八十年代开始，我从很多工业企业与工业基地开发规划的实际案例分析中提炼过诸如综合思维、整体思维等类似的概念。与之相对的思维方式，就是单向思维、单一思维等。近年来，在网络上见到“系统思维”与“目标思维”这样的表述，我觉得“系统思维”这一名称更加准确。尽管如此，在这里，我仍然采用“综合思维”这一名称。

综合思维要求我们，无论是研究一个区域或一个领域的发展，还是规划一个工程项目的建设，都必须综合考虑其对特定环境条件的适应性、部门与行业间的相互作用，以及它们在空间上的联系，进行多维度（关系平台）的支撑分析，以识别各种因素（如资源供应、交通流量分配、市场进入等）之间的适应性和矛盾点；通过全面评估整个系统，识别出可行的较为综合有利的若干节点，洞察事物的全貌与本质，最终根据轻重缓急进行权衡和规划。

在进行经济地理的实际的研究中，需要综合思维与科学判断，需要围绕主要目标，在系统分析区情、国情元素的基础之上，形成对发展变化的见解和趋势判断。无论是提出决策咨询建议，还是结合实际情况对国家战略、政策进行精准解读与合理建议，综合思维都非常重要。对于解决大的科学问题，以及综合性较强的学科和管理领域而言，亦是如此。

对于特定学科而言，单向的深入与优化，往往能揭示出不易发现的新事物、新趋势，提出独到的见解。因此在这些学科中，单向思维是普遍受到重视的。但我认为，在思考与分析问题时，仍应秉持多角度的理念，而不能仅仅是观察事物与问题的一个视角。

这里需要说明的是，我对综合思维的概念和内涵所做出的叙述，既不是科学定义也不是哲学解释。

二、实践中对综合思维的体会与认识

就我们从事人文与经济地理研究的学者而言，综合思维是连接对区情、国情的了解认识与战略和政策关系的纽带。因此，我们应更加重视综合思维的培养与训练。

一个事项或工程的决策与实施，看似是单方面的事情，但实际上并非如此。每一项决策、工程及事项都会产生多方面的影响，只有经过综合性思维的考量，才能做出基本正确的科学判断。

要发挥综合思维，需要具备足够的基础知识，重视自然、理解自然并合理运用自然。以区域经济发展或工业基地的综合开发为例，其中涉及诸多要素，如交通运输线路、港站与枢纽的运输能力，矿产资源与能源资源的供应，淡水资源的保障等。一个大型基地的开发，可能会导致一个或多个要素供不应求，进而引发新的大项目建设配套需求。

从我知晓或参与研究分析的几个案例，说明我对综合思维的体会与认识。

（1）20 世纪 60 年代初，我的老领导李文彦先生在甘肃、青海地区综合考察中，专门研究了正在建设中的酒泉钢铁公司炼焦煤基地的选址问题。他对比了宁夏汝箕沟（大武口）及西部地区的另外两个供应方案，计算了铁路运输的距离及费用，以及现有铁路运输能力如果需要大规模改造而增加运输成本等问题。最终，建议放弃西部的另外两个供应地方案，采纳宁夏汝箕沟的炼焦煤供应方案。这是运用综合思维和分析方法得出的最优选择。

（2）苏联在 20 世纪 70—80 年代，为解决钢材供应不足的问题，计划建设一个大型综合性钢铁工业基地。选址有两个方案：一个在钢材主要消费区的中央区（莫斯科附近），另一个在乌拉尔地区东南面的马格尼托哥尔斯克（即苏联时期的老钢铁企业马格尼托哥尔斯克钢铁公司附近）。前者接近产品（钢材）的主要消费地，后者接近铁矿石基地（马格尼托哥尔斯克附近是苏联两大铁矿石供应基地之一，另一个是现在乌克兰的顿巴斯）。马格尼托哥尔斯克不仅能就近获取铁矿石，还可利用其烧结、焦炭、水泥生产能力进行扩建，并配套铁路干线及专用线等设施，距离炼焦煤生产基地克美罗沃也较近。经过详细的技术经济论证，新基地最终定址在马格尼托哥尔斯克。虽然主要产品钢材运到主要消费地的运费较高，但综合多方面因素考量，总体上这个方案具有经济优势。经计算比选，按 100 万吨/年钢材的产能计算，从建厂、各类矿产的开采、冶炼与轧材，到最后将全部产品运至消费者所在地，整个生产过程的总经济支出，马格尼托哥尔斯克方案比中央区方案每年总共节省 1290 万卢布，按当时汇率相当于 2064 万美元。这就是我在本章前面提到的 B.B. 库斯塔波夫的《工业综合体最优配置问题：以钢铁厂及其配套协作企业为例》（苏联科学院院刊地理类，1971 年第 5 期）一文的主要内容与分析结论。

（3）20 世纪 70 年代初，我们参与了山东省建设一个 30 万吨乙烯裂解工程的石油化工基地布局问题研究。有关方面曾提出几个厂址建议，但这些厂址因各种原因都较早地被否定了，未进入比选和综合论证范围，重点聚焦到了淄博市的辛店。要建设产能 30 万吨的一期综合性石油化工基地，需确保基地所需的原油、成品油、各种相关化工原料，以及该基地生产出的大量合成材料、化工原料及半成品等的运输能力。当时我们的任务是合理解决以下两大问题。一是要确定基地所需的配套化工原料（有机与无机）来自国内哪些生产企业，如何运输。经论证，可由青岛、济南及天津等地供应，运输线路可通过建设专用输油管与胜利油田相连，并加强胶济铁路的复线电气化改造来解决。二是要解决水资源来源与合理分配问题。最终论证结果表明，在满足淄博地区现有农业、城市与工业用水的前提下，近期当地地表水与增加部分地下水开采量可满足乙烯厂及其相关设施用水，中远期则需依靠“引黄济青”工程解决一部分。经过一年多的工作，我们与企业的部分学者联合，在淄博市诸多部门及各个有关企业进行了大量实际调查，对山东省其他相关地方也进行了了解，最后向省领导与中央有关部门汇报了初步方案，该方案最终获得批准。

（4）20 世纪 70—90 年代，全国范围内煤炭开采与供应、电力工业及交通运输线路建设之间密切相关，这是一个典型的需要综合思维与分析决策问题。在那个发展阶段，“北煤南运”与“晋煤出关”运量巨大，关乎华北（特别是京津冀）、东北及广大华东沿海、华南沿海地区的经济发展与人民生活。因此，从整体合理性与可行性出发，运用综合思维方式做出正确决策至关重要。长期以来，交通运输布局及其与工业布局的关系一直是我所关注的问题。当时全国主要的客货流都集中在铁路运输上，尤其令人印象深刻的是，“三五”和“四五”期间，我国铁路特别是京沪线与京广线的运输能力严重不足，为此国家提出了“扭转北煤南运”的方针。然而，由于实施这一方针，大量国家资金投入到在南方“寻找与开采煤炭资源”，致使原本要投入开发以解决东北发电燃煤严重不足问题的内蒙古东部三大露天矿（霍林河、伊敏河与平庄）被迫推迟开发，同时山西因国家无力投资而未新开建一个煤矿矿井。这一决策造成了巨大损失：其一，南方九省市绝大部分的“鸡窝矿”在 2—4 年内就被废弃了，导致长江流域乃至整个南方地区对“晋煤”的依赖程度进一步加大；其二，东北地区相当大一部分工业生产能力因缺电而未能充分发挥；其三，山西多年未开一个新井，产生了长期的负面影响，损失是难以估量的。在这种情况下，“四五”计划末期，国家正式宣布停止实施“扭转北煤南运”的方针。

上述几个实例充分说明了综合思维在决策咨询研究中的重要性。21 世纪以来，我运用综合思维与分析方法，针对我国大区域发展不平衡问题、城镇化速度曾严重过高问题、首都北京的功能定位，以及较多重大工程的合理规划建设等问题，提出了诸多建议，绝大多数被采纳实施。在研究工作中采用综合性思维，是由我所从事的经济地理交叉学科的特点与任务要求决定的，更是因为我们所研究的客观事物的发展变化本身受多种因素相互作用的影响。经过长期训练，综合思维已基本成为我长期工作的习惯，也是我实现专业信仰所必备的素养。

此外，结合我们人文地理与经济地理学学科特点，我还有以下几点体会。

（1）综合思维要求学者要具备较广的知识面。我们不仅要关注事物和空间组织及其集聚形态（例如我们研究的社会经济客体及其组合），还要深入了解事物的内涵以及它们与其他相关事物之间的关联。作为经济地理学研究人员，我们除了需要掌握自然地理学、社会管理学、环境科学、区域经济学等基本知识，还要掌握国家及区域的经济社会发展情况与特征。

（2）综合思维是地理学的学科性质及其研究对象所要求的。地理学，特别是其中的二级学科人文地理学与经济地理学，属于交叉学科范畴①。自然科学与社会科学交叉形成的地理科学，在解析客观地理现象及其相互关系时存在两大难点：一是难以精确量化；二是地理学研究对象（要素）的运动、相互关系、空间结构等的规律极为复杂。要素相互之间的变化以及要素变化对地球表层环境-社会系统（或称之为“人-地系统”）的影响，并非受决定论支配。例如，水面蒸发量只与水面温度和水面风速这两个因素有关，在理想气体情况下，存在严格的相关性，可以测出一组参数；宇宙飞船在太空的对接甚至可以精确到百万分之一秒。但在交叉科学领域，不存在决定论规律，其规律并非以如此精确的形式表现出来。不过，要素变化对客观事物的发展方向、变化幅度和变化概率等方面的影响是可以把握的，这当然也是规律的体现。也就是说，在交叉性领域里，事物的发展也是有规律可循的。所以说，缺乏综合思维能力，在该领域将寸步难行。

（3）要处理好综合思维与专业信仰之间的关系。这种关系在实践中往往较难处理，是我们地理学特别是人文地理学研究中常遇到的问题。对于科研工作者而言，明确的专业信仰对于科学研究的深入和创新极为重要，即着眼于使学

① 30 多年前，钱学森先生十分关注地理科学及其在国家许多重要领域中的重要作用，他强调：“为什么我提地理科学而不是简单地称地理？或者说地学？因为我要突出地讲地理科学是自然科学与社会科学的汇合或叫交叉。地学部有的同志告诉我，从前科学院的竺可桢副院长，他对地理的认识就是这样，他强调地理科学不完全是自然科学，也有社会科学的成分。”（钱学森等著，《论地理科学》，浙江教育出版社，p.71）黄秉维、吴传钧、陈述彭、侯仁之等在论述地理学的学科性质时，也总是强调地理学是自然科学和社会经济科学之间的交叉学科。

者本人的学科专业能够得到最好的发展。这类研究通常在科学性上较为深入，研究成果的科学性很强。但如果其研究是为国家实际应用决策提供基础，或者是为更高层大科学发展决策提供支撑时，就需要合理把握个人专业信仰的发挥，要更多地考虑所涉及的其他相关领域和学科。若过于强调纯自然研究与精确量化模型运用的重要性，而放弃交叉学科性质的特点与要求，可能会影响学科在实践中的作用发挥。

（4）整体观念与价值判断。综合思维及其运用，实际上也与学者的学术价值观相关。当我们深入了解国家、社会的全局利益与要求时，可能会发现某些出于专业要求或部门利益的观点与决策建议存在不妥之处。因为这些观点背后可能是某部门或某行业的利益。我国国家体制具有诸多优势与特点，例如“可以集中力量办大事”，政府能够较好地协调各部门之间与各地区之间的矛盾，保障国家重点工程集中人力、物力、财力顺利建成。然而，随着社会管理部门设置的变化，在一定发展阶段，基于部门利益的单项思维（近年来网络上称之为目标思维）可能导致部门发展追求自身利益最大化。在这种情况下，我们的研究必须强调整体观念，即从国家（社会）整体利益出发，这是研究人员应具备的价值观。

第四节　研究视野：从微观到宏观的转变

一、微观研究是宏观研究的奠基石

在 20 世纪 80 年代初之前的 20 年里，我的学习及研究视野基本上为某一要素（如水资源，或交通运输，或矿产资源（地）等）与工业布局和工业基地综合开发之间的关系，即各个要素对工业布局的影响。所以，我当时关注的是工业布局及其空间结构领域中的要素、要素作用的驱动力、机制与应用解释。可以说，这类工作属于纵向的深入。通过这种在微观层面的学习与总结，我逐步地将各种知识丰富而凝聚起来，提高了自己的地理学研究水平及其他相关知识的素养，我认为我可以进行思考和解析如何实现国家较为平衡的发展这样的问题了。

寻找与解释未来国土开发与经济布局战略结构时，过于细分的研究是不适用的。需要将生产力布局对各种要素的客观要求，与中国的实际结合起来，综合地进行分析。如何把生产力的布局、国家的战略布局、重点建设的地区安排，与全国性水资源的分布、交通基础设施的分布、国内外市场、城市基础与生活设施等条件有机地对应起来，以实现最佳的空间结构，得到最佳的发展，这些问题就要从宏观上来回答了。

在学习总结苏联与西方理论经验基础之上，我对自己提出的要求是，在实践中灵活运用这些知识来解决中国的具体问题。我的理念一是综合，二是动态，三是大区域及全国范围；目标是在前人基础之上，提出新东西。

苏联与德国的理论，各自都有优点、特点与局限性，需要将其融会贯通，在区域层面、全国层面进行综合。通过对合理集聚与集聚形态理论的研究，尤其是对大量实际问题的研究积累，我深刻认识到，我的研究工作要从微观研究过渡到解决全国国土开发与合理布局的重大宏观问题上。

微观研究和宏观研究是密不可分的。由企业的布局条件研究到综合研究，到宏观上的布局与综合发展研究，这也是一种单项要素作用研究的自然延伸。具体而言，从对一个个工业企业、工业区布局的探究，上升到对整个国家及大区域内自然结构与社会经济空间结构关系的剖析，各个环节之间都存在着密切的关联。而我，正是亲身经历了这样的研究视角转变过程。

《二〇〇〇年我国工业生产力布局总图的科学基础》一文是我从微观研究到宏观研究的转折点。特别需要强调的是：微观研究积累了大量的资料与知识基础，是宏观研究与咨询决策研究的重要奠基石。我走的是一条古人提倡的“博观约取”与“厚积薄发”之路。

从微观到宏观的转变，是我的“中国国情与发展观”形成的初级阶段。点-轴系统理论和 T 字形结构的构思、推导与提出并逐步完善的过程，是我宏观科学实践的开始。

今天再重新看当时初步提出点-轴系统理论和 T 字形结构所留下来的直接文稿，以及有关的之前及之后的文稿（参见本书附录），是能够看出当时我是如何将微观布局的具体知识运用起来，如何将经济基础、交通、矿产与淡水、土地等各类资源，以及国内外市场等多平台综合起来，又是如何对不同的可能性进行取舍的。水平的交叉、平台思维与立体透视是当时主要的方法论。这个构思与写作的过程，前前后后是有预兆与痕迹的，即是有踪迹可寻的——在此前的文章就有综合分析的某些萌芽；此后的文章，更有较多的延伸与完善。

在 1984 年提出点-轴系统理论与国土开发与经济布局 T 字形结构之后，接下来几十年，直到今天，我的研究就基本上属于宏观战略研究了。

二、宏观研究的基本要求

回想起 1984 年的《二〇〇〇年我国工业生产力布局总图的科学基础》一文写作前前后后的思考与体会，加上几十年来从事宏观战略研究的诸多收获，我认为在进行我国国土开发与经济布局的宏观研究与决策咨询工作时，应注意以下三个方面的基本要求。

1. 确定研究工作的任务与目标

决策咨询工作是对某一个或某些重要领域事关重大的议题展开研究，提供可能的解决方案，并对方案的可行性与安全性等进行比选与筛选，最后提出决策建议。要做好这样的工作，需要聚焦核心问题，以及与核心问题有密切关系的若干方面，进行相互关联的分析。此处的“相互关联”，是指核心问题与作用于核心问题的各要素之间的相互作用。

2. 前瞻性是决策咨询工作基本要求

如何做出前瞻性的工作？战略问题研究，就是要求具有战略思维、大局与全局思维。大尺度的、多维度的研究，不只是要考虑近期合理与否的问题，而且要考虑中长期的发展趋势；不仅仅是空间上的大尺度，时间上也要包括历史的与未来的。实现这种大尺度的思考与抉择，全局、协调、趋势就是关键词。

3. 要有长远性观念

长远性观念，不仅要求多方面知识的综合，而且要预测下一步再下一步的发展还会出现什么问题。例如，在 1984 年，我就需要考虑，如果实施国土开发与经济布局 T 字形结构，那距离这两条轴线较远的地方，资源如何开发与布局？会不会导致不合理的发展局面？全国交通干线与交通网如何配合？如此等等。

三、宏观研究的具体操作

1. 要将局部变化与局部问题置于大范围平台上来解析，考虑其对全局可能的影响

很多局部问题都会引起全局变化。从全局上论证一个重要决策建议是必要的工作理念；以相互关联的方法论来解析一个方案、一个建议的是非得失，是最基本的工作方法。在对国内问题进行研究时必须考虑到：地区所需要的，在全局上是否可行？单个部门所需要的，从全局上看会如何？以往我国经济建设中一些重大项目建设，有被部门利益或地区需求所“左右”的情况发生。例

如，有些地区，希望将自己地区范围的问题作为全国性的问题，得到中央政府在政策上的支持。因此，对于这些问题，在进行决策咨询建议工作时，就必须从全局考虑是否合理。必须明确按照这种思路，先明确大量的、具体的实际问题，才可以提供分析、模拟等科学方法，揭示其中的相互关联的方向与程度。我国国内是个大全局，但国内问题很可能与国外问题相关联，还需要有全球观念。

2. 往往要打破原有的“平衡”（或说不平衡）状态，形成新的“平衡”状态

国家重大的战略方针，往往是“牵一发而动全身”。例如，“三线建设”中的攀枝花钢铁基地建设，就要求西部地区铁路网改变布局；三峡工程的建设，在给长江防洪、交通、发电与灌溉等带来巨大的利益的同时，也产生了重大的移民问题与部分地带的生态保护问题等。这些无一不是打破原有的平衡、建立新平衡的问题。与平衡有关的问题还有“可能”与“可行”，二者有时一致，有时不一致。有的技术上可行但经济上不可行，例如干旱区的节水农业发展的规模问题；也有的正好相反：经济上需要，社会发展也需要，但技术上不可行。这类问题也很多。

因此，往往需要从全局上权衡得失，判断得失，作出取舍，或作出主次、先后之分。

3. 对态势、问题或事件的未来演变做出趋势预测

对复杂事件的发展、态势演变、方针政策实施等未来可能出现的趋势需要做出基本正确的预测。对所建议的政策措施对态势的下一步发展的影响是否符合国家与社会的要求，有多大风险与代价，这种代价是不是可以付得起等做出一定程度的风险分析。力争使决策建议工作具有较大程度的前瞻性，不做“事后诸葛亮”。

这个过程也涉及方法问题。对态势变化提出预见与警示，当然还需要分析背后的机制机理，这个过程中有些环节需要运用到数学方法和模型。但是，在自然与社会经济领域，有些环节不需要运用数学方法也可揭示机制，甚至不运用数学方法反而是科学的，即模糊的正确可能好于错误的精确。

4. 掌握并灵活运用较广的知识积累

从事咨询研究工作的人员，既要了解和理解各阶段国家发展的目标和主要的方针政策，同时也要具有较丰富的经济政治、科学技术、历史文化领域的知识；要具有对各种重大事件、重大政策过程的积累与多种数据（包括历史数

据）的记忆与整理，并将这些汇总到一起作综合性思考的能力，要让历史情景与数据站起来“讲故事”。要具有独立见解，对于没有充分显露的或者没有被发现的问题和倾向，要具备一定的观察能力与判断能力，对已经发生的事件要有能够给予合理解释的能力。只有能解释过去，才能在一定程度上判断未来。

提出决策咨询建议，要在学术研究的基础上对所提出的建议进行必要的论证，也就是说，不仅要准确地提出建议，更重要的是对所提建议的可行性进行分析、比较和论证。以往有不少的案例，由于对建议的可行性未做出必要的科学论证，没能被实际采纳。

5. 力求将学者的价值观融入宏观决策咨询研究中

在关于国土开发及其总体布局的分析与全局构建的过程中，我将常识、知识与决策之间的联系梳理清楚，对前后左右关系、微观与中观宏观的连接、点与面的连接、近期与长远关系等进行了通盘考虑。之所以能够做到这一点，是因为我经历了以往十多年工业基地、工业区等较小空间尺度的综合开发的微观规划与研究，积累了相当多的技术经济知识，能够基本把握全国经济与社会发展宏观格局的基本态势和变化的大趋势。此外，我还做了得失与取舍的严格思考。这在一定程度上体现了我的专业信仰与我的价值观，使战略观点与具体建议在一定程度上融入了学者的价值观。这也可能是我的多个决策咨询建议后来得到实际采用的原因之一。

这种微观分析与宏观分析之间的相互联系、互相促进，较符合实证主义哲学方法论的要求。就国土开发与经济布局结构而言，我基于相关分析所证明的一系列论点基本符合客观实际情况，进而为大格局建议提供了有力的支撑。

主要参考文献

陆大道. 区位论及区域研究方法. 北京: 科学出版社, 1988.
陆大道. 中国工业布局的理论与实践. 北京: 科学出版社, 1990.
钱学森等. 论地理科学. 杭州: 浙江教育出版社, 1991.
中国科学院. 关于中国国土开发与可持续发展的报告. 北京: 科学出版社, 2019.
Boeventer E V. Standortentscheidung und Raumstruktur. Hannover, 1979.
Christaller W. Die zentralen Orte in Süeddeutschland. 1933.
Lösch A. Die Räumliche Ordnung der Wirtschaft. Auflage, Stuttgart, 1962.
Пробст А Е. Рациональное размещение энергоёмких отраслеи. Плановое Хозяйство, 1965.

第二章

学术界关于国家发展重点战略转移的争议

我在第一章中已经阐述了我在知识结构、研究视野与国家发展实践经验等方面，为提出点-轴系统理论及 T 字形结构所做的相当充分的准备。本章主要聚焦当时学术界出现的“国家发展重点要不要战略转移”的争议，及其对我的专业思想所造成的深深的影响。

彼时，国家发展战略重点刚从“三线”地区转移至沿海地区，然而却出现了一股要将国家发展重点再次转向西部地区的讨论热潮。一开始，争议集中在效益与公平的层面上，但随着讨论范围的扩大，有不少的学者参与其中。基于我 20 年的理论积累与实践经验，回顾国内外发展历程，我实在难以理解和支持这种观点。国家发展重点从沿海地区到西部地区的又一次战略转移，在我看来，无疑会给我国的经济社会发展带来巨大挑战。在这场讨论中，当时没有学者明确地表达类似于我的这种思考。这正是我下决心写出《二〇〇〇年我国工业生产力布局总图的科学基础》一文的直接动力之一。这篇文章里的许多字句直接地表达了我对当时学术争议影响的担忧，以及我明确主张“不能进行战略转移”的观点。

第一节　20世纪70年代至80年代初国家生产力布局东移与区域发展态势

一、20世纪70年代大重型工业生产设备的引进与布局

1972年美国总统尼克松访华，中美关系开始走向正常化。两国长期对峙的关系开始得到缓和。接着，中国开始从发达国家引进先进的工业生产设备。根据周恩来总理的指示，先着重解决国人的“吃穿用”问题。

国家最早决定的是1971年从法国、日本引进四套化纤设备。第二批是1973年1月决定在此后3—5年中总共引进43亿美元的成套设备。后来又增加了一些重大项目，总计为26个重大项目，总投资50多亿美元，1982年全部投产。这些设备的布局如下：13套大化肥生产设备在大庆、辽河、沧州、淄博、南京、安庆、宜昌、洞庭、水富、广州、赤水河、成都、泸州；4套大化纤生产设备在辽阳、上海、四川（现属重庆）、天津；3套石油化工设备，北京2套（北京石化总厂和北京化工二厂）、吉林1套；1套烷基苯（用于生产洗涤剂）生产设备安置在南京栖霞山；3个大型火电站分别建在河北的陡河、天津北大港与内蒙古赤峰；2套钢铁生产设备分别是武汉钢铁厂的1.7米轧机和南京钢铁公司的氯化球团设备。1978年开始第三批引进，包括6套以石油为原料的大型化工项目，1套以煤为原料的大化肥设备，宝山钢铁总厂一期工程，德兴、贵州的有色金属冶炼，山东烟台的合成革项目等。

上述这些项目的生产要求与空间布局特点如下。

（1）这些工业生产设备，属于大型的能源重化工，生产中需要大量的能源资源与矿产资源供应。例如，武汉的1.7米轧机，每年需要有300万吨生铁炼成250万吨钢坯来保障。而要实现此保障，就要有多种炼焦煤，总量在280万吨以上，同时还要配置100万—150万吨的水泥生产。整个工业综合体，其外部产生的货运量大约为每年2000万吨。所以，企业落在何地，涉及面很广。如果建于陆上，就要建设单独的铁路专用线，而且可能要进行区域性铁路网的改造，影响面大，相关投资会大幅度增加。按照经济地理的专业常识，建在海岸与大河沿岸，可利用廉价的水运。特别是对进口铁矿石与进口原油进行加工的联合企业，如果能充分利用海运，建设大型的专用港口，经济效果更佳。海运与铁路运输相比，单位吨公里的运费比大约为1∶10—1∶6。

（2）这些大重型工业生产，通常都需要耗用大量的水资源。建于陆上，耗用宝贵的淡水资源；建在海边，可节省 70%左右的淡水，例如火电站可节省 95%的淡水，石油化工厂可节省 60%以上的淡水。

（3）这些大重型工业生产占用土地面积很大。一个具有铁、焦、钢材及水泥、自备电厂、厂区铁路编组站等完整环节的年产 300 万吨钢铁的综合性联合企业，如果算上专门的生活区及 5—10 年即形成的小城镇，需要占用 10 平方公里的土地。如果建在海岸与大河河岸边，可充分利用一般不好利用的浅滩，所占用的土地大约可减少 30%。

（4）污染问题相对来说更易处理，如果按照同样排放标准进行处理，费用也较低。

（5）接近主要的产品消费地也是布局要求之一。例如，大型化肥厂大多布置在我国主要产粮区；生产合成材料（化纤、塑料、合成橡胶、医药、涂料、染料）的大型石化企业，需要配置在具有多种无机化工原料（三酸两碱）及多种有机化工原料进行配套的大中城市附近（区域）。

所有这些因素，对工业结构和工业布局都有着重大影响。无论当时还是现在，上述具体原则要求都是要考虑的。在这种情况下，上述大批引进设备布局呈现以下基本特点。

（1）东部的主要工业城镇集聚区及其附近，是引进设备布局的重点地区。在引进的 47 个主要成套设备项目中，东部沿海地带有 24 个，中部与西部分别有 12 个和 11 个。东部和中部地带的项目，又集中在辽宁中部（辽阳化纤总厂、辽河化肥厂、清河电厂）、京津唐（燕山石化总厂、北京化工二厂、沧州化肥厂、天津化纤厂、大港电厂和陡河电厂）、长江三角洲和长江下游沿岸（金山石油化纤总厂、栖霞山化肥厂、南京烷基苯厂、安庆化肥厂、仪征石油化纤和石油化工厂、宝钢）、胶东（齐鲁第二化肥厂和石化总厂、烟台合成革厂）、江汉平原（武钢、湖北化肥厂、洞庭化工厂），部分西部项目主要分布于四川盆地的南部（泸州、赤水、昭通、成都的天然气化肥厂，重庆长寿的维尼纶厂）。

（2）大部分引进设备项目配置在海岸带和长江沿岸，这些地区具备交通便利、供水充足、土地资源适配、与国内外资源市场及消费市场距离适宜、管理便捷、城市生活配套完善等优势条件。

（3）多数引进设备企业成组地配置在大中城市附近或资源产地，有较好的地区协作条件，形成了一定规模的工业区。例如，化肥厂与炼油厂组合布局，化肥厂可以获得来自炼油厂的原料轻油、炼厂气和燃料油。

这些大型设备投入运行后，年产 1000 多万吨化肥与大量的化学纤维，使得全国粮食产量大幅度增加，部分粮食供应充足的城市与区域取消了粮票，“的确良”的布料与服装开始成为市场上的畅销品。国家大范围内电力供应明显好转。全国的钢、铁、石油化工原料及电力、水泥等工业原材料供应状况明显得到改善，带动了接着而来 80 年代初中期开始的国民经济的快速增长，我国的综合国力得到提升。

二、20 世纪 70 年代末至 80 年代初期全国区域经济格局发生了新变化

1. 第六个“五年计划”期间（1981—1985 年）全国经济建设规模的扩张

1978 年 12 月十一届三中全会召开，我国社会经济发展进入了一个全新的时期。1979 年，东南沿海地区开始实行“特殊政策、灵活措施”，四个特区规划建设开始；1984 年，沿海地区再添 14 个开放城市。沿海地区的开放、开发如火如荼，形势大好。

1981—1985 年的第六个“五年计划”期间，我国经济发展取得了巨大成就。全国各地区、各部门的工业有了迅速而又较为协调的发展。有 93 项单项投资在 5 亿元以上的重大工程开工建设，其中工业重大工程 55 项，投资的重点是对原有发展潜力大的企业进行扩建改造。

工业投资的重点是能源工业、原材料工业和轻纺工业，能源工业基本建设投资在全部工业基本建设总投资中的占比，由“四五”的 31.8%、“五五”的 39.8%上升到“六五”的 44.6%，轻工业基建投资占比由“五五”的 12.7%上升到“六五”的 15%。在开工的 55 项重大工程中，能源工业有 37 项，其中煤 13 项、油 8 项、电 16 项。为了优化我国电力工业的电源结构，这期间国家加强了水电建设，部署了 9 个项目，其中包括当时最大的水电站——位于长江中游的葛州坝水电站。冶金工业 6 项，黑色金属和有色金属项目各半，其中包括宝山钢铁总厂（简称宝钢）一期工程。化工与化纤 10 项。汽车和家用电器（显像管厂）各 1 项。

这 55 项工业重大工程的总体布局科学合理。煤炭工业集中建设山西能源基地，重点建设大同、古交、潞安、阳泉、晋城等矿区，加快开发接近高耗能区的安徽两淮、内蒙古东部三大露天矿（平庄、霍林河、伊敏河）等；石油工业重点布局在资源前景大的华北和中原地区；电力工业在西南开发建设，如红水河的天生桥水电站、大渡河下游的铜街子水电站和黄河上游的龙羊峡水电

站；冶金工业大多数的重点项目配置在接近大型矿产资源的产地，如金川有色金属公司、江西铜业公司、贵州铝厂、本溪钢铁公司等。宝钢一期工程是我国利用国外资源在沿海建设大型钢铁厂的第一例，对此后全面实施利用国内、国外两种资源发展钢铁工业的方针和改善我国的钢铁工业布局都有重要意义。化工和化纤工业的布局主要在东部经济和技术发达的地区和矿产资源产地，如金山化纤厂二期工程、仪征化纤厂、辽阳和天津化纤厂的续建等，这样方便取得原料、中间体和进一步深加工的配套协作条件。

汽车工业发展势头强劲，以第一、第二汽车制造厂的改造扩建为中心，形成两大联营集团，其他如重型汽车与轻型车的生产也得到发展，中心也逐渐形成。与此同时，国家着力解决全国各地区的客货运交通问题，最关注的方向包括进出关方向、京沪方向、京广方向，以及珠江三角洲至川渝方向的快速运输设施建设。

1984 年，我国头两条高速公路沪嘉高速和沈大高速几乎同时开工建设。1988 年，沪嘉高速全线建成，沈大高速部分建成。二者共同拉开了我国高速公路建设的大序幕。20 世纪 80 年代，兰新铁路兰州至武威段进行了电气化改造，解决了跨越海拔 3000 米左右的乌鞘岭的牵引动力不足的问题。沿海地区很快扩建和新建了广州、深圳、上海、厦门、大连等大型航空港，及深圳、厦门、上海、天津、青岛、大连等大型港口或集装箱枢纽港。

总之，对国民经济起保障作用的能源工业、原材料工业及交通运输业的发展得到了重点保证。这对于沿海地区发挥本身的优势、克服短板的快速增长是极其重要的。

在上述建设态势下，全国经济普遍高速增长，以 GDP（按可比价格换算）衡量，各年增长如下：1979 年为 7.6%，1980 年为 7.8%，1981 年为 5.1%，1982 年为 9.0%，1983 年为 10.9%，1984 年为 15.2%，1985 年为 13.4%，1986 年为 8.9%，1987 年为 11.7%，1988 年为 11.2%。特别是沿海地区，广东、福建、浙江、江苏、上海、山东等省（直辖市）年平均增长率基本上都接近或超过 10%。经济特区与开放城市的工业更是呈现出突飞猛进的态势。

2. 沿海地区的经济发展优势与全国区域经济态势的变化

1）大量外资进入我国沿海地区

我国沿海地区，自 1979 年起到 1988 年，全部实现了对外开放。外资外贸在对我国区域经济发展区域差异形成中的巨大作用凸显出来。1979—1992 年，中国 GDP 年均增速约为 10%，其中沿海地区超过 11%。这中间，大量的境外资金进入中国，大型外资项目主要落户在沿海地区。

沿海地区与国际接轨，推动贸易和投资自由化，开拓国际大市场，吸引境外投资，在中国经济国际化的进程中取得了巨大的成就，积累了丰富的经验。沿海地区的窗口和桥梁等作用充分体现，沿海地区衔接世界经济的功能得以发挥。

外资的来源和吸引的地区都有强烈的地缘倾向。外资来源居第一位的是香港，其后依次是日本、美国与我国的台湾省。吸引外资最多的是广东，其后依次是福建、上海、江苏、辽宁。1980—1990 年，福建、广东、广西与海南 4 个省区利用外资占沿海地区总额的一半以上。

对外贸易总额增长迅速，中国经济在世界贸易中的地位显著提升。1980 年中国进出口总额为 381 亿美元，1993 年为 1957 亿美元，年均增速约 11%。与此同时，进出口贸易在促进国民经济生产方面的作用和地位都大为提高，也就是说中国经济对进出口贸易，尤其是对出口生产的依赖程度不断加大，经济对外开放度明显提高。中国对外贸易商品结构也有了较大改善，工业制成品比重明显上升。1980 年，工业制成品出口额占出口总额的 48%，1993 年达到 81.8%，其中以机械和运输设备增长为主。

2）沿海地区投资总额持续增加并获得了多种有利条件

由于大规模引进了国外先进工业设备的建设，1972 年起，内地投资高潮开始减退，沿海地区投资开始回升。1971—1975 年的“四五”期间，三个经济带中，东部经济带投资占全国比重为 35.5%，比“三五”（“三线建设”的高潮时期）高 8.6 个百分点；西部经济带投资占全国比重比“三五”期间减少了 10.4 个百分点；中部经济带比重基本保持未变；但整个内地还是占全国的 53.7%。1976 年开始的“五五”时期，国家开始以引进重大项目建设为中心。在两批引进的 47 个项目中，东部经济带占 24 个，中部与西部经济带只占 23 个；在总投资中，东部经济带 988 亿元，中部经济带 705.9 亿元，西部经济带 465.6 亿元，占全国的比重分别为 42.2%、30.1%与 19.9%。1981 年开始的“六五”期间，东部经济带投资 1626.9 亿元，中部经济带 997.5 亿元，西部经济带 587.7 亿元，占全国的比重分别为 47.7%、29.3%、17.2%。也就是说，1972 年到 1985 年，东部经济带投资虽然一直增加，但并没有超过中部与西部经济带的总和及其所占比重。

1986 年开始的“七五”时期，全国投资中，东部经济带 6562.6 亿元，中部经济带 3840.2 亿元，西部经济带 2040.6 亿元，占比分别为 52.7%、30.9% 和 16.4%。这说明形势发生了巨大变化。从整个 80 年代来看，东部经济带的投资占全国的比重已经高于中部与西部经济带的总和[①]。

从图2-1可以看出，三个经济带的基本建设投资所占比重的变化主要发生在1976年。从“五五”开始到“六五”“七五”，东部地区所占比重是逐步升高的。

20世纪80年代初，沿海地区开始推行“两头在外、大进大出”的经济发展战略，发挥劳动力及区位优势，依托海外原料和销售市场。这种外向型经济发展思路使中国区域经济格局发生了巨大变化，沿海地区在国际、国内的经济地位和作用不断突出。20世纪90年代，尽管全国投资重点开始向沿江地带部分转移，沿海地区仍是国内外投资的热点地区，是全国经济建设的实际重心之所在。

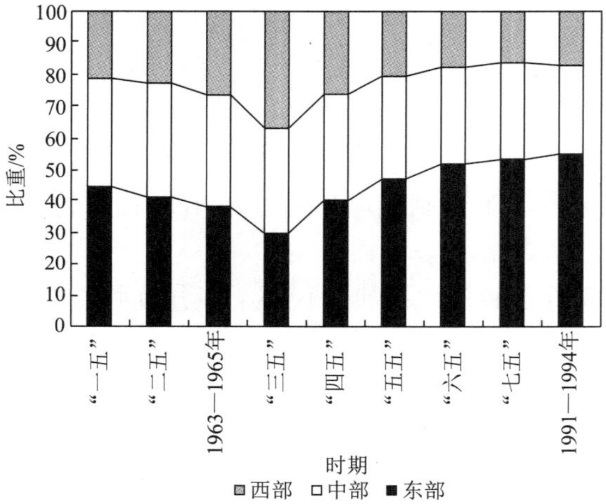

图2-1 各时期三个地带基本建设投资所占比重的变化

资料来源：陆大道主编. 中国沿海地区21世纪持续发展. 武汉：湖北科学技术出版社，1997年

上述数据并不能完全说明东部地区在全国经济发展中的地位。因为，相当多投资项目，建在中西部地区，但在相当程度上是为沿海地区提供电力、钢铁、有色金属、发电燃煤、成品油、基本无机产品与石油化工原料等关键物资。这些支持有力地推动了沿海工业的发展，进而带动了整个国民经济的进步，提升了城乡居民的生活水平。再有，中西部地区为沿海地区源源不断提供了大批的劳动力与人才，这也是沿海地区稳定、高速发展的重要保障。

3）沿海地区经济的高速增长

由于上述一系列条件的变化，特别是大量的外资与国家配套的大中型工

① 各项指标的占比，总和不等于100%。是因为有部分的投资是不分地区的。

业、交通、城市等建设投资的注入，我国沿海地区自 20 世纪 80 年代开始显示出经济快速增长的势头。以可比价格计算的 1978—1992 年沿海地区（不含港澳台地区、海南省）[①]国民收入实际增长速度高达 9.52%，高于全国平均水平 0.9 个百分点。若以 GDP 计算，沿海地区这个阶段的实际增长率为 10.08%，高于全国平均水平 1 个百分点（图 2-2 与图 2-3）。

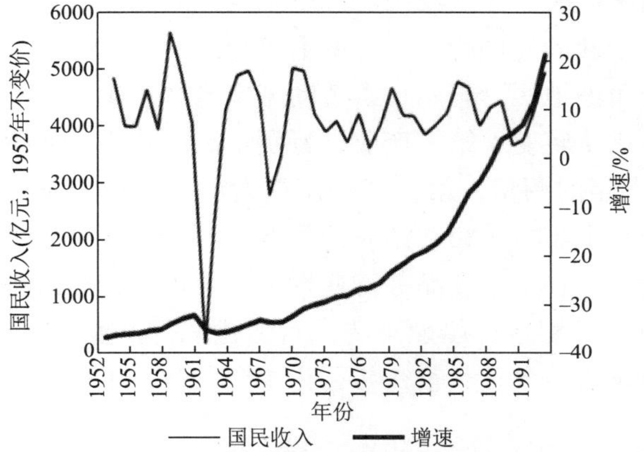

图 2-2　1952—1992 年沿海地区国民收入增速过程曲线图

资料来源：陆大道主编. 中国沿海地区 21 世纪持续发展. 武汉：湖北科学技术出版社，1997 年

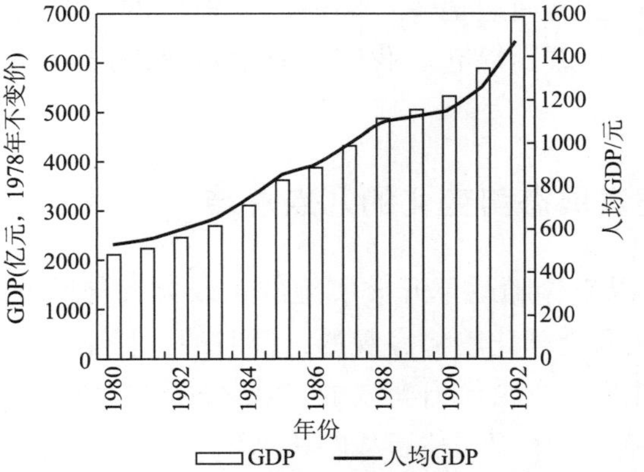

图 2-3　1980—1992 年沿海地区 GDP 及人均 GDP 增长过程图

资料来源：陆大道主编. 中国沿海地区 21 世纪持续发展. 武汉：湖北科学技术出版社，1997 年

沿海内部，经济增长区域差异明显。总的来说，南部快于中部和北部。广东、浙江、福建 GDP 年均增速居沿海地区的前三位，分别为 13.28%、12.54%

① 1988 年海南省建省前隶属广东省。

和 11.49%；江苏、山东分别列第 4 位和第 5 位，分别为 11.12%和 10.56%；作为老工业基地的上海、天津、辽宁位列最后三位，分别为 7.59%、7.86%和 8.12%；北京、河北、广西分别为 9.28%、8.88%、8.33%。海南自建省后 GDP 增速很快，年均增速达到 11.23%，外商投资在其经济增长中起了主要作用。

4）产业结构升级与城镇化进展

在经济增长的同时，经济结构的调整和与产业结构的升级，使我国沿海地区迅速进入到一个新的发展阶段。东南沿海地区，尤其是珠江三角洲、闽南三角地区、长江三角洲地区，开始从以劳动密集型产品生产为主，向资金与技术密集型生产方向逐步转变。第三产业，特别是高端的服务业得到重视。经过从 1979 年开始的十年的调整，第一产业比重大幅度下降，农村剩余劳动力大量向城镇转移，推动了第二、第三产业的发展。深圳、广州、厦门出现了若干重点建设项目，电子、轻工、食品等行业发展尤为迅速，同时也出现了金融、商贸、物流，以及机械制造、船舶制造、石油化工等产业。20 世纪 80 年代中期，上海的汽车、通信设备、钢铁与石化生产设备，生物制药、计算机等支柱产业开始起步。

高速发展的工业化推动了沿海地区城镇化进程，形成了一批具有强大辐射力的区域中心城市。一批新区新城，出现在珠江三角洲、长江三角洲、环渤海部分大中型城市的周边地带。闽南三角地区的大中城市快速发展。许多小城镇如雨后春笋般蓬勃兴起。我国沿海地带呈现出十分喜人的现代化发展态势。

三、对上述发展态势变化的几点总结

（1）1978 年以来伴随改革开放实施的大政方针与区域政策，是中央政府对世界经济国际化和全球化趋势客观的、及时的、科学的反应，是国家整体利益与长远利益的体现。中央政府实施的宏观区域政策和经济布局战略符合当时发展阶段的国情特点。中国抓住了战略机遇期，经济高速发展，改变了世界经济的大格局。需要指出的是，区域发展的不平衡，是众多国家经济快速增长阶段所难以避免的，中国同样也无法摆脱这一客观规律。

（2）20 世纪 80 年代初，国家在批准设立特区和沿海开放城市之时，除了希望借此吸引外资和促进发达国家技术转移外，也赋予了特区和开放城市发挥增长极的使命——发展壮大后，向其他地区扩散技术、信息、资金等，发挥区域中心的作用。站在 40 年后的今天看，这个希望已经成为辉煌的事实。

（3）外贸与经济增长具有高度相关性。1995 年，沿海大部分的省（直辖市）利用外资额占 GDP 的比重都在 10%以上。外资的地区选择不完全依赖于优惠政策，而且不同的国别（地区）外资的地区偏好不同，投资动机千差万别。香港资本主要投向广东、广西等具有相同或相近文化传统的邻近地区；日本投资偏向辽东半岛和长江三角洲，台湾投资重点在福建和江浙地区，欧美投资主要在华北和长江三角洲。国家实行的优惠政策，在利用外资和外向型经济发展的启动阶段起到很大的作用；但要保持对外资的吸引力，最主要的因素还是在于地区经济发展的活力与竞争力。理解这些因素，有助于理性地认识中国经济的地区差异问题。

（4）中国经济发展的“三大经济带”，其经济发展特色与结构的差异及经济发展规模与发展实力的差距的形成，其根源或本质性原因在于中国的自然地理结构，即三大自然区与地势的三级阶梯的作用。这不是人的力量所能大幅度改变的。这方面的内容，我将在本书的第八章、第九章中详细阐述。

第二节　关于学术界对国家发展重点“战略转移”的争议

1956 年毛泽东主席《论十大关系》的报告是我国改革开放之前区域发展战略和区域发展政策的宣言。20 世纪 50 年代中期，国家将全国划分为沿海和内地，并将国家发展战略重点置于内地，当时的指导思想主要是考虑到国防安全。“三线建设”时期，国家的区域发展战略是将全国划分为一二三线地区，并将国家发展的重点置于“三线”地区，更是考虑到当时极其严峻的周边地缘政治环境与战争威胁而采取的战略措施。但到 20 世纪 70 年代末我国经济发展的东中西间的地带性差距还是开始凸显了。

一、围绕效益与公平关系及国家发展重点进行的学术讨论

在开始建设沿海经济特区的同时，国家对于中西部地区的发展也十分关心，在中西部地区同样建设了诸多的大中型工业与交通、水利等工程，包括一些引进的项目。例如，甘肃金昌以镍为主的有色金属公司，以及白银和德令哈的铅锌开采冶炼，四川发电设备制造成为了全国三大基地之一。国家还特别倡导中西部地区的内部及与沿海地区间的区域合作、优势互补，促进区域发展差距问题的缓解。西部地区在 20 世纪 80 年代初期持续召开了几次西北五省区经

济发展讨论会，大西南三省四方、四省五方经济发展协调会等。若干地区间的部门与单位也组织召开各种形式的战略讨论会，讨论与实施地区间经济技术协作问题。实际上，这些工作确实收到了一定的效果。

随着地区经济发展以及区域问题的日趋突出，中国区域发展的学术研究也日渐活跃。80年代初，学术界开始围绕区域发展的效益与公平进行讨论。甘肃省有关部门创办的《开发研究》杂志1986年第四期刊登了田禾的文章《中国西部开发研究综述》（第33-37页），列举了近年来西部地区举办的多次大型学术讨论会；文章还提到，除了这几次全国性的大型关于西部开发战略讨论会以外，各省区范围内、专业部门办的研讨会、高校与团体举办的研讨会也曾广泛开展。

这时沿海地区正处于大规模经济与城市建设中，经济增长速度超过内陆省区，导致区域发展水平与实力差距扩大。一些学者将其归因于对沿海地区的政策倾斜。此问题逐渐引发对全国经济发展宏观布局战略的讨论与争议。

1983—1985年，在一些讨论会上，有学者呼吁国家“将经济建设战略转移到西部地区来，转移到大西北”，他们表示这是他们的“强烈诉求”。有些学者认为“开发大西南有紧迫性，具有提前开发的条件与时机”，而且“对我国总体战略目标的早日实现影响极大。”

在关于我国东西部经济关系问题的讨论中，有专家提出，世界上“高技术”成为商品向各个国家输入已成明显趋势，大西南也可以从国外获取开发大西南所需各种技术；还有的学者提出，为什么改革开放要从沿海部分地区开始，西部地区为什么不实行对外开放？中西部地区资源丰富，为什么不可以成为投资的战略重点？等等。

二、关于国家发展重点战略转移的多种“理论”

田禾的《中国西部开发研究综述》一文提到，“在此期间，一些报刊、杂志陆续发表了许多颇有见解的文章”。综述文章对这些观点作了简要的梳理概括，特别是对国家宏观经济布局中的西部对策方面，学者们提出了相当多的“理论”。以下我转述这些“理论”，并作简要解释。

（1）“梯度推移理论”。一些学者主张，“应该让一些有条件的地区首先掌握世界先进技术，然后将这些技术按梯度逐步向‘中间技术’地带、‘传统技术’地带转移、传递。这样花费少而获利多。”这种观点基本上是认为，应该从沿海地区出发，技术与部分经济要素由梯度最高的沿海地区逐步向梯度较低的中西部地区推移。这实际上符合对外开放、开发应该从沿海地区开始，然后逐步扩大范围的思想理念。

（2）“跨越战略”。一些人主张，用所谓的梯度理论来解释我国的东西部关系，因此是不能接受的。因为西部地区某些产业的技术已经高于或超过东部地区，它们的经济扩张和辐射力能够突破国家的界限而走向世界。他们强调，西部地区要缩小与东部地区的差距，必须采用跨越式的发展战略，而不能按照技术梯度来分配资金和人才。

（3）“东靠西移论”。这一主张认为，需要先依靠东部，逐步向西部转移。这种说法实际上是主张将中部地带作为国家发展的战略重点，然后带动东、西两方面发展。

（4）“中间突破、东西结合战略 ”。这是明确主张国家将发展重点置于中部，先使中部发展起来，以带动东部和西部发展。该观点认为，国家将经济发展的重点放在不东不西的中部地区，可以“通过重点开发和建设中部地区，作为立国之基，利用其有利的战略地位，承东启西，东西兼顾，进行战略展开。……对我国都有深远的意义”。

（5）“一个半重点战略”。该主张认为，国家应该把经济发展的重点放在东部地区，同时要在西部地区为实现 20 世纪末我国经济的战略转移打下坚实的基础。即东部是一个重点，西部是半个重点。

（6）“两边夹击战略”。这个是主张以东部和西部为重点，带动中部地区，促进整个国民经济的发展。

三、我的认识与担忧

我当时参加过两次学术讨论会。这场延续了两年多的学术讨论与争议，从一开始就引起我很大兴趣，而且愈来愈使我感到震惊。

1983—1985 年这场大讨论与争议扩展到整个西部地区、部分中部地区乃至北京、上海等大城市。我认为，这一方面说明在十一届三中全会精神鼓舞下，学术界思想活跃，纷纷为国家与地区发展出谋献策；另一方面，也说明当时学术界对于贯彻落实十一届三中全会精神及如何搞好改革开放的基本国策存在着分歧与模糊认识。这类舆论不利于理性地认识中国经济发展的地带性差异。

上述讨论会上主张国家发展重点战略转移的各种观点与诉求，基本上是因为过分看重国家政策性因素的作用，有些看法过于看重本地区的发展利益，而不了解20世纪70—80年代我国沿海地带被国际大势所赋予的难得机遇，没有从国家发展的大战略高度去看待问题。还有部分学者忽视了我国东中西三个经济带间自然基础、发展历史与空间区位等因素的巨大差异，即对如何科学地认识我国西部经济区还很不理解。总之，原因是多方面的。

从专业方向出发，研究区域发展问题的学者，需要全面科学地了解我国的西部地区。这也是为什么在本书中，我以相当多的篇幅阐述我国的自然地理国情与社会经济地理国情。这些知识都是常识性的，当然在中国行政区划图上是看不出来的，但在中国地形图上就很容易看出一个大概，在多年来的中学地理课本上也说的简要清楚。中国的三大自然区与地势的三级阶梯，对我国社会经济发展的巨大影响，直到今天我们人类还是无法对其作大幅度改变的。1935年提出的“胡焕庸线”的稳定性将长期存在。青藏高寒区与西北干旱与半干旱区（不包括四川盆地与关中地区），就整体而言，如何能够成为国家的投资战略重点呢？这个问题，我将在本书的第八章与第九章中详细阐述。

1973年，第一次世界“能源危机”，引起西方国家能源价格上升，金融资本与产业资本家在本国国内的投资成本与生产成本大幅提高，由此纷纷向外大量转移产业资本和金融资本。到70年代末，亚洲四小龙（新加坡、韩国，以及我国的台湾省和香港地区）借此发展起来了；80年代初，西方先进的设备、企业家与专家、国外市场已经到了我们“家门口”了。我相信，中央政府已经分析判断得出这种形势对我们来说是难得的机遇，于是确定在广东、福建等省建设深圳、珠海、汕头、厦门等四处经济特区。资金、技术、海外市场、外贸渠道等经过香港、台湾、澳门、东南亚等地大量集聚而来。例如，在经济特区建设的最初的十多年，深圳可算得上是香港的“新区”。中央政府、广东省政府在政策、人才、资金、土地、基础设施、城市规划、法律等方面给予了强大的配套支持，深圳一下子就发展起来了。

上海浦东开发迅速达到现在的规模与水平，是因为上海及其浦东的经济腹地是差不多半个中国，即经济技术发达的长江三角洲及整个长江流域。那时，经过十多年改革开放，以上海为核心的长三角及整个长江流域对外开放、大规模资本与技术引进、进出口取得相当大的发展。到80年代末90年代初，上海和整个长江流域的大发展方兴未艾。这时，非常需要上海提供更好的信息服务（世界主要商品与服务的市场信息等）、金融服务（投融资、信贷、财务结算、货币兑换）、技术研发、中介服务、期货市场、港口运输等物流服务、人员培训，以及法律服务等；上海市范围之内的浦西也特别拥挤，进一步发展也需要大大拓展空间。在这种大形势下，1990 年浦东新区的设立与开放开发，使整个长江流域广阔经济腹地的进出口物资及大量资金、机构、技术与创新人才等迅速集聚到上海及其浦东。中央政府与上海市、江苏省政府给予了大力支持、保障，使浦东新区开发非常成功。

20 世纪 80 年代初的世界大势对于中国，特别是对于沿海地带及与沿海地带有广阔水路相联系的长江沿岸地带来说，是难得的机遇，党中央及时地抓住机遇，大规模开放开发，集中国家的优势资源，实现走向海洋、跨越海洋而成为世界强国的大战略。40 多年后的今天，全中国人民及世界许许多多国家的人民已经看到，当时中国的党和政府下的一盘大棋是何等的重要与正确。

所以，十一届三中全会及其之后中央的一系列战略部署，先沿海特区，然后沿海开放城市、沿海开放区，而后长江沿岸部分城市，再到全国其他地区的主要城市与沿边城市，这个战略及其实施的步骤，完全符合全中国人民的整体利益与长远利益。

第三节 两次“战略转移”的背景与经验教训

一、两次“战略转移”

1. 划分沿海与内地——重点建设内地（1953—1963 年）

在三年经济恢复时期（1949—1952 年），国家要求“改变旧中国遗留下来的生产力分布不平衡状况”，将一部分工厂迁移到接近原料的地区。这次涉及的企业虽然很少（主要在东北地区），但起到了良好的作用。

从 1953 年开始实行的第一个“五年计划”中提出：“为了改变原来地区分布不合理状况，必须建立新的工业基地，而首先利用、改造扩建原来工业基地是创造新的工业基地的一种必要条件”。

1956 年毛泽东主席《论十大关系》的报告中就有一个“关系”是“沿海与内地”。这是我国改革开放以前国家区域发展方针与政策的“宣言”。以“一五”时期沿海和内地划分（沿海地区包括：辽宁、河北、天津、北京、山东、江苏、上海、安徽、浙江、福建、广东、广西，其余为内地），在苏联帮助我国设计并建成的 152 项工业工程中，沿海地区占 32 项，只约占全部项目的 21%；我国自行设计建设限额以上（即投资在 1000 万元以上的大型项目）

的694个项目中，内地占68%。

由于一系列大型项目在城市郊区的合理组织，特别是国家对“重中之重”的一系列大型项目建设大都以工业区的形式进行了科学的成组布局规划，“一五”的经济建设与布局是很成功的，奠定了我国社会主义工业化的基础。但是，我们也应该看到，这样的投资倾斜，使沿海地区的几个老工业基地城市（如上海、天津、青岛、南京、广州等），由于缺乏必要的能源原材料生产配套与基础原材料供应，功能未得到充分发挥，客观上也造成一些经济损失，致使沿海地区的经济增长速度低于内地。其中，天津市的经济曾经出现过负增长。这无论在当时看还是后来分析，都算是一种布局的缺陷。

这是第一次将国家发展的重点（区域）由沿海地带战略转移到内地。

2. 一二三线的划分——重点建设“三线”地区

1964年8月中旬，中共中央书记处召开会议。这是讨论内地建设问题的一次重要会议。会议根据毛泽东关于要准备帝国主义可能发动侵略战争，现在工厂大都集中在大城市和沿海地区不利于备战，各省区都要有自己的二、三线等讲话精神，决定首先集中力量建设三线地区，在人力、物力、财力上给予保证。

根据毛泽东主席的讲话精神，1965年8月国家建委召开全国搬迁会议。会议提出，对少数国防尖端项目，要按照“分散、靠山、隐蔽”的原则建设，要准备“进洞”。这一原则成为其后一段时间国家经济建设与布局原则的核心。当时，在美国封锁中国、中苏关系恶化的情况下，国家采取了两项重大的区域发展战略决策，即突出进行“三线建设”与实施“战略转移”，将沿海地带相当大部分的重要工业向内地进行大搬迁；同时，进一步强调建立各地区独立的工业体系。

根据毛泽东主席指示拟定的“三五”计划设想，确定投资重点要向既不沿海也不靠近北方的“大三线”地区转移。重点是四川、贵州和“三西”地区（豫西、鄂西、湘西），其中特别要加快攀枝花、酒泉以钢铁工业为中心的和重庆以兵器工业为中心的新工业企业的建设。“三五”时期（1966—1970年），内地基本建设投资占全国的比重达到66.8%。

1970年3月召开的全国计划会议上提出，“四五”期间（1971—1975年）要建立不同水平、各有特点、各自为战、大力协同的经济协作区；要将内地建设成为一个部门比较齐全、工农业协调发展的强大战略后方；内地的工业建设（已不限于国防尖端项目了）要大分散、小集中，不搞大城市，工厂布点要“靠山、分散、隐蔽”，有的要“进洞”。实际行动中，不少地方要求“靠山”的山要高，“进沟”的沟要弯，许许多多的民用项目也进了“洞”。

如此划分重点建设区和非重点建设区进行国家的生产力布局和国土开发的战略转移，付出了很大的代价。这是我国第二次大尺度的经济建设的大转移。

二、两次“战略转移”使我特别关注经济建设与布局中存在的问题

新中国成立至改革开放前，我国国土开发和经济布局的宏观方针经历了两次重大的调整。

“一五”期间实行的是划分沿海与内地、重点建设内地的方针。上海和天津本来是全国重点轴线的一级中心城市，但是没有得到应有的投入，缺乏基础原材料的供应，损失明显。

划分重点建设区和非重点建设区进行生产力布局，并进行战略重点的大跨度的、跳跃式的区域转移，特别是“三线建设”中，在缺乏地区协作条件和城市基础设施等困难条件下，大规模搞基本建设，加上普遍实行“一厂一点”“一厂一线”“一厂一电”“一厂一水”“一厂一区”（生活区）等，使宏观布局和微观布局都出现了许许多多的严重问题，教训深刻。

两次大转移，从区域经济发展规律的角度看，应该说违背了我国自然地理结构和经济地理结构的自然规律，造成生产力布局、区域发展与资源、水源、交通、城市协作基础等条件在空间上的严重不协调；不符合“幅员辽阔的大国在工业化发展的初中期生产力布局及区域发展的空间推移是一个渐进式的过程”这样一个国内外普遍经验；背离了社会经济客体空间集聚和合理集聚可以产生“外部经济”的客观规律的要求。

为此，揭示生产力空间组织的客观规律，探索契合国土幅员辽阔国家在工业化进程中的国土开发及经济布局的空间结构新模式，成为亟待解决的课题。由此可见，在国土开发和经济布局中遵循和贯彻科学的生产力布局和区域开发理论和模式是多么重要。

三、对“三线建设”在经济上造成的损失的深刻分析与总结

《二〇〇〇年我国工业生产力布局总图的科学基础》一文的第一部分标题是“三十多年来我国工业布局总图变化简评”，其中包含三个方面的内容。

首先，在 3600 字的篇幅中，我以很具体的情况与数据对工业布局战略变化进行了回顾：我国自 1964 年开始，大规模快速地向“大三线”地区转移工

业生产力。十年之中，全国大小“三线”地区，建起了大量的军工、重点民用甚至一般民用企业，相当比重的企业分布在远离城市与铁路交通线的崇山峻岭之中，定点要求实行“靠山、分散、隐蔽”六字方针。我国工业布局由此发生了巨大变化。

其次，我详细分析了“三线建设”的结果情况，自问自答“我国工业布局在多大程度上变得均衡了？”的问题。我认为上述战略转移和平衡布局政策措施的效果，“以工业固定资产衡量，工业生产力较之解放初变得均衡多了”，“但是从某种意义上讲，转移和平衡布局的实际效果并不是很理想”。

1950—1980年，全国基本建设总投资7000多亿元，沿海11省（直辖市）占比不到40%，“三线”地区竟占到38.7%；西南、西北地区合计所占比重，由“一五”时期的16.9%上升到“三五”时期的35.1%、“四五”时期的24%。70年代中期以前，天津、上海、青岛、大连等沿海工业基地基本上未新建大型原材料工业企业，导致这些地区的钢材、化工原料及中间体、纺织原料、建筑材料等严重供应不足。在主要工业部门中，钢铁工业1949—1975年564.5亿元投资基本上在当时的六大经济区中平均分配，其中华东地区的投资规模居倒数第二位。煤炭工业投资在“三五”“四五”时期集中于江南，60年代末至70年代末，山西省没有新开一个大井，解决东北能源供应的三大露天矿开采计划被迫推迟。“二五”时期以后，全国铁路新线建设，无论就交通网的格局还是线路走向，基本上是从当时的“战备”角度出发，集中在人烟稀少、线路附近资源也不多的西南、西北及鄂西、湘西、豫西地区，而工农业产值占比87%、人口占比77%的东北及东南沿海地区只修了一些延伸线及工矿支线。许多工业基地、城市的对外运输干线能力严重不足。至1982年，从工业利税的占比（即对国家的实际贡献）的地区分布来衡量，沿海12省（直辖市）仍然占到全国的64%，而接受大量投资、占有大量固定资产的“三线”的11个省区只占24%。我在《二〇〇〇年我国工业生产力布局总图的科学基础》一文中较精确地描述这样的结果。

我认为，上述战略转移、平衡布局造成的损失是很大的。工业基础好、占全国工业生产很大部分的地区和城市，工业增长本来可以比实际快得多。非常清楚，比较落后地区有超乎平均值的、但绝对值是微小的增长，是以抑制、牺牲发达地区绝对值大得多的增长为代价的。

全国各地区基本建设固定资产形成比例相差20%～30%，许多大中型民用及军工企业，建建停停，乃至迁厂搬家。就是在全国形成的

4000 亿元固定资产中，真正能发挥作用的只有 2500 亿元（止于 1980 年）。有些花了几亿元、几十亿元投资的大厂被迫弃置或几经转改，但只能发挥小得多的作用。

因此，我经过认真的分析得出结论，20 世纪 60 年代工业布局战略上的缺陷在一定程度上延缓了我国经济发展的进程①。

但是，我要对当时中国所处的国际地缘政治环境做如下的特别交代。20 世纪 60 年代开始，我国所处的国际地缘政治环境是特别复杂而严峻的。东南部沿海，台湾当局在美国人支持下，不断叫嚣要“反攻大陆”；东部，美国在朝鲜战争后大力武装日本、联合日本，企图进攻中国；北部，苏联在中苏边境陈兵百万，并多次威胁对中国实施“外科手术式”的核打击；西南，中印边境自卫反击战后，中国所面临的也是一个大国敌对势力。在这种情况下，毛主席不得不做出可能出现极坏情况的打算：准备“早打、大打、打核战争”，实行国家经济的战略转移。所以，从最高决策的角度考虑，对于“三线建设”的大战略是不可以予以否定的。我的工作只是从具体的布局层面，总结了这一时期的工业布局的教训。

20 世纪 70 年代末，党和政府对我国经济发展与布局进行了重大调整。我国经济发展、生产力布局的重点开始向沿海地区大幅度倾斜。这是第三次国土开发及经济布局的大尺度战略转移。这一次的战略转移是对以往两次战略转移的大调整，是完全必须的、正确的。

正因为我对“三线建设”有如此多的经验教训总结，20 世纪 80 年代初，我对在十一届三中全会精神指引下国家开始在沿海地区进行大规模的建设发展，感到非常兴奋。但也就在这时，出现了一股强大的舆论，要求重新进行“战略转移”，即将国家建设重点再转移到中西部地区去。对于这样的舆论和观点，我非常敏感，也非常震惊和担忧。

所以，在 1984 年新疆乌鲁木齐召开的中国地理学会经济地理专业学术讨

---

① 我从 1967 年底开始就对“三线建设”布局进行了跟踪与总结，经验教训的体会与全面评价的系统化。1982 年开始了我国工业布局理论与实践的全面总结，写成了《中国工业布局的理论与实践》一书（科学出版社，1990 年 5 月出版）。其中，第二章《工业布局宏观区位决策方针的变化及其结果》之下的第二节“我国工业发展与布局的‘东西问题’”，以约 3 万字的篇幅，重点阐述了各时期宏观区位决策方针演变状况。特别是关于“三线建设”方针的具体实施，在总结成绩的同时，叙述了种种布局不科学的现象，并在总体上评价了经济损失的概况。为使读者们方便了解，将此部分（“我国工业发展与布局的‘东西问题’”）全文（不做任何修改）在本书的附录中作呈现。

论会上，我提交的论文，不同于其他人的论文调子，强烈主张不能再一次实行“战略转移”。

第四节 不能再搞一次“战略转移”

当时的情形，使我强烈感到我国的经济发展战略及决策面临着很大的挑战，甚为担忧。刚刚过去的“三线建设”，那是在极端特殊的地缘政治环境下的不得已而为之的“大搬家”。国家进入大发展时期，怎么又要把发展重点战略转移到西部地区去呢？我感到国家经济发展存在的风险。因为研究专业的原因，我相当了解我国的西部地区与全国的地理国情。

这种发展态势，唤起了我的意愿，我要指出这些舆论不符合客观规律、违背了中国改革开放的实际国情。我要从全国大空间层面上推导出新的理论与模式，向国家提出自己的分析与建议。于是，在 1984 年夏秋，我对那几年里的若干思考正式着手构思，写出内含点-轴系统理论与国土开发与经济布局的 T 字形结构的论文。这个理论与模式能够符合并应对上述多重条件与背景。

作为一个学者，我从经验教训、从学科的基本理论（空间集聚与合理集聚等）出发，结合中国自然地理与经济地理国情进行分析，得出的结论就是：我国经济发展的重点不能再一次实行“战略转移”。那么接下来的问题就是回答该怎么办？这时候，点-轴系统理论概念初步形成了。依托这个初步概念，我也很快就提出了国土开发与经济布局的 T 字形结构。70 年代后期开始，我根据经济地理学的原理对 30 多年来我国三次战略转移的得失进行了系统总结。我深感一定要改变以往划分重点区和非重点区的方式。

我国沿海地区要基本建成一批开放开发的城市并形成较强的综合实力，要完成开放政策制定、总体发展规划制定、重大基础设施工程（大型港口、机场、高速公路等）建设、外资引进及各类开发区的规划建设、进出口机构建立，以及大量的管理条例、管理政策的制定等工作，需要很长的一段时间。经过反复的估算，我得出这段时间大概需要 12—15 年。这又再次佐证：我国的国土开发与经济布局的重点刚刚转移到沿海地区，不能又要向西部实行“战略转移”。

在 1984 年 9 月的《二〇〇〇年我国工业生产力布局总图的科学基础》一文中，我分析论证得出“由于国家发展投资资金来源多元化，当时中央政府的财力物力已不可能实施经济建设的地带性战略转移了”这一结论。仅仅从这一点考虑，中近期范围内，要求缩小东西部地区间经济增长与实力的差距是不现实的。

因此，需要揭示生产力空间组织的客观规律，寻找适合幅员广大、正处于工业化初期进程中的国家国土开发及经济布局的空间结构新模式。实践中，遵循和贯彻科学的生产力布局和区域开发理论和模式实在是非常重要。寻找科学的空间格局和模式成为我的强烈兴趣、愿望与行动。

非常幸运的是，在乌鲁木齐中国地理学会经济地理专业学术讨论会上，我为应对当时“战略转移”舆论作了《二〇〇〇年我国工业生产力布局总图的科学基础》报告，当时国家计委国土局领导同志在场。这样，我才有机会在次年（1985 年）受到《全国国土总体规划纲要》编制办公室的邀请，参加了我国第一部国土规划纲要的编制工作。就这样，以沿海地带和沿长江地带作为我国两条主轴线的国土开发与经济布局 T 字形结构战略被写入了《全国国土总体规划纲要（草案）》中。

1987 年初，《全国国土总体规划纲要（草案）》在全国开始试行，其中提出：在本世纪（20 世纪）内至下世纪（21 世纪）初年，我国的国土开发与生产力布局不宜实行战略性转移，而以沿海与沿江地带的 T 字形作为全国生产力布局的主轴线。这在全国计划部门等政府机关中产生了广泛的影响，我国沿海地带与沿江地带长时期保持了在全国发展中的战略重点态势。我理解，这是在国土开发与生产力布局领域内对邓小平同志“南方谈话”与中央一系列科学决策的一种专业诠释。

后来我回忆时写道：如果在 80 年代中后期就实行战略转移，将是完全违背空间经济学（包括经济地理学与区域经济学）的客观规律的，将使大量的开发区、重点工程、政策配套体系建设成为无数的“半拉子工程”，境外投资者和商人就将陷入不知所措，乃至出现大规模撤资的混乱局面。如果出现这种情况，我国改革开放的伟大事业就可能面临严重的困难境地。

主要参考文献

陆大道，薛凤旋等. 1997 中国区域发展报告. 北京：商务印书馆，1997.

陆大道. 中国沿海地区 21 世纪持续发展. 武汉：湖北科学技术出版社，1997.

陆大道等. 中国工业布局的理论与实践. 北京：科学出版社，1990.

陆大道等. 中国区域发展的理论与实践. 北京：科学出版社，2003.

田禾. 中国西部开发研究综述. 开发研究，1986，(4)：33-37.

第三章

点-轴系统理论的初步提出及功能预设

第一节　探寻新的空间结构理论与符合国情的空间结构

一、寻求逐步实现国家较为平衡发展的新范式与新理论

我的专业经济地理学，是研究生产力合理布局和社会经济空间结构的，目标是使其合理化。我接触了大量的因大跨度调整生产力布局和转移区域发展的战略重点而造成经济损失的情况、案例和数据，因此我产生了要在这个领域发挥我从事的经济地理学学科特长的愿望，并逐渐形成专业信仰。

在国家发展重点战略不转移的情况下，想要实现较为平衡的区域发展，必须寻找新的思维范式，改变以往在大区与大区之间推行发展重点战略转移的惯性思维。新的思维范式应该具有两方面的科学内涵：①遵循国家经济增长与平衡发展间的倒 U 字形原理，明确认识到实现国家区域间较为平衡的发展是一个长时间的渐进过程；②以点-线-面的视角，寻找并描述空间中社会经济客体的运动规律，这个规律要能反映客体空间集聚与空间扩散的渐进式过程。这就是一种新的空间结构理论（模式）。

根据这种新的空间结构理论的科学内涵，我开始构思适合中国国情的国土开发及经济布局实际应用结构。我认为，这个结构需要满足这样的一些原则与条件：①长时期内，不对国家发展重点实行再一次“战略转移”；②与我国

水、土、温度、能源、矿产等自然资源、经济基础与潜力、交通等基础设施及对外合作通道与枢纽（发展与建设条件）等在空间上实现最佳的结合；③能充分满足空间上社会经济客体合理集聚的客观要求；④使国家的生产力布局和区域社会经济发展能够根据国家经济实力的增长情况和阶段演变逐步变化，最终实现较为平衡的发展；⑤实践中可操作。

根据生产力空间组织的客观规律，寻找适合我国国情（国土幅员辽阔、处于工业化进程中）的国土开发及经济布局的空间结构新模式，我反复考虑，决定将具体工作分成相互连接又有分别的两部分，即科学理论模式和实际应用模式。

科学理论模式，具体是指契合国家与区域开发需求的理论模式，是基于社会经济客体在空间中集聚—扩散—新的集聚等不断演进过程构建的。实际应用模式，则是指在此理论基础之上形成的、具有可操作性的空间内社会经济客体组合的形式，当然也可称之为“结构”。这两个问题在总体上是统一思考的，在具体表述上应当加以区分。

二、从全国整体层面上构思并推导出新的理论与模式

如前文所述，西方的工业区位论、农业区位论、中心地（城市）理论、市场区位论（廖什）等，都是建立在合理集聚、集聚规模、集聚形态等这几个基本概念及其相关理论基础之上的，但分别针对某个产业或领域，如工业、农业、城市、市场等，是纯理论。我从这些理论著作中得到了许多启发，但这些理论不能很好说明生产力布局和区域发展的战略模式等重大问题。

西欧学者讨论的是静止空间，国土面积小，限制了他们从大范围思考大局面，他们逻辑思维的惯性决定了就只是对行业进行专业性的区位推导。我所要寻求的，是在生产力布局和区域发展中如何将水、土资源条件、城市发展条件、社会经济的协作条件等结合起来并能够表明空间等级关系的理论和模式，给决策者及政策实施者以明确的点-线-面关系、层次关系和轻重缓急关系。就从这一点看，西方的理论带有地域局限性，难以表达这些内涵，因此不能被直接利用。

我要做的，是将西方的理论与中国的实际情况（如产业集聚基础、水土及矿产资源分布、交通运输、进出国内外市场等条件）结合在一起，从全国大空间层面上推导出新的理论与模式，向国家提出自己的分析与建议。1983—1984 年，我对几年间的理论研究与实践思考进行了进一步的凝练和提升，提出点-轴系统理论与国土开发与经济布局的 T 字形结构。

第二节　关于理论与模式提出的初步准备

一、进行若干领域与问题的预研究

点-轴系统理论与T字形结构的预研究，经历了以下四个阶段。

1963 年我进入地理所攻读研究生时，我的导师吴传钧先生就让我第二外语选学德语，而不是英语。20 世纪 70 年代中期，有位老先生推荐我看看台湾学者所著的《经济地理学》，说里面有关于德国学者的区位论的介绍。我也曾经听说过德国的区位论在世界上很有影响，因此我在读这本书时，非常认真，做笔记，写心得。这大约是在 1978 年前后。在这个过程中，我就联想到我国 50 年代“一五”计划与 60 年代中期及 70 年代初期的两次生产力布局的转移，那时就有了是否可以建立区域的点-线系统的念头，但当时想法还根本不成形，我觉得我还没有资格、完全没有把握提出来。

1980 年 9 月底，我到联邦德国进修，确定专注于区位论与空间结构理论的学习与运用。1982 年 5 月回国，就开始撰文写书进行总结。当时，我已基本了解苏联和西方的学术思想与基本理论。我开始运用西方区位论与空间结构理论，以点—线—面组成空间格局结构对接我国的大格局问题。渐渐地，我在区域发展研究范畴内，以集聚与合理集聚、集聚形态等为基础，解析了大量的区域与国家发展现实的空间结构“面貌”，看出了“点-轴”所组成的基本空间形态，也就萌生了这个概念及其系统的等级性。

我从大量关于工业布局、工业区及工业基地条件评价、协作集聚及其合理规模与形态等资料学习中认识到，合理组织社会经济要素的空间布局能取得相当大的经济效果。在 20 世纪 70 年代末开始，我在繁忙的课题研究的同时，还挤时间相应地写出研究心得十余篇，正式发表论文 8—10 篇。其中，《工业区的工业企业成组布局类型及其技术经济效果》①和《对我国区域规划有关问题的初步探讨》是关于我国工业地域综合体研究、区域规划理论研究的较重要的成果。

从 1981 年开始，我着手《区位论及区域研究方法》（科学出版社，1988 年出版）专著的写作。1983 年，《人文地理学中区域分析的初步探讨》②实际

① 该篇文章发表于《地理学报》1979 年第 3 期。

② 陆大道. 人文地理学中区域分析的初步探讨[J]. 地理学报，1984，39（4）：397-408.

上已经写就，1984 年 12 月发表在《地理学报》上。该文与《区位论及区域研究方法》一书的主要内容与思路就是点-轴系统理论的源头。

认真分析我的上述工作，便可以理解：这些积累的工作成果与 1984 年我提出的点-轴系统理论与 T 字形结构有着紧密的内在关联。《人文地理学中区域分析的初步探讨》一文中提出，“利用‘等级-规模’法则，依据区域经济增长和平衡发展间倒 U 字形相关规律塑造国家（与区域）的空间结构”。在该文的手稿中还建议国家要规划建设各级密集产业带。这些实际上与提出点-轴系统理论与 T 字形结构只有一步之遥了，已经为在《二〇〇〇年我国工业生产力布局总图的科学基础》一文中阐述的点-轴系统与 T 字形结构勾勒出逐渐清晰的轮廓了。

二、准确阐述并强调了国家（大区域）经济增长与平衡发展之间的倒 U 字形学说

我在《二〇〇〇年我国工业生产力布局总图的科学基础》一文中，对威廉姆森（John Williamson）提出的区域差距演化的倒 U 字形学说，作了比较精炼和准确的阐述。

论证经济增长与平衡发展之间关系的威廉姆森倒 U 字形学说，对于我坚持国家发展重点不能实行“战略转移”并提出点-轴系统理论与 T 字形结构来说，是重要理论支撑。因为，这个学说对区域经济发展与空间集聚、分散演进过程之间的关系具有可靠的解释能力。我国多数学者认为，这个学说概括了社会经济空间集聚变化过程的基本特征，对我国全国范围国土开发和经济布局具有宏观上的指导意义。但也有的学者认为，在国家及区域的开发建设中，无须按此规律，而是应该分散即分散，应该集中即集中。

我在 20 世纪 90 年代初写作的《区域发展及其空间结构》一书中，总结了我十年来对国内区域（国家）经济增长与内部不平衡变化趋势的考察和分析，更加认为这个学说是合乎规律的，有广泛的解释能力和指导意义。在此，我再次强调以下两点。

（1）在一个国家（地区）工业化的初期及中期，区域发展的不平衡是经济增长不可避免的副作用。

（2）根据经济增长与不平衡发展之间的倒 U 字形学说，对区域总体发展布局的规划，可以按照区域的等级不同分别作出判断。

也就是说，在一般情况下，在大的区域，特别是面积辽阔的国家，不平

衡发展将延续很长的历史时期；对于较小的国家或区域，能较快地由不平衡发展转变成较为平衡的发展。就我国来说，全国范围内的平衡发展战略不宜在20—30年内实施。

强调与分析运用倒U字形学说，对于明晰当时（20世纪80年代初中期）是不是认为国家要将发展重点转移到西部地区去的大争论，是极为重要的。

所以，后来有的学者在回忆20世纪80年代初我国生产力布局面临的重大问题时，用“集中”与“分散”的概念来解释当年国家发展重点选择的争论，提出要纠正“过多强调分散布局的倾向”。这是不符合当时国家发展战略需要解决的重大问题的，是没有针对性的。我早就指出，集中与分散问题，是“一五”时期特别是“三线建设”中厂址选择与工业基地区域规划中要考虑的。在全国这样大的尺度上，不是“集中”还是“分散”的争论，而是国家区域发展的平衡、较为平衡、不平衡发展的选择问题。

在当时我国的学术界，我没有看到和听到有人结合当时的社会舆论，完整地强调并阐述上述这个重要原理。但是，这却促使我形成了当时国家发展重点不能实行 “战略转移”的科学判断。

第三节　以点—线—面构建最佳空间结构的基本要求

我在构思如何解决国家国土开发与经济布局的战略问题时，首先必须寻找与推导出科学的空间结构模式，这种模式要满足“国家发展重点不实行战略转移”的基本要求，同时又要能实行渐进式延伸与扩散，逐步实现从不平衡发展到较为平衡的区域发展。这个模式需要达到以下几点基本要求。

第一，要对国家需求有明确的针对性。要从理论与实践相结合的视角，有力地论证国家的发展重点不能战略转移；并且，要能进一步回答在不实行战略转移的情况下，如何使地区开发规模与重点逐步扩大，实现从不平衡到较为平衡的区域发展。我决定参考西方区位论与空间结构理论的空间思维，按点—线—面模式并赋予其等级概念的内涵，来寻找合理的空间结构理论模式与渐进式扩散规律。

第二，要具有科学性，也就是说要符合实际。想要使政策建议被国家采纳，必须要理论和实际相结合，同时具有前瞻性。这就需要充分利用各方面的知识，包括国外的理论发展、国内的实践经验，以及工业基地开发规划与生产力布局的知识等。几十年的大量的宏观研究与咨询工作成为我提出这个模式的奠基石，是我在西方的几个区位理论基础上提出的新理论模式并产生实际影响的重要原因。

第三，要有综合思维。要考虑到总体布局战略重点的选择与交通运输、矿产资源与水资源、城市支撑与国内外市场的结合可能；要在全国范围内，做综合衡量与取舍。

第四，要在国土开发与生产力布局实践中具有可操作性，就是要让人能明白如何去用。从这个大区到那个大区实行转移，弊病明显。需要从这个框框中走出来，按点—线—面的思维范式去构思结构并赋予其动态化的过程，即赋予新模式以动态拓展和延伸的功能。

第五，要有不断完善的过程。在 20 世纪在总结国内外生产力布局与国土开发经验的基础上提出了点-轴系统与 T 字形结构之后，我在几篇主要的文章（如《我国区域开发的宏观战略》[①]），特别是在《区域发展及其空间结构》一书中进行了点-轴系统理论的科学依据及系统化的深化工作，对其进行理论上的逐步完善；对社会经济及其主要要素（客体）的空间集聚、合理集聚与集聚形态等做了较深入的刻画，使之更易于理解与运用。

第四节　集聚、合理集聚与集聚形态的理论分析

一、点-轴系统理论提出的基础

点-轴系统理论提出的基础是我对生产力发展（特别是工业发展的区位因素和布局规律）的总结，同时受到西方学者理论成就和思维模式的影响。

社会经济客体在地表空间中集聚，继而产生合理集聚，包括合理的客体集聚规模；达到一定的规模后客体又产生空间扩散，以及通过扩散过程中的新的集聚，进而形成具有较为复杂的、具有等级性的集聚形态。

古典的区位论学者提出的农业经营的杜能圈理论、城镇居民点的中心地理论以及市场网理论，本质上都是各种社会经济范畴的空间集聚形态。第二次世界大战后，德国、法国、英国与瑞典等国家的学者发展出空间结构理论，这一理论是空间集聚研究发展到新阶段的空间集聚形态学说。

---

① 该篇文章发表于《地理学报》1987 年第 2 期，第 97-105 页。

二、“集聚”是社会经济空间组织的最基本元素与初始出发点

集聚，可以说是社会经济空间格局及其演变的“第一原动力”，也即是社会与经济地理过程与格局形成的“第一原动力”。集聚，也是人文与经济地理的最基本的元素，是社会经济发展的“过程与格局”的最初出发点。

集聚，是指社会经济客体及与之相关的社会基础设施在一定空间范围内的结合。“空间”，当然指的是地域空间或地理空间，若干个单个客体在一定地理空间处于相邻的区位。集聚，造就了纷繁复杂的大千世界。“世界不是平的”，是地理学家的基本理念和观察一切现象和问题的基本标尺。集聚的程度与集聚的形态乃是人类活动所产生的大千世界在空间中的投影。

黄秉维先生①在1998年初与我谈话时回忆道，他在20世纪30年代就在西方地理学术期刊上看到过“集聚”这个概念。他还凭借记忆对“集聚”这个概念作了简单的解释：在河流入海处，开始可能有一个很小的港口，渐渐成为小居民点，后来由于渔业与所需的运输业的发展，小居民点不断积聚新的经济要素，成为一个港口城市。这就是一个“集聚”的过程。我几十年的工作，就是从空间集聚开始的直到现在，“集聚”成为我的学科研究脉络的源头。

三、关于社会经济客体集聚及其空间形态

这里谈到“集聚”，自然要交代一下什么是“社会经济客体”。社会经济客体既包括单个的经济要素和社会要素，如农户、村庄、矿山、企业、公路、铁路、交通站场（枢纽）、公司、信息网络、学校；也包括它们通过一定地域单元结合而形成的组团、板块、综合体、族群等，如工业区、产业集群、综合运输枢纽、城市、农业基地等。

“客体集聚”，有数量、规模和影响力三个主要范畴。数量，是指客体（企业、农户、人员、村、镇、城市等）的数量；规模，包括空间体量上（面积）的规模、作用力（辐射力、吸纳辐射力的能力）强度和价值的规模、产品和服务的生产规模及消费规模；影响力，即对周围的作用力的强度，包括对外辐射力和接纳辐射力的能力等。此外，集聚还具有“协作”（各种类型的协作）的内涵，各类人群、团体、族群等相互之间的物资与商品交流，信息交流等也会导致集聚点（较大规模）的形成。

---

① 黄秉维先生，中国科学院院士，著名地理学家，长期从事地貌和自然区划的研究，是我国现代地理学的主要奠基者之一。

古典区位论中都有点、线等共同元素，是点-轴系统理论的重要基础。“发展轴”这个概念，在德国的个别地方州的规划中曾经出现过，我认为就是各种不同等级的“线”或“线状基础设施组合通道”。我吸收了这些共同元素，将它们运用到区域层面，构思新的结构理论及其模型。

集聚与扩散，常常被学者们联系在一起思考。但集聚是最先产生的，是各种思考的逻辑出发点。由此产生集聚与扩散、合理集聚、合理规模、集聚形态、空间结构等多个重要的科学概念和科学领域。

对集聚的研究，始终是经济地理学乃至城市地理学的焦点和出发点，是最基本的学术概念。社会经济活动的历史随机性产生了最初的（点源）区位。

集聚，是人文与经济地理学研究对象运动的“第一原动力”，也是社会经济空间结构演变的“第一原动力”，但不是最初的动力。最初可能是偶然的，但不是随机的，随后才是集聚，社会经济客体在空间中的集聚。

我们常常说，社会与经济发展的地域差异，往往是由自然地理的差异引起的，但这仅仅是初始的差异。初始的差异经过经济地理因素的作用，引起正负反馈而放大，从而产生巨大的差异，形成各种各样的点状集聚与线状联络的空间结构。

从区域视角考察，在各种各样的社会经济空间表层体系中，都会自然而然地形成各色形状的“点—线—面”系统。这也是一种自组织过程。学者发现了这样的客观存在（或规律），加以理性的塑造，并模式化，就成了相应的模型。

第五节　国内外沿重点轴线进行开发的若干经验总结

1980 年 9 月底，我到联邦德国进修。在进修的前半段，我总结了联邦德国建设莱茵河沿线和苏联开发建设西伯利亚大铁道沿线的经验。第二次世界大战结束到 20 世纪 70 年代中期，美国实施著名的“马歇尔计划”（The Marshall Plan，又称“欧洲复兴计划”），向西欧各国提供了总计约 130 亿美元的援助。其中，联邦德国收到的援助约为 150 亿马克，其中的 75%投入到莱茵河沿线建设[沿线的宽度为自主要城市的中心区出发 1.0—1.5 小时的可达性（车程）范围内]。苏联在亚洲部分的开发基本上是沿西伯利亚大铁道进行的，大部分的设施设置在其几个中心城市和有利轴线区段上。

我国在 20 世纪 50—60 年代发展沿哈大（哈尔滨—大连）线、80 年代发展沿胶济（青岛—济南）线及其重点城市的建设等，也都取得了很好的效果。

通过总结国内外多个区域和国家开发和发展的经验，我得出：凡是成功开发和发展的地区和国家，在空间布局上客观上都基本符合“点-轴”结构模式的，其生产力布局与交通运输、水土资源、城市依托和国内外市场实现了最佳的空间组合。

我的大量工作和思考，都是围绕中国实际问题和国土开发与生产力布局科学化的需求展开的。实际上，德国的地理、区域经济和城市规划等研究领域都没有人提出过点-轴系统理论或点-轴开发模式的概念。也就是说，有了中心地（点），有了“线”，不等于就有了点-轴系统理论。这与德国国情及学者的观念、思维方式可能有关。

1983—1984 年，我认真反复思考了当时国家发展状况，考虑了过去我们是如何实现战略转移的，以及所造成的经济损失。在此基础之上，我对资源分布、交通运输条件、国内外市场的分布等进行各种“流”的方向比对与耦合，思考什么样的战略结构能够更好地将这些条件在地域上进行地域组合，从而保证我提出的空间结构战略能够将这些地域条件揽括在一起。

那个时候，我的论证还是比较简单的，但最基本的理论框架已经把握到了，即社会经济发展在客观上会形成有一定规律的空间结构，这其中蕴含了科学原理。人们考察、分析发现了这种规律，就可以用来指导人类的实践。因此，人类也就可以理性地运用这种规律，通过采取政策措施，更加自觉、更加科学地塑造社会经济的空间结构，以实现最佳发展，实现人与自然之间的空间协调，实现社会经济各要素之间的空间协调。从专业的哲学基础上考虑，这是实证主义方法论。因此我认为，人文与经济地理学是一门实证主义的科学。

第六节 点-轴系统空间结构形态的构想

在初步掌握宏观研究的基本要求基础上，针对国家需求及具体重大任务，我开始寻找和推导新的理论模式，并做出相应的分析与论证。当然，这个过程不是在 1984 年就一下完成的，而是在此之前与之后，都做了相应的具体的积累与完善的工作，包括体系化工作。

一、对西方区位论与空间结构理论的初步理解

1984 年及之前，我的研究工作集中在如何对西方区位论与空间结构理论做延伸发展的历史思考与分析方面。

根据社会经济客体的空间集聚、合理集聚及集聚形态的变化逻辑，按照空间集聚与空间分散（扩散）的相互作用演变趋势，在区域综合层面进行阶段性的相对协调格局的概括，这是思考如何看待和实施社会经济发展空间结构变化，构建生产力布局和区域发展空间结构的科学理论和模式的过程。

我运用德国区位论与空间结构理论中的一系列共同的元素——点、线、面，以及最少的运费、最佳的行政管理等原则，但摆脱了原有理论局限于较小的区域与行业性特征，将其运用到我国国家及大区域的层面，构思了点-轴系统概念及其结构模型。

在 1984 年中国地理学会经济地理专业学术讨论会上的大会报告（稿）《二〇〇〇年我国工业生产力布局总图的科学基础》一文中，我对点-轴系统作出了明确的定义：

> 区域或国家的社会经济发展，是由中心地（城市）与发展轴线连接与带动的；即在经济发展过程中，大部分社会经济要素集中在"点"上，并由线状基础设施联系在一起形成"轴"；"轴"对附近区域有很强的经济吸引力、凝聚力、辐射力。就如同门的轴可以带动整个扇面的道理。"点-轴"之间的如此关系及内涵，便是点-轴系统。这个系统模式反映了社会经济空间组织的客观规律，是一种最有效的区域开发模式。

但是关于点-轴系统结构形成的详细理论推导，最主要不是《二〇〇〇年我国工业生产力布局总图的科学基础》一文。所以，长期以来我都是说该文是"初步提出点-轴系统与我国国土开发经济布局的 T 字形战略结构"。点-轴系统理论的体系化工作是在 1984 年之后，主要是在《区域发展及其空间结构》（科学出版社，1995 年出版）中完成的。

二、点-轴系统理论的科学内涵与功能预设

1. 点-轴系统理论的科学内涵

在经济发展过程中，大部分社会经济要素集中在"点"上，并由线状基础

设施联系在一起形成“轴”；“轴”对附近区域有很强的经济吸引力和凝聚力。经历一段时间的演变之后，社会经济客体在空间中就以“点-轴”的形态自动进行渐进式扩散。渐进式扩散必然导致“点-轴”空间结构及其系统的形成。这里的“点”指各级中心城市，“轴”指由交通、通信干线和能源、水源通道连接起来的“基础设施组合通道”。重点发展轴是指重要交通干线（包括沿线港口、车站在内）、动力供应线、水源供应线等所经过的地带，这些地带有较好的位置、资源、经济基础等条件，因而有较大的开发潜力和前景。轴线开发又是以不同等级的中心城市为基础的，相应地就会形成不同等级的点-轴系统。由于不同国家和地区地理基础及社会经济发展水平存在差异，点-轴系统空间结构的形成过程具有不同的内在动力、形式及不同的等级和规模。

点-轴系统理论从阐述社会经济客体的空间集聚和扩散开始，揭示了点-轴空间结构的形成过程和科学内涵。类似物体在空间中相互作用的基本原理，社会经济客体存在空间扩散和空间集聚的两种倾向，这两种倾向的实质也类似于物体间的相互作用原理。

2. 点-轴系统理论实际功能的预设

社会经济客体，除农作物种植以外，大都产生和集聚于点上，形成大小不等的城镇居民点。从实践中可知，相邻城镇间的相互作用力并不是向各个方向平均辐射的，而是沿着交通线、动力供应线、水源供应线等线状基础设施进行的。一般来说，较大城市间线状基础设施的规模和能力也较大。物质能量交流频繁，产生较大的接触优势，导致新城镇的产生和发展，成为产业带即发展轴线。

1984年论文《二〇〇〇年我国工业生产力布局总图的科学基础》一文设了专门的二级标题“点轴开发——最有效的空间组织形式”一段，对点-轴系统的理论与实际功能作了准确的概括与判断，即对点-轴系统理论内涵与优化功能进行了论述，具体如下：

> 点轴开发，即点轴—等级逐渐扩散式开发，就是在全国（或地区）范围内，确定若干具有有利发展条件的大区间、省区间及地市间线状基础设施轴线，对轴线地带的若干个点（城市及城市区域—发展中心）予以重点发展。随着经济实力的不断增长，经济开发的注意力愈来愈多地放在较低级别的发展轴和发展中心上。与此同时，发展轴线逐步向较不发达地区延伸（包括发达地区的距发展轴和发展中心较

远的地区），将以往不作为发展中心的点确定为较低级别的发展中心。

按照这个动态模式，各级中心城市区域和城市直接影响区域的工业开发，应选择由该城市发出的基础设施轴线作放射状的重点发展，一般不宜脱离放射轴线围绕城市中心区作摊煎饼式的扩展。因为后者需要有大量的环形基础设施工程。

在中心城市相适宜的距离，选择有较好发展条件的点作为次级发展中心。一级中心对次级中心进行技术、信息扩散和生产协作。同理，围绕次级中心，又有三级四级中心，如此等等。不同级别中心城市的职能在工业布局上表现为生产规模、技术水平、产品销售范围等方面的不同。从中还可以得出，中心城市的经济网络、空间形式不应是方格状的而是放射状的，是不同级别的中心城市的网络在地表的重复覆盖。

长期以来，人们为集中还是分散，“一线”还是“三线”，沿海还是内地所困扰。如果我们能科学地规定各级重点的点、轴，形成有机的点轴体系，即可在相当程度上解决这些问题。

1）点轴开发可以顺应工业发展必须在空间上集聚成点，发挥集聚效果的客观要求。在工业地区、工业城市、工业区三种不同地域范围内，当确定了合理的工业结构及工业与区域性基础设施之间的有机结合，便产生巨大的空间集聚效果。只有以点轴的形式发展才能充分利用这种效果。

2）点轴开发可以充分发挥各级中心城市的作用。城市是区域的核心和统帅，城市在区域经济发展中产生，依靠所影响区域提供的原料、能源、食品、劳力等而发展，城市以工业品、信息、技术、政策等供给和统帅它的区域。要把广大区域发展起来，必须把各级中心城市作为不同等级的开发重点。

3）轴线重点开发可实现工业布局与线状基础设施之间最佳的空间结合，即可使各级范围内重点的交通干线、能源、水源建设线路与重点建设的城镇、工矿区取得必然的一致。避免其以往实践中出现的空间上、时间上的相互脱离。

4）点轴开发有利于城市之间、区域之间、城乡之间便捷的联系。因此，客观上，有利于实现地区间、城市间的专业化与协作，形成有机的地域经济网络。

5）各级区域范围内重点发展轴线的确定，可以使区内各地区、各部门有明确统一的地域开发方向，有利于提高基本建设的投资效果和管理组织水平。

作为全国一级重点开发轴，海岸地带和长江沿岸，具有较高的经济发展水平，但社会经济设施，如港口、城市、工业、交通线站等，还只是集中在为数不多的点上。大城市之间、大中城市和港口之间，还有很长的距离。城市、港口还未形成等级体系：中小城市少，中小港口少，中小工业点、工业区少，说明现状发展不充分，开发潜力很大。发达国家海岸地带与此不同。如日本中小港口的数量和码头岸线的长度都占全部港口数和码头岸线总长的 80%。今后我国两大发展轴的建设，要加强中小城市和港口的建设。较大的城市和港口，接受输入的能源、原料、产品、转运给附近较小的港口和城市，同时将中小城市、港口及其腹地的产品集中起来，与外面交流，形成有机的地域体系，推动整个地带的发展。

关于点-轴系统及其演变而成的点-轴-集聚区的推导，将在本书的“中篇”予以进行。

主要参考文献

陆大道. 2000 年我国工业生产力布局总图的科学基础(精炼版). 地理科学, 1986, 2: 110-118.
陆大道. 2000 年我国工业生产力布局总图的科学基础(全文版). 效益与管理, 1985, 3: 4-21.
陆大道. 区位论及区域研究方法. 北京: 科学出版社, 1988.
陆大道. 区域发展及其空间结构. 北京: 科学出版社, 1995.
Boeventer E V. Standortentscheidung und Raumstruktur. Hannover, 1979.

第四章

我国国土开发与经济布局 T 字形结构的产生

在提出点-轴系统理论的同时，我针对当时国家决策中的重大问题，构思了我国国土开发和经济布局的 T 字形结构。根据我国经济发展条件的地区差异、布局现状及今后国家的发展任务，我提出，本世纪（即 20 世纪）末及下世纪（即 21 世纪）初年全国一级的重点开发轴线是海岸地带轴和长江轴，二者构成 T 字形的空间格局。

点-轴系统理论，是 T 字形结构的理论基础，二者几乎是同时思考与论证产生的。我认为，国家级的宏观构架是统领性的，应符合三个原则：①要能将全国的开发与发展带动起来，成为协调全国经济、凝聚全国经济大系统的空间主干，并能够通过技术、人才、交通、信息等网络方便地与世界经济相联系；②要具有较强大的促进经济与社会发展的实力与潜力，能产生较好的辐射作用与影响；③结构简单，因为其下还有二级三级的结构系统。在我看来，T 字形结构是符合以上三个原则的。

为了获得未来具有宏观的、统领性的国土开发与经济布局的全国构架（点—线—面关系及等级体系中的第一级），我将分析与推导过程分成两个部分，最后聚焦到一级构架，在全国确定其具体位置与形态。

第一节　我国国土空间及其大型经济地带形成的基础

我国自然地理结构的大格局，是我国最基本的国情与社会经济发展的重要基础之一，也是认识、理解、塑造我国当前及未来全国社会经济空间结构的根本依据。因此，对我国的自然地理结构大格局做出科学的分析与判断非常重要。

（1）中国三大自然区和地势的三级阶梯，对我国社会经济活动影响是巨大的，现阶段人的力量还不能使其大幅度地改变。

（2）地形西高东低，大河由西向东，构成了我国千百年的货物和人员的基本流向。

（3）人类社会经济活动受海洋的吸引是普遍规律。从宋、元时期开始，特别在明、清时代，我国的发展充分体现了这一规律的作用。这种态势在很长时期内不断加强。

由于上述三条客观因素的作用，当时，我国社会经济空间结构形成了以下基本特点。

（1）工商业城市和大型的运输基础设施集中在沿海地带。

（2）借助于长江这条中国最大的可通航的河流，将以上海为中心的长三角和内地的武汉、成渝地区相连接，早就形成了经济发达、发展潜力巨大的产业、城市集聚带。

（3）在沿海地带和沿长江地带之外，实际上也还有沿交通干线、能源输送线等形成的产业、城市集聚带，其经济、科技实力次于沿海和沿江地带。

（4）在上述经济集聚带相交处，形成大小不等的“点”的集聚，即城市、产业与城市集聚区及城市群。

实际上，自然规律和社会经济规律早就塑造了天然的点-轴系统。这种空间形态最初是由自然地理因素奠定的，其形成并不是很理性的，有许多不合理的地方。之后，在经济地理学因素（外部经济）的作用下，这种空间形态不断地被“放大”。我国改革开放以来的大规模发展，更加“放大”和加强了上述的大格局。

结合联邦德国建设莱茵河沿线和苏联开发建设西伯利亚大铁道沿线地带的经验就可以发现，我国自然与经济要素的空间集聚及其格局定位就必然落在沿海地带与沿江地带。在人类活动受海洋吸引的长期趋势下，中国沿海地带的要素集聚优势与进入世界的前沿优势，在20世纪70年代初（中美关系改善后国家启动大规模引进项目的布局）就开始凸显；而沿长江地带，在中国近代经济发展过程中，在运输大通道、水资源、气候、土地、矿产、农业、人口、文化、工业基础、城市基础等方面体现出集聚优势。这样，我国的重点轴线和重点中心城市，非沿海与沿江地区莫属。

第二节　全国主要行业与大企业未来经济联系的指向性分析

从20世纪70年代初开始到1984年，在《二〇〇〇年我国工业生产力布局总图的科学基础》的构思与写作这一较长的过程中，我在大量微观基础研究基础上，进行综合思维与“立交桥式”的分析判断，获得了对未来全国主要的国土开发与经济发展重大工程空间指向大格局的基本了解与把握。

为了分析与论证全国生产力总体布局的变化趋势，推导未来的理论构架，我进行了相当广泛的经济、社会、自然、资源、城市、交通、企业、市场及进出口等方面相互关系的分析与指向判断。

在《二〇〇〇年我国工业生产力布局总图的科学基础》一文中，大约提到600个社会经济客体。以工业为主体的经济客体（大规模工业化的初中期）的基本单元分类如下：企业与工业区、工业基地及工业城市、矿产资源地（能源、金属、非金属）、矿区、交通运输（五种方式中的铁路、公路、水运、管道的线路、站场枢纽与港口，当时未考虑航空）、水资源（河、湖、地下水、冰雪融水）、大中小各类城市、农业区与农村加工与运输枢纽、市场、人口、劳动力及分布、一般性服务业、高端服务业等，每一领域与行业，又涉及不同地域单元（省区市、地区、县市等）等。所有客体，又都以相关区域单元的形式组合起来的，每一个组合体又成为一个“客体”。

这600个左右的经济社会客体，从地理空间上看好像是无序的。但是当把它们“点”出来以后，它们的分布及其资源供应、原材料来源、产品及客货流的流向，以及它们之间的动态化与关联化的指向，以点—线—面进行抽象概括，加以有序化与等级化编排，第一等级（即最高等级）的大格局就呈现出来了——沿海地带与沿江地带两条轴线，二者组成一个大写的T字形。

一、认识与把握全国性工业（门类）布局的区域平台

在具体考虑未来空间格局及其指向时，我以全国主要的工业部门为主体，

构建全国性的专业平台，

（1）能源资源及其开发（平台）。主要包括：山西煤炭基地（大同、朔州、晋东南）、东北煤炭基地（阜新、平庄、霍林河及伊敏河等露天，七台河、双鸭山与佳木斯）、河北煤炭（唐山、邢台、峰峰、张家口等）、两淮煤田、山东煤田（兖州、滕州、肥城、淄博）、豫西煤田、陕北煤田（榆林、延安等）及陕西中部煤田、宁（夏）东煤田、贵州六盘水煤矿、江西萍乡等。需要对它们分别提出开发措施，并分析其大致规模、煤炭流向与流量等。

（2）石油资源及其开发（平台）。主要包括：大庆、胜利、新疆（克拉玛依油田）及南疆（勘探）、任丘、辽河、陕北等油田。需要对它们分别提出扩大开采规模、增加勘探面积及主要措施，指出原油流向及规模等。

（3）电力工业（平台）。主要包括：电力负荷中心（京津唐、长三角、东北中南部、四川盆地、长江中游、珠三角、福建沿海等）的火电基地，坑口火电基地（大同、朔州、邯郸、阳泉、清河、六盘水、渭南、豫西等）。长江以南广大范围，除贵州及江西外，属缺煤区，电厂燃煤依靠“北煤”（晋煤，陕西、内蒙古、河南等），即“北煤南运”。当时，东北就已经开始进入缺煤、缺电时期，相当严重地影响了老工业基地能力的发挥，愈来愈依靠“晋煤出关”。“三五”“四五”由于水电水利工程（基地）（三峡工程规划、黄河上游刘家峡与龙羊峡、金沙江干流的向家坝与溪洛渡、云南的小湾与漫湾、黄河中游的万家寨与小浪底等），红水河的梯级开发（此后建成了天生桥一级）等。依靠强大的500千伏超高压输变电线路的建设，大量的电流由西向东输送到电力负荷中心：葛洲坝至长三角、天生桥至珠三角、陕北至京津唐等。

（4）钢铁工业平台。鉴于我国铁矿资源探明储量有限，而且基本上都是品位在30%左右的贫矿，普遍含其他金属与非金属成分，洗选工艺复杂，利用效率低。特别是当时的三大铁矿基地（鞍本、冀东与攀枝花）都是含铁矿层产状复杂、可露天开采比重低的低品位铁矿山。所以，当时我判断出，未来我国钢铁工业发展必须采用大量的进口矿石。因此，新建与扩建的钢铁厂大部分应该配置在可利用廉价水运的沿海与沿江地带（这样还可以节约70%左右的淡水），如鞍钢和本钢的扩建及新基地（鲅鱼圈基地）建设、冀东新基地的规划建设、长江下游的沿江地带[①]，后来逐步扩大到长江中上游钢铁基地（武汉、重庆）的大规模扩建与新建等。

---

① 如：宝钢扩建，南京钢铁公司、马鞍山钢铁公司的大规模扩建，沿江扬州、镇江等专业性钢厂（或钢材厂）的新建，杭州湾的杭州钢铁公司扩建等。

（5）原油加工与基本无机化工、石油化工平台。由于原油适宜于长距离（大型油轮与管道）运输，而石油加工产品，如汽油、煤油（包括航煤）、柴油、润滑油等成品油及品种繁多、批量不一的石化产品（原料及半成品）运输困难，在运输过程中还要洗槽洗罐并产生蒸发。所以，国家对布局的基本要求是：原油可区域间运输，成品油基本要求区域内平衡。20 世纪 80 年代中期，已经基本建成的原油加工及石油化工基地有抚顺、大连、吉林、北京、上海、南京、大连、仪征、宁波、安庆、武汉、益阳、兰州、乌鲁木齐等。大部分位于沿海、沿江地带①。13 套引进 30 万吨合成氨的大化肥装置，约 60%部署在沿海沿江，内地占 40%。可以判断，此后的发展与布局将进一步加强此种趋势。基本无机化工基础在天津、上海、广州；盐酸、硫酸生产布局的原则是配合石油化工基地布局，再有就是配合西南大规模磷矿开发而布置的磷肥厂，需要布置配套的硫酸生产，相对集中于沿海、沿江地带（有岸线的省市）。

（6）建材工业平台。水泥工业，基本上与大中城市分布一致，长途运输也仅限于特种水泥。玻璃工业，当时全国最大的生产厂在秦皇岛，其次在东北与上海、湖南等地。

（7）其他不构成系统平台的、空间影响较小的行业。有色金属资源的开发与粗炼，基本上都在矿山附近，如白银、会理、铜陵、德兴及湖南中部的铜铅锌开采与冶炼，铝工业在淄博的南定、郑州、孝义（河津）。有色金属的精炼集中在沈阳与上海，可能还有西安与成都，主要服务于电气设备制造与电子设备制造，其中包括国防军工。

（8）机械工业。机械工业是新中国成立后持续发展的部门，主要是“一五”期间以苏联援建的 156 项重点工程（实际开工建设的 154 项，建成的是 152 项）为中心，包括国内配套的 694 项限额以上的工业建设工程。其中，特种机械、大型与重型机械制造，生产重点在东北的沈阳、鞍山、大连、富拉尔

---

① 1972 年 2 月 28 日中美两国在上海发表联合公报，标志着中美两国在对立了二十多年之后，开始走向关系正常化。……。1973 年 1 月，国家主管部门制定了“关于增加设备进口，扩大经济交流”的计划。到 1977 年底，……。主要引进的是以石油化工为主的原材料工业和电站设备，其中包括 13 套年产 30 万吨合成氨的大化肥设备，4 套大化纤设备，3 套以乙烯裂解为主体的大型石油化工设备，一个烷基苯厂，43 套综合采煤机组，3 个大型电站，一米七轧机及部分附属设施，透平压缩机和燃气轮机等。到 1978 年，又大幅度扩大引进规模，其中包括 6 套大型的以石油为原料的化工成套项目和一套以煤为原料的大化肥设备，宝山钢铁总厂及德兴、贵州有色金属冶炼，合成革与帘子布，煤矿设备等。引自：《中国工业布局的理论与实践》，陆大道等著，1990 年，科学出版社。

基与哈尔滨，以及关内的上海、太原、天津、湖南中部、重庆等地。电子信息元器件及设备生产重点在西安、成都、上海、北京等。其他如纺织工业，分布于北方与长江流域主要棉区的郑州、青岛、天津、石家庄、合肥、西安、武汉、成都等。

二、交通运输各平台及其与客货流集疏方向的关联

在新中国成立的头25—30年，我国在非常薄弱基础上取得了辉煌的成就。但是，与此同时，与工业发展与工业布局关系最为密切的交通运输长时期严重滞后。能源运输问题严重影响了工业布局与城市发展。铁路运输能力的不足，是导致能源供应与保障严重不足的关键所在。

这一点，是我在几十年中关注的焦点之一，也是我写作《二〇〇〇年我国工业生产力布局总图的科学基础》（1984年9月）一文与“全国建设布局的总体构想”（国土规划第三章手稿，1985年7月）一章的主要理念之一。

当时，长距离的大宗货物的运输与中长距离的客运，绝大部分利用铁路。20世纪50年代，新建了鹰（潭）厦（门）、蓝（村，现胶州）烟（台）以及西部地区的包兰、兰新等铁路。“三线建设”时期建设了襄（樊）渝（重庆）、成昆、焦（作）枝（城）（后延为枝柳（州）线）。

但是，在这样长的时期内，在我国最主要的运输方向上，即京沪、京广与进出关三个客货运量最大的方向上，还只是进行了部分线路的复线与牵引动力（内燃与电力牵引）改造。大量煤炭（北煤南运、晋煤外运、晋煤出关）与大批客流，都集中在京沈、京沪与京广三条铁路干线上。由于国民经济实力薄弱，我国东部地区的铁路常年处于“不发棉衣过冬”的状态。运能不足的压力非常大，成为“三五”“四五”甚至包括“五五”开始时期国家发展的严重“短板”。

由于国家投资能力的不足，我国水运优势长时期得不到发挥。原因是内河航道所需的疏浚、船舶等装备的严重不足；沿海海运能力更是不足，大量适宜于海运的散装货物，如煤炭、原油与成品油、水泥、粮食、盐等，大部分依靠陆上（铁路）运输；缺乏排水量大的货船；沿海（北部）煤炭基地缺少至最近出海口的铁路线，以及相应的专用港口和集疏运系统。

20世纪80年代，我国深入贯彻落实十一届三中全会的精神，逐步扩大对外开放，对交通、能源等行业进行大规模投资建设。如同《二〇〇〇年我国工业生产力布局总图的科学基础》一文中那段常被引用的“经典”表述：

上述两大重点轴构成“T”字形。长江轴将内地两个最发达的核心地区与海岸地带轴联系起来，两轴在经济最发达的长江三角洲交会。

这种空间结构形式较准确地反映我国国土资源、经济实力及开发潜力空间分布的基本框架，也有助于今后更好地利用与国外经济技术交流中所激发起来的巨大动力。将此二轴进一步开发建设好，就可奠定国民经济翻两番的基础，并促进与之相联结的二级三级发展轴线，使全局获得顺利发展。

正如我所预见的那样，国家很快就在沿海、沿江地带建设起庞大的基础设施，包括国际机场、集装箱枢纽港、高速公路和高速铁路的起讫点与枢纽、信息港等，进而带动了整个国民经济与一系列中心城市的迅速发展。

三、平台叠加、透视分析与顶层概括

基于对国家发展阶段处于大规模工业化初中期的判断，在“本世纪末及下世纪初年”必然要求大规模发展能源重化工。而大规模能源重化工的发展，特别是煤、钢、电、化的大规模发展，必然会产生大规模的运量和耗用大量的淡水水源。

为此，应重点构建资源、交通与钢铁、有色冶金，资源、交通与电力（水火电），资源、交通与原油加工、石油化工等三个基本的交叉结构平台。对它们作叠加与耦合分析，可得出国家经济总体开发的基本构架。当然，这样做与这样写，都是思想性与虚拟性的。这里所指的“资源”包括能源、矿产、水土资源，“交通”包括铁路、内河与海上运输及管道、公路等。

（1）资源、交通与钢铁、有色冶金交叉平台。对于一个大型具有完整结构（烧结、炼焦、生铁、炼钢、部分轧制钢材）的钢铁联合企业，生产1吨钢产生的厂外运量达到7—8吨。在当时300万—500万吨钢铁联合企业，需要为其建设一条铁路专用线。这样规模的钢铁厂，如全部使用淡水情况下，大约每年耗用淡水4亿—5亿米^3（包括相应的5万—10万人口的城市用水）。当时全国初步形成了十大钢铁工业基地（鞍山、上海、武汉、北京、本溪、攀枝花、包头、马鞍山、太原、天津），大部分位于沿海沿江地带。考虑到我国铁矿资源不足，且基本上是贫矿，洗选困难，未来的扩建与新建钢铁工业基地也一定在沿海沿江地带，可以大量使用进口矿石。钢铁工业还可以用海水代替70%左右的淡水。由此可见，对交通运输网和大型水源供应都有巨大需求的钢铁等冶金工业，其布局，必然要首先考虑设置在海岸地带与大河沿岸。

（2）资源、交通与电力（水火电）平台。我国的煤炭资源丰富，但是集中在华北与西北部分地区。因此，煤炭的运输就成了很大问题。从这种实际情况看，须承认我国在资源、资源开发条件、经济发展地区上存在严重不平衡；从经济效益上，必然得出或承认这个结论：煤炭及相应的燃煤电厂在全国范围内主要方向上的中长距离运输（煤与电）必须是合理的。装机100万千瓦的火电厂燃煤每年在300万—350万吨；在二次循环用水的情况下，大约耗用淡水1.5米^3/秒，即年耗水量约0.5亿米^3。2000年，燃煤及电力的主要消费地在沿海与长江沿岸（特别是长三角地区）。除京津唐地区之外，从山西、内蒙古西部到辽宁、长江三角洲、浙闽、珠江三角洲经水陆联运的平均距离分别达到1000公里、1600—1800公里、2400—2600公里。上海，及整个东南沿海，长江流域部分地区，能源与电力的利用效率比能源主要产地高得多。能源主要调入区每吨标准煤所创造的产值远远高于全国平均水平，这是中国国情所决定的。煤炭运输要尽可能多地利用水运（沿海海运与内河运输）。

（3）资源、交通与原油加工、石油化工等。原油加工、石油化工、无机化工，生产中产生大规模运量与水资源消耗。一个年加工500万—600万吨原油的炼油厂，如果是以生产化工产品为目的、以30万吨乙烯为中间体的大型综合石化企业，如果利用进口原油就要建设港口码头，如果利用国内外陆上原油，则可依靠管道运输。成品油及诸多种类石化原料，年进出运量也在600万吨以上，也需要铁路支线及编组场。同时，消耗大量的水资源，其中60%—70%可用海水代替。

现实空间结构中远不止这三个平台。任何一个行业，都可以成为一个全国性的结构平台。这里叙述的只是主要的生产部门与资源、交通之间的关系（平台）。因为，资源、交通与几个工业部门之间的关联，带有全局性经济社会发展意义，可以看到空间中的重要衔接、合作、分工或矛盾、冲突、排斥等相关关系。

这里，我以实例说明煤-电-运三者之间关联，并说明针对这个问题科学判断的重要性。

在第三个至第四个“五年计划”期间，国家主管部门提出了“扭转北煤南运”的方针。但在不到十年内，因付出了巨大代价而不得不放弃了这个方针的实行。20世纪50—60年代，我国一次能源结构中煤炭占比80%—85%。60年代中期，在我国交通运输特别是铁路运输极为紧张的情况下，国家提出要“大力扭转北煤南运”；1970年提出要“大干三年，扭转北煤南运”，集中全国煤田地质工作45%的力量在江南九省市大规模“找煤”。大量的小“鸡窝矿”投入开采。但“三五”“四五”期间煤层厚且埋深浅、产状简单、发热量高、离负荷中心近的山西却没有开一个新井。到“四五”末期，大部分南方省市的矿井都报废了，损失巨大。我国对“北煤”的依赖程度更大了（注：当时我国煤田地质普查工作是基本清楚的，我国南方除贵州及江西个别地方有较大煤炭储藏外，都是贫煤与无煤地区）。

20世纪60—70年代东北地区为何严重缺电？东北地区自60年代就缺电，国家地矿部门很早就计划要开发内蒙古东部的霍林河、伊敏河与平庄三大露天煤矿，就近运到东北三省发电，同时也计划建设若干坑口电站输电到东北。但是，由于当时集中资金在江南九省市找煤挖煤，以致这三大露天煤矿的开发拖延了十多年。

自20世纪80年代至2008年，我国对能源、交通等的长时期方针政策作了调整，并进行了相应的大规模建设，出现了前所未有的好形势。

1972—1978年，我国顺利地建设了引进的27个（投资金额187亿元）重大的化肥、石油化工、电站、钢铁企业，其中长江沿岸13个，海岸地带8个，占全部引进企业数量的78%。这些大型企业的布局，影响与带动了其他工业的发展。相当部分的国防军工转移到重庆及其附近，鞍本扩能部分转到鲅鱼圈（营口），二汽主体部分迁移到武汉。这些都充分说明了T字形结构的合理性。

机械、新型材料、计算机、纺织、食品是今后我国最有发展前途的工业部门，也是我国引进技术、发展出口生产、满足国内不断增长的消费的主要部门。20世纪80年代初逐渐兴起的电子信息与新兴高端制造业产业，总的趋势是分布在具有较强科研实力的科研大院与大学的综合性大城市。这些技术水平要求高的产业，布局在已形成的基地，特别是在沿海沿江实行经济开放的城市，更有利于发展。

四、平台分析的技术经济内涵

国家在一定时期内（如五年计划内），总是需要建设大量的工程。这就要同时考虑对诸多领域（平台）进行“综合平衡”，这个过程要透视一系列的“平台”，对一系列的大型建设工程进行反复的考虑、比选才能最后决策，对它们作出空间“指向”。这种情况，就犹如站在立交桥上，对多个水平层和各个方向的车辆都要发出指令，以使各个来路的车辆各行其道，并最终都到达各自的目的地。

如果要建设一项工程，必须要透过相关的配套分析，并要在较大地域范围内对该工程的需求与影响做立体的平衡、取舍。而一个领域的建设工程，如果是较大或大型的，除了要在全国范围内本领域通盘考虑与比选其必要性和合理性外，还要考虑“相邻”领域的要求、配合程度及可能遇到的困难等。如果这个工程是很大的工程，这里要考虑的“相邻”领域就是多个了。而这种“连带性”的影响的考虑，就是很复杂的平台分析。

这里我举个例子来说明这个过程。20 世纪 80—90 年代我国对外开放的初期，如果要建设一座年产 300 万吨钢的钢铁联合企业，在选址时，先要考虑以下基本要求。其一，矿石供应情况。需要铁矿石约 550 万吨（品味 66%的精矿粉），或 900 万吨（30%—35%的贫矿，到厂后要进行洗选）。而且，是利用进口矿石还是国内矿石，厂址选择要求也有很大的不同。其二，耗煤情况。炼焦主焦煤 60 万—80 万吨，配焦气肥煤 180 万—200 万吨，加上要建设自备电厂 30 万—50 万千瓦发电装机，年耗动力煤 130 万吨。总运量在 400 万吨左右。这里不考虑水泥厂及其他燃煤企业的耗煤量。其三，淡水消耗。焦化、炼铁、炼钢、轧钢等都需要大量的淡水用于冷却和洗涤等，自备电厂也需要冷却用水。加在一起，如果采用大河、大湖及海洋的一次冷却用水工艺，则需要有 30—40 $米^3$/秒的巨大流量（视水温而定）。这还不包括 5 万—10 万人口的城市生活用水，以及诸多的中小企业的生产用淡水。以上合计，建设一座年产 300 万吨钢的钢铁联合企业，包括相应的配套企业与城市人口，年需淡水 2.0 亿—2.5 $亿米^3$。

一个具备完整生产环节的钢铁联合企业会带来相当大范围的铁路货物运输平衡的改变。也就是说，会引起直接接进钢铁企业的运输干线大幅度改造，如复线化、由蒸汽牵引改为内燃机或电力牵引等。

上述基本要求已经是简化了，但即使这样，一个大企业及其相应的设施建设，在实践中也往往会有某一个主要条件不能满足，或者可以满足但会引起其他领域的发展困难的情况，这些都可能成为企业不能建设的原因。

上面讲的是一个大企业的布局问题。我们在实践中，往往还会遇到中长期发展规划与布局的问题，涉及要建设诸多的项目，涉及许许多多的部门、领域、企业等。这就需要从大局（大区、全国甚至国内外）出发，全面地综合思维与平衡考虑，要考虑各部门、各地区，甚至大型企业间的相互作用关系，从而得出从全局范围考量的可行的方案。

在这里，我们再看一看《二〇〇〇年我国工业生产力布局总图的科学基础》与 1985 年 7 月在国家计委国土规划编制办公室我执笔编写的《全国国土总体规划纲要（草案）》第三章“全国建设布局的总体构想”的初稿。在这两篇文稿中，写进了全国范围内以往 30 年（建国后至 80 年代初）与未来“本世纪内及下世纪初年”的已经建设（或“已开发”“利用”）的（或部分“规划”的）与“将要”（或“应该”“宜于”）建设或开发的资源、矿山、工程、水利枢纽、工业企业、工业区、工业综合体及基地（钢铁、冶金、煤炭、建材）等主要工业部门、铁路及铁路区段、复线电气化（铁路）、铁路编组站、港口、航道、发电站、机械制造、重工业与轻工业、城市、居民点、农业基地、环境治理等，涉及全国四面八方的各种各类地点、地区、企业、基地、线路、城镇等，在 600 处以上，都是“有名有姓”的，它们各自在今后 15 年左右如何办，建设？扩建？规模？方向？相互关系？我都分析到了。我对它们之间的因果关系与相互关系做了概括性的分析、比较、取舍，并做出了指向性的回答。

站在 40 余年之后的今天，回顾我当时一系列判断与指向，可以说基本上是对的。也就是说，我的判断基本准确，不离谱，而且基本实现了。当然，这些项目、工程，很大部分都是政府各部门、各地区的规划建议及其提出的任务、目标与项目，也包括来自大企业的。不过，我也提出了自己的方向、方案，尤其是在区域和城市综合性方案中，融入了我自己大量的见解，涵盖各地区之间的关系、相互关联的行业，以及大企业的发展、新建或扩建等诸多方面。

在对全国大系统的综合、立体思维的一番分析与权衡基础之后，我在撰写涉及全局的、全国的各行各业的建设与发展的内容时，对于各种尺度、各地区的关联性与差异性，心中是具有清晰的大格局的，因此我的把握与表述是基本准确的。

第三节　全国经济的空间联系指向性分析的结论：沿海地带与沿江地带

一、至 2000 年乃至“下世纪初年”工业生产力布局总图

我写作《二〇〇〇年我国工业生产力布局总图的科学基础》一文，是为了论证不能从全国层面进行工业发展的“战略转移”。其内容包括：从总体上分析自 20 世纪 50 年代以来的平衡发展给工业及整个国民经济带来的负面影响；从主要工业部门出发，在 20—30 年的时间跨度上，考量全国范围内众多经济

与社会客体、企业汇聚而成的庞大工业经济体系及其相关要素；最终，分析预判和概括出我国未来发展合理的大格局。该文章在提出关于发展布局的点-轴系统理论基础上，按照等级化的理念，对全国范围内各部门、各地区重大工程的上下游与前后左右关联进行概括，最后从全国总体的高度进行透视，发现工业生产力布局集中指向沿海地带与长江沿岸地带——这就是我国工业生产力布局总图的T字形结构。

在这个过程中，分析预判及透视的基本原则是：着重从我国的国土开发、生产力布局与交通运输、水土资源、城市依托及和国内外市场实现最佳的空间组合方面，进行确切的考察与论证。同时我也提出，以沿海沿江两条主轴线组成的 T 字形结构是客观存在的，并分析了这两条主轴线在交通运输、水资源、农业方面的基础条件和进入国内外市场的方便程度。

在《二〇〇〇年我国工业生产力布局总图的科学基础》一文中，我的具体思考如下。

“从交通运输看轴线开发”这一小节，重点提出：①轴线开发可实现工业布局和交通运输空间最佳结合；②能源生产与消费在地域上的分离应在很大程度上被认为是合理的；③轴线开发与工业厂址选择关系需要相互结合。并对这些内容进行了简单、精炼的分析。

“水资源空间分布差异影响到工业布局的战略”这一小节，重点提出我国淡水水源的数量、特征、开发利用条件，这些既影响到局部的厂址选择，也影响到全国工业区的地区安排。内河与海洋通过交通运输条件影响乃至决定点-轴开发的空间格局特征。

“发达的农业是确定工业重点开发地带不可忽视的前提”这一小节，重点就人口、产业及多种经济与社会基础设施的集聚，与农产品供应、农业及农区畜牧业加工、贸易等关系作了全国性与大区域性的适应性分析。

最后，我还分析了沿海与沿江两条轴线的工业应该如何发展。这些分析与描述，都结合了具体的项目、企业、城市、地区等载体与客体概念，都是看得见、摸得着的，说明有依据，基本可信。

国家计委国土规划编制办公室我执笔编写的《全国国土总体规划纲要（草案）》第三章“全国建设布局的总体构想”初稿部分，是从布局总体战略的选择开始的。首先，阐述如何正确对待国家发展的不平衡规律以实现工业化初中期国家发展的最主要目标。其次，以主要的篇幅写三个地带的经济发展。再次，将三个地带有机地联系起来在时间、空间上适应点-轴系统与渐进式扩散的需要，建议将国家的发展重点集中到全国最有利的地带，使其成为带动全国发展的主要轴线。在阐述这些主张与建议时，我也是通过具体的部门、项目、地点、城市等来讲的，取得了较好的效果。

无论是文章，还是规划报告，最后都归结到“不应该实行战略转移”及应该以沿海、沿江作为国家至 2000 年乃至“下世纪初年”我国发展的战略重点这一结论上。

我是通过长时期的微观研究，积累了大量的对基本态势与基本关联的认识，而后再深入进行宏观的总体布局分析与全局构建的。在此过程中，前后左右关系，微观与中观宏观的连接，点与面的连接，常识、知识与决策之间的关系，近期与长远的考虑，我都能基本梳理清楚，其中包含了对得失与取舍的严格思考。这在一定程度上体现了我的专业信仰，也有我的价值观。或者说，融入了我的人格。

在这些环节分析思考中，我发挥了学科交叉的独特优势，即将研究建立在对自然基础和经济基础的分析之上，综合考虑到自然和社会经济多方面的因素，对中国自然地理的基本格局、矿产与水资源的特点、交通运输结构及经济布局现状特点、未来对外开放的大趋势有较深刻的分析和灵活的运用。

二、综合思维与“立交桥式”分析判断

经过以上的平台分析，再作立体性的综合评估，我得出了工业、运输、金融、商贸、信息以及教育、文化等部门与事业在其后 20—30 年（中长期）的分布指向与聚集态势：沿海地带与沿江地带（图 4-1）。而在沿海沿江地区进行的大规模工业开发又会带动两条轴线本身及所连带的有一定距离的大中城市发展，直至带动整个国民经济与社会的发展。

基于我国当时的国情，我提出，陆上交通发展要以铁路为主，但同时也应该开始大规模利用我国沿海约 1.8 万公里的海岸线，开发海洋，发展海洋运输，使我国变成一个“名副其实”的“海洋大国”。20 世纪 80 年代中后期，国家面临的形势是，对国外市场的依赖越来越大，进口大量的资源与工业原料，同时出口大量的制成品，这将在相当长的一段时间内成为我国经济发展的大趋势。随着全球化与信息化的发展，我国经济将逐步全面与国际经济相融合，这将强烈推动我国的改革开放方针的实施与我国现代化伟大事业的发展。

事实证明，我一系列论点是基本符合客观实际的。以这种综合思维与“立交桥式”的分析判断的方式，对国土开发与经济布局中诸多大型工程的全国性、整体性大格局的综合论证，在我之前没有他人做过。

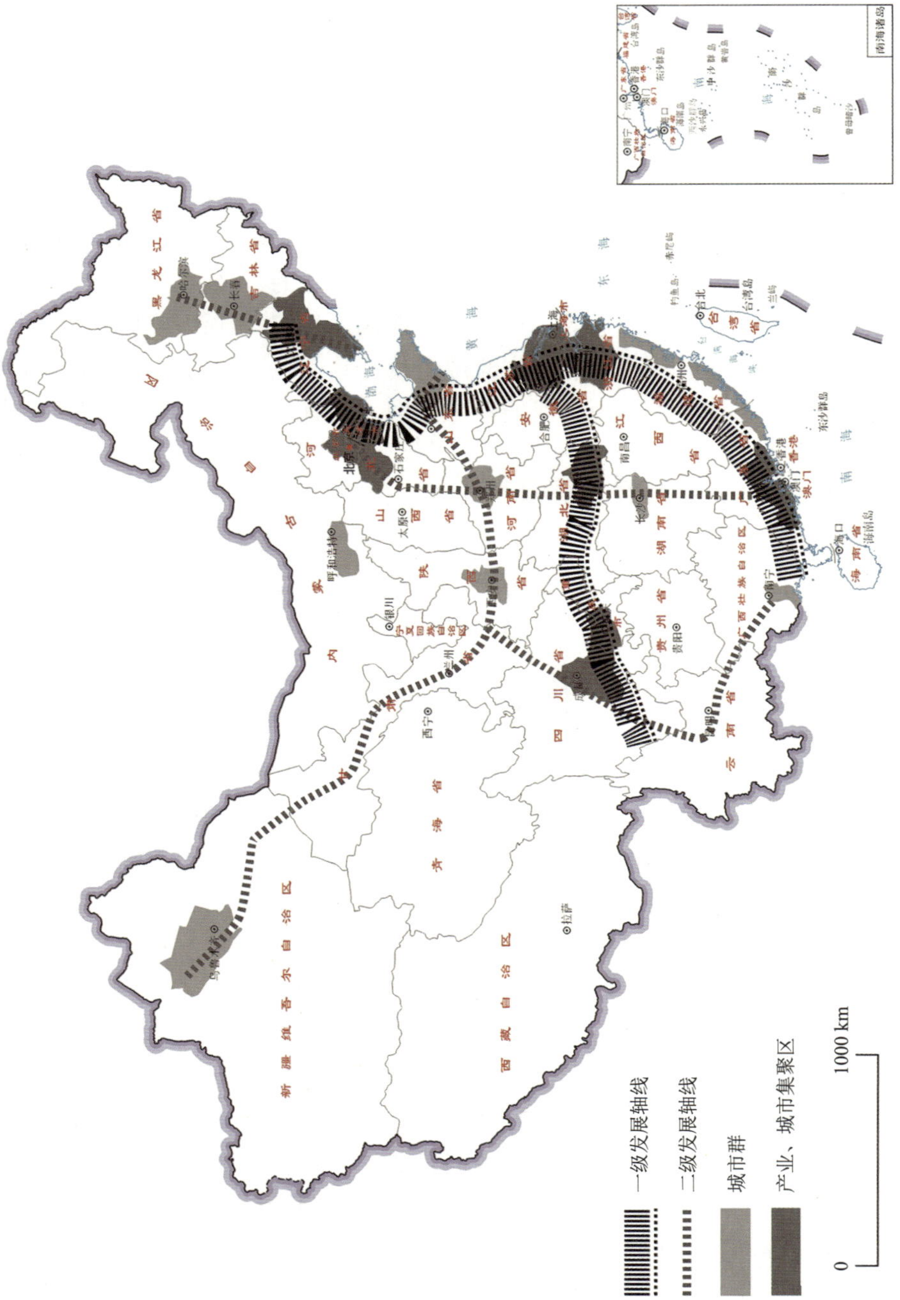

图4-1 我国国土开发经济布局的T字形结构示意图

第四节　实践中可操作性及在国家实践中的效果

国土开发与经济布局 T 字形结构，被国家采纳，在我国的国土规划、区域规划与产业布局等实践中得到了较为广泛的应用。在此我特别强调：我只是提出了点-轴系统理论与中国国土开发与经济布局的 T 字形结构模式，我的工作成果仅仅是上报国家的诸多建议中的一个，最多只能算得上是“知识”和建议而已。这一学术理论与实践模式被政府高层所采纳，成为国家发展的空间战略，大大扩大了其影响力。这使我感到非常荣幸，也成为我进行研究工作和决策建议工作的动力。

一、具有良好的解释能力与较强的应用性是被采纳的基本原因

1985 年 5 月至 1987 年，我在《全国国土总体规划纲要》编制办公室承担“全国生产力总体布局”部分的编写。在我向规划编制办公室提交的报告中，简要地阐述了社会经济客体空间组织本身的规律，提出点-轴系统就是国家及区域开发最佳的空间结构。

我按照编写分工要求提交的报告稿是从学术与规划相结合的角度提出了理论与模式，在纲要内容初稿讨论中，编制办公室领导与成员同意将其纳入纲要初稿。初稿上报后被国家计委领导采纳，T 字形结构战略明确被写进了《全国国土总体规划纲要（草案）》（简称《纲要（草案）》）。《纲要（草案）》经多轮修改和 1986 年的省长会议讨论，1987 年 3 月 25 日发到全国试行。23 个省（自治区）的国土规划以及众多地区性（包括县域）规划也都按照点-轴系统理论确定了相应的重点轴线与城市（区）。

《全国国土总体规划纲要（草案）》多处提及 T 字形结构：

> 在生产力总体布局方面，以东部沿海地带和横贯东西的长江沿岸相结合的“T”型结构为主轴线，以其他交通干线为二级轴线，按照点、线、面逐步扩展的方式展开生产力布局。
>
> 我国东部沿海地带和横贯东西的长江形成密切结合的“T”型态势，是 2000 年或更长时期内进行重点开发和布局的两条最主要的轴线。
>
> 我们认为，作为国土开发和经济建设的一级主轴线，应当突出重点，因此以“T”型轴线为宜。

1987年，国家计委副主任桂世镛和秘书长魏礼群在《纲要（草案）》发到全国试行后，在国家计委的刊物《计划经济研究》（即现在国家发展和改革委员会的《宏观经济研究》刊物的前身）上发表的文章《关于到本世纪末经济和社会发展战略的若干构想》中强调："总的设想是：强化发展沿海地区，……着手开发长江黄金水道，建设沿江经济走廊，逐步使沿海、沿江形成'T'字形的一级开发轴线。"

二、以点-轴渐进式扩散进行国土开发与经济布局

在《二〇〇〇年我国工业生产力布局总图的科学基础》一文中，我提出，以点-轴渐进式扩散进行国土开发与经济布局。首先，在全国（或地区）范围内，确定若干具有有利发展条件的大区间、省区间及地市间线状基础设施（组合）轴线，对轴线地带的若干个点（城市、城市区域的发展中心）予以重点发展。其后，随着经济实力的不断增强，经济开发的重点愈来愈多地放在较低级别的发展轴和发展中心上。与此同时，发展轴线逐步向较不发达地区延伸（包括发达地区的距发展轴和发展中心较远的地区），将以往不作为发展中心的点确定为较低级别的发展中心。按照这个动态模式，各级中心城市区域和城市的确定将直接影响该区域的国土开发与经济布局，应选择由中心城市发出的基础设施轴线呈放射状地重点发展，轴线和中心城市都是分等级的。

国家力量重点置于全国性重点轴线和重点城市上，如大型的金融中心、国际航运枢纽和航空枢纽、国际通信枢纽、国际商贸中心、科技发展基地等应该置于全国性重点发展轴和中心城市。

地区也应该具有不同等级的轴线和中心城市，作相应的重点建设和发展安排。在中心城市相适宜的距离，选择有较好发展条件的点作为次级发展中心。一级中心对次级中心进行技术、信息扩散和生产协作。同理，围绕次级中心又有三级、四级中心，以此类推。不同级别中心城市在工业布局上表现为生产规模、技术水平、产品销售范围等方面的不同。中心城市的经济网络空间形式不是方格状的而是放射状的，是不同级别的中心城市的网络在地表的重复覆盖。

三、应用于实践：T字形，中国国土开发与经济布局的大格局

点-轴开发，即点-轴逐渐扩散式开发，应用到国家实践，是一个从不平衡到较为平衡发展的动态过程模式。长期以来，人们为集中还是分散，"一线"

还是“三线”，沿海还是内地所困扰，如果我们能科学地规定各级重点的点、轴，形成有机的点-轴系统，即可在相当程度上解决这些问题。

T 字形结构战略，科学地反映了我国经济发展潜力的空间分布框架。这个结构使我国的生产力布局与交通运输、水土资源、城市依托和国内外市场实现了最佳空间组合（我国生产力和区域发展长期存在的一个矛盾是资源、水源、交通等条件在许多地区的不协调）。将这两条一级轴线建设好，可以带动全国经济的发展。

T 字形结构战略将沿海沿江两条重点轴线和主要的大都市产业集聚区共同组成“点-轴”地域空间系统，是最有效的国土开发和区域发展的空间结构模式。

几十年来，党和政府对沿海地带与沿江地带两大发展轴的发展高度重视，在实践中产生了重要的影响与效果。T 字形一级轴线地带创造了我国主要部分的经济增长业绩，国家财政愈来愈集中地来自这个结构内，国家参与国际经济循环的高端服务业与有竞争力的中高端制造业也愈来愈集中于这个结构内（图 4-2）。直至今日，T 字形结构仍然是我国今后经济增长潜力最大的两大地带，是支撑 21 世纪中国经济持续发展的重要地带。

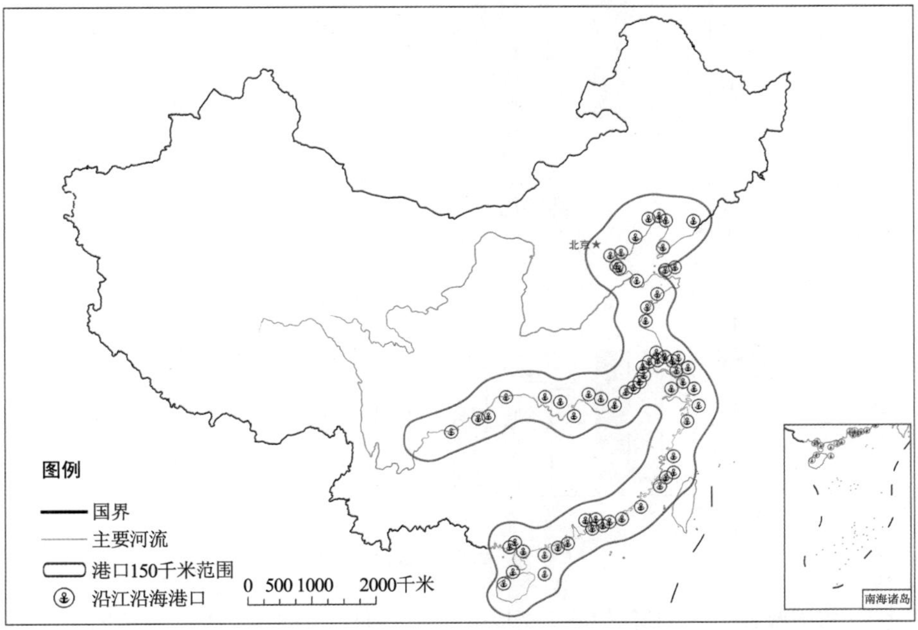

图 4-2　我国 T 字形结构（以港口 150 千米腹地范围）的空间示意图

图 4-3 是对 T 字形结构两条一级主轴线拥有岸线部分的地市级单位的三个经济指标的统计分析。其中两轴分别计算时，各自都包括了江苏、浙江与上海市在内。但以沿海沿江综合统计计算时，并没有对江苏、浙江与上海市做重复计算。

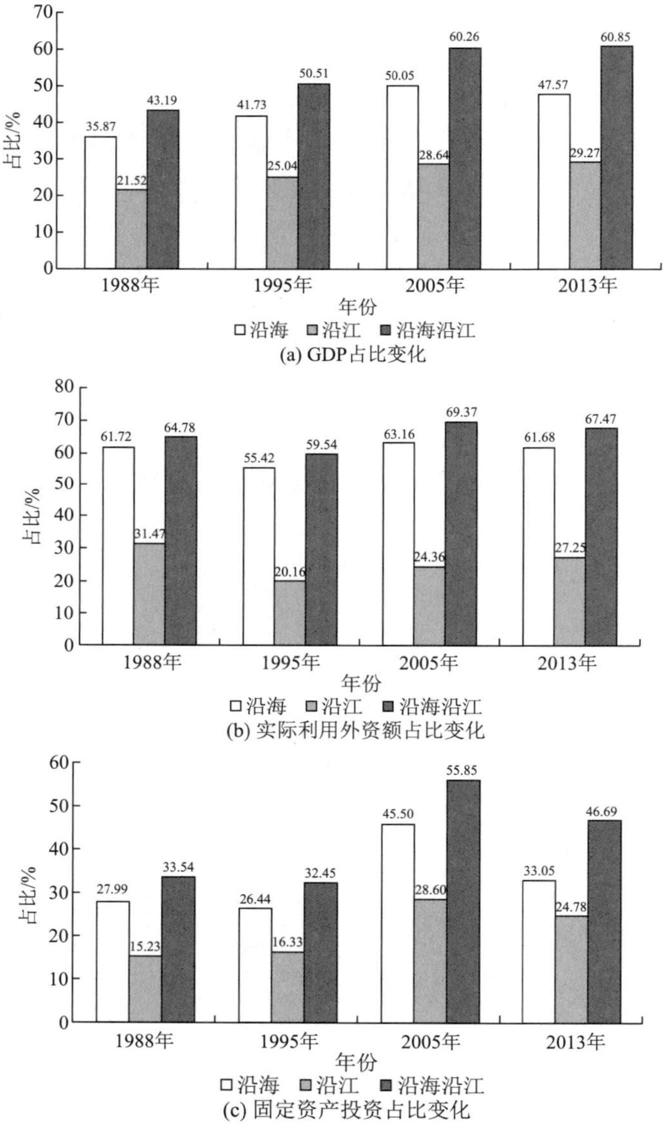

图 4-3　我国两条一级主轴线构成 T 字形结构地带拥有岸线部分的地市级单位范围内的三个经济指标占全国地位的变化

（孙东琪分析与制作）

从图 4-3 中看出，在 1988 年到 2013 年的 25 年间，两条一级轴线范围内，GDP 在全国的占比由 43.19%上升到 60.85%，利用外资在全国的占比由 64.78%上升到 67.47%，固定资产投资在全国的占比由 33.54%上升到 46.69%。

以上海为核心城市的长江三角洲，是两条一级主轴线的交汇点，是我国经济格局中南北与东西联系的最大枢纽。今天，长江三角洲大城市群正在一体化发展，已经并将继续对全中国、对中国与世界的关联发挥更大、更重要的枢纽作用。中国的两条一级主轴线与最大枢纽（区），带起二级三级轴线发展，连接起更多的中心城市，继而带动全国各地的城乡区域的发展。如果要从点—线—面的关系来认识中国经济，这就是中国经济地理的脊梁。几十年来的中国发展，已经验证了我当时的预测性论断的前瞻性与科学性。

第五节　T 字形结构与点-轴系统理论的不可分割性

关于国土开发与经济布局重大战略的提出，需要有一定的理论基础与可操作性，才可以被认为是有科学性的发现，才可以表现出长期可应用性的存在。具体到 T 字形结构及其带起的二级三级区域性社会经济的轴线系统，是以点-轴系统理论为基础的。我通过下述概念作逻辑说明。

（1）以 T 字形为主干的轴线体系，是由各级中心点（城市）经由线状基础设施综合通道联系起来的。海岸地带轴和长江轴，标明了国家重点开发（发展）的地域方向与中心城市，可以借此充分发挥空间集聚的效益和中心点（城市）的扩散辐射功能。这是点-轴系统理论的核心内容。

（2）随着国家实力的增强，经济开发的注意力将愈来愈多地放在较低级别的发展轴和发展中心上，从而使开发面积逐步扩大，最终达到全国范围内较为平衡的区域发展。这是点-轴渐进式扩散的开发和点-轴演变的动态过程。

（3）以 T 字形为主干的轴线体系，是以多级轴线体系构成的，这是全国的社会经济空间结构的点-轴系统。

（4）以 T 字形为主干的轴线体系，是我国在 20 世纪末至 21 世纪初年最佳的空间结构，将带来国家的最佳发展。

鉴于以上客观实践与理论逻辑，点-轴系统理论与国土开发与经济布局 T 字形结构具有天然的关联性与不可分割性。也因此，在以往的几十年中，我在每次提到我国国土开发与经济布局的 T 字形结构时，总是将其与点-轴系统理论关联在一起作表述。

这里要着重声明：有关政府部门及诸多的学界（经济学界、区域经济学界、地理学界、管理学界等）专家，在谈到我国国土开发与经济布局的战略与实际态势时，基本上直接对国土开发与经济布局 T 字形结构做阐述，而不提社会经济空间结构的点-轴系统理论，这当然也是可以理解的。但是，随着这个理论与模式传播范围的扩大，也有人要将点-轴系统理论与 T 字形结构分割开来。然而就国内人文与经济地理学界而言，这种观点没有得到广泛的关注。

主要参考文献

桂世镛，魏礼群. 关于到本世纪末经济和社会发展战略的若干构想. 计划经济研究，1987，6-7: 2-10.

陆大道. 2000 年我国工业生产力布局总图的科学基础(精炼版). 地理科学, 1986, 2: 110-118.

陆大道. 2000 年我国工业生产力布局总图的科学基础(全文版). 效益与管理, 1985, 3: 4-21.

孙尚清. 以“两通”为突破口加快长江流域的开发开放. 载：孙尚清主编. 长江开发开放. 北京：中国发展出版社, 1996.

王梦奎，王慧炯，李善同. 中国经济发展的回顾与前瞻(1979—2020). 北京：中国财政经济出版社, 1999.

Haegerstrand T. Aspekte der räeumlichen Struktur von Sozialen Kommunikationsnetzenund der Informationsausbreitung. Berlin: Kiepenheuer, Witsch, 1970.

第五章

《二〇〇〇年我国工业生产力布局总图的科学基础》一文的写作与初期发表

本章的内容是关于 1984 年 9 月 28 日—10 月 3 日中国地理学会经济地理专业学术讨论会上我的学术报告《二〇〇〇年我国工业生产力布局总图的科学基础》一文写作及其后正式发表的情况①。

我以近二十年用心积累的知识与资料，在这篇学术报告中就当时要不要对国家发展重点再一次实行“战略转移”的问题发声，明确提出了以下三方面的观点。

其一，在国家发展重点刚刚转移到东南沿海地区的情况下，不宜（再一次）进行“战略转移”。

其二，首次提出（也是初步提出）了社会经济客体空间结构的点-轴系统

---

① 《二〇〇〇年我国工业生产力布局总图的科学基础》大会报告稿与正式发表稿，有以下版本：

（1）1984 年 9 与 28 日在乌鲁木齐博格达宾馆召开的中国地理学会经济地理专业学术讨论会上的学术报告[本书对原四步手稿及打印稿（部分要义所占页面）作了精选，置于附录中]。

（2）在《效益与管理》（北京）1985 年第三期以《二〇〇〇年我国工业生产力布局总图的科学基础》为题全文版刊登（约 18800 字）。

（3）在《学习与实践》（月刊）（武汉）1985 年第二期以《关于工业的点-轴开发模式与长江流域经济发展》为题作专题版刊登。

（4）《地理科学》1986 年第二期（Vol.6，No.2）以《二〇〇〇年我国工业生产力布局总图的科学基础》（精炼版，约 9000 字）为题刊登。

理论，认为这一理论是国土开发与经济布局的最佳的空间结构理论。

其三，在点-轴系统理论基础上，针对当时国家发展面临的要不要再一次“战略转移”问题，提出并初步论证了将我国国土开发与经济布局的T字形（即以沿海地带与沿江地带为一级发展轴线）作为“本世纪末至下世纪初年”国家发展战略重点的基本构架。

点-轴系统理论是作为在不宜进行“战略转移”下我国国土开发与经济布局空间结构战略的理论支撑，T字形结构是在此理论支撑基础上的开发战略与模式。

该文对上述三个方面的观点，都进行了相应的分析论证，理论与实践相结合。诸多手稿、正式发表文稿与大量的资料准备，我都保存到了今天，基本上符合当前科学发现、创新对研究过程与研究结论的表述与实物佐证的要求。

在1984年学术会议以后，我又以近二十年时间对点-轴系统理论进行了体系完善，并对T字形结构（沿海地带、沿江地带）及其相关区域进行了持续几十年的实际研究与决策咨询建议工作。这些将在本书的“中篇”中进行重点阐述。

第一节　《二〇〇〇年我国工业生产力布局总图的科学基础》的写作过程

一、写作前的具体准备

我于1980年10月1日到达联邦德国，以访问学者的身份在波鸿鲁尔大学地理系进修。我理论学习的主要内容是区位论与空间结构理论，但是对德国的经济布局、区域规划与发展政策也很有兴趣。1982年5月回国后，我立即投入当时正在进行中的京津唐地区国土开发综合规划工作，这项工作是当时国家计委根据国务院的要求开展的国土规划试点。当时，这项工作已经进入中后期，我主要是参与了综合报告的起草。到1982年底，主体工作已基本结束。到1983年，工作主要是向国家计委领导汇报，任务就落在负责人身上。而我在这时候就开始了“总结”。

“总结”什么？就是从理论与实践的结合上总结过去近20年的理论与实践学习之所得。很快，我就将较多的时间投入一本书和一篇文章的写作中，分别是《区位论及区域研究方法》《人文地理学中区域分析的初步探讨》，主要是重点介绍西方区位论与区域分析的新进展，将一些可用的东西介绍给国内学者。

但是，到 1983 年下半年，国内关于我国发展重点“战略转移”的争论就开始传播，并很快引起了我的注意。我将《区位论及区域研究方法》的写作进度放慢，抓紧完成了《人文地理学中区域分析的初步探讨》的写作与发表（《地理学报》1984 年，29 卷第 4 期，第 397-408 页）。1983 年末，我开始准备写关于“不能再一次实行‘战略转移’”的内容，并开始全力构建点-轴系统理论与 T 字形结构。

当时，我准备了几方面的材料与初加工：大经济区的现状与未来发展，全国经济布局特别是工业布局的基本态势与未来合理趋势，沿海、沿江、陇海兰新铁路沿线、京广铁路沿线、哈大铁路沿线等的基本数据（经济及其结构、交通及客货流量、人口与城市、能源运输、资源、内向与外向经济联系数据等）。同时，我也在思考将以往关于区位论及空间结构理论的总结材料，以及从此出发得出的概念纳入文章中，以塑造一个全国国土开发与经济布局的宏观构架。这其中的零星设想记录与图形绘制，直到现在也还保存有小部分手稿。这些工作大约是在 1983 年年中到 1984 年的夏天进行的。

1984 年春天，中国地理学会经济地理专业委员会下发通知，秋天在新疆召开中国地理学会经济地理专业学术讨论会，会议将讨论西北地区大开发及经济区划、国土规划与经济地理学发展问题。从会议的地点与议程安排上看，西部开发显然是主要的讨论范畴。我根据了解到的情况，感觉到此次会议很可能成为国内涌起的“战略转移”大讨论的一部分。这强化了我要写作“不能再一次实行‘战略转移’”这一主题的决心。

二、写作的四步手稿

1. 关于该文写作提纲与时间地点的具体说明

20 世纪 70—80 年代，在国家经济发展及有关的经济规划、运行等方面，“经济区划”与“经济区”是最为普遍应用的概念；1984 年春夏，政府部门就有考虑要划分三个经济带，1985 年底国家正式确定了将实行东中西三个经济带的发展战略。因此，“经济区”与“三个经济带”是 80—90 年代我国任何从事有关经济发展规划和区域经济、经济地理研究的学者都绕不开的“关键词”。所以，《二〇〇〇年我国工业生产力布局总图的科学基础》一文，我一开始也是想在大经济区的框架内进行写作。

但是，最终我放弃了这个想法，完全聚焦“不实行战略转移”的观点，按照点—线—面构思全国国土开发与经济布局的构架，提出“本世纪末及至下世纪初年”的国家地域空间开发方向与模式。

该文正式投入写作是在1984年夏。当时，中国科学院自然资源综合考察委员会开始组织进行第二次新疆综合考察，并委托地理所分工进行新疆工业发展与布局及新疆经济区划两个专题的研究。所以，7—9月我去了几次新疆乌鲁木齐市，把《二〇〇〇年我国工业生产力布局总图的科学基础》一文的写作工作也带到了新疆。当然，此时该文写作所需要的大部分资料都已准备好，观点也已基本形成。我的手稿在乌鲁木齐完成了一部分，部分回北京写的。

2. 该文的四步[①]手稿

（1）第一稿，是最初的框架构思手稿，题目是“2000年大经济区的发展”。八开蓝格稿纸共9页，右上角小字注明写作日期是1984年7—8月。内容是该文的总体构思和对大经济区部分指标数据的整理与初步分析，并没有将当时全文的构思都写全。这个构思稿第一页是全文的框架，分成四个部分；第二页开始就是对划分的大区域的数据分析。虽然标题中仅仅是大经济区的发展，但其中在第一页的下方仍然写有该文第三部分的标题“三，区域开发的战略重点——海岸地带与长江沿岸两大发展轴线”；最后一页的中部，写有：生产力布局：1、不会发生大区间战略转移，2、轴线发展，一级二级，3、小尺度调整。这里点到的部分，并没有写成文字展开。所以，这里的第一稿，实际上还是以当时的大经济区为主展开的，重点是我对大经济区方案所做的数据分析，基本上没有国土开发与点-轴系统部分的具体内容。

（2）第二稿，题目是“2000年中国的大经济区发展与生产力布局”，八开蓝格稿纸34页，写作时间标记为1984年7—8月。这是对第一稿（即构思稿）的全面写作。这个第二稿，在写好后被暂时“放弃掉”了。因为，我认为当时全国的大形势向我们提出的问题是：不能再一次实行“战略转移”，同时还要回答在不实行“战略转移”的前提下，如何在中长期内逐步推进生产力布局的空间延伸与扩散，实现全国范围内较为平衡的区域发展的问题（在第三步手稿中对这个问题进行了回答）。第二步手稿的主体部分（即手稿的第一、第二部分内容），后来以“我国大经济区的划分及其发展战略分析”为题，被收录到乌鲁木齐会议的论文集《国土规划与经济区划：中国地理学会一九八四年经济地理专业学术讨论会文集》（华东师范大学出版社，1986年出版）中发表。

① 这里用“步”，而不是“部”，是想表示，这四篇文稿之间是步步递进的关系。

（3）第三稿，题目是“二〇〇〇年我国工业生产力布局总图的科学基础”。八开蓝格稿纸35页，写作时间标记为1984年9月。其中1—29页是正文，后面6页是写作时的提纲性草稿，现收藏在中国科学院档案馆，这是当年在大会作报告的手稿，也是后来公开全文发表的内容。这第三步手稿，是我运用20多年积累的国内外大量研究资料与理论基础、体现了我的强烈愿望与社会责任感的长篇文章。文章的核心就是：点-轴系统理论与建立在此基础之上的T字形结构——即以沿海、沿江两个地带作为我国国土开发与经济布局的战略重点。

（4）第四稿，即送出打印的手抄稿，也是1984年9月28日在中国地理学会经济地理专业学术讨论会上的报告稿，题目是“二〇〇〇年我国工业生产力布局总图的科学基础”。第四步手稿是在第三步手稿基础上的修改定稿，抄写誊清，共34页。

以上四步手稿都保存到现在，参见附录。

第二节 《二〇〇〇年我国工业生产力布局总图的科学基础》的主要内容

一、《二〇〇〇年我国工业生产力布局总图的科学基础》一文的结构框架

1984年9月，提交中国地理学会经济地理专业学术讨论会的论文《二〇〇〇年我国工业生产力布局总图的科学基础》，目录如下：

一、三十多年来我国工业布局总图变化简评

（一）工业布局战略变化的回顾

（二）我国工业布局在多大程度上变得均衡了？

（三）六十年代工业布局战略上的失误延缓了我国社会经济发展进程

二、二〇〇〇年工业布局变化可能遵循的基本战略

（一）工业生产力布局总图不宜发生重大变化（转移）

（二）重点发展的轴线及点轴系统

（三）大中城市及工业集聚区空间结构小尺度调整是战略性措施

（四）大经济区的划分及其工业发展目标

三、二〇〇〇年工业布局总图设想的几点依据

（一）经济增长和平衡发展间的倒“U”字形相关

（二）点轴开发—最有效的空间组织形式

（三）从交通运输看点-轴开发

（四）水资源空间分布差异影响到工业布局的战略

（五）发达的农业是确定工业重点开发地带不可忽视的前提

接下来，便是文章的提要。前面的三部手稿，因为是未定的草稿，都没有“本文目录”“本文提要”与后面的“结束语”。

本文提要：我国自五十年代末至七十年代初工业布局战略上的转移，违背了经济增长与平衡发展间倒“U”字形相关规律的要求，曾给我国社会经济发展带来巨大的损失。鉴于我国资源及全部地理条件的不平衡性及经济增长仍是我国发展的长期首要目标，本文提出：在本世纪末至下世纪初年，全国工业生产力布局总图不应发生重大的变化（转移），以海岸地带、长江沿岸两个一级重点发展轴为主的点轴系统是最有效的工业空间组织形式；大中城市及工业集聚区的小尺度空间结构调整是促进工业发展的战略性措施。①

1986年《地理科学》发表《二〇〇〇年我国工业生产力布局总图的科学基础》（精要版）时开头部分有“内容提要”：

分析了二〇〇〇年我国工业生产力布局总图的依据，指出点轴开发是最有效的空间组织形式。提出工业布局变化应遵循的基本战略，如工业布局总图不宜发生重大变化；重点发展的轴线及点轴系统；大中城市及工业集聚区空间结构的小尺度调整等。

二、《二〇〇〇年我国工业生产力布局总图的科学基础》一文的主要内容

1. 对1984年前我国工业布局总图变化的跟踪与分析

该文首先对我国30多年工业布局总图变化作了跟踪与分析，以实际情况

---

① 这个“本文提要”，在作者本人看来，是该文最精要的战略观点。见之于提交乌鲁木齐大会的打印稿（当时也叫油印稿）。在1985年发表的全文版与专题版都没有，主要是那时候发表论文还不规范，没有“本文摘要”这一项要求。

与相关的数据说明了新中国成立以来我国几个时期工业布局战略方针的变化，并在两个主要领域解析了“一五”期间与“三线建设”期间全国基本建设投资的内移情况。其基本要点：

“一五”计划提出，集中主要力量进行以苏联援建的 156 项重大项目为中心的、由国内投资的 1000 万元限额以上的 694 个建设工程组成的工业建设。这些重大项目配置的主要地区是：东北的北部与中南部、华北的中部，西南与中南的少部分地区。微观布局基本上都在大中城市的郊区。这个发展与布局方针很成功。“一五”期间全国工业产值年均增长达 14.2%。遗憾的是，我国的华北沿海与东南沿海地带基本上没有得到大中型项目的支持。

“二五”开始，我国工业“以钢为纲”，大搞“小土群”（小高炉、土法炼铁、群众运动），并提出消除城乡对立、先进地区与落后地区的差别、实现平衡发展等一系列方针。“三五”开始后的十年中，“扭转北煤南运”及“三线建设”，规模过大、速度过快、步子过大，给我国经济造成了很大损失。“四五”中期（1972 年）开始，我国引进与建设了 27 个（投资 187 亿元）重大的化肥、石油化工、钢铁企业、电站，其中长江沿岸 13 个，海岸地带 8 个。特别是，在配套加工能力强的城市区域建立起具有龙头作用的原材料大厂，对整个经济发展起了巨大的带动作用。

但从实际绩效分析得知，当时我国的工业布局并没有变得很均衡。表面上，除西藏外，全国各省（自治区、直辖市）都有了钢铁、有色冶金、燃料动力、化学、机械、建材、轻工、纺织等许多行业和门类；以工业固定资产衡量，工业生产力较新中国成立之初均衡。但是，以 1982 年的工业利税总额（即对国家的实际贡献）的地区分布来衡量，沿海 12 省（直辖市）仍然占到全国的 64%，而接受大量投资、占有大量固定资产的“三线”地区只占 24%。采掘工业及能源工业受资源分布的制约，比新中国成立之初均衡；但原材料工业，特别是加工工业分布不均衡性并没有明显地减弱。

通过对 1984 年之前 30 多年（特别是“三五”“四五”期间）的战略大转移的实际效果的综合分析，可以得出“在这个期间，比较落后地区有超乎平均值的、但绝对值是微小的增长，是以抑制、牺牲发达地区绝对值大得多的增长为代价的”。因此，我认为“六十年代工业布局战略上的失误延缓了我国社会经济发展进程”。①

---

① 具体的分析可参考本书的附录中的《我国工业发展与布局的“东西问题”》一文，原载于陆大道等著的《中国工业布局的理论与实践》第 21-39 页。

2. 提出了“到2000年我国工业布局变化可能遵循的基本战略”

这是我写作该文的最主要目的，也是我提出的建议的核心部分。

（1）文中明确判断与主张，“未来较长时期内全国工业生产力布局总图不宜发生重大变化（转移）”

该文针对国内关于战略转移学术争议的复杂形势明确地提出“自问自答”题：

> 在本世纪末及下世纪初，为了国民经济翻两番及更大的发展，是将重点放在新铺摊子，还是重点在已有一定基础的工矿区域、城市区域扩大发展呢？作者认为应采取后者。

为了解析这个重大问题，我通过对几乎所有的主要工业部门的布局的历史、现状及未来可能变化进行了细致的分析，得出判断：下一步“七五”至“八五”期间，我国工业的重点发展部门是能源和原材料工业；从90年代中期至2000年前后，化工和机械、电子工业将有高速度发展；同时，建材、纺织工业在全部工业部门结构中的地位也将会有所上升。

根据我掌握的主要部门区位（资源来源、生产厂址及交通与市场等条件）的主要影响条件，我进行了全局性的、立体交叉性的变化趋势分析，形成了对上述各部门的变化趋势的科学认识，并得出全国总体性的科学判断：

> 在本世纪及下世纪初年，我国工业生产力布局总图从大区角度不致发生重大变化，各省（自治区、直辖市）工业总规模的差异不会缩小。

这是实际分析得出的对国家工业发展很重要的结论。顺着这个结论，我提出了决策建议：即工业生产力布局总图不宜发生重大变化（转移）。

（2）该文的核心观点：提出我国国土开发与工业布局的重点发展轴线及点-轴系统理论

我首先提出，虽然不能对全国发展重点进行全国大区域的“战略转移”，但是“从指导思想上，仍要在全国范围及各级区域内确定工业重点发展的地带和城市区域”。“长期以来，人们习惯于从东到西切南北向大块来区分重点与非重点的开发地区”，我认为，这种惯性思维带来的缺点很突出。我的建议就是要突破这个普遍理念与束缚（框框）。

我从实际与理论相结合的视角指出点-轴系统这一理论模式形成的基本机制：

> 工业生产，无论采掘、原材料和加工工业，都是产生于和集聚于点上并由线状基础设施彼此联系在一起的。因此，确定工业生产重点地域方向，即要确定重点开发的轴线。

接着，我提出什么是“重点发展轴”：

> 重点发展轴是指重要交通干线（港、站在内），有时还加上动力供应线、水源供应线等所经过的、附近有较好的位置、资源、经济基础等条件，因而有较好的开发潜力和远景的地带。
>
> 轴线开发又是以不同等级的中心城市为基础的，相应的就会形成不同等级的点-轴系统。
>
> 根据我国工业发展条件地区差异及国民经济各部门的现状分布以及今后国家的发展任务，本世纪内及下世纪初年全国一级的重点发展轴线是：海岸地带轴及长江沿岸轴。

这样表述的理论逻辑即使是今天看起来也是准确的。

接着对两大一级发展轴线——海岸地带与长江沿岸地带的重要地位与经济发展现状与潜力作了总结性评述：

> 上述两大重点轴构成“T”字形。长江轴将内地两个最发达的核心地区与海岸地带轴联系起来，两轴在经济最发达的长江三角洲交会。这种空间结构形式较准确地反映我国国土资源、经济实力及开发潜力空间分布的基本框架，也有助于今后更好地利用与国外经济技术交流中所激发起来的巨大动力。将此二轴进一步开发建设好，就可奠定国民经济翻两番的基础，并促进与之相联结的二级三级发展轴线，使全局获得顺利发展。

在 30 多年里，我反复强调过，这几行字的评述显示了这篇文章及整个国土开发与经济布局 T 字形结构的重要性，到今天仍然具有准确的科学的解释能力。

（3）大中城市及工业聚集空间结构的小尺度调整是战略性措施

在该文中，我提出，大中城市及工业聚集空间结构的小尺度调整是战略性措施。经过新中国成立以来 30 余年的发展，许多大中城市的城区与近郊区已经相当拥挤，如沈阳市的铁西区、北京市的东郊工业区、天津市的西郊与东郊的工业与居民区、南京市的栖霞山化工区、武汉市的青山冶金工业区、上海市的西郊与闸北等。还有当时部分工业城市集聚区（包括城市群），总体上生态环境与土地利用方面的压力也逐渐加重，如辽宁中部的沈鞍本抚辽地区、京津唐地区、长江三角洲地区等。这些城市与工业城市集聚区也需要进行小尺度的空间结构调整，在下一步要注意拉开适当距离开发新区。我在参与《京津唐综合规划的综合报告》总体布局部分的起草工作中，对京津唐地区的发展提出了三个基本原则：第一、向沿海地带推进；第二，重点开发冀东地区；第三，发展远郊小城镇。辽宁中部地区应把耗能大、占地多及消耗淡水多的企业放到营口附近的海岸地带；上海的调整方向应是将金山卫至南汇的海岸地带和宝山至常熟的长江南岸地带，作为开发的新地段；武汉应在长江北岸从黄埔路至阳逻一带建设新的工业区和港口区等。这一大类大中型城市的小尺度调整，如果从全国的角度看，就是战略性问题了。

在此后的地区发展实践上，20 世纪 80 年代，改革开放从东南沿海开始，几乎与此同时，全国的大范围内许多大中城市周边开始规划建设国家级经济技术开发区、国家级高新技术产业开发区等，以及与其相应的新城。因此，从这点看，我 1984 年的这篇文章是具有显著的前瞻性的。

20 世纪 90 年代，以浦东、深圳为代表的国家新区、新城规划建设，成为引领全国经济高速增长的重要力量。新区新城建设，促进了政策与体制的创新，加强了产业的发展和新技术的开发，成为改革开放和扩大进出口贸易的窗口；同时由于适应了全球化和信息化的要求，优化了我国的经济布局，提升了我国的国际化程度。几十年来，我国的新区新城开发建设历程中，这些区域担当了引领经济发展的重任，促进了相当广泛的技术与科学创新，完成了极其重要的历史任务与使命，显著改善了国民的生活环境与工作条件，取得了辉煌的成就。除了国家级的新区、新城、开发区、实验区等，我国还建设了大量的省级开发区、地市级开发区（包括各类型的新区新城）。

在当时，我认为制定科学的经济区划方案是实现全国工业合理布局、发挥地区优势、使区内间经济联系合理化的重大措施之一。以编制区域发展规划为目的划分经济区，要遵循的最主要的原则是使区内各组成部分之间具有密切经济联系，成为区域有机体。这种经济联系主要表现为能源、主要原材料的供应关系。区域内有一个或若干个中心城市发挥吸引和统帅作用。

（4）我国工业布局总图设想与预测建议的主要依据

这部分内容是对提出点-轴系统理论与 T 字形结构的主要依据作阐述。主要依据，涉及威廉姆森关于经济增长与平衡发展之间关系的倒 U 字形学说，还涉及我国国土开发与经济布局的基础条件（如交通、水资源及农业基础等方面）。

这部分内容既有利用别人的研究基础，也有我作出的理论发展与创新。40年后再回头来看看原稿、原文，也可作为对我人生学业的一份肯定。

首先，我应用了威廉姆森关于经济增长与平衡发展之间关系的倒 U 字形学说，在《二〇〇〇年我国工业生产力布局总图的科学基础》一文中是这样描述的：

> 无论国家和地区，在经济大规模开发的初期及稍后一段时间，即大规模工业化的初中期，由于资金、物力和区域基础设施的限制，只能集中在少数几个点或地带。这样，较之分散投资而形不成集聚效果的情况可以获得较高的经济增长速度。也就是说，如果以经济增长速度为主要目标，就不可能不导致经济的不平衡发展。相反，如果以后者为主要目标，就会影响整体的增长速度。只是当整体经济达到高度发展的阶段（西方的工业化后期阶段及后工业化时期），就会更要求实现国家内区域经济平衡发展的任务。就必须考虑而且经济力也已允许调整经济的空间结构，即逐步全面地开发新区了。这就是经济增长与平衡发展之间的倒“U”字形相关规律及其基本要求。

我国在当时所处的大规模工业化初期阶段的情况下，首要任务无疑是要获取全国经济的快速增长。所以，我当时就作出明确的判断：

> 实现较为平衡的区域发展，不能作为本世纪内的主要目标。而且，更不可采用大片战略转移方式实现它，而只能采用轴线延伸、逐步积累的渐进方式。

我认为，80 年代初中期种种关于将国家发展重点向西部（中西部）实行“战略转移”的论点，都是离不开“区域平衡发展”的诉求。但我根本就不同意这种观点。特别是对于我国这样的幅员辽阔的大国，各地区发展条件差别是如此之大（三大自然区与地势的三级阶梯等），实行平衡发展战略，必然带来整体经济增长速度的显著减低，需要付出巨大代价。

其次，我认为，“点-轴开发”是最有效的空间组织形式。区域开发客观上会形成“点-轴”的原始形态。如果能够以点-轴系统理论为指导，可实现对社会经济客体及整个开发布局形成合理与科学的构架。

当时我在文章中强调：

> 长期以来，人们为集中还是分散，“一线”还是“三线”，沿海还是内地等区域概念所困扰。如果我们能科学地规定各级重点的点、轴，形成有机的点轴体系，即可在相当程度上解决这些问题。

文中还明确了以下的理论要点：点-轴系统反映了社会经济空间组织发生和发展的客观规律。点-轴系统理论的实质是关于区域的“最佳结构与最佳发展”。也就是说：点-轴系统是区域发展的最佳的空间结构；要使区域获得最佳发展，必然要求以点-轴系统模式对社会经济客体进行空间组织。

在《二〇〇〇年我国工业生产力布局总图的科学基础》一文的一开头，我就“开宗明义”地强调：

> 工业在我国国民经济中占主导地位。1982 年工业占工农业总产值的 66%，在国民收入中也占 45%，均居首位。因此，工业发展速度在很大程度上决定了整个国民经济的增长速度。在空间上，工业到哪儿，一系列区域性基础设施及城镇等必须随之出现，即工业是国家或区域社会经济空间结构的主体及其变化的先导。

我为什么要如此强调与明确交代工业发展与布局对整个国家与区域开发的主体意义与先导意义？这是因为，当时我觉得可能有部分学者会认为我仅仅是研讨工业布局问题，与国土开发与区域规划、经济布局关系不直接。而实际上，我是在强调，我的论文主题与点-轴系统理论及其建立在此基础之上 T 字形结构，就是完完全全地针对国土开发与生产力布局的。

这也就是现在我在这里要分析该文关于科学理论的形成、实践应用与方法论的必要性的原因。

点-轴系统理论包含一系列科学内容。点-轴系统理论不是单要素（一个企业、单位）的区位选择理论，而是经济和社会客体的综合区位（结构）理论。因此，不是简单的“沿线布局”。一个简单的例子很难说明其科学性和对国土开发及区域发展的意义。所以，在这本书的第三章中我摘录了《二〇〇〇年我国工业生产力布局总图的科学基础》文中关于这个理论和模式的内涵与功能预设的较多内容。

第三节 《二〇〇〇年我国工业生产力布局总图的科学基础》的最初发表

我在 1984 年 9 月 28 日于乌鲁木齐博格达宾馆召开的中国地理学会经济地理专业学术讨论会上所作的学术报告，及其中提出的点-轴系统理论及我国国土开发与经济布局 T 字形结构，于 1985 年初与 1986 年初分别在三个不同的期刊上以不同的版本正式发表。

1. 在武汉社会科学院主办的《学习与实践》期刊上以专题版发表

乌鲁木齐中国地理学会经济地理专业学术讨论会之后，考虑到全国关于“战略大转移”的舆论形势，我深感有必要尽快将我的见解公之于众。并且，作为一名地理学者，凭借我的专业素养与坚定信仰，我认为有责任要郑重肯定和广泛宣传长江沿岸地带在全国的特殊优越条件与发展潜力。因此，我最先就考虑要在长江沿线地区的期刊上发表。在当时，全国各地的学术杂志还相当稀缺。我了解到，武汉市社会科学院主管主办了一个名为《学习与实践》的月刊，我于是将稿子寄给了期刊编辑部。

半个月左右，我就收到了回复，可以采用。为了更具有针对性，我从工业入手，为整个长江流域开发发声，将文章名定为《关于工业的点-轴开发模式与长江流域经济发展》。这体现了我在《二〇〇〇年我国工业生产力布局总图的科学基础》一文的开头那几句话的观点：“工业发展速度在很大程度上决定了整个国民经济的增长速度。在空间上，工业到哪儿，一系列区域性基础设施及城镇等必须随之出现，即工业是国家或区域社会经济空间结构的主体及其变化的先导。”

全文对点-轴系统理论的内涵与国家国土开发与经济布局的 T 字形结构作了简要的介绍；在此基础上，从长江流域自然与社会经济条件出发，阐述了将长江流域作为我国两条重点开发的轴线之一的重大意义。文章于 1985 年在《学习与实践》第二期刊出，实际上是作为专题对《二〇〇〇年我国工业生产力布局总图的科学基础》的发表。从 2006 年第二期起《学习与实践》实行了改版，“定位为面向全国、围绕中心、服务现实的人文社会科学综合性学术理论刊物”。

2. 在北京技术经济和管理现代化研究会主办的《效益与管理》期刊上全文发表

该期刊是1982年北京技术经济和管理现代化研究会创刊的，主编是著名区域经济学家陈栋生先生。陈先生原工作单位是与中国科学院地理研究所相邻的中国科学院自然资源综合考察委员会。该单位于1971年并入中国科学院地理研究所，所以，我们大约一起工作了六七年，关系较密切。他大约在1980年前后调到中国社会科学院工业经济研究所，一直担任区域经济室的负责人。当我与他联系我的文章发表事宜，他很重视，尽管觉得文章篇幅长了些，但他还是决定全文（约18 800字）发表在1985年《效益与管理》第三期上。他将我文章放在第二篇的重要位置。首篇是我国经济学界很著名的老一辈经济学家薛葆鼎先生的文章《认真把区域经济规划好》。

近年来我查到《效益与管理》杂志是1982年创刊的。过去较长的时期内我曾经以为是“内部杂志”，后来经中国社会科学院工业经济所同志介绍，肯定了这是正式公开发行的杂志。但不知道是何原因，这个杂志后来（大约1990年前后）停刊了。陈栋生先生2016年9月因病去世，生前被选为中国社会科学院首届荣誉学部委员，是我国区域经济学界的开拓者之一。

3. 1986年5月在《地理科学》期刊以原标题的精炼版发表

上面两个版本都不是在地理学界的专业学术期刊上发表的，这使我感到明显的不足。为此，我按当时地理专业学术期刊的要求将原文缩减至9000余字的篇幅，投稿给中国科学院东北地理与农业生态研究所主办的《地理科学》期刊。按照当时期刊发文的要求，重点在理论分析方面，希望要有新意等，我部分调整了原文的结构，使主要观点更为突出。我将文章的基本结构分为两个主要部分，第一部分，回答为什么不能实行平衡发展战略而应该按照点-轴系统开发战略对国土开发与经济布局进行合理组织的问题，属于全文的理论基础部分；第二部分，是阐述至2000年我国工业布局总图应遵循的基本战略（即基本结构）。两个部分相互结合，成就了整体性。

文章的第一部分以国际学术界已有传播的幅员辽阔的大国在工业化初中期经济增长与平衡发展之间的倒U字形学说为基础，提出并分析了我国“本世纪内及下世纪初年”的国土开发与经济发展布局的战略方向，结论是：

> 实现较为平衡的区域发展，不能作为本世纪内的主要目标。而且，更不可采用大片战略转移方式实现它，而只能采用轴线延伸，逐

步积累的渐进方式。

在不能实行平衡发展战略大前提下，指出“点-轴开发是最有效的空间组织形式”，并对点-轴系统与点轴开发进行了简明扼要的定义与分析论证：

> 点轴开发，即点轴—等级逐渐扩散式开发，就是在全国（或地区）范围内，确定若干具有有利发展条件的大区间，省区间及地市间线状基础设施轴线，对轴线地带的若干个点（城市及城市区域—发展中心）予以重点发展。随着经济实力的不断增强，经济开发的注意力愈来愈多地放在较低级别的发展轴和发展中心上。与此同时，发展轴线逐步向较不发达地区延伸（包括发达地区的距发展轴和发展中心较远的地区），将以往不作为发展中心的点确定为较低级别的发展中心。

在这段定义概括之后，文章从理论与实践的结合上，提出了点-轴系统的五点内涵与要义。可以说，这是理解与运用点-轴系统理论、掌握经济地理学概念的基础与导言。我认为这些内容到现在也没有过时。

接着，文章主要是从交通运输、水资源分布与开发条件影响到工业布局宏观战略，农业基地与社会经济空间结构的关系等对国土开发经济布局宏观战略进行了简要的论证。实际上，在对点-轴系统、点-轴开发理论所做的实际且客观的分析论证过程中，所涉及的具体的资料收集与分析的工作量是相当大的。

1984 年学术会上的报告稿与《效益与管理》发表的全文稿的内容，都是作为文章的第二大部分，目的是要回答未来我国工业布局总图应遵循的基本战略。

第二部分一开始，从能源工业、冶金工业、石油加工与石油化学、机械、建材、纺织、电子、新型材料等十多个工业部门出发，通过简要论证，强调：20 世纪内及 21 世纪初年，我国工业生产力布局总图不宜发生重大变化。

> 除少数特大城市城近郊区和工业集聚区以外，从“规模经济”和空间、资源的充分利用的角度，都还有不同程度的发展潜力。在本世纪末及下世纪初，为了国民经济翻两番及更大的发展，是将重点放在新铺摊子，还是重点在已有一定基础的工矿区域、城市区域扩大发展呢？作者认为应采取后者。

接着，文章提出重要的一点，是针对中国国情的中心点——“重点发展的轴线与点-轴系统”。在这篇文章中，我强调了，对于如何确定国家开发区域的重点与非重点划分问题上，需要摒弃以往二三十年的思维惯式（定式），即东中西或南北向的大区域划分（切块式）：

长期以来，人们习惯于从东到西切南北向大块来区分重点与非重点开发地区。但是，这种划分除具有某种军事意义外，并不能对经济建设起到具体的科学指导作用。相反，实践表明往往成为生产布局简单化、片面化毛病的基础。

接着，指出工业生产及其单位（客体）的生存与发展的客观要求及特点：

工业生产，无论采掘、原材料和加工工业，都是产生于和集聚于点上并由线状基础设施彼此联系在一起的。因此，确定工业生产重点地域方向，即要确定重点开发的轴线。

然后，就对“重点轴线”作了定义，并且，很自然地引申出点-轴系统概念：

重点发展轴是指重要交通干线（港、站在内），有时还加上动力供应线、水源供应线等所经过的、附近有较好的位置、资源、经济基础等条件，因而有较好的开发潜力和远景的地带。它不具有象行政区那样严格的界线，……轴线开发又是以不同等级的中心城市为基础的，相应的就会形成不同等级的点-轴系统。

在大量的基础分析与观念基础上，文章得出重要的结论与建议：

根据我国工业发展条件地区差异及国民经济各部门的现状分布以及今后国家的发展任务，本世纪内及下世纪初年全国一级的重点发展轴线是：海岸地带轴及长江轴。

文章接下来就是对海岸地带轴及长江轴分别进行开发方向、目标及重大工程与问题治理等的较具体、准确叙述。在此基础之上，得出一条重要的结论：

上述两大重点轴构成“T”字形。长江轴将内地两个最发达的核心地区与海岸地带轴联系起来，两轴在经济最发达的长江三角洲交会。这种空间结构形式较准确地反映我国国土资源、经济实力及开发潜力空间分布的基本框架，也有助于今后更好地利用与国外经济技术交流中所激发起来的巨大动力。将此二轴进一步开发建设好，就可奠定国民经济翻两番的基础，并促进与之相联结的二级三级发展轴线，使全局获得顺利发展。

这条结论及其文字表述，也是我后来在诸多场合所强调的，所重复的。文章在 T 字形结构提出后，对国家的二级开发轴线进行了简要的方向与开发工程叙述。

文章第二部分的最后部分，对“大中城市及工业集聚区空间结构的小尺度调整”作了强调，并且以上海、天津、北京、广州、武汉、大连、沈鞍本抚辽，沪宁沿线等大城市城近郊区及工业集聚区为例，说明了“工业、城市人口及各种基础设施过度拥挤，已经在不同程度上成为城市及工业本身发展的桎梏。有些沿海沿河的城市工业区，由于局部地形和城市发展影响，发展的空间严重不足。”所以，对这类城市及其郊区进行空间结构的调整，就单个城市而言是微观的，但对于全国而言，那又是普遍性的大概念。因此，我当时就明确提出这是“战略性措施”。这个观点，在不久而来的从沿海开始逐步到全国范围的新区新城规划建设，得到了印证。

第四节 对国内外地理学与区域科学有关文献的查询

1997—1998 年，我在他人的帮助下查阅了尽可能得到的诸多文献，包括中外文辞书、专业名词、字典、地理学史、区域经济学词典等，得出的结果说明：1984 年前国内外没有其他学者提出点-轴系统理论与中国国土开发与经济布局 T 字形结构。我对此做了如下的整理。

一、西方关于地理学、区域经济学的著作中，没有点-轴系统理论和点-轴开发模式等概念

（1）德国地理学家瓦尔特·克里斯塔勒（Walter Christaller），1933 年发表了著名的《德国南部的中心地》一书（Die Zentraler Orte in Süeddeutschland, Jena，1933），提出了中心地理论。这个理论的中心内容是关于一定区域内

（国家）城市和城市职能、大小及组成的空间结构的学说，即城市的“等级-规模”学说或城市区位论，并用正六边形形象地概括区域城市等级与城市规模关系。这一理论为城市规划和区域规划提供了重要方法论依据。但克里斯塔勒的中心地理论和他的著作中并没有点-轴系统理论和点-轴开发理论、点-轴模式等概念。

文献：Christaller W. Die Zentraler Orte in Süeddeutschland. Jena, 1933.

文献：Christaller W. Die Hierarchie der Stadte.In: The IGU Symposium In Urban Geography, Lund, 1960.

（2）英国著名人文地理学家彼特·哈格特的著作《人文地理学中的区位分析》，论述了人文地理现象的系统和模型，各种人文地理模型的结构，现象运动的时间和空间、空间结构网络和节点，城市和人口集聚区等。但是，也没有点-轴系统理论和点-轴开发理论、点-轴模式等概念。

文献：Haggett P. Locational Analysis in Human Geography, 1992, 414s, 1973, Berlin, New York.

（3）瑞典学者赫格斯特兰（T. Haegerstrand）以及与他合作的同事，如哥德隆德（S. Godlund）、坎特（E. Kant）等，他们对事物的空间集聚和空间扩散作了大量的研究，研究成果是最为权威的。他们的著作中没有提出点-轴系统理论和点-轴开发理论模式。

文献：T. Haegerstrand, Aspekte der raumlichen Struktur Von Sozialen Kommunikationsnetzen und der Informationausbreitung, Kiepenheuer & Witsch, Berlin, 1970.

（4）在 20 世纪 60 年代，美国学者对空间扩散的研究达到了相当大的规模，主要学者有：布劳恩（L.A.Bronwn）、莫里（R.Morrill）、贝里（B.J.L.Berry）等，他们的研究对象涉及人文、经济许多现象的空间运动规律。在德语国家中，主要的学者有波尔谢尔特（C.Borcherdt）、维尔特（E.Wirth）、巴尔特尔斯（D.Bartels）等。他们的著作中都没有点-轴系统理论和点-轴开发理论等概念。

文献：Wirth E. Zuer Sozialgeographie der Religionsgemeinschaften im Orient. Erdkunde. No19（1965）, p.265-284.

Wirth E. Raummodelle — kulturgeographische Kraftelehre — raumrelevante Prozesse — Kategorien. Die Erde. No.100（1969）, p.155-193.

Boeventer E v. Standortentscheidung und Raumstruktur, Hannover, 1979, p.385.

（5）增长极理论也是在中心地理论等区位理论基础上由法国经济学家 F. 佩

罗克斯（F. Perroux）在 50 年代（可能是 1957 年）首先提出来的。他在空间集聚过程分析的基础上，提出“极化”概念，“极化”的结果形成“增长极”（growth pole）。中心地理论和增长极理论，揭示了社会经济客体（“点”状）在空间中的集聚和分布规律。增长极理论还从动态角度描述了中心点向周围区域的扩散以及新的下一级中心点的形成。增长极理论的作者和大量的引用者都没有提到点-轴系统理论和点-轴开发理论等概念。

文献：曹勇. 增长核与增长中心理论综述，地理研究，1990, 3.

文献：丁四保. “增长极”模式与不发达地区经济发展，经济地理，1989, 9（4）.

二、国内外以中文出版（包括外国学者的译作）关于地理学理论和专业名词、辞典的介绍中，没有点-轴系统理论和点-轴开发理论等概念

（1）左大康主编的《现代地理学辞典》，商务印书馆 1990 年出版，132 万字，3000 词条。参考了国内外大量地理学词典、著作，由几十位著名学者经过 5 年编辑而成。其中只有我写的词条“点-轴系统开发模式”。其他名词、概念、理论介绍中没有点-轴系统理论和点-轴开发、点-轴系统、点-轴模式等名词、概念。其中，第 676-677 页介绍德国学者提出“中心地理论”词条（毛汉英、梅雪编写）介绍中也没有点-轴系统理论和点-轴开发理论等概念。

（2）国家自然科学名词审定委员会公布的《地理学名词 1988》科学出版社 1989 年出版，由几十位著名学者编辑而成，收录词条 1400 多条。其中没有点-轴系统理论和点-轴开发理论等名词、概念。

（3）刘伉编写的《五种语言地理学词汇：英汉法德俄对照》，380 多万字，商务印书馆 1992 年出版。收录国内外地理学的理论、概念、名词等共 21 000 条，参考了欧美主要国家的双语、多语专科辞书编辑而成，以英、汉、法、德、俄五种文字注释。其中，没有点-轴系统理论、点-轴开发理论等概念。

（4）张文奎主编《人文地理学词典》，62 万字，陕西人民出版社 1990 年出版。收录国内外人文地理学词条 1800 个左右，其中介绍了西方的各种区位理论，没有点-轴系统理论和点-轴开发理论等概念。

（5）牛文元编著的《理论地理学》，商务印书馆 1992 年出版。该书系统地阐述了西方地理学的理论、模型；其中没有点-轴系统理论和点-轴开发理论

等概念。

（6）大卫·哈维等著的《地理学中的解释》，高泳原等译，商务印书馆1996年出版。其中没有点-轴系统理论和点-轴开发理论等概念。

（7）R.J.约翰斯顿的《地理学与地理学家》，唐晓峰等译，商务印书馆2010年出版。该书系统地介绍了近百年英国、美国等西方地理学的发展和著名的地理学家。其中，没有点-轴系统理论和点-轴开发理论等概念。

主要参考文献

李文彦. 矿产资源条件对形成工业体系与工业基地特点的作用. 一九七八年全国经济地理学术会议文集. 北京: 科学出版社, 1980.

陆大道. 2000年我国工业生产力布局总图的科学基础(精炼版). 地理科学, 1986, 2: 110-118.

陆大道. 2000年我国工业生产力布局总图的科学基础(全文版). 效益与管理, 1985, 3: 4-21.

陆大道等. 中国工业布局的理论与实践. 北京: 科学出版社, 1990.

魏后凯. 区域发展的新格局. 昆明: 云南人民出版社, 1995.

Пробст А Е. Рациональное размецение энергоёмких отраслеи. Плановое Хозяйство, 1965.

本 章 附 录

1. 新疆乌鲁木齐博格达宾馆及中国地理学会经济地理专业学术讨论会大会合影照片的说明

新疆乌鲁木齐市博格达宾馆是我正式在1984年中国地理学会经济地理专业学术讨论会大会上作《二〇〇〇年我国工业生产力布局总图的科学基础》报告的地方，也可算是我的这篇论文正式发表的地方。为此我将我参加此次会议的会议代表合影照，一直保留着。

1984年的中国地理学会经济地理专业学术讨论会，确定以“西北大开发”为首位讨论题；加上80年代初国土规划就已成为国家计委的主要工作之一。由于这两个原因，会议地点选在乌鲁木齐也就顺理成章的了。由于国家计委国土局的重视，新疆国土局在考虑会议地点时，选择了接待条件较好的宾馆——刚刚建成的博格达宾馆。

会后，我一直保留着一张会议合影照片，但我觉得照片不很清晰。如是，我与我北大时同班同学、当时在中国科学院新疆地理研究所从事科研的韩德麟（20 世纪 90 年代曾任中国科学院新疆地理研究所所长）联系，他没过几天就给我找出了他保存的当时的会议合影。他作为中国科学院新疆地理研究所的代表也参加了那次会议。而且，由于他的书法有工夫，会议合影的标题也是他以毛笔写就的。从韩德麟提供的原版照片看，合影人员非常清晰，主楼右侧边上的多层楼（长期做会议楼与餐厅）当时正在施工，楼上的标语“安全生产文明施工”可以判断，他的那张（标语的字是正的）是正宗的正片。我保留的博格达宾馆的合影照片是印反了的。

1984 年中国地理学会经济地理专业委员会学术讨论会 9 月 28 日—10 月 3 日在新疆乌鲁木齐市博格达宾馆召开。这是大会的合影，时间 9 月 28 日，地点在博格达宾馆主楼前

从合影照，可以看到当时我国经济地理专业的一些主要科研教学人员。照片共四排。我站在最后排右起第二的位置，右起第三人就是韩德麟，第十人可能是陈汉欣，第十三人可能是陈航。左起第十四人是当时刚成立的湖南省经济地理研究所所长李万。第三排也是站立者。第二排是坐位，右起：第一人郭来喜，第二人徐志康，第五人杨万钟（华东师范大学），第七人李振泉（东北师范大学），第十一人钟功甫（广东省科学院广州地理研究所），第十二人宋家泰（南京大学），第十三人吴传钧（中国科学院地理研究所）；左起第三人邬翊光（北京师范大学），第四人魏心镇（北京大学），第五人张维邦（山西师大），第六人杨树珍（中国人民大学），第七人李文彦（中国科学院地理研究所），第八人胡序威（中国科学院地理研究所）。其他还有诸多的熟人，现在

从照片上都认不出来了。

2. 学术讨论会论文集编辑出版过程

中国地理学会经济地理专业学术讨论会于1984年9月28日至10月3日在新疆乌鲁木齐召开。当时，国家计委在京津唐地区进行的国土规划工作试点刚刚结束，对地理界参与国土规划工作所能起的作用有了很好的了解，也因此对地理学界更多地参与即将开展的全国各地区的国土规划工作寄托殷切期望。会议正是在这种背景下召开的。

主持此次会议的是时任中国地理学会副理事长的吴传钧先生。参加会议的除全国地理学界的老中青学者外，时任国家计委国土局局长陈鹄、新疆维吾尔自治区前建委主任申玉坤、国家计委国土局的规划处处长方磊等多位领导及全国各省市区的国土处代表参加了会议。这是一次不同寻常的“高规格”的专业性的学术讨论会。

《地理学报》1985年第一期刊登了农业地理学家徐志康编写的会议纪要《经济地理专业学术讨论会在乌鲁木齐召开》，“参加会议的有全国地理科研单位、高等院校地理系和国家计委国土局及21个省（自治区、直辖市）计委国土处负责同志共101人，列席代表6人。提交大会论文共105篇，是一次检阅近两年来我国经济地理工作者参加国土开发整治规划调查研究收获的盛会”，“大会分成三组就开发大西北战略、国土开发整治与经济区划，以及经济地理的理论和方法三个主要问题进行了广泛的学术交流”。

经济地理学家李振泉在《经济地理》1985年第一期也发表了《中国地理学会经济地理专业学术讨论会简记》：

> 大会共收到论文107篇，内容包括大西北地区开发、国土规划与经济区划、农业区划、经济地理理论等方面。其中以国土规划与经济区划文章最多，约占论文总数的五分之二左右，有关于全国经济区划理论和方案的探讨，还有11个省级经济区划的论述。
>
> 大会集中讨论了大西北地区经济开发、国土规划与经济区划、经济地理的理论与方法等问题。
>
> 在大西北开发的讨论中，一致认为西北地区土地辽阔，矿产资源、农牧资源极为丰富，发展潜力极大。中央决策在本世纪末和廿一世纪初把西北区建成为我国的重要的战略基地，是完全正确的。但也应看到西北地区气候干旱，水土资源不平衡，交通不便，经济和文化

技术落后，是经济开发的重要限制因素。

……

有关《国土规划和经济区划》的论文，大会决定选编成专集出版。

1985 年夏秋华东师大的讨论会文集编辑组向出席那次会议的论文作者发了一个通知，内容是：那次会议提交论文的作者可将有关国土规划与经济区划的文章寄给他们，以便出版会议文集。得到通知后我就将原文稿中的“大经济区”部分，即第二步手稿中的前半部，单独成文，投给了文集编辑组了。题目是“我国大经济区的划分及其发展战略分析”，发表在文集的第 104—111 页，华东师范大学出版社 1986 年 10 月出版。

文集名称《国土规划与经济区划：中国地理学会一九八四年经济地理专业学术讨论会文集》，编辑组在“中国地理学会经济地理专业学术讨论会纪要（代前言）”中说明，此次会议共收到论文 105 篇，“从 51 篇国土开发整治与经济区划论文中选编成《国土规划与经济区划》论文集”“从 51 篇论文中选出 27 篇作为文集的初稿，并逐一提出修改补充意见，请原作者进一步修改与加工；然后再由编辑组审阅、润饰、编成书”；又说明：“《地理学报》准备组织有关同志，把关于开发大西北战略问题的论文进行梳理，归纳成若干专题发表”；“会议还建议其他论文的作者，根据大家讨论的意见，进一步修改充实，向各种地理杂志投稿，以扩大交流”。编辑组在“编后记”中说明，“有相当多的论文内容翔实，质量较高，只是因为有些论题不属于国土规划与经济区划范围，有的已在其他杂志发表，才未选入本书”。

第六章
政府采纳与学术界传播及评价

第一节　T字形结构被写入1985—1987年编制的《全国国土总体规划纲要（草案）》

一、对“全国建设布局的总体构想”手稿的说明

1985年，国家计委根据国务院发〔1985〕44号文“国务院批转国家计委关于编制全国国土总体规划纲要的报告的通知”的要求，组建了国家计委国土局主持领导的《全国国土总体规划纲要》编制办公室。

自1985年5月至1986年秋，我受国家计委之邀，参与了《全国国土总体规划纲要（草案）》（以下简称“规划纲要”）的编制工作，分工承担第三章“全国生产力总体布局”的编写。当时，编制组的工作地点是租住的北京市材料公司的招待所，具体地点在甘家口西边不远的一座很普通的5层楼（像是办公楼，也像是集体宿舍楼）。编写组成员10—15人，大部分是国家计委国土局的领导与工作人员，受邀来自中国科学院地理研究所的研究人员有4位，还有来自城市规划部门的人员。时任国土局副局长的陈鹄和规划处处长的方磊也经常在驻。

我分工编写第三章，当时定的标题是“全国建设布局总体构想”，最后付

印的规划纲要第三章的标题是："国土开发的总体布局"。因为有前一年（即1984年）的乌鲁木齐学术讨论会论文作基础，我很快就完成了该项编写任务。6月准备资料，7月1日开始写，7月10日就完成了初稿。7月10—20日我写成了正式稿子，交给了办公室负责人。

1985年7月25日，负责规划纲要编写办公室具体工作的国土局规划处处长方磊主持了我编写的这一章内容的讨论会。至今，我保存了当天参会的各位人员发言的记录。会议上，我首先对分工的这一章的内容与主要观点作了简要介绍。方磊首先发言，基本肯定了国土开发与经济布局T字形结构，其他几位国土局同志也都没有表示不同意T字形结构；只有个别学者提出了对T字形的运用需要注意的相关问题，主要是与三大经济带相关的问题。讨论就这样基本通过了。大约十天之后，我就交上了修改稿，也是从我手里出去的最终稿。

40年后的今天，我手里仍保留着一份初稿。在这个初稿中，有多处没有填上具体数据的空格。当时交给规划纲要编制办公室的稿子肯定是完整的没有空格子的稿子，可惜当时还没有复印机，我没有留下副本。直到2021年，为了编辑我的文集，将那时的手写初稿整理成电子文件，对那时留下空格的地方，填了一部分；对一些不能填出确切数据的地方就索性给删去了，但肯定不影响原稿的基本含义及其连贯性，也不影响读者对报告手写初稿内容、观点及其价值的辨别。

《陆大道文集（上册）》（商务印书馆，2023年5月出版，第50—83页）收录了《全国国土总体规划纲要》第三章初稿。正文之后附有文中有关文字的部分手稿影印件与1987年发布的《全国国土总体规划纲要（草案）》含有T字形部分的影印件。此次，为了充实本书的史料价值，将当时没有填上具体数据的空格初稿的全部影印件，收录在本书的附录中（见附录四：1985年在国土规划编制办公室时我起草的《全国国土总体规划纲要（草案）》第三章的手稿）。我在此描述这些细节，只是为了说明国土开发与经济布局T字形结构产生过程的复杂性和被写进《全国国土总体规划纲要（草案）》的最初原因与情况。

二、国土开发与经济布局T字形结构正式写入《全国国土总体规划纲要（草案）》

由于国家计委领导的正确决策，国土开发与经济布局的T字形结构被写入 1986 年国家编制的《全国国土总体规划纲要（草案）》（图 6-1）中。该规划纲要经多轮修改和 1986 年秋天的省长会议讨论，1987 年 3 月 25 日发到全国试行。之后，T 字形结构重点轴线的发展模式陆续被写入 23 个省（自治区、直辖市）的国土规划以及诸多的地区性（包括县域）规划。

在相当程度上，T 字形结构使我国国土开发和经济布局模式得到了调整而走向科学化。现阶段，我国的 T 字形空间结构战略实际上还在实施。

在我国，按照点-轴系统模式（原则）进行发展，可以集中国力，将国家最有利的沿海和长江沿岸很快发展起来；通过点-轴渐进式扩散，使轴线和中心城市进一步延伸，就可以逐步实现开发重点的渐进式转移，因而可使全局获得“最佳发展”。

对于全国来说，T 字形结构的一级轴线是东中西连接和由东向西的转移通道。因而，是使我国大区域间从不平衡发展到较为平衡的发展的一个重要原则和途径。

规划纲要在正文中有三次提到了 T 字形结构。之后，在第 30 页专门设置一个“补白 3.1 关于生产力布局的轴线问题”。其中强调：“我们认为，作为国土开发和经济建设的一级主轴线，应当突出重点，因此以 T 字形轴线为宜。”

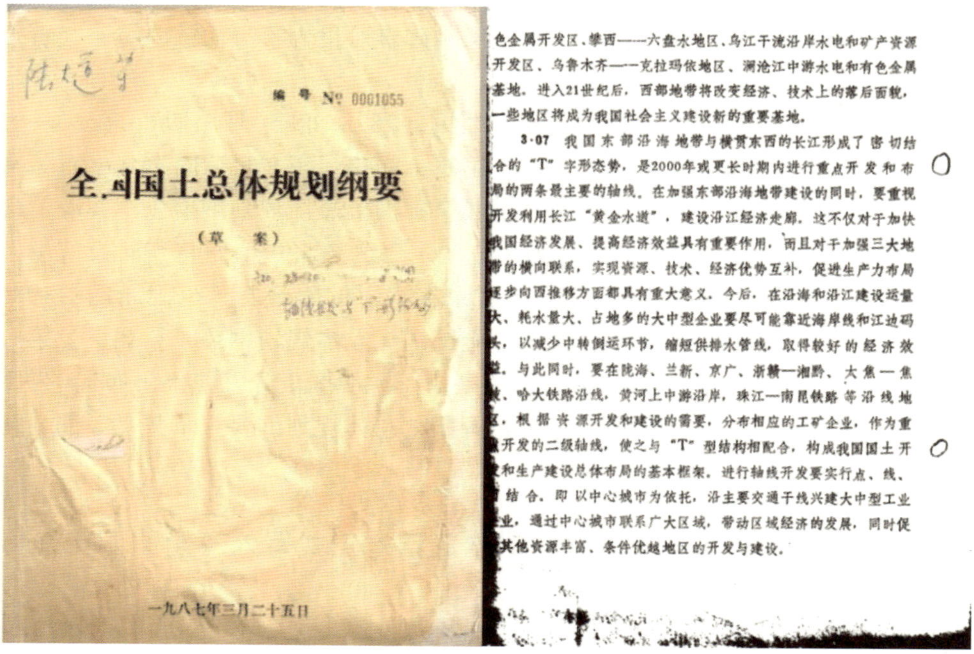
编号 № 0001055

全国国土总体规划纲要

（草案）

一九八七年三月二十五日

色金属开发区、攀西——六盘水地区、乌江干流沿岸水电和矿产资源开发区、乌鲁木齐——克拉玛依地区、澜沧江中游水电和有色金属基地。进入21世纪后，西部地带将改变经济、技术上的落后面貌，一些地区将成为我国社会主义建设新的重要基地。

3·07 我国东部沿海地带与横贯东西的长江形成了密切结合的“T”字形态势，是2000年或更长时期内进行重点开发和布局的两条最主要的轴线。在加强东部沿海地带建设的同时，要重视开发利用长江“黄金水道”，建设沿江经济走廊。这不仅对于加快我国经济发展、提高经济效益具有重要作用，而且对于加强三大地带的横向联系，实现资源、技术、经济优势互补，促进生产力布局逐步向西推移方面都具有重大意义。今后，在沿海和沿江建设运量大、耗水量大、占地多的大中型企业要尽可能靠近海岸线和江边码头，以减少中转倒运环节，缩短供排水管线，取得较好的经济效益。与此同时，要在陇海、兰新、京广、浙赣—湘黔、太焦—焦枝、哈大铁路沿线，黄河上中游沿岸，珠江—南昆铁路等沿线地区，根据资源开发和建设的需要，分布相应的工矿企业，作为重点开发的二级轴线，使之与“T”型结构相配合，构成我国国土开发和生产建设总体布局的基本框架。进行轴线开发要实行点、线、面结合。即以中心城市为依托，沿主要交通干线兴建大中型工业企业，通过中心城市联系广大区域，带动区域经济的发展，同时促进其他资源丰富、条件优越地区的开发与建设。

图 6-1 《全国国土总体规划纲要（草案）》封面及 T 字形结构相关内容

自 80 年代中后期，国土开发与经济布局的T字形结构战略在全国及各地区实施。海岸地带和沿江地带成了国家和多个省（直辖市）的大规模投资和实施开放优惠政策的最主要目标地带。经过十多年的集中建设，至 20 世纪 90 年代末，我国沿海、沿江两大一级发展轴线（地带）成为实力强大的经济带，保障了我国 80 年代中期以来综合国力的大幅度增强。

三、T 字形结构如何能够进入全国规划文本？

《全国国土总体规划纲要（草案）》中有多处 T 字形结构的相关表述。T 字形结构相关内容之所以能够写进《全国国土总体规划纲要（草案）》，并居于明显的位置，我个人分析认为可能是如下原因。

当时国内关于战略转移的学术讨论，并没有影响国家管理部门对沿海开放政策的实施，在当时国家计委负责国土工作的同志都是新中国成立后逐步培养起来的富有全国经济管理经验的人才，他们经历了“一五”划分沿海与内地以及后来划分“三线”的过程，对于战略转移中出现的种种问题感受深切。沿海对外开放才四五年，无论如何不能又来一次实行“战略转移”。

正是在这种情况下，T 字形结构提出了一种既可以不转移，又可逐步推移的模式。这样一种新的发展模式，具有可操作性，并有可以逐步实现各地区较为平衡的发展前景，也基本可以满足部分持“战略转移”观点人士的诉求。

当时规划纲要编制组办公室的实际工作是由方磊处长主持的，他与陈鹄局长是完全赞成首先将沿海沿江地带作为国土开发与经济布局的战略重点的。他们认同我的观点：以沿海地带与沿江地带为国土开发与经济布局的一级轴线，能够科学地反映我国经济发展潜力的空间分布格局，能使全国的生产力布局与交通运输、水土资源、城市依托和国内外市场实现很好的空间结合。我认为这种看法，在国家计划部门很可能是普遍的。

40 多年来，我国经济建设和发展的战略重点一直在沿海地带，其次是沿江地带。1999 年，中央决定实施“西部大开发战略”，2003 年实施“东北地区等老工业基地振兴战略”，这些战略是解决“问题区域”的结构性困难、促进区域协调发展的方针，并不是要进行经济建设重点转移。

长期以来，我逐渐形成这样一种认知与理念：对于国家发展的问题，学者们提出建议，若最终得以实现，意味着这些建议被采纳了。然而，事实上，类似的建议并非仅由个别人提出。我们的建议或许只是众多建议中的一分子。再者，单条建议，最多仅仅是知识，并未形成“力量”。唯有当学者的建议被决策者和决策机构采纳（含部分采纳）并在实践中取得一定的效果时，这些建议才真正转化为“力量”。这一转变的关键，就是决策者的正确决策。即是说：重要及重大之处，在于决策过程与决策者的智慧。

四、21世纪初年T字形结构仍然是国家发展的战略重点

以沿海、沿江两个地带作为国家发展重点的战略在20世纪80—90年代得到大规模实施。20世纪90年代以来，国内著名学者及有关部门的领导孙尚清、王梦奎、王慧炯、李善同、陈栋生、白和金、林兆木、刘江、魏后凯等在其著作中强调了21世纪初我国应该继续实施沿海地带和长江沿岸地带的T字形一级轴线的宏观空间结构战略的重要性。主要文献如下：

（1）孙尚清.《以“两通”为突破口加快长江流域的开发开放》. 载：孙尚清主编.《长江开发开放》（第二章）. 北京：中国发展出版社，1996年.

（2）刘江主编.《中国地区发展回顾与展望（综合卷）》. 北京：中国物价出版社，1999年.

（3）王梦奎主编，王慧炯、李善同副主编.《中国经济发展的回顾与前瞻（1979—2020）》. 北京：中国财政经济出版社，1999年.

（4）王梦奎，李善同等著.《中国地区社会经济发展不平衡问题研究》. 北京：商务印书馆，2000年.

（5）中国经济学会编，陈栋生主编，魏后凯、陈耀副主编.《跨世纪的中国区域发展》. 北京：经济管理出版社，1999年.

（6）国家计委国土开发与地区经济研究所著.《我国地区经济协调发展研究》. 北京：改革出版社，1996年.

（7）白和金、林兆木主编，刘福垣、王一鸣等副主编.《21世纪初期中国经济和社会发展战略》. 北京：中国计划出版社，2000年.

（8）王一鸣主编.《中国区域经济政策研究》. 北京：中国计划出版社，2000年.

（9）魏后凯著.《走向可持续协调发展》. 广州：广东经济出版社，2001年.

各位学者关于21世纪初年还应该社会实践沿海沿江作为国家战略重点的论述，参见本书的附录中的“有关领导专家学者对点-轴系统理论及我国国土开发与经济布局T字形构架的评述（修订稿）”

第二节　理论与模式发表初期在学术界的影响

尽管我在学术会议上提出了点-轴系统理论与我国国土开发经济布局的 T 字形结构，并很及时地将这个观点以不同版本发表在三份学术期刊上，1987 年又被《全国国土总体规划纲要（草案）》所采纳，但在近十年时间内，这个观点并没有受到学界“在意”。当然，这在学术界是非常普遍的现象。不过，对于这个观点与建议而言，其背后也有可解释的原因存在。

这种情况，于我而言，也很平常。从 80 年代中期开始，除了完成政府委托的多项研究任务之外，在业余时间里，我主要进行理论总结工作。其一，配合李文彦先生编写《中国工业地理》（1990 年，科学出版社出版），自己个人撰写《区位论及区域研究方法》（1988 年，科学出版社出版）《中国工业布局的理论与实践（1990 年，科学出版社出版）等著作；其二，继续深入研究空间结构理论，特别是深入并完善点-轴系统理论与国土开发、经济布局的 T 字形结构，发表了多篇论文，并撰写了一本针对点-轴系统理论及其应用的专著《区域发展及其空间结构》（1995 年，科学出版社出版），使这一理论与模式逐渐形成了体系。

一、新中国成立至改革开放初期的中国学术界

20 世纪 60 年代初期，正是我初踏入中国科学院攻读研究生的时期，学术界的学术活动开始有计划地进行了。那时，大多数学科，包括一级学科及众多二级学科，都纷纷成立了相应的学会。1909 年，中国地学会在天津成立，1912 年迁至北京；1934 年，由翁文灏、丁文江、竺可桢等人发起，在南京成立中国地理学会。中华人民共和国成立后，中国地理学会与中国地学会合并，于 1953 年成立新的中国地理学会。此后，类似于经济地理专业委员会这样的专业委员会相继成立。学术会议一般一两年举行一次，会后一般都会出版论文集。

“文化大革命”的十年中，受政治运动的影响，学术活动几乎完全停止，更谈不上学术交流与传播，新的学术观点与学术创新很少出现。1976 年 10 月，“四人帮”被粉碎之后，中国的科学研究迎来了春天，各种组织重新恢复了活动，新的学术组织与活动不断涌现，相应的各种学术杂志、学术讨论会、论文集及报纸等，开始涌现。在这种背景下，新思想、新观点、新方法等，也

开始越来越广泛地出现、传播。以陈景润等为代表的科技界杰出人物被发现与宣传，对当时中国科技界的创新发展起到很大的推动作用。

20 世纪 70 年代末至 80 年代初，中国学术界的年龄结构，基本上分为四个部分。一是老一辈学者，他们主要是在新中国成立前成长起来的，后来成为新中国科技发展的奠基人与各学科的带头人。二是新中国自己培养的人才，包括 50 年代留学苏联的，这些人成为各个学科的骨干。三是 1960 年前后大学毕业的青年人，到了 70 年代末 80 年代初，大部分都有学业以及成家（含两地分居问题）、孩子抚养等问题，有些人甚至要重新规划自己的职业和选择工作单位。四是进入 80 年代初，“文化大革命”后大学培养出的新人才陆续来到各科研单位。因此这一时期，也是各单位科研人员变动比较频繁的阶段。

二、20 世纪 70—80 年代我国地理学及中国科学院地理研究所经济地理学术研究

1. 我所在的集体长时期学科与人员分工明确

1963 年我到地理所后，才开始逐步认识我国的地理学。那时，正是实施《1956—1967 年科学技术发展远景规划》时期，中国的地理学研究跟随苏联的模式，只发展自然地理学与经济地理学。当时研究集中在中国自然区划与农业区划，以及大规模的区域综合考察。

与我的研究方向工业地理学关系最直接是工业布局调查与规划、经济区划等方面的工作，还有 80 年代初承担国家计委的京津唐国土规划试点工作，也是当时我工作的主要任务。那时地理所的工作中心明确指向为国家服务。我国经济地理学的理论研究，在初期，几乎就是苏联的“经济地理学的性质与研究对象”讨论的“中国版”，尤其在部分大学的讨论会上，这种情况尤为明显。但是，随着我国国内研究工作的开展和深入，理论上的新观点逐渐出现。

1961 年，中国地理学会经济地理专业委员会在上海召开学术会议。在会上，不少学者根据自身的实践体会，开始突破苏联模式的框框，运用毛泽东的矛盾论思想方法来分析经济地理学科性质与对象。学术会议后出版的文集，反映了那个时期我国经济地理研究的基本情况①。

1978 年秋天，我首次参加在在长沙召开的全国经济地理学讨论会，提交了文章《对我国区域规划有关问题的初步探讨》，并被收集到会后出版的论文

---

① 参见：陆大道. 50 年来我国经济地理学的发展.经济地理，2000，20（1）：2-5.

集中。1979 年 12 月 28 日至 1980 年 1 月 7 日，在广州召开的中国地理学会第四届代表大会暨综合学术年会，也算是一次经济地理专业学术会议。但那次地理学会代表大会的规模太大，也没有文集留下。接下来就是 1984 年 9 月 28—10 月 3 日在新疆乌鲁木齐召开的中国地理学会经济地理专业学术讨论会。

总体上，我所在的地理所经济地理研究室，由于吴传钧、邓静中、李文彦、胡序威、孙盘寿等几位领导秉持科学研究为国家服务的方针，大家确实非常重视对国家实际问题的研究。当时，吴传钧先生在经济地理学科发展方面的最主要理论观点，是他 1960 年发表《经济地理学——生产布局的科学》中提出的："这门科学是与自然科学、经济科学、技术科学关系非常密切，具有自然—经济—技术综合特点的边缘科学，是整个体系中不可缺少，也是其它任何一门科学所不能代替的"新见解。邓静中先生撰写了专著《中国农业区划方法论研究》（1960 年，科学出版社出版），影响很大，一度被誉为"区划王"；吴传钧先生开拓了中国土地利用研究，并主持完成了《1∶1000000 中国土地利用图》（1990 年，科学出版社出版）的编制，在国家与学术界影响深远；李文彦先生领导的山西能源经济区划研究，胡序威先生领导的京津唐国土规划综合课题研究，在国家与学术界也都很有影响。孙盘寿先生开拓了地理所的城市地理研究。

当时，地理所经济地理研究室有一个特点，就是分成农业、工交、城市、历史（地理）几个学科组。每一个学科组中，每个人又再分别研究一个专门的"领域"。例如，我所在的工业与交通地理研究组，组员分别研究冶金工业、化学工业、轻工业、工业与用水关系、铁路交通、水运交通，等等。1983 年底，根据国家第六个五年计划提到的要加强人文地理学研究的精神，中国科学院同意在地理所成立经济地理部，原几个学科组相应地成立了研究室。

2. 改革开放初期个人写作文章参加学术会议开始成为常态

改革开放开始时，大家已经积累了不少的资料与体会。在完成委托任务的基础之上，研究人员也开始了各自分工领域的总结与写文章。1980 年后，陆续有个人署名的文章在相关的期刊上发表。不过在一段时期里，写理论总结性的个人文章，无论去参加学术会议还是投稿，都需要经过领导批准。这时段，我记得张文尝先生在铁路与城市扩展之间的关系方面，他个人发表了文章，还成就了一本书（张文尝、马清裕：《城市交通与城市发展》，2010 年，商务出版社出版）；后来，他与他指导的年轻人金凤君、樊杰等合作，写成了《交通经济带》（2002 年，科学出版社出版）一书，内有不少新的理论观点与演绎模型。工业地理学家李文彦，提出了生产力布局的六条原则以及能源经济区划的标准。城市地理学家马清裕，总结出我国集镇发展的三种类型。

我认为，像这种类型的成果，不是某一个经过立项课题与集体研究的成果，而是个人在长期经过诸多的课题研究及独立研究的理论升华与科学总结，应该属于学者个人的研究成果，属于个人署名的成果。点-轴系统理论与我国国土开发与经济布局的T字形结构，也应属于此类成果。

以上我讲了这么多的情况，主要是想要说明，1984年我提出点-轴系统理论与国土开发经济布局T字形结构的观点与建议，为什么在大约十年里，在地理所及全国范围地理学与经济地理学界没有任何人在意，既无肯定也无否定，也没有人提出疑问。

我为什么自己要提出这个问题，又要自己来回答呢？因为这个问题本不是问题，是常态。那时，许许多多的学者，包括青年学者，都写出了论文与提出了新的观点。但彼此之间很少关注，即很少进行、几乎是不对他人文章做肯定或否定之类的评价。写论文也不需要大量的旁征博引，可能也是缺少这类评价的原因之一。

除了上述原因，还有可能有下面其他原因，其中有部分与我自己有关。我青少年时期的人生经历比较特殊，处事能力差。这使得我在大学时期，及进入地理所后，我是不被注意的。这与我的文章不被注意都是同样可以理解的。

改革开放以后，很多的人都在那个人生发展机遇很多的转折时期，重新选择了自己的志向，离开了集体。在工业与交通地理研究组里，我觉得自己没有独创局面的能力，而且很喜欢我的这个专业，所以的确没有要“动一动”的想法。70年代，我在山东、两淮、辽宁、冀东等从事地区性资源开发与工业基地布局的调查研究与规划任务，后来出国近两年，又搞了半年多的京津唐规划。1983年底，经济地理室扩大成经济地理部，机构大了，研究室增加了，加上这时部分同事已经出走新的前程了，又进来了几位青年人。在我提出点-轴系统理论与国土开发经济布局T字形结构时，正值新老人员开始交接的阶段，“老人”走了不少，“新人”刚刚才来，大家对我的学术研究关注的不多。

此外，1984年的乌鲁木齐经济地理学术讨论会，由于下发的会议通知是要讨论关于“西北大开发”的内容①。所以，我估计有诸多的论文是正面提倡向西部实行“战略转移”的。而我的论文调子很可能是当时提交会议的论文中

① 参见《地理学报》1985年第一期刊登的农业地理学家徐志康编写的会议纪要《经济地理专业学术讨论会在乌鲁木齐召开》。

唯一的一份“不能实行再一次战略转移”的观点。当时地理学界多数同事是赞成要向西北（西部）转移的。当时会议收到关于“西北大开发”的论文就有约50篇。这也可能是地理学界对我提出的T字形结构不在意的原因之一。

第三节　政府高层与学术界对理论及模式的认可、传播与评价

1984 年 9 月在中国地理学会经济地理专业委员会学术讨论会上，我提出了点-轴系统理论与 T 字形宏观结构，在推进我国全方位对外开放与确定国家开发与经济发展战略重点方面，起到了明显的作用。

2022 年初，我在网络上简单地搜索了：政府部门领导及其下属研究机构的著名专家提到 T 字形战略的规划、著作十多种，提到并阐述其意义与作用三十多处；研究所及大学的学者提到陆大道提出的点-轴系统及沿海沿江两条主轴线的 T 字形国土开发与经济发展重点的著作、文章及专门论述，大约也有三十种/篇。国外学者提到并肯定点-轴系统理论与 T 字形结构的有日本北村嘉行教授及德国吉泽教授。

《全国国土总体规划纲要（草案）》（1987 年 3 月试行）采纳了我的建议。这在全国计划部门等政府机关与学术界产生了广泛的重要影响，并延续到21 世纪。

20 世纪 90 年代，国务院发展研究中心孙尚清主任与之后的王梦奎主任等参与党和国家大政方针政策文件起草的专家，在多个场合强调 T 字形结构的重要意义，并提出 21 世纪仍需以 T 字形结构为国家战略重点等建议，是 T 字形结构战略到今天仍然具有影响的重要原因。

点-轴系统理论与以沿海沿江地带为我国国土开发经济布局两条一级轴线的 T 字形结构，是经济地理学与区域经济学等学科研究对象空间投影的抽象概括。这也是日渐得到部分同行关注与传播的基础。

主要参考文献

白和金，林兆木等. 21 世纪初期中国经济和社会发展战略. 北京：中国计划出版社，2000.

樊杰. 经济全球化与区域发展. 北京：人民教育出版社, 2001.
桂世镛，魏礼群. 关于到本世纪末经济和社会发展战略的若干构想. 计划经济研究，1987, 6-7: 2-10.
刘江. 中国地区发展回顾与展望(综合卷). 北京：中国物价出版社, 1999.
陆玉麒. 论点-轴系统理论的科学内涵. 地理科学, 2002, 22(2)：136-143.
《全国国土总体规划纲要》(草案), 1987年3月25日
孙尚清. 以“两通”为突破口加快长江流域的开发开放. 载：孙尚清，长江开发开放. 北京：中国发展出版社, 1996.
王梦奎，王慧炯，李善同. 中国经济发展的回顾与前瞻(1979—2020). 北京：中国财政经济出版社, 1999.
魏后凯. 走向可持续协调发展. 广州：广东经济出版社, 2001.
左大康，李文彦，许月先等. 面向经济建设，发展地理科学. 载：左大康. 地理学研究进展. 北京：科学出版社, 1990.

中　篇

第七章

点-轴系统的形成推导及区域最佳结构分析

我在本书前言中已经说明，1984 年点-轴系统理论与 T 字形结构空间模式只是“初步提出”，也就是“寻找与初步发现”的阶段。中篇要重点在理论上对点-轴系统理论与 T 字形结构空间模式，作发生学的反演推导。具体而言，就是在某一特定区域范围内，通过对点-轴渐进式扩散①过程进行反演推导，揭示区域内“点-轴系统”形成的机制。点-轴系统呈渐进式扩散，一旦突破其原来所在的地区与范围，进入外部更大的地域，会催生“点—轴—集聚区”这种新的空间格局的形成。集聚区及其所衍生的城市群，是点-轴系统的优化和发展。

本章在结构上分为两个部分。第一部分，包括第一节至第四节。首先，对“区域”（包括国家内的地区、国家、国家群体等多个层面）作为发展的平台展开分析，旨在说明各种各样的空间结构（包括形态与内涵）都是在“区域”这个平台上形成的。区域不仅是空间结构形成与演变的基础、载体与平台，更是构建理想空间结构理论模式的目标指向。无论是一个国家内部的组成部分，还是国家与国家的组合，都可以称作“区域”。有了“区域”和“区域的存在”，才会有经济与社会的发展；而有了“发展”才会形成一定的空间结构。空间结构总是与“发展”相伴而行，且会对“发展”产生这样那样的影响。因此，我们的目标是要揭示什么样（形态、类型）的空间结构能给经济与社会带

① 基于点-轴系统的形成与发展是一个动态的过程，我提出了“点-轴渐进式扩散”这一新概念，它亦是点-轴系统理论的组成部分。

来最优的发展，即论证区域的最佳结构与最佳发展之间的逻辑关系。此外，在完整的“点-轴系统”中，“点”即各类规模的中心城市，鉴于后续将有大量篇幅予以论述，本章在此先对各类“发展轴”进行必要阐述。

第二部分，包括第五节和第六节。基于第三节推导得出的点-轴渐进式扩散所形成的集聚区，阐述集聚区的基本特点、类型，以及在发展过程中可能出现的实际问题，重点在于揭示城市群形成的宏观背景、城市群核心城市空间结构的圈层功能等。

第一节 区域发展及其空间结构

一、发展与结构

（一）发展的含义

这里的“发展”只是指第二次世界大战以来的大多数国家的社会经济发展。这段时期内，世界政治处于一个相对稳定的时期，大多数国家和地区的社会经济获得了很大的发展，表现在人口、GDP、人均 GDP 的大幅度增长，社会和基础设施水平显著提高。以 1980 年的美元值计算，1950—1973 年和 1973—1979 年，全世界经济总产值的年平均增长率分别为 5.0%和 3.5%。发展主要体现在以下方面：

（1）对自然资源进行了大规模开发利用，特别是土地、水、煤炭、石油与天然气、铁矿石、森林等资源。

（2）人口的增加和人口素质的提高。1960 年全世界人口为 30 亿，1989 年达到 52 亿，增加了 79%，平均年增长率约 1.8%。

（3）产业规模扩大，经济总量获得大幅度增长，这是近半个世纪以来全世界范围内社会经济发展的最主要标志。

（4）产业结构不断演进并向高度化发展，经济工业化过程加速演进。一系列发达国家基本上完成了传统产业为主阶段向以新产业和高技术产业为主阶段的过渡。

（5）人类生活福利水平提高。

（6）区际发展水平差异扩大。在人类社会发展过程中，地区间资源开发水平和社会经济发展水平的差异并不是一开始就存在的。换句话说，在社会经济发展的初期，地区间的差异是不明显的，甚至是不存在的。

（7）技术创新以蓬勃之势向前发展。

上述发生的所有变化，归根结底，是由于科学技术发展的推动。技术创新是发展的前沿动力。

（二）发展的结构

长期以来，我认为有部分学者对社会与经济发展结构的理解与运用是不够全面的。关于经济结构，多数人关注到的只是部门、行业的规模结构、投资结构、产出（产品、增加值）结构，及国家的进出口结构，居民的消费结构等。例如，我国在新中国成立早期，强调“农、轻、重”的关系，即农业、轻工业与重工业的关系，基本上以产值、投资、职工人数等指标衡量。改革开放以后，开始以三次产业的结构分析衡量，第一产业包括农业（包括林业、牧业、渔业等），第二产业包括工业（包括采掘业、制造业、自来水、电力、蒸汽、热水、煤气）和建筑业，第三产业包括第一、第二产业以外的其他各业，主要是一般性服务业、旅游业、运输等物流业、信息业、金融商贸业等。衡量的主要指标是 GDP 的增长等。但是，另外一类重要的结构关系却被有意无意地忽视了，即在我们生活的这个地球表层上，各种自然客体与社会经济客体在各类地域空间上集中与分散交织而成的结构，我们地理学者及部分经济学者称之为“空间结构”。在这里，我对“空间结构”的形成作如下解析。

1.“地球不是平的”所决定的地域自然结构的差异

“地球不是平的”，是个常识，但是时常被人们所忽视。空间存在异质性，即差异性。对于中国而言，自然系统的大格局对经济发展的影响是很突出的，是研究中国发展问题的重要基础。在我国，与经济增长速度相关的最大的区域差异是：中国的三大自然区与地势的三级阶梯。三大自然区即东部季风区、西北干旱半干旱区、青藏高寒区。东部季风区面积约占全国陆地总面积的45%，人口和经济总量占到全国的 94%左右；西北干旱半干旱区面积约占全国的 30%，人口占 4%左右；青藏高寒区平均高度在 4000 米以上，面积约占全国的 25%，人口占比不到 1%。三大自然区的自然系统对社会经济的承载能力截然不同，其与地势三级阶梯共同决定了我国国土空间开发与经济发展布局的宏观框架。现阶段，人的力量还不能大幅度改变这种格局。除此之外，长期内稳定的矿产资源及地表的自然地理各要素（气候、水文与水资源、海陆关系等）等也存在显著的地域差异。

2. 自然基础的显著差异加上历史、文化的不同而导致的社会经济的地域差异

我们放开视野，观看全球，各大洲及各个国家集团，其社会经济发展的水平与规模，差距巨大。世界各国可分为“发达国家”和“发展中国家”，其中“发展中国家”中还可以分出部分“不发达国家”。在同一个国家或同一个国家集团（如欧盟）中，各地区间的差异也较大。

以上内容，重点不在于差异本身，我也没有试图说明何谓差异；重点在于强调地球上各国、各地区普遍存在着地域差异。这种区域内或区域间的差异，就是一定地域范畴的结构状态。承认了地域差异的普遍性，那我们就要揭示这类差异产生的原因，以及演变的趋势与过程。在自然、社会、文化、历史演变、国际关系、国家各级管理者（团队）及其决策等诸多因素之外，地域差异是影响区域发展不容忽视的一个因素。

我国自然结构的地域差异巨大。三大自然区，地势三级阶梯，热带、亚热带、暖温带、温带、寒温带等气候带，丰水区与缺水区，空间距离特别是距海岸带的距离等纯自然因素，还有我国发展必需的矿产资源与能源，地区赋存等，差异突出。所有这些因素对我国经济与社会发展均产生了显著的影响。建立在包括这些因素在内的许许多多因素基础之上的社会发展（城镇化、人口及其构成、文化与科学技术水平、传统习俗等）与经济发展规模、结构、水平等，同样差异明显。

在这里，我强调一点：在当今社会经济与科学技术发展水平下，就中观与宏观而言，纯粹的自然综合体已经很难找到了，它们在人类的管理与开发、保护之下，都已经不同程度地被“人格化”了。就像本书所叙述的T字形结构一样，已不再是单纯自然地理意义上的沿海沿江区域。经国家采纳这个概念并实施相关发展措施后，沿海沿江地区承载着国家投资布局、发展规模规划、进出口贸易等核心战略功能，成为国家发展的重点区域。

3. 人类社会不同阶段管理者所持的目标取向不同，也会导致不同国家与地区的发展及结构产生差异

这就是历史长河中所谓的三维目标空间的发展，是区域发展的结构演进的缘由之一。三维目标空间，是指人类社会发展在三个不同的目标与目标组合中，经济增长的速度与质量是不一样的。在较长的时期内，大致是农耕时期到工业化的初中期阶段，社会必定将主要的增长要素集中于经济，保障经济增长的获益实现最大。到工业化的中后期，社会因素（如地区竞争中的公正原则、

发展机会均等、社会保障均等、边远和少数民族地区要保证得到相应发展等原则）所起的作用就会比之前大得多。在此种情况下，在决策权重组合中，经济因素作用下降。社会经济区位决策可能会偏离经济上的最优方案，而是沿着经济、社会两维空间延伸，社会发展获得的资金增加，发展水平得到提高。在经济技术达到高度发展阶段，一般认为即后工业化阶段，人类凭借强大的技术手段作用于自然，强烈地改变着自然结构和生态环境结构。这个阶段，环境保护和维护生态平衡成为重要的决策因素，并且愈来愈明显地影响国家和地区资源开发方向、产业选择和空间布局。三维目标空间的发展，是社会发展达到较高程度所必然会出现的。

二、什么是“空间结构”？

不同的国家和学者对地域空间及地域空间规划的名称和含义的界定很不相同。我国以往长时期内所使用的“国土规划”这一概念，是从20世纪80年代初从日本引入的。但是，在日文里“国土”本来指的是“领土，国家的土地”。但我国翻译成“国土”和“国土规划”，就带来了国家管理体制长时期的不顺[①]。而现在的“自然资源部”，中央政府对其涉及地域空间任务的表述明确为“国土空间规划”。由于加上了“空间”概念及对于这个概念的解释，问题就得到合理的解决[②]。在欧洲，普遍运用的是“空间规划”或“区域规划”（德语为Raumplanung，英语为regional planning）、法国是“领土规划”（Territeralplanningi）。日本将欧洲的“空间规划”或“区域规划”，翻译成“国土综合开发计划”，实践中就是国土空间的规划。联合国的《21世纪议程》中，称此类的规划为综合规划（integrated planning）。

以上内容主要是为了说明，国际上的惯用的术语，地域、区域是可以以“空间”一词代替的。也就是说，一个“区域”（包括内部及与周围区域）的地域结构，应该称作“空间结构”。此外，通常我们在提及地域、区域概念时，通常默认其为静态、平面的。而使用“空间”一词，可以赋予其三维空间

① 这是因为，在设立“国土资源部”时期内，在被赋予的职能中，既有了长期就有的“土地利用规划”，又加上了“国土规划”，就有相当程度的重复。而在过去相当长的一段时期内，综合性的地域规划是国家发展和改革委员会的职能，因为这件工作需要综合协调几个政府部门的意见。

② 我记得，大约在20世纪90年代以前，“空间”一词在我国社会认可的含义（仅仅）是“太空”或“空天”，那是高科技航天领域所涉及的“空间”。90年代初我写作《区域发展及其空间结构》时，曾有人问我：你也搞“空间结构”，什么内容的“空间”呢？

的含义，即长宽的“二维”平面，加上历史动态演变的“一维”过程。以“空间结构”来描述这种三维空间中社会经济客体的组织，是很得体的和必要的。

1. 空间结构是区域发展状态的“指示器”

第二次世界大战后，在欧洲、北美、苏联、中国、日本等国家和地区社会经济迅速发展的大背景下，经济增长、产业结构演进及其在空间上引发的变化，使得原有的区位论、工业区位论、城市区位论和市场区位论，难以充分解释日益复杂的地表社会经济现象，以及社会经济在空间上的分散与集聚情况。这一阶段，区位理论领域形成了两个研究方向：空间分析方向和空间结构方向。在《区位论及区域研究方法》一书中，我着重概括了西方（主要是德国、英国、法国、瑞典等国）学者对空间结构研究的贡献，对代表人物提出的理论与观点及当时的社会发展基础进行了分析评价。我提出并强调“空间结构是区域发展状态的指示器”，也就是说，通过分析一个区域的空间结构，能够判断该区域的发展阶段、发展态势，以及内部各要素客体之间的关联是否合理有效。

2. 空间结构是“总体区位理论”

空间结构是指社会经济客体在空间中相互作用，以及所形成的空间集聚程度和集聚形态。由于该理论概括的不是单要素的空间分布与空间组织规律，而是综合了一定范围内所有主要的社会经济客体，因此又可称之为“总体区位理论”。空间结构的研究，要求将区位论与发展理论相结合，分析论证社会经济各个发展阶段空间结构的一般特征，揭示决定空间结构及其差异的基本因素，包括：集聚与扩散、运费及其影响、社会经济客体对土地空间的依赖性、社会经济客体之间的“疏”“密”关系、区域发展不平衡性，以及社会经济客体的空间组织的构架、脉络与动态演进，最佳的企业规模、居民点规模、城市规模及其等级体系，以城镇型居民点（市场）为中心的土地利用空间结构，空间相互作用，包括地区间的货物流、客流、金融财政流；各级中心城市的吸引范围；革新、信息、技术知识的扩散过程等。这些因素也是空间结构特征的重要反映。

3. 宏观区域的“空间结构”

西方学者提出并论证了大量关于空间结构的理论模型，这些模型对空间结构研究具有重要意义，其中增长极模式具有较高的应用价值。但是，这些模型和分析，刻画的是西方国家较小范围的点—线—面关系，并且这种关系也是建立在许多假设基础之上的，不能很好描述生产力布局和区域发展的战略模式等重大问题。而我所寻求的是，在生产力布局和区域发展规划中，有效地将水资源、土地资源等资源条件与城市发展状况、社会经济协作条件等结合起来，形成一套能够清晰展示空间等级关系的理论和模式。我希望这套理论和模式能够给决策者及实施者提供明确的点—线—面关系、层次关系和轻重缓急关系。由此看，我提出的“点-轴系统”理论与西方学者的理论是不相同的，没有直接利用他们的理论与模型。

第二节　区域的最佳结构与最佳发展

在《区位论及区域研究方法》（科学出版社，1988 年出版）一书中，我阐述了社会经济地域组织的一般特征和影响因素，提出合理集聚和最佳规模是生产力空间结构的核心问题，并从理论上描述了各种社会经济客体的最佳规模。《区域发展及其空间结构》全书的主题就是通过推演点-轴系统及点—轴—集聚区的形成过程，揭示区域发展与空间结构之间的关系，回答了何种空间结构可以使区域达到最佳发展这一问题。2001 年我在《地理学报》上发表了《论区域的最佳结构与最佳发展》一文，以 20 世纪 80—90 年代我新的认知，同时参考国际上百年以来的研究经验，对区域的空间结构与发展作了比较深入的理论解析。

本节以上述工作为基础，从理论与实践相结合的视角，揭示社会经济空间组织的演变机制，及其如何推动区域或国家实现发展，进而论证点-轴系统可能是最为有效的区域开发模式。同时，对 40 多年来在国家发展进程中，沿海沿江地区首先开放开发进而带动全国范围的全方位对外开放开发，产生巨大的经济增长与社会发展效益的过程，进行了较深刻的分析论证，指出点-轴系统理论和 T 字形结构的可应用性与科学性。

国家或区域的经济和社会发展，是社会经济要素、自然要素相互作用的结果。“发展”必然表现为社会经济客体的出现。若干个社会经济客体的出现，会在一定范围内形成一定的空间组织。判断一种空间组织是不是区域发展的必然产物，是不是可以引领区域实现最佳发展，判断标准是，其能否使区域中的人流、物流和能量流最为经济，能否实现生产和流通的中间过程支出最小化，能否促进城乡居民点的关联达到一体化，能否推动区域发展从不平衡到较为平衡等。

就长期经济增长而言，区域的最佳发展表现为增长速度稳定。由于人们对社会交往的需要和对基础设施（道路、机械动力设备、通信、能源和水源供应、城市设施以及市场等）的共享需求，社会经济客体必然会在一个“点”上聚集起来。从早期原始社会村庄的形成，到现代大城市的发展，随着经济和社会的发展，必然不只有一个“点”内会有社会经济客体的集聚，一旦出现多个“点”内社会经济客体的集聚，就会出现连接两个或多个点的线状基础设施。点和连接点的线状基础设施，构成了最基本的空间格局，形成了最简单的空间结构。在社会经济发展过程中，“点”逐渐发展成为城市，并形成等级体系。

社会经济的空间结构是指社会经济客体在空间中的位置关系、集聚程度，以及通过线状基础设施而发生的相互作用的方向和强度。区域的空间结构是社会经济长期发展的结果，也是人们根据区域的自然、区位、历史、经济等因素的特点实施相应的区域发展方针的结果，这是一个具有普遍性的基本原理。

合理集聚与最佳规模，是科学的生产力地域组织的集中反映，其涵盖多个维度，包括单个企业和生产单位的布局、多个生产单位的空间组合与相互关系，第三产业、行政管理等职能的合理集中，特别是各类城市和城市群、工业与城市集聚区的合理集聚与规模等多个方面。

那么，什么样的集聚和规模才称得上“合理”与“最佳”的，如何才能实现“合理”和“最佳”呢？在这里，“合理”主要体现在以下方面：在集聚体内各组成成分及相互关系合理，集聚体之间的相对位置、相对规模及相关关系合理。而集聚体的规模与其所处的客观条件相匹配，即为最佳规模。从空间角度考察，集聚必然会导致区域间和区域内的不平衡，但合理集聚又是引导经济效益增长的极重要因素。因此，实践中，合理集聚与最佳规模的确定，除了要分析上述提到的要素外，还需要综合考量区域经济增长与平衡发展的关系。

一、区域空间结构与区域社会经济发展

1. 区域的空间结构对区域社会经济发展影响很大

人们在讨论区域的发展时，总是首先想到资金、市场、资源、企业家、信息、技术开发能力等，却忽视了社会经济客体的空间维度。为什么城市和村镇的规模有大有小？大小的分布有何规律？不同的规模结构的城镇居民点在社会经济发展方面有没有差别？各类交通线及能源供应线、信息线等对区域的发展有没有什么效果？这些在空间（区域）应该如何组织？对很多司空见惯的事物和现象，人们常常忽略其内在含义和实际效果。在思考区域发展时，人们可能

期望实现最佳发展，但很少考虑如何对区域的社会经济客体进行最佳组织。尤其难以意识到的问题是：最佳发展与最佳组织有没有关系；如果有，是什么关系？

让我们来看看区位论及 20 世纪在西欧发展的空间结构理论。其所研究的都是广义的地域结构问题，以农业、工业、市场等社会经济客体如何实现最合理发展为背景。1984 年我提出点-轴系统理论和 T 字形结构时，考虑的核心也是如何服务于整个国土开发与经济发展。从学科角度来看，经济地理学的研究对象正是如何将经济发展与地理空间很好地结合在一起，这体现了学科的宗旨与研究内涵。

因此，在《区位论及区域研究方法》《区域发展及其空间结构》以及其他多篇文章中，我都论述了如何使社会与经济发展与其出现的空间结构（有时也可以“地域结构”代之）相协调的问题，即如何通过区域的最佳组织使区域达到最佳发展？是否存在最佳组织及由此形成的最佳空间结构？需要说明的是，讨论的前提是在假设的均质地表的情况下，即是在区域内没有自然地理要素的差异的情况下，探讨区域的发展。

2. 点-轴系统是区域发展有效的空间结构模式

区域的社会经济发展，是由发展轴线和中心地（城市）带动的。轴线是区域经济设施、社会设施的集中分布地带。根据空间相互作用原理，该地带对周围地区存在一个“力场”，有“引力”；轴线附近的社会经济客体则受到一个“吸引力”，这个“力”不只指向轴线上的一个点（城镇），而是指向若干个点或一条线。也就是说，轴线对附近区域的社会经济客体有集聚作用，能够通过影响范围内的社会经济客体带动区域的发展。轴线上集中的社会经济设施将产品、信息、技术、人员、财政等要素，向附近区域扩散。扩散的物质和非物质要素作用于附近区域，与附近区域的要素相结合，形成新的生产力，推动社会经济的发展。由此可见，点-轴系统反映的是社会经济客体空间组织的客观过程和规律，是一种极为有效的区域开发模式。

点-轴系统理论揭示了区域发展过程中社会经济发展和社会经济客体空间组织之间的关系，也就回答了人文地理中的地理过程和地理格局的相互关系问题。在人文地理范畴内，我们考察农业、工业、交通通信、第三产业、文化等设施（发展的客体）的增长、布局，以及地区经济和社会的发展及其空间变化，探讨影响发展的资金、劳动、技术、信息、区位、市场等因素的作用。每一个时刻的发展态势，必定对应一种特定的空间格局。这种格局由社会经济发展的规模、方向、方式、性质（水平）等因素主导。但同时，如果调整空间格局，也会对经济与社会发展产生明显的影响。这也表明，良好的格局必然带来良好的发展。这也是区域发展问题研究的重要内容之一。

对区域发展过程研究的经验告诉我们：一个区域的发展总是从不平衡到相对平衡的。其中的发展机制可以用点-轴系统理论进行解释。在区域开发的初期，在经济发展水平很低的情况下，资金投入和开发活动的重点集中在少数中心和少数轴线上。这种重点开发可以促使区域经济的较快增长。随着开发活动的增加和经济发展水平的提高，有更多的级别较低的中心地和发展轴线出现，开发活动的重点逐步转移到较多的但层次较低的中心地和发展轴线上。在这个发展阶段上，要继续保持区域经济的较快增长。需要承认，国家发展和区域发展的空间结构的形成过程与实行的经济体制有关。但是，从科学意义上分析和形成的结构看，无论在什么经济体制下，生产和社会要素的空间组织（无论是"自组织"或人为组织）是具有相同的客观规律的。也就是说，不同经济体制下的空间结构是不应该有差别的。

二、点-轴系统为什么可以促使区域或国家实现最佳发展?

最佳发展的内涵，要求点-轴系统保障区域实现可持续发展，适应不同社会经济发展阶段（水平）下社会经济空间结构的不同的特征（集聚与分散程度、社会经济客体的相互作用等）。社会经济客体存在空间扩散和空间集聚的两种趋势。社会经济客体在空间中以点-轴渐进的方式扩散，必然导致点—轴—集聚区空间结构的形成。按照点-轴空间结构系统配置生产力，优化生产力的空间结构，并进行全面的社会经济空间组织，可以产生以下效果。

（1）以点-轴系统模式发展和开发，顺应了社会经济发展及其客体必须在空间上集聚成点、发挥集聚效果的客观要求。在各种不同地域范围内，当确定了合理的工业结构、农业结构、第三产业结构，以及经济活动与区域性基础设施之间结合方式时，便能产生巨大的空间集聚效果。只有以点-轴的形式发展，才能充分利用这种效果。

（2）以点-轴系统模式发展，能够充分发挥各级中心城市的作用。城市是区域的核心和统帅，城市在区域经济发展中产生，依靠所影响区域提供的原料、能源、食品、劳力等发展，城市以工业品、信息、技术、政策等供给它所在的区域并对其产生引领作用。要把广大区域发展起来，必须把各级中心城市作为不同等级的开发重点。

（3）以点-轴系统模式发展，可实现生产布局与线状基础设施之间最佳的空间结合，即确保各级范围内重点的交通干线、能源、水源建设线路与重点建设的城镇、工矿区保持步调一致，避免二者在空间上、时间上相互脱离。

（4）以点-轴系统模式发展，有利于城市之间、区域之间、城乡之间建立便捷的联系，客观上有利于实现地区间、城市间的专业化与协作，形成有机的地域经济网络。在信息化和知识经济社会里，这种网络对区域经济发展的促进作用愈来愈强。

确定全国各级区域范围内重点发展轴线，可以使全国战略和地区战略较好地结合起来，使区内各地区、各部门有明确统一的地域开发方向，有利于提高基本建设的投资效果和管理组织水平。以密集的交通产业带为内涵的发展轴带动区域经济的发展，就如同门轴转动带整个门的转动一般。新中国成立以来，我国进行了大规模的国土开发和区域发展工作，在生产力的配置和社会发展的空间组织方面，除“三线建设”时期外，客观上基本符合点-轴系统空间结构模式的要求。

点-轴系统理论的核心，是关于区域的“最佳结构与最佳发展”的理论模式概括。也就是说，点-轴系统是区域发展的最佳空间结构。要使区域最佳发展，必然要求以点-轴系统模式对社会经济客体进行空间组织。点-轴系统理论还回答了区域发展中的发展过程和地理格局之间的关系：发展过程一定会形成某种空间格局，而一定的空间格局又反过来影响区域的发展过程。二者之间的融合和协调，即意味着区域的最佳发展。点-轴系统理论深刻地反映了社会经济空间组织的客观规律。

技术创新将使社会经济空间结构发生变革。如今，我们正处于向高度信息化社会迈进的重大历史转折时期，通信系统、公共数据库等正在大规模建设与推广，互联网改变了经济和社会生活的方方面面。信息已成为新的生产因子和区位因子，卫星通信和电话会议进一步缩短了世界范围内的空间距离。对信息依赖程度高的产业、机构在空间上呈现集中趋势，而生产、管理、居住在空间上则趋于彼此分散。可以预见，未来经济和社会要素的空间组织形式将在点-轴系统理论模式基础上发生演变，产生新的空间模式。

第三节 点-轴渐进式扩散及点-轴空间结构系统

《区域发展及其空间结构》一书是在点-轴系统理论及 T 字形结构提出的

十年后出版的，主要目标就是，从区域发展的各个阶段直至全过程，深入剖析空间结构演进的驱动力，揭示社会经济及其诸多要素在空间层面的集聚形态。通过点—线—面的理念进行推导，运用理性思维抽象得出点-轴系统空间结构模式，其进一步演进则呈现为高级形态的点-轴-集聚区。

反演与推导工作的实践基础，是我对生产力发展，特别是工业发展的区位因素和布局规律的总结，同时也是受到德国学者理论和创造思维的影响。这在本书的上篇已经作了说明。推导的核心在于，社会经济客体在空间中以点-轴渐进的方式进行扩散，渐进式扩散必然会促使点-轴空间结构及其空间结构系统的形成，最终形成点-轴-集聚区。这里的“点”指各类城乡居民点、各产业企业、综合性或单项的经济基础设施和社会基础设施等。在规模上，大的“点”如几百万人口的大城市，小的如一个村落。在性质和功能上，“点”包括居住地、生产地、运输枢纽、商业贸易场所、能源生产和供应基地等，这些在空间上都不是孤立存在的，而是处在相互作用之中。正是由于这种空间中的相互作用，才形成各种形式的空间结构形态。“轴”指由交通、通信干线和能源、水源通道连接起来的产业聚集带。在《区域发展及其空间结构》一书中，我着重论述了作为点-轴系统重要组成部分的“点”在空间中的运动变化规律。

在《区域发展及其空间结构》一书中，我分析了社会经济地域组织的基本形式和空间结构的形态特征，给出了在国土规划、地区开发中具有实际操作价值的理论模型，解答了如何进行最佳组织、在实践中如何处理经济增长与平衡发展之间的关系等问题，构建了社会经济地域组织的空间过程，即点-轴空间结构系统形成过程模式的四个阶段，并设计了点—线—面演进的空间图景图，还对发展轴的结构进行了分析图解①。这样的图解有助于解答在实践中如何处理经济增长与平衡发展的关系以及如何进行最佳组织的问题。

一、社会经济客体在空间中的点-轴渐进式扩散

1. 关于社会经济客体空间扩散的前人研究

从动态演变的视角对社会经济客体空间扩散作反演推导，需要以各类客体存在与运动发展的区域平台作为基础。随着经济的发展，生产力发展在空间上持续变化。因此，推导空间结构的演进，必然要对社会经济发展进程进行大阶段的划分。

---

① 具体参见：陆大道.区域发展及其空间结构. 北京：科学出版社，1995.

中心地理论和增长极理论，揭示了社会经济客体在空间中的集聚和分布规律。其中，增长极理论还从动态的角度描述了中心点向周围区域的扩散，以及新的下一级中心点的形成。但是，无论中心地理论还是增长极理论，对“扩散”的描述都是以一个扩散源为基础的；而在现实的区域开发与区域发展中，一定范围内可能同时出现两个甚至多个“点”，各自形成封闭的扩散区域。这种扩散可以称之为“局部扩散”。当空间中若干个“点”发生相互作用，这时的空间扩散就带有总体性质了。“总体扩散”不是一个源的外扩散，也不可简单地看成是多个源从各自中心的外扩散，而是我 1984 年首次提出的点-轴渐进式扩散模式[①]。其理论基础就是中心地理论、增长极理论以及 70 年代中期在联邦德国个别城市规划中运用的发展轴（Entwichlungsachse）概念[②]。

在提出点-轴渐进式扩散模式的前后，我借助德文文献学习研究了瑞典、美国及联邦德国学者关于空间扩散的部分研究成果。在空间扩散方面做出最早贡献的是瑞典学者赫格斯特兰（T.Haegerstrand）以及与他合作的同事，如哥德隆德（S.Godlund）、坎特（E.Kant）等，他们早在 20 世纪 50 年代就对事物空间扩散作了大量的研究，特别是对革新（创新）的空间扩散给予了特别的注意。这些研究当时曾对地理学的发展做出很大的推动。在 60 年代，美国学者对扩散的研究达到了相当大的规模，主要学者有布劳（L.A.Bronwn）、莫里（R.Morrill）、贝里（B.J.L.Berry）等，他们的研究对象涉及人文、经济许多现象的空间运动规律。在德语国家中，主要的学者有波尔谢尔特（C.Borcherdt）、维尔特（E.Wirth）、巴尔特尔斯（D.Bartels）等，他们的研究涉及中心地体系的扩散、技术创新与信息扩散、外籍工人的扩散等。

在上述学者的大量研究中，我认为“扩散线”（Ausbreitungslinie）的概念内涵极为重要。扩散线这一概念明确了社会经济客体空间扩散的方向，是我提出点-轴渐进式扩散的参考之一。

2. 点-轴渐进式扩散的开发模式

我总结延伸得出的点-轴渐进式扩散开发模式，之所以符合生产力空间运动的客观规律，是因为所有的产业，特别是工业、交通运输业、第三次产业、城镇等都是产生和集中于“点”上，并由线状基础设施（铁路、航道、公路、

---

① Whith E. 1954: Grabstock, HackeundPflug. Ludwigsburg; Wirth E. 1965: Zuer Sozialgeographie der ReligionsgemeinschaftenimOrient.

② 这个概念只是我在 1978 年听一位访华的德国地理学家 Kolbd 介绍过，此后长时期内没有找到文字根据，前面已经交代过其为渐进式扩散的参考之一。

管道等）联系在一起（农业生产虽然是面状的，但农业的管理、生产资料的供应和农产品的出售等都在各级城镇中进行）。产业也是在空间中集聚，之后又向周围区域辐射它的影响力，这就是扩散。扩散在一般情形下是渐进式的，而不是平推的，也不是大跨度跳跃式的，是按以下三种模式进行的（图 7-1）。这三种扩散模式的共同点在于，都是由“点”（中心城镇）向外扩散，随着范围的扩大和距离的增加，扩散的程度呈递减趋势。就横向距离来说，近距离接触式扩散速度最快，随机扩散速度最慢。但无论哪种类型，随着距离的延伸，都会形成汇集有较大、较多中心点的主轴。从长远看来，终会实现从“点”到“线”再到“面”的全面扩散与空间推移，使得各地区的国土资源和空间获得充分的相对均衡的开发利用。

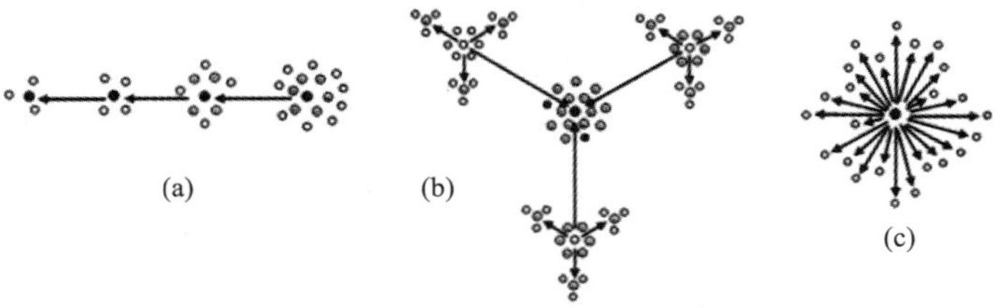

图 7-1　生产力空间扩散的三种模式

（a）近距离接触式扩散；（b）等级式扩散；（c）随机扩散

（本图以 E.维尔特设计的革新扩散类型图为基础修改编制而成）

点-轴渐进式扩散，发自扩散源，沿着若干扩散通道（线状基础设施束）渐次扩散社会经济“流”，在距中心不同距离的位置（受当地的基础发展因素的影响）形成强度不同的新集聚。遵循扩散力随着距离延伸而衰减的规律，新集聚的规模也随距离的增加而变小。相邻扩散源扩散的结果，使扩散通道相互联结，进而形成发展轴线。随着社会经济的进一步发展，发展轴线进一步延伸，新的规模相对较小的集聚点和发展轴又不断形成。这就是渐进式扩散的基本内容。

点-轴渐进式扩散之所以能够推动区域间相对均衡的发展，主要是由于线状基础设施可提高区域的空间可达性，增加地区的空间机动性。而空间可达性与空间机动性的提高，必然会增加地区发展机会。

3. 渐进式扩散导致点-轴等级体系的形成

渐进式扩散实质是点-轴渐进式扩散。点-轴系统空间结构形成的内在机理从何而来？当然来自空间扩散和空间集聚。集聚和扩散是社会经济客体空间运动的两种趋势，然而其主要驱动力的表现形式，我们必须剖析清楚。

渐进式扩散必然导致这样的局面形成：在最早出现并获得快速增长的中心城市之间，轴线（包括线状基础设施的种类、等级、能力、组成完善程度）规模大；而社会经济总量增长相对滞后、规模不大的城镇之间，轴线规模则相应较小。这样就形成了点-轴等级体系。

在一个国家或地区内，最高等级（即一级）的发展轴线通常只有少数几条，有些情况下只有 1—2 条。例如，我国的一级发展轴线为海岸沿线和长江沿岸，二者相交于经济最发达、地理位置最适中的长江三角洲地区，形成T字形结构，是我国国土开发和社会经济发展潜力分布的基本框架。联邦德国的一级发展轴线只有莱茵河沿线，从西北纵贯到西南，无论从运输通道的规模、吸引范围，还是其经济实力、城市影响范围，都是其他轴线难以企及的。一些面积不大的海洋国家，海岸带往往就是它的一级发展轴线。例如日本，其东海岸是一级轴线；东海道干线开通后，其发展地位更为重要了。二级发展轴线的数量一般多于一级，多数情况下，二级发展轴线与一级轴线相互连接，但也存在不连接的情况。更低级别的发展轴线情况基本类似。

在上一级轴线开始形成的一个较长时期内，其对较低级别轴线的作用主要是吸引，扩散力较弱。也就是说，较低级别的发展轴线及其周围的资源和“经济潜力”（经济要素）不断地被较高等级的轴线所吸引，社会经济和人力等资源逐步集聚到较高等级轴线上。只有当较高等级轴线上的社会经济过度集聚，或者与当地自然基础极不协调时，集聚为主的倾向才会被辐射（扩散）为主的倾向所取代。

二、点-轴空间结构系统形成过程的模式推演

在点-轴渐进式扩散原理解析的基础上，我们来演推点-轴空间结构系统的形成过程模式。进一步分析社会经济地域组织的基本形式和空间结构的形态特征的目的，是为了给出在国土规划、地区开发中可用于实际操作的理论模型，回答如何进行最佳组织，如何在实践中处理经济增长和平衡发展之间的关系，以及如何从不平衡发展到相对平衡的发展的问题。

我在《区位论及区域研究方法》一书中较简单地阐述了社会经济地域组织的一般特征和影响因素，提出合理集聚和最佳规模是生产力空间结构的核心问题。

1. 区域社会经济发展各阶段形成的点-轴空间结构系统

如何构建能够促进区域经济发展的空间结构呢？在一定的自然条件前提

下，首先要从总体上判断区域（或国家）社会经济发展所处的阶段、发展水平，以及其经济实力。无论是一个区域还是一个国家，在不同的发展阶段，其空间结构各具特点，但也存在大致的共同规律。

人类社会的社会经济发展阶段大致相同，相应地，生产力布局规律和空间结构特征也基本一致。人类社会经济发展大致可分为四个阶段（图 7-2）。

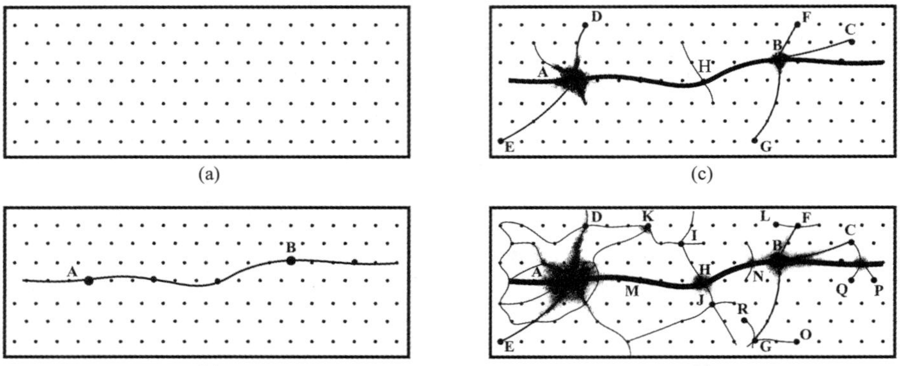

图 7-2　点-轴空间结构系统的形成过程模式

1）农业占绝对优势的阶段

这个阶段历经了漫长的历史时期。生产力发展水平低下，绝大多数的人口从事广义的农业。在一定地域范围内，散落分布着居民点，它的职能主要是作为耕种周围土地农民的居住地，基本上不承担服务职能。当然，商品经济逐渐有所发展，较大的村庄乃至小城镇慢慢出现，但其主要职能只是作为商品交换的场所，影响范围小，居民点之间的腹地也是不相联系的，也不构成等级关系，少量的小城镇之间在性质及规模方面没有从属关系，可以解释成一种低级的居民点分布体系。乡村之间、区域间的人口、物资、信息交流少；道路等区域性基础设施水平低，分布上形不成网络等。因此，社会经济发展缓慢，空间结构状态具有较大的稳定性，即处在"平衡"之中。总之，这个阶段就是生产力水平低下、社会经济发展极端缓慢的阶段，生产力是均匀分布的（图 7-2a）；

2）由发达的农业向工业化过渡的阶段

由于社会内部的变革和外部条件的变化，社会经济的较快发展，社会分工逐渐明晰，农业得到发展，同时兴起了繁荣的手工业、矿业，以及规模不大的原材料工业和制造业，水上交通得以开辟，铁路网和公路运输开始出现。商品生产和商品交换的规模较上一阶段大幅扩大。其结果是，农村人口大量流入城市，城乡交流频繁起来，以往发展极为缓慢的城市日益扩大，并且在工矿区和港口附近形成新的城镇。区域经济的增长集中在城市——区域的中心。空间集聚程度的不平衡出现，使得空间结构处于不稳定的状态。在这一阶段，随着矿产资源的开发和商品经济的发展，首先在A、B两点出现工矿居民点或城镇，并满足社会经济联系的需要，在A、B之间建设了交通线（图7-2b）；受集聚效应的影响，资源和经济设施继续在A、B二点集中，在这两点建立了若干大企业，交通线发展成为交通线、能源供应线、电信线的线状基础设施束。在沿线有一些经济设施建立，同时，在C、D、E、F、G等点开始出现新的集聚，交通线得到相应延伸（图7-2c）。

3）工业化与城镇化高速发展时期，或称之为经济起飞阶段

这个阶段是社会经济发展中决定性的转折点。由于前一阶段的准备及社会的变革，生产力进一步得到解放。社会和私人投资能力扩大，国民收入大幅度增长，国民经济进入强烈动态增长时期。主要发展的部门是钢铁、机械、化工、动力、纺织等。与此同时，科学技术得到较快的发展，第三产业开始大量出现，有稠密的交通网深入到区域的各部分，并且有多种运输方式构成综合体系。在大城市、集聚区继续发展的同时，由于资源开发和经济发展，区域的第二级第三级中心得到加强，上一阶段单纯的“中心—边缘”结构逐渐变为多核心的结构。城市之间的交换、交流极为频繁。落后地区资源和潜力日益被吸引到经济循环中来。这时可以看到城市职能分工和等级体系的初期状态：越是大的城市，一般综合性就越强，其吸引范围就越大；区域的二级城市处于一级城市的吸引范围之内，服务业的级别和种类必然较上一级城市为低。由于经济实力还不很强大，并不是所有的边缘地带都得到了充分的开发，空间结构仍处在变化之中。这种模式再进一步发展，大约是工业化、城镇化高速发展阶段，A—H—B—C沿线成为发展条件好、效益水平高、人口和经济技术集中的发展轴线：A、B点形成更大程度的集聚，C、D、E、F、G、M、N成为新的集聚中心，大量的人口和经济单位往沿线集中，成为一个大的密集产业带，不仅如此，通过A、B、H三点还各出现一个另一方向的第二级发展轴线，通过D、I、F等点形成第三级发展轴线（图7-2d）。

4）后工业化阶段（西方也有学者称之为技术工业和高消费阶段）

科学技术高度发展，并在国民经济各部门以及城乡建设、国土资源的开发与保护等方面得到广泛的利用。生产的增长率大大超过人口的增长率，社会及其成员的收入达到很高的水平，有现代化发达的交通和通信系统，计算机和信息系统深入到人们工作，生活的各个领域。在这个阶段，社会经济客体区位决

策的经济原则的作用有所下降，生态系统平衡的原则受到更多的重视。各地区的空间和资源得到更充分合理的利用，空间结构的各组成部分完全融合为有机的整体，相互作用，相互依赖。相应地，城镇居民点、服务设施及其影响范围都形成了区域等级体系。整个空间结构系统重新恢复到“平衡”之中。如此发展下去，生产力地域组织进一步完善，形成以“点-轴-集聚区”为标志的空间结构系统。

上述生产力地域组织的空间过程模式是在大量的区域发展经验基础上总结的，是普遍规律。人们自觉或不自觉地运用这一规律，沿发展轴线配置居民点和各类生产力设施。

点-轴系统中的“点”是各级中心地，亦即各级中心城（镇），是各级区域的集聚点，也是带动各级区域发展的中心城镇。点-轴系统中的“轴”，是在一定的方向上联结若干不同级别的中心城镇而形成的相对密集的人口和产业带。由于轴线及其附近地区已经具有较强的经济实力并且还有较大的潜力，又可以称作“开发轴线”或“发展轴线”。也就是说，轴线不是单纯几个中心城镇之间的联络线，而是一个社会经济密集带。

根据以上关于空间分布和空间组织过程模式的分析，可以看出社会经济点-轴空间结构系统的形成有四个主要阶段。这四个阶段的划分与区域发展过程中的产业结构、空间结构的变化特征是一致的。也就说，区域发展中的空间结构特征与空间结构变化过程中点-轴系统的形成、变化特征，二者是相对应的。

在这里，我专门对区域空间结构变化过程中点-轴系统的形成与变化阶段进行理论上的机理推演。

（1）点、轴形成前的均衡发展阶段。地表是均质的空间，社会经济客体虽说呈“有序”状态的分布。但此阶段，社会与经济却是无组织的状态。这种空间无组织分布状态呈现出极端的低效率。

（2）点、轴同时开始形成阶段。区域局部开始有组织状态，区域资源开发和经济进入动态增长时期。这一般是发达的农业发展时期及工业革命初步发展时期。在这一阶段，开始形成社会经济要素的空间集聚。

（3）主要的点-轴系统框架形成阶段。社会经济演变迅速，工业化与城镇化大规模发展、集聚与扩散，区域的空间结构变动幅度大。大中小规模的城镇居民点大量出现，（铁路、公路、水运等）交通、能源、通信等基础设施普遍出现并形成网络，城市群少有形成并发挥国家或大区域的统领作用。

（4）“点-轴-集聚区”空间结构系统形成，区域的基础设施体系形成，区域进入全面有组织状态。这是社会经济要素长期自组织过程的结果，也是科学的区域发展政策和计划、规划的结果。从宏观角度考察，空间结构重新恢复到“均衡”阶段。在这个阶段，社会组织、经济组织虽然有高效率，但作为社会发展标志的人口增长和经济增长却不是高速度。

2. 以逻辑理性进行归纳和推导构建的点-轴系统

以上是根据区域发展的阶段性而推演的点-轴-集聚区空间结构的过程。到21世纪初，我又调整了出发点，并以逻辑理性对这个过程作了另一种归纳与构建，形成了对点-轴系统形成的新认识。

在区域（国家）的社会经济持续发展情况下，社会经济客体将自动做集聚与扩散的多步动态：社会经济客体的初始点源集聚→新的点源集聚→连接两个点源的线状基础设施（如交通线、能源供应线等）出现→新的多个点源集聚及新的基础设施连接→点、线形成→主要点源上集聚增加和轴线形成→点-轴-集聚区→点-轴空间结构系统形成→点-轴空间结构系统的渐进式扩散。

这里，过程与结果都是在假定最佳状态下的，即是假想状态下的自组织过程，其结果当然也是最佳的，即点-轴空间结构系统是生产力布局和区域发展的最佳模式；点-轴空间结构系统的渐进式扩散便是区域发展宏观战略重点的逐步推移，实现由不平衡到较为平衡的发展的动态过程（图7-3、图7-4）。

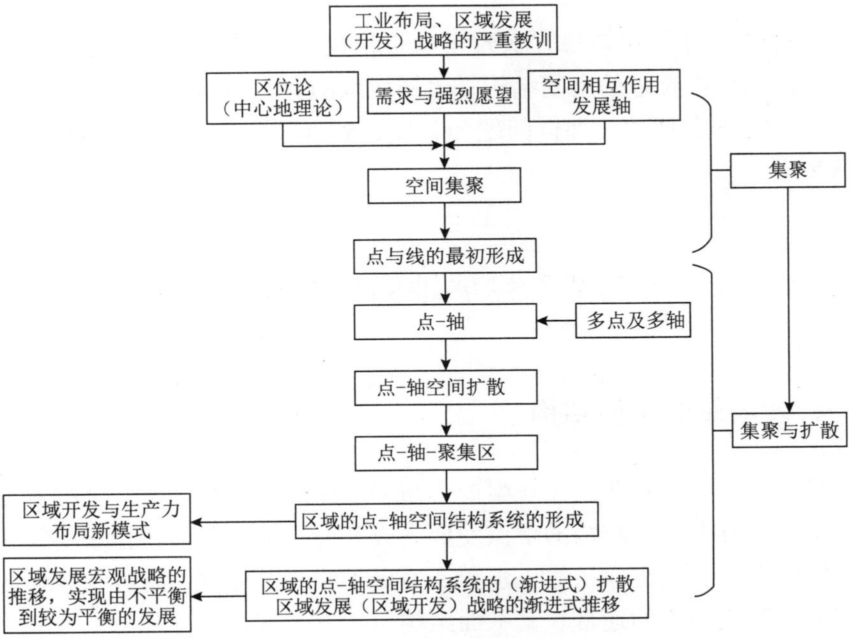

图7-3　点-轴系统理论构思的基本步骤

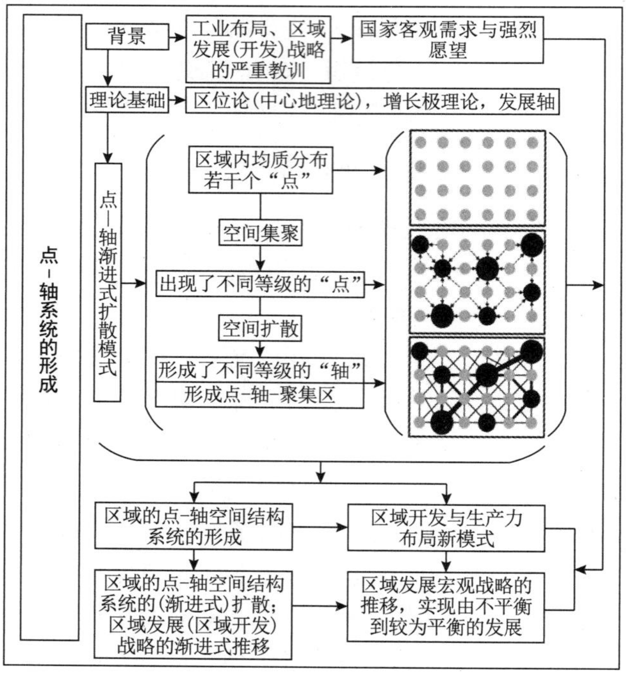

图 7-4　根据图 7-3 思考逻辑框架绘制的点-轴系统形成的框架图

上述这样的过程和结果，实现了从提出问题到解决问题的思考逻辑。其间，从理论上分析合理的空间结构是怎样生成的，也可回答实践中的空间结构是合理的还是不合理的。即以问题为起点，到框架构思，到点-轴系统，最后到问题解决。

第四节　发展轴的结构与类型

一、发展轴的平面结构

我在《二〇〇〇年我国工业生产力布局总图的科学基础》一文中对发展轴作出了定义：具有平面结构的重点发展（或开发）轴线一般是指重要线状基础设施（交通干线、能源输送线、水源及通讯干线等）经过、附近有较强的社会经济实力和开发潜力的地带。其平面结构包括三个部分。

（1）线状基础设施束。它是轴线的“神经”和脉络，是人口和产业密集带形成的基础。一般由两种或两种以上线状基础设施组成“束”（综合通道），且以交通干线为主体。线状基础设施束多数情况是同方向但是分离的与基本平行的，之间的距离可允许计算到30—50公里。

（2）发展轴的主体部分。直接处于线状基础设施或其交叉点上的城市、工矿区、港口、郊区农业等是点-轴系统的组成部分，轴线的宽度一般就是城市区域（相当于城区与近郊区）和工矿区的直径。在我国百万人口以上的特大城市，其直径达到30—50公里。对于全国性的一级发展轴线和二级发展轴线（相当于大区域和省区一级轴线），在距其30—50公里内的城市、工矿区、交通港站等也可视为轴线的范围和组成部分。在这个距离内进行大规模开发，可以方便地利用强大的线状基础设施。这个范围是工业、农业、城市建设的重点地带，各种资源潜力应首先得到发挥。对于省以下地域范围的轴线，宽度应规定在10公里左右，乃至更窄。但由于这样的轴线数量众多，对地区开发和发展的作用同样非常重要。

（3）发展轴线的直接吸引范围。发展轴的直接吸引范围即发展轴上的所有城镇、港站的直接吸引范围。直接吸引范围的精确划分有不少数学方法①。按点-轴系统进行区域开发，并没有必要作那么严格的划分。发展轴的直接吸引范围系指从合理运输的角度同该发展轴的线状基础设施、城镇、工矿区及其他设施有频繁密切的社会经济联系的区域（带），而且该区域与其他同级发展轴只有极少或几乎没有直接的社会经济联系。也就是说，两个同级发展轴之间，除了有各自的直接吸引范围外，还有大面积的混合吸引范围。在这个范围内，同时与两个发展轴联系。其中，无论哪一个发展轴对该范围的影响（促进、吸引）都不太大。按点-轴空间结构系统进行区域开发，这些地域宜置于次要地位。发展轴上述三个组成部分可以用图7-5表示。

根据发展轴的线状基础设施种类的不同，发展轴可以分成海岸地带（包括大型湖泊沿岸）发展轴、大河沿岸地带发展轴、铁路沿线地带发展轴和复合型发展轴。在社会经济发展和产业结构不同阶段，这几种类型的发展轴所起的作用不一样；不同类型的发展轴，其产业特点、产业结构关联性及对区域发展的意义有明显的差别。

---

① 杨吾扬，梁进社. 关于吸引范围及其模式与划分方法. 地理学报，1985，40（2）：97-108.

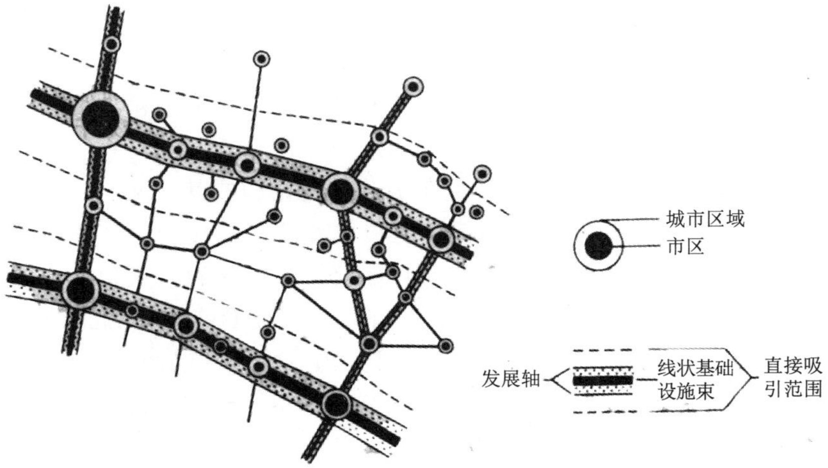

图 7-5　发展轴的平面结构

二、海岸地带发展轴

海岸发展轴指自潮间带深入陆上约 50 公里的带状范围。世界上许多发达国家的温带、亚热带和热带的海岸带都经历长时期的开发，是经济重心之所在。其中，许多国家的海岸及沿海地区，土地、矿产、海洋资源丰富，成为工业化和社会经济现代化的最主要地带。随着国际经济技术协作的加强，海岸发展轴成为许多国家经济起飞或振兴的主要地带。在海岸发展轴大规模建设各种类型的经济技术开发区、经济特区，成为当今世界发展中国家发展振兴的重要途径和空间开发模式，这也进一步提高了海岸发展轴的地位。

1. 人类活动受海洋的吸引是世界上的基本趋势

人类生产活动和世界人口受到海洋的吸引是长期基本趋势，许多沿海国家都有这个倾向。但吸引的程度在不同时期由于海洋所起的作用不同而有所差别。海洋运输和海洋资源有了商业性质之后，在世界沿海形成了商业活动地带。随着商业的发展，在海岸又出现了造船、修船、水产加工和殖民地的原料加工这些直接与海洋有关的工业部门。

随着世界经济的发展，生产活动的地域分工使沿海地带占据于国内和国际经济联系的主体地位。随着新的资源继续进入上述过程，海上贸易和工业活动就集中在海岸的相应地域，继而这些地区就有了有色金属工业、石油工业和农产品加工工业，发展了各种制造业和出口部门。这些岸段既是海运的中心，又是海岸转运的枢纽。随着海陆间联系地域的扩展，又吸引了各种基础设施的建设。开始是铁路和水上交通的发展，然后是公路和各种管道的建设，造成了特别有利于经济活动的环境条件，吸引了大量的人口。

2. 信息化与全球化的发展进一步提高了沿海地区的地位

近些年来，信息化与全球化的发展进一步提高了沿海地区在国家安全、经济和社会发展方面的重要性，刺激了沿海的多种经济功能，从四个方面可以看出这一点。第一，世界经济联系普遍加强，海洋运输的迅速发展和海洋运输技术的不断进步，提高了海岸带工业及全部经济的重要性。现代化的海洋运输能大大缩短“经济距离”，许多新工业部门都顺应了“港口的形势”，大规模新工业普遍向沿海转移。第二，由于与国家安全，海洋生物资源、矿产资源、能源的汲取及海水利用有重要关联，大陆架在经济与军事活动中的重要性越来越大。大陆架的开发需要建设相应的沿岸基地。第三，与基础设施的不断完善有关。广义的基础设施还包括深水港的开发以及桥梁和隧道的建设。第四，与国际旅游的发展有关。旅游业和度假者人流形成了一种“无烟工业”，促进了海岸地带形成了庞大的旅游经济综合体。

3. 海岸地带发展轴线的基础条件

海岸带之所以能成为许多国家和地区开发建设的重心所在，是因为有以下条件。

（1）拥有优良港湾及河口地段，这是建设联结陆上腹地和沿海城市的枢纽——港口的前提。港口发展既是海岸轴开发的组成部分，又是整个海岸轴开发的重点。在港口建设基础上形成的城市，是海岸轴及整个沿海地带产业发展的主体。

（2）位于陆地和海洋的界面，易于参加大区域范围的社会经济活动，易于与世界上其他地区开展交流与合作。20 世纪 50 年代以来，一些经济起飞的国家，大多有与海外联系极其方便的海岸地带，而且在高速公路沿线建设有临海基地工业园地和港口。大宗货物，如能源（煤、石油及其制品）、原材料（钢铁、化工原料、合成材料、建筑材料、木材等）、机器设备（工业生产设备、工程设备、运输机械）、粮食、盐等都仍然主要依靠水运，这些物资的发送地和到达地大多位于海岸地带。这是海岸地带经济在现代条件下仍然具有巨大发展势头的主要因素。

（3）具有很大潜力的土地和空间资源，环境问题较易得到合理解决。

（4）可以充分利用海水代替日益稀缺的淡水。

4. 海岸地带发展轴产业的一般特点

海岸地带发展轴的经济主要依靠上述条件发展起来，其产业一般具有明显不同于内陆地区的特点。

（1）新技术、新产业的发源地和扩散源。海岸地带由于特殊的地理位置，最易于接受其他地区的新思想、新技术。许多新的创新也往往产生在海岸地带，并逐渐向其腹地范围扩散。这种空间过程在那些稍后发展的发达国家和发展中国家最为明显。

（2）产业的关联性不强。海岸地带产业结构一方面反映引进技术的结构，同时反映出腹地的资源结构和产业结构特点。因此，主要协作关系一是对“外”，二是对“内”（各岸段和港口区域的腹地）。因此，海岸地带发展轴线上，不同地段的产业互补性不明显。这是海岸地带发展轴不同于其他类型发展轴的重要标志。这一点在我国表现特别突出：渤海沿岸主要产业为重化工；而苏、沪、浙沿海重化工及轻纺工业发达；南方沿海主要产业为轻工、电子与信息业等。而且，即使在渤海沿岸地带内，产业关联性也不强。渤海港口之间的货物交流量长期以来只占这些港口总吞吐量的1%—2%。

三、大河沿岸地带发展轴

大江大河的中下游沿岸地带，大都是人类古代文明的发祥地。在现代经济条件下，江河沿岸虽然在总体上不及海岸地带那么重要，但仍是许多国家的地域开发和经济发展的重点。这种情况在那些海岸线短、不临海或海岸地带开发条件恶劣的国家表现特别明显。如联邦德国（莱茵河）、苏联（伏尔加河、第聂伯河）、埃及（尼罗河）、印度（恒河）等。在国土面积很大的国家，一般拥有长大河流，它们流域面积大，这些大河河岸地带产业的开发无疑占着重要的地位，如中国、美国。

大河河岸的开发具有悠久的历史。早在17—18世纪工业化尚未出现阶段，欧洲国家就纷纷开凿运河。一系列商业、城市以及后来的工业在莱茵河、塞纳河、泰晤士及运河两岸聚集。美国开发历史中，从欧洲来的商人首先在东北部海岸立足，接着就沿着开凿的运河进入圣苏伦斯河，再进入五大湖地区，沿湖岸发展。我国的古代文明产生于黄河流域，在封建社会的鼎盛时期，城市、商业、手工业及发达的农业主要集中在渭河及潼关至开封的黄河沿岸地带。长江沿岸地带的早期发展，特别是长江下游三角洲地区，始于明中期以后，在江南一些地区逐渐出现了以丝织为业的“机户”，机户出资开设机房，雇用机工进行生产，这种“机户出资、机工出力”的雇佣关系是资本主义性质的生产关系，意味着我国明朝已出现了资本主义萌芽。至清代，资本主义萌芽继续发展，手工工场规模进一步扩大，分工更为细密。

1. 大河沿岸地带发展轴线的基础条件

（1）大江大河是大型或重要的运输通道。在生产力水平低的社会，水运是最重要的运输方式。在许多地区和国家，如西欧部分国家，从 18 世纪就开始开凿较小型的运河。那时运河的意义远远超过当时的陆上运输方式，如马车。在现代高度发达的社会经济条件下，水运是最廉价的运输方式，特别适合于运输那些价值不很高、生产中使用量很大的散装货物。这些货物的运输费用在产品生产成本中一般都占有较大的比重。例如，在我国钢铁生产中主要燃料和原料的运费占钢铁总成本的 12%—20%（20 世纪 70—80 年代）。也就是说，生产和消耗大量能源、原材料的生产部门、企业，应当尽可能布置在具有大规模通航能力的河流两岸，包括冶金、火电厂、石油冶炼、石油化工、煤炭（具有较好条件通往附近水运港口的煤矿地）、建材、化肥、无机化工原料、造船、大宗农产品的加工、汽车制造、重型机器制造等。莱茵河的长度与水量只相当于长江的一条大支流，但其运输量在 20 世纪 80—90 年代却超过长江干流，因为其沿岸是西欧最大的密集产业带。如今，我国长江的航运与沿岸的工业与城市发展的情况与三四十年前已经完全不同了，从产业规模与城市规模看，长江沿岸已经是世界上最强大的密集产业带了。

（2）水资源的开发利用是带动发展轴及整个流域经济的强大促进因素。现代经济离不开水，且用水规模在不断扩大。在许多国家和地区，供水问题已经成为与能源、经济发展、环境等同样紧迫、重要的问题。在我国，水资源状况已在相当程度上影响到我国经济发展的结构和速度。甚至在许多地区，水资源已成为工农业生产进一步发展和合理布局的限制性因素，不仅影响工业企业选厂定点，还在中观上影响到企业的布点、地区工业结构及规模，甚至在宏观上影响到全国工业的总体布局和效益水平。

（3）长大河流的上中游一般都具有丰富的水能资源，这是大河河岸发展轴上密集产业带形成和成长的重要物质基础。这种产业带最宜于发展那些单位产品耗能大，或因生产规模大而耗能量大的生产。例如，有色金属冶炼、铁合金炼钢产业、合成材料制造等，在其他条件相同情况下，这些产业应首先配置在水能丰富的大河河岸发展轴上。

（4）长大河流的中下游一般都有广阔肥沃的平原，农业发达，为建设强大的密集产业带与大城市区提供了物质基础。

2. 大河沿岸地带发展轴产业及其布局的特点

大河沿岸地带发展轴产业发展明显不同于海岸地带发展轴。在一般情况下沿河岸发展的产业一般都从基础产业开始，也就是利用流域内优势资源及利用水运条件建立起来的能源、原材料产业及大规模的种植业，产业链一般比较长。在流域开发历史较长和经济水平较高的情况下，大河流域内干支流、上中下游大多建立起相当密切的经济联系，成为流域经济综合体。大河河岸发展轴的产业群体中，能源工业往往是主体。特别是一些大河的上中游产业带，水电及高耗电的金属工业占重要地位。大河河岸发展轴自上游至下游直到河口，产业技术层次由低变高，运输货物以矿产品、初制品为主；相反，从河口至上游段，主要货物是各种制成品。大河下游干流往往是最繁荣的发展轴线段。

大河沿岸发展轴产业关联度强，这种产业特征的互补性的形成基础有以下方面。一是流域内资源的多样性及建立在资源开发利用上的产业多样性。这点与海岸发展轴显然不同。海岸发展轴上主要中心城市和集聚区，往往通过大中型港口的集疏运系统与其腹地相连接，而它们之间的经济交流一般不多。二是由于沿河各地的运输物资都要经过同一航道，这个航道是流域内各地区之间经济联系的天然纽带。它们寻找合作最可能是位于大河沿岸的各地区和企业。从上游到下游，几乎所有港口之间都有物资交流；主要中心城市（港口）之间物资交流量占总交流量的大部分。沿江交流的物资既有矿产品、能源产品，还有大量的原材料制成品、轻纺产品、经济作物产品，从中可以看出沿江经济协作是多方面的。而分析我国沿海各主要海港之间的货物交流量可以看出，货流绝大部分产生在南北间少数几个大港之间；无论邻近地区间还是南中北部的中小港口之间，货流量都比较小。另一个不同于长江沿岸港口的是，沿海港口间货物交流的货种较少，其中石油、煤炭和粮食等少数几个货种占主导地位。

在世界上的大河沿岸（发展轴）经济带中，我国的长江与黄河是两种特殊的类型。长江沿岸是最典型高效的发展一体化的经济、交通与能源运输、城市间协作及作为流域范围通往国内其他地区和进入广阔海洋的极重要通道。而黄河则由于流域大部分属半干旱地区、径流量过少再加上季节不均等因素，因而不构成沿岸一体化经济带，但是流域内发展了强大的特色经济与陆上交通、能源运输系统。

四、铁路沿线地带发展轴

铁路在现代各种运输方式中占有重要的地位，在许多幅员辽阔的国家里，铁路长期以来是运输承担者中的主力。因此，铁路干线沿线也就是这些国家区域发展空间组织的框架，即轴线。完成货物运输和旅客运输任务是铁路及铁路运输业两个最主要的功能。

铁路是近代商业、工业发展的结果。在西方发达国家中，铁路建设高潮基本在 19 世纪 50 年代至第一次世界大战前，而工业化高潮稍晚于这个阶段。许多铁路干线在开通后，成为这些国家工业化建设的发展轴线。连接科隆、杜塞尔多夫、鲁尔区的杜伊斯堡、埃森、波鸿、多特蒙德和汉诺威、柏林的铁路沿线成为二次大战前德国的最主要轴线。在 20 世纪 20—30 年代，德国经济实力（特别是工业和军事实力）的 3/4 集中在这条轴线范围内。

近半个世纪以来，我国大规模工业化与城镇化建设大部分沿铁路干线沿线发展轴布局展开的。20 世纪 50 年代至 60 年代前期，比较突出的是东北的哈大铁路沿线（主要是钢铁、机械工业）、陇海铁路的中段和西段（主要是机械、电力、军工生产）、京广铁路的北段（北京至武汉，主要是机械、冶金、化工）。在“三线建设”时期，由于经济发展布局普遍地违背了沿发展轴线配置生产力的客观要求，造成了经济损失。

1. 铁路干线沿线发展轴的基础条件

在许多国家和地区开发与发展中，铁路可以极大地改善区域的可达性，增强其开放程度。一条复线电气化铁路，年货物运量可达 4000 万—5500 万吨。通过若干铁路支线、公路、水运航线，就可以把地区的各种资源、经济潜力凝聚到干线地带发展轴上。在我国，除了海岸地带发展轴和长江发展轴外，铁路沿线是二级及二级以下发展轴的主体。在当今某些发达的西方国家，高速公路和航空运输高度发达，铁路运输日益不景气而形成局部被替代的趋势。但在我国，在很长时期内不可能出现类似的趋势。这是因为我国自然、经济和人口分布的宏观地域差异很大，长距离的货物交流量将不断增长，不可避免地要主要依靠铁路运输；我国矿产资源西部明显多于东部，而生产力的分布正好相反，东西部地区间的长途物资交流除了利用长江和珠江以外，其他需要依靠铁路。

2. 铁路干线沿线发展轴产业发展的一般特点

（1）产业结构偏重型。由于许多国家、地区的铁路建设是为工业化服务的，特别是突出发展重工业及其相关的大规模矿业开发。因此，铁路干线沿线地带（包括中心城市）能源、冶金、化工、建材为主的能源原材料生产一般占优势。随着开发时间的延续，发展轴的产业也同样呈现“加工工业化”及“高加工度化”。这是与大河沿岸、海岸地带发展轴在产业结构上的明显不同点。世界各国海岸地带发展轴多数以加工业、港口贸易为主。大河沿岸产业一般是建立在流域腹地资源基础上的，位于大河沿岸发展轴上的产业大多与矿产品、矿业开发利用基础上的制成品的外运有关，加工工业较为主要，商业贸易占突出地位。

（2）促进地区产业规模和产业结构的急剧发展。由于铁路干线的建设是在地区开发到一定阶段应客观要求才实现的，一旦干线开辟，附近的资源和经济潜力很快获得开发和利用，地区经济很快获得新的动力而“暴发”起来。大河沿岸和海岸发展轴的产业发展，往往随着水运技术的进步和腹地（流域）经济的发展而逐渐发展的。根据这个过程特点，铁路干线沿线发展轴的产业可以在较短时间内达到相当规模。也正是由于这一点，在区域工业化和经济大规模开发的初期乃至起飞阶段，一般都非常重视铁路干线的开辟，也都注意将产业集中配置在铁路干线附近，成为密集产业带，发挥巨大的集聚效果。

铁路干线沿线发展轴一般位于国家和地区的内地。无论现代运输和通信技术有多快的发展，内地发展轴参与大范围区域乃至世界经济活动的难度都大于海岸发展轴。也就是说，铁路沿线产业技术和产业结构的转换升级一般较海岸地带发展轴迟缓一些。由此，还可以推断，铁路干线的开辟，可使沿线区域（发展轴所带动的地域）经济很快振兴，使开发中的区域较快繁荣；但是，具有较长历史的铁路干线沿线发展轴也可能导致地区经济的相对停滞。

五、复合型发展轴

上述均是以某一种运输方式为主干的发展轴。在国土开发和区域经济发展实践中，往往有两种或两种以上类型的运输通道结合在一起，共同起着运输通道和带动地区发展的作用，这就是复合型的发展轴。复合型发展轴是国家和地区社会经济高度发展的产物；同时，复合型发展轴一旦初步形成，对国家和地区进一步发展又可起着巨大的促进作用，可以带动社会经济的多元化发展，从更深的层次使社会经济的潜力发挥出来。复合型发展轴中，铁路与公路的结合比较常见。但实际上，需要着重发展的是水运与铁路之间的结合。在以往的长时期内，人们总是认为沿内河航道和海岸线（沿海航线）平行建设铁路线会与水运争运量，影响水运设施作用的发挥。但是地区，特别是大的地区和流域，社会经济对运输需求是多方面、多层次的。而且，铁路开通后，可能通过发达的陆上交通网，将更大的范围联结起来，成为大河港口的腹地。也就是说，建设铁路固然可能形成与水运竞争的局面，即争夺水运的运量，但同时却在更大程度上为水运开发运量。而且，铁路建设带来了大河沿岸社会经济的繁荣（包括城市扩展、工业增加、其他基础设施全面建设）和社会经济交流的增加，也显然会增加客货运量。

在我国，运网规划上长期受到上述“竞争”概念的影响，沿大河岸和海岸平行建设铁路的情况很不普遍。但自 20 世纪 80 年代初期开始，长江经济带的大规模开发与发展，与长江黄金水道平行铁路（高铁）及高速公路、空中航线以及强大的超高压、特高压输电线路等很快建设起来，形成了世界上最大规模结构最优的运输通道，长江经济带也成为我国社会经济发展两条规模最大发展轴线之一。

莱茵河沿岸是西欧最强大的一条发展轴。莱茵河发源于瑞士东南部的阿尔卑斯山麓，全长 1320 公里，流域面积 25.2 万平方公里。在其上游是瑞士水电开发最密集的河段，中下游是德国、荷兰人口稠密、工业发达的高度发展地带。它的运输通道建设过程是先开发莱茵河水运。早在 20 世纪中叶，莱茵河就成为德国运网的骨干和瑞士、法国东部地区的外出通道。下游有若干运河与其联结，形成干支通达、河海港口相联、运网纵横交错的航道网。但即使如此，早在 20 世纪末至 21 世纪初，德国境内紧靠莱茵河岸就东西各建设了一条铁路干线。甚至在魏玛共和国时期（1927—1929 年），就曾开始建设自法兰克福附近沿莱茵河岸到德荷边界附近的高速公路，该线在 1933 年以后继续建成；50 年代至 60 年代，联邦德国进入建设高速公路高潮时期，在扩建这条高速公路的同时，又新建另一岸的高速公路。除此以外，西部德国的远程输油管、输气管和欧洲电力系统也有干线沿莱茵河南北向延伸。借助于这个强大的复合型发展轴，北部荷兰境内的河口密集产业区与德国及欧洲的“心脏”鲁尔工业区、中部的莱茵—美茵工业区和南部的路德维希—曼海姆—海德堡工业区联结起来。自 50 年代起，“马歇尔计划”援助联邦德国的 150 亿美元几乎全部集中投在莱茵轴，联邦德国自己的资金也大部分集中在这条南北向轴线上，莱茵轴成为德国乃至欧洲最大的密集产业带。

第五节 集聚区：社会经济（客体）空间演进的高级形态

一、集聚区——空间集聚的高级形态

集聚、扩散的持续变化，使某地区点-轴系统的各个等级体系，即各级产业的点—线连成一个整体，成为更大范围有机网络的一部分。其结果就会形成大城市地区的沿轴线开发，并使相邻城市的主轴线相连结而发展成为集聚区。其中，少数集聚区成为大城市群。我国已经形成的以首都北京为核心城市的京津冀城市群、以上海为核心城市的长江三角洲城市群、以香港与广州为核心城市的大湾区等三个大城市群。我国这三个具有全球意义的大城市群及若干个城市与产业集聚区（带）就是属于这个发展过程中的宏观空间形态。在全球化与信息化的大背景下，近几十年来，世界上新的产业与城市集聚区及城市群不断出现，正在改变世界经济体系的态势与格局。

1. 城市区域的轴线开发与集聚区的形成

点-轴渐进式扩散的结果，往往是形成人口、经济和基础设施的复合集聚（图 7-6）。当人口密度和经济实力达到一定程度时，就要形成集聚区。或者说，点-轴系统的继续演化将会形成社会经济空间高级形态——集聚区。在这里，集聚区是扩大了的“点”或“点的集合”，是最高程度的社会经济（客体）空间集聚形式。

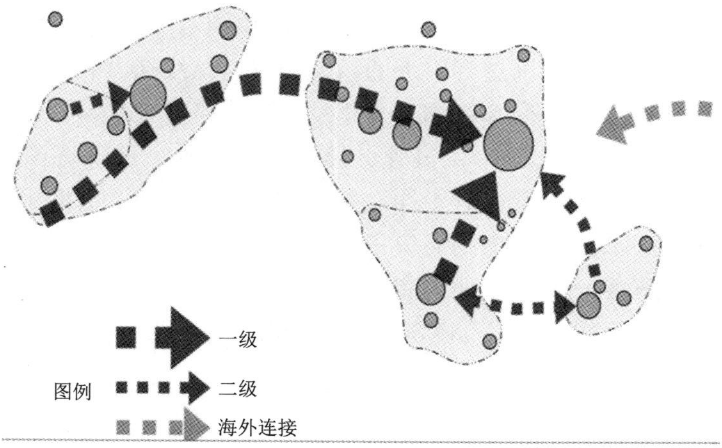

图 7-6 点-轴渐进式扩散而形成集聚区（城市群）示意图

集聚区往往是几条较高等级的发展轴线相交后而形成的，或者说集聚区的形成与有关轴线的开发是相伴而行的。集聚区的形成过程一般可有两种情况。其一，几个工业城市（或交通枢纽城市）相距不远，长期持续（不加控制或规划控制不力的）的发展，使它们相互靠近，联成一体。即从宏观区域考察，它们是一个连在一起的“球形集聚体”。其二，在一个大城市的周围，形成若干个中小城市。发展的结果，是它们彼此接近而形成集聚区。其中的中小城市，有可能是为疏散大城市的经济和人口而建的卫星城镇，有可能是由于产业链的前后左右延伸、周围矿产资源、水力资源和交通枢纽设施的开发而形成的。图7-6中的虚线及其箭头代表空间扩散的主导方向。

城市地域发展方向存在不均衡性。在城市的市区和郊区内，社会经济的空间结构也不是均质的。城市区域的平面发展也遵循点-轴规律的。不过，城市范围内的“点”不是区域中的点（指城镇）。它一般是城市中最具有吸引力的部分，如市中心广场（在相当多数的情况下，市政府也在广场附近）、商业大厦或集中的商业区、重点文物古迹地、主要近距离休息地、主要工业区或卫星城镇、大型体育设施等。连接它们的交通干道及其他线状基础设施即组成城市发展轴。在干道开通的初期，吸引一些中大型的城市设施布置在两旁。而这些设施的建立，又为其他城市组成部分（如工厂、商店、居住区、文化教育机构等）的发展提供了条件。

在城市区域发展轴中，最引人注目的是经过城市中心、外延至附近城市的轴线。如果在相距几十公里以内有两个以上的城市，城市之间的联结干道往往会发展成为这样的轴线。就其作用分析，它们多数是城市发展的主轴线。例如，连接沈阳和抚顺之间的干道进入抚顺市后也是市区发展的主轴。新中国成立之前，北京作为几朝的古都，其发展主轴线是南北向的，主要干道及皇城建筑都集中在这条轴上；新中国成立之前，主轴线实际改成东西向，即 40 多公里的东西长安街。除了天安门广场外，主要的通信设施、火车站、高级饭店、商业区、政府机关等都集中在此发展轴范围（干道两旁约 1 公里区域）。北京城市主轴方向的改变，有利于加强与经济中心和港口城市天津市的联系。

城市地域发展方向不平衡，反映了城市发展的一个客观规律，即城市与区域相类似，也是按点-轴系统不断拓展和完善其空间结构的。城市可以选择有利的方向，布置它的主轴，将主要设施配置在其范围内。这样可以更好地发挥它的职能，使它的职能分区得以科学化。城市主轴方向一般会延展较长距离，或者距离虽不长于次级轴线，但线状基础设施规模大、等级高，城市的主要设施集中于该轴线上。次级发展轴不仅线状基础设施较小，有时也较短，而且城市设施的等级也低些。

2. 相邻城市主轴线相连可能发展成为集聚区

随着经济工业化和社会城市化趋势的发展，世界上不断出现产业与城市集聚区。关于集聚区概念，尚没有确切的定义。在我国，城市规划部门有时用“稠密区”或“城市连片区”。在德国，通常以“球团区”“集聚区”相称呼。虽称呼各异，但共同点是：两个以上相邻不远的城市，由于外延发展而使它们的郊区（多指近郊，有时“中郊”范围也称作连片区）相连，形成一个相互联结的产业与城市集聚区或城市群；它们不仅在地理上联结，而且在功能上也相互联系，在基础设施上也逐步实现一体化管理。

集聚区当然分等级，但一般所称的集聚区，大部分是指一个国家乃至以国家集团所组成的区域。例如，我国的辽中南（沈、鞍、本、抚、辽）、京津唐、长江三角洲、珠江三角洲，以及武汉地区、西安地区等，苏联的顿巴斯、库兹巴斯，美国的费城地区、阿巴拉契亚地区、五大湖地区，德国的鲁尔区、法兰克福地区、慕尼黑地区（20 世纪 70 年代以来形成的以高新技术产业为特点的集聚区）等。

二、集聚区的基本特点

集聚区一般都是长期持续发展而形成的，有着广阔的腹地和经济资源，因而具有强大的经济实力和密集的人口，成为区域乃至国家的社会经济中心区。

为适应经济实力强和人口密集的需要，集聚区具有发达的由多种运输方式组成的交通运输网，以及发达的通信设施、能源生产与供应、给排水等基础设施。集聚区一般都是大宗客货流的集散地和中转地，因此大型交通运输枢纽，如铁路干线编组站、大型客运站、国际机场、大型港口等多数被置于集聚区。集聚区的运输网结构一般都是齐全的，每一种新的运输方式的普及总是开始于集聚区内。而且，在科学规划的前提下，各种运输方式按自身的特点、功能进行合理分工，集聚于核心城市的中心，呈圆形向外围延伸，分层次对服务区域作重复覆盖。在核心城市的中心，往往形成干线铁路、地区性铁路、地铁、城市干道的立体交叉。向外根据各种运输方式的技术经济特点，有不同的服务半径。

大部分集聚区内，都有强大的二次能源（电力、热水、煤气等）生产、输送设施，将各有关城市联结起来，组成强大的能源供应系统。

集聚区由于具有发达的基础设施、产业结构高加工度化和高水平的科学技术，因而一般具有较高的劳动生产率和国民经济效益。这点在我国表现得十分突出。通过对大中城市集聚区综合投入系数和产生系数的分析得出，综合投入系数随城市人口规模增大而递减，综合产出系数则相反。

三、理论上的集聚区，实践中的两种类型

长时期以来我都强调：集聚区在点-轴系统及其演进实践中，会产生两种类型：一是产业与城市集聚区；二是（大）城市群。这是社会经济客体空间集聚与扩散在不同阶段所表现出来的不同特点与不同形态，不应该混为一体。

法国地理学家让·戈特曼在20世纪60年代提出了城市群的概念和模型，阐述了美国东北部地区作为世界级城市群的出现的重大意义。他从相互联系的理念和全球的视野，揭示了城市群功能和内部结构的变化。几十年来，这种变化持续表现并不断强化：在全球化和信息化的大背景下，世界上若干城市群形成，其产业结构实现了大幅度调整。其中，建立在信息化基础上的服务业（20世纪80年代曾经有过“第四产业”的说法）的重要性提高，城市群内部网络化发展，城市群成为一种重要的观念进入到社会生活中[①]。

“城市群”这个概念，在我国也已被广泛应用。媒体提出了那么多的城市群，使得全国有那么多的城市群成为“国家战略”的载体。我认为，按照（大）城市群的性质与功能的要求，一个城市群应该具有1—2个（特）大城市做核心，核心城市具有很强的高端服务业，与附近城市产业链联系很密切，有一体化管理的基础设施作支撑，因而是最具有竞争力与活力的地域单元。发育到如此地步的才能称之为城市群。

发展城市群的根本目标是提升城市群的集聚效应，提高创新能力，加强在国际上和在全国相应平台上的竞争力与带动能力。一般的集聚区，如果没有具备城市群的那些条件，就只能是“产业与城市集聚区”。

我国当前的现状是，产业与城市集聚区，也在搞“大城市群”规划，搞基础设施的一体化等，希望能够借此把整个地区的经济搞上去。岂知，那样做，行政成本高得很。培育城市群，为的是提高竞争力与实现多方面的统一管理与高效率。有些仅仅是“产业与城市集聚区”，也勉强“挂牌子”，大量开会，编制大规划。结果效果如何？合作加强了吗？产业链条延伸发展起来了吗？创新平台与思想出来了吗？搞一体化，符合一体化的理念与管理效益形成了吗？这样的例子有很多。例如某某城市群，包括三个省的部分地域范围，每个省各

---

① 苏珊·汉森. 改变世界的十大地理学思想. 肖平等译. 北京：商务印书馆，2009.

自的一两个、两三个城市（可算是“产业与城市集聚区”）彼此相距较近。但是，它们加在一起却没有发展城市群的条件（指标），因为它们之间各自都有主导意义的与外省（自治区、直辖市）及国外进行产业合作的方向与通道。而且它们彼此相距200—300公里，经济合作与技术交流并不多，搞城市群有何意义？在长时期内，可能还是形式化的状态。我认为，各地政府需要大力促进集聚区内各城市自身特色经济的发展与产业链的完善。

四、集聚区面临的发展问题

集聚区是社会经济空间结构演进的高级形式，是世界范围内和许多国家内主要经济实力和发展潜力之所在。但是，由于各国各地区社会经济发展阶段不同，特别是近几十年来随着经济全球化与城镇化信息化的迅速大规模发展，在世界上有些集聚区及少数城市群相继产生了一系列的发展与环境问题。在“八五”“九五”及“十五”几个五年规划期间中，我国一部分产业与城市集聚区的环境与生态问题也相当突出。

1. 产业结构演进滞后

产业结构水平是否先进，是否能及时转换升级，对一个国家或地区的发展和在国家间激烈竞争中的地位是极为重要的。第二次大战后，世界发达国家经历了15—20年的恢复和发展，经济技术水平显著提高，技术革新的步伐大为加快。这些国家的工业心脏地区在恢复和发展中起了很大作用，但有一部分集聚区进入了结构性危机[①]之中。造成这种结构性危机的原因，有三方面。最主要的原因是，这些集聚区开始形成于19世纪后半叶和20世纪初，多数建于矿产资源大规模开发之上（如英国的伯明翰地区、德国的鲁尔地区、美国的阿巴拉契亚地区、我国辽宁省中部的沈鞍本抚辽地区等），以传统的重化工业为特色；还有一部分集聚区是以港口工业城市为核心发展起来的，如日本的京（都）—阪（大阪）—神（户地区）。这两种集聚区的产业优势都体现在传统产业上，如煤炭工业、钢铁工业、电力工业、重型机器制造工业等。然而，这些传统产业在20世纪70年代的“石油危机”以后和80年代的大规模新技术创新过程中，逐步受到新兴产业的冲击，乃至被取代。而这种取代一般均发生在原来的非集聚区中。原因之二，受地理惯性的影响，大多数集聚区调整结构

---

① 结构性危机（structural crisis）是一个经济学概念，它指的是由于国民经济结构和产业部门结构的急剧变动而引起的生产与消费、供给与需求之间长期、严重的比例失调现象。

难度很大，短期内难以取得效果。原因之三，就是这些集聚区在 20 世纪（特别在 50—60 年代）经济恢复及高速增长过程中，发展起一批大企业。在当时，大企业显示出较强的优越性，即生产规模大、占领市场能力强、竞争中地位稳固、职工就业安全感强等；但是进入 70 年代以后，国际上在产业结构升级和新兴产业发展方面出现了激烈的竞争，在一些发达国家中，传统产业逐步向发展中国家转移，加剧了原来传统产业集聚地区的结构危机。

2. 基础设施供应不足

由于人口和社会经济设施过分集中于大中城市集聚区，对基础设施需求很大。但集聚区内产业高度集中，用地紧张，地价昂贵，无论生产性和社会性基础设施都需要大量土地，有的要通过改造方式以解决原设施老化问题，因此经济代价是极大的。集聚区基础设施一般包括：交通线路及相应的港站，动力生产与供应，水源工程及水供应，废弃物处理与排放、堆放，教育、医疗卫生设施，体育设施，金融及信息产业，休闲和度假设施等。基础设施供应不足，导致对外及市郊吸引力的减弱，居民生活质量下降。同时，由于基础设施供应不足，限制了信息的传递，不利于国外和区外的投资者来此设厂投资，乃至影响到生产单位的原料供应和产品输出。教育（特别是职业教育）的不足，直接导致集聚区在技术创新竞争中处于不利地位。环境整治设施和度假设施供应不足。设施供应不足大多数与集聚区离海布局有关。由于不邻近海港，它们的大宗原料、产品必须依靠铁路或高速公路的集疏，这样与临海地区相比，与国际市场、国内市场的联系就显得差多了。

3. 污染突出，生态环境恶化

许多以传统产业为主体的集聚区，不仅能源消耗大、耗水多、占地多，而且“三废”排放量也大。水体、空气、土壤都不同程度地受到污染。例如，辽宁中部沈鞍本抚辽地区。该集聚区位于浑河、太子河中游，以高耗能、高耗水及污染物排放量大的重工业生产为主。所谓污染物排放量大的“三大部门”（化工、冶金、轻工）和“六大企业”（有色冶炼厂、火电厂、水泥厂、石油化工厂、造纸厂）在此聚集区相当集中。20 世纪 70—80 年代，沈抚灌区和辽阳、鞍山、营口灌区的污灌面积达到 300 多万亩，其中受污染严重的灌溉面积就有 100 多万亩。沈阳、抚顺、辽阳及沿太子河、浑河和灌区附近，生活和工业水源普遍受污染，城市区域空气污染严重。

在 20 世纪 50—60 年代，英国、日本等工业化国家中一些集聚区的污染问题都曾经震惊了全世界。这些国家一方面采用了现代技术并付出巨大的经济代价，另一方面在调整产业结构、空间结构方面采取了一系列措施，在一定程度上解决了集聚区的污染问题。但生活环境质量较差和生态问题仍然是困扰这些集聚区的主要问题之一。

4. 大量土地被工业和城市占用，景观结构失调，空间拥挤

在集聚区发展的初期，一般是在一两个或几个点开始扩展建成区。随着经济的发展和各项设施的建设，空间愈来愈少，相邻城市连成一片，绿地和风景区、休假区日益缩小，原来协调的景观结构走向失调。其结果使人与自然的关系格局产生变化。

在市场经济条件下由于上述问题的存在，形成下列非良性循环：产业结构演进滞后，使一部分行业、部门的产品失去市场，职工大量失业，加上环境恶化，居民从该地区流向其他地区；职工和居民流失，使地方政府税收减少，技术创新能力下降，其结果是使地方对产业和基础设施的投资能力下降，进一步影响技术创新的发展；而这样又进一步阻碍产业技术的更新升级，在争夺市场斗争中处于更加不利的位置。

第六节 城市群及其空间结构

一、城市群及其形成的大背景

大城市群发展的主要背景是，在全球化和新的信息技术支撑下，世界经济的“地点空间”正在被“流的空间”所代替。世界经济体系的空间结构已经逐步建立在“流”、网络和节点的逻辑基础之上。其原因是现代通信技术，降低了空间距离的“摩擦力”，导致了时空压缩与客体集聚（time-space compression/convergence）。也就是说，信息因素正在改变社会经济客体内部结构与其外部的关系，提高了空间组织的效能与各种类型区域（地区、城市、集群、社区、企业等）的竞争力。这种情况，给一些国家、区域与城市带来“历史窗口”（historical window）和发展机遇，改变了全球原有的竞争格局。一个重要结果就是塑造了对于世界经济发展至关重要的“门户城市”，即各种“流”的汇集地、连接区域和世界经济体系的节点即控制中心。

在当今全球化和信息化迅速发展的时代，全球经济体系及其全球城市体系

越来越被具有更好通信基础设施的城市所统领。全球性与大区域性大城市经济区的形成与发展，亦即全球化与信息化推动了全球社会经济的空间结构重组，形成了社会经济的新载体：全球生产网络（global production networks，GPN）、全球经济体系、产业集群（industrial clusters）、区域集群（regional clusters）、产业综合体（industry complex）、产业区（industrial district）、新产业区（new industrial district）及智慧城市。这些新载体往往集中于全球的城市群。

二、城市群——当今世界上最具竞争力的经济核心区

今天的全球经济仍然被世界城市（world city）网络所控制。世界级城市群的核心城市，是世界级的金融、商贸、信息业等高端服务业最集中的城市。由核心城市带领起的世界级城市群，成为大区域或国家的经济枢纽区。

核心城市往往是跨国公司区域性（国家、国家集团、大洲）总部的首选地。城市群在经济上是命令和控制中心（通过高级生产者服务业和跨国公司总部等载体来实现），在空间结构上是全球城市网络重要的"节点"，在文化上是多元和包容，在区域层面是全球化扩散到地方（大区域、国家集团、国家）的"门户"。具有上述垂直和横向产业分工及空间结构的大城市群，是当今世界上最具竞争力的经济核心区域，如以纽约、伦敦、巴黎、东京等为核心的大城市群。

所以，城市群中的核心城市，是处于世界性"流"的"节点"上的以高端服务业为主体的"门户城市"。这些核心城市，其财富创造的源泉是以信息业为基础的服务业经济，而不是以资源加工及以商品生产为基础的制造业经济。即使核心城市的增长动力和财富源泉转移到服务业上面，其对于国家乃至世界经济发展的意义和地位比相同级别的制造业大城市要重要得多。

三、城市群空间结构的一般特征

城市群中的核心城市是国家或大区域的金融中心、交通通信枢纽、人才聚集地和进入国际市场最便捷的通道，即资金流、信息流、物流、技术流、人才流的交汇点；土地需求强度较高的制造业和仓储等行业则扩散和聚集在核心区的周围，形成庞大的都市经济区。

核心城市与周围地区存在密切的垂直和横向产业联系。核心城市的作用突出地表现为生产服务业功能（如金融、中介、保险、产品设计与包装、市场营

销、广告、财会服务、物流配送、技术服务、信息服务、人才培育等），而周围地区则体现为制造业和加工业基地以及交通、农业、环境、供排水等基础设施的功能（图 7-7 与图 7-8）。

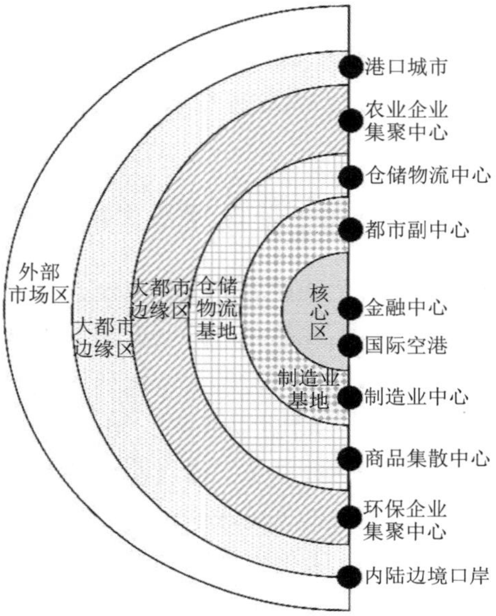

图 7-7　大城市群空间结构剖面图

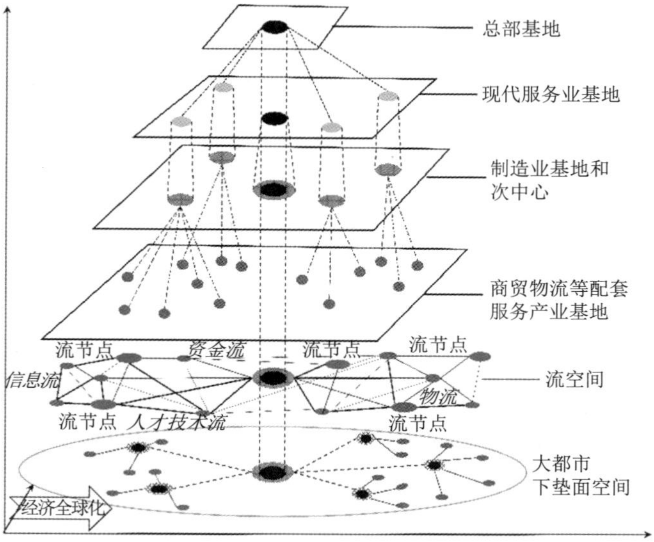

图 7-8　大城市群空间结构的立体透视示意图

主要参考文献

曹勇．增长核与增长中心理论综述．地理研究, 1990, 03.
陆大道．区位论及区域研究方法．北京：科学出版社, 1988.
陆大道．区域发展及其空间结构．北京：科学出版社, 1995.
陆大道等.中国工业布局的理论与实践．北京：科学出版社, 1990.
世界银行．关于中国发展问题的主报告．北京, 1985.
吴传钧．经济地理学——生产布局的科学．科学通报, 1960, 19.
许学强, 朱剑如．现代城市地理学, 北京：建筑工业出版社, 1989.
杨吾扬, 梁进社．高等经济地理学．北京：北京大学出版社, 1997.
Boeventer E V. Standortentscheidung und Raumstruktur. Hannover, 1979.
Christaller W. Die zentralen Orte in Süddeutschland. 1933.
Giese E. Räumliche Diffusion ausländischer Arbeitnehmer in der Bundesrepublik Deutschland 1960-1972. DieErde, 1978, 109: S. 92-110.
Haggett P. Einführung in die Kultur-und Sozialgeographische Regionalanalyse, New York, 1973.
Hagerstrand T. Aspekte der räumlichen Struktur von sozialen Kommunikationsnetzen und der Informationsausbreitung. Berlin: Kiepenheuer & Witsch, 1970.
Klemmer P, Schrumpf H. Kleine und mittlere Betriebe im Ruhrgebiet unter besonderer Berücksichtigung des produzierenden Gewerbes, 1984.
Wirth E. Theoretische Geographie. Stuttgart, 1979: 101-128.

第八章

全国发展空间结构大格局的不平衡性

本章最主要任务是依据空间结构理论与倒 U 字形相关等原理，再次揭示区域发展与空间结构的关系，全面并联系实际地说明点-轴系统理论与 T 字形结构提出的国情基础，包括我国的自然地理结构与社会经济空间结构两个主要方面的内容；进而通过分析点-轴系统理论和 T 字形结构与我国地理国情及主要地区地理特点之间的内在关联，阐明全国国土开发经济布局的 T 字形结构的科学性与重要性。

关于我国国情特别是地理国情的基本特点，本章强调了我国的三大自然区与地势的三级阶梯对于宏观地域社会经济发展的巨大影响。

1987 年，我在《地理学报》上发表了《我国区域开发的宏观战略》一文，这是 1984 年提出点-轴系统理论与 T 字形结构之后进一步论证我国的宏观格局问题的一篇文章。在这篇文章中，我分析了我国的三大自然区与地势的三级阶梯对于宏观地域社会经济发展的巨大影响，同时指出地理空间距离及矿产资源分布的不平衡也是导致区域发展长时期不平衡的重要因素。

1987 年 8 月 13 日，《长江开发报》第三版（理论版）刊登了我的《我国生产力区域布局的基本框架》一文。我在文章中提出，应当根据我国国土开发和经济发展水平的地域差异，在 20 世纪内及 21 世纪初年实行重点开发战略，按点-轴渐进扩散模式实行由不平衡到相对平衡的生产力区域发展；实施重点开发战略，确定重点开发轴线，沿轴线建设密集产业带和建立横向联系的经济区；其中，沿海与沿长江两个一级轴线构成我国国土开发和经济建设布局 T 字形宏观格局。

1989 年 4 月，我在《科学（季刊）》期刊上发表《空间结构理论与区域发展》，重点论述了区域发展的阶段论，并通过四个阶段特征推导了点-轴系统的演化态势。

1995 年 5 月，我在《求是》编辑工作简讯上发表文章《正确看待东西部间经济发展差距的不断扩大》，针对我国东西发展不平衡日益扩大的问题，分析了我国区域不平衡发展的基本原因，阐述了当时国家提出关于区域协调发展的宏观战略与相应的方针政策。

第一节　我国自然地理结构的地域空间差异

一、什么是国情与地理国情？

一国的国情，是指影响乃至决定国家未来发展进程的政治、社会、自然、经济等方面相对稳定的、总体性的客观情况和特点，包括对国家经济和社会发展起重要作用的最基本的、最主要的推动因素和限制因素[①]。

新中国成立以来，我国各时期的发展与国土开发、经济布局等领域战略及方针政策，都是建立在我国国情的基础之上的。从地区之间的差异性与地区之间相互依赖性来考察这些自然结构与社会经济的空间结构，这个工作过程，我们称之为国情分析研究。

自然结构是国情，建立在这些大的自然结构基础之上的社会经济空间结构也是国情。如今已没有纯粹的自然结构了，有的是人文化了的自然综合体系。这是现阶段世界上许多国家（包括中国在内）的国情。

关于地理国情，作为一个地理学者，我认为首先要强调一个最为基本的理念，也是这个地球（当然即世界上）最基本的事实，就是“地球并不是平的”。关于“地球并不是平的”这个基本理念，几乎是不争的常识，但在论及国家及地区发展规划与政府绩效评价等情境下却是最容易被忽略的，甚至成为一种需要回避的“禁区”。我不认可这种做法，我认为只有在这个大前提下，才能够辨识区域之间的差异性与区域之间相互依赖性问题。

---

① 参考 20 世纪 80 年代末周立三先生建立中国科学院国情研究小组时关于国情的定义。这里不包括国家的政治体制、社会经济基本制度，以及作为基础的意识形态、上层建筑等基本国情。

中国是一个国土面积辽阔的人口大国，我们可以将国情分为宏观概念与中微观概念——全国性的和区域性的。

二、国情的基本元素

在描述与理解一国国情时，需应用到的基本元素主要涉及地理和社会经济两个方面。地理元素主要包括：国土面积、纬度、降水量、年平均温度、年蒸发量、能源、矿产资源、（淡）水资源、河流、山脉、高原、平原、峡谷、自然区、地势、海陆关系等；社会经济方面的元素主要包括：人口、人口总量及其结构，经济总量及其结构，科学技术发展状况，以及国力与竞争力等。

地理元素和社会经济元素在历史发展中都是会发生变化的。自然地理及其结构，就其自然本身的变化驱动力而言，变化速度慢，在部分地质时代还具有某种周期性的特征。而社会经济方面的国情则变化较快，但就一个时期而言，如一国的经济总规模或人均国民收入等在世界各国中的等级位置，则大致是稳定的。我们可以理解国情是处在变动之中的。

中国经过 40 多年的改革开放，经济实力、国防实力与科技实力已经上了几个台阶，跃居为世界上第二大经济体、第一大贸易国和最大的债权国。这是今天评估中国国情的基础，是国家制定一系列方针与政策的基础，同时也是认识全球地缘政治格局变化的基础。正是基于这种实力评估以及由此产生的全球视野，我国提出了构建“新型大国关系”和共建“一带一路”倡议。由此可见，长时期演变改变了原有态势而形成的新态势也是国情的组成部分。

国情的变化与国家方针政策的变化不是同一类的概念，但有密切的关联。国情，是制定国家方针政策的基础。我们经常说，某某方针政策符合中国国情，就是这个意思。方针政策，是实现国家发展目标的手段，在实践中，是必须根据外在情况或是内在情况变化而做出调整与改变的。

三、关于中国的地理国情①

我们可以从不同的角度看待中国的地理国情。这里从人-地关系耦合（匹配）特征进行概括与比较，易于理解其本质特征。如果从组成部分分析，则很难统一成一个基本概念，不便于对于综合性问题做评价。此处，对我国在一个较长的历史时期中的地理国情做如下概括。

---

① 本段参考：中国科学院《中国自然地理》编辑委员会，中国自然地理（总论），科学出版社，1985年。

我国是全球自然地理环境最丰富的国家之一。这个最基本的特点主要是由于我国疆域辽阔、地处中纬度和大陆东岸、境内地形多样、自然历史演变过程复杂，以及人类活动影响巨大等因素及其相互作用所致。

在形成我国复杂多样的自然地理环境过程中，有地带性因素（如气候、生物、土壤条件）的宏观差异所导致的水分、热量分布的地域分异，也有非地带性因素（如地质、地貌条件）所导致地形、资源的地域分异。在这些因素中，特别是气候（主要是温度和降水条件）和地貌两个基本因素最为重要（图 8-1）：这两个因素一方面会影响到其他自然因素及整个自然综合体的变化；另一方面会直接影响人类的社会经济活动。

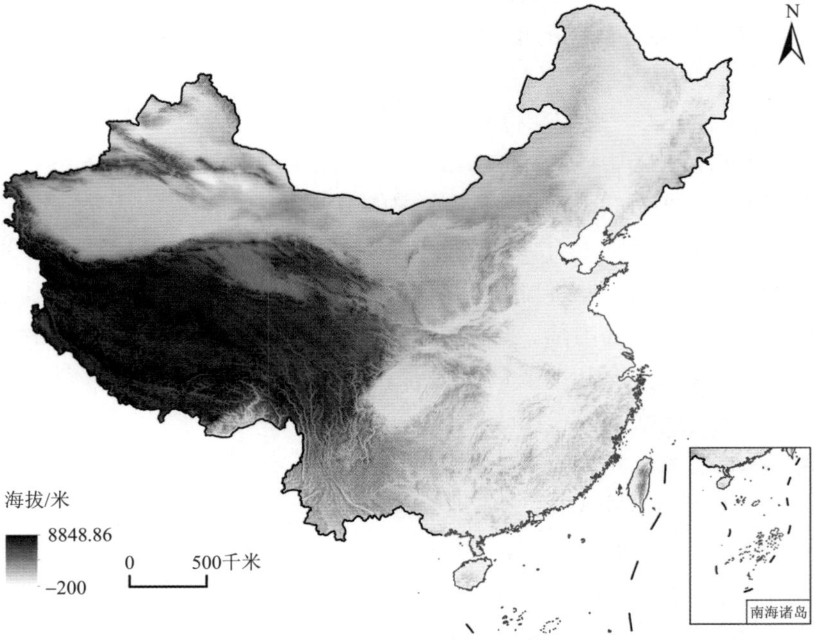

图 8-1　我国的地形影像图

我国自然环境的空间差异及其基本特征可以概括为以下六大方面。

1. 三大自然区

根据我国所处纬度和海陆分布等地理位置的差异，地势轮廓和新构造运动的差异，气候和受气候影响的水文、植被、土壤等因素的差异，自然历史演变的差异，人类活动对自然界的影响（对动植物影响最大，其次是土壤、水文，对气候、地貌影响不显著），以及利用改造自然方向的差异，可以将我国自然地理环境划分为三大综合自然区。

（1）东部季风区。该区西部界线从大兴安岭西麓，经辽西山地和燕山山地的北部、鄂尔多斯高原的中部，往西至青藏高原的东缘。面积约占全国陆地面积的45%，人口约占全国的96%，工农业总产值约占全国的97%（其中工业亦约占全国的97%）。其自然特征是：与其他两大自然区相比，受夏季海洋季风影响显著，风向与降水均随季节而有明显的变化和更替，气候湿润，天然植被以森林为主，有一部分森林草原。气温随纬度而变化，是该自然区内自然环境地域分异的主导因素。华北和东北地区，湿润（水分）程度随着距海里程的增加而减少，新构造运动上升幅度一般不大，大部分地面在海拔1000米以下。在钦州—郑州—北京—鸥浦一线以东，是新构造运动以沉降为主的区域，大部分在海拔500米以下，并有广阔的堆积平原，地表水以雨水补给为主。除少数地区以外，人类活动影响广泛而深刻，凡可开垦的地方几乎已全开辟为农田，天然森林已大部分被伐。过去、现在和将来，东部季风区都是我国主要的农耕地区。

（2）西北干旱区。该区是广阔的欧亚大陆草原和荒漠区的一部分，土地面积约占全国的30%，人口占比不到全国的4%。基本自然特征是：在最近的地质时期曾有显著的差别上升，大部分地域上升幅度不大，形成海拔1000米上下的高原和内陆盆地，一部分上升幅度大，形成横亘于高原之中的山脉，如天山、阿尔泰山等；深处内陆，四周山峦环绕，夏季海洋季风影响甚小，形成干旱和半干旱气候，沙漠和戈壁广泛分布；山地径流是该区主要水资源，补给来源为雨水及冰雪融水。

（3）青藏高寒区。无论是在我国或全世界，该区都是一个独特的自然地理区域，是世界上海拔最高、形成地质年代最新的高原。土地面积约占全国的25%，人口占比不到全国的1%。其自然特征是：全区300多万年以来大幅度上升，平均海拔高度在4000米以上，其间还有白雪皑皑的极高山（海拔7000—8000米，甚至更高）；空气稀薄，温度低，冻土广布，太阳辐射强烈，风力强大，由区外输入的水汽不多，现代冰川和第四纪古冰川广泛分布，植被主要为荒漠植被、草原、草甸与灌丛；土层浅薄。这种自然环境对人类的生产生活限制大，因而人口密度很小，生产水平低。

2. 地势的三级阶梯

上述是根据各个自然要素的空间差异划分的地域单元，是综合性的。如果仅以地貌条件论，则我国宏观上可以分为三级阶梯。

我国地势西高东低，东西高差悬殊。地势自西而东层层下降，形成了地形上的三级台阶，习惯上常以“三级阶梯”来概括全国地势的基本特征。

西南及西部的青藏高原是我国最高一级地形阶梯，素有“世界屋脊”之称，其海拔在 4000—5000 米。高原上耸立着近东西走向或西北走向的山脉，它们的海拔在 5000—6000 米。许多高峰超出 7000 米。高原上巨大山脉之间，是我国（亚洲）一些大河的发源地。

由青藏高原往北、往东，地势显著降低，第二级地形阶梯随之展现。西北侧是我国最大的内陆盆地：海拔 1000 米上下的塔里木盆地、准噶尔盆地等。青藏高原东侧的横断山脉以东，至大兴安岭—太行山—伏牛山—雪峰山一线，其间出现的山地、高原，海拔多在 1000—2500 米，只有局部宽谷和盆地低于 1000 米。

大兴安岭—太行山—伏牛山一线以东，是我国地势最低的一级阶梯，海拔低于 200 米的东北平原、黄淮海平原、长江中下游平原，以及江南广大地区海拔只有数百米的许多红层盆地。位于这些平原和丘陵以东的山脉（东北山地、山东丘陵、华南丘陵等），虽然海拔只有 500—1500 米，但构成了我国东部的地形屏障。发源于西部高山、高原的许多大河，经由东部最低一级地面最后入海。

三大自然区的自然系统对社会经济的承载能力极其不同，其和地势三级阶梯共同决定着我国空间开发与区域经济发展与布局的宏观框架，现阶段人的力量还不能大幅度改变这种格局（图 8-2）。

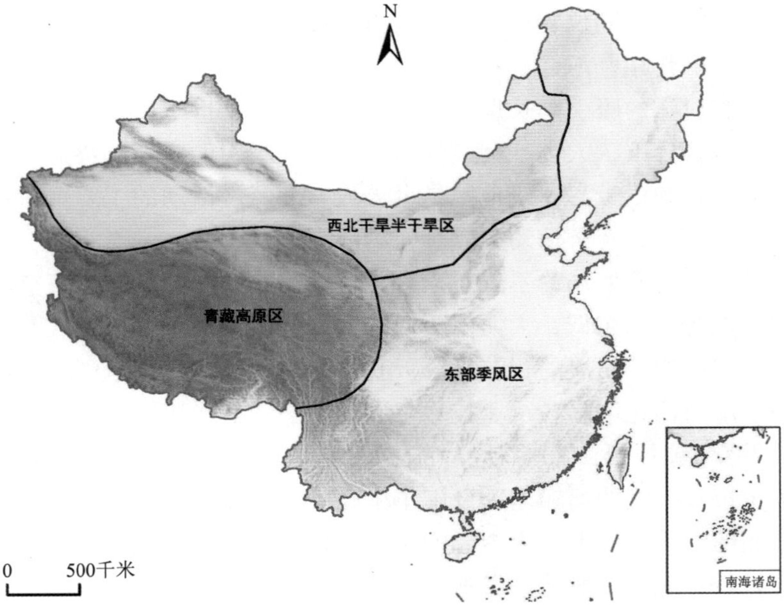

(a)

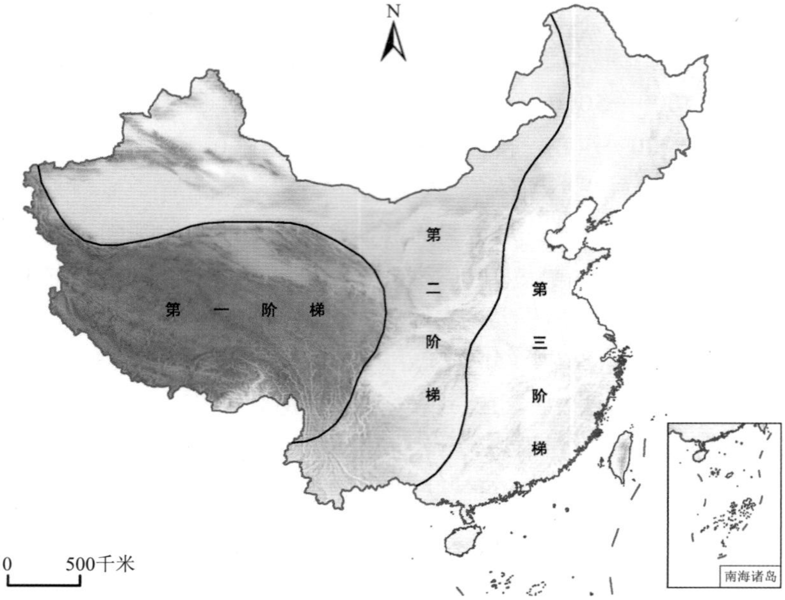

(b)

图 8-2 我国三大自然区（a）与地势的三级阶梯（b）

3. 海陆位置

海洋、大陆、海陆位置以及大陆沿海所处的全球气候带等，对人类发展史起着极其重要的作用。海洋，在 19 世纪就被认为是“伟大的公路”，人类社会经济活动受海洋的吸引是长期的基本趋势。近半个世纪以来，在全球化与信息化迅速发展背景下，人类社会经济活动受海洋吸引的客观趋势进一步扩大。地球上的亚热带和温带海岸线地区是世界人口和经济活动的主要聚集地，这些区域的人口密度高，经济活动频繁且充满活力。

我国的自然地理格局，不仅是当今，也将是未来国家社会经济空间结构的关键基础。地势西高东低，大河由西向东，构成了我国千百年来人与货物的主要流向。得益于历史发展的积淀，今天我国沿海地区拥有技术创新的优势，能第一时间了解与消化国际各行业技术与市场动态，并能快速进入国内外市场。鉴于上述两条重要原因，我国社会经济空间结构客观上形成了以下的基本特点。

特大城市和大型的运输基础设施集中在沿海地带。借助于长江这条中国最大的可通航的河流，以上海为中心的长江三角洲地区和内地的武汉、成渝地区相连接，早就形成经济发达、发展潜力巨大的产业及城市集聚带。

除沿海和沿长江之外，我国还出现了沿交通干线、能源输送线等形成的产业与城市集聚带。这些经济集聚带相交处，形成大小不等的“点”的集聚，即城市、产业和城市集聚区及城市群。

4. 全球化与信息化大大促进了我国三大城市群的形成与发展

中国经济的三大枢纽区都在沿海地带范围内。在经济全球化及信息化迅速发展的大背景下，世界经济发展新格局应运而生。其基本驱动因素是产业的“地点空间”相当大部分被“流空间”所取代，形成了斯科特（Allen J. Scott）等人所描述的“门户城市”。这种城市所在的区域，即为“全球城市区域”（global city regions）。

我国经济发展的区域大格局正在造就中国经济的“地理枢纽”，即世界级的大城市群（大城市区）①。三大经济核心区域及其带动发展的三大经济合作腹地区域，竞争力得到了显著提升。这些区域与共建“一带一路”国家和地区的对接，使我国从更大程度上融入了世界体系，并发挥了更大的影响力。

5. 地理距离的影响与我国的生产力布局

1）运输能力可以提高，但地理距离对经济发展的影响难以改变

对于我国这样幅员大国与社会经济发展地区不平衡的国家而言，在制定国家的宏观发展方针时，地理距离及经济布局的大态势是不能不考虑的重要因素。地区间运输能力可以提高，但地理距离对社会经济发展的影响很难改变。这一点往往被很多人在无形中忽视了。我国部分西部地区，区域内及其周围地域消费市场小，与外部市场距离远，货物、商品、人员的运输成本高，使得生产成本与行政成本高。

2）地理距离及消费市场过远对部分地区发展的影响巨大

对于部分西部地区而言，地理距离在有的情况下成为影响经济发展的决定性困难因素。例如，在以往 20 多年里，西北部分地区建成了大型煤电基地、风电、光伏电基地，以及超高压与特高压输电线路。但由于西北电网不缺电，华中地区电网也基本不缺电，这些电实际上要经过 3000 公里左右输送到华东电网和山东电网。这也是引起大量火电机组发电时间偏少、弃风弃光现象严重的重要原因。

再例如，就矿产资源而言，新疆的基础产业特别是基础工业（能源重化工）可以有更大规模的发展。但由于新疆及其周围地区对基础工业产品的消费

① 陆大道. 发展变化中的中国人文与经济地理学. 地理科学，2017，37（5）：641-650.

量小，其基础工业的发展受到了阻碍。在20世纪90年代与21世纪最初的10年，在多位学者的呼吁与部分地方领导的要求下，新疆发展了大规模的能源重化工，GDP增长很快。但是，这一做法没有顾及中小企业与民营企业的发展，影响了城乡居民的就业与收入。这种区域性的状况及其影响，引起了当地各级领导与各界人士的关注，采取了很多措施，促进了新疆经济的整体发展。

6. 自然地带性与我国的气候带与水资源

气候带、大区域水资源及其开发利用条件对我国社会经济发展及其空间格局的作用巨大。这里以黄河流域为例做一下阐述。

多年来，一些学者一直呼吁如同长江经济带那样，将建设“黄河经济带”列为国家区域发展战略。就自然特点及在此基础上形成的开发利用的意义衡量，黄河是与长江完全不同的长大河流①。是否具有航运之利及意义的大小，是当今衡量世界上长大河流在所在国家与区域经济意义的基本标准。黄河缺乏航运之利，是今天没有形成“黄河经济带”的首要原因；没有像长江经济带拥有上海及长江三角洲那样的门户城市与枢纽城市（枢纽区），是另一个主要原因。

这也是1984年我在《二〇〇〇年我国工业生产力布局总图的科学基础》一文及第二年在国土规划编制中没有将黄河沿岸地带作为与长江沿岸地带同等重要的经济带来看待的主要原因。

黄河所经地区应加强已经初步形成的区域性特色经济，逐步实现能源工业、大型与重型设备制造、大农业及高品质的种植业与农区畜牧业等的经济转型，应因地制宜、因水制宜发展经济与城镇化。依靠资源优势、依靠国家支持，已经明显不够了，要着力认真找准符合自身特点与方向，要考虑到符合国家的整体利益。

这种大格局导致发达程度开放水平等巨大差异，也就说明了倒U字形相关理论的正确性与解释能力，进而也印证T字形结构开发格局产生的合理性，即T字形可以在相当长的时间内使全国整体经济发展效益达到最佳。

① 黄河上中游大部分在西北干旱半干旱区，年平均降水量200—400毫米。下游豫鲁二省属半湿润半干旱的暖温带气候，年降水500毫米左右。历史上黄河的多年平均径流量为570亿米^3。长江流域，以发展条件、开发潜力、人类宜居环境综合条件衡量，居全球各大河之首。长江干流走向与纬度平行，干流两侧各200公里范围内90%以上面积都在亚热带内，降水丰沛，多年平均降水1000—1200毫米，长江入海处多年平均径流量9660亿米^3（相当于年平均流量30000米^3/秒）。长江是现今世界上距离最长、货运量最大的内河航道。2016年长江航运年货运量达20.6亿吨，分别为美国密西西比河、欧洲莱茵河年货运量的4倍和6倍。

第二节 我国国土开发与区域发展宏观战略的选择与分析

因为时间与篇幅所限，在 1984 年 9 月在乌鲁木齐召开的中国地理学会经济地理专业学术讨论会上的报告稿中，我并没有对全国社会经济发展的宏观地域差异（基础与特征）作具体分析，也没有对 T 字形结构进行基础解释与分析论证，这是个明显的缺陷。此后，我写了一些文章，但也只是针对生产力布局与区域发展具体问题分析 T 字形结构的基础，并没有对我国的自然地理与社会经济地理的宏观结构特征做系统的有针对性的系统分析、选择与论证。这部分工作，直到 1987 年在《我国区域开发的宏观战略》一文中，我才作了较深入的假设与分析论证。该文以概念模型（区域开发宏观决策的替代曲线）推导了全国地域开发战略的选择，计算出自 1952 年开始的六个“五年计划”时期内，我国基本建设投资重心线（包括投资规模）相对于东部海岸带的由东向西，然后又由西向东的空间推移；我在西方学者空间扩散模型基础上，构建了我国区域开发的空间扩散模型。

由于我国国土开发和经济发展存在着巨大的地域差异，摆在我们面前有两种区域开发宏观战略可供选择：重点开发和均衡开发。本节着重从国土开发总体战略的合理选择的视角，结合国内外区域开发的实践和理论，论证我当时提出的论点：在 20 世纪内应当采取重点开发战略，按点-轴渐进式扩散模式实现由不平衡到相对平衡的发展。

一、我国地域开发总体战略选择的基本理念

1. 我国社会经济发展的宏观地域差异

我国历史上，黄河流域的中原地带，曾经有过长时期经济文化的繁荣。从魏晋南北朝开始，国家的经济重心开始初步南移，南宋定都临安（今杭州），政治中心南迁，彻底推动经济重心南移，从中原转移到长江三角洲沿海一带。近代，沿海地带受到帝国主义的入侵，被迫开放通商口岸。与此同时，沿海地带的民族工商业也有一定的发展。新中国成立前，我国薄弱的现代工业、商业、金融业，以及城市、交通设施主要集中在沿海少数城市，广大内地经济十分落后。

新中国成立后，在全国范围内进行了大规模的资源开发和自然改造工程、

工农业以及交通运输业的建设，在一定程度上改变了我国工业畸形集中于沿海少数城市的不合理局面。在内地，主要在长江中上游、黄河中游、东北北部等进行了大规模资源勘探开发、工业交通、农林水利建设及国土整治，使得我国中部地区的经济实力和水平有了很大提高，缩小了与东部沿海地区的差距。但是，我国国土辽阔，加上历史、地理位置、国家财力物力因素的影响，各地区在国土资源开发利用程度以及社会经济发展水平与实力方面很不平衡。20 世纪 70 年代后期以来，对外开放和对内搞活经济政策的实施，使东部沿海地区处于更加有利的地位。

导致我国经济发展宏观地域差异的自然基础因素有两方面。其一，我国东南半壁和西北半壁的自然条件相差很大。我国东南半壁气候、地形及水土资源条件有利于人们进行大规模经济与社会活动；而西北半壁除少数地区外，条件较差，少数地区很差。其二，矿产资源、水力资源与生产力在地区分布上不一致。社会经济发达的东部沿海地区是能源、原材料的最主要消费地带，但全国90%以上的煤炭、水力资源和60%以上的石油探明储量在内地。

目前，从东向西国土开发和经济发展宏观地域差异主要表现在以下方面。

（1）经济实力。20 世纪初，东部沿海 11 个省（直辖市）的国土面积仅占全国 14.2%，工农业总产值却占到全国的一半以上，钢铁、化工、机械、轻纺以及对外贸易等部门主要集中在东部沿海。中部地区的能源、冶金、铁路运输、农业所占地位重要。西部地区土地面积广阔，但工农业总产值、国民收入全国占比很小。由此可见，经济实力由东向西明显减弱。

（2）国土资源开发利用程度。由西向东，垦殖指数、人口密度、矿产资源和水资源开发利用程度、城市化程度等逐渐增加。

（3）经济效益与技术水平。集中反映经济效益指标的资金利税率，东部、中部、西部之比大约为 4∶2∶1；技术装备水平、单位能耗的产出、工农业的劳动生产率、新产品和高技术产品的种类和规模都是由东向西递减。

（4）对外经济技术联系。受历史因素和地理位置的影响，东部地区与国际商业市场、金融业联系密切，中部和西部地区相继次之。

2. 地域开发战略选择的考量

从宏观角度规划全国国土开发的空间布局，不仅是一项关乎国家发展的重大决策，也是确保国家建设全局以及重大战略能够达到预期效果的关键。确定国土开发战略的核心，重点在于依据社会经济发展的具体阶段和水平，妥善处理区域之间的平衡与不平衡、经济增长与平衡发展之间的关系。正如我在《二〇〇〇年我国工业生产力布局总图的科学基础》一文中所阐述的，经济增长与平衡发展之间存在倒 U 字形的相关性；而且，国家的国土面积越大，经济基础越薄弱，从不平衡状态过渡到相对平衡状态的发展过程就越漫长。

在 20 世纪内及 21 世纪初，我国面临提高国民经济效益、加快经济增长速度、改善人民生活水平的艰巨任务，其中加快全国经济增长速度显然是首要任务。相比之下，消除地区间的不平衡乃属次要任务。按此选择，首先要承认地区间的不平衡，并充分利用其来完成主要任务，实行重点开发战略。如若不然，而是将有限的国家资源平均分配，虽然较不发达地区的发展速度可能会加快，但全国的经济增长速度将不可避免地减缓。当然，我们也不能机械地采取先建设好一个区域再转向另一个区域的策略，而应该在不同的发展阶段，根据需要在地区间调整战略重点。

总结我国的实践经验，有五个方面的因素影响到我国国土开发和经济布局的区域宏观决策，即：①自然因素；②经济技术因素；③地理位置；④运输与运输费用；⑤社会发展、政治要求。这五种因素的作用力方向往往是不同的，甚至有时是冲突的。在制定宏观国土开发方案时，需在冲突之间作出协调或选择。而归根结底，协调、选择仍然是在经济增长和平衡发展这两个基本目标之间进行的。如果强调经济增长这一目标，必然要较多地考虑自然因素、经济技术因素以及运输、地理位置因素，将大部分投资投放到东部沿海地带；而如要强调平衡发展这个基本目标，那必然要按社会发展、政治要求等因素，将资金均匀地投放，甚至将较多的资金放在中西部。为了形象地说明国土开发宏观决策的效果，可以将问题进一步简化为东西部之间的关系。根据 1984 年我国西部和东部地区资金利税率的比率大约 0.25，作出宏观区域开发产出曲线（图 8-3）。

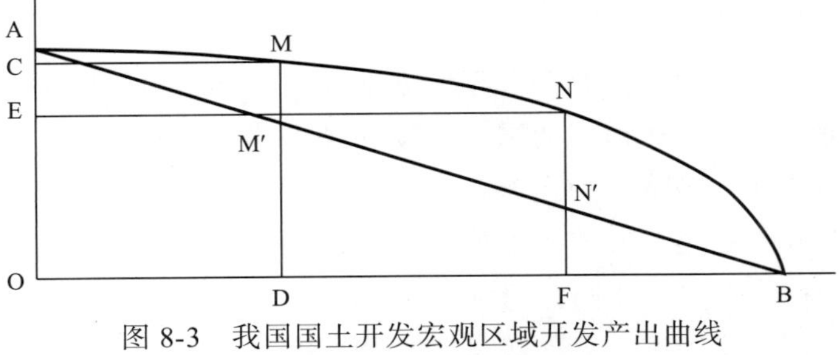

图 8-3　我国国土开发宏观区域开发产出曲线

图 8-3 中的纵横坐标分别表示西部和东部投资的产出，OA、OB 代表两种极端的情形，即国家建设总投资全部用在西部或全部用在东部时的总产出，可

以看出其经济效果近乎 1∶4。曲线（AMNB）表示各种可能的选择。一般的决策是在符合总体发展战略目标的前提下，兼顾东西部地区的利益和要求，将资金在东西之间作一定比例的分配。图中 M、N 是其中两种可能的产出选择，N 点表示将大部分资金用于东部地区，总产出 Q_1=OF+OE；M点表示将较多的资金用于西部地区，总产出 Q_2=OC+OD。在这里有以下两点值得我们注意。

（1）除了选择A、B 两种极端情形外，其余方案都会产生替代作用。在 N 点时实际上是以东部地区的产出 FB，换得西部地区的产出 NF；当选择产出点 M 时，是以 BD 换得了 MD。这时，可以分别计算出称之为决策替代系数的 R：

$$R_1 = \frac{\mathrm{NF} + \mathrm{OF}}{\mathrm{OB}}, \quad R_2 = \frac{\mathrm{MD} + \mathrm{OD}}{\mathrm{OB}}$$

当 R=1 时，表示全部资金用于东部地区，不产生替代作用；当 R=0.25 时，表示全部资金用于西部，总产出最小，即 OA，东部的产出全部为西部所替代。

（2）由 A 点开始，替代系数 R 逐渐增大，到达N点时最大，大于1；然后逐渐减小，直至等于 1。这里需要说明，即使从经济观点看，最优决策方案也并不是将全部资金用于东部地区方案。因为除两种极端情形（全部替代和没有替代）以外，都会产生东西部地区间的接触效应[①]，这种效应作用的结果是产生附加产出 MM′、NN′。按照具有最大附加产出的点分配资金，才是经济上最优的区域开发宏观决策方案。

二、东西之间战略转移经济效益的概念分析

1. 两次战略转移的图形解析

从第一个五年计划至第四个五年计划期间，党和政府采取了一系列重大决策，优先安排了较不发达地区的国土开发和经济建设。然而，在一个较长时期内，由于我们对社会经济空间发展不平衡的规律认识不深，老基地和较发达地区没有得到充分的利用、改造和发展，而通过“三线建设”向内地和较不发达地区的战略转移步子又迈得过急过大，最终导致内地的许多建设脱离了当时的条件与基础，影响了国家全局的经济增长的速度。

① 这里所谓“接触效应”是指由于东西部之间的经济技术交流所产生高于东西部隔绝状态下的理论产出量，理论产出量变化趋势为 AM'N'B 线。

为了定量地说明我国建设布局的空间转移及引起的效果，这里采用基本建设投资重心线（也可理解为全国国土开发重心线）至海岸平均距离（P）概念。在新中国成立前的一百多年，工商业、交通设施等主要发起和集中于东部沿海地带，投资重心线至海岸平均距离的变化可以客观反映建设重点的空间变化。

$$P = \frac{\sum S_n Q_n}{\sum Q_n}$$

式中：P 代表各时期全国基本建设投资重心线至海岸的平均距离（单位：公里）；S 代表各省（自治区、直辖市）政府所在地距最近海港的（铁路、水路）运输距离（单位：公里）；Q 代表各时期各省（自治区、直辖市）的基本建设投资金额（单位：亿元）。

如图 8-4 所示，1952—1975 年，我国基本建设投资的重心线平均由东向西推进了近 400 公里。由于当时内地的资源开发条件、运输条件、配套协作和技术管理条件相当差，使得固定资产交付使用率平均较东部沿海地区低 10%—15%，已建成的企业长期不能发挥综合能力，甚至需要支付大量不合理的额外费用。这次战略大转移违背了客观经济规律和自然规律，是造成“三五”“四五”期间全国经济增长速度大幅度下降及尔后出现的一系列比例失调的重要原因之一。这说明，在我国这样领土辽阔、自然条件和经济基础地区差异很大的国家里，实现国土开发由较发达地区向较不发达地区的战略转移，应是个长期的、渐进的过程。

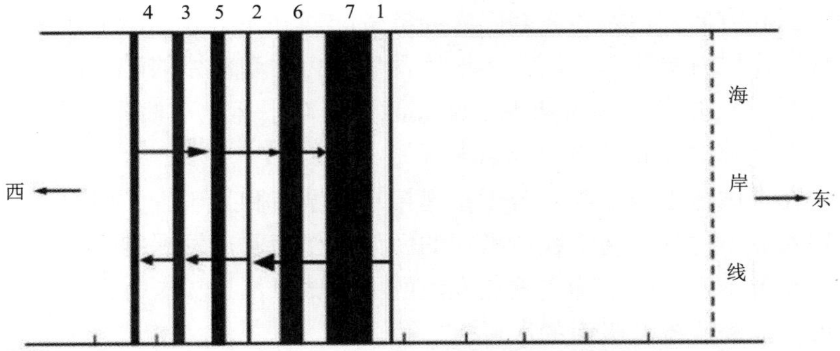

图 8-4　中国基本建设投资重心线的空间推移

说明：本图来自陆大道《中国工业布局的理论与实践》（1988 年，科学出版社）第 32 页。原图是将“三五”与“四五”两个时期合于一起计算的，90 年代将“三五”与“四五”分开计算，重新制作了空间推移图；图中的 1—7 分别表示第一个五年计划、第二个五年计划……第七个五年计划。

在短短的20多年的时间里，国土开发重心就向内陆推进了400公里，这在世界各国的国土开发中是没有先例的。美国历史上国土开发由东北部沿海向西部内陆推进的过程与我国相似，但在1880—1960年的80年间，生产力分布的重心向西大约只移动了380公里。我国的这次发展重心战略大转移，不仅跨度过大，而且从全国范围看所采取的是跳跃式策略，即老基地的改造刚开始，就在中部地区开辟了一系列新基地；而这批新基地尚未建设好，就往西部再建设一批新基地。从地区范围看，采取的平推式，“遍地开花”。

自第五个“五年计划”起，国家根据对外开放和发挥地区优势的政策，开始调整国土开发和建设布局的宏观战略，加强了沿海地区和内地条件较好区域的建设。投资重心线由西向东折返，由“四五”期间的距海岸925公里处变为“五五”期间的800公里处和“六五”期间的685公里处，即平均距离向东返回了240公里。

就这样，在30多年中，我国国土开发和建设布局经历了由东向西又由西向东的两次大尺度空间转移过程。后一次调整性转移无疑是极其必要的，取得了巨大的社会经济效果。

2. 如何从不平衡过渡到相对平衡

我国东部发达地区国土开发程度愈来愈高，人-经济发展-环境之间的关系问题，包括土地、能源、资源的供应不足和就业、生态环境问题，也愈来愈突出。因此，逐步扩大开发中西部地区的资源和空间是必然的趋势。国家“七五”计划提出，将全国划分为东、中、西三大经济地带，并从原则上确定了各地带的地位和方向。但是，光有三大经济带的划分还不够，国土开发和建设布局的实践还需要有更明确的能科学地体现生产力运动规律的准则作为指导，阐明如何进行重点开发，如何从不平衡过渡到相对平衡。对此，我提出点-轴渐进式扩散发展模式，其核心内容如下。

（1）在全国范围内，确定若干条连接主要城镇和工矿区、周边拥有丰富资源和良好农业条件的交通干线所贯穿的区域，作为重点发展的轴线进行开发。

（2）在各个发展轴上确定重点发展的中心城市作为“点”，确定各中心城市的发展方向和服务、吸引的区域。

（3）确定中心城市和发展轴的等级体系。较高级的中心城市和发展轴线影响较大的区域，应当以国家和地方较大的力量去集中开发；随着国家和地方经济实力的不断增强，国土开发的重点应愈来愈多地调整至较低级别的发展轴和中心城市；与此同时，发展轴线应逐步向较不发达地区延伸，包括发达地区的距发展轴和中心城市较远的地区，将以往不作为中心城市的“点”确定为较低级别的中心城市。

第三节　区域社会经济发展的影响因素及其演化阶段

在《二〇〇〇年我国工业生产力布局总图的科学基础》一文中，我重点从理论与实践结合的角度初步论述了我国生产力的地域组织问题。此后，我开始对点-轴系统形成及其演变阶段进行探讨，并试图进行图形推导与文字阐述。本节着重从理论上进一步阐述生产力地域组织的动态演变（即区域发展演化）的阶段性[①]。

一、区域发展结构的主要影响因素

在一般条件下，区域经济发展取决于资源条件、投资规模与投资方向、产业结构技术水平、区内外消费市场、产业结构、空间结构及基础设施供应体系等。在这些因素中，除了投资规模与政策有关外，经济发展更多的是由其他因素影响和决定的。资源条件、经济技术条件、区外市场等可以视作既定条件，或通过预测求得；生产结构、空间结构、基础设施的供应体系等与区域经济发展之间关系的规律是需要深入研究、揭示的。在区域（或国家）的经济发展中，在一定的自然、经济、社会条件下，会形成某种特点的产业结构和空间结构；而产业结构和空间的特点、缺陷等又会反过来影响区域经济的发展。其中，产业结构对区域经济发展的影响已为人们所知，但空间结构的意义较少有系统的阐述。

生产力布局的空间结构是指生产力的诸要素在空间中的相互位置、相互关联、相互作用、集聚程度和集聚规模，以及地区的相对平衡关系等。合理、科学的生产力空间结构状态，要求与区域的自然基础和经济技术发展水平相适应、工业、农业与交通运输业的布局和集聚程度较为协调，城镇形成等级体系，全部生产力的地域组织具有较好的经济效果、环境效果和社会效果。这些效果必然会直接或间接地影响到区域经济的发展。

生产力布局的空间结构在实践中通常表现为生产力诸要素的集中与分散、

① 以下内容主要来自陆大道《空间结构理论与区域发展》一文。

人口和社会经济设施的疏密、经济增长与平衡发展等问题。新中国成立前，我国生产力偏集于沿海少数地区。新中国成立后的 30 多年里，无论就全国和区域范围而论，谋求一个合理的、促进经济发展并符合某些政治标准的生产力空间结构，成为各级政府和规划工作者的重要目标。在工业、交通的宏观地域组织方面，“一五”期间，在加强沿海老工业基地的同时，在内地建设了新基地；“二五”期间，工业布局“遍地开花”；“三五”和“四五”期间，将全国国土划分为一、二、三线，并大力进行生产力布局产生了战略转移。自“五五”后期以来，国家一方面充分发挥沿海地区的经济发展潜力，实际上将建设重点置于沿海地区；另一方面，也有计划地开发内地的资源，完善已有的地域综合体，在边远地区，进行了据点式开发。在城市发展方面，基本上按“控制大城市、发展中小城市”的方针组织了大规模的城市建设。在农业生产方面，按照因地制宜的原则，建设了一大批商品生产基地。所有从生产力空间结构布局角度采取的重大战略措施，都对全国的和区域的经济发展产生很大影响，这种影响包括促进的和阻碍的。在中观（大约相当于省、区级和地、市级）和微观范围内，地域组织对区域经济的作用甚至更为突出。总之，区域经济的最佳发展与生产力布局的最佳空间结构是密切联系在一起的。

二、合理集聚、最佳规模是生产力布局空间结构问题的核心

生产力的各个要素社会经济客体在空间的集聚结合，一般都会产生集聚效果，这种效果来源于：就近取得原料和技术供应，共同建设和利用交通、城市管理和第三产业、动力供应、环境整治等基础设施，资源综合利用，节约土地和运输费用，信息交流与共享等。但是，这种集聚又需要控制在一定的限度内，超过了限度的过分集聚，会产生一系列问题而导致经济上出现负效果。另外，还有一些社会发展目标，例如发展边远和少数民族地区的社会经济、开发这些地区特定的自然资源、发展国际经济技术交流的需要等，可能要求较为均衡的区域发展。总之，集聚效果问题总是与合理规模问题密切联系的。

我在《二〇〇〇年我国工业生产力布局总图的科学基础》一文中就指出：长期以来，许多国家都将国内地区间的平衡发展作为一个重要的发展目标。但是，国际的和我国的发展经验都证明，平衡发展是个很长的历史过程。而且，由于地区间自然条件、地理位置、经济与历史基础的差异，平衡发展也只是相对的。

任何一个国家的地区开发与发展，客观上都要求充分发挥地区优势，各

部门各地区有限的人力物力总是力求投向最有利的区位。这就是地区间竞争的过程。竞争的结果便导致不平衡。因此，要承认不平衡，并充分利用这种不平衡来实现经济发展的目标。在经济大规模开发的初期，受经济实力的限制，只能集中在少数几个点或地带进行重点开发。较之分散投资而形不成集聚效果的情况，这样可以获得较高的经济增长速度。也就是说，如果以经济增长速度为主要目标，就不可能不产生发展的不平衡。相反，如果以平衡发展为主要目标，就会影响整体的经济增长速度。但是，当整体经济达到高度发展阶段，区域经济在少数点上、地带上过分集聚，就会导致一系列的“膨胀”病：交通紧张、用地困难、人口过分集中、环境问题难以解决、基础设施建设复杂化且代价太大等。这时，如果再要求较高的经济增长速度，就必须调整经济的空间结构，即全面开发新区。这就是经济增长与平衡发展之间的倒 U 字形相关规律。何时达到倒 U 字形的拐弯处呢？一般来说，区域（或国家）面积愈小，经济基础又比较强，则不平衡发展的过程就较短；相反，国土面积愈大，经济基础比较薄弱，不平衡发展过程持续的时间就愈长。例如，美国自南北战争之后虽经 100 多年的开发，至今区际差别仍然不小。一些发展中国家差异更大。

新中国成立初期，我国生产力，特别是工业、交通、商业以及城市人口和基础设施，集中于沿海地区。但是，是否可认为在宏观上已过分集聚，因而应当实行发展重点的“战略转移”呢？

在一个较长时期内，生产力发展及其地域组织的不平衡，其合理性及在一定阶段的必要性，未被人们充分认识。从“一五”至“四五”，我国基本建设投资重心线距海岸的运输距离，向西推进了近 400 公里，这是导致全国“三五”“四五”期间经济增长大幅度下降的重要原因之一。在这个期间，比较落后地区所具有的超过平均值的但绝对值微小的增长，是以牺牲发达地区绝对值大得多的增长为代价的。从“五五”后半期起，国家充分发挥沿海地区经济发展的潜力，同时有计划地开发内地的资源，在边远地区实行据点开发。实际上，国家将建设重点置于沿海地区，全国基本建设投资重心线由西向东返回了 240 公里。经济、技术因此获得前所未有的持续增长，产生了巨大的国民经济效益。

因此，可以看出，我国大规模工业化是在新中国成立后才开始的。在过去一段时间里违背了上述规律的要求，把有限的资金、物力铺得太开，经济发展的效果并不好。因此，实现较为平衡的区域发展，不能作为 20 世纪内的主要目标。选择什么样的区域发展战略目标，是将增长速度放在首位还是优先考虑较为平衡的发展，也是各省（自治区、直辖市）及其下属地区在经济发展、生产力地域组织方面需要考虑的一个重要问题。例如，1949 年新疆解放后至 1989 年，建设重点一直在乌鲁木齐至克拉玛依的沿线。当时有一种意见认为乌鲁木齐至克拉玛依的核心地区已过于集中，要调整投资的地区分配，大大提高南疆等落后地区的投资比重。针对这个情况，我提出，如果按此意见实施，今后一个长时间内全疆的经济增长速度会因此降低 2%—3%，这是一个很大的经济代价。

三、交通开发是引起区域差异扩大和空间集聚的重要原因

引起生产力在特定地点、地带，地区集聚的因素有多种多样，如资源、地理位置、政治及历史、居民、交通等，这些因素都可能引起地区间发展条件、发展机会的差异，而且这些因素之间相互联系、相互影响。重要的矿产资源的开发与大型农业地区的开发，引起工业、城市、交通的建设和人口的集中，政治中心或处于与他区（国外）经济技术交流的有利位置，可能被选择来优先开发。但在这些因素中，起着直接作用的，甚至具有前提意义的是交通因素。此外，还有能源基地与农业基地等。

交通线路和运输枢纽的建设，可以改善所经区域的可达性，缩短与其他区域的时间距离，开辟新的原材料来源和产品市场，成为与其他区域间物资、人员、资金、信息交流的通道。交通设施的开辟，可使地区间、部门间、生产单位间的发展机会出现差异，进而打破大范围内地区间的发展均势，导致接近交通设施的地区出现较快增长，而远离交通设施的地区的资源、资金很可能被吸引到集聚区，因而地区差异变大。

以上阐述的是生产力地域组织的一般特征和影响因素，指出合理集聚和最佳规模是生产力空间结构的核心问题。这些特征和因素对 20 世纪 80 年代至 21 世纪初年（我认为大约至 2015 年，即至“十二五”末）我国的经济发展起到了重要影响。

主要参考文献

陆大道. 空间结构理论与区域发展. 科学(季刊), 1989, 41 (2): 108-111.
陆大道. 人文地理学中区域分析的初步探讨. 地理学报, 1984, 39 (4): 397-407.

陆大道. 我国区域开发的宏观战略. 地理学报, 1987, 39 (2): 397-408.
陆大道等. 中国区域空间、功能及其发展. 北京: 中国大地出版社, 2011.
郑度. 中国自然地理总论. 北京: 科学出版社, 2015.
中国科学院. 关于中国国土开发与可持续发展的报告: 陆大道牵头与起草的咨询报告集. 北京: 科学出版社, 2019.

第九章

中国区域发展不平衡的若干重大问题

在新中国成立后的几十年的历史发展中，我国的国土开发和经济布局的战略方针经历了几次大的调整。在实行改革开放之前的近 30 年里，我国是通过划分重点建设区和非重点建设区进行生产力宏观布局的。实践经验教训表明，生产力布局与国土开发必须顺应我国的基本地理特征，确保与各地区的区域发展基础以及资源、水源、交通、城市协作等条件在空间上实现协调一致，否则就会导致不同程度的经济损失。因此，实施科学的生产力布局和区域开发原则非常重要，相关领域的研究者需要对生产力空间组织的客观规律进行深入探讨。

20 世纪 80 年代初中期，我先后发表了《我国区域开发的宏观战略》《空间结构理论与区域发展》等学术文章，在《二〇〇〇年我国工业生产力布局总图的科学基础》一文的基础上，从理论上进一步总结、阐述了点-轴渐进式扩散原理和点-轴-集聚区的发展演化规律。这一理论研究成果产生了广泛的影响，不仅被写入全国、部分省区的国土规划，在一些中央和地方的报刊中也有所引用。

我认为，点-系统理论是对空间结构理论的丰富和发展，也是空间结构理论通向区域开发战略实践（研究）的桥梁，就学科发展而言是对我国人文与经济地理学及区域经济学等学科基础一个方向上的开拓。

1995 年，我在《如何看待东西部之间经济实力的差距不断扩大》[①]一文中

① 该文于 1995 年发表于《内部文稿》（现更名为《红旗文稿》）第 17 期。

分析了我国东西部之间发展不平衡问题的原因。此后的 20 多年，我又多次发表文章，以不同形式分析研究了这一具有长期性的问题。2013—2014 年，在相关的咨询报告中，我明确提出“胡焕庸线”的稳定性将长期存在。2021 年 7 月，在中国区域经济 50 人论坛上，我在发言中，就“十四五”时期我国发展的大格局及国家中长期规划提出了应当注意的若干重大问题，明确强调经过 20 余年的“区域协调发展”方针的实施，我国发展的空间大格局已经基本稳定。近年来，我继续在“南北发展差距”“东北振兴”“新疆发展”“乡村振兴”“南水北调后续工程的高质量发展”“我国核电站发展与布局”“重大工程规划建设”等方面进行了研究与发声。数十年来，我在国土开发和经济布局方面所进行的研究工作及其成果，反映了我多年学术研究的重心，即大部分工作都与解决各种类型的区域发展不平衡问题紧密相关。

本章主要探讨我国区域发展方针与政策的演变历程，内容涉及我国在 20 世纪 50—70 年代区域开发与工业布局方针的演变、1999 年“西部大开发”战略的实施、黄河流域与长江流域经济带的差异、各地区特色经济的发展情况、我国经济发展中存在的地区差异问题等。这些内容基本上涵盖了国土开发与经济布局 T 字形结构的历史演变动力、当前状态以及未来变化趋势，构成了 T 字形结构体系化研究的重要组成部分。

第一节 我国在 20 世纪 50—70 年代区域开发与工业布局方针的演变

新中国成立后，在薄弱的现代工业和极不平衡的地区布局基础上，开始了大规模的工业化进程，并取得无与伦比的、震撼世界的成就。这一进程在空间方面主要表现为致力于解决我国东西发展不平衡的问题。

几乎各国都有国内区域发展不平衡问题。长期以来，许多国家都将解决国内不平衡发展问题作为战略目标之一。但是国际经验却几乎毫无例外地证明：从不平衡到平衡的发展（转变）是个长期的历史过程；国土面积越大、地区间条件相差越明显，这一过程就越长。

我国的现代工业，其不平衡发展产生于清朝晚期。中华人民共和国的成立，彻底推翻了半殖民地半封建制度，但这是否意味着旧中国工业布局的不平衡问题也应迅速得到解决呢？20 世纪 50 年代以来的经验和发展实践告诉我们，当时我国现代工业在沿海地区的集聚，需要一个长期的发展过程，才能解决从不平衡到平衡的问题。

工业及整个的国民经济的地区均衡增长和累积增长，是我国长时期以来所面临的一大战略问题，同时也是改革开放以来及至目前阶段面临的一大战略问题。为了更好地展望未来的趋势，明确应当实行什么样的工业发展乃至国家区域发展战略的方针与政策，本小节着重分析我国在新中国成立以来是如何处理东西发展不平衡问题，以及所取得的成就与不足。

一、恢复时期至“一五”时期（1949—1957年）①

1. 政治经济形势与发展方针

这一时期我国工业发展和布局主要受到以下几方面因素的影响。

1950年6月25日朝鲜战争爆发，27日美国总统杜鲁门宣布将以武力阻挠我国人民解放台湾，并对我国实行经济封锁。1945年的《波茨坦宣言》和雅尔塔会议之后，世界上形成了“两大阵营”——以苏联为首的社会主义阵营和以美国为首的帝国主义阵营。这样的国际形势，对我国造成了严重的军事威胁，迫使我们在国际斗争中实行“一边倒”的外交政策。当时，在社会主义改造实行之前，我国的现代工业发展受半殖民地半封建的影响还相当严重，帝国主义和资本家的经济势力与社会主义的发展要求之间存在着严重的矛盾和斗争。

中华人民共和国成立之后，党和国家本想立即医治战争创伤，着手全面进行国家经济建设，但受上述两方面因素的影响，再加上当时国家经济落后，特别是内地更加落后，便采取了两方面重大措施。其一，1950年9月全国计划会议确定，在此后的几年内不进行大规模的经济建设，主要任务是进行经济恢复和调整。在“一五”期间，国家确定了“优先发展重工业”的发展道路，以迅速增强国家的经济实力和国防能力。其二，在三年经济恢复时期（1949年10月到1952年底），国家提出要改变工业生产过分集中于沿海地区的不合理现象，将一部分工厂迁移到接近原料、市场的地区。从1953年开始实行的“一五”计划提出，“为了改变原来地区分布不合理状况，必须建立新的工业基地，而首先利用、改造和扩建原来工业基地是创造新的工业基地的一种必要条件”。

① 本段中关于政府决策方针部分主要参考：房维中主编. 中华人民共和国经济大事记（1949—1980）. 北京：中国社会科学出版社，1984.

2. 建设布局

在三年经济恢复时期，国家工业建设重点是在老重工业基地东北地区，其次是华东与华北。为了国防安全的需要，也搬迁了少数易于搬迁的工厂到内地。“一五”期间，进行了以苏联帮助我国设计的 156 项重点工程为中心的 694 项限额以上工程建设。这是初步奠定我国工业化基础的重要时期。从以下对 156 项布点和投资的分析可知，“一五”时期工业基本建设的重点已从沿海地区转到内地。在 156 项重点工程中，有 4 项在“一五”期间没有施工，2 项重复计算，实际施工建设并投产的是 150 项，完成投资近 200 亿元，单项投资金额从 1000 多万元到 6 亿元不等。按照当时六大区计，分布如表 9-1 所示。

表 9-1　“一五”时期重点工程的大区分布

地区	项目数/项	占全部项目数量的百分比/%
东北区	56	37.3
西北区	33	22.0
华北区	27	18.0
中南区	18	12.0
西南区	11	7.3
华东区	5	3.4

10 项以上的省（自治区）按数量排序是：陕西（主要是军工企业）、辽宁、黑龙江、山西、河南、吉林。这 6 省共有 105 项，占全部项目的 70%。1 项都没有的省（自治区、直辖市）有：上海、江苏、浙江、福建、山东、天津、广东、广西、贵州、青海、宁夏、西藏等 12 个；此中有两种类型的地区：其一是发展条件较差的边远地区；其二是沿海经济基础和工业建设条件较好的地区。当时沿海 11 个省（直辖市）中，有 8 个 1 项也没有。以当时的沿海和内地划分①，150 项重点工程，沿海地区有 32 项，占比 1/5；694 个国内建设项目，472 个在内地，占比 68%；沿海地区只占 32%。

在宏观上，“一五”期间建设项目布点是比较分散的；在中观上，除了采掘工业（主要是煤炭工业，受资源分布影响）外，大多数配置在大中城市，如东北的沈阳、吉林、抚顺、哈尔滨、鞍山、齐齐哈尔，华北的北京、太原、石

① “一五”期间开始使用的“沿海”和“内地”的概念，所指的区域范围分别是：沿海包括辽宁、河北、天津、北京、山东、江苏、上海、安徽、浙江、福建、广东、广西等 12 个省（区）市，其余为“内地”。

家庄、包头，西北的西安、兰州，西南的成都等。在微观上，相当一部分大企业经过联合选厂、成组布局，与城市建设配合协调，建成为综合配套的工业区。这是“一五”时期工业建设投资省、建设周期短、投产后经济效益很好的重要原因之一。

3. 结构特征

在三年经济恢复期和“一五”时期，工业建设投资结构的确定基于两个主要考虑：首先是满足当时国民经济恢复与发展的迫切需求；其次是强化国防力量、确保国家安全。因此，军工企业大约占据了投资项目总数的三分之一。在初期，重点投资于煤炭、电力工业以及钢铁、化工、有色金属等基础原材料工业。煤炭工业和电力工业主要布局在辽宁、山西、黑龙江、北京等能源消费大省及其周边地区。随后，对一批军工及军工原材料工业项目进行安排。到了“一五”计划的后期，国家开始着手建设以包头、武汉、太原三大钢铁基地为代表的重化工业，这些项目在工业总投资中占据了相当大的比重。工业投资的分配明显反映了“优先发展重工业”的战略方针。在工业基本建设的总投资中，冶金工业位居首位，占比达到 18.6%，紧随其后的是机械（主要是军工）、煤炭、电力、化学、石油以及森林与建材工业，这些重工业部门的总投资大约占到了 89%。在轻工业领域，纺织工业是主导，主要是在华北、华中和华东的棉花产区附近建设了数十个国棉厂。同时，在南方的甘蔗种植区，也建立了若干现代化的糖厂。

二、“大跃进”至“文化大革命”前半期（1958—1972 年）

三年经济恢复时期和“一五”期，得益于政治安定和经济建设方针（包括工业建设布局方针）基本正确，特别是党和政府的号召力和卓有成效的组织，整个国民经济，其中包括工业，获得了很高的增长速度（工业年产值平均递增 17.8%）。但是，也出现了两方面的偏差：其一，轻工业投资比重过低；其二，用于沿海工业的改造、扩建、新建的投资减少了。老工业基地的作用，特别是以上海为中心的长江三角洲及华北沿海工业基地的作用和潜力未得到应有的加强，不仅没有新建大型的能源与原材料项目，配套项目也很少，以致使沿海地区的工业增长速度低于内地。1952—1957 年，全国工业年均增长率 15.5%，其中内地为 17.8%，沿海为 14.4%。

在这种背景下，1956 年毛主席在最高国务会议上发表《论十大关系》的讲话，其中就有关于沿海工业与内地工业、轻工业与重工业的关系方面的重要内容。

1. “大跃进”的影响

按照毛主席《论十大关系》讲话的精神，本应在“二五”时期对全国建设布局作适当调整，加强沿海老基地，加快全国工业发展速度。但在 1958 年中央政府社会主义建设“总路线”及一整套“两条腿走路”的方针，其中对工业布局和工业发展有重大影响的有两方面：其一，优先发展重工业；其二，实行中央工业和地方工业发展并举，大型企业和小型企业发展并举。1958 年 6 月，中央政府作出关于加强协作区工作的决定，将全国划分为东北、华北、华东、华南、华中、西南、西北等七个协作区，要求各区尽快分别建立大型的工业骨干和经济中心，形成若干个具有比较完整的工业体系的经济区域。

在这种政治背景下开始进入第二个“五年计划”，导致工业建设发生了失误，主要表现在以下方面。

（1）全国工业基本建设投资失去控制。据不完全统计，“二五”期间全国施工的大中小型项目达 21.6 万个之多，新铺的工业点数以万计。五年中，全国工业基本建设投资较之“一五”时期增长了 2 倍。

（2）大办“小土群”，工业遍地开花。

（3）实行“以钢为纲”的方针，继续大规模新建、扩建“一五”期间开工的鞍山、本溪、上海、马鞍山、包头、武汉、太原、重庆等钢铁基地；同时，集中大批财力、物力，先后开始建设酒泉和攀枝花两大钢铁基地。

在“大跃进”年代里，几乎每个省区都建设起若干个中型钢铁厂。但由于大部分中型厂和绝大部分小型厂，资源和矿山条件差，几年内即淘汰了大部分。“大跃进”带来国民经济的全面失调。“二五”期间，全国工业的年均增长率只有 1.63%。

2. 国际地缘政治变化带来的战争威胁

20 世纪 60 年代初，国际地缘政治形势发生了重大变化，中苏、中美关系相当紧张。美国和苏联先后威胁对中国使用核武器。这种形势导致中央认为战争迫在眉睫。基于这种估计，国家采取了两项重大的战略决策，我国工业布局“总图”产生了重大变化——发展重点“战略转移”。

其一，突击进行“三线建设”（图 9-1）。1964 年 12 月，根据毛主席指示拟定的“三五”计划设想，确定要加强内地建设，其中要增加的基本建设投资有：加快以攀枝花、酒泉和重庆为中心的建设，约需增加投资 38 亿元；建设成昆等五条铁路干线，约需增加 42 亿元；进行“小三线”建设，约需增加投资 30 亿元。以上三项共需增加投资 110 亿元，“三五”时期总投资规模达到 1200 亿元左右。

其二，进一步强调建立地区独立的工业体系。在 1970 年 2 月召开的全国计划会议上提出“四五”期间要建立不同水平、各有特点、各自为战、大力协同的经济协作区。

“二五”期间，本应适当加强沿海老工业基地的投资，但结果沿海工业投资仍占很小比重。在内地建设中，“二五”期间尚未明确提出“三线”地区①，但建设重点是在靠近沿海省份的地区，即吉林、黑龙江、安徽、河南、山西等。“三五”“四五”期间，重点转移到更加深入内地的“大三线”地区：贵州、川东、川南、陕南、鄂西等。

“三线”地区的工业建设，有过两次高潮。第一次在 1964—1966 年，建设地区主要是四川，其次是湖北、甘肃；第二次高潮在 1969—1972 年，建设地区涉及面较广，第一位的仍是四川，其次是湖北、陕西、河南、贵州等。

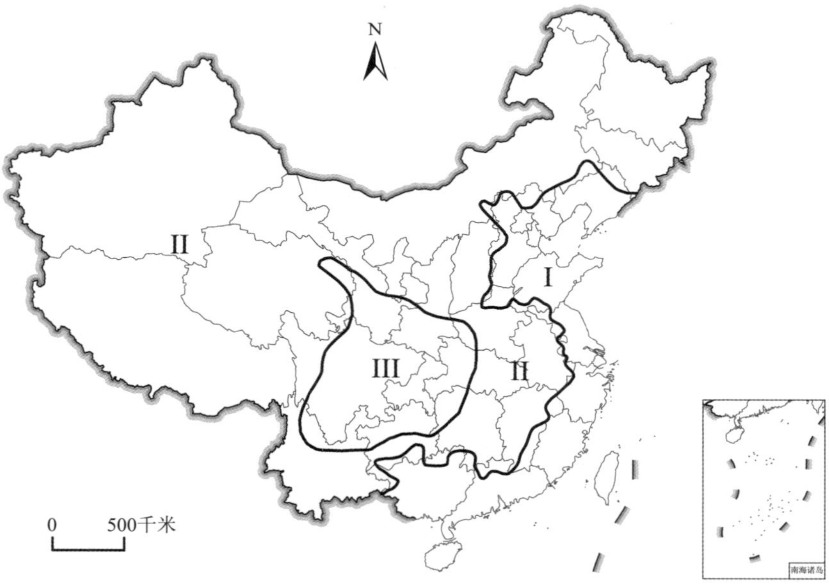

图 9-1　我国关于一二三线地区的划分
（本图由戚伟根据历史地图资料绘制并提供）

① “三线”地区，当时按行政管理划分，范围包括川、黔、陕、甘、青、宁、豫、鄂、湘、晋等 10 省（区）。

三、“四五”后半期至“五五”时期（1973—1980年）

“三线建设”在1970年前后达到高潮，到1972年，大小“三线”仍分别是全国和地方上工业投资的重点。

1972年2月，中美关系开始走向正常化，国际形势逐渐发生重大变化。这给我国带来了改善工业发展及战略布局的机遇，主要表现在：改变了“以钢为纲”的投资结构，能源、原材料等薄弱环节受到重视，投资规模明显增加，各省（自治区、直辖市）工业实力得到较大加强。这是我国工业布局重点开始向东部地区调整的过渡阶段。

1972年2月28日，中美两国在上海发表联合公报，这标志着中美两国开始走向关系正常化。国际关系的变化使我国周边的地缘政治态势出现缓和。

大规模的设备引进，使全国的生产力布局的态势得到了改变。三批引进的大型项目①与国内大中型建设项目，主要置于沿海地区与长江沿岸地区，特别是东部沿海及中部地带的主要的工业城镇集聚地区是新项目布局的主要地区。这些项目，到1980—1982年相继投产。

与此同时，多数大企业倾向于聚焦在大中城市周围或是资源丰富的地区，以获得较好的地区协作与配套条件，从而形成了有一定规模的工业区。这实际上就是早期我国的新区新城建设。

这应该算是我国国土开发与经济布局的第三次“战略转移”，是完全符合国情与国家（区域）经济发展客观规律的。

第二节　“西部大开发”战略及其进程与重点产业带

1999年9月，中央召开十五届四中全会，作出实施“西部大开发”②战略的决策。同年11月，中央召开经济工作会议，会议在部署2000年经济工作的同时对实施“西部大开发”战略作出全面的部署。随后，国务院西部地区开发领导小组成立。2000年3月，经过全国人民代表大会审议通过之后，国务院

① 三批引进的大型项目指的是中国在1978—1980年，从国外引进的一系列大型成套设备项目。这些项目旨在加快中国现代化建设步伐，提高工业生产水平，改善国民经济结构。

② 西部地区特指陕西、甘肃、宁夏、青海、新疆、四川、云南、贵州、重庆、西藏、广西、内蒙古12个省（自治区和直辖市）。

西部地区开发领导小组办公室正式开始工作，“西部大开发”战略从此拉开了序幕。

在“西部大开发”战略开始实施的一个多月内，各地区与有关方面都紧锣密鼓地制定“西部大开发”的生态建设、基础设施、产业结构调整等方面的规划，提出了3000多个大型建设项目。大多数地区的规划目标很高、项目盘子很大。各地区对生态建设非常重视，全党全民大动员。一些地区开始实施退耕还林还草。然而，在退耕还林还草的过程中，不遵循科学方法的情况屡见不鲜。从当时的情况来看，西部地区的部分干部和群众在不同程度上都表现出了一种急于求成的心态。在这种情况下，中央政府一再强调，西部大开发的初期阶段，重点应当放在基础设施建设和生态建设上。

一、科学认识西部地区

1999年9月，中国科学院地学部组织院士和专家，就西部大开发中出现的问题进行应急调研和讨论，呈送了一份题为《关于21世纪初期加快西部地区发展的若干建议》的研究报告。我受地学部邀请参加此项任务，并担任报告稿的主要起草人之一。该报告的基本观点得到了国家领导的重视。一些基本观点和结论成为国家编制“十五”规划和2010年发展规划的背景材料。

这份应急完成的报告，针对当时的情况与问题，初步阐述了需要科学地认识我国西部地区，如何看待与实施“山川秀美”工程及如何进行资源开发与产业发展等。我国西部地区部分自然资源确实比较丰富，但是部分资源优势基本上是潜在的。自20世纪90年代开始，西部地区经济发展与东部地区的差距越来越大。尽管中央政府加大了对西部地区的支持力度，东西部地区经济差距扩大的趋势变缓，但经济总量和人均GDP的差距仍在扩大。在制定和实施“西部大开发”战略和规划过程中，必须要看到西部地区不利的自然条件和开发过程中所面临的严重困难。

我国西部地区土地面积广阔，能源和部分矿产资源比较丰富，农牧业资源也具有较大的潜在优势，在石油、水电、天然气、钢铁、有色金属等能源原材料及国防军工制造和电子工业方面有一定的基础。但同时，除少数地区外，自然条件普遍较差甚至可以说相对恶劣，其中水资源严重短缺是最主要矛盾之一。大多数地区经济和社会发展基础薄弱，许多资源已经没有比较优势或只有潜在优势。特别是，当时我国刚刚加入世界贸易组织（WTO），预计此后西部地区已经不具备比较优势的部分资源型产业将面临着更大的压力。此外，教育基础薄弱、知识贫困和人口增长过快等问题都较为突出。

国家发展计划委员会办公厅在向国务院办公厅报送的《对中国科学院关于21世纪初期加快西北地区发展的若干建议的意见的函》中提出，希望中国科学院地学部还能够继续对西部开发中的一些重要问题，如生态环境建设、产业结构调整、比较优势确定等问题，进行深入研究并提出具体建议。中国科学院地学部针对当时西部开发中存在的主要问题，再度组织有关专家进行了调研和讨论，就如何科学地认识我国西部地区及西部地区大开发中的制约因素和面临的困难，及开发过程主要阶段的目标和水资源开发利用、生态恢复与建设及产业结构调整等提出建议，形成了若干专题研究报告。其中，我组织的课题，主要针对社会经济发展及重点经济带进行了较深入的研究，先后形成了关于西部开发中几个重大关系及西部开发中应集中建设的重点经济带等报告。

二、西部开发中几个重大关系

2000年5月，中国科学院上报了题为《关于西部地区开发中几个重大关系问题》的简报。这是由我担任课题组组长，组织研究力量完成的。简报首先阐述了对中央提出的西部地区开发“是一项规模宏大的系统工程，也是一项艰巨的历史任务”的认识与理解；之后着重强调了西部大开发对于促进我国西部地区和全国可持续发展的重大意义：必须缓解东西部地区之间经济发展差距扩大的趋势；必须阻止生态环境的恶化，保障全国的生态安全；西部地区在我国国际地缘政治中的地位极为重要。对于几个重要的关系的论述要点如下。

1. 近期与长远

西部开发是一项长期的艰巨任务。自2000年开始，10年内的主要目标应当以打基础为主；预计在大约2010年之后，西部开发将进入较快经济增长的发展阶段，虽然总体上经济实力与东中部地区仍有较大的差距，但公共服务业水平较大的发展，与东中部地区的发展差距明显缩小；到2030—2050年，我国西部地区的经济发展水平将会达到全国的平均水平和世界中等收入国家的水平。

2. 传统产业与高新技术产业

产业结构调整有三种选择：其一，大规模开发利用资源，将资源优势转变为经济优势；其二，继续扩大发展能源原材料和一般的种植业等基础产业，依靠规模的扩张使经济增长；其三，高起点地发展交通通信等基础设施，有重点地跨越式地发展高新技术产业。很显然，第三个选择是调整产业结构、实现西部地区经济较快增长的最主要途径。应充分发挥西部地区生物资源和民族文化多样性的特点，建立区域性特色经济，对传统产业进行技术改造，有选择地发展资源开发及其加工业。

应当进行充分的科学研究、技术攻关和规划，避免全面大规模地启动资源开发。西部地区具有丰富的能源和矿产资源，但多数资源的开发利用条件很差；加上运输距离很长，以及国内外市场的变化和一系列技术上的难题等因素，西部地区许多资源缺乏比较优势或只有潜在优势，因此，对西部地区资源的开发利用要建立在比较优势的分析评价之上。

大规模开发水能和天然气作为资源开发的重点，应被置于优先发展的位置。相应地，需要调整能源消费政策，改变电网管理体制，以适应这一策略不能继续沿用过去的工艺技术和管理办法。必须通过加强技术引进与开发，以高起点开发利用资源，确保实现良好的经济效益和生态效益。

3. 新建与改造利用现有基础

西部开发是几代人的宏大事业，不能急于求成，也不能延续以往的“开发就是上新项目”的模式；应优先发挥已建成的各类投资项目的效益；通信建设应该适当高起点，以新建为主；中远程的高速公路建设要慎重；对航空港的新建数量和扩建规模加以控制。

4. 重点地区和一般地区

总的原则应是：发挥比较优势，合理分工，充分利用现有基础，适当集中；分阶段有重点地推进。

从经济角度，我认为可以将西部地区划分为近西部地区与远西部地区。远西部包括甘肃河西、新疆、青海、西藏与宁夏及内蒙古部分地区等。“西部大开发”初期，以生态建设和基础设施建设为主，这些地区的民营企业、中小企业非常重要，是地方发展特色经济的基础。近年来，部分远西部地区进行了规模较大的新能源与交通运输业的大规模发展，少数制造业开始兴起。近西部大致包括内蒙古东南一带、河套地区、贺兰山以东、四川盆地西缘至云南西北一线以东的广大范围。其开发与发展水平与中部地带基本上没有差别，近中期内也是我国产业发展特别是加工工业发展的重要区域，甚至是国家经济的重要战略基地。当然，政治上我觉得不适宜这样划分，但经济上这种差别客观存在。

5. 经济发展与生态环境保护

在启动大规模生态恢复和建设的过程中，不宜设定过高的经济增长速度；妥善处理经济发展与生态环境建设之间的关系，合理利用和分配水资源是关键环节。不能以牺牲生态环境为代价来发展农牧业；各地区水、热、土条件的差异性决定了荒漠、草原和森林植被的地带性分布规律，必须准确把握“山川秀美”的真正含义，并按照科学规律开展生态建设；恢复因人类活动而受损的原始自然植被是“山川秀美”工程的核心目标；同时，应实施生态环境建设与促进民众增收并重。

6. 经济发展与社会发展

加速社会事业的发展是推动经济进步的基础和先决条件。西部地区已经取得了显著的社会发展成就，主要社会发展指标与全国平均水平的差距在不同程度上有所缩减，与东部地区的社会发展差距甚至小于其经济发展差距。然而，人类发展指数——这一反映社会发展水平的关键指标——仍然偏低，特别是在西藏、贵州、青海等地区表现尤为明显。

总之，西部开发的长期目标应当是：需发展特色经济，经济发展与生态环境保护结合兼顾；应特别重视社会发展及其各项事业，使西部地区人民享受与全国人民基本上一样的饮食、教育、医疗卫生、出行、信息服务等条件。

三、西部开发中重点经济带的确定和发展

2002 年 2 月 25 日，国家发布《“十五”西部开发总体规划》，在这项规划的“三、西部开发的重点区域”中提出，“要选择现有经济基础条件较好，区位优势明显，人口较为密集，沿交通干线和城市枢纽的一些地区，作为西部开发的重点区域。依托亚欧大陆桥、长江黄金水道、西南出海通道等交通干线，发挥中心城市的集聚功能和辐射作用，以线串点，以点带面，实行重点开发，促进西陇海兰新线经济带、长江上游经济带、南（宁）贵（阳）昆（明）经济区的形成，带动周围地区和农村发展”。

2003 年 4 月，中国科学院地理研究所收到国家有关部门发来公函，委托地理所就落实《“十五”西部开发总体规划》进行研究，重点是要求明确西部开发的任务、布局及重点经济带。这项工作由我与刘卫东研究员负责调研编写完成。以下是这项研究的系统成果要点。

1. 理论基础

我国西部地区是面积极为辽阔、经济和人口密度低且地区差距非常明显的地区。西部地区进行大规模开发，必须选择重点开发战略。而实施重点开发战略，关键的是要选择和建设好重点经济带，使生产力合理布局。这关系到实施“西部大开发”战略的成效。

我采用点-轴系统理论为建设重点经济带提供理论依据。在我看来，点-轴系统理论概括了生产力和全部社会经济客体空间集聚和演变的规律，是最适合我国国情的国土开发与区域发展空间结构模式。按照点-轴系统理论开发模式组织社会经济发展，可以科学地处理好集中与分散、公平与效益、从不平衡发展到较为平衡的发展之间的关系。点-轴空间结构系统基本形成后，区域将进入全面有组织状态，这是社会经济要素长期自组织过程的结果，也是科学的区域发展政策和计划、规划的结果。

2. 方法与方案

重点经济带建设有以下几点要求：各省（自治区、直辖市）的工业和第三产业发展向沿线集中，特别是向一级和二级中心城市集中；经济带的各地区要求开展合作，不要重复建设；建立和加强与沿海地区中主要核心区的通道关系和合作关系；在重点经济带因地制宜地发展资源型工业、初加工工业和精加工工业；促进城乡一体化的发展。

按照这几点的要求，我们对重点经济带（区）空间范围进行了确定。利用可达性模式来确定中心城市对周围县市的影响范围；在重点轴线和中心城市确定的基础上，利用数学模型在DEM图上确定理论上的吸引范围；最后，利用地理环境的遥感数据进行修正。

其间，我代表课题组向相关部门汇报了课题研究成果。综合此次汇报会讨论情况，我们确定西部开发的重点应集中在四条一级发展轴线（经济带）。构建这四条关键的经济带能够有效地将西部地区的开发目标与全国的发展战略相融合，确保西部各省区市及相关部门拥有清晰且一致的地域开发导向。

这四条关键的轴线（经济带）如图9-2所示。

（1）西陇海—兰新轴线（经济带）。该轴线的重点段是陕西关中地区、甘肃兰州段和新疆的天山北麓段。

（2）长江上游成渝轴线（经济带）。该轴线的重点段是成—渝—绵沿线地区。

（3）贵昆—黔桂—南防轴线（南贵昆经济区）。其重点地段是滇中（昆明）地区、贵中（贵阳）地区和广西的南北钦防地区。

（4）呼包—包兰—兰青轴线（经济带）。其重点地段为内蒙古的呼包鄂“金三角”、宁夏的银川—石嘴山段，以及白银—兰州—西宁段。

图 9-2　西部地区重大开发的轴线示意图

（本图由戚伟根据历史地图资料绘制并提供）

除了要确定重点经济带，还要确定中心城市并划分等级，中心城市是区域经济发展的聚集地和支撑点。

确定中心城市时，不仅要全面评估城市的综合实力，还应考虑其在综合运输网络中的地位。一级中心城市应当是两条或两条以上主要交通干线（包括铁路、公路、航道等）交会形成的综合运输枢纽，并且在区域经济中具备显著的经济实力和强大的辐射及带动作用。此外，中心城市可以是一个独立的城市实体，也可以是由都市经济区构成。

划分中心城市等级时需遵循可比性原则、可获性原则、中心区原则和可持续性原则。我们从城市经济社会综合发展实力、对外经济联系强度、经济产出密度、城市基础设施建设水平、参与全球和全国产业分工的能力、技术创新能力、城市经济吸引范围和人口规模等方面出发，选择城市社会发展指标、城市经济发展指标和城市人居环境发展指标等三组指标，根据多层次多目标模糊综合测度模型计算结果，考虑不同地区城市的区位特点和战略意义（政治的、经济的和社会的），结合各专业领域专家咨询结果，确定了 4 个等级、共 44 个中心城市。

（1）一级中心城市（3 个）：重庆、成都、西安。

（2）二级中心城市（3 个）：昆明、兰州、乌鲁木齐。

（3）三级中心城市（9 个）：南宁、呼和浩特、银川、贵阳、西宁、拉萨、柳州、包头、绵阳。

（4）四级中心城市（29 个）：桂林、防城港、梧州、遵义、安顺、六盘水、玉溪、曲靖、瑞丽、攀枝花、泸州、内江、宜宾、万州区（城区）、克拉玛依、奎屯、石河子、哈密、库尔勒、酒泉-嘉峪关、天水、张掖、石嘴山、吴忠、鄂尔多斯、宝鸡、延安、日喀则、格尔木。

第三节　如何看待与应对我国东西部间经济发展差距问题

一、如何看待东西部间经济发展差距的扩大

20 世纪 80—90 年代，我国经济高速增长，但同时也加剧了我国各地区间的发展不平衡。针对这一情况，我着重分析了经济高速增长与平衡发展之间的相关规律，剖析了导致我国地区间经济实力差距扩大的主要因素，并指出部分发达国家也经历了内部差距由大到小的变化过程；并就当时社会上出现的对地区不平衡的种种顾虑作了实事求是的分析，提出了几方面的政策与措施。在此基础上，我对西部地区的发展目标与发展途径提出了具体建议。这些基于我国的实际情况的分析和建议，深化了点-轴系统理论及 T 字形结构的重要性。

1. 经济高速增长加大了地区间的不平衡

1979—1994 年，我国国民经济年均增长率约为 10%，15 年内经济总量增加了两倍以上。作为大国，这样的发展速度在世界上是没有先例的。经济持续高位增长，国力加强，出口大增，加速了工业化、城市化进程，提高了我国在全球经济中的地位。然而，与此同时，我国国内地区间的经济实力差距正在扩大，环境污染问题日益严重，部分资源开始出现短缺，通货膨胀率一度居高不下，国际贸易摩擦也时有发生。

在这些问题中，东西部间经济差距不断扩大，成为国家和社会最为广泛关注的问题。以国民生产总值（GNP）衡量：1990 年东部地区占 53.8%，1991 年上升到 55.1%，1992 年为 57.0%，1993 年上升为 58.3%，平均每年增加 1.5 个百分点；西部地区 GNP 占全国的比重在 1991—1993 年平均每年下降 0.5 个百分点。即使考虑到中央政府采取一系列促进西部发展的措施及东部地区的对口支援等因素，中西部 GNP 占全国的份额仍将由 1990 年的 46.20%降到 2000 年的 38%左右。这其中的趋势是国民经济增长愈快，地区间经济增长的差距愈大，符合经济增长与地区经济不平衡之间的相关规律。

在工业化的初期和中期，国家需要将资金集中投向具有优势的地区，以在总体上实现较快的增长，然而地区间的经济实力和人均产值的差距却必然地要扩大，这一规律已在多个国家的工业化过程中得到证实。也就是说，地区之间发展不平衡的扩大是经济高速发展难以回避的副产品。

我国沿海地区借助于经济的高速增长，加速了产业结构的转型升级。新兴产业及第三产业取得较大进展，推动了出口的大幅度增长，推动我国经济大规模地融入世界市场。这无疑是符合我国社会经济发展长远战略目标的。纵观全球，我们可以发现，世界上任何一个拥有广阔领土的大国，发达的经济集聚区（包括大城市群）都主要位于沿海地区。由于对世界市场反应灵敏，沿海地区新兴产业往往先于内陆发展，产业结构层次往往高于内陆。有一定资源优势的内陆地区应当谋求发展资源产业，促进与发达地区间的贸易，以充分发挥自己的优势。

2. 导致经济实力差距扩大的主要具体因素

最直接的因素是西部地区资金投入能力较低，在改革开放后的长时期内，实际利用外资也比东部地区少的多。其次，长期以来，西部地区的民营企业与中小企业相较于东部地区的发展水平存在较大差距。例如，在 20 世纪的 90 年代，整个西部地区的民营企业只占全国的 9.05%，只及当时浙江一省的规模；而当时的山东、江苏都分别占全国的 15%左右；东南沿海的广东、福建等省，占比更为突出。东部发达地区的许多民营企业，以其技术开发能力、生产规模、管理水平及产品出口情况衡量，已属现代化企业。

由于地缘经济条件、技术与管理水平以及市场条件的差距，我国东西部之间的投入产出指标相差很大。以独立核算工业企业考察，百元固定资产原值实现的产值，东部地区大约为西部地区的 2—3 倍（以省区为单位），百元固定资产原值实现的利税，东部约为西部的 2—4 倍（以省区为单位）。

尽管西部地区拥有某些矿产资源优势，但考虑到其开发利用条件普遍较差，因此这些矿产资源对国民经济的意义并不如预期中那么大。20世纪80年代中期地矿学家曾就东、中、西三个地带矿产资源的潜在价值作了计算，结果为1∶2∶2；而按当时的开发利用可能性及产生的纯效益评价，东、中、西部矿产资源的实际价值比为32∶43∶25（这个相对概念在国家不同发展阶段与国际大环境是有变化的）。也就是说，从资源的实际意义论，西部地区的资源不算很丰富。我国东部地区，同时利用国内外资源的趋势日益显著；而与此同时，西部地区在大规模开发和利用某些资源时，仍面临着诸多困难（如高海拔和严寒的气候条件），以及巨大的开发代价（如过长的运输距离）等。运输能力问题可以解决，但是与消费区间的运输距离过远及其对某些资源的开发与加工产品输出的影响却是难以改变的。

以上这些因素，近20年来已发生了不小的变化，特别是四川、陕西、贵州、云南等西部地区，经济发展水平已经与中部地区及少数东部地区不相上下，新疆的发展也显示出相当好的势头。

3. 发达国家的地区差距经历了由扩大到缩小的过程，许多发展中国家的内部地区间差距比我国严重得多

处在发展中的国土面积较大的国家，内部差距普遍很大。西方多数发达国家在工业化至后工业化过程中的内部地区间的差距也经历了由扩大到缩小的过程。

美国国土面积较大，但内部各地区自然条件和经济基础差距比我国要小得多，而且美国西部濒临太平洋，而不是内陆。即便如此，美国在工业化过程中生产力由东北部向中西部推进，形成目前的态势大约用了150年。在20世纪50年代，美国各州之间人均收入最高与最低之比也达到3.1～3.3，1970年降为1.54。

国土面积不大的经济大国，如联邦德国、日本，1976年人均GDP最高区与最低区之比分别为2.62和2.92。

有一定经济实力的发展中国家，如伊朗、巴西、阿根廷、哥伦比亚、委内瑞拉、墨西哥、南斯拉夫、泰国，最富地区与最穷地区的人均GDP之比均大于5∶1（1976年状况）。据不完全资料的分析，1976年之后，这些国家中只有泰国、伊朗两国地区间差距有些缩小。

我国人均GDP和人均收入的地区间差距仅比某些发达国家大一些。1978年，我国人均GDP最低的是贵州省，最高为辽宁省，比值为1∶3.9；1991

年，人均 GDP 最低是贵州省，最高的省区（不包括三个直辖市）是广东省，比值为 1∶3.2。以人均消费水平对比，1993 年全国农民每人为 774 元，最高省浙江省为 958 元，贵州省为 421 元，高低比为 2.3∶1；非农民的人均消费水平，全国平均为 2480 元，最高省广东省为 2839 元，西藏次之为 2829 元，最低省江西省为 1271 元，高低比为 2.2∶1。

4. 关于民族团结和国家稳定

我国的少数民族主要分布在西部地区。在 20 世纪 90 年代，普遍存在着一种担忧，认为地区间经济实力差距的不断拉大可能会引发少数民族地区的不稳定，甚至影响到国家的稳定。我认为，对于存在的地区差异，需要进行客观实际的分析，这样才能消除这种担忧。

中国人均收入水平的地区差距，最大的是城乡之间，其次才是省区之间。以人均 GDP 及人均收入水平、消费水平衡量，差距并不完全体现在东中西三大经济带之间，更不完全体现在汉族聚居地区和少数民族聚居地区之间。在 20 世纪末，低收入的 10 个省区中，西部有 5 个，中部 4 个，东部 1 个；下中等收入的 9 个省区中，西部 3 个，中部 4 个，东部 2 个。面积辽阔、少数民族人口占比很大的新疆，人均 GDP 的增长率明显超过全国平均水平。西藏自治区的人均消费水平居全国最高之列，而安徽、江西两省许多指标处于较低水准。21 世纪以来，部分省区的位置可能有些变化，但总体上的相对水平还基本如此。有人将贵州与上海市、贵州省晴隆县与珠海市的人均 GDP 作比较来说明东西之间的差距之大，是不适宜的，这是城乡之间的差距。

中西部地区经济实力份额的下降，实际上早已引起了中央政府和各地政府的重视，国家制定和实施了许多促进中西部发展的政策与措施。国家在少数民族聚居的边疆地区采取了投入扶贫资金、乡镇企业专项资金，增加重点项目的中央投资比例，增加税收返还，投入农业综合开发资金和保持原有的财政补贴等一系列措施。特别，2005 年 10 月 11 日中共十六届五中全会首次提出公共服务均等化原则，要求“按照公共服务均等化原则，加大对欠发达地区的支持力度，加快革命老区、民族地区、边疆地区和贫困地区经济社会发展”，即“十一五”规划开始实施公共服务均等化。20 年来，这些政策对于提升少数民族聚居地区的居民生活水平，使之与全国其他地区基本保持同步增长，发挥了重要作用。

20 世纪 80 年代以来，国家将较多的资金用于沿海地区的基础设施、原材料工业、高新产业，特别是高端的大型超大型设备、装备及精密设备及仪器仪表的研发与制造，这完全符合我国区域经济和地缘经济的客观条件，产生了巨大的效益，成为中国经济日益强盛的最主要因素之一。

在这样的情况下，对于“东西部经济发展的不平衡可能引发中国社会不稳定”的担忧，我认为可以消除。媒体和学术界的过度宣传应当降温，学者们应更多关注区域发展差异，而非区域发展差距，对区域发展差距的关注度需要降低。

二、胡焕庸线的稳定性将长期存在

1. 胡焕庸线的突破意味着什么？

1935年，我国地理学家胡焕庸先生发表论文《中国人口之分布》，提出了我国人口分布及其密度的一条重要分界线（图9-3）。这条线从中国的东北黑龙江省黑河市（原瑷珲县）出发，向西南延伸，直至云南省腾冲市，大致呈45°倾斜的直线，将中国版图分为东南、西北两大部分。这条线后来被命名为“胡焕庸线”（又称黑河—腾冲线）。胡焕庸线的西北一侧与我们现在所称的西部地区的范围是有明显不同的，但二者却又有相当大的相同之处。那就是青藏高寒区的全部与干旱半干旱区的大部分都在二者范围内；而发展水平与中部地区大致相同的川渝地区和陕西，不在胡焕庸线的西北一侧。如果将“胡焕庸线”的西北一侧与本书中提到“远西部地区”相比，则范围是大致重叠的。随着社会对“胡焕庸线”的认识不断深化，尤其是关于“胡焕庸线是否能够被突破”的讨论日益热烈，我认为有必要在这里阐述一下我的分析和见解。

自胡焕庸线提出至2015年，已经过去了80年。在这一时期，我国的人口总量由约5.17亿增长到约13.75亿，经济总量更是实现了巨大的增长。然而，尽管经历了如此巨大的变化，胡焕庸线两侧的总人口和经济总值的比值却始终未发生显著改变。1935年胡焕庸先生在《中国人口之分布》一文中指出，这种人口分布格局与地形、雨量“具有十分密切的关系”。

胡焕庸线能不能突破，以及如何突破，长期以来一直受到政府和社会各界的密切关注。众多专家和学者认为，胡焕庸线的突破对于缓解甚至消除区域发展不均衡、推动少数民族和边疆地区的发展进步，以及加强国家安全建设等关键问题具有至关重要的意义。

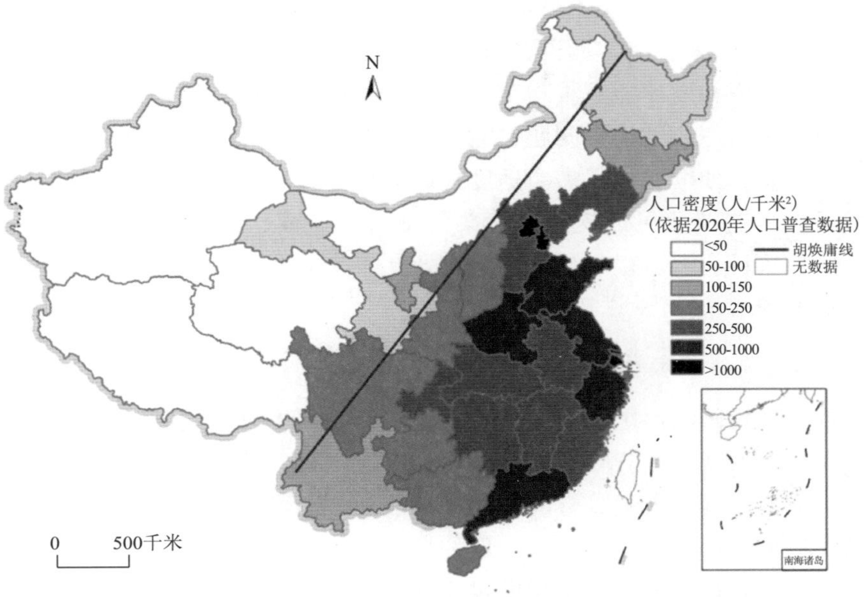

图 9-3　胡焕庸线的稳定性将长期存在
（本图为蒋会平利用 2020 年我国人口普查数据制作的胡焕庸线示意图）

如何理解这里的“突破”？1985—2015 年，胡焕庸线西北半壁人口数量占全国的比重提高了 0.55 个百分点，即额外增加了约 700 万人口（2015 年西北半壁人口总数约 8480 万人）；如果在此后 30 年里，西北半壁人口占全国的比重提高 1.0 个百分点，则需要增加约 1400 万人；那么，到 21 世纪中叶，西北半壁的人口总数将比 1985 年增加约 2000 万人。那么，我们能否单纯从人口数据判断胡焕庸线是否被“突破”了呢？如果不能，人口数据的意义又有多大？在我看来，判断“突破”的关键在于，人口是否从东南地区向西北地区迁移。而这一过程的实现，主要取决于经济发展的状况。

胡焕庸线如果突破，其经济意义无疑十分重大。1990—2010 年，全国 GDP 平均年增速约 10%。如果此后 30 年里，如果全国 GDP 平均增速仅为 4.0%计，到 2040 年，全国 GDP 约 150 万亿元（以 2010 年的现价考虑）。如果西北半壁 GDP 占全国的比重较 2010 年提高 1.0 个百分点（年增速要求达到 6.7%），年总量需要达到 10.05 万亿元，是 2010 年的 4.1 倍；如果西北半壁 GDP 占全国的比重较 2010 年提高 2.0 个百分点（年增速要求达到 7.7%），则年总量需要达到 11.6 万亿元，是 2010 年的 4.7 倍。这样的数据才可谓之“有所突破”。也就是说，要实现这两种尺度的“突破”，未来 30 年西北半壁

GDP 增长速度大约需要超过全国经济增速平均值的 50%。

21 世纪以来，在“西部大开发”战略方针的指引下，西北半壁各地区通过大规模投资和发展能源重化工，实现了经济的高速和超高速增长。但这种发展模式带来了产业结构性问题，能源重化工这些曾经推动西北地区经济大幅度增长的行业，如今变成了需要适度控制规模的领域。那么，要实现长时期的高速增长，哪些产业可以支持？答案是高科技产业、大农业、高端服务业，等等。但是从目前看，很难预见这些产业在未来能使西北地区经济实现远超全国平均水平的增长。

2.胡焕庸线稳定性长期存在的几点理由

首先，我国陆地国土分三大自然区，即东部季风气候区、西北干旱及半干旱区和青藏高寒区。青藏高原平均海拔在 4000 米以上，除少量河谷地带以外，一般不适宜于人类日常的社会经济活动。胡焕庸线的西北半壁几乎包括了干旱及半干旱区和青藏高寒区。这种自然结构特点对人类社会经济活动的影响巨大，在很大程度上决定了胡焕庸线的稳定性。这不是人的力量所能大幅度改变的。

人类社会经济活动受海洋的吸引是长期趋势。海洋，早在 19 世纪初就被认为是“伟大的公路”。今天，世界科学技术的进步及全球化、信息化的发展，更加强了沿海地区发展的优势。世界上主要国家的经济，无不在全球范围内进行广泛的交流。全球的经济总量密集分布于各主要经济大国的沿海地带（美国的东西两洋的沿岸、欧洲的大西洋沿岸、地中海沿岸、日本各岛、我国沿海地带，等）。我国经济，无论是以往的 30 年还是未来，都将在相当大程度上（有些领域及行业将在越来越大的程度上）依赖国际市场和资源。

这里需要强调的是，胡焕庸线的西北半壁，并不等同于三大经济带中的西部经济带。西部地带中的发达地区有关中、四川盆地（包括重庆在内），以及人口密度及经济密度较高的云贵地区等都基本不在胡焕庸线的西北半壁。

其次，要缩小胡焕庸线西北半壁与东南半壁之间的人口和经济规模的差距，主要困难并不在于水资源及交通运输等问题，而是在于这些地区远离国内外市场，运输成本高昂。运输能力可以提高，甚至在理论上是无上限的，但运输距离长及带来的运输成本高这个困难是难以克服的。就这一点，无论是现在还是未来，对于胡焕庸线西北半壁的许多部门和行业来说，其产品和服务在经过长距离和超长距离（陆上）运抵国内外市场后，难以在价格上保持有很强的竞争力。

人们通常强调西部资源丰富，但这并不一定就意味着经济发展潜力巨大。我国西部地区矿产资源种类很多，有些矿种的地质储量都占全国 80%以上。但如果考虑到矿产资源的开发条件、洗选（分离）条件、运输条件等因素，对我国国民经济的实际价值给以赋权，东、中、西三大经济带矿产资源的潜在经济价值分别为 32∶43∶25。这就是说，西部地区矿产资源对国民经济发展并不存在很大优势。这里所说的“西部经济带”的地理范围比胡焕庸线西北半壁更大一些。

最后，除了上述自然结构、运输距离两个难以改变的影响经济发展因素外，教育和文化水平同时也是制约西北半壁经济发展的因素。这个因素是可以逐步改变的，但是需要较长的时间才能实现这种改变，这是一个渐进的过程。而沿海地区由于拥有较好的科学技术基础，并且便于获取全球信息和接受创新的传播，因此具备显著的区域创新优势。

西北半壁的六个省区（内蒙古、新疆、甘肃、青海、西藏、宁夏），2013 年财政收入计 4082 亿元，支出 12 227 亿元，收支相差 8145 亿元，财政自给率仅仅约为 25%。今后，如果中央政府对这些地区财政转移支付规模继续以过往的速度增长，无疑将给中央政府带来巨大负担。如果要采取其他措施实现西北半壁的超常规经济发展以突破胡焕庸线，中央政府的财政转移支付规模可能会相对减少，但是在投资与投资成本、生产效益、运输与消费支出、生态环境治理等方面，要额外付出的经济代价可能要大得多。

以上只是我根据几十年来发展实践情况和数据做的简单分析和判断。

三、关于西部地区 20 世纪末及 21 世纪初年的发展目标

根据以上分析，在今后若干年内，要求全国经济建设实行某种程度的“战略转移”——对西部地区实行大规模的投资倾斜，是很不可取的。更不用说，国家计划内的投资规模已经不可能实现这样的“转移”了。长期的经验说明，在西部部分地区规划建设代价大但收益不高的资源开发和加工工业大项目时，应特别重视其经济合理性。

在 20 世纪末及 21 世纪初年，西部地区发展的目标应是：在强化部分有优势的资源开发利用的同时，将重点放在基础的建设上，改善交通、通信、供水、居住条件与生态环境；重视发展中小企业与民营经济；科学论证与建设大型项目；通过中央政府以及东部发达地区的对口支援，逐渐增加经济发展规模与居民收入，提高人民的生活水平和文化教育水平。总之，建议实施一系列改

善基础设施和生活条件、提高居民收入水平、提高人口素质的富民政策。

具体的建议发展方向如下。

（1）逐步扩大开发有优势的有色金属、非金属和水能资源。

（2）扩大建设西北、西南对外运输的大通道，包括新建、扩建铁路干线，增加航空运输干线和机场；逐步建成覆盖整个农区和牧区的基层交通体系，提高区域可达性。

（3）通过加大经济投入和技术推广，发展水资源的高效、节约利用。同时要积极地建设若干大型水利工程。

（4）积极发展西部地区的基础教育工程，要使一部分重点中学、职业学校、大学尽快实现教育设施现代化。

（5）有重点地加强一部分中小城市的现代化建设，提高其居民的生活质量，并成为带动周围地区经济的中心城市。

（6）加强生态脆弱地区的环境整治和生态建设。

四、进一步加强地区间公共服务均等化

国家在“八五”“九五”“十五”规划中都把缩小区域之间的差距作为主要发展目标。但是，这一发展目标遇到了非常大的困难，其中一个重要因素，就是中国三大自然区和地势的三级阶梯，对人类社会经济活动的影响非常大，而目前人类的力量尚无法显著改变这一现状。中国大区域之间的东中西部，特别是东部和西部之间，要谋求人均 GDP、经济实力基本一样，在很长的一段时间里面是不可能的。而且，如果要达到这样的目的，需要付出的代价是无法估量的。

国家总结以往长时期的经验，从“十一五”规划时开始，做出了新的决策，强调要使欠发达地区和发达地区之间公共服务逐步实现均等化目标。提倡公共服务均等化是解决地区差距的有效途径，意义重大。公共服务均等化是什么？就是居民的医疗条件、教育条件、环境卫生条件、居住条件、出行条件等，在发达地区和欠发达地区逐步做到基本一样。人均期望寿命、婴儿死亡率、平均受教育年限，这三个指标是衡量社会发展水平的重要指标。改善居民的饮食条件、出行条件、教育条件、医疗条件等，相较于投资大型经济项目，所需资金相对较少。在中央政府的支持下，地方政府能够大有作为。近年来的实践充分证明了这一方针的正确性，中西部越来越多的农村地区有了自来水、硬装路面，居住条件、教育条件及老人医疗保险等也有了明

显的改善。这些都与民生息息相关，是提高社会发展水平与保障社会稳定的重要因素。

对于广大的欠发达地区，国家按照功能区进行财政转移支付，发展各自优势，包括发展特色产业，提供高质量的生态服务功能，加强人力资源开发，提高人口素质，促进人口流动，实现区域的可持续发展。在我看来，这应是我国长时期区域协调发展的基本内涵。

第四节　黄河流域社会经济发展的几个问题

长期以来，区域经济与经济地理学界都非常关心黄河流域的发展及其在国家发展中的地位。20 世纪 80 年代中期，学术界部分学者提出，我国区域发展应该采用三条一级发展轴线，即包括沿海沿江与沿河（黄河）的 π 字形，黄河沿岸地带应该具有与长江沿岸地带相同的国家战略地位。虽然在 1987 年试行的《全国国土总体规划纲要（草案）》中特别以“补白”方式说明了采取 T 字形国土规划结构的理由，但是这几十年中还是有几次出现了不同的意见。特别是国家在 2020 年开始编制“十四五”规划前，这种观点与诉求尤为突出。甚至有个别地区，提出了完全不符合实际的规划方案。所以，事关重大。虽然并不牵扯到国家重视不重视的问题，但是涉及黄河流域及其相关地区范围内经济发展方针政策的合理性与科学性问题。在这里，我阐述一下我当时针对这一问题的分析和见解①。

一、黄河流域在国家发展中战略地位的重要性

黄河流域是中华文明的主要发祥地，流域面积约 79 万平方公里。黄河流域及黄河所经地区，在国家的文明发展历程中占据着举足轻重的地位，同时在现阶段的科技发展、工业进步以及人才资源等方面，也展现出了深厚的底蕴和实力。

新中国成立以来，国家对黄河流域水土流失与黄河水患进行了长期大规模综合治理，修建了一个个重大的综合性枢纽工程以及引黄入晋、济津、济青、

① 这部分内容以《黄河流域的综合治理与可持续发展》一文为基础，该文于 2019 年发表于《地理学报》第 74 卷第 12 期，作者为陆大道、孙东琪。

济冀、济淀（白洋淀）、济阿（拉善）等工程，保障了 3 亿多人口与大规模工农业用水、生态环境用水，保障了黄河所经广阔国土的水安全与经济社会发展。这在人类大河治理与开发的历史上绝无仅有。

黄河流域有丰富的自然资源，目前已成为全国最大规模的基础产业，即农业（种植业与优质农产品生产、农区畜牧业及其加工生产）、能源原材料（煤、钢、电、基本无机化工及石油化工、合成材料等生产）工业的基地，全国海陆空各种交通运输干线与枢纽最多的大区域。黄河流域的大型与重型机械制造、国防军工制造、交通运输设备制造、电子信息设备制造以及部分高端合成材料、精密机械设备制造在全国具有极其重要的地位。特别是近年来，黄河流域在生态建设、环境治理等方面取得了突破性的进展与贡献。因此，黄河流域与黄河所经地区在国家发展中具有极为重要的战略地位。

二、新时代黄河流域全面深刻转型发展任务艰巨

黄土高原的治理已经取得了显著的成就，应当巩固以黄土高原治理为核心的水土资源调控成果，并保护正在逐步改善的植被生态系统；同时，也需兼顾黄河下游对水资源的需求，确保上中下游各方利益的平衡。

在黄河流经的省区范围内，各具特色的区域经济发展已经取得了显著成就，并且发展潜力巨大。我们应当落实国家发展的全面深刻转型战略，逐步推进高质量发展，持续致力于环境保护、生态治理以及黄河的安全。然而，必须明确的是，仅依靠资源优势和国家支持等传统理念，是无法实现全面而深刻的转型的。在实现国家发展全面深刻转型过程中，黄河所经地区面临的任务非常艰巨。

1. 实现全面深刻转型要解放思想，转变原有理念

黄河流域的一些地区，在以往长期大发展中，经济快速增长，但在一定程度上轻视了发展质量的提升和高技术行业的发展。一些在历史时期建成的大企业，曾经配置了较好的产业链。然而，改革开放以后，这些企业并没有千方百计地一步一步地提高产品质量、丰富品种，也没有扩大紧密的和间接的产业链，没有把制造业扩大开来。还有一些地区，对科学教育的重视不足，导致在国家高新技术和研发领域、科技含量方面未能占据应有的地位。

2. 黄河流域经济高质量发展需考虑的几个方面

（1）持续推进能源的清洁高效利用。黄河流域是新中国以来我国一次能源

（煤炭）与二次能源（电力）最主要的生产基地与供应基地。直至今天，其煤炭产量仍然占全国煤炭总产量的 70%，约占我国一次能源生产总量的 40%。今后，大力促进以煤为主的化石能源的清洁高效利用，继续加强其下游转化的技术开发与应用，是实现我国能源安全、建立可持续的能源保证的重要基础，也是我国开放型的能源安全战略的重要支撑。

（2）因地制宜重点推进产业发展，防止热衷于“铺新摊子”。黄河所经地区，在多个工业领域，包括工业设备制造、特大型与重型设备制造、电气工程设备制造、信息元器件与信息设备制造，国防军工制造以及新型材料研制等，均有相当优势。要在黄河流域建设若干大城市地区（圈）与工业基地，逐步建立区域性创新体系。但需要考虑的是，全国新区新城总体上已经“饱和”，这意味着缺乏足够的经济要素，特别是创新要素支撑新区新城的建设。要防止热衷于“铺新摊子”，特别是在战略性新兴产业、先进制造业领域，要考虑到黄河流域各地的基础，在中央政府主管部门的指导下找准方向，确定位置，有重点、有步骤地推进。

（3）不搞粗放式大开发，逐步实现区域一体化发展。黄河所经地区的中心城市，特别是各省会城市，长期以来发挥了各地区经济增长的统领作用，实现了经济高速增长，成就突出。现阶段，多数大城市仍然非常有活力，如果结构调整取得实质性进展，前景依然光明。需要重视的是不要谋求走捷径。城市发展有其自身规律，要“尊重规律、顺势而为”，要对城市发展的潜力与要素支撑做出科学判断。

这些大城市已有几十年不停顿的大开发，遗留了不少问题，这些问题不能忽视。一些大城市，主要是黄河中下游的部分省会城市，由于缺乏高端制造业、高端服务业及辐射能力，没有成为跨省域的龙头城市，甚至被省内非省会城市在发展活力与竞争力方面赶了上来。部分地方政府因此出现急躁情绪，认为发展速度不够快，导致“十二五”至“十三五”期间出现了“大规划”与粗放式“大开发”，主要表现为：功能规划与目标设置过于宏大，离谱；通过简单地合并行政区，组成特大城市，做大做强；产业发展单凭主观臆断，规划不切实际；空间结构大扩张，地域开发处处皆重点；等等。这一态势需要警惕，如若不及时遏制，高质量发展便难以落地，全面深刻转型将难以达标。2020 年以来，已经出现了好转的势头。

各地决策需要有认真的考虑，需要有战略定力，下决心不再搞粗放式的“大开发”。应落实好国家发展的全面深刻转型，一步一步抓好高质量发展，治理环境保护生态，要学习上海等大城市过去 40 多年来在前瞻性思想指引下逐步转型发展所走过的道路。促进一批省会大城市（包括省会级大城市）与其具有较密切经济社会联系的城市与区域，逐步实现一体化发展，形成区域竞争优势，推动大城市区的高质量发展。

（4）搞好耕地保护，发展高品质绿色生态农业。黄河沿线地区需要做好保护耕地资源的工作。黄河所经区域是我国传统农区，现阶段具有庞大的种植业与农区畜牧业，农业商品化生产规模日渐扩大，在国家粮食安全、优质农畜产品供应与出口生产方面具有重要的保障作用。在过去的二十多年中，黄河中下游沿线地区优质耕地消失量很大，这是很可惜的。流域范围内的生态建设与保护、水资源的合理利用方面需要有“一盘棋”的理念。今后，黄河流域的转型发展要加强集约型的高品质的农畜产品生产，保障食品安全。

（5）稳步推进乡村振兴战略。黄河中上游地区有大面积的革命老区与民族聚居地区，要着力搞好乡村振兴，稳妥地推进新型城镇化；踏踏实实提高交通、饮用水、医疗与公共卫生、教育等服务水平、改善生活环境，逐步实现公共服务均等化的目标；与此同时，要比以往更注重发展中小企业与民营企业，增加就业，发展中小城镇。

三、“黄河经济带”在全国经济层面上不存在

在国家制定中长期规划的过程中，多次有学者和地区政府主张沿黄地带应与长江经济带享有同等的重视程度。然而，这一主张没有被采纳。在我看来，其主要原因是黄河流域和长江流域具有不同的特色和发展潜力，“黄河经济带”在全国经济层面上不存在。

1. 黄河流域经济发展各具特色，无须确定一个“龙头”

黄河流域及所经的九个省区，经济发展的基本特征是各具特色的区域经济，差异化发展显著。它们分别进入国内外市场合作区也是多方向的，无须确定一个“龙头”，开展大规模的“龙头”城市与“龙头”功能建设，也无须建设没有必要的沿黄“纽带性”经济工程。

2. 黄河没有航运之利，是“黄河经济带”不存在的首要原因

黄河上中游大部分（除上游龙羊峡以上河段）在西北干旱半干旱区，年平均降水量 200—400 毫米。下游豫鲁二省属半湿润半干旱的暖温带气候，年降水 500 毫米左右。历史上，黄河的多年平均径流量为 570 亿米^3。21 世纪以来，黄河径流量明显下降，曾经出现多次长时间断流。

而长江流域，温度适宜，土地及水能、矿产资源丰富，以发展条件、开发潜力、人类宜居环境综合条件衡量，居全球各大河之首。长江干流走向基本与纬度平行，干流两侧各 200 公里范围内 90%以上面积都在亚热带内，降水丰沛，多年来年平均降水在 1000—1200 毫米，长江入海处多年平均径流量 9660 亿立方米。长江是现今世界上最长距离、货运量最大的内河航道。

是否具有航运之利及意义的大小，是衡量今天世界上长大河流在所在国家与区域经济意义的基本标准。黄河没有航运之利，是今天不成为黄河经济带的首要原因。另外，由于黄河上中游的弯曲走向，黄河沿线也没有长大铁路干线、能源输送通道等组合在一起而形成强大的综合性的运输通道。

3. 没有门户城市与枢纽城市，是“黄河经济带”不存在的重要原因

上海及以上海为中心的长江三角洲，是我国广阔的长江流域与长江经济带进入世界的枢纽，世界进入我国长江流域等广大地区的门户。以上海为核心的长江三角洲是具有广阔腹地及与世界及国内其他地区的通道的“龙头”，其主要功能包括提供信息服务（世界主要商品与服务的市场信息等）、金融服务（投融资、信贷、财务结算、货币兑换）、研发、中介服务、期货市场、港口运输等物流服务、人员培训，以及法律服务等。

黄河流域与对外部的交流（包括对外贸易方面），是多途径多门户的，即通过青岛（港）、天津（港）、连云港（市）、上海（港）等多个通道，没有像长江经济带拥有上海及长江三角洲那样的门户城市与枢纽城市（枢纽区），是不存在黄河经济带的另一个主要理由。

因此，以通航与通航能力，以及包括铁路、公路等客货运输能力、能源输送能力等作为“纽带功能”，以具有金融、商贸、信息、物流等作为“龙头功能”“枢纽功能”的特大城市或大城市群（有海岸带的国家，应该具有大型综合性港口及港口城市）来衡量，可以明确得出：在我国全国经济层面上，不存在“黄河经济带”。当然，在局部河段，如宁蒙河段，有以供排水及与此有关的因素作为联系纽带而形成较小规模的经济带。

4. 目前不宜将黄河三角洲确定为“国家战略”

历史上，黄河泥沙淤积而成的黄河三角洲，是低湿的盐碱滩地，农业难以利用，人口密度很低；20 世纪 60 年代石油大开发之后，通过大规模治理与开发，水利、交通、城乡建设事业以及地方经济都得到相当程度的发展。但是，在山东省内，尤其是与油田距离较远的地区，仍然是欠发达地区。从综合条件

衡量，目前不适宜将黄河三角洲确定为“国家战略”

山东省内区域经济不平衡，包括山东半岛与鲁西南、黄河三角洲之间，需要以省内力量予以逐步解决。这种情况与苏南与苏北之间、珠三角与粤西、粤西北之间的发展不平衡应该由江苏省、广东省内去解决很类似。

综上，在我国发展实现全面深刻的转型中，任务是实现整个国民经济的高质量发展与创造良好的生态环境。建议不使用“黄河经济带”称谓作为国家区域战略概念。黄河流域及黄河所经区域的发展也无须要有这个概念与名称。在龙头城市功能建设与沿线纽带性工程建设方面，要强调不宜将其与长江经济带相比拟。

第五节　对未来我国区域发展大格局的基本认识

一、区域发展的不平衡问题将长期存在

如何认识基本国情及有关的国家战略？我以为，最大的莫过于如何看待国家区域发展的不平衡问题。新中国成立以来，我国几个重要发展时期这个问题都很突出，都成为影响当时重大的经济决策乃至影响政治决策的重大问题。

1992 年，中央政府开始重视区域协调发展；1996—2000 年，国家逐步正式实施这一战略，并一直延续至今。在国家的区域发展方针的指引下，1999 年国家实施“西部大开发”；2002 年实施“振兴东北地区等老工业基地”；2005 年，国务院正式确定将“中部地区崛起”作为我国的区域发展方针之一。“西部大开发”“振兴东北地区等老工业基地”“中部地区崛起”以及“促进沿海地区率先实现现代化”等战略，组成我国现阶段区域协调发展战略的基本构架。从我国全国经济发展、地区发展特色以及国防安全等方面综合考察，上述战略取得了巨大的成功。充分遵循我国基本的自然结构与社会经济空间结构的基本国情，在其中发挥了极其重要的基础作用。

但是，随着国家发展与文化建设等方面不断取得新的进展，人口在地区间流动迁徙将加大，发达地区的人口密度会加大，同时地区间实际收入的差距会缩小。区域间发展不平衡问题的特点与影响将会发生变化，在我国社会经济发展中的重要性也将逐渐减弱。

二、区域协调发展战略的成功与长期稳定的大格局

自 1996 年起正式实施的区域协调发展战略，促成全国范围内合理且科学的区域经济格局的形成。这是一个较长时期的稳定的、合理的大格局。

这个宏大的框架，涵盖了五大区域的三大发展类型。

首先是第一类，全国性的乡村振兴、新型城镇化以及城乡融合发展，这些都是实现中国式现代化不可或缺的主要领域。其次是第二类，基础坚实的东北振兴和长江经济带发展，通过深化结构调整来释放巨大的潜力和优势。第三类是沿海地区的现代化进程，特别是推动全国经济增长的三大枢纽区域的现代化和高质量发展，这代表中国在国际舞台上展示竞争力和强大国力的重要战略。三大经济枢纽区，即三大城市群的高质量发展，是我国国家（区域）战略的“重中之重”。

各种类型的区域之间、区域内部的和谐以及国家整体竞争力的提高，是新时代区域协调发展的主旋律。我们的目标是要发挥各种类型区域各自的“强项”，形成彼此协调的整体优势。我们应该使上述三种类型的区域发挥各自优势，形成全国的巨大整体优势。这样，整个国家的空间组织效能大大提高，成为实现高质量发展的重要保障。

未来较长的时期内，我国国土开发和经济布局宏观格局不宜进行大调整。以三大自然区与地势三级阶梯为标志的功能区为基础，进行空间发展规划与经济布局，是尊重自然规律的重要理念。我们的目标是要实现人与自然之间的和谐与可持续发展，建设“美丽中国”；要逐步缩小城乡之间生活条件与公共服务之间的差距，当然也要逐步缩小人均可支配收入的差距。

在新时代背景下，工业发展已经迈入了提升竞争力的关键阶段，这表明产业优化和“减法”策略将更为重要。城市发展，大规模开拓建成区也不能持续。我们要对国土空间进行科学规划与精细化管理。

主要参考文献

白和金，等. 21 世纪初期中国经济和社会发展战略. 北京：中国计划出版社, 2000.
国务院. 关于实施西部大开发若干政策措施的通知. 人民日报, 2000 年 12 月 28 日.
国务院发展研究中心课题组. 中国区域协调发展战略. 北京：中国经济出版社, 1994.
李文彦. 地区开发与工业布局. 北京：科学出版社, 1999.

刘卫东等. 中国区域发展报告(2007). 北京：商务印书馆, 2007.
陆大道. 中国区域发展的新因素与新格局. 地理研究, 2003, 22(3).
陆大道等. 中国区域发展报告(1997、1999、2000、2002). 北京：商务印书馆.
陆大道等. 中国区域发展的理论与实践. 北京：商务印书馆, 2003.
陆大道等. 中国区域空间、功能及其发展. 北京：中国大地出版社, 2011.
王梦奎、李善同等. 中国地区社会经济发展不平衡问题研究. 北京：商务印书馆, 2000.
郑度. 中国自然地理总论. 北京：科学出版社, 2015.

第十章

沿海地带开放开发及其巨大成就

十一届三中全会做出把全党工作的着重点转移到社会主义现代化建设上来的战略决策，这在党的历史上是具有深远意义的大转折，标志我国改革开放的伟大开端。

沿海地带开放城市是国内经济与世界经济的交汇点，是对外开展经济贸易活动和对内进行经济协作两个辐射扇面的“交接线”，直接影响全国改革开放形势的发展。沿海地带，作为 T 字形结构的更为主要的一轴，其大规模先行开放开发，具有迅速增强综合国力、带动全国发展以及提供示范政策的伟大作用。作为国家发展的一级轴线的沿海地带最先在全国实现了大规模的对外开放开发，这标志着我国实施对内搞活经济、对外实行开放的具有重要战略意义的大布局的开始。沿海地带从此在贯彻党的方针政策、加快社会经济发展、扩展对外经济技术交流方面起到了示范作用。

几十年来，我一直紧跟国家发展的阶段性变化，深入并拓展了对沿海地带与长江沿岸地带的研究。我密切跟踪并分析了国家对沿海重点开发开放的方针政策及重大工程建设情况，特别是围绕国家开发与区域发展政策方针、工业布局、区域发展等方面的重大实践，阐述了基本条件、发展方向，并对中心城市、城市群、大型基础设施工程的规划建设进行了综合调查、分析与建议。

基于对沿海地区长期的深入研究，以及在国家发展方针和对外开放政策的指导下进行的综合研究，我现将对一些问题进行回顾性的阐述，希望这些内容能够成为1984年我初步提出的点-轴系统理论及T字形结构体系化的一部分。

第一节 我国逐步扩展对外开放进程

一、国家开放开发空间扩展的基本进程

我国对外开放格局形成的过程有四个重大步骤。改革开放空间大格局的形成印证了T字形结构战略的前瞻性，其中的关联与因素解析是点-轴系统理论和T字形结构的体系化的重要任务之一。

在《二〇〇〇年我国工业生产力布局总图的科学基础》一文中，我并没有专门就点-轴系统理论和T字形结构与改革开放的关系做正面分析。这是因为，我在写作这篇文章的时候对改革开放的这一国家战略理解还不深也看不远，只是在那一小段关于T字形结构在全国的战略位置主要总结中，写了一句话——“也有助于今后更好地利用与国外经济技术交流中所激发起来的巨大动力”。

我国对外开放新格局形成的过程，根据国家主流媒体的有关报道，可以分为四个时间点与空间扩展阶段。

第一步，创办经济特区。1979年7月，党中央、国务院决定对广东与福建两省的对外经济活动实行特殊政策和灵活措施。借助当时有利的国际环境，率先行动，以期迅速提升国家的经济发展水平。1980年5月，中央确定在深圳市、珠海市、汕头市、厦门市各划出一定范围的区域，试办经济特区。1983年4月，党中央、国务院批转了《加快海南岛开发建设问题讨论纪要》。1988年4月海南岛成为我国最大的经济特区。

第二步，开放沿海港口城市。1984年5月，党中央、国务院批转了《沿海部分城市座谈会纪要》，决定全面开放中国沿海的14个大中港口城市，自北向南依次为大连、秦皇岛、天津、烟台、青岛、连云港、南通、上海、宁波、温州、福州、广州、湛江和北海。1990年4月，党中央、国务院正式公布了开发开放浦东的重大决策，旨在打造21世纪的现代化上海，使其跻身国际金融、贸易、经济中心之列。

第三步，建立沿海经济开放区。1985年2月，党中央、国务院批准了《长江、珠江三角洲和闽南厦漳泉三角地区座谈会纪要》，划长江三角洲、珠

江三角洲及闽南三角区为沿海经济开放区。1988 年初，中央又决定将辽东半岛和山东半岛全部对外开放，同已经开放的大连、秦皇岛、天津、烟台、青岛等连成一片，形成环渤海开放区。至此，短短的十几年的时间，我国的沿海地区经济发展战略已经形成，一大批开放城市的综合改革开放带来的经济实力迅速壮大。

第四步，开放沿江及内陆与沿边城市。进入 20 世纪 90 年代以后，我国对外开放的步伐逐步由沿海向沿江及内陆和沿边城市延伸。1992 年 6 月，党中央、国务院决定开放长江沿岸的芜湖、九江、岳阳、武汉和重庆 5 个城市。沿江开放对于带动整个长江流域地区经济的迅速发展，对于我国全方位对外开放新格局的形成起了巨大推动作用。不久后，党中央、国务院进一步批准了包括合肥在内的共 17 个省会城市成为内陆开放城市。同时，我国还逐步开放内陆边境的沿边城市。沿江及内陆和沿边城市的开放，是我国的对外开放迈出的第四步。

到 1993 年，经过多年的对外开放的实践，不断总结经验和完善政策，我国的对外开放由南到北、由东到西层层推进，形成了“经济特区—沿海开放城市—沿海经济开放区—沿江和内陆开放城市—沿边开放城市”这样一个宽领域、多层次、有重点、点-线-面相结合的全方位对外开放发展大格局（图 10-1）。

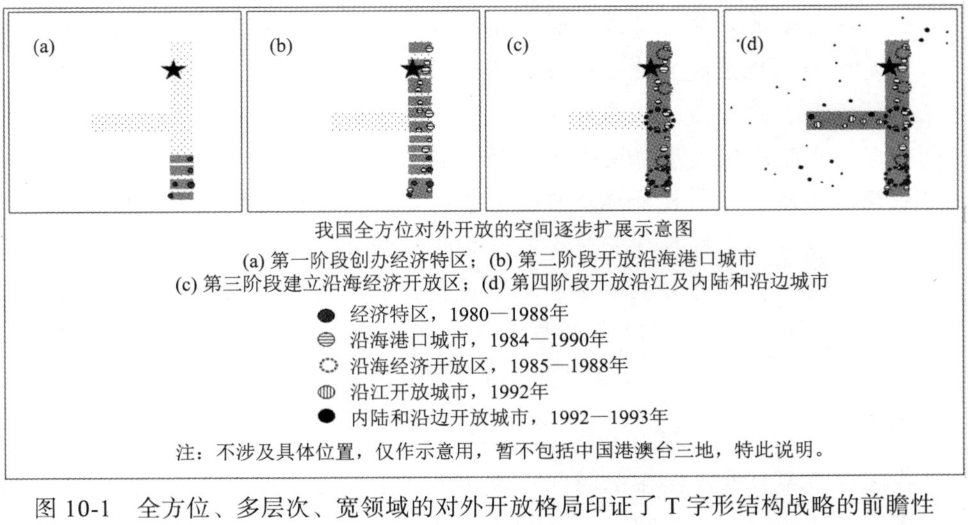

图 10-1 全方位、多层次、宽领域的对外开放格局印证了 T 字形结构战略的前瞻性

前面三个重大步骤完整覆盖了沿海地带。T 字形结构是全国经济发展的主体，全国大部分特大城市与大城市及相关的区域性基础设施也都相对集中在 T

字形结构范围内。沿海地带更是 T 字形结构的主体。我提出国土开发与经济布局 T 字形结构在 1984 年的 9 月底，与第二步“开放沿海港口城市”的正式公布基本同时。所以，如今可以说，T 字形结构在很大程度上前瞻性地契合了对外开放大格局在时间进程和地域空间扩展方面的过程。

国务院发展研究中心原主任王梦奎等在《中国经济发展的回顾与前瞻（1979—2020）》[①]一书中阐释道：

> 经济特区利用综合的区位优势，越来越明显地发挥我国改革开放、加快经济发展的窗口作用。经过短短十几年建设，深圳、珠海、汕头、厦门都成为新型的现代化城市，经济持续高速发展，社会实现全面进步，城市综合实力显著增长。海南特区也在三五年内由全国贫困地区赶上了全国平均发展水平……特区的建立与发展为我国积极参与国际经济合作，建设具有中国特色的社会主义提供了丰富经验，对顺利实行“一国两制”的战略决策，实现祖国统一大业产生了积极影响。
>
> 沿海开放城市和地区是我国对外开放的主力。通过对外开放，引进外资、技术和管理经验，进一步发挥了自身优势，增强了国际经济技术联系，调整了产业结构，推动了科技进步，改善了企业管理，加快了经济发展。依托沿海开放城市举办的经济技术开发区、高新技术开发区和保税区成为连结国际市场，引进消化先进技术、发展对外贸易的桥梁。广大沿海经济开放区是开放城市的纵深腹地和直接依托，共同组成了我国发展外向型经济的重点区域。现在沿海开放地带的基础设施不断加强，投资环境日趋完善，是我国重要的吸收外商投资区域，对外贸易大幅度增长，产业结构明显提升，工业外向化程度不断提高。总之，沿海开放城市和地区是我国经济最发达地区，借助对外开放，又迈上参与国际竞争与合作的新台阶，必将为国民经济全局作出更大贡献，并会加强对内地的经济技术辐射，带动内地的经济发展。

我国在改革开放十年多的时间里逐步形成了南北与东西两条发展主轴，并在经济最发达的以上海为核心城市的长江三角洲地区交会，这是中国走向世界经济与政治舞台中央的重大一步。

---

① 该书由王梦奎任主编，王慧炯、李善同任副主编，中国财政经济出版社于 1999 年出版。

二、国家沿海地带开放开发方针

国家及地区相继出台了极其丰富的促进改革开放的方针政策与措施，提供了大规模发展所需要的交通、能源、土地与城市生活等良好条件，充分地保护了外商投资及进出口的各项权益，使境外资本与我国国家发展之间实现了互利互惠，合作共赢。

1. 早期

这段时间指20世纪80—90年代，当时沿海地带从南到北都已经实现全域范围的对外开放，但还没有加入 WTO（世界贸易组织），属于我国对外开放开发的初期阶段。

国家出台了一批沿海地区改革开放政策，主要内容包括：扩大这些开放地区的自主权，让它们有充分的活力去开展对外经济活动；对前来投资的外商在税收方面给予优惠待遇，以利于更好地利用外资和引进先进技术；放宽利用外资建设项目和引进技术的审批权限，简化外商出入境手续；允许外商兴办独资企业，适当延长合资企业的合营期限；对确定提供了先进技术的产品，允许在国内市场进行部分销售。

此外，政府还采取了推动“质量强市行动”、积极推进国际化战略，以及加强与一系列输出资本与经济的国家合作等行动。

2. 中期

20世纪90年代末到21世纪初，特别是在2001年中国加入 WTO 后，国家决定有针对性地实施对外开放的四大举措。

（1）大幅度放宽市场准入，特别是在服务业特别是金融业方面，要确保落地，加快保险行业开放进程，放宽外资金融机构设立限制，扩大外资金融机构在华业务范围。

（2）创造更有吸引力的投资环境，要改善投资环境，加强透明度，强化产权保护，鼓励竞争、反对垄断。

（3）加强知识产权保护，重新组建国家知识产权局，完善知识产权保护制度，加大对侵权行为的打击力度。

（4）主动扩大进口，降低汽车进口关税，降低部分其他产品进口关税，努力增加人民群众需求比较集中的特色优势产品进口，加快加入世界贸易组织《政府采购协定》进程。

3. 近期

这个时间段从2015年11月中共中央发布“十三五”规划建议开始至今。2012年12月7—12日，习近平总书记在广东考察工作时指出，“改革开放是决定当代中国命运的关键一招，也是实现‘两个一百年’奋斗目标、推进中华民族伟大复兴的关键一招”[①]。为此，要进一步构建系统完备、科学规范、运行有效的制度体系加以保障。为实现这一基本国策，国家从六方面着手，开创对外开放新局面。

（1）完善对外开放战略布局。“十三五”规划建议提出：要加强内陆沿边地区口岸和基础设施建设；支持沿海地区全面参与全球经济合作和竞争；提高边境经济合作区、跨境经济合作区发展水平；加快对外贸易优化升级，从外贸大国迈向贸易强国等。我国还提出，要发展服务贸易，并支持企业扩大对外投资，培育一批跨国企业。

（2）形成对外开放新体制。“十三五”规划建议提出，要“全面实行准入前国民待遇加负面清单管理制度，促进内外资企业一视同仁、公平竞争”；同时，有序扩大服务业对外开放，扩大银行、保险、证券、养老等市场准入。此外，扩大金融业双向开放等深化金融改革的措施，也提上日程。

（3）推进共建“一带一路”倡议。打造陆海内外联动、东西双向开放的全面开放新格局；推进基础设施互联互通和国际大通道建设，共同建设国际经济合作走廊；加强能源资源合作，提高就地加工转化率；共建境外产业集聚区，推动建立当地产业体系，广泛开展教育、科技、文化、旅游、卫生、环保等领域合作，造福当地民众。加强同国际金融机构合作，参与亚洲基础设施投资银行、金砖国家新开发银行建设，发挥丝路基金作用，吸引国际资金共建开放多元共赢的金融合作平台。

（4）深化内地（大陆）与港澳、台湾地区的合作发展。

（5）积极参与全球经济治理。

（6）积极承担国际责任和义务。国家“十三五”规划提出，要积极参与应对全球气候变化谈判，落实减排承诺。

当地政府在土地供应、城市建设、法律制定、物资供应等方面，在条件允许范围内尽可能满足外商需求。

① 习近平．全面深化改革开放，为中国式现代化持续注入强劲动力．求是，2024, 10.

三、针对国家沿海开放开发方针政策进行的学术研究

几十年来，我一直关注国家发展各个阶段的国家的（特别是沿海地带及长江沿岸地带的）方针政策及其实施的效果，组织中国科学院有关单位及多位专业学者，开展了较长时期的考察研究，持续地总结经验，针对所发现问题，提出我们的具体建议。

20 世纪 80 年代中期至 90 年代初期，研究的重点是沿海地带，研究目标是跟踪和解析国家对沿海实施开发开放的方针政策及其实施的效果。研究工作的内容主要包括以下方面。

（1）对我国沿海地区对外开放开发的基本条件进行分析，包括其在东亚地区的区位优势、港湾和港口资源、交通基础设施建设情况，以及大中城市经济技术基础、人才储备、劳动力供给、土地资源供应等。

（2）对沿海地带重大的工业、交通项目建设的条件与意义进行分析评价。

（3）对重点开发地区、中心城市、城市群的形成、发展与特点进行分析与预测，并提出建议。

这些研究，较好地配合了国家大规模招商引资的战略需求，为政策制定提供了重要参考。

20 世纪 90 年代初，国家的可持续发展问题开始被提到日程上来。在此背景下，我的工作进一步往综合方向转变，逐步以国家区域发展战略与区域可持续发展为重点。随着改革开放更深入、更全面推进，针对一些大中城市出现的产业结构调整及产业链组合方面的困难与问题，我也组织团队开展了若干大城市与城市群地区产业发展战略研究，以帮助这些地区进一步优化引进与出口产品的结构、提升技术含量。我们的研究团队提出了未来沿海地带产业结构演变趋势，对主导产业的选择，以及原材料工业、能源工业和新兴的第三产业发展作了阶段性的预测，提出了经济总量增长的基本趋势及中长期预测；此外还揭示了部分城市化快速发展地区的土地保护问题及能源重化工业发达地区的环境污染问题，并提出了相应的对策。

在这些研究基础上，研究团队形成了下列咨询报告，进行了上报。

（1）《中国沿海地区持续发展若干重大问题的分析与思考》（1994 年）。

（2）《正确看待东西部间经济发展差距的不断扩大》（1995 年）。

（3）《我国区域政策实施效果与区域发展态势分析报告》（1998 年）。

（4）《我国区域持续发展的态势、问题与建议》（2000 年）。

（5）《未来 1/4 世纪我国的环境危机及对策》（1995 年）。

（6）《我国能否保持经济的长期高速增长》（1995年）。

（7）《全国功能区域的划分及其发展的支撑条件》（2004年）。

（8）《东北南部“沈、鞍、本、抚、辽”城市群产业振兴与城市发展问题》。

从20世纪末至“十三五”期间，在研究沿海地带的陆地经济与社会发展的同时，针对我国东部面临的海洋地缘政治形势与问题，我开始将部分精力转向对海洋及海洋开发利用与国家安全的研究。在本书中，特将此作为对点-轴系统理论及T字形结构的体系化内容之一。

第二节 关于海洋与我国沿海地带发展密切关联的分析与认知

这一节关于海洋与我国沿海地带密切关联的阐述，意在进一步揭示我国国土开发与经济布局T字形结构战略的意义，解释当时国家为何采纳了T字形一级发展轴线的建议，以及T字形的空间结构的“生命力”所在。

一、海洋，对我国的可持续发展的伟大意义

（一）海洋利用与保护的伟大价值

海洋面积广阔，可以为人类提供大量的、种类繁多的资源。

海洋中的自然资源包括海域（海洋空间）资源、海洋生物资源、海洋能源、海洋矿产资源、海洋旅游资源、海水资源等[①]。

（1）海域（海洋空间）资源：包括运输空间，如传统的交通运输和港口建设，现代化的跨海大桥、海底隧道、海上机场等；海上生产生活空间，如海上工厂和人工岛、海上博览会等；还包括海底通信、海底仓储、海洋军事基地、近海利用等。

（2）海洋生物资源：包括鱼、贝、虾、蟹等，为人类提供了丰富多样的食品、生活用品和工业原料。此外，海洋生物还是重要的药用资源，许多海洋微生物、细菌和低等生物体内含有特殊的基因成分和代谢产物，具有很高的药用

① 下文对海洋资源的描述，来源于网络材料，本书作者在此表示感谢。

价值。

（3）海洋能源：海洋能源是指人类从海洋中获得的各种能量，包括潮汐能、波浪能、洋流能和海洋温差能。这些能源具有可再生性，对环境影响小，是未来能源开发的重要方向。

（4）海洋矿产资源：包括石油、天然气、盐、磷酸盐、锰结核等。这些资源在陆地上也存在，但海洋中的储量更加丰富，开采潜力巨大。

（5）海洋旅游资源：包括海滨浴场、海岛度假村、海洋公园等。这些资源不仅能够促进旅游业的发展，还能够提高人们对海洋环境保护的认识。

（6）海水资源：包括海水淡化产生的淡水、海水中的化学元素等。随着淡水资源的日益紧缺，海水淡化技术的发展为解决水资源问题提供了新的途径。

随着人类对海洋考察与研究不断深化与扩展，更多的海洋资源将会被发现和利用。与此同时，随着海洋资源加工与转换技术的不断进步，还能够衍生出更多种类的资源及其加工品。

在人类开发与利用海洋资源过程中，很多环节对科学技术有着极高的要求。这实际上成为推动科技进步的重要动力。另外，人类活动对海洋环境的污染，在个别海域、个别国家海域，已经相当严重。人类将不得不越来越重视对于海洋环境的保护。

（二）海洋对于我国经济发展的意义

人类社会经济活动受海洋的吸引是历史上的基本趋势，这在前面第八章中已做了简单的论述。第八章是围绕如何推导 T 字形的客观存在及理论内涵，来论述海洋对沿海地带的重要意义；而本章则是基于将 T 字形结构区域作为国家发展的前沿地带，以大规模地走向海洋、跨越海洋而成为世界强国为目标，从正面与实践角度论述海洋的利用、保护与安全问题，从而间接地论证 T 字形结构重要的实践意义。

自 17 世纪初西方进入近代发展的历史时期开始，开发利用海洋的趋势就特别明显。海洋、大陆、陆地国土与海洋的空间距离、国家之间有无海洋的间隔，以及大陆沿海地区所处的全球气候带等，对国家和地区的发展有着决定性的影响。海洋，在 19 世纪就被认为是“伟大的公路”。在近半个世纪以来全球化与信息化迅速发展背景下，人类社会经济活动受海洋吸引的客观趋势进一步凸显。世界经济与人口集中在地球上亚热带与温带的海岸地带，已经是多少世纪以来的客观存在。

海权时代的西方海洋国家，以海岸带为出发点，逐步实现了强权崛起。近一个多世纪以来，地缘政治学家深刻地揭示了西方崛起的根源。在现代化不断发展的今天，人类社会也正在全面地走向海洋、利用海洋。各国都在力求与世界上绝大多数国家建立商业贸易往来。

海洋，对于我国可持续发展的伟大意义在于以下五个方面。

1. 拥有丰富优越的气候资源与港口建设资源

地球上大部分温带、亚热带的海洋沿岸地带气候湿润，雨水丰沛，易于人类居住、发展生产、建设城镇，所以形成人口的集聚。而且，世界大部分温带、亚热带海洋沿岸地带都有优良港湾，例如西欧及英国大西洋沿岸和地中海沿岸、亚洲的日本列岛东部沿岸、东南亚国家的部分沿岸地段、澳大利亚的东南部沿岸、美国东北部和西部沿岸，南美洲的东北部与西部沿岸，等等。二次世界大战后的几十年，许多国家建设了诸多的深水大港，海洋运输得到极大的发展，大大方便了各国各地区间的交往与商业贸易，促进了一系列国家经济的迅速发展。

对于我国而言同样如此。如第八章所述，我国的自然地理格局，不仅是当今，也将是未来国家社会经济空间结构的关键基础，当然也是提出 T 字形空间结构战略的重要客观原因之一。其一，我国的自然结构宏观上的大格局是三大自然区和地势的三级阶梯。三大自然区即东部季风气候区、西北干旱与半干旱区及青藏高寒区。东部季风区面积约占全国陆地总面积的 45%，人口和经济总量却占到全国的 94%左右。西北干旱与半干旱区土地面积约占全国的30%，人口占比在 4%左右。青藏高原区平均海拔高度在 4000 米以上，面积约占全国的 25%，人口占比不到 1%。三大自然区的自然系统对社会经济的承载能力极其不同，与地势三级阶梯共同决定着我国空间开发与区域经济发展布局的宏观框架。其二，我国地形西高东低，大河由西向东，构成了我国千百年来人与货物的主要流向。其三，我国东部濒临世界上最大的大洋——太平洋，东部广大地区在夏季风湿润气流的影响下，雨量充沛，有利于农业生产；沿海有许多优良港湾，便于发展海洋事业，加强同海外各国的交往。

我国沿海地区（以 12 个省级行政区计）约占全国陆地面积的 12.60%，集中了约一半的人口，贡献了超过一半的 GDP 和第二产业总产值，在全国经济发展中占据着举足轻重的地位。此外，沿海地区还集中了我国主要的特大城市及城市群，大型重型与尖端设备制造业生产、电子信息等高技术产业，国家级乃至国际意义的高端服务业等。这种发展大格局具体地体现了人类社会经济发展受海洋的吸引的客观规律性。

2. 中国通向世界的远洋航线及其安全的重要意义

近年来，我国沿海港口完成的进出口贸易吞吐量稳居世界第一。我国进口了大量的石油、天然气和石油加工的能源产品，煤炭、铁矿石及铜矿、铝土矿、镍等其他金属矿产、部分中高档制造业产品，以及粮食、肉类、大豆、水产品等大量的农畜水产品。同时，中国生产的大量中高档机械制造产品、电子信息产品、日用消费品与农畜产品等，也通过沿海港口运往世界上 180—190 个国家与地区。

中国经济已经并将继续大规模地走向世界。随着综合国力的大幅度提升，资源保障、进出口贸易等对民族生存、国家发展具有极端重要性。“中国需要世界，世界也需要中国。”绝大多数国家，特别是广大的发展中国家，也包括一部分发达国家，无论在发展贸易、互助合作方面，还是在获得国家安全、伸张正义等方面，都需要与中国建立相互支持的友好关系。

在这种大背景下，中国通往世界各国的远洋航线的安全就显示出极端的重要性。除了与周边国家的近洋海上航线外，特别具有突出意义的是我国通往欧洲、美洲、非洲、大洋洲、亚洲的七条主要远洋航线。其中，有五条都经过我国的南海（除了中国—美国西海岸航线和中国—美国东海岸航线）。

（1）中国—亚洲—欧洲航线。该航线连接我国沿海及东亚国家港口，经马六甲海峡，到达地中海及西欧国家的港口，如鹿特丹、汉堡港等。

（2）中国—中东航线（波斯湾航线）。该航线连接我国沿海主要港口，经马六甲海峡和霍尔木兹海峡，到达波斯湾周边的主要区域（港口）。

（3）中国—非洲航线。该航线连接我国沿海主要港口，经马六甲海峡，达到东非肯尼亚的蒙巴萨、坦桑尼亚的达累斯萨拉姆，以及南非的德班与西非尼日利亚的拉各斯等港口。

（4）中国—南美航线，又可分太平洋航线与大西洋航线。太平洋航线连接我国沿海中部与北部主要港口，出宫古海峡，越过太平洋到达南美的西海岸的智利的瓦尔帕莱索、秘鲁的卡亚俄等港口；大西洋航线连接我国沿海南部主要港口，经过马六甲海峡，穿过印度洋，绕过好望角，进入大西洋，到达巴西的桑托斯、阿根廷的布宜诺斯艾利斯等港口。

（5）中国—澳大利亚/新西兰航线。该航线连接我国沿海主要港口与悉尼、墨尔本、布里斯班、奥克兰等港口。

由此可见，南海的安全是我国远洋运输安全保障的“重中之重”。广阔且便于利用的通道，是全人类的共同财富。维护南海的和平与稳定是建设“人类命运共同体”的要求。

3. 世界海洋上的公海航行是没有行政管理边界阻隔的

世界上广阔的海洋，除了沿海国家按照《联合国海洋法公约》确定的具有不同管辖权的领海、毗连区、专属经济区及大陆架以外，在公海上的海上航行与运输，是没有各国行政管理边界的阻隔的。

按照1992年《联合国海洋法公约》对公海的法律地位做的规定，公海是不包括在国家的专属经济区、领海或内水或群岛国的群岛水域以内的全部海域。公海供所有国家平等地共同使用。它不是任何国家领土的组成部分，因而不处于任何国家的主权之下；任何国家不得将公海的任何部分据为己有，不得对公海本身行使管辖权。

中国发展正处于“百年未有的大变局”。中国的发展强大，正在改变国际发展的原有格局。同时，中国正在大力发挥海洋作为全人类共同财富的伟大作用，促进全球海洋航行与海洋运输的稳定发展。中国正在利用自己的力量，和许许多多爱好和平的国家与人民一道，努力建设全球海洋的安全与稳定的航线。这是中国倡导构建“人类命运共同体”的客观要求。

4. 沿海地带通常是科学技术创新条件最为有利的地带

李约瑟（Joseph Needham）是英国生物化学家和科学技术史家。他编写了卷帙浩繁的系列丛书《中国科学技术史》（*Science and Civilization in China*），提出了一个严肃的问题，后被世人称之为“李约瑟之问”。这个问题是：尽管中国古代科技成就卓越，但为何科学与工业革命未在中国发生？

长期以来人们回答这个问题，提出的缘由甚多，如科举制度、官僚制度、中国古代哲学思想、明前两朝实施的海禁等。而我的观点是，15世纪下半叶，迪亚士、达伽马、哥伦布、麦哲伦等人开启了西方的地理大发现时代，大大促进西方各国之间及其与世界上许多地区与民族的经济、文化、科学等方面的交流。我国明初的“郑和下西洋”虽然还稍早于西方的地理大发现，却没有带来科学发展与工业革命。

西方人通过不断增加的海洋航行，在与大海作斗争中，推动了航海技术和相关科学的发展，同时建立了适合科技发展需要的管理体制。在那个时代，这些国家就在沿海建立了港口、城市、造船厂及相关的商业、服务业及海洋观测、海洋研究等机构、设施等。人类活动受海洋的吸引的现象就已经出现并得到充分利用。西方远远早于中国，最先完成了走向大洋、跨越海洋这一大步。

今天，大部分发达国家及部分发展中的主要国家，其沿海地带具有人才、科学与教育以及对外贸易合作的优势，在部分沿海地区大中城市具有专业人才、原材料供应、金融与保险、销售渠道等要素的集聚优势。这种优势对于我国 40 余年来开放开发的意义极为明显。今天，我国沿海地带已经具有技术创新、第一时间了解与消化国际各行业技术与市场动态以及迅速进入国内外市场等优势。这是造就了我国成为世界上第一大贸易国的重要条件。

5. 沿海地带是我国对外贸易合作的前沿，也是我国进行国家安全防卫的前哨

沿海地带的核心部位是海岸带，必须建设成为具有强大的经济实力与保障国家安全实力的带状地域。

海岸带是由海洋与陆地之间的交界线组成的地带，通常指海洋与陆地相接的地域。我国海岸带的两侧，在我国的领土范围之内，为实现可持续的发展与安全，需要逐步实现以下三个“一体化”：陆地建设与海上建设一体化、开发与保护一体化、发展与安全保卫一体化。这种一体化的海陆联动的开发利用模式与安全模式，各国几乎都是如此，中国不例外，因为中国也是海洋国家。

这几个“一体化”的含义可以做简化理解。陆地上的能源工业、加工工业等众多工业基地及城市的发展，需要建设与之相适配的港口与航道，提供相应的船型与安全的航线，以便进口大量的矿石与能源等物资。与此同时，港口所在城市，要想有经济活力，在国际与国内具有竞争力，具备国内外经济与市场信息的供应能力，需要形成密切的合作体系，以产生新的生产力与创新力。海洋环境与海洋生物保护，要求陆地上排出的污染物得到有效的处理与合理的排放，因此海岸带的地区，要实行严格的环境保护政策与措施。我国的国家安全紧紧系于海疆的安全，而这种安全的获得，需要建设强大的海上护卫力量。

二、我国“沿海地带”与海洋密切关联

1. 关于“沿海地带”

1984 年《二〇〇〇年我国工业生产力布局总图的科学基础》一文中，关于 T 字形结构两条重点开发的一级轴线名称是“海岸地带轴”与“长江沿岸

轴”；在分别叙述两轴特点与意义时，我在文章中强调，“全国海岸线总长1.8万公里，经过三十多年来的发展，成了我国国民经济的主体地带”，“沿海海运将是我国最大的能源运输线，也是我国对外贸易的前沿阵地”。1985年，我在编写《全国国土总体规划纲要（草案）》（1987年试行）中的第三章“全国建设布局总体构想”时，两轴的名称仍然写的是“海岸地带轴”与“长江沿岸轴”，但在阐述具体内容时，用的是“沿海地带”。在1987年3月25日试行的《全国国土总体规划纲要（草案）》中的表述是“在生产力总体布局方面，以东部沿海地带和横贯东西的长江沿岸相结合的‘T’结构为主轴线，以其他主要交通干线……”。还有比此更简单的表述，为“沿海和长江结合的T字形态势”。

综上所述，关于T字形结构的两条一级轴线有几种不同的名称，但不影响人们对我国国土开发与经济布局战略（模式）及其所指的地理范围的理解。大约在20世纪末，我为了比较两条轴线地带的经济和社会统计数据，曾经将拥有海岸线的各省区的地市级单位及三个直辖市全部，作为“沿海地带”的统计地域范围。但这种处理，并不完全恰当。实际上，这里的“轴线”与“地带”，其地理范围并不能精确地定义，而是一个具有不确定边界的地域范畴概念。

另外，还有一点需强调，我在1984年提出T字形结构时，在对沿海地带（“海岸地带轴”）的表述中就已经明确包含了“海洋”与“对外贸易”的内容。

2. *海洋及《联合国海洋法公约》*

我们人类所赖以生存发展的地球，其表面总面积约5.1亿千米^2，其中陆地面积1.49亿千米^2，海洋面积3.61亿千米^2。陆地占地球表面积的29%，海洋占比71%。

世界上拥有海岸线的国家，对其自陆地、岛屿由内而外延伸的不同距离的水域，即内水、领海、临接海域、专属经济区，分别拥有不同的主权、管辖权和管制权等。

领海，通常是指处于某沿海国主权之下，与该国陆地领土和内水邻接的一定宽度的海域。《联合国海洋法公约》规定：沿海国的主权及与其陆地领土及其内水以外邻接的一带海域，在群岛国的情形下则及与群岛水域以外邻接的一带海域，称为领海。根据《联合国海洋法公约》，只有沿海国才有权确定一定宽度的海域作为自己的领海。领海的宽度由沿海国根据本国地理、经济、政治等因素，在合理范围内自行确定。《联合国海洋法公约》规定：每一国家有权确定其领海的宽度，直至从按照本公约确定的基线量起不超过 12 海里的界限为止。

3. 我国既是大陆国家也是海洋国家

早在 1958 年 9 月 4 日，中国就公布了《中华人民共和国政府关于领海的声明》，第一条即宣布：中华人民共和国的领海宽度为 12 海里。1992 年我国在《中华人民共和国领海及毗连区法》中规定：中华人民共和国领海为邻接中华人民共和国陆地领土和内水的一带海域。

世界上的国家，可以划分为大陆国家、海洋国家，以及同时既是大陆国家又是海洋国家。在这里，我要强调，中国东部濒临世界上最大的大洋——太平洋，一直以来就是个海洋国家。同时，我国位于亚欧大陆东部，拥有 960 多万千米^2 的陆地国土。所以说，我国是一个海陆兼备的国家。中国海岸线总长度约 3.2 万千米。其中大陆海岸线北起鸭绿江口，南至北仑河口，长达 1.8 万千米。岛屿海岸线 1.4 万千米。

4. T 字形结构两大轴线之一的沿海地带

中国是个海陆兼备的国家，既有沿岸的部分陆地国土，也有位居另一侧（基本朝向东侧）的海洋国土。所以说，T 字形结构轴线之一的沿海地带同时涵盖了海岸线两侧的陆地与海洋地域。

这两部分国土，在《二〇〇〇年我国工业生产力布局总图的科学基础》一文及本书中，我都没有给出具体的范围。因为，建立在点-轴系统理论之上的我国（在 20 世纪末及 21 世纪初年）国土开发与经济布局战略重点的 T 字形结构，是由最优越发展条件的海岸带和具有强大线状基础设施与开发潜力的长江沿岸及辐射带动的带状地域组成，不具有也不需要在外围确定其精确范围，也不需要有管理机构。这只是在一个较长时期里的国家开发建设的重点方位与核心位置指向，既不同于国家的各级行政区划，也不同于部分具有海岸线国家对自己的领海、毗连区及专属经济区的精确划分与管辖。

但是，也正是这一点，进一步凸显和深化了 T 字形结构对于促进国家经济社会发展、加强对开发开放战略方针实施的重要意义与作用。依托 T 字形结构，通过海陆联动，中国得以更好地、更大规模地走向海洋，持续地、日益深化地与世界上各国、各地区进行贸易往来、文化交流与互利合作。这不仅有力推动了中华民族伟大复兴进程，也让中国在构建“人类命运共同体”的实践中，能够贡献更多智慧与力量。

第三节 沿海地带经济发展伟大成就及对其广阔腹地范围巨大的辐射作用

自20世纪80年代中后期，T字形空间结构战略就在全国及各地区实施。海岸地带和沿江地带成为国家和许多省区市大规模投资和实施对外开放开发优惠政策的最主要目标地带。经过十多年的集中建设，至20世纪90年代末，我国沿海地带（国家两大一级发展轴线之一）成为实力强大的经济带，这也是80年代中期以来我国综合国力大幅度增强的重要区域发展因素。21世纪开始，我国加入WTO后，沿海地带的社会经济又有了突飞猛进的发展，无论是大型、重型与精密的制造业，还是交通、安全、环境与城乡建设，都走在全国的前列。以下分别从工业发展、交通运输建设、城市发展、高端服务业、与世界市场的交流对我国工业技术与科技创新的推动作用、对我国腹地经济技术的统领与辐射作用巨大等六个方面对我国沿海地带的经济发展成就予以阐述。

一、大规模的工业建设及技术创新

1. 大规模与独立完整的国家工业体系中的沿海地区

2019年9月20日，工业和信息化部部长苗圩在国务院新闻办公室发布会上介绍新中国成立70周年工业通信业发展情况时说："而今，我国成为全世界唯一拥有联合国产业分类中所列全部工业门类的国家，工业增加值从1952年的120亿元增加到2018年的30多万亿元，按不变价计算增长约971倍，年均增长11%。根据世界银行数据，2010年我国制造业增加值超过美国成为第一制造业大国，标志着自十九世纪中叶以来，经过一个半世纪后我国重新取得世界第一制造业大国的地位。"这段发言，充分展示了中国工业体系的完整性与规模优势。

很明显，我国工业体系的完整性与规模优势最主要体现在沿海地区（以12个省级行政区计算）。就沿海地区本身而言，在大的行业结构及其完整性方面，是国家的"缩影"。根据我几十年来对我国工业地理的调查研究与积累，我总结得出沿海地带基本没有的工业生产（中类与小类）只有铜、铝等金属矿产的开采业，部分稀土类矿产的开采业，极少数的对国家安全具有特殊意义的制造业生产，以及建立在当地特殊气候等自然条件基础上的生物原料的加工业等。

2. 国家级的实力强大的工业基地

所谓工业基地，是指凭借历史因素或某一时期所具备的特殊优势条件逐步发展形成的工业地域。该地域内，工业企业与工业城市高度集中，彼此之间存在紧密联系，形成若干具有突出意义的大型产业链，专注于生产特定的产品与设备，进而在国家经济发展中发挥着支柱和统领作用。国际上著名的工业基地有苏联的顿巴斯工业基地、乌拉尔工业基地，德国的鲁尔工业基地，日本的阪（大阪）神（户）工业基地，美国在 20 世纪两次世界大战中发展起来以芝加哥、底特律为核心的五大湖区工业基地等。

我国沿海地区实力强大的工业基地，由北往南有：

（1）辽宁中南部工业基地。辽宁中南部工业基地以沈阳、大连为核心，涵盖鞍山、本溪、辽阳等地区。该基地最初依托煤铁资源开发起步，以大型钢铁、有色金属及其加工产品生产为特色，产业涵盖大型舰船、动力机械、工程机械、航空制造、精密设备制造及化工产品生产等多个领域。

（2）以天津为主体的京津唐工业基地。京津唐工业基地，是在煤铁资源开发及无机化工发展的基础上，历经百余年建设，特别是改革开放以来大规模发展起来的。该基地以钢铁及特种钢生产、信息技术及信息设备生产、海洋工程机械制造、生物制药等产业为主体。

（3）以上海为核心长江三角洲工业基地。长江三角洲工业基地，包括苏州、无锡、常州及宁波等大型制造业城市。上海是我国最大的经济中心和工业中心城市。该工业基地以大规模钢铁冶炼与大型特种钢材轧制、大型现代化舰船制造、航空航天制造、动力设备制造、精密设备仪器仪表制造、交通运输工具制造以及大规模民用工具设备生产等产业为主体。其工业部门众多，大型产业链在数量、规模和技术效能方面均居全国领先地位。

（4）以广州、深圳为主体的珠江三角洲工业基地。珠江三角洲工业基地，涵盖东莞、佛山等一批大中型工业城市。历史上，该地区轻型制造业基础较好。20 世纪 70 年代中后期，西方资本与产业大量涌入东亚与东南亚地区，中央及时作出建立四个经济特区的决策。深圳与广州周边地区的工业经历了“来料加工”“世界工厂”等阶段，通过消化创新和大规模出口，实现了产业升级，成为我国现代化规模最大的以轻型高新技术生产、新一代信息技术产业为主的工业基地。其中，深圳的特色在于将工业通信设备、计算机、集成电路、人工智能与大中小型高端机械制造业相结合，生产无人机、无人艇等设备；广州以高端电子信息装备、新能源汽车与生物医药生产为主体；周边其他城市也基本成为相关产品的出口生产基地。

以上我国沿海地区的四大工业基地，是我国国家级的工业基地，当然也就是当今世界级的工业基地。而且可以肯定地说，这种地位将延续到21世纪中期，乃至更长时期。

3. 实力强大的工业中心

工业中心（城市），通常是指在一定行政区域内，经过长期发展，不断集聚本区域越来越多的经济、商业贸易、科学技术、人力资源等经济要素，进而成长为大型且重要的工业中心城市。这类城市的产品与技术创新能力的影响范围逐渐超越了本地，其产业特色在于拥有一两个或两三个在全国具有重要地位的行业产业链以及相应的龙头企业，同时还具备与之配套协作能力很强的相关产业。例如，杭州、南京、厦门、青岛、济南等大工业中心城市。

（1）杭州。杭州的主导产业为信息与信息设备制造，涵盖互联网、电子商务、集成电路、网络通信、人工智能装备等领域。此外，生物医药、节能与新能源汽车、现代纺织等产业也发展良好。

（2）南京。南京是长三角地区与长江中上游地区之间的经济、交通运输和商业贸易枢纽，是国家经济实力较强省份（在全国名列前茅）的省会城市。其主导产业中，传统产业包括全国性的石油化工、合成材料及其下游深加工生产；新兴产业则有软件和信息服务业、新能源汽车产业、新医药产业等，这些产业处于行业领先地位。

（3）厦门。厦门以机械装备、石油化工、电子信息为三大主导产业，成为带动福建及其周边地区经济发展的重要动力之一。

（4）青岛。青岛的主导产业包括海洋产业设备制造、交通工具（含船舶）制造、家电电子设备生产等，是山东省发展“蓝色海洋经济”的制造业支柱。

（5）济南。济南作为工业中心城市，其影响力并不局限于山东省内，还辐射到更广泛的区域。济南的主导产业主要有大规模的钢铁与特种钢生产，以及基于石油化工的精细化工、化学制药等产业，还有大型公路运输车辆制造等产业。

4. 工业综合体与工业区域创新体系

在工业基地内部或大型工业中心城市的特定区域，相关上下游及配套企业之间在原材料、半成品与零部件方面相互利用，某些生产设备由多个企业共享，同时拥有统一的交通、环境、供水等基础设施系统提供服务，从而获得良好的集聚效益与创新效果。

例如，传统的上海闵行形成了以动力设备制造为核心，并为其提供配套产品的工业综合体；青岛胶州湾口对岸的黄岛，构建了以石油化工为基础，涵盖合成材料以及医药、染料、涂料等精细化工生产的工业综合体；深圳南山街道则形成了电子信息、人工智能与大型及精密机械制造密切结合的工业综合体；北京依托 20 世纪 80 年代“中关村电子一条街”，形成了涵盖现代信息与信息设备（包括计算机等）生产的现代信息设备生产综合体。

工业的区域创新体系，本质上是以工业为核心主体的区域创新体系，是在大城市及特大城市的特定区域内形成的，由一批专注于不同产品或研究方向的机构共同构成的创新体系。这部分内容在本书的第十一章有专题性的叙述。此处不作详述。

除了以上四种类型的工业地域组合以外，我国沿海地区的县城和镇广泛分布着工业点，它们对地区工业化起到了重要的推动作用。很多地方工业点规模并不小，除了满足国内需求外，也是对外出口商品的重要来源之一。其中，最为著名是浙江的诸多小城市开发并发展了中外闻名的多种类型“大产业”，如五金工具制造、消费型与特殊用途的信息设备制造、日用小商品生产、服装制造、医疗设备制造等，极大地促进了农村工业化和城镇化进程，繁荣了我国的进出口市场。此外，长三角地区、珠三角地区以及从南到北的沿海地带，地方工业都取得了明显的发展。

二、建成世界上最大规模的综合性交通运输系统

沿海地带建成了世界上最大规模的交通运输系统，促进了我国与国际与国内南北与东西向社会经济联系，有力地支撑了我国与世界上大部分国家的贸易与合作。

综合性的交通运输系统由以下几种交通运输方式组成。

（1）现代化港口：配备以集装箱为主体的先进设备，拥有与之相匹配的陆上及空中运输系统。

（2）大中型航空港：诸如北京、上海、香港、广州等具备世界级先进设备的航空枢纽，与周边人口规模达千万级别的城市相互连通。

（3）铁路与高速公路：多条运力强劲的铁路、高速公路作为集疏运系统的

主力军，承担大量货物与人员运输任务。

（4）高速铁路：主要服务于特大城市与大城市，实现沿海与腹地中心城市之间的旅客快速运输，加强了区域间的人员流动。

至20世纪80年代初，1972年由于中美关系开始改善，我国加强了一批又一批大型能源重化工大型企业及相关的深加工与制成品生产，其布局基本上集中在沿海与沿江（长江），所以开始带动沿海地带港口、公路及铁路建设。此后的20年，即到20世纪末，为适应外贸规模的扩大，建设了一系列的港口及集装箱泊位、航空港，以及连接港口、机场与内地大中城市的高速公路。

20世纪80—90年代，交通运输紧张及能源和原材料供应不足始终是沿海地带经济迅速发展中的瓶颈，港口建设对沿海城市的发展至关重要。经济发展最快的珠江三角洲和长江三角洲也是当时在建或规划建设港口泊位最多的地区。特别是到了90年代，许多沿海城市都大力扩建和新建了港口泊位。20世纪末到21世纪初，是港口规划发展的最快阶段，各地纷纷规划建设亿吨大港。在珠江三角洲、长江三角洲、环渤海地区以及北部湾（含湛江）等地，建设了众多港口，其腹地相互交叉重叠。

（1）主要港口。北方有大连港、天津港、青岛港、秦皇岛港的扩建，鲅鱼圈（营口）与黄骅港的新建；长江口多个中型港口的新建与扩建；南方基本上新建的有宁波港、温州港及深圳的蛇口、赤湾、妈湾、盐田等地的港口，广西的防城港、钦州港等。上海港、广州港、厦门-汕头港进行了较大规模的扩建。到2000年，沿海集装箱港口全国范围达到约30个，其中的大型的枢纽港就有：上海、天津、深圳、宁波、青岛、厦门、广州等。2019年，我国沿海共有亿吨（年吞吐量）级大港十多座，完成的运量超过90亿吨（表10-1）。上海洋山港，1992年左右开始规划建设，以10年时间建成。现在洋山港是全球最大自动化集装箱深水港。

表10-1　2017—2020年中国沿海港口吞吐量

年份	沿海总吞吐量/亿吨	集装箱吞吐量/TEU
2017年	90.57	2.11
2018年	94.63	2.22
2019年	91.88	2.31
2020年	94.8	2.34

（2）高速公路。1990 年 8 月 20 日，我国大陆地区兴建第一条高速公路“沈大高速公路”全线试通车。接着京津、京沈、京石、沪杭甬、福厦、广深第一批高速公路投入运营。从 90 年代后期起，我国高速公路建设以空前的速度在全国展开。2015 年全国高速公路通车里程达到约为 16 万公里。

（3）高速铁路，2008 年我国第一条高速铁路京津城际铁路开通。之后全国高铁项目一个接着一个地开建：京沪、京山、沈山、京广、哈大、沪宁、徐郑、沪昆、成渝、昆广等线，不到 10 年，新建了 2 万多公里的高速铁路，加上原有的 200—250 公里/时的动车组线路，到 2020 年底，我国高速铁路很快达到约 3.8 万公里。这其中，相当大部分线路都是连接沿海港口城市与腹地间大城市与特大城市的。

与此同时，我国沿海航空港与国内外航线的建设与客货吞吐量增长速度惊人。2019 年，首都北京（首都机场与大兴机场合计）年旅客吞吐量超过 1 亿人次、上海（虹桥加浦东）、广州、成都、深圳、昆明、杭州、西安等年旅客吞吐量超过或接近 5000 万人次，连接沿海主要城市与四大洲的国际航线有数百条。

三、沿海地带各类城市的大规模建设与发展

自四个特区建设开始，我国沿海地带的城镇化建设就迈进快车道。深圳的城市规模与现代化城市建设成为全国城市建设现代化的标杆。与此同时，各省、地市、县所在地城市规模增长也相当迅速。沿海地带许许多多的大中城市，新建的高楼大厦如雨后春笋般地竖立起来，大量的崭新的柏油马路穿插其间。很快，我国的大城市面貌焕然一新。城市建设与发展，有力地推进了我国对外的引进与消化，增强了经济实力基础（工业基础）与科学技术水平以及社会经济管理水平。

据不完全统计，“十三五”期间，按照国家有关部门的分类标准，人口超过 1000 万的三个超大城市都在沿海地带，人口在 500 万—1000 万之间的特大城市全国共有 6 个，沿海地带占了 4 个。沿海地带，大中城市的集中程度在全国也是最高的。

四、21 世纪开始沿海地带高端服务业逐渐形成强势地位

随着社会经济的大规模发展，沿海地带范围越来越大、程度越来越深地融入全球化过程中，进出口规模及货物种类、其来源地越来越多元化等方面的

需要不断增加，发展沿海地带的高端服务业，特别是金融商贸物流等服务就非常必要了。在20世纪，国家根据那个时期的需要确定沿海地带第三产业发展的方向，着重发展为外向型生产和大中城市社会及生活所需的服务业，以大市场、大流通为媒介，逐步建立起多层次、全方位、优质、高效的系列化、现代化的第三产业体系；改造和提高交通运输、邮电通信、商业与饮食服务业等传统行业，大力发展金融、保险、房地产、旅游、信息咨询等新兴行业。

从较长时期发展看，北京、上海、香港、广州、深圳、天津、大连等沿海城市有条件建设成为现代化的高端第三产业发达的国际性中心城市。这些高端服务业包括：银行与非银行的金融机构，为外资企业、国有经济单位、私人经济单位以及合资企业，提供投融资、借贷、货币（包括黄金）交易、基金、证券交易、财务结算、保险与再保险等业务服务；全球性和各国的商贸机构、中介机构、研发机构等；专业化的信息机构、危机分析和监测机构、市场监测机构，以及与国家、有关政府机构及与智库、媒体联络的机构等。

这些产业，最大的特点是以现代信息业为基础。也就是说，其财富的创造源泉已不再是依赖资源加工的制造业。近20多年来，沿海地区的北京、香港、上海、广州、深圳、厦门、天津等，服务业正在成为这些城市的主导产业，统领国内外的一系列产业发展。这些城市已逐渐成为代表中国参与国际竞争的重要成员。

发展第三产业，对于改善国内外生产要素的流动，加快产业发展的国际化进程，促进一、二产业的转型升级，提高社会经济效益，均有十分重要的意义。在1990年前后，我们在研究纽约、伦敦、东京等国际性中心城市经验基础上，曾经提出沿海地带第三产业发展的目标，争取到2000年沿海地带第三产业在GDP中所占比重达到40%左右，2010年达到45%左右，其中一些沿海的重要中心城市将达到50%左右。现在，这个预测目标已经大部分超过了，特别是北京和广州。当然，香港的经济结构早已经是以高端服务业为主体的世界级城市了。

近年来，沿海地带的战略性新兴产业蓬勃发展，主要包括新一代信息技术（以物联网、大数据和人工智能为核心）、智能制造、新能源新材料制造与应用、航空航天产业等领域。这些新兴产业所生产的产品，不仅满足了国内市场需求，保障了国防安全，还大量出口至国际市场，表现出卓越的性能和强大的竞争力。

五、与世界市场的交流对我国工业技术与科技创新的重大推动

1. 改革开放战略方针下三大决策推动我国国民经济特别是我国工业技术与科学技术的巨大发展

20 世纪后半叶，就中国与世界市场的交流而言，有几件大事。第一件大事是 1973 年能源危机引发西方衰退，大量资金出逃。第二件大事，1990 年，国家作出建设浦东新区并对外开放开发的决策。第三件大事是 2001 年 12 月 11 日中国加入 WTO。针对三件大事与三个重要的时间节点，党中央、国务院立足世界发展格局和中国国情，审时度势作出了全方位、多层次、宽领域对外开放的战略决策，并制定了一整套方针政策，通过广泛的生产与技术合作以及直接采购，我国逐步消化吸收并掌握发达国家的技术与科学成就。由此，我国的工业技术水平不断提高，并带来整个科技创新能力的迅速提高。

1979 年我国开始首先在东南沿海对外开放。资金、设备与技术、海外市场、外贸渠道等通过香港大量集聚而来。在最初的十多年，深圳可算得上是香港的“新区”。沿海地带成为改革开放的主体部分、先导部分，很重要体现就是界面与前沿。深圳与珠海，临近香港；汕头是历史上的华侨之乡，依靠广大的东南亚国家作为中途站与西方接触的；厦门与台湾联系密切，两地的产业链很快会实现了彼此对接。

1990 年 4 月，党中央、国务院正式公布了开发开放浦东的重大决策，提出要把浦东建设成为 21 世纪现代化上海的象征。到 21 世纪初年，上海已发展成为我国重要的国际金融、贸易、信息、科技创新、物流等高端服务业中心。在此期间，上海实现了重大的高端服务业创新，不仅为广阔富饶的长江流域，还为部分西北、西南、中南等地区，提供关于世界主要商品与服务市场信息的信息服务，投融资等金融服务，以及技术研发、中介、期货市场、港口运输等服务，人员培训和法律服务，成为东亚中心城市之一。

20 多年来，加入 WTO 为全国经济快速发展与技术水平提高带来了巨大空间与利益，在我国沿海地带表现尤为明显。其一，促进我国更快、更好地融入世界经济一体化。我国借此充分分享国际分工利益，更好地利用国际资源和国际市场的优化资源配置功能，发展了我国的社会主义市场经济。其二，维护了我国的经济利益。WTO 被称为“经济联合国”。加入 WTO，使我国在国际经济舞台上拥有更大的发言权，有助于建立公平合理的国际经济新秩序，维护包括我国在内的发展中国家的利益。其三，推进我国经济体制改革。其四，扩

大出口贸易。其五，持续扩大了对外资的引进与利用。最后一点，从长远看，我认为也是最重要的一点，就是大大地促进了我国的技术进步。国外资本与设备的引进，西方较为先进的技术与设备也同时进来了，我国在获得高新技术产品和先进技术方面的条件大大改善，由此给我国在引进基础上实现创新创造了必要的条件。由此，我国实现了20多年GDP与就业的持续增长。

2. 工业技术的引进与创新

改革开放以来，我国沿海地带，处于上述改革开放的前沿地带或者说是一种全新的经济“物理界面”，发挥了强大的接触效应。

这种效应最主要体现为国家及地方政府建立的新区新城的蓬勃发展。其中，数量最多的是对经济增长和工业生产与制造业技术有显著促进作用的各级经济技术开发区、高新技术产业园区；其余则是带有专项性质的新区新城，包括经济特区与综合改革配套试验区、国家级新区、自主创新示范区、自由贸易试验区与金融综合改革试验区。

沿海地带的新区新城，包括：国家级经济技术开发区111个，占全国219个的50.7%；国家级高新技术产业园区79个，占全国156个的50.6%；经济特区与综合改革配套试验区11个，占全国19个的57.9%；国家级新区9个，占全国19个的47.4%；自主创新示范区10个，占全国17个的58.8%；自由贸易试验区与金融综合改革试验区10个，占全国16个的62.5%。以上加总，沿海地带各类国家级新区新城共230个，占全国446个的51.6%。

各种类型的新区新城通过引进设备与技术，并在实践中消化发展，促进了我国工业技术水平的迅速提高，这是我国改革开放获得的最直接的成果。另一个重要的成果，就是城市群内部区域性创新体系逐步建立，提升了我国原始技术创新水平。以下几大类的产业的工业技术水平有大幅度提升。

（1）信息与信息设备制造产业，包括先进的电子元器件、通信设备、互联网技术设备、人工智能等。

（2）精密制造与高级合成材料产业，包括高级特种合金钢材、铜材、铝材等合金材料，精细化工原材料，生物技术、化学与生物医药，高级染料、涂料及其半成品等。

（3）现代交通运输工具制造产业，包括汽车、船舶、飞机、火箭及大功率发动机、燃气轮机、高档轴承等。

（4）工程机械及海洋工程设备制造业，如大功率的挖掘机、起重机、盾构机、巨型挖泥船与吹沙填海船、新能源技术等。

（5）国防重工。

上述方面的大规模发展与技术创新，推动了沿海地带及全国经济增长与科学技术的较快进步。特别是，沿海制造业，尤其是先进制造业的大规模发展，是使我国综合国力上了几个重要台阶的主要力量。

包括五个经济特区在内，从南到北形成一条对外开放的前沿阵地，实现了从东到西，从南到北，从沿海到内地的信息、技术、人才、资金的战略转移，发挥了对内对外的辐射作用，带动了内地经济的发展，向实现共同富裕的目标迈进。

六、沿海地带对我国腹地经济技术的引领与辐射作用巨大

1984 年我写的《二〇〇〇年我国工业生产力布局总图的科学基础》一文中就提到在改革开放中，重点轴线地带将会带动其他地区的发展。15 年后，王梦奎等著名专家在论述全方位对外开放与改革开放新格局时写道，“从宏观布局看，沿江开放地带与沿海开放地带组成我国 T 字形开放主干架构，使我国最重要的两条经济带在开放的洗礼中增强国际竞争力，支援国民经济加快发展，同时把开放的效应传递到广大的内地。”

为了使沿海地带的改革开放的强大动力能够得到充分的扩散，带动广大腹地范围的开放与发展，我国的主要海港与航空港，其陆上的集疏运系统（主要是铁路、高速公路及空中航线）都得到了完善，即有快速陆上交通的建设与其密切配合。在此基础上，各地区的综合运输网建设也考虑到了如何最合理、最快地通过最近的海岸带港口与枢纽性城市，相互配合和衔接。沿海的所有大中型港口都有铁路与全国路网和内陆腹地沟通。

沿海城市、港口与港口城市，腹地范围的逐步扩大，以致全国 90%以上的范围都具有相应的出口而进入海洋，与国际合作伙伴取得很顺畅的联系。沿海港口城市对于腹地的吸引与带动作用，集中地表现在港口吞吐量的迅速增加。

沿海交通与进出口交通水运优势，港口建设，水资源与环境条件等，有力地促进了内地广阔腹地的资源开发、工业与加工制造业的发展，由此带动商业、农牧业及城乡建设，保障了全国社会经济的迅速发展。

就这样，腹地范围的大尺度扩展与深化，促使沿海城市发展的效率与进出口竞争力的加强，发展质量得到了提高，同时将我国对外开放的巨大效应快速地传递到全国广大城乡。

沿海地带经济发展的巨大成就成为国家实力的重要载体与象征。在我国改革开放以来的 40 多年中，东部沿海地带在加速现代化进程等方面取得了举世

瞩目的伟大成就，现已成为世界上发展最快和最具有经济活力的地区之一，是使中国成为世界经济大国、强国及世界的第二大经济体、第一大进出口贸易国、第一（时而第二）大外汇持有国与债权国等的主体力量。

自 1978 年改革开放以来，我国经济持续高速和超高速增长，GDP 年平均增长率达到 9.7%。这对于一个人口众多和幅员辽阔的大国来说，是一个历史性奇迹。东部沿海地带大力发展外向型经济，是保持沿海与全国经济持续快速增长的客观要求。其中，80 年代全国经济年均增长速度为 9.3%，沿海地带达到 10.3%。1992 年全国平均增长速度为 13%左右，沿海地带超过了 18%。在中国经济走向现代化和国际化进程中，沿海地带对增强国家经济实力、参与国际经济合作与竞争、带动内陆中西部地区经济的发展等方面，均起着不可估量的巨大作用。因此，沿海地带长期保持经济的快速增长，并使其在一定时期内继续保持略高于全国平均水平的发展速度，符合全中国人民的整体利益与长远利益，具有重要的战略意义。

自 1984 年我提出点-轴系统理论与 T 字形结构的 40 多年来，T 字形结构一级轴线地带成为我国改革开放的前沿高地并将其影响辐射到全国广大的地域范围，创造了我国主要部分的经济增长业绩，国家财政愈来愈集中地来自这个结构内，国家参与国际经济循环的高端服务业与有竞争力的中高端制造业也愈来愈集中在这个结构内。在 T 字形结构中，沿海地带无疑占据更主体的地位，对我国更大范围的对外开放和经济发展起到带动与支撑作用。

主要参考文献

樊杰等. 中国地区经济协调发展与区域经济汇总研究. 北京: 中国友谊出版社, 2001.

刘卫东. 我国省际区域经济发展水平差异的历史过程分析(1952—1995). 经济地理, 1997, 17(2): 28-32.

陆大道. 我国区域开发的宏观战略. 地理学报, 1987, 39(2): 397-408.

陆大道. 中国沿海地区 21 世纪可持续发展. 武汉: 湖北科学技术出版社, 1997.

陆大道等. 中国区域发展的理论与实践. 北京: 科学出版社, 2003.

陆大道等. 中国区域空间、功能及其发展. 北京: 中国大地出版社, 2011.

陆玉麒. 区域发展中的空间结构研究. 南京: 南京师范大学出版社, 1998.

曾刚. 新技术开发与扩散在区域发展中的地位和作用. 经济地理, 1992, 12(3): 93-96.

Messerli B, Grosjean M, Hofer T, et al. From nature-dominated to human-dominated environmental changes. IGU Bulletin, 2000, 50(1): 23-38.

第十一章
沿海地带三大城市群及其内部功能定位

在本章中，我主要阐述当今世界级大城市群发展的背景和功能特点，指出我国沿海地带三大城市群的世界地位及其内部各城市功能合理定位的重要性；特别是要论证首都北京作为以高级服务业为经济主体的核心城市的科学基础、已有条件，以及对于我国在世界经济中发挥更大影响力的战略意义。

从工业集聚，到产业与城市集聚，到集聚形态中的点-轴系统，到点-轴渐进式扩散，到城市群，是一个逻辑路线图。本章的分析研究，是点-轴系统与T字形结构理论体系的有机组成部分。通过深入认识沿海地带这一主要发展轴的内部结构与功能，我们可以更清晰地看到我国沿海地带的高质量发展对于提升我国全球地位的至关重要性。

第一节　大城市群——当今世界上最具竞争力的经济核心区

一、大城市群基本内涵及其形成的大背景

大城市群，是指以1—2个特大型城市为核心、由若干个城市组成的、内部具有垂直的和横向的经济联系、具有发达的一体化管理的基础设施系统支撑的经济区域。大城市群往往是一国或一个大区域进入世界的枢纽，也是世界进

入该区域的门户；是一个国家或区域的增长极，也是最具发展活力和竞争力的地区。

经济全球化与信息化的迅猛发展，催生了世界经济发展新格局。大中城市的迅速扩展与城市群的形成，主要得益于产业空间由“地点空间”向“流空间”的转变，进而形成了斯科特（Scott）等所描述的“门户城市”，即各种“流”的汇集地、连接区域和世界经济体系的节点（即控制中心）。这种城市所在的区域，即为全球城市区域（globalcity regions），也就是世界级的大城市群（大城市区）。

当前，随着全球化和信息化的快速发展，门户城市已成为跨国公司区域性（国家、国家集团、大洲）总部的优选之地。大城市群在经济上是命令和控制中心（通过高级生产性服务业和跨国公司总部等载体来实现），在空间结构上是全球城市网络重要的节点，在文化上是多元的和具有包容性的，在区域层面是全球化扩散到地方（大区域、国家集团、国家）的“门户”。

大城市群具有规律性的空间结构，即大城市群中的核心城市是国家或大区域的金融中心、交通通信枢纽、人才聚集地和进入国际市场最便捷的通道，即资金流、信息流、物流、技术流的交汇点；土地需求强度较高的制造业和仓储等行业则扩散和聚集在核心区的周围，形成庞大的都市经济区。

具有上述垂直和横向产业分工及空间结构的大城市群是当今世界上最具竞争力的经济核心区域，如以纽约、伦敦、巴黎、东京等为核心的大城市群。在今天的世界上，处于世界性“流”的节点上的以高端服务业为经济主体的“门户城市”，其对于国家乃至世界经济发展的意义和地位，比相同级别的制造业大城市要重要得多。

在全国及各地区的国民经济高速和超高速增长的同时，我国产业的空间集聚也在不断发展，大城市群和诸多的城市与产业集聚带正在形成。城市群中，核心城市最突出的财富来源是以信息业为基础的服务业经济，而不是以资源加工及商品生产为基础的制造业经济。所以，我们要将核心城市的增长动力和财富源泉转移到高端服务业上面来。

上述提到的高端服务业行业在大城市群核心城市高度集聚，能够产生巨大的空间集聚效应。这种效应来源于：

（1）这些行业服务（控制）的范围广，对信息的依赖程度高，其区位在信息流节点的城市，具有及时、准确和共享的优势；

（2）这些行业（企业）的空间集聚，有利于管理理念、合作和竞争策略、危机应对策略等隐性知识的传播；

（3）这些行业之间的相互合作极为密切，其紧密程度远超制造业的垂直产业链和横向产业链。

二、为何要大力培育与发展大城市群

发展城市群的根本目标，是提升城市群的集聚效应，提高其科学技术与协同管理的创新能力，以加强其在国际与全国相应平台上的竞争力，并带动周围各地区的经济与社会发展。

1. 大城市群的核心城市在全球与国家发展中的极端重要性

正如上文所述，大城市群，往往是跨国公司区域性（国家、国家集团、大洲）总部的首选地，在经济上是命令和控制中心，在空间结构上是全球城市网络重要的“节点”。当今世界上最具竞争力的经济核心区域，是以纽约、伦敦、巴黎、东京、新加坡、香港、北京、上海等为核心的城市群。其中，纽约是最大的世界性“流”的节点，是控制世界经济体系的首位节点和中心。

在当今世界上，要维护国家利益、增强国家的影响力，最最重要的，是要占据世界金融体系中的资本市场制高点。无论从实际影响还是从保护国家利益的角度考量，世界级最主要的“节点”城市中应该有中国的席位。

推动我国沿海地带的现代化深入发展，特别是推动三大城市群的现代化与高质量发展，对于带动全国经济发展意义重大，是中国在国际舞台展现竞争力与强大国力的重要途径，是我国区域发展战略的重中之重。

2. 对周边区域的带动作用

大城市群通过其科学的空间结构和空间扩散的客观规律，带动周边广大区域的发展。随着要素的推移和产业链一体化覆盖范围的不断扩大，核心城市与其周围地区产生密切的垂直的和横向的产业联系。这种联系就是核心城市对周围地区的辐射作用与带动作用。核心城市的作用突出体现在生产服务业功能上（如金融、中介、保险、产品设计与包装、市场营销、广告、财会服务、物流配送、技术服务、信息服务、人才培育等），而周围地区则主要作为制造业和加工业基地，同时承担交通、农业生产、环境维护、供排水等基础设施建设的功能。

三、国土开发经济布局 T 字形结构中的三大城市群

我国发展大城市群，一方面需要强化地域空间开发的 T 字形空间结构，

另一方面要在这个结构上（轴的交叉“点”上）形成若干个具有国际竞争力的大城市群和具有全国或大区意义的城市人口-产业集聚区（带），进行优化开发和重点开发。通过逐步扩展，最终形成国家开发的最优大格局，实现整体效益的最大化。这两方面相辅相成，缺一不可。建设大城市群和产业集聚带是国家和区域发展战略的重要组成部分。

经过改革开放以来的快速发展，我国成为世界第二大经济体。我国的三大都市群，即以首都北京为核心城市的城市群（下文简称京津冀）、以上海为核心城市的长江三角洲城市群（下文简称长三角）、以香港、广州为核心城市[①]的粤港澳大湾区城市群（下文简称大湾区），已经具备条件逐步建设成为对东亚、对世界经济有明显影响的全球性大城市群。这三个大城市群中的核心城市，即北京、上海、香港与广州，成为全球性“流”的交汇地、连接国家和世界经济体系的节点和控制中心，是中国走向世界的枢纽，也是世界了解中国、进入中国的重要门户，有望成为世界上最具竞争力的经济核心之一。

根据《中共中央关于制定国民经济和社会发展第十三个五年规划的建议》，发展城市群的辐射带动作用，优化发展三大城市群，使之成为吸纳高端要素、生活品质优良、引领创新发展、参与国际竞争的核心区，已经成为“十三五”期间及此后一个较长时期内国家发展的重大（区域）战略。这三大城市群的战略定位和优化发展完全符合全中国的整体利益和长远利益。以三大城市群及其所直接影响的经济区域构建应对全球竞争的国家竞争力、区域竞争力，是国家发展规划和区域性规划的重要目标。

第二节　我国三大城市群及其核心城市

一、三大城市群及其核心城市的定位是国家发展的重大（区域）战略

2004 年 7 月初，国家发展和改革委员会以发改办地区〔2004〕1129 号文，印发了《国家发展改革委办公厅关于组织开展区域规划前期工作的通

---

① 这里需要说明的是，在珠江三角洲大城市群中，香港已经是世界级的以高级服务业为主体的核心城市。广州凭借广阔的腹地及作为经济实力雄厚的广东省省会城市的优势，具备成核心城市之一的潜力。从发展基础和地缘经济考虑，深圳以进一步发展高端制造业为宜。

知》，部署开展长江三角洲地区和京津冀都市圈区域规划工作。我受聘担任规划研究专家咨询组组长。这个规划工作，是基于改革开放 20 多年工业化与城镇化高速发展的客观需要而开展的，重点是要解决国家城镇密集区域内相关城市的合理定位、合理布局，以及资源环境协调发展问题，以提升区域的社会经济效益与国际竞争力。

2018 年 11 月，“长三角区域一体化发展”上升为国家战略。之后，沪苏浙皖三省一市积极推动长江三角洲区域一体化建设，并组织成立了决策咨询专家委员会，我是成员之一。2019 年 10 月，长三角生态绿色一体化发展示范区成立，范围包括上海市青浦区、江苏省苏州市吴江区、浙江省嘉兴市嘉善县，面积约 2300 平方公里。

在 2018 年的中央经济工作会议公报中，“明年要抓好以下重点工作任务”部分，明确提出“京津冀、粤港澳大湾区、长三角等地区发展呈现出许多新特点，规模经济效应开始显现，基础设施密度和网络化程度全面提升，创新要素迅速集聚，新的主导产业快速发展，要推动这些地区成为引领高质量发展的重要动力源”。这是首次将京津冀、长三角和大湾区称作是我国经济增长的“重要动力源”。此后，国家采取了一系列重要举措：编制了《京津冀协同发展规划纲要》，明确了以首都北京为核心的城市群功能定位，并着力发展以高端服务业为主体的经济中心功能；编制了《长江三角洲区域一体化发展规划纲要》《粤港澳大湾区发展规划纲要》，并开展了其他诸多的战略研究、局部规划与专业性规划等工作。

二、三大城市群的发展目标与任务

根据我国在世界上经济、政治与军事、文化等领域的重要地位与综合实力，我国三大城市群的发展目标应是：发展为世界级的大城市群、全球经济的控制中心（之一），成为全球的资金流、信息流、物流、人流等“流”交汇的重要节点。为实现这一战略定位，涵盖三大城市群及其经济区在内的区域规划需包含以下五个方面的任务。

（1）区域的整体功能及城市发展方向的科学定位。

（2）瞄准国际趋势，调整产业结构，逐步建成具有强大竞争力的产业体系和重点产业链。

（3）推动空间重组和整合，有效引导人口、产业适度集中。

（4）优化城乡土地利用结构，严格保护耕地，积极治理水污染，改善水环境质量。

（5）加强区域性基础设施的统一规划建设和一体化管理。为此，必须突破现行体制障碍，即各城市对基础设施行业的分块管理。

在论及我国大城市群时，部分学者总是将城市群与城市人口-产业集聚区（带）混淆起来，提出我国当时就有十多个“城市群”，例如，将武汉与长（沙）株（洲）（湘）潭及（南）昌九（江）等组成为华中城市群，还有多个跨省区的“城市群”，实际上算得上是城市人口-产业集聚区（带）。

关于城市人口-产业集聚区，正如前文中已阐述的那样，这是社会经济发展空间结构演化发展的一个重要阶段。其基本特征是：多个城市在一定区域的相对集聚，但其中并没有形成1—2个起到核心、统领作用的大城市，这种统领作用主要体现在高端服务业的服务关系和大型产业链的主要环节之间的密切合作关系；多个城市彼此间在产业结构上的协作关系较为薄弱，独立性显著强于互补性；同时，通勤客流稀少，且缺乏统一的一体化管理基础设施系统来支撑其发展。

在这样发展态势（阶段）下，无须（花费高昂的行政成本与轨道通勤交通费用等）进行建设城市群的规划与建设。重要的是，要具体考虑如何发挥各城市的优势，加强各自独特产业链的配套能力与对外协作能力，建立以各城市为主体的区域性创新体系等。这些工作是这类城市人口-产业集聚区及其各个城市需要苦练“基本功”的发展之道。

多年来，我对我国和世界的城市群展开了重点研究。其中，国内部分包括以首都北京为核心城市的京津冀城市群（研究工作聚焦于京津冀三地的功能定位和首都以高端服务业为主的现代经济功能发展的重要性）、长江三角洲城市群（研究重点为城市群及其核心城市上海的空间结构）、东北南部以沈阳为核心城市的城市群（研究重点在产业结构的调整转型、大型产业链的组织、区域创新体系的构建）。

第三节　京津冀大城市群

北京、天津两大直辖市都在河北省地理范围内，在长期的计划经济环境下，河北对京津二市特别是对首都北京所做的贡献没有得到合理的补偿。与此同时，河北经济与社会发展中与京津关系中确有一些需要解决的问题。

在京津冀大城市群及其一体化发展中，北京和天津的功能定位非常重要，也是长期以来有争议的问题。争议的核心在于：首都北京应不应该同时是国家的最大经济中心之一？天津能不能代替北京成为具备大规模高端服务业的京津冀大城市群的核心城市？

2013 年底及 2014 年初，中央领导同志分别对河北、天津与北京作了考察，很快就做出了重要指示：京津冀协同发展。我以为，这是针对京津冀“三家”之间的“不协同”提出的。此后，国家开始组织编制《京津冀协同发展规划纲要》。

京津冀，长期以来利益矛盾积累得比较严重了，已经影响到各自的优势的发挥，特别是影响到北京作为今日世界大国之首都的功能的发挥。因此，从这一角度来看，解决这些“不协同”的问题已迫在眉睫。

我从 2005 年前后就开始关注首都北京的功能定位问题，一直延续了约十年。其中，我牵头组织了或以个人名义写了多份报告建议，提出我的认识与分析。我认为，京津冀各部分的战略定位对于实现京津冀协同发展非常重要，需要根据京津冀两市一省的特点、优势和最符合国家利益等重要原则来确定。

一、首都北京的城市性质与功能定位的变化

中华人民共和国成立后，以毛泽东为代表的老一辈革命家，在抗美援朝战争还没有结束之际，就着手制定与实施第一个“五年计划”。“一五”时期的主要任务是恢复饱受创伤的国民经济，并开始建设以苏联帮助我国设计的 156 项重点工程（实际施工的是 154 项，建成投产的是 152 项）为中心的 694 项工业建设项目。当时对于首都发展的功能定位也听取了苏联专家根据莫斯科发展经验提出的建议：首都北京由消费城市转变为生产城市，特别是要发展重工业。“一五”期间苏联帮助我国设计的 156 项重点工程在北京的有 4 项。国内配套（全国 694 项）的大型项目在沿海地区有 222 项（占比 34%），主要目的是解决沿海老工业基地发挥优势所需要的能源原材料配套供应问题，辽宁、上海、天津、青岛、河北、山东、江苏、浙江及广东等省（直辖市）是布局重点，落户北京的不超过 8 项。

新中国成立的最初 30 年，首都北京的功能定位都强调建设与发展工业基地。

1953 年（“一五”开始年）国家编制的《改建与扩建北京市规划草案要点》提出：

首都应该成为我国政治、经济和文化的中心，特别要把它建设成

为我国强大的工业基地和科学技术的中心。

1958年（在“大跃进”的开始年）国家编制的《北京城市建设总体规划初步方案》提出：

> 北京是我国的政治中心和文化教育中心，我们还要迅速地把它建设成一个现代化的工业基地和科学技术的中心。

在1973年（即从中美关系开始解冻并从西方第一批引进十多套新技术的大化肥、钢铁、大乙烯项目开始），国家编制的《北京城市建设总体规划方案》中提出：

> 多快好省地把北京建成一个具有现代工业、现代农业、现代科学文化和现代城市设施的清洁的社会主义首都。

20世纪70年代初，环境保护开始提上我国政府工作议程。学术界首先开始了官厅水库的水环境检测与研究。70年代后期，北京市的工业开始逐步调整。

1990年9月在京举办第十一届亚洲运动会前，给北京市造成环境污染的东南郊北京化工二厂（生产有机合成材料聚氯乙烯）、基本与东城建成区相连接的北京焦化厂和东郊热电厂（保障使馆区供热供电）、西城的天宁寺附近的热电厂等都停产了或搬迁了。连基本没有污染的北京（东郊）机床厂、西郊衙门口的发电（火电）设备三大件（锅炉、汽轮机、发电机）生产厂及北郊的北京手表厂等也都停产了。

但是，污染严重的首都钢铁公司（1966年由石景山钢铁厂改成现名）及其在西北二环外边的轧钢厂（首都钢铁公司分厂），成了长时间的“钉子户”，其主要原因是钢铁生产设备庞大而复杂，厂外货物堆场专用线、供水设施等与厂内生产设备（烧结厂、高炉、平炉与电炉等）连成一体，整个厂区占地很大（估计首都钢铁公司20世纪90年代在石景山区占地达5—8平方公里），建设投资巨大。直到2008年国际奥林匹克运动会在北京举行之前，首都钢铁公司才搬家完毕。

1980年，“中关村电子一条街”就开始出现，北大“方正”、清华“同方”、中国科学院的“联想”等从事电子信息和计算机技术研发与制造的企业开始兴起。差不多同时，境外的有国际影响力的高端服务业企业总部也陆续来到中国落户。由于要与我国的中央政府各部门联系和沟通，其首选落户地自然是首都北京。须知，这是在改革开放的开始阶段，东南沿海地区还处在“两头在外”的初级阶段。

显然，北京市产业结构的调整及外向型经济发展是很迅速的。近 30 年来，首都北京的功能定位实际上已经产生了重大的变化。

自 1980 年起到 2015 年，北京又先后编制了几版城市建设总体规划，其中，首都北京的功能定位都不再提“经济中心”和“现代化工业基地”。

1983 年编制的《北京城市建设总体规划方案》提出：

> 北京是全国的政治中心和文化中心。

1993 年编制的《北京城市总体规划》提出：

> 北京是我们伟大社会主义祖国的首都，是全国的政治中心和文化中心，是世界著名的古都和现代国际城市。

2004 年编制《北京城市总体规划（2004 年—2020 年）》提出：

> 北京是中华人民共和国的首都，是全国的政治中心、文化中心，是世界著名古都和现代国际城市。

1980 年以来的 30 多年间，几版首都北京的城市总体规划都不再提北京的经济功能，这是对新中国成立后前 30 年北京城市性质历次规划的重大调整。可能是北京重化工业规模过大，从资源消耗和环境保护等考虑，不再强调经济功能，这当然是正确的。

但在 20 世纪 90 年代初上海浦东开发与经济特区建设开始后，社会上和学术界就有人提出，在北方地区（环渤海地区）也要建设类似于浦东的新区。大家不约而同地聚焦于天津（滨海新区），而不主张在首都北京发展以金融、商贸等为主体的高端服务业（中心）。今天看来，这种舆论和要求，源自对当今全球经济格局变化及其经济节点的控制作用的不了解，对首都北京作为政治中心与以高端服务业为主体的核心经济功能密切结合的战略必要性的不了解，对天津市几十年来发展的特点和优势不了解。但这些“不了解”却给局部决策带来了误导，并因此导致了难以估量的经济损失。

也就在此时，我回顾了七八年来我在多次会议上，强调了首都北京建设以高端服务业为主体的国家经济中心的极端重要性。我立即组织开展了中国科学院学部咨询项目“京津冀协同发展的重要意义及其功能定位研究”，明确提出并论证了：

> 三大城市群的明确定位是我国发展的重大（区域）战略，是构建和提升面向国际经济体系的中国国家竞争力的重要举措。

项目研究所形成的咨询报告，针对京、津、冀的功能定位阐述了以下观点：

> 其一，首都北京正在成为我国以高端服务业为主体的经济中心。如果获得明确定位，将使北京较快地成为对全球经济产生重大影响力的核心城市之一。
>
> 其二，天津市几十年来关于“天津市是我国北方经济中心”，应（代替首都北京）成为高端服务业聚集的核心城市的诉求，不符合自身的特点和优势，也不符合国家的整体利益。
>
> 其三，河北省经济发展滞后于沿海大部分省区，且深陷结构性困境，主要原因不是长期以来与京津（特别是与首都北京）经济关系不公平所致，而是两个重要时期的战略决策欠妥所引起。

咨询报告深入分析了京津冀之间的经济关系以及各自的优势和特点，明确提出了京津冀的具体定位：首都北京，在“北京是中华人民共和国的首都，是全国的政治中心、文化中心，是世界著名古都和现代国际城市”的功能定位中，增加了一条建议，即建议明确强调“首都北京是以高端服务业为主体的中国国家经济中心城市”；天津市，强调其作为我国华北地区综合性的经济中心，是北方最主要的航运中心和大型物流中心，是国家综合性先进制造业基地及部分基础原材料、新材料生产基地；河北省，在对能源重化工进行结构性调整的同时，应大力发展新型制造业、现代农业和生产性服务业，加强生态服务功能的建设，要将沿海地区和环京、津区域的现代化建设作为发展的重点，使其与京、津二市融为一体。咨询报告还对京津冀大城市群的一体化发展及规划提出了明确意见和建议。

2014年6月18日，中国科学院上报由我撰写的“专报信息”《三大城市群及其核心城市的功能如何定位最符合国家利益？》

在这个报告中，我明确提出并回答了以下两个问题。

> 首都北京应不应该同时是国家的以高端服务业为主体的最大经济中心之一？
>
> 天津市能不能（应不应该）代替北京而确定为具有大规模高级服务业的京津冀大城市群的核心城市？

二、《京津冀协同发展规划纲要》关于首都北京的功能定位，关系到我国的百年国运

1. 2015 年 4 月底，中央审议通过的《京津冀协同发展规划纲要》明确了首都北京作为国家以高端服务业为主体的经济中心的功能

《京津冀协同发展规划纲要》（本小节中以下简称《纲要》）指出，推动京津冀协同发展是一个“重大国家战略”。其中，我认为这个“重大国家战略”中至关重要的一点是，将京津冀整体功能定位为“以首都为核心的世界级城市群”“以北京为核心城市”“北京是京津冀协同发展的核心”。《纲要》对京津冀整体功能定位在“世界级城市群”，首都北京是这个“世界级城市群的核心城市”，意义极其重大。这是构建和提升中国国家竞争力的重大决策，是事关中国百年国运的重大决策，也是中国国家长期发展的重大目标。这一重大决策完全符合全国人民的整体利益和长远利益。

《纲要》明确强调，首都北京（经济区）要“高端化、服务化、集聚化、融合化，大力发展服务经济、绿色经济，加快构建高精尖经济结构”，要“优化提升首都核心功能”。这里的“服务经济、绿色经济”“高精尖经济结构”“首都核心功能”，说的是什么呢？当然就是当今世界上以银行、非银行的金融机构，以及商贸、信息、研发、物流、中介等高端服务业了。这就明确了首都北京作为国家以高端服务业为主体的经济中心的功能，目标是建成以高端服务业为中心的全球核心城市和全球“节点”城市。

中央这次的战略决策是立足于当今全球地缘政治、地缘经济的高度，从中国经济、政治、军事、科技整体实力及相应的全球视野作出的科学判断。赋予首都北京以高端服务业为主体的经济功能，将其建设成为世界级城市群的核心城市，与当今中国的实际能力与影响力是相符合的。首都北京今天已经成为中国进入世界的首位枢纽城市和世界进入中国的主要门户城市，也将成为共建“一带一路”的“龙头”，也极有可能成为未来世界财富的主要聚集地之一。因此，中央的这个决策关乎我国百年国运，意义极其重大。

2. 中国需要发展全球最大的经济控制中心（之一）的城市

在今天世界上，要维护国家利益，增强国家的影响力，最最重要的，是要占据世界金融体系的制高点（之一）。今天美国之所以仍然强大，最主要的原因是占据了世界金融体系的制高点和控制权。在信息化和全球化的背景下，纽约成为最大的世界性“流”的节点，是控制世界经济体系的首位节点

和中心。这样的世界级城市群和核心城市，在全球范围内也只是集中在少数国家和地区。

中国经济创造了世界奇迹，充分反映了中国人民和中国政府巨大的财富创造力。中国已经是世界上第二大经济体，第一大贸易国、出口国以及最大的债权国。中国实体经济的规模已经接近全球的50%。无论是从实际影响还是从保护中国的国家利益角度考量，在世界级最主要节点城市中应该具有中国的席位。

3. 只有首都北京才能够担当中国首个全球经济的控制中心（之一）的功能

哪一个城市可能成为世界进入中国的首个门户，成为中国进入世界的最主要枢纽？答案是：只有首都北京能够成为中国首个全球性“流”（金融流、信息流、物流、人才流）的最大节点之一、全球经济的控制中心之一。

30多年来，总部设在北京的金融机构占据着中国金融资源的半壁江山。国家的金融决策和监督机构：中国人民银行、证监会、银监会、保监会总部，四大国有银行总行，11家保险公司的总部，中石化、中国移动等国内资产规模排名前十的企业的总部，均集聚于首都北京。

北京已成为全球拥有500强企业数量最多的城市之一，是大批国内外特别是国际经济机构云集之地。“十一五”至“十二五”，首都北京的金融业GDP超过了上海。

北京作为中国国家政治中心，具有成为国际意义的大型金融中心的重要优势。在我国，能够具有这种地位和承担这一特殊功能的城市，也只能是首都北京。

许多发达国家的首都也都是因此发展成为国际大都市和国际性金融与商贸中心的，如东京、巴黎、伦敦、首尔等。这反映了世界级城市群核心城市功能发展的普遍规律。

4. 可以选择其他特大城市作为中国首个以高端服务业为主体的经济核心城市吗？回答是：不可以。

中国的历史和现行的国家体制与美国有着天壤之别。中国不是移民国家，不是联邦制国家，中国的政治不是金权政治；而美国是移民国家、联邦制国家、金权政治国家。

在中国，中央银行是国务院的一个部门，国有银行是中央政府的国家银行。北京作为中国的首都，理所当然就是中国的高端服务业的最大的聚集地。国家金融中心、商贸总部依附于国家政治中心，也护卫于国家政治中心。

首都北京应该也完全可以成为以大规模高端服务业为主体的经济中心。北京，作为国家的首都，随着国家经济实力的迅速强盛，正在成为金融、商贸、高技术研发、信息、中介等高级服务业的基地。北京早已是我们国家的“政策高地”。这一重要性质不像东南沿海和浦东那样，是通过党和政府的最高政策纲领决定的，而是由首都的功能决定的，同时也是长期发展态势的自然延伸。

我国正在成长为全球经济大国，在经济全球化过程中的地位愈来愈重要，成为世界金融中心大版图中的重要一极。这样，必然会逐步形成 2—3 个具有国际意义的金融中心城市，并与若干个次级金融中心组成布局合理的金融中心体系。北京，作为我国的政治中心，具有成为国际意义的金融中心的重要优势，不仅仅可以建设成为国家金融决策中心、金融监管中心、金融信息中心和金融服务中心，同时也应该发展成为金融营运和金融交易中心。

5. 首都北京应该也完全可以成为未来世界财富的聚集中心（之一）

中国，已经是世界经济大国，就必然要求成为世界财富的汇集地。首都北京应该是未来全球金融资本、商业资本的汇集中心（之一），成为共建“一带一路”总体布局的组成部分，也是全球新格局的一部分。

随着中国经济的持续发展和强大，京津冀将是规模最大的世界级城市群之一。首都北京将是中国最大的高端服务业聚集地，从而成为影响全世界经济的枢纽和全球金融流、信息流、物流、人才流汇聚的最大节点（即中心）之一。当然也就是全球财富重要的聚集中心（之一）。

三、关于天津市的发展诉求与舆论呼吁问题的分析

我及我所在的中国科学院地理研究所经济地理研究部（1983 年由经济地理研究室扩编而成）自 1976 年开始，几十年间都围绕“京津冀”“京津唐”“环渤海”及“天津市”等地区开展资源开发、发展战略、区域规划、城市规划等课题研究，对国家几个主要的区域发展战略规划时期的沿海地带方针政策有深入的了解。

在“一五”“三五”期间及“四五”的前半期内，天津的国家重点项目投资确实很少。这是由当时国家的宏观战略背景决定的。这使得天津市原有的工业基础，由于缺乏必需的基础原材料及中间体的配套供应而未能充分发挥效

益，经济是受到损失的。在与中基层领导同志的接触中我们体会到，天津长期以来有着强烈的诉求：希望上级能够将天津市定位为我国“北方的经济中心”。20世纪60—70年代，天津就提出诉求，希望上级能够明确，但一直没有明确。

1992年10月11日，国家作出批准设立浦东新区行政区划的批示。此后，人们就期待在我国北方环渤海地区也出现类似浦东那样来自国家决策的“政策高地”。学术界及媒体的呼吁很多，提出“应该在天津滨海建立这样的国家新区”。其中有两个具体的理由。一是北京城市规模过大，污染严重，就不应该再搞经济功能了。甚至还有学者提出，沿海地区的三个直辖市，行政级别应该相同。二是北京已经是政治中心和文化中心，经济功能就该由另外两个直辖市承担。美国的纽约（经济中心）和华盛顿（政治中心）不就是分开的吗？在一段较长时间内，上述舆论影响很广。

在长时期内，天津市政府管理部门也都提出要求，要在北方地区新建一个类似上海浦东的新区，强调天津市在新中国成立前曾经是北方的经济中心，现在当然也应该是“我国北方的经济中心”。

实际上，从20世纪70年代后期起国家就开始对天津市进行大规模投资，例如，50万吨钢管及其配套生产、无线电通信设备的制造、海洋工程设备制造、石油加工及石油化工、钢铁工业等，一直到现在的大量的配套工程。再加上医药化工、生物制药、空客A320总装及其大量零部件生产等，这些制造业规模是很大的，天津已经是我国重要的制造业中心之一了。为什么2014年还报文要求将天津定性为“我国北方的经济中心”呢？我认为此时还强调这样的诉求是不妥的，天津市的诉求与学术界的呼吁不符合天津市的自身特点与国家的整体利益。

1）天津发展应有符合自身特点和优势的功能定位

天津及其滨海新区的开发具有相当的优越条件和发展前景，但天津及滨海新区发展的功能和目标不适宜与北京、上海及浦东类比。符合天津自身特点和优势的功能定位是东北亚重要的航运中心，国家先进制造业和原材料工业基地，北方重要的物流业、仓储业、产品设计与包装业基地等。

上海的腹地几乎包括大半个中国，腹地范围内产业和人口密集。上海在历史上就是很大区域的门户和枢纽。上海（主要是浦东）的主要经济功能定位是国家乃至国际性的金融中心、商贸中心、交通与信息枢纽、中介服务及市场营销与广告服务中心，人才聚集地和培育中心，以及进入国际市场最便捷的通道、门户等。

人们提出天津可定位为京津冀大城市群的（以高级服务业为主体的）经济核心城市，根据之一是"天津在新中国成立前就是我国北方的经济中心"。那是指 20 世纪 30 年代中期天津具有一批（基本上是小型）近代工业（无机化学、钢铁、电力、纺织等）企业，也有几家外国的银行。当时曾经流行过"上青天"（上海、青岛、天津）的说法。那是很短的一段时间。几年后，这个格局就改变了。

新中国成立后的第一个"五年计划"建设期间，北京的工业规模就很快超过了天津。目前，北京、天津之间的经济规模差距已经很大。更值得注意的是，北京已经是大批国际（国家）政治、经济、文化机构的云集之地，这为北京高端服务业的持续发展并大规模融入世界经济体系提供了极为重要的条件。

自 20 世纪 70 年代，天津以钢铁、石油化工、基本化工为主的原材料工业，电力工业等及航运业有了很快的发展。改革开放以来，特别是近十多年来，滨海地区的先进制造业得到了大规模发展。但是，将天津定位于高端服务业，既不符合天津自身特点与发展潜力，也不符合国家的整体利益。

2）天津滨海新区开发建设的教训值得认真汲取

2006 年 5 月 26 日，国务院发出《关于推进天津滨海新区开发开放有关问题的意见》，批准天津滨海新区为全国综合配套改革试验区。2006 年 7 月 27 日，国家对《天津市城市总体规划（2004—2020 年）》作出了批复。很快，滨海新区开始大规模建设。

滨海新区建设中，投资规模太大，建设速度太快。2006 年，滨海新区总投资大约是 700 亿元。2009 年，滨海新区将打好开发开放攻坚战细化为"十大战役"，计划总投资 1.5 万亿元，要求加快滨海新区核心区建设，加快响螺湾和于家堡中心商务区建设，加快东疆保税港区及其综合配套服务区域建设等。2009 年 1 月至 11 月，固定资产投资完成了 3000 多亿元。2010 年初，滨海新区 5000 万元以上重点项目 455 项，总投资 9598 亿元。2013 年，天津市的投资规模达到 1 万多亿元。2010 年我们国家制造业的产能过剩就接近 30%，为什么 2013 年还要投入 1 万亿呢？2014 年整个滨海新区几乎全部停建，推测这个指令是在 2013 年底发出来的。

2014 年 4 月 14 日，《凤凰财经》报道[①]：

---

① 刘利平（凤凰财经）．"中国空城"系列调查之一：折戟响螺湾．https://finance.ifeng.com/a/20140414/12116946_0.shtml.

> 8 年前，在距离北京 160 公里外的天津滨海响螺湾商务区，凶猛的投资热潮已上演，那里曾一度被称作“中国未来的曼哈顿”。然而现在，48 栋摩天大厦至今仅有两栋正式完成入驻，多数项目或半途停工或封盘，摩天大楼宛如鬼城。

媒体刊发了多幅摩天大楼楼群的空旷照片。如果这一报道基本属实，则说明其关于金融商贸的发展定位已经带来了巨大的经济损失。

我们根据媒体零星吐露的数据加总判断，整个滨海新区在 2007—2016 年，总投资额可能在 2 万亿元左右。其中，对大批制造业及对于天津港的大规模投资的效果，我们不得而知。我预计，除与 A320 有关配套生产的建设外，制造业过剩情况也会在滨海新区制造业大规模投资中有明显的反映。

四、河北省在沿海地带发展中的地位滞后的原因何在

京津二市在河北省地理范围内，在长时期计划经济条件下产生了一系列利益矛盾。长期以来，河北向京津两市大量供应煤炭、生铁、电力、淡水、铁矿石、农副产品，并有两处作为直辖市的“飞地”等，在计划经济时代，却没有得到应有的补偿。还有，京、津两大直辖市在河北省的地理范围内，配置有大型的交通运输枢纽（航空港、铁路编组站、高速公路的枢纽等），这对于河北省形成自己的经济中心城市并带动全省区域经济发展，是有负面影响的。北京机场（首都机场、大兴机场、西郊机场、南郊机场）和天津港口吸引了大量客流与物流。而交通枢纽会带起来一批服务型企业（商业、加工配套生产、物流配套设施等）。比较而言，河北省没有重要的铁路枢纽站、高速公路大型服务设施，石家庄机场的流量居全国省会城市的最后之列。河北两个大型的港口（秦皇岛港与黄骅港）都只是能源输出港，而不是能给区域经济带来巨大促进的以“件杂货”为主的综合性港口，这也算是“地理宿命”，不以人的意志为转移。

自新中国成立以来的长时期内，国家对河北省的投资与项目建设是很重视的，到改革开放时，河北已经成为我国沿海地带的人口大省也是经济大省了。经济规模与江苏省差不多，人均 GDP 仅次于辽宁省。

河北省经济渐渐后进于大部分沿海省市，是从改革开放后开始的。到 20 世纪 90 年代，河北省政府管理部门的工作同志开始对两个直辖市提出较多的意见，认为河北省经济落后主要是北京和天津两个直辖市引起的。

也是从 90 年代起，有学者提出河北“环京津贫困带”的概念，认为“环

京津贫困带”的形成主要由于京津两市（特别是北京市）不顾河北省发展利益的结果；还有学者提出，河北经济是“缺钙经济”，是由于中央政府要求河北省向京津两市供应廉价资源和淡水，并接纳两市大量污染物而又得不到合理补偿。这类不妥的言辞，也加深了河北省与京津两市在资源开发和经济发展领域的种种矛盾，并使三方在经济发展合作方面产生了较多的不协同。

关于“环京津贫困带”的提法，以及将河北省经济发展滞后于多数沿海地区归因于外部压力的基本判断，我是不同意的。我经过长期以来的考察认为，河北省改革开放以来由沿海经济大省变成“经济小省”，主要原因是河北省的两个阶段的发展决策不到位引起的。

其一，从 20 世纪 80 年代改革开放开始，河北省的经济发展重心还仍然停留在保定以南的太行山东麓地带，对于沿海地带（秦唐沧地带）并没有予以特别的重视。经济发展重心不置于沿海，是导致河北省经济增长慢于其他沿海省市的重要原因之一。

其二，2007 年以来，急于经济追赶而大搞制造业，导致了结构性危机，这也是决策上的不当。在当时，全国的制造业产能（主要表现在能源重化工行业）过剩已经接近 30%，下一步国家必将进行结构性调整。河北省在 2006—2012 年 GDP 实现了翻一番，靠的就是投资规模大、GDP 增加很快的能源重化工。2005—2012 年，河北省的钢和生铁产量都翻了一番，达到了惊人的 1.8 亿吨。水泥产量增加了 85%，火力发电量翻了一番。规模迅速扩张的钢铁、水泥等原材料生产能力，落后设备的中小企业占到一半以上。由此，河北省成为京津冀大城市群地区的主要污染源，酿成了突出的结构性问题，经济发展也在一定程度上陷入了困境。

所谓的“环京津贫困带”，我判断可能是指廊坊地区、沧州地区、保定市北部、张家口市的东南部分，以及承德地区的南部、东南部。这些地区之所以经济发展比较迟缓，我认为主要并不是京津冀之间资源与物资供应方面某些不公平的经济关系所导致的，而主要是受历史因素的影响。历史上这些地区条件就比较差，开发较晚，基础弱。沧州在古代曾经是流放之地，渤海西岸大片区域是荒滩。另一重要的原因是，这些地区在很长时期内缺乏主动对接京津两市发展的具体谋划。河北省的政府管理部门，在环京津地区，应发挥主动性，充分利用京津两市所提供的发展条件进行对接与服务谋划，而不是等待京津对外进行产业辐射与转移。在这方面，可以借鉴苏浙地区的经验。苏南地区与杭州湾周围地区，会主动去“发现”上海需要什么、上海能提供什么空间，思考如何利用上海的客观优势，使上海市对长三角地区而言，变“虹吸效应”为“辐射效应”。

从行政范围考量，京津及河北省之间发展不平衡表现，在我国现阶段带有一定程度的城乡差距的性质。对于我国这样发展中的大国而言，在相当长的时间内还难以消除。

五、京津冀世界级城市群协同发展的思考

这些年来，京津冀三省市都特别认真贯彻执行中央决策及《京津冀协同发展规划纲要》，协同发展之核心问题，即京津冀世界级城市群中北京市、天津市与河北省的功能定位，得到了上上下下的共识与执行，解决了几十年来的大问题，整体合作发展顺畅了。

在相互结合与符合各自优势、保障国家战略需要为主导方向方面，京津冀取得了较为突出的进展。首都北京是京津冀这个世界级城市群的核心城市，一系列主体功能得到加强，在经济上突出发展以金融、商贸等高端服务业为主体的产业；天津市与河北省，在充分发挥自身发展优势的同时，对这个世界级城市群的顺利发展起到了保障作用。近年来，在中央政府与河北省政府的努力下，保定、廊坊、张家口、唐山等市主动对接京津两市，逐步实行一体化的发展，已经在缩小发展差距。

近年来，京津冀地区的生态保护与环境治理受到三地政府的高度重视。但我也有一个问题需要提出来供有关部门思考，即京津冀城市群应该及可能具有什么样的生态景观面貌？特别是什么样的水环境与水景观？

我们知道，京津及河北省，处在暖温带的半干旱半湿润气候区域。降水量多年平均在500毫米左右。由于京津两市生活用水及城市、工业用水需求量都很大，淡水资源的供需平衡问题突出。现在国家以极大的物力、财力、人力，实现了东线与中线南水北调，初步解决了用水问题。但是，近年来有关部门提出，要将永定河常年有水并且流动起来，实现（部分河段）通航，并在两岸建立旅游度假带。有关城市规划机构还提出，广大城乡居民点布局要求低密度，新区新城建设要求“城中有森林，城市在森林中”。这两点要求，我相信只是个开始，今后可能会有更多的景观建设要求，甚至有可能涉及京津冀水网的改造。我要提醒的是，我国淡水资源与耕地资源都是严重不足的。其中，淡水资源在我国分布严重不平衡。大规模长距离调水，只能限于满足缺水地区的城乡生活用水与工业、服务业及农业灌溉用水。在严重缺水地区，如在华北地区、西北地区及黄河流域，是不适宜建设用于观赏、度假、水上运动的人工水

景的，也不能通过长距离调水来大规模植树造林的。大的地带性差异不应该抹平，还是要讲一方水土养一方人的现代版故事。

第四节 长江三角洲大城市群

长江三角洲大致位于我国 18 000 公里的海岸线的中间点，与全国南北方沿海地带都有海上航线相连；依靠世界上规模最大的内河航道，与背后几千平方公里的富饶发达的腹地相连接；长江流域乃至小半个中国，经此东出长江口；可以以较短的海上航程直通日本、美国，以及向南通向东南亚、南亚、中东、非洲和欧洲。

以上海为核心城市的长江三角洲地区，几十年来都是考察与分析全国生产力布局与区域经济发展的大格局的重点，因此也成为我考虑全国各地区、各主要部门如何在地域空间上实现合理联络、交流与带动的关键点。

2005 年，我被聘任为长江三角洲大城市群区域规划专家组组长；2018 年，我被聘任为长江三角洲城市群一体化专家咨询组专家。我常常强调长江三角洲地区（或大城市群）在国家发展中的战略意义。作为一名地理学者，我认为长江三角洲地区，尤其是以上海为核心城市的大城市群，在国家发展和提升我国国际竞争力方面所具有的极其重大的意义，怎么强调都不为过。

在《二〇〇〇年我国工业生产力布局总图的科学基础》一文及后来几十年间，但凡我在阐述 T 字形结构的意义时，总是特别将长江三角洲置于特殊的位置："上述两大重点轴构成 T 字形。长江轴将内地两个最发达的核心地区与海岸地带轴联系起来，两轴在经济最发达的长江三角洲交会。这种空间结构形式较准确地反映了我国国土资源、经济实力及开发潜力空间分布的基本框架，也有助于今后更好地利用与国外经济技术交流中所激发起来的巨大动力。"

一、长江三角洲城市群建设，目标是核心地带高度一体化

《2018 年中央经济工作会议公报》中首次提出，沿海地区的三大城市群是我国经济增长的"重要动力源"。2019 年 12 月 1 日，中共中央、国务院印发《长江三角洲区域一体化发展规划纲要》（本小节中简称《纲要》），提出"支持长江三角洲区域一体化发展并上升为国家战略，着力落实新发展理念，构建现代化经济体系，推进更高起点的深化改革和更高层次的对外开放，同

‘一带一路’建设、京津冀协同发展、长江经济带发展、粤港澳大湾区建设相互配合，完善中国改革开放空间布局”。

《纲要》指出，长江三角洲地区“拥有开放口岸46个，进出口总额、外商直接投资、对外投资分别占全国的37%、39%和29%”，其战略定位是“全国发展强劲活跃增长极”“全国高质量发展样板区”“率先基本实现现代化引领区”“区域一体化发展示范区”“新时代改革开放新高地”；其发展目标是“到2025年，长三角一体化发展取得实质性进展。跨界区域、城市乡村等区域板块一体化发展达到较高水平，在科创产业、基础设施、生态环境、公共服务等领域基本实现一体化发展，全面建立一体化发展的体制机制”。《纲要》特别提出，要“发挥上海龙头带动作用，苏浙皖各扬所长，加强跨区域协调互动，提升都市圈一体化水平，推动城乡融合发展，构建区域联动协作、城乡融合发展、优势充分发挥的协调发展新格局”；要“深入实施创新驱动发展战略，走“科创+产业”道路，促进创新链与产业链深度融合，以科创中心建设为引领，打造产业升级版和实体经济发展高地，不断提升在全球价值链中的位势，为高质量一体化发展注入强劲动能”。

长江三角洲城市群建设，目标是核心地带高度一体化。在其内部进行顶层设计，并实施差异化的空间一体化策略，构建金字塔形的空间结构，能够极大地发挥其潜在效益与竞争力。

1. 长三角一体化要有顶层设计

长三角一体化分三级层次，各级范围的一体化在功能、特性方面有差别。一级是核心区，浦东与上海城区，是全国最重要的金融、商贸中心之一，特别是核心部位陆家嘴及其周边。

二级是一体化的重点范围，或称作上海“大城市区”，包括核心区与苏锡常与宁波、部分杭嘉湖等。要着力建立区域性创新体系及高度信息化，加强主要产业链的构建，逐步实施交通、信息、人才、居住、环境等一体化管理，实现经济与社会发展的高效率，提高在国际上的竞争力。

三级包括上海“大城市区”和杭州、南京、合肥等大城市。南京、杭州与合肥是大城市群中的二级中心性城市，承担承上启下的作用。它们与核心区在基本信息服务、金融服务合作，全国性与世界性物流统一协调，大的交通枢纽合理分工合作，主要产业链的结合，生产商与供应商对接，基本物流的合作与协调平台，技术的交流与培训等方面进行合作。

近年来，长三角一体化取得了良好的开端与成就，在多个方面实现了显著突破。区域内已初步构建起全新的发展格局，各地部分产业实现了有效对接，协同创新产业体系逐步建立，基础设施一体化、信息化水平大幅提升，公共服务系统也实现了一体化高效管理。这些积极变化极大地激发了区域发展活力，使长三角地区能够更好地发挥全国经济动力源和枢纽区的重要作用，显著提升了其在国内外的竞争力，已然成为向国际舞台展示中国国家竞争力的重要平台。

从长三角一体化发展中，我们可以看出许多新意、新机制、新亮点，很值得总结。

（1）2018 年 6 月召开座谈会，正式拉开一体化的序幕。紧接着，国家就发布了一体化的规划纲要。《纲要》很有高屋建瓴的气势与眼光，将长三角置于 21 世纪全世界的视野下，设计如何占领制高点。产业创新的方向与目标清晰，政策与措施跟上了。

（2）《纲要》体现了长三角对一体化的需要，反映出长三角一体化的必要性与重要性。长江三角洲大城市群，是中国三大城市群之一，经济实力最大，是高科技制造业与重大制造业最集中的大城市群，其发展对于提高我国国际竞争力意义重大。

（3）三省一市领导高度重视，一步接着一步，四家步调一致，步伐快，走得稳，有成效。上海青浦、江苏吴江、浙江嘉善为长三角生态绿色一体化发展示范区（面积约 2300 平方公里），发挥各自优势，组成试验区，从规划到实际行动，从蓝图到实施速度很快，取得了初步成效。

（4）人才继 1992 年之后开始又一次集聚。这象征着又一次大规模的创新活动要在长三角开始。这一次，创新的规模和高度对国内的影响是不一样的。不止是人才的集聚，新的产业能力、资金、技术设备、消费渠道即市场等都在长三角集聚。

2. 长三角地区各省市在一体化中成功的要义

（1）长三角地区各省市均制定了具有高度且合理的规划，这些规划与国家对长三角一体化所指出的目标（协同创新与产业链对接、信息化与平台就位、实现集聚与创新、生态建设与基础设施互通共享）相契合，有望成功对接目标。

（2）充分发挥自身特点与基础，合作性强。长三角地区各省市原本就各具特色，但此前合作不够广泛。如今通过一体化发展，实现改革开放以来的第二次飞跃。

（3）信息化及各类平台建设是极为重要的因素，涵盖信息、金融（投融资、财务结算、货币交易）、交通、产业、销售、人才、教育、物流等多种平台。以上海、苏州等城市为例，其财富创造的主要源泉是信息业，而非依赖资源的制造业。这类平台的结构多元、立体且具柔性，是各类人员相互合作、交流互动的群体运作空间。无论是个人还是新企业，只要有需求，就能找到合作伙伴，包括消费市场、原材料供应方、技术来源、人才与资金等，所想所需皆能知悉并得到满足。

（4）社会团体的作用与政府主导作用相结合。

二、长江三角洲大城市群在全国的示范与引领作用

长江三角洲大城市群是全国（以长江流域为主）的枢纽区，上海及其附近的苏锡常，又是整个沪苏浙皖的枢纽区，形成了立体的、多层次的空间集聚与空间经济。

（1）长江三角洲大城市群发挥了长江流域的“龙头”与示范作用，提供了更多、更好的金融服务、信息服务、市场服务、人才培训、技术服务和物流服务，推动了长江流域的高质量发展。例如，对于皖江经济带，长江三角洲大城市群带动其原材料工业、某些加工工业与制造业升级（铜加工与制成品、汽车工业、钢铁工业等），使其产品走向国际市场；对江苏、浙江也有如此类似的作用。

（2）长江三角洲大城市群生态建设共同治理、承担与共享，这个过程的规划和管理经验，对于推动长江流域或其部分地段一体化治理，很有示范作用。

（3）长江三角洲大城市群一体化的组织形式，以及政府、社会团体在其中的作用，对于我国建设“美丽中国”具有普遍的示范意义。

（4）长江三角洲大城市群建设区域创新新高地，即区域创新体系的基本构架与路线图，从口号到落实，到平台建设、群体运作空间等，实实在在地看得见、摸得着。

对于长江三角洲大城市群，我提出如下具体的发展建议。

（1）因地制宜，不搞太高级的生态风景，水景没有条件就不要搞。美丽中国，就是良好的生活环境与良好的工作环境。不要脱离实际的“高大上”。

（2）明确上海、南京、杭州与合肥的关系、层次与等级系列，要有顶层设计。三市与上海之间的关系，要体现在全局性与局部性的高端产业和服务业上。上海，作为国际性经济枢纽与中国主要门户之一，是重要的金融商贸中心，陆家嘴更是其核心区域。南京、杭州与合肥，则是大城市群中的二级中心

城市，发挥着承上启下的关键作用。这几座城市要共同搭建起一个高层连接平台，在基本信息、金融、生产商与供应商对接，以及基础物流等方面展开合作与协调。城市群的等级体系结构呈金字塔形，但实际上其空间结构又是完全扁平、开放且柔性的。这种结构有利于接触交流、促进新思想的形成与传播，进而带来高效率与强大的竞争力。

第五节　珠江三角洲大城市群

一、从珠江三角洲大城市群到粤港澳大湾区城市群

长期以来，我们对珠江三角洲大城市群的研究，都是将“一国两制”的香港与澳门包括在这个城市群内进行考虑的。这主要是由于，香港与澳门之间的联系很密切，深圳、广州及其周围许多中等城市与香港、澳门之间的联系也特别密切。我曾经特别说明：深圳，在建立特区的最初十多年里，实际上算得上是香港的一个“新区”。因为那时，深圳引进的资本、技术设备、部分管理人员及产品市场等，都是（经）从香港直接进入的。

2016 年，国务院发出了《国务院关于泛珠三角地区的指导意见》。此后，国家发展和改革委员会、外交部、商务部联合发布的《推动共建丝绸之路经济带和 21 世纪海上丝绸之路的愿景与行动》文件，明确提出 “打造粤港澳大湾区”，构建以粤港澳大湾区为“龙头”，以珠江—西江经济带为腹地，带动中南、西南地区发展，辐射东南亚、西南亚的重要经济支撑带。

粤港澳大湾区是当代中国进到世界的重要枢纽，是世界进入中国的重要门户。1979 年改革开放以来的几十年间，粤港澳大湾区都是我国经济增长活力最强的地区之一，也是重要的创新基地。

二、粤港澳大湾区城市群的发展

粤港澳大湾区一体化发展，对东亚乃至全球性的经济活动具有重要的影响力。粤港澳大湾区城市群发展目标是成为中国一个具有全球意义的城市群，内部逐渐实现融合发展。为达此目标，城市群及其一体化发展（规划）的基本理念应考虑以下几点：①把握世界大城市群发展的大趋势，以高水平、高效率规划建设具有较强竞争力的全球性的经济核心区；②根据国家利益的需要和各自

发展优势和特点，对粤港澳大湾区大城市群各部分作出科学定位，并制定能够发挥各自优势和特点的总体规划；③城市群地域结构要符合地域有机体发展的客观要求，要在地域分异的基础上保持整体性；④控制城市群规模，并逐步减轻城市群对生态环境的压力。

1. 根据地缘经济和已经形成的优势及特点，争取在功能定位方面取得共识

香港、广州、深圳这三个特大城市的功能定位合理，是整个粤港澳大湾区融合发展的基础与前提。

根据地缘经济和已经形成的优势及特点，并考虑到国家的整体利益，我认为这个大城市群的确切定义可谓：以香港、广州为核心城市的粤港澳大湾区城市群。关于香港、广州和深圳的功能定位，我的理解如下。

1）香港的功能定位

香港已经是具有国际影响力的以高端服务业为主体的核心城市。首先，香港已建立起相当健全的金融和金融服务体系，涵盖投资、信贷、基金、证券交易、保险与再保险、货币（包括黄金）交易、财务结算等服务。其次，香港具有一批全球性和跨国商贸机构、中介机构、研发机构，以及物流机构、人才培训机构、综合性且专业化的信息机构、市场监管机构等。此外，香港还有与国家政府机构及智库、媒体联络的机构。这些高端服务业企业凝聚在一起，相当的高效与协同。

我的建议是，为进一步加强香港和澳门（特别是香港）世界和东亚地区金融商贸中心的作用，发挥其特殊的制度优势及在国际金融商贸领域的影响力，可通过完善金融危机分析监测机构建设，增强其相关功能，为地区及国家金融安全、经济安全及时提供预警与决策建议，助力香港和澳门在维护金融稳定、保障经济安全方面发挥更大作用。

2）广州和深圳的功能定位

广州以其广阔的腹地和作为经济实力强大的广东省省会的优势，具备发展成为粤港澳大湾区城市群核心城市之一的条件。改革开放以来，广州在金融、商贸企业总部经济、信息管理与服务、市场检测与分析、电子商务、工程与建筑设计、中介等高端服务业领域形成了特色。建议进一步加强广州在高端服务业领域的发展及其基础设施建设，发展服务于华南地区的生产性服务业，并使生产性服务业与制造业实现融合。

从发展基础和地缘经济考虑，建议深圳发展的功能定位以进一步发展高端制

造业为主体。目前，深圳已经形成了很有竞争力与创新潜力的以信息元器件与信息设备为主体的制造业，相应的民用与国防装备生产与开发能力，在国内外已享有很高的声誉。但是，在开发与应用领域，仍有很大的潜力与需求。

2. 高端制造业，是今后粤港澳大湾区着力加大投入发展的重要领域

改革开放以来的 40 多年间，我国南方地带（主要指的是东南沿海地带的广东、福建、广西、海南等）是我国经济发展异常迅速的地区，特别是最早开放开发的四个经济特区及其所属省份广东、福建，经济实力在全国早就名列前茅，对国家财政贡献突出。粤港澳大湾区开放型经济特征非常突出，以金融、商贸、物流、人力资源培育等高端服务业，大规模的信息设备生产及各类中小型中高端制造业，较多的轻型工业设备以及高级消费品的生产等为主要产业构成。由于信息业的发展势头迅速，近年来，粤港澳大湾区的信息设备制造及其应用技术取得了重大进展，在民用领域已经跨入了国际先进的行列，少数处于国际领先的水平。

但是，我国的南方地区在大重型及关键设备制造上存在明显的不足。从奥巴马总统执政时期开始，美国逐步改变其全球战略，将美国在中东、北非及部分欧洲地区的军事实力转移到亚洲太平洋地区，提出所谓“亚太再平衡战略”。这种情况对我国的国防安全与对外进行商业贸易，是长时期的巨大威胁。

粤港澳大湾区濒临南海，与台湾隔海相望，是我国进入南海、印度洋以及中东、非洲等地区的重要通道。由此北上经台湾海峡，可进入我国东海、黄海与渤海；从东北方向出发，能与日本、美国、加拿大等建立联系。这样的地理位置，是我国生存发展的咽喉地带，在维护祖国统一、保障我国南海安全方面意义重大，需要有强大的战略后方提供支持，一系列重型大型国防设备与民用设备的制造与维修是必不可少的。

我国现阶段的大重型的尖端制造业，基本上设置在我国的东北、华北、华东沿海及四川盆地。我国南方沿海地带极其广阔的腹地范围内，这些国之重器的制造、维修则还相当薄弱，这不符合国家发展与国防安全的客观需要。实际上，大湾区城市群及其附近地区已经完全具备生产、维修这些设备的能力。所以，大重型的工业设备制造，工程设备特别是海洋工程设备制造，大型民用船舶与军用舰船制造，合金钢材、精细化工产品、交通运输设备制造等，应该通过国家主导推动，以与大中型民营企业合作的方式，在相关领域予以积极的谋划与发展。

对粤港澳大湾区大城市群的发展，我提出如下建议。

粤港澳大湾区要在实施创新驱动发展战略，即以技术创新作为经济发展的主要驱动力方面做出率先和示范作用；要特别注重和投资高新技术产品的研发，把科技成果转化为商品作为努力目标；要瞄准国际趋势，发挥科技资源和研发力量较强的优势，在制造业领域和电子信息系统领域成为国家级新型工业化产业示范基地，建立若干个有重要影响力的产业聚集区，发展具有强大竞争力的产业体系和重点产业链；促进空间重组和整合，形成合理的生产空间、生活空间和生态空间的格局，落实关于产业集聚区的发展规划；同时，需要遵循工业化与信息化融合发展方针，提高智能制造的水平与扩展领域，促进制造业转型与大重型及尖端制造业的发展，提高智能装备开发能力、关键零部件研发能力，培养一批优势产业与龙头产业。这方面的人力与资源投入重点应该首先在国家急需的（特别是国防军工需要的）行业与产品方面。

此外，粤港澳大湾区还需继续重视环境污染的治理。按照世界级大城市群和世界级经济核心区的要求，粤港澳大湾区城市群需要大幅度改善水环境、大气环境和土壤环境。不以 GDP 的规模为主要发展目标，优化城乡土地利用结构，严格保护耕地。特别是，原来生产有机化工原材料、有机中间体的工厂，后因各种原因废弃掉的厂址，在珠三角地区是不少的。这些原有的持久性有毒、有机化合物严重污染了的土地，必须下大力气治理。粤闽桂三省区，已经建设了多座核电站，不仅仅对于核电站本身而言，对于全社会来说，都要进行核安全的教育与相应设施建设。

粤港澳大湾区还应加强区域性基础设施（包括由多种运输方式组成的交通运输、能源供应、供排水、环境保护等）的统一规划建设和一体化管理。为此，必须逐步跨越现行体制（各城市对基础设施行业的分块管理）的“门槛”。

三、关于“泛珠三角地区”的称谓与实际运用问题

传统的珠江三角洲地区包括广州、深圳、珠海、佛山、江门、东莞、中山 7 个市以及惠州和肇庆的 7 个区市。

“泛珠三角地区”这个称谓自从 20 世纪 50 年代就存在了，至改革开放时期，都是社会上通用的概念，也是地理学界最常用的概念。大约自 20 世纪 90 年代中后期，由于浦东新区设立较晚于东南沿海地区约 10 年，长江流域的川渝地区、滇黔地区、两湖地区及江西省，在与境外发展经贸合作时，较多地是通过深圳、广州及香港、澳门等地的港口，与物流、海关、检疫、港口加工、

货场等部门合作。在这种情况下，广东省多次提出希望上级同意设立“泛珠三角经济合作区”。与此同时，广东省部分有关部门及上述港口城市也与上述长江流域省区签订了合作协议。但那时，我注意到，上述长江流域地区历史上（主要是指新中国成立前，也包括改革开放后10年左右的时间）是以上海为中心的长三角的经济腹地。很快，作为国家重大战略的浦东新区在20世纪90年代中期开始正式运作了。经过多年观察与思考，我在2015年写了一篇题为《珠江三角洲大城市群与泛珠三角经济合作区》的文章，对有关问题作了如下的分析与建议。

1. 以珠江三角洲大城市群为核心的经济合作区是我国正在形成中的三大经济合作区之一

在实施新时期国家发展战略的背景下，我国经济地域组织将逐步形成新的格局，即：将逐步形成以沿海几个大城市群为核心、包括各自的直接腹地及重复腹地（间接腹地）的（以东西向为主）经济合作区。这些经济合作区在全国范围内将形成彼此交叉并具有多重结构的综合性地域体系。这些经济合作区将分别与世界广大地域范围组成相应的合作平台和网络系统。

以珠江三角洲大城市群为核心的经济区，包括中国南部的广大区域和长江上中游一些省市的部分范围。全国各地区在未来发展中都要以多种方式多种路径走出去。信息化、国际化的发展，使湘、赣、川、渝、滇、黔、桂等省区成为珠江三角洲大城市群的经济腹地。但这些地区同时也是上海及长三角大城市群的经济腹地。这些地区的对外电信（呼出）流量，反映出这些省区同时与长江三角洲与珠江三角洲两大城市群之间均具有大量的资金流、物流、金融流、客流等。

2. 关于泛珠三角经济合作区的性质

关于泛珠三角经济合作区的性质，我认为可以这么定义：它是一个以珠江三角洲大城市群为核心的经济合作区，可以构建实现大城市群和腹地之间在投资、产业与技术、物流、进出口贸易等方面进行合作的诸多平台。

目前，上述省区与珠江三角洲地区的交通运输能力还不能适应货物运输的需求。大规模开发西江通道，有助于将上述省区与珠江三角洲地区进而与国际市场畅通联系。西江通道的建设应该包括西江水运的开发、铁路和高速公路的建设等。加强泛珠三角经济合作区的组建并争取早日制定相应的机制投入运行，符合国家利益和相关地区的客观需求。

3. 经济合作区不同于经济区，经济区的组织在我国已经过时

在当今国际化信息化高速发展，以及共建“一带一路”的大背景下，我国宏观区域经济形成以沿海大城市群为中心、以其广阔的内陆为腹地的“东—西”向（东北地区是“南—北”向）的大经济合作区，成为我国经济发展的（区域）大格局。大经济合作区的经济合作对象是当今世界上的近200个国家和地区。“东—西”向实力强大的经济合作区的发展，使传统意义上的经济区已经失去其必要性，也不可能建立起来，即（传统的）经济区的观念已经过时。

在这种大背景下，在规划和运作泛珠三角经济合作区时，需要注意以下几点：在我国国内，再搞若干个地区组成的区域的经济一体化，已不符合当今国际化发展的需要，也是不合适的。当然也就不能强调要使泛珠三角经济合作区实现“经济一体化”和区域“统一市场”。相应地，在泛珠三角范围内，也不宜强调要强化该经济合作区域独立的交通运输系统的建设，而要在全国交通运输大格局下，完善区域性的交通运输体系。

4. 关于是否可以建设“统一的要素市场”和“区域信用合作体系”等方面，我认为也不应该有任何“排他性”条款

在腹地范围内，各地区、各企业将可以根据自己与不同国家和地区的合作需求，选择自己的合作伙伴以顺应进出口的最适宜方向，以最佳的路径和熟悉的渠道实现自己走出去的目标。即长江流域各省区及其各地区、各企业，既可以通过长三角（核心城市上海）也可通过珠三角，与国内外进行商贸与金融、技术等方面的交流与合作。

主要参考文献

顾朝林. 中国城市经济区划分的初步研究. 地理学报, 1991, 46(2): 129-141.
林初昇. 港粤整合与珠江三角洲的空间转型. 地理学报, 1997, 52(增刊): 71-79.
陆玉麒. 区域双核结构模式的形成机理. 地理学报, 2002, 57(1): 85-95.
苏珊-汉森. 改变世界的十大地理思想. 肖平等译. 北京: 商务印书馆, 2009.
吴传钧. 论地理学的研究核心. 经济地理, 1991, 11(03): 1-6.
许学强, 周一星, 宁越敏. 城市地理学. 北京: 高等教育出版社, 1997.
薛凤旋, 蔡建明. 中国三大都会经济区的演变及其发展战略. 地理研究, 2003, 22(5): 531-541.

闫小培，曹小曙. 大珠江三角洲空间结构及其调控机制. 中国发展, 2004, 3: 31-37.
闫小培，钟韵. 区域中心城市生产性服务业的外向功能特征研究——以广州市为例. 地理科学, 2005, 25(5): 537-543.
曾刚，袁莉莉. 长江三角洲技术扩散规律及其对策初探. 人文地理, 1999, 14(1): 1-5.
张文忠，王传胜，吕昕，等. 珠江三角洲土地利用变化与工业化和城市化的耦合关系. 地理学报, 2003, 58(5): 677-685.

第十二章

长江经济带的自然基础及开放开发

我在 1984 年发表的《二〇〇〇年我国工业生产力布局总图的科学基础》一文中，从理论与实践相结合的角度提出并论述了：我国长期国土开发与经济布局的战略重点，应以沿海地带与沿长江地带为一级轴线，构建 T 字形结构。这两条地带是我国经济实力最强、增长潜力最大的区域。此后，我又陆续发表多篇文章，深入探讨了 T 字形空间结构战略的形成基础，以及其与我国交通、能源、矿产资源、淡水、城市及其经济基础，乃至便于通达国内外市场等具体条件的紧密关联。

在专门论述长江经济带方面，1987 年 8 月 13 日《长江开发报》第三版（理论版）全文发表了我的《我国生产力区域布局的基本框架》一文，这是我对“长江沿岸地带”的第二次阐述。核心内容如下：

> 长江沿岸，从长江口到四川攀枝花市附近，全长约三千公里，是我国又一个产业集中且有开发远景的发展轴线。位于此轴线的大中城市二十多个，有很强的经济实力。此外，还有以下优势条件：长江是我国最大河流，据交通部门估算，年通航总运量可达三亿吨以上，潜力很大。长江三角洲的经济腹地范围几乎包括半个中国，长江中游是全国交通联系的中枢。随着经济的发展，西南、华中、华东将来会愈来愈多地经长江与国内外联系。长江本身有丰富的水

利与水能资源，所经区域有较丰富的铁、铜、天然气、磷等矿产。我国黄河流域水资源缺乏，而长江年径流量为黄河二十倍左右。有色冶金、电力、机械、轻纺等，重点配置在长江沿岸，可使工业布局与运输干线和水资源取得很好的配合。长江中下游沿岸还有大面积的边滩、江心洲及适宜做港口建设之用的，通过防洪工程和航道的整治，这部分宝贵的土地和空间资源可用于工农业和交通运输业。长江中下游地处亚热带，是我国主要农业区。仅湖南、湖北的商品粮就占全国九大商品粮基地提供商品粮的四分之一。两岸水面相当广阔，是全国淡水鱼基地。因此，长江轴的重点开发，农副产品资源、水产资源、水利资源都会得到充分开发利用。为了保证长江沿岸地带的开发，要整治长江中下游航道，开发长江航运，降低水运成本；长江所经区域煤、油资源较缺乏，要通过铁路和水运，由北方运入煤炭、原油、化工原料，从国外进口大宗原料如铁矿石等；建设干支流水利枢纽工程，发挥防洪、发电、灌溉、航运综合功能；大的工业区、工业企业要沿河布局，并与港口、铁路、公路设施做到密切协调。

这段论述，即便在今天看来，依然具有前瞻性与准确性。其说明了 T 字形结构是对全国具有整体意义的优化开发模式，是实现全国范围内最佳发展所要求的最佳（空间）结构的主体组成部分。在强化 T 字形结构地域空间开发的同时，需要在该结构的轴的交叉“点”上，形成若干个具有国际竞争力的大城市群，以及具有全国或大区意义的城市人口和产业集聚区，进行优化开发和重点开发。这一点在长江经济带上的体现，与我国沿海地带逐步形成的三大城市群具有相同的道理。

本章将较为系统地探讨长江经济带战略地位的加强，梳理 40 多年来国家对该经济带逐步加大开发与治理的重大决策、实施情况及取得的显著成效。同时，本章还将指出，在改革开放后的 20 多年中，长江经济带在实现高速经济增长的同时，在相当程度上忽视了长江保护的重要性，出现了较为突出的环境污染问题，特别是长江水体污染。自 2016 年开始实施“共抓大保护，不搞大开发”方针以来，国家在环境治理与生态修复方面开展了大量工作，成效显著。然而，本章通过多方面分析认为，要使“万里长江”成为清洁的大河，仍任重道远。

第一节　长江经济带作为T字形组成部分与国家战略决策

一、政府管理部门及其专家对长江经济带开放开发的高度重视与建议

在1987年3月《全国国土总体规划纲要（草案）》发到全国试行之后，国家计委副主任桂世镛和秘书长魏礼群就在《关于到本世纪末经济和社会发展战略的若干构想》（《计划经济研究》，1987年，C1期）一文的开头强调：

> 走向2000年的我国经济继续面临着重大转折。……。从现阶段我国国情出发，……。立足现实，面向未来，面向世界，促进我国经济发展战略和经济体制成功地由旧模式向新模式转换，加快社会主义现代化进程，这是到本世纪末发展战略研究的基本任务。

在区位优选、重点扩张战略方面，该文写道：

> 总的设想是：强化发展沿海地区，壮大全国经济振兴的主柱，着手开发长江黄金水道，建设沿江经济走廊，逐步使沿海、沿江形成"T"字形的一级开发轴线。

长江沿岸地带经济发展潜力巨大，是我国除海岸地带以外的其他经济带难以比拟的。自20世纪80年代末起，经济学界、管理学界以及地理学界的众多著名学者和政府工作人员，在思考我国未来长期发展时，通过发文或在会议中发言等方式，对国家发展的T字形结构予以肯定。部分人士还特别强调，在21世纪初，T字形战略结构仍具有巨大的持续发展潜力，沿海、沿江地带应继续作为我国迈向世界经济强国的战略重点地带。在此，仅简要摘录孙尚清、王梦奎、白和金等几位专家的论断。

国务院发展研究中心原主任，著名经济学家孙尚清在书中写道：

> 在世界经济重心东移的背景下，我国为实现第三步战略目标，正在深化改革并构造开发开放的新格局。因此，以加快沿江地区和整个流域的经济繁荣，并推动全国经济的腾飞。因此，可以说，

"长江战略"，是我国下一世纪经济整体发展战略的一个重要的有机组成部分。

……

在"九五"期间乃至下个世纪，我们在继续推进东部沿海地区发展的同时，还要建设一个足以辐射和支撑全国开发开放架构。这个架构就是以沿海开放地区为横轴，以长江流域为纵轴的 T 型开发开放战略，并辅之以环渤海经济圈和欧亚大陆桥的建设。

……

为实现第三步战略目标，我国需要形成新的经济增长点或增长带。长江作为中国第一大水系，流经十个省市自治区，流域面积达 180 多万平方公里，经济总量占全国的 40%。它与沿海经济带连成一体，构成"T"字型经济增长格局，发展后劲强而有力，对我国经济的长远发展举足轻重，意义重大，对沟通沿海与内地的经济联系，促进各地区经济协调发展也将起到重要作用。

（孙尚清主编.《长江开发开放》. 北京：中国发展出版社，1996 年.）

国务院发展研究中心原主任、著名经济学家王梦奎，国务院发展研究中心原学术委员会主任、著名经济学家王慧炯等在著作中写道：

从宏观布局看，沿江开放地带与沿海开放地带组成我国"T"字型开放主干架构，使我国最主要的两条经济带在开放的洗礼中增强国际竞争力，支援国民经济加快发展，同时把开放的效应传递到广大的内地。

（王梦奎主编，王慧炯、李善同副主编.《中国经济发展的回顾与前瞻（1979—2020）》. 北京：中国财政经济出版社，1999 年.）

2000 年，王梦奎等又强调：

加快长江经济带的综合开发，建成继沿海之后的又一经济发展先行区。……长江经济带都将是我国今后经济增长潜力最大的地区，也将是支持 21 世纪中国经济成长的重要区域增长轴线。

（王梦奎，李善同等著.《中国地区社会经济发展不平衡问题研究》. 北京：商务印书馆，2000 年.）

2000年，国家计委宏观研究院原院长白和金等在专著中写道：

> 长江经济带对我国经济发展的战略意义是其他经济地带不能代替的，……从我国经济发展由沿海向内地推进的趋势和长江经济带综合开发的条件来看，长江经济带已经具备了综合开发的条件。……经过20～30年或者更长一些时间的努力，建成与沿海经济带相辅相成的，具有强大经济实力的国家一级经济轴线。
>
> （白和金、林兆木主编，刘福垣、王永治、王一鸣、沈志群副主编．《21世纪初期中国经济和社会发展战略》．北京：中国计划出版社，2000年．）

20世纪八九十年代，我在写作《区位论与区域分析方法》《中国工业布局的理论与实践》《区域发展及其空间结构》三本专著及对沿海地带组织的大规模综合研究外，对长江开发也很重视，发表了若干密切相关的文章。

二、长江经济带发展的大序幕（浦东开放开发）与百年重大基础工程（三峡水利枢纽工程）

在党的十一届三中全会路线与方针的指引下，国家顺应国内外发展的大格局、大趋势，逐步扩大沿海地带与长江沿岸地带的对外开放，包括四个经济特区与浦东新区在内的大批新区新城开始规划建设。几十年来，长江经济带持续得到国家领导人、国家管理机构和众多社会机构的认同。在国家层面，长江经济带作为国家发展的战略重点地带，几十年始终未变。这也充分证明了国家的一系列重大决策具有科学性，符合中国国情。

1. 浦东（新区）开放开发对长江经济带的巨大意义

上海浦东开发能够迅速达到如今的规模与水平，得益于上海及浦东的经济腹地几乎涵盖半个中国，即经济技术发达的长江三角洲及整个长江流域。20世纪80年代末90年代初，长江流域对上海的信息服务（如世界主要商品与服务的市场信息等）、金融服务（投融资、信贷、财务结算、货币兑换）、研发、中介服务、期货市场、港口运输等物流服务、人员培训及法律服务等方面有着迫切需求。

在这种大形势下，1990年，中共中央和国务院做出开发浦东的决策。1992年10月11日，国务院正式批复：设立上海市浦东新区，撤销川沙县，浦东新区的行政区域包括原川沙县，上海县的三林乡，黄浦区、南市区、杨浦区的浦东部分。1993 年 1 月，浦东新区管委会成立，川沙县建制撤销，同时将划归到南市、黄浦、杨浦的地区及闵行的三林乡收回，成立了浦东新区。2009 年，为进一步加强金融、航运两个中心的建设，南汇区行政区域划入浦东新区。

浦东新区的设立与开放开发，促使整个长江流域广阔经济腹地的进出口物资、大量资金、机构、技术与创新人才等迅速向上海及其浦东集聚。在中央政府与上海市、江苏省政府的大力支持与保障下，浦东新区开发取得了巨大成功。浦东新区的大规模建设，顺应了国内外发展以及长江流域对开放开发的迫切需求，为长江经济带的开发带来了一系列新的发展机遇。

1992 年 6 月，党中央、国务院决定开放长江沿岸的芜湖、九江、岳阳、武汉和重庆 5 个城市。不久，党中央、国务院又批准了一系列省会（自治区首府）城市的对外开放，包括位于长江经济带的合肥、南昌、长沙、成都、贵阳、昆明（作为内陆开放城市）。

浦东开放开发及沿江开放，带动整个长江流域地区经济快速发展，对我国全方位对外开放新格局的形成起到了巨大的推动作用。

2. 中华民族伟大的世纪工程——长江三峡水利枢纽

20 世纪 80 年代初，我对建设三峡水利枢纽工程必要性提出了明确的认识。

在 1984 年《二〇〇〇年我国工业生产力布局总图的科学基础》一文中，我在介绍 T 字形结构中的长江沿岸轴时，作如下表述：

> 长江是我国东西向的运输大动脉，近年来年运量已超过 5000 万吨，运输开发潜力很大。正在建设中的葛洲坝和规划建设中的三峡水利枢纽完工后，将有 1000 万千瓦的电力东送（其中湖北省分得 600 万千瓦），还具有丰富的供水水源。

我在《二〇〇〇年我国工业生产力布局总图的科学基础》的第二部分“二、二〇〇〇年工业布局变化可能遵循的基本战略”中的“能源工业”部分，作如下明确叙述：

> 西北的黄河上游以及三峡等水电基地将作为全国水电重点开发地区，预计西南水电装机将达到 1500 万～1800 万千瓦；三峡建成后，华中地区水电装机将超过 2000 万千瓦，西北将达到 1000 万～1200 万千瓦。

我在编写《全国国土总体规划纲要（草案）》第三章“全国建设布局的总体构想”（1985年7月）时，在手写初稿的第14页上写道：

> （五）采取一系列重大的国土整治措施，对于进一步大规模开发国土，发挥中部地带的优势极为重要，主要有：长江三峡水利枢纽工程，是长江中游防洪、发电、交通、除涝、水产的综合性开发与整治工程。要在本世纪内基本完成。

在手写初稿第22页上写道：

> ③建设三峡水利枢纽工程，除保证充足的电能供应外，将发挥巨大的防洪、灌溉、航运等功能；

这表明我在长期学习、跟踪国家发展方针与国土开发重大实践方面，做了充分的功课。

3. 我对长江三峡工程开发决策的国家意志与科学依据的体会

自古以来，长江哺育了我们中华民族。同时，长江水灾也一直是中华民族的心腹大患，尤以长江中下游地区最为严重。从汉初到清末，长江共发生毁灭性洪水灾害214次，平均10年一次。20世纪洪灾更加频繁，1921年、1931年、1935年、1949年、1954年、1981年、1983年、1991年、1998年都发生了大规模洪灾，给人民生命财产造成了重大损失。

民主革命先行者孙中山最早提出建设三峡工程的设想。新中国成立后，毛泽东、周恩来、邓小平等老一辈革命家对治理长江水害、开发长江水力资源都极为重视。经过百年的波折，中华民族的这一梦想最终在20世纪与21世纪之交得以实现，世界上最大的水利工程——长江三峡水利枢纽成功屹立在万里长江之上。

三峡水库是治理长江水患的关键性核心工程。要从根本上解决长江的水患问题，必须建设控制性主体工程。三峡地处长江上游来水进入中下游平原河道的“咽喉”，特殊的地理位置决定了三峡水库巨大的库容能够“对上可以调蓄，对下可以补偿”，不仅具有显著的防洪作用，还具有巨大的综合经济效益。

1970年，中央决定先建作为三峡总体工程一部分的葛洲坝工程。周总理于1970年12月24日亲自向毛主席写报告，建议在长江干流上“修建葛洲坝工程，为三峡工程积累经验”。12月26日，毛泽东主席作出亲笔批示：“赞成兴建此坝。”1970 年 12 月 30 日，葛洲坝工程开工①。

1992 年 4 月 3 日，七届全国人大五次会议以 1767 票赞成、177 票反对、664 票弃权、25 人未按表决器通过《关于兴建长江三峡工程的决议》，决定将兴建三峡工程列入国民经济和社会发展十年规划。这是中华民族几千年历史长河中最重要的决策之一，成就了伟大的工程与业绩。

三峡水电站枢纽控制流域面积 100 万平方公里，占长江流域面积的 56%。坝址处多年平均流量 14 300 米^3/秒，实测最大洪水流量 71 100 米^3/秒，历史最大洪水流量 105 000 米^3/秒，多年平均悬移质输沙量 5.3 亿吨。三峡水电站枢纽的最主要的功能是防洪，其次有交通、发电、灌溉等重要功能。

1994 年 12 月 14 日，国务院总理李鹏在宜昌三斗坪举行的三峡工程开工典礼上宣布：三峡工程正式开工。整个枢纽工程分三期建设。

1997 年 10 月 14 日，国务院第 63 次常务会议通过三峡工程大江截流前验收报告，决定三峡工程于 11 月 8 日实施大江截流。2003 年 6 月 1 日零时，三峡大坝中的闸门按计划准时启动，三峡工程正式下闸蓄水。2003 年 6 月 16 日，三峡船闸开始试通航。

2003 年 6 月 24 日，三峡首批发电的 2 号机组成功进行并网发电试验。三峡大坝 2006 年 5 月 20 日全线修建成功。三峡水库于 2011 年 9 月 10 日零时正式启动第四次 175 米试验性蓄水。三峡水电站的机组共安装 32 台 70 万千瓦水轮发电机组，另外还有 2 台 5 万千瓦的电源机组，总装机容量 2250 万千瓦，远远超过位居世界第二的巴西伊泰普水电站。2003 年 11 月 22 日第 1 号机组正式并网发电并投入商业运行。2012 年 5 月 4 日，三峡地下电站 27 号机组首次启动成功，此举标志着三峡工程最后一台 70 万千瓦机组即将投产发电。

永久船闸按年单向 5000 万吨和通过万吨级船队要求设计。过往永久船闸的船舶包括万吨级船队，每次过闸的时间大约需要 2 小时 35 分钟。2003 年 6 月 16 日，三峡船闸开始试通航。

2012 年 7 月 23 日，三峡枢纽开启 7 个泄洪深孔泄洪，标志着三峡水利枢纽工程正式建成。

---

① 葛洲坝水利枢纽工程位于长江三峡的西陵峡出口，南津关以下 2300 米处。距宜昌市镇江阁约 4000 米。大坝北抵汀北镇镜山，南接江南狮子包。它是长江上第一座大型水电站，也是世界上最大的低水头、大流量、径流式水电站。于 1971 年 5 月开工兴建，1972 年 12 月停工，1974 年 10 月复工，1988 年 12 月全部竣工。

4. 三峡工程主要有三大功能

1）第一功能，也是核心功能：防洪

三峡水利枢纽工程具有防洪、发电和航运三大功能。其中防洪被认为是三峡工程的核心功能。即三峡工程的第一要务是防洪，实现治理长江是中国几代人的愿望与梦想。

水库正常蓄水位 175 米，防洪库容 221.5 亿立方米，总库容达 393 亿立方米，可充分发挥其在长江中下游防洪体系中的关键性骨干作用，即可削减洪峰流量达每秒 2.7 万—3.3 万立方米。这使江汉平原最薄弱的荆江河段的防洪标准由原来的“十年一遇”提高到“百年一遇”。

截至 2019 年，三峡水库已数十次进行防洪调度、成功拦洪错峰，多次经受了比 1998 年更大规模洪水的考验，比如 2012 年 7 月 24 日把最大洪峰流量从 71 200 米^3/秒削减到 45 800 米^3/秒，当晚武汉市民在江滩闲庭信步，与 1998 年如天壤之别。三峡工程为保障荆江河段安全、使广袤富饶的江汉平原和沿岸 1500 万人远离洪水威胁发挥了重大作用。

> 每年 6 月上旬末，水库水位降到 145 米，175 米到 145 米间的落差使得水库空出 221.5 亿立方米的容量调控洪水。汛期，当上游来水汹涌，下游河道可能出现险情时，水库拦洪蓄水，抬高库水位；洪峰过去，危险排除后，水库又开始排水，使水位仍降至 145 米运行，腾出防洪库容，迎接下一次洪峰。到 10 月份，防洪压力减小时，水库开始蓄水，水位逐步升高至 175 米运行，使水电站按电网调峰要求运行。
>
> 第二年 6 月上旬又下降到 145 米高程。

有了这个防洪库容，三峡工程每年防洪的直接经济效益将达到 22 亿—25 亿元。若遇特大洪水，一次即可减少淹没损失几百亿元。

2）第二功能是发电

三峡工程的经济效益主要体现在发电。该工程是中国西电东送工程中线的巨型电源点，所发的电力将主要售予华中电网的湖北省、河南省、湖南省、江西省、重庆市，华东电网的上海市、江苏省、浙江省、安徽省，以及南方电网的广东省，可缓解我国的电力供应紧张局面。

3）第三功能是航运

三峡蓄水前，川江单向年运输量只有 1000 万吨，万吨级船舶根本无法到达重庆。三峡工程结束了“自古川江不夜航”的历史，三峡几次蓄水使川江通航条件日益改善。2009 年，通过三峡大坝的货运量有 7000 万吨左右。自 2003 年三峡船闸通航以来，累计过坝货运量突破 3 亿吨，超过蓄水前 22 年的货运量总和。

5. 三峡工程建成后所遭到的批评与责难

就在 21 世纪的头十年，三峡工程全面建成投入运行后，国内就有部分学者与人士，利用人们对生态环境问题的关注，发起了对我国这一世界最大的水利工程——长江三峡水利枢纽的“讨论”与“热议”。

部分学者，关注并担心三峡泥沙淤积日益严重，未来如何办。有人根据并不充足的观测数据，就著文提出三峡水库使周围很大范围的气候发生变化。还有的文章，强调三峡工程导致“白鳍豚、白鲟等顶级物种纷纷告急”等严重生态问题。实际上，早在 2006 年之前，由于长期以来有关地区的大量捕捞，白鳍豚、白鲟确实就已接近灭绝。这有许多调查资料可说明的，怎么能归因于三峡工程呢？还有，“十二五”与“十三五”期间，长江中游的一些大城市雨季涝灾严重，有些学者也归之于“大江水资源开发过度”。这样表述也是不妥的。据我了解与判断，那几个大城市的城市涝灾主要是由城市建设填占了过多的湖面面积，使城市周边地区蓄水能力大为下降引起的。

最为严重的，有人竟然打着科学的旗号，造谣说三峡大坝“已经开裂”“大坝发生了位移”，甚至有的文章提出，“三峡大坝何去何从？”“三峡大坝终将炸掉”“三峡欠一个向国人跪地谢罪的最后仪式”等。这些论调严重违背了千百年来国人的殷切期待与奋斗历史，严重违背了客观实际与科学道德。按照这些文章的观点，三峡工程不仅不是“造福今人、泽惠子孙”的“千秋伟业”，反而成了“决策轻率、遗祸无穷”的“千古之罪”[①]。这些论调与埃及阿斯旺大坝曾经遇到的来自西方非政府组织（NGO）制造的舆论的诋毁如出一辙。

至于说到埃及阿斯旺大坝建设及由此引发的“是不是要炸掉大坝”问题，我认为其背后主要是国际地缘政治斗争。当时埃及修建阿斯旺水库时，曾经有美苏等几方竞标，最后苏联在埃及的实力胜过美国，工程由苏联建成。阿斯旺水库大坝 1960 年开工，1967 年正式投入运行。水库工程带来了巨大的经济与社会效益——扩大了灌溉面积并实现常年灌溉，有效防止了旱涝灾害，减

① 这部分描述主要参考国务院发展研究中心研究员王亦楠 2020 年 7 月在《中国经济周刊》上发表的《当年反对建三峡的那些“预言”应验了吗？我们为什么需要三峡？》中的相关内容。

少了人民的财产损失，改善了航运条件，为经济建设与发展提供巨大的电力资源，还发展了养鱼等产业。许许多多的埃及人及国际人士说阿斯旺水库工程“养活了一亿人”，我理解是因为该工程使近亿人改善了灌溉条件和扩大了耕地面积，增加了收成。

然而，阿斯旺水库工程建成后，由西方尤其是美国操控的 NGO 大肆动作，发表诸多言论、发布大量调查材料，炒作称水库建设引发了“严重的生态灾难”。这些所谓的“灾难”包括：（部分地区）地下水位上升，进而引发次生盐渍化；下游三角洲部分耕地因水库拦截了上游的有机物，致使肥力下降；中游沿岸血吸虫病影响加剧；尼罗河河口处地中海海域，由于金枪鱼饵料减少，每年金枪鱼的捕捞量大幅降低等。他们甚至鼓吹埃及政府应炸掉大坝。在强大的西方压力下，数十年来，多届埃及政府都将“炸大坝”提上议事日程。但无论各届政府的政治倾向存在多大差异，始终都未做出“炸大坝”的决定。

三、长江经济带大规模经济发展与综合治理的国家决策

1. 20 世纪 90 年代国家开始谋划及开始大规模开发长江沿岸地带

早在 20 世纪 70 年代初，我国即开始从西方引进几批大型工业项目，特别是大型钢铁工业、大型石油加工企业、大型化肥、乙烯企业、大型有色金属加工企业等，基本上都布置在沿海地带与沿江地带。改革开放初期的 80 年代，国家集中大部分资源用于沿海地带的开放开发。长江沿岸地带的大开发是从 90 年代开始，并逐步加大了开发规模。到 21 世纪初，这两个全国一级重点开发轴线就基本形成大型的密集产业带。

前面已经提到了 1992 年全国人民代表大会正式通过了建设三峡工程的决定及其重大意义。1994 年，国务院召开了长江三角洲和沿江地区经济发展规划座谈会，长江沿岸地带的大规模开发与建设由此开始。新旧世纪相交那些年，国家为了应对亚洲金融危机，开始大规模投资建设基础设施与基础产业，长江沿岸地带是建设的重点。

长江沿岸地带的开发长时期集中于葛洲坝、三峡以及其他防洪、黄金水道开发等工程建设。直到 21 世纪开始，一批批大型钢铁、石油加工与石油化工、有色冶金、水泥及玻璃，以及特种钢材、大型与精密机械制造、工程机械、船舶制造、化肥、化学制药等产业逐渐发展起来。

2007 年 12 月 1 日，长江三角洲地区发展国际研讨会在上海召开，上海、

江苏、浙江三省市第一书记共同出席。江苏省委书记梁保华表示，必须形成以上海为龙头、长江为轴线、江浙沿海为两翼、两省全域为依托的 T 字形开发空间布局，更加有力地辐射带动周边地区和整个长江流域发展。我在此次国际研讨会上作了主题演讲。

2008 年美国发生了次贷危机，并很快发展成为一场席卷全球的金融危机。为应对这场全球金融危机，国家推出《关于进一步扩大内需促进经济平稳较快增长的十项措施》，明确中央拟安排 1.18 万亿元，带动地方和社会投资总规模约 4 万亿元（2008—2010 年）。据估算全国实际新增投资总规模可能达 20 万亿以上。2010 年，我国的 GDP 首次超过日本，成为世界上第二大经济体。长江沿岸地带在其中做出了巨大的贡献。

2. 将国家发展战略区域聚焦到"长江经济带"

随着三峡工程完工，长江中游的防洪问题基本解决，千百年来严重阻碍川江航运的问题不复存在。长江航运迅速发展，电力供应也大为改善。所有这些新的情况与有利条件，都给长江经济带带来进一步发展的巨大潜力。党的十八大之后，国家更加重视长江经济带的发展。2014 年 3 月 5 日，李克强总理在十二届全国人大二次会议上所作的政府工作报告中提出，"依托黄金水道，建设长江经济带"。这个表述意味着，长江经济带的建设已经成为国家战略。同年 4 月 28 日，李克强总理在重庆主持召开座谈会，研究依托黄金水道建设长江经济带时指出，"依托黄金水道打造新的经济带，有独特的优势和巨大的潜力"，"建设长江经济带，就是要构建沿海与中西部相互支撑、良性互动的新棋局"。

长三角是国家两条重点开发轴线的交会点，可以说是我国国家经济枢纽区的枢纽。2014 年 5 月 23—24 日，习近平总书记在上海考察时强调，要发挥上海在长三角地区合作和交流中的龙头带动作用，"要按照国家统一规划、统一部署"，"推动长江经济带建设等国家战略"。2014 年 9 月，国务院印发《关于依托黄金水道推动长江经济带发展的指导意见》（国发〔2014〕39 号）。该意见提出，要依托黄金水道推动长江经济带发展，打造中国经济新支撑带。同年 12 月 5 日召开的中共中央政治局会议提出，要优化经济发展空间格局，继续实施区域总体发展战略，推进"一带一路"建设、京津冀协同发展、长江经济带建设。随后 12 月 9—11 日召开的中央经济工作会议明确指出，中央决定重点实施包括长江经济带发展在内的三大战略，以跨越行政区划、促进区域协调发展。

2014年，《瞭望》新闻周刊发表了一篇题为《长江经济带战略诞生记》的文章：

“由东向西、由沿海向内地，沿大江大河和陆路交通干线，推进梯度发展。”这是今年两会期间，政府工作报告勾勒的中国区域经济发展的新棋局，并且首次将“长江经济带战略”落实到国务院施政纲领中。

在外界看来，这意味着长江经济带建设正式上升为国家战略，也预示着我国经济发展的“T”字形结构正在形成。而要回顾这一战略的形成，则要追溯到30年前。

决策部署步步推进

1984年9月底，经济地理学家陆大道在乌鲁木齐“全国经济地理与国土规划学术讨论会”上作了“2000年我国工业生产力布局总图的科学基础”的报告，初步提出“点-轴开发”理论和我国国土开发、经济布局的“T”字形宏观战略。

自1985年5月至1987年，陆大道参与由国家计委组织的《全国国土总体规划纲要》的制定工作，承担“全国生产力总体布局”部分的编写。作为未来15年我国国土开发和经济布局基本框架的“T”字形战略明确被写进了“纲要”。

此后，国务院发展研究中心原主任，著名经济学家孙尚清也强调，在“九五”期间乃至21世纪，要建设一个辐射和支撑全国的开发开放架构。这个架构就是以沿海开放地区为纵轴，以长江流域为横轴的“T”形开发开放战略。

2012年12月28日，时任国务院副总理李克强在江西省九江市主持召开长江沿线部分省份及城市负责人参加的区域发展与改革座谈会时强调，保持我国经济持续健康发展，中西部回旋余地和发展空间更大，沿江地带是重要的战略支点。先沿海兴旺起来、再沿江加快发展，梯度推进，这符合经济发展规律。在外界看来，这时决策层已经在考虑将长江经济带上升为国家战略。

进入2013年后，一系列决策信号密集出现。7月，习近平总书记在湖北调研时强调，“长江流域要加强合作，充分发挥内河航运作用，发展江海联运，把全流域打造成黄金水道。自此，长江流域的开发正式被国家层面提上议事日程，“黄金水道”也成为决策层一再提及的“关键词”。

2013 年 9 月 21 日，李克强总理又批示：“沿海、沿江先行开发，再向内陆地区梯度推进，这是区域经济发展的重要规律”，“依托长江这条横贯东西的黄金水道，带动中上游腹地发展，促进中西部地区有序承接沿海产业转移，打造中国经济新的支撑带”。

……。

（王仁贵.《长江经济带战略诞生记》. 瞭望，2014，36：23-24.）

2016 年 1 月 5 日，习近平总书记在重庆主持召开的推动长江经济带发展座谈会上强调，“推动长江经济带发展是国家一项重大区域发展战略”，“当前和今后相当长一个时期，要把修复长江生态环境摆在压倒性位置，共抓大保护，不搞大开发”，“新中国成立以来特别是改革开放以来，长江流域经济社会迅猛发展，综合实力快速提升，是我国经济重心所在、活力所在。长江和长江经济带的地位和作用，说明推动长江经济带发展必须坚持生态优先、绿色发展的战略定位，这不仅是对自然规律的尊重，也是对经济规律、社会规律的尊重”。

2018 年 4 月 26 日，习近平总书记召开深入推动长江经济带发展座谈会并发表重要讲话。他强调“将长江经济带打造成为有机融合的高效经济体”，同时指出长江经济带在全国的重要地位，“是我国经济中心所在、活力所在”。国家有关部门就积极落实习近平总书记的重要指示作了诸多的安排。

2018 年 11 月 18 日，中共中央、国务院发布《关于建立更加有效的区域协调发展新机制的意见》，指出要“充分发挥长江经济带横跨东中西三大板块的区位优势，以共抓大保护、不搞大开发为导向，以生态优先、绿色发展为引领，依托长江黄金水道，推动长江上中下游地区协调发展和沿江地区高质量发展”，要“加强‘一带一路’建设、京津冀协同发展、长江经济带发展、粤港澳大湾区建设等重大战略的协调对接，推动各区域合作联动”。

上述国家领导人的指示与国家政策，无疑也代表了我国众多学者及从事经济计划、经济管理工作者的共同观点。这也从一个很重要的角度，说明了长江沿岸地带为何在我的知识基础与思想理念中占有那么重要的位置，同时也说明了 T 字形结构为何可以写进《全国国土总体规划纲要（草案）》中并经受住了近 40 年的实践检验。

从 2018 年开始，长江经济带开始进入高质量发展与狠抓环境污染治理的阶段。

第二节 “万里长江”所经的地带：奇特而优越的自然基础与强大的经济发展潜力

1. 长江干流走向与纬度平行，绝大部分流域范围均在亚热带和暖温带内，降水丰沛

长江是中国第一大河，世界第三。长江干流走向与纬度平行，干流两侧各200公里左右范围均在亚热带和暖温带内。流域内大部分地区年平均降水量在1200—1500毫米。干流自西向东横贯中国大陆流入太平洋，全长6300余公里。长江有3600多条支流，全流域集水总面积180万平方公里，占我国陆地总面积的18.8%，年入海水量9660亿立方米。

长江流域地广人多，自然资源丰富。长江流域面积达180万平方公里，约占全国国土面积的1/5，但耕地却有3.6亿亩，占全国的1/4，养育着全国1/3以上的人口。长江流域可开发的水能资源占全国的53%，拥有多种矿产资源，储量在全国也占有重要地位。长江沿岸拥有大规模工业、交通和城市建设的空间容量，特别是水资源。我国北方近年每亿元工业固定资产投资花在水源上的就达500万—1000万元，水源不足严重地影响了很多地区的工业布局和经济发展，甚至影响人民生活。而长江年径流量近1万亿立方米，丰富的水资源是长江沿岸地带的一大优势。

2. 长江沿岸地带，拥有世界上最好的人居环境的大河地带

长江沿岸地带降水丰沛，温度适宜。土地资源丰富，以全国1/4的耕地面积生产出全国40%的农业总产值，造就了强大的农业基础。上游和中游蕴含巨大的水能资源。

就其温暖湿润的气候与广阔的平原与丘陵等自然特征而言，我国最大的人居环境适宜区显然是长江流域，甚至超过了东部沿海岸地带。

因此，作为大流域、大地带，长江沿岸地带的发展条件与开发潜力、人类宜居适宜度，在全世界的流域开发与人类社会经济发展中都是最为优越的。

从长江南北的地域范围来看，除了极为丰富的水能资源以外，部分金属与非金属矿产资源也相当丰富，例如：铁矿（马鞍山、大冶、鄂城、攀枝花）、煤炭（安徽、贵州等地）、铜矿（铜陵、德兴、会理）、铅锌矿（湖南、赣

南、贵州）、钨矿（赣南）以及稀土、锡矿（个旧）、磷矿（云南、贵州、湖北）等。

长江流出川渝地区后，特殊的山地地形以及两湖、皖赣地区的平坦地势等原因，再加上历史时期以来人口增加与经济活动带来的某些负面影响，长江在历史上也曾给中华民族带来相当严重的水患灾害。

3. 长江是现今世界上最长距离、货运量最大的内河航道

长江具有天然航道，全年通航，干流通航达 3600 公里，沟通华东、华中、西南三大经济区域，支流向南北伸展，通航里程达 7 万公里。长江又与大洋相通，水运条件得天独厚。借助海运和大运河，以及京沪、京广、焦柳、成昆等原有铁路干线和近年来建设的多条南北向穿越长江的高速公路，长江南北实现了密切联系，有效解决了新中国成立以来几十年一直存在的南北向运输能力严重不足的问题，例如北煤南运、南粮北调、矿石运输及大型设备运输等，以及改革开放后出现的农民工节日回乡客流量大等。对于东西向的运输，随着长江航道大规模的开拓，加之沪蓉（成都）高铁、沪昆高铁及长江南北几条东西向的高速公路建成，长江流域与全国各个地区实现了更紧密的联结。这些交通线路相互交织，共同构建起高效的运输网络，极大地促进了东西向的人员流动与物资运输，长江流域在全国交通格局中的重要地位愈发凸显。

三峡工程使“自古川江不夜航”成为历史，长江真正成为“黄金水道”。三峡水库蓄水前，川江航道不少江段还需人力拉纤，且搁浅、触礁、翻船等事故多发，过川江就如同过“鬼门关”。三峡蓄水后，重庆至宜昌 660 余公里的航道和长江中下游枯水季节的航运条件大为改善，万吨级船队可由武汉直达重庆，年单向通过能力由 1000 万吨级提高到 5000 万吨级，大型客轮可昼夜双向航行。

南京以下的长江下游航运发展和经济发展潜力相当于海岸带。自古代、近代、现代各时期，长江都是我们中华民族的东西向运输的“大动脉”。现已形成世界上最大的以水运为主，包括铁路、高速公路、管道及超高压输电等组成的综合性运输通道。2010 年长江流域内河港口的货物吞吐量为沿海港口总吞吐量的 38.2%，占全国水运货物吞吐量（包括沿海港口总吞吐量在内）的 28%。2016 年长江航运年货运量达 20.6 亿吨，分别为美国密西西比河、欧洲莱茵河年货运量的 4 倍和 6 倍。滨江一带有大量的适宜工业、交通设施建设的土地。

4. 长江流域经济发达，产业基础与人才资源颇具优势

万里长江，顺应了我国经济主流向为自西向东的大特点，再加上长江三角洲与整个长江流域经济发达的基础，无论对人类经济社会发展的意义还是对于国家的重要性都是无可比拟的。

以长江三角洲大城市群、成渝城市群，以及中心城市武汉、南昌、长沙、合肥等特大城市区域为长江经济带的几个核心，依靠这些特大城市连接更多的大中型城市和区域。长江经济带的腹地几乎包括小半个中国。长江流域的经济实力相当雄厚，其工农业总产值差不多一直占全国的 40%。长江干流及其附近区域建成了钢铁、石化、机械和电子等若干重要的工业基地。长江流域粮食产量约占全国的 40%，农业生产条件和持续发展的潜力在全国也是较好的。长江流域各省市人口较密集，文化教育传统悠久，优秀人才聚集，是我国科学技术与高端制造业最为发达的经济带。

5. 长江大尺度延伸了我国国防的战略纵深和战略空间

从近代工业革命开始，直至今天全世界形成的大国格局，可以看出：地球上最大的几条大河中，整个流域在一个国家内且可以通航的只有密西西比河、长江与伏尔加河。这三条大河各自的全流域都恰好分别在美国、中国、俄罗斯三个大国国内。这是否可以说明，具有航行之利的大河在历史长河中很可能是一种无形的国家形成、民族强盛与巩固的力量。

长江将长江三角洲与西进几千公里的大西南相连接，将我国最发达的沿海地带与广阔富庶的大西南后方连接成一体，客观上大尺度地扩展、延伸了中国国防的战略纵深，使中华民族在最需要的关头也能具有巨大的回旋余地与强大的战略空间，提高了国家与全体国民的安全感。长江的这种特殊的国家安全价值在世界上是无与伦比的。

6. 长江是一条数千公里的中国历史文化长廊

两千余年来，“万里长江”沉淀了无数与朝代更迭、民族迁徙、社会经济发展、天灾战乱、城池变迁、文人墨迹等相关的故事与文物。战国时期吴越争霸的风云（越王勾践卧薪尝胆十年，终雪前耻，击败吴王夫差）；三国时期孙权崛起江东，孙刘联军借诸葛亮“东风”之助，于赤壁大破号称八十万的曹军，留下千古传奇；关羽败走麦城、刘备白帝城托孤的悲壮遗迹；李白、杜甫笔下描绘“万里长江”壮丽景观的千古绝唱。此外，近现代长江沿岸的战争与政治遗迹、名人伟人的足迹与墨宝，亦不胜枚举。这些文化遗产无不承载着中

华民族深厚的历史文化底蕴。

7. 小结

如同王梦奎、孙尚清等著名学者所主张的"……长江经济带都将是我国今后经济增长潜力最大的地带，也将是支持 21 世纪中国经济成长的一级区域增长轴线"，"加快长江经济带的发展是我国第二、三步经济发展战略的重要组成部分，对全国的经济发展具有全局性意义"。

长江轴线与沿海发展带的中心部位恰到好处地联在一起，又由东向西深入内陆腹地，共同勾勒出一个巨大的 T 字形空间格局。这种独特的地理位置，既为长江流域经济发展创造了优越条件，又天然地促成了我国东、中、西部三大经济带在两条轴线重点开发建设中联成整体，为今后投资重点向中部和西部转移奠定了基础。"万里长江"汇入东海，其位置正处在世界经济增长最快的亚太区域的核心区域，这一区位优势更使长江成为我国内陆地区对外开放和参与国际市场竞争的最主要的经济走廊。

正因为有这样优越的经济地理条件，长江干流沿岸完全有潜力在今后几十年内，建成为集发达的交通通信网、集中且强大的工业体系、现代化商品农业、高度发达且多样化的集商贸金融业于一体的产业聚集带，与沿海地带并驾齐驱。

第三节　长江经济带大规模建设与发展

自两宋时期起，中国经济中心逐步移南移至东南沿海。长江三角洲地区凭借优越的自然条件，农业和手工业相当发达，商品经济活跃，城市也随之兴起。到了近代，西方资本主义国家侵入我国，利用与清政府签订的不平等条约，在我国主要通商口岸创办了一批近代工业，涉及机械缫丝、制茶、食品加工，以及水、电生产，其中上海是近代工业的集中之地。自 19 世纪 60 年代起，清政府推行洋务运动，在长江流域兴办了以军事工业为主的近代工业，如上海的制炮局、成都制造局以及汉阳铁厂等。至 19 世纪 80 年代，官僚资本又创办了上海织布局等轻工业。与此同时，小规模的民族工业也开始出现，主要涉及食品、缫丝、火柴、造纸等。长江中游的武汉，是中国近代工业发展初期的一个重要基点，拥有中国第一所近代钢铁工厂。

第一次世界大战期间，欧洲列强忙于战事，暂时放松了对中国的经济侵略。中国民族工业得到了较大的发展。棉纺织取代了丝纺织成为纺织工业的主力；食品工业主要有面粉、榨油、卷烟、火柴和制盐等；重工业则在钢铁、电力和修造船业等方面有所发展。当时以上海为中心的长江三角洲，包括无锡、南通、常州、苏州、杭州、常熟和宁波等一批新的工业城镇崛起，在全国工业格局中占据主要地位。

一、20世纪50年代的建设与发展

新中国成立后不久，经过1950—1952年的经济恢复，我国在1953—1957年实施了第一个“五年计划”。一方面对沿海少数老工业城市的部分原有工业进行必要的改造与扩建；另一方面集中主要力量开展以钢铁、机械、煤炭、纺织、化工等行业为主，以苏联协助我国设计的156个项目为核心的工业基本建设。这些项目大多在1960年前后竣工，成为我国工业的骨干力量。这一阶段，国家的战略重点位于东北地区（156项重点工程中有1/3布局在东北地区），其次是华北地区与西北部分地区。

在长江沿岸地带，主要发展举措包括着手建设武汉钢铁联合企业、重点将淮南煤矿打造成为我国五大煤矿区之一等。此外，在上海、重庆、成都、南京等地，实施了“限额以上项目”共694项，涉及机械、纺织、化工、石油、电子等多个部门与行业。

二、“三线建设”与中美关系出现解冻的70年代中后期

1. 继续进行“三线建设”

20世纪70年代的前半期，“三线建设”持续推进。湖北十堰的第二汽车制造厂与西南的攀枝花钢铁基地是建设重点，其他还包括重庆与贵州的黑色及有色金属冶炼与国防军工生产，成都的化工、电子信息及其设备生产，贵州与江西的煤炭开发，德兴、铜陵、会理的铜矿开发与冶炼，武钢规模的扩大，江南几个省大量的中小型有色金属矿开采、洗选与冶炼等。

2. 20世纪70年代中后期长江中下游成为经济布局战略重点之一

关于这方面的具体内容，本书第二章中已作了较为详细的介绍。自20世纪70年代中后期起，我国国土开发与经济布局开始向沿海地带及长江下游地区进行战略转移。1973—1980年，以引进项目为核心的工业建设，是针对20世纪60年代后期以来全国工业结构存在的主要问题而规划的。在投资方向上，重点是电力工业，其次是化学工业和钢铁工业，以解决极为紧张的原材料

和电力供应问题。“五五”计划期间，主要发展化纤、化肥、农药、纺织、食品、造纸等生产行业，旨在解决“吃穿用”问题，基建投资相较于“四五”计划期间有大幅度增长。可以看到，这时期国家的经济发展战略重点（以工业为主体与先导的经济总体布局）已由内地向东部沿海及长江下游的社会经济较发达的区域逐渐转移了。

三、改革开放初期与20世纪90年代的建设与发展

20世纪90年代，是我国经济增长速度普遍超过10%的阶段。当然这种超高速增长是以大规模国内投资及越来越大规模地利用外资实现的。发展的战略重点，以沿海地带为最主要，其次是长江流域，特别是长江沿岸地带。1987年3月25日下发的《全国国土总体规划纲要（草案）》中如下表述：

> 在生产力总体布局方面，以东部沿海地带和横贯东西的长江沿岸相结合的“T”型结构为主轴线，以其他交通干线为二级轴线，按照点、线、面逐步扩展的方式展开生产力布局。……我国东部沿海地带和横贯东西的长江形成密切结合的“T”字形态势，是2000年或更长时期内进行重点开发和布局的两条最主要的轴线。

自20世纪80年代后半期，在继续加强沿海经济发展的同时，国家有关部门及沿江各省市集中资金开发建设长江产业带。长江沿岸陆续对外实施开放开发。90年代初，国家做出建设浦东新区的决定，实行一整套改革开放的新政策，大力促进以上海为核心城市的长江三角洲（城市群）的建设。这时候沿海开放开发已经取得巨大进展。浦东新区开发开放成为T字形两条重点轴线发展的一桩重大举措，使上海成为全国经济发展的空间集合点与新平台，也是T字形空间结构的集合点。

自80年代以来，长江沿岸的江苏、安徽、江西、湖北、湖南、四川等省都提出，要重点开发长江沿岸产业带，将本省的建设重点放在长江沿岸。1988年12月16日，《人民日报》头版报道，我国确定大规模开发利用长江，确定建设一大批大型产业项目，并把长江中游作为20世纪末全国重点综合开发地区之一。“七五”期间计划在沿江投资1040亿元，超过国家投资总额的1/4。许多地区都在宣传实施本地区的点-轴重点开发战略，集中开发建设各种类型的密集产业带。在二级发展轴方面，重点建设的有陇海、胶济、长大、焦枝等铁路沿线和黄河上游部分河段等产业带。

我在1984年的《二〇〇〇年我国工业生产力布局总图的科学基础》一文中那段简要、准确的刻画：

> 上述两大重点轴构成“T”字形。长江轴将内地两个最发达的核心地区与海岸地带轴联系起来，两轴在经济最发达的长江三角洲交会。这种空间结构形式较准确地反映我国国土资源、经济实力及开发潜力空间分布的基本框架，也有助于今后更好地利用与国外经济技术交流中所激发起来的巨大动力。将此二轴进一步开发建设好，就可奠定国民经济翻两番的基础，并促进与之相联结的二级三级发展轴线，使全局获得顺利发展。

得到了实践的印证。我在文章中所描绘的T字形结构是国家空间结构发展最形象的图形表达，诠释与前瞻了我国改革开放大格局的科学性、长期性，具有重大意义。这个阶段，上海以浦东为统领，大力推进涵盖空间结构在内的全方位结构性改革。为了增强作为世界级大城市群的核心城市的竞争力、提升经济发展效益，上海开始大力发展金融、商贸、信息、物流，并着重发展高端服务业，同时将一般性的原材料生产、汽车制造、石油化工、纺织、日用品生产等产业调整到较远的区县级城镇。

在上海示范引领和产业结构调整的辐射带动下，南京、武汉、成都、重庆、合肥等一批城市迎来发展契机，大型与精密制造、信息设备生产、精细化工生产、汽车制造等产业得以蓬勃发展。例如，扬子石化（以仪征为主体）带动了江浙沪的化学制药、化工原料及合成材料行业的发展。长江中上游地区，钢铁、建材与机械制造等传统产业规模不断扩大，大中城市开发建设进程加快。

相应地，长江航运和其他水运设施也进行了较大规模的开发与建设，长江货运量大幅度增长。

20世纪90年代，长江经济带基础工业、能源重化工业、农业等迅速发展，使其经济获得持续、高速度增长。1979—1992年，全国经济年增速为9.0%，1991—1995年为11.7%。长江经济带的中下游地区发展的速度明显超过全国平均。其中，上海连续10年实现两位数增长，平均为12.5%。其中，高新技术产品出口生产与信息产业产品出口特别突出。

自20世纪90年代后期，由于宏观经济环境的改善和经济高速增长，全国开始了大规模的城镇化。1985—1992年，全国城镇化水平由23.7%提高到27.6%，1999年提高到30.9%。2000年第五次人口普查，调整了市镇人口的统计标准，全国市镇人口达到4.56亿，城市化水平达到36.0%。从1978—

1999 年，我国设市城市从 191 个增加到 667 个。在 1999 年的 667 个城市中，200 万以上人口的大城市 13 个，100 万—200 万人口的大城市 24 个，50 万—100 万人口的大城市 49 个。城市集中了全国 50%的工业总产值。改革开放以来，小城镇净增加 17 553 个，年增速 111%，小城镇人口数达到了 1.7 亿。

从图 12-1 可以看出，T 字形结构的两大地带，是各类城市最集中的区域。

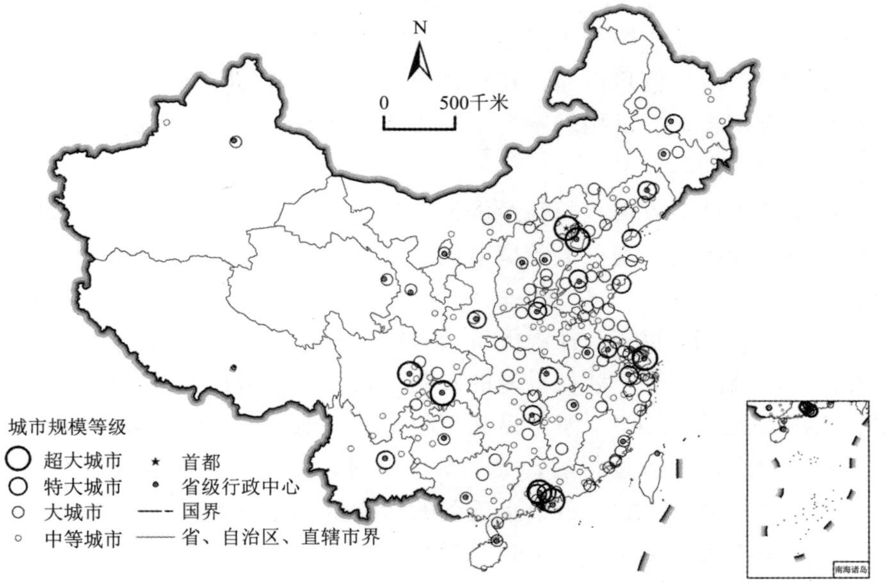

图 12-1　我国城市规模等级划分及其分布图

（本图是戚伟根据 2020 年普查资料绘制并提供）

注：本图城市规模等级划分参照国务院公报（2014 年第 32 号）《国务院关于调整城市规模划分标准的通知》确立的“以城区常住人口为统计口径，将城市划分为五类七档”新标准。“城区常住人口”数据来源于《2020 中国人口普查分县资料》。2020 年，我国共有超大城市 7 个、特大城市 14 个、大城市 84 个、中等城市 135 个和小城市 443 个，本图不包含 443 个小城市。

四、21 世纪全面快速发展——成就与问题

1. 大规模建设持续进行

我国于 1979 年正式开启了改革开放的进程，1992 年开始重视发展市场经济并实施了一系列改革措施。这使得我国在 90 年代开始了大规模工业化的进程，城镇化进程也随之加速。2001 年 12 月，我国加入了 WTO，从此开始了全球化的进程，大规模利用国际资本、大量进口能源及铁矿石、铝土矿、粮食等。当然，出口规模也呈双位数增长。这使得我国经济发展保持了前所未有的

连续高速增长态势，显著提升了国家经济实力。

在21世纪头10年，长江经济带充分抓住了我国加入WTO的机遇，即大规模进口原油、铁矿石、炼焦煤（主焦煤）、有色金属精矿石，以及石油化工设备、精细化工生产设备、金属与化工新材料生产设备、多种类型的机械制造设备、汽车及其他运输工具制造设备、较为先进的机床、新型纺织机械等。相应地，长江经济带开始大规模出口粗钢与各型钢材、石油化工合成材料的原料、中间体和半成品（医药中间体、染料中间体与涂料中间体）、轻纺工业产品。与此同时，电子信息产品、建筑材料、普通钢材与炼钢生铁、交通运输工具、汽车及农用车辆、日用轻工与工程机械、五金工具等产品的生产与销售，也获得了快速的发展。

在高新技术产业方面，长江经济带主要是在大型宽厚钢板与特种钢材、有色金属制品（如电线电缆）、各型电机、化工新材料、电子信息产品、新能源等领域有较大的发展。

在20世纪头10年，长江经济带的农业、水产业，以及相应的加工贸易及水产养殖业科技园区等，获得普遍的发展，农民收入增长明显。特别是在江汉平原、四川盆地及长江中下游的沿江丘陵与平原地带，这种态势相当明显。

三峡工程全面投入运行后，交通部门又进行了新一轮航道疏浚。到2015年前后，长江作为巨大的“黄金水道”的功能得到充分发挥，运量很快大幅度增长。在三峡工程逐步全面投入运行的情况下，国家加大对长江干流航道的整治，着力解决“两头深、中间浅”，特别是荆江航道的“卡脖子”问题。由此，长江航道状况有了很大的改善，通航能力有了相当大的提升。

长江口—南京段：航道水深12.5米，通航5万吨级（11.5米）以上船舶。

南京—芜湖段：航道水深10.5米（最低水位为9米），可通航3万吨级船舶。

芜湖—安庆段：航道水深为8米（最低为6米），可通航万吨级船舶。

安庆—武汉段：航道水深为6米，可通航万吨级船舶。

武汉—宜昌段：航道水深为3.5米，可通航3000吨级船舶。2021年11月开工建设4.5米航道，工程实现后，可实现5000吨级船舶达到重庆。在此的多年前，荆江航道开行船舶平均吨位不足2000吨，过船能力非常紧张。

说明：I 级航道—3000 吨级：3.5—4.0 米；5000 吨级船舶：4.5 米；10 000 吨级船舶：9.3 米。三峡船闸：5000 吨级。

（王成金研究员 2023 年提供）

长江下游河段船舶扎堆长江口、严重拥堵状况，以及上海港等长江航运与海运的中转枢纽港口的超负荷运营状况，近年来也有了很明显的改善。

“十五”至“十一五”期间，在长三角地区中，核心区上海浦东重点发展以信息业为基础的高端金融、商贸及其他高端服务业，周围地区发展了高端制造业与新材料产业。

2. 经济与社会发展成就辉煌

20 余年来，长江经济带的经济与社会发展，成就极其辉煌，对我国成为世界上第二大经济体、第一大制造业大国，起到了巨大的作用。

长江流域各地区经历了全面的大规模开发。仅皖、赣、湘、鄂、川、渝、黔、滇等中上游 8 省市统计（即不包括苏浙沪两省一市在内的长江经济带），在 21 世纪最初的十多年里，都基本实现了平均 10%的超高速经济增长；1992—2016 年的 25 年中，年 GDP 总量翻了 3.5 番，明显高于全国平均水平。

实现这种增长主要的支撑产业是能源重化工及物流、大农业等。当然，高技术产业和高端制造在部分特大城市，如成都、武汉与重庆等，也有了较大规模的发展。如果对包括苏浙沪在内的 10 省 2 市内拥有长江岸线的地市级范围的地域（上海市及重庆市全部）进行统计，1988 年长江经济带占全国 GDP 的 21.5%，2013 年上升到占全国的 29.3%（请注意，这个比例是不包括 10 个省中不拥有长江岸线的地市范围的统计数据）。

还是以长江中上游的 8 省市计算，由于充分利用长江流域的资源，特别是利用长江三峡工程提供的大通道廉价水运以及国内外市场提供能源、矿物原料及需求的条件，大规模发展能源重化工：1990—2015 年的 25 年间，钢的年产量由 1748 万吨上升到 14 011 万吨，钢材年产量由 1383 万吨上升到 17 557 万吨，分别增长了 7 倍与 13 倍以上；化肥年产量由 703 万吨增加到 3423 万吨，增加了近 5 倍；水泥年产量由 5444 万吨增加到 85 799 万吨，增加了 15 倍；其他，有色冶金、石油化工、火电等高耗能、大污染部门与企业数量也以类似的高速度迅速增加。高超速度增长及比较初级的产业结构导致能源消耗、原材料与建筑材料需求量、物流量、排放的污染物大幅度增加。

在 GDP 高速增长和能源重化工产业迅速扩张的驱动下，交通运输量几乎每年呈两位数增长，承担了大量的铁矿石、煤炭、有色金属矿石、水泥、砂石、钢铁、原油与成品油、汽车、机械设备、粮食等（主要是大宗货物）的货运及愈来愈多的旅客运输。多年来，长江航务局及各地区各部门，在干流与主要支流的下游建了诸多水运枢纽港及一般性港口设施，开辟了大量的航线。

五、结构性问题开始凸显

在经济高速发展的同时，经济的结构性问题、生产经济效益较低、资源消耗过大、环境污染等问题也日渐凸显。在这情况下，2002 年党的十六大报告在关于经济发展的部分很有针对性地强调：

> 走新型工业化道路，大力实施科教兴国战略和可持续发展战略。实现工业化仍然是我国现代化进程中艰巨的历史性任务。信息化是我国加快实现工业化和现代化的必然选择。坚持以信息化带动工业化，以工业化促进信息化，走出一条科技含量高、经济效益好、资源消耗低、环境污染少、人力资源优势得到充分发挥的新型工业化路子。

十六大之后，党中央提出要实施“科学发展观”，各方面都据此制定了诸多的方针政策。但是，长江经济带与全国整体情况相同，在实现经济持续高速、超高速增长的同时，在转变经济增长方式、阻止低水平的重复建设，以及解决能耗高、效益低、污染严重等方面，有些方针政策并未得到具体的落实，也未取得成效，甚至可以说，这种情况及其导致的后果在长江经济带表现得更为突出。具体情况将在第十三章中进行全面且必要的分析。

主要参考文献

白和金等. 21 世纪初期中国经济和社会发展战略. 北京：中国计划出版社, 2000.
陈栋生. 跨世纪的中国区域发展. 北京：经济管理出版社, 1999.
桂世镛、魏礼群. 关于到本世纪末经济和社会发展战略的若干构想. 计划经济研究, 1987, 6: 10.
陆大道. 我国生产力区域布局的基本框架. 长江开发报, 1987-08-13. 第 3 版(理论版).
陆大道等. 加快长江产业带的开发与建设. 中国科学报, 1992-06-2. 第 2 版.
陆大道等. 中国区域发展报告(1997、1999、2000、2002). 北京：商务印书馆.
陆大道等. 中国区域发展的理论与实践. 北京：商务印书馆, 2003.
孙尚清. 长江开发开放. 北京：中国发展出版社, 1996.
王梦奎、李善同等. 中国地区社会经济发展不平衡问题研究. 北京：商务印书馆, 2000.

第十三章

长江经济带环境治理与可持续发展任重道远[①]

本章对习近平总书记提出的“共抓大保护，不搞大开发”指示的重要意义进行了分析概括，并结合当时的发展与环境危机态势，指出了当时问题的主要症结所在；同时强调了实施“共抓大保护，不搞大开发”最为关键的是落实一个“共”字，即“共抓”。此外，本章对各地区、各部门应如何长时期采取协调一致的具体行动，以解决突出问题所涉及的几个主要领域作了阐述。

第一节 “十二五”期间长江经济带问题的症结之所在

2016 年初，习近平总书记作出了长江经济带要“共抓大保护、不搞大开

① 本章的基本内容与主要观点和数据，来自于中国科学院学部的咨询课题《长江经济带保护与开发若干战略问题研究》。该课题于 2018 年立项，2019 年 8 月期间完成。按照中国科学院学部的要求，在这个全稿基础上，概括形成 1500 字的题为“关于长江经济带绿色发展的建议”简要稿，以“陆大道等七位院士专家”名义于 2022 年 6 月 17 日正式上报。课题组组长陆大道研究员，课题组成员有宋献方研究员、王成金研究员、陈明星研究员、马丽副研究员、孙东琪副研究员及宋涛副研究员。该报告是在各成员提供分报告与有关资料基础上，由陆大道执笔完成。在编写过程中，杨立虎副研究员等就三峡工程运行对中下游水文状况的影响作了具体的分析。该报告中叙述的情况与态势基本上可反映 2020 年前后的状况。

除了该篇咨询报告以外，我还研究撰写过多篇关于长江经济带发展的院士建议：2014 年 4 月 15 日，中国科学院有关部门上报了专报信息（42 期）《陆大道院士建议将长江经济带作为我国国土开发与经济布局战略的重要组成部分》；2014 年 5 月 8 日又以“中国科学院院士建议”的形式上报了陆大道撰写的《建设经济带是经济发展布局的最佳选择——长江经济带的经济发展潜力极其巨大》报告。

发”的指示。这既是中国进入以经济高质量发展为目标的新时代的客观要求，也是解决长江经济带在以往几十年大开发中积累起来的许多问题的基本方针。

20世纪90年代中期开始，长江经济带走上了一条符合当时我国经济发展阶段特征与长江流域自然特点及基础条件的大发展（大开发）之路：充分利用浦东开发开放提供的联通国外市场的信息、资金、原料、企业、市场、技术等机遇，利用长江流域的资源、廉价水运（特别是三峡工程投入运行后），以及国内外市场提供的能源、矿物原料及产品需求的条件，使以能源重化工为主体的经济获得了持续的高速与超高速的增长。

其中，长江中上游自20世纪90年代中期至2016年之前，实现了年平均约10%的超高速经济增长，即在大约20年间，年GDP总量翻了三番以上。以9省2市内拥有长江岸线的地市级（上海市及重庆市全部）计算，20世纪90年代初至2013年间，长江经济带GDP占全国的比重由22%上升到约30%。钢铁、焦炭、石油加工与石油化工、合成材料、化肥、农药、水泥、平板玻璃、制药等，1995—2015年，年产量实现了三四倍甚至七八倍的跃进式增长。

这些能源重化工生产的超大规模发展，成为带动整个长江经济带经济与城镇化大发展的“发动机”，但也是造成长江经济带环境大污染的“元凶”。

在经济总量与交通运输大发展的带动下，城镇化快速发展，城市建设大规模扩张。各地区大量建设大大小小的开发区，几乎布满了长江干流与主要支流下游的两岸。

历史上已经较为广布的有色金属与非金属矿开采（包括洗选），自90年代中期以来，开始了遍地开花式的大发展。江西、湖南两省各有超过2000家小矿山（企业），贵州、湖北两省均在1500家以上。

广大农村通过推广高密度养殖、提高复种指数及大幅度增加化肥、农药施用量等手段，农业产值也取得相当普遍的快速增长，农民收入普遍迅速提高。为了满足大发展的需要，各地区在长江干流及主要支流沿岸开始大规模填湖，加上三峡工程投入运行，明显改变了中游部分河段特别是两岸湖泊的水生态环境，造成了学术界部分学者反应强烈的水生生物的“生存危机”。特别是中游的长江干线两侧大规模填湖造地、造城、造湖、造养殖场，数量惊人。带来的水生态与水环境问题，远远超过干流水利枢纽工程带来的水生态问题的影响范围及严重性。

长江干流沿线各城市用水基本上是通过引、调、抽等方式取用长江水。

城市备用水源地普遍缺乏，抵御江河湖突发水污染事件的能力较弱。一旦过境水被污染，供水就会中断。21 世纪以来，沿江城市广泛地开展了引江济湖工程的规划或实施，更加重了江水污染对广大中下游地区城乡供水水源安全的威胁，直接影响到长江流域地表水与地下水水源地的水质安全。

综上所述，改革开放以来，尤其是 20 世纪 90 年代中期以后，各部门、各地区充分利用廉价水运、近水取水及近水排污等便利条件，实现了经济的高速增长与社会的快速发展。然而，这种发展是在较为初级的产业结构下，通过大量消耗能源、原材料、建筑材料以及产生大量货物流量而取得的。正因如此，各自为政的本位主义现象愈发严重，这种发展模式已难以为继。

以能源重化工为主导对于 GDP 增长具有很大的诱惑力和欺骗性，不能无约束、无限制的发展。

第二节　长江经济带的污染治理与生态保护任重道远

在 2016—2021 年的五年中，长江经济带的经济发展与生态环境治理都取得了不同程度的显著成就。中央各级、各地区的发展理念，基本统一到党中央提出的“绿色发展”“生态优先”“共抓大保护，不搞大开发”战略思想的高度，都将共同实现长江经济带的绿色发展作为大目标。各有关涉长江的主管部门共同发出了诸多文件，有关地区也初步建立了共同解决问题的机制。这一阶段长江治理的成效是很大的，突出的。主要治理领域有：①沿江化工企业与园区开始了清理；②进行了企业污水减排、磷石膏污染整治、固体废物排查、城乡垃圾黑臭水体治理等工作；③对数以千计的开采铁、铜、铅、锌、钨、稀土及非金属砷、石灰石的小矿山的尾矿坝与废弃矿山，通过专项行动，治理、关闭了一部分；④清理（关停等）了一部分各地市县的中小型开发区等；⑤一些大型的饮用水源地、入河排污口、沿岸一些固体废物等得到清理；⑥城市附近码头上下游“小、散、乱”，城市居民“临江不见江”等现象得到解决。

根据有关部门发布的数据，长江流域的水质状况整体有所提升，部分大中城市附近的长江岸线生态复绿有很大进展，昔日“满目疮痍”的景象明显改变。在增长质量方面，高新技术产业与产品有较大幅度的增长，部分大城市各种类型的新区的区域创新体系建设有新的进展。长江的岸线治理、长江水质有较大程度的改善，中游城市治涝与城市环境有明显的改善。

以上为治理污染与恢复生态所采取的“专项行动”“保护修复攻坚战行动”“专项整治行动”“挂牌督办”“标志性战役”“雷霆行动”等，虽然取得了不小的成效，但较之长江经济带几十年大开发所造成问题的严重性而言，只能算是治标性的治理行动，解决的是些看得见的问题，真正的源头问题没有真正触动。已经进行了的治理项目，实效如何以及能否坚持还是问题。具体问题表现在：其一，声势很大、雨点小、“大扫除式”的一阵风的不少，能否持久是个问题。其二，重点治理的是已经表现出来的情况，而污染物的产生地（企业、车间、矿山矿坑、码头、养殖场）的实质问题并没有得到根治，关闭或转产的并不是最紧要的部分。其三，动真格的少，即使发现了问题，但难以下决心，有些问题只是解决了一阵子。

一、2016年以来“大开发”仍在继续

2016—2020年，长江经济带11省市GDP的年增速都高于全国平均水平，即长江经济带五年分别是8.2%、8.0%、7.5%、6.9%与2.7%（2020年是受新冠疫情影响），都明显高于全国平均水平的6.8%、6.9%、6.7%、6.1%、2.3%；五年的平均增速，长江经济带为6.6%，全国不到6.0%（国家统计局提供的分析数据）；其中，2018年增速超过7.0%的就有8个省市，2019年增速超过7.0%以上的仍有7个省市。

有人说，污染严重性不在于产业规模的大小，而在于如何发展。但在这样大的空间尺度与这样小的时间尺度内，大多数排污企业的技术经济条件不可能普遍获得明显改善，生产规模就成了决定污染规模及其严重程度的基本因素。也就是这个因素促使西方国家在20世纪70—90年代大量向外大规模转移这类生产。

这种不可持续的“大开发”，也给当下开始的国内国际双循环发展造成了阻碍。

二、能源重化工发展势头仍然强劲

由图13-1可以看出，在实施“绿色发展”的5年（2016—2020年）中，整个长江经济带11省市的能源重化工仍然在很大的基数上高速增长。

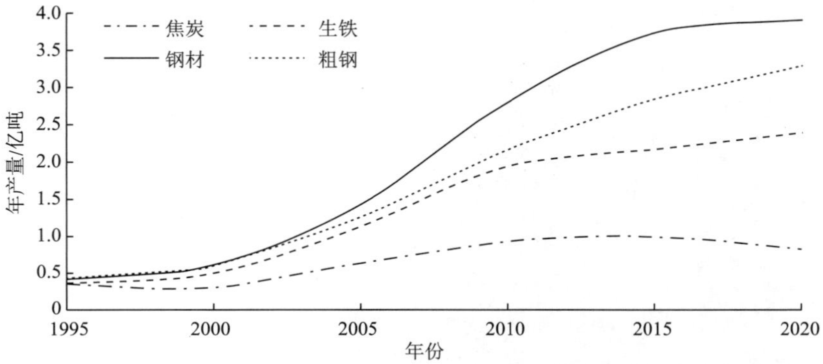

图 13-1　1995—2020 年，长江经济带 11 省市焦炭、生铁等能源重化工产品增长曲线

2015—2020 年生铁年产量由 2.18 亿吨增加到 2.4 亿吨，净增 2200 万吨（相当于每年新增 3—4 个大型钢铁厂）；粗钢年产量由 2.84 亿吨增加到 3.29 亿吨，净增 4500 万吨；钢材年产量由 3.74 亿吨增加到 3.91 亿吨，净增 1700 万吨。支撑钢铁工业发展的焦炭生产由 1.0 亿吨降到 8300 万吨。需要指出的是，按照我国 2010 年高炉炼铁的平均焦比（550 千克/吨）及炼钢、轧材用焦炭合计，长江经济带年消耗的焦炭应该是 1.6 亿—1.7 亿吨。也就是说，这 5 年之中，长江经济带每年从我国北方运入（加部分进口）了大约 8000 万吨的焦炭。钢铁工业是我国现阶段产生有害有毒污染物（炼焦的熄焦水和处理不好的煤焦油、烧结和高炉的烟气与冷却水、炼钢炉排出的浓烟等）的重点行业。在这些废水废气中，含有大量的有毒有害物质。图 13-2 显示了这个时间段长江经济带钢铁厂的分布情况。

图 13-3 显示了 1995—2020 年长江经济带 11 省市酸碱、塑料等能源重化工产品增长情况。2015—2020 年，水泥年产量由 11.6 亿吨增加到 12.1 亿吨，净增 5295 万吨，平板玻璃年产量由 3.07 亿重量箱增加到 3.54 亿重量箱，净增 4700 万重量箱。超大规模的水泥与平板玻璃生产是支撑我国大规模城乡建设的基本原材料。生产排放的烟尘量非常大，这是全国当时有近千万硅肺病病患的主要原因之一。

2015—2020 年，硫酸年产量由 5552 万吨增加到 5677 万吨，净增 125 万吨；烧碱年产量由 995 万吨增加到 1013 万吨，净增 18 万吨；纯碱年产量由 827 万吨增加到 1124 万吨，净增 297 万吨。三酸两碱是冶金（钢铁、有色金属）、有机合成材料制造、化肥生产、医药制造等行业的重要工艺原料，还可用于洗涤、催化、溶剂等领域，同时也是建筑及工程方面的主要材料。

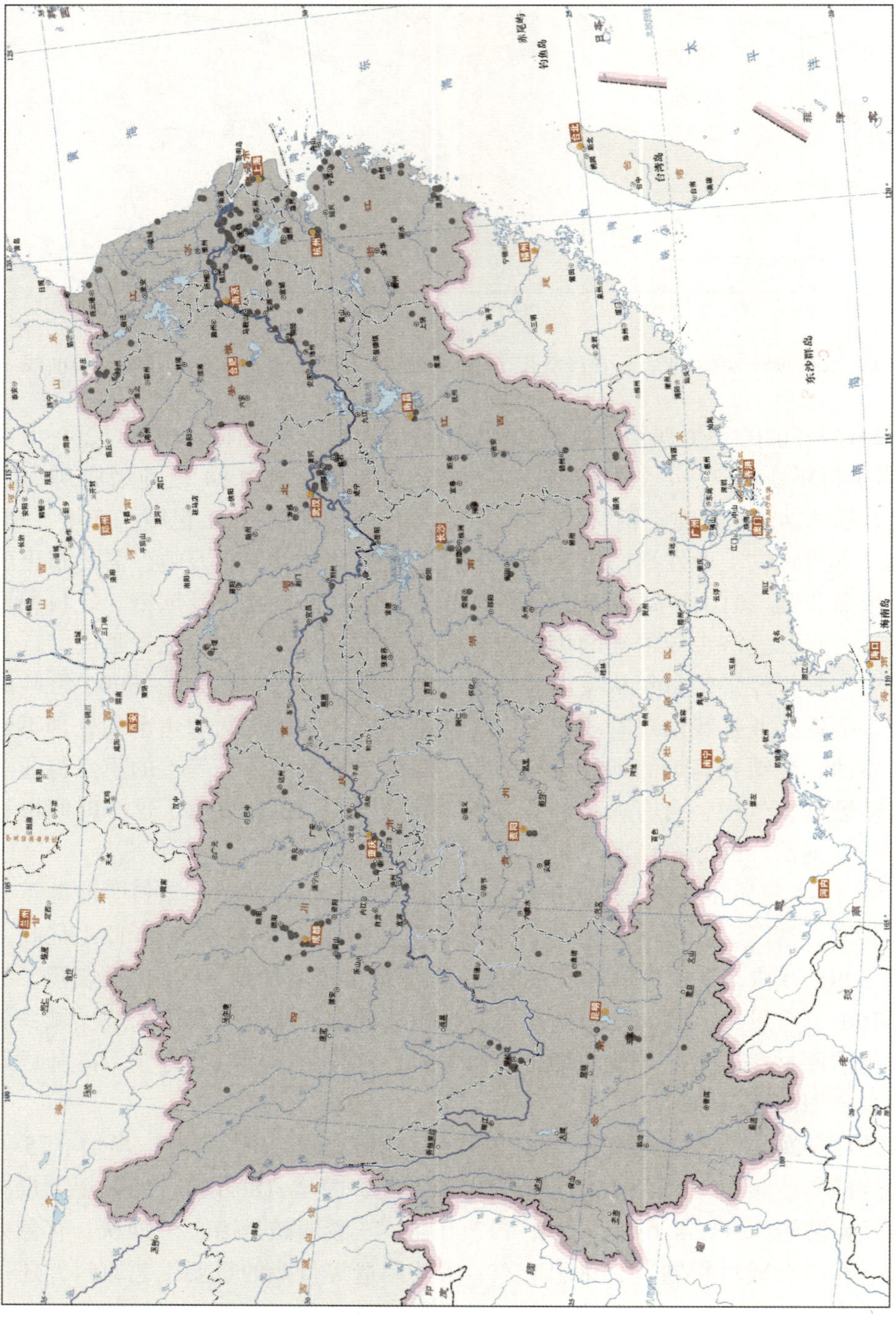

图13-2 长江经济带钢铁厂分布

石油化工的最主要的基础性原料乙烯，是衡量有机化工及合成材料生产水平的主要原料与中间产品。2016—2020 年，乙烯年产量由 587 万吨增加到 644 万吨，净增约 70 万吨，相当于加工 1500 万吨原油的超大型炼油厂提供的轻质馏分所能裂解的乙烯等有机化工原料的规模。塑料年产量由 3185 万吨增加到 3617 万吨，净增 432 万吨；化学纤维年产量由 3874 万吨增加到 4577 万吨，净增 703 万吨。

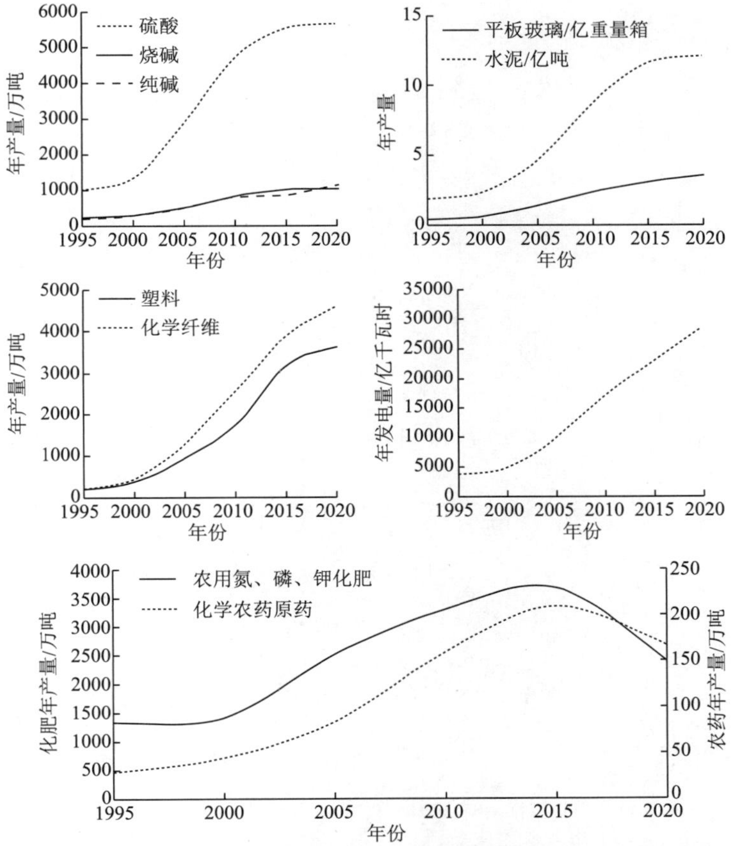

图 13-3 1995—2020 年，长江经济带 11 省市酸碱、塑料等能源重化工产品增长曲线

在年产 2 亿多吨生铁、3 亿多吨钢、8000 多万吨焦炭及其副产品 250 万吨煤焦油，加工 2 亿多吨原油及其轻油裂解生产的 700 万吨乙烯等基础之上，长江经济带发展了全国最大规模（较南方、华北、东北等大区域而言）的塑料、合成纤维与合成橡胶、精细化工、基本无机化工、化肥、其他机化工原料、中间体、制成品的生产。图 13-4 显示了这一时期四川省、重庆市、贵州省和湖北省的磷肥厂分布情况。

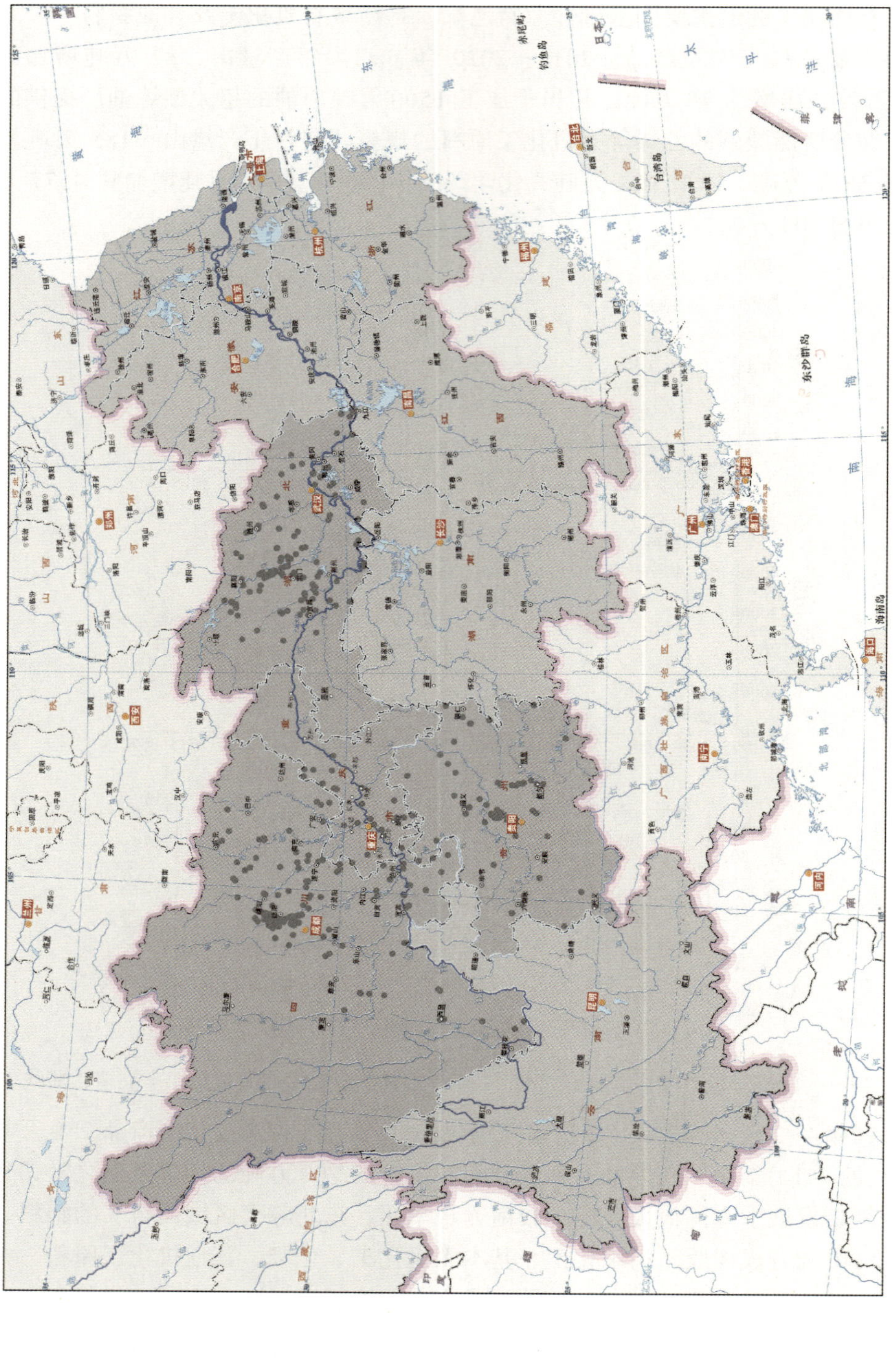

图13-4 四川省、重庆市、贵州省和湖北省的磷肥厂分布

煤焦油化工、石油加工与石油化工及其下游生产出大量的基础与基本的化工原料，包括三烯二苯一炔一萘。通过数量很大的“精细化工”与“新材料”生产出大量的基本有机化工原料，包括甲醇、甲醛、合成乙醇、乙醛、醋酸、环氧乙烷、异丙醇、丁醇、辛醇、苯酚、丙酮、环氧氯丙烷、合成甘油、苯酐。利用这些原料与中间体，又进一步生产出医药、染料及涂料的中间体[氯磺酸、硫酸二甲酯、异丙醇、山梨醇、甲基吡啶、吡唑酮、水杨酸、甲胺、二甲基甲酰胺、邻甲苯胺（也是染料）、甲萘酚、邻苯二胺、顺酐、对硝基氯化苯、对硝基酚钠、苯胺、二萘酚、甲萘胺、二硝基氯化苯、对苯二酚、对硝基甲苯、邻硝基甲苯等]。

长江经济带有大大小小的化工厂、制药厂，所利用的许许多多化工原料、矿物质中，相当部分是有毒的。生产、储存、运输过程中排放的“三废”，也就有相当多的是有毒乃至剧毒，如酚、氰与氰化物、铬及其化合物、汞、砷及砷化合物、磷及有机磷、有机氯与苯的硝基化合物、苯胺等。

当然还存在有“化工围江”、“钢铁围江”等现象。2016 年经济带沿岸集聚着约 40 余万家化工企业。大约上千个大中城市及大型企业的饮用水水源地分布在沿江两岸 5 公里范围内，直接或间接从长江取水。

沿江的钢铁企业（公司与总公司）有 260 多家。其中，有宝钢、南钢、马钢、武钢（包括黄石、大冶）、重钢五家超大型钢铁基地，几十家中型钢铁联合企业，及大量专业性的炼铁、炼焦、炼钢、轧钢企业；有十多家大型石油加工与石油化工联合企业及上千家大大小小的化工厂。

长江经济带有巨大数量的制药产业群。仅仅江苏省就有 530 多家。浙江、上海与湖北也是制药企业非常集中的省市（图 13-5）。粗略估计，整个长江经济带有制药企业不下 3000 家。其中超过 70%是化学制药，而且是利用有毒性的有机化工原料、化工中间体、半成品及催化剂、溶剂、增塑剂等，同时也排出诸多毒性很强的污染物。这当然加强了我国有关合成材料的生产，提高了我国精细化工研发与生产水平。其中有国际合作背景的企业，每年将大量的医药中间体、染料中间体及涂料中间体出售给德国、日本、美国等西方大公司，最终合成价格昂贵的成品。

2016—2020 年，长江经济带的经济增长绩效在全国经济增长中的份额保持上升。这一方面反映了长江经济带的经济增长潜力很大，但另一方面我们也有理由得出，长江经济带以往导致长江大污染的“大开发”仍在继续。大污染行业特别是能源重化工仍在大规模扩张，其中大部分大企业未能采取重大的设备更新与工艺技术改造措施。各类污染物的排放量必然会同步增加。

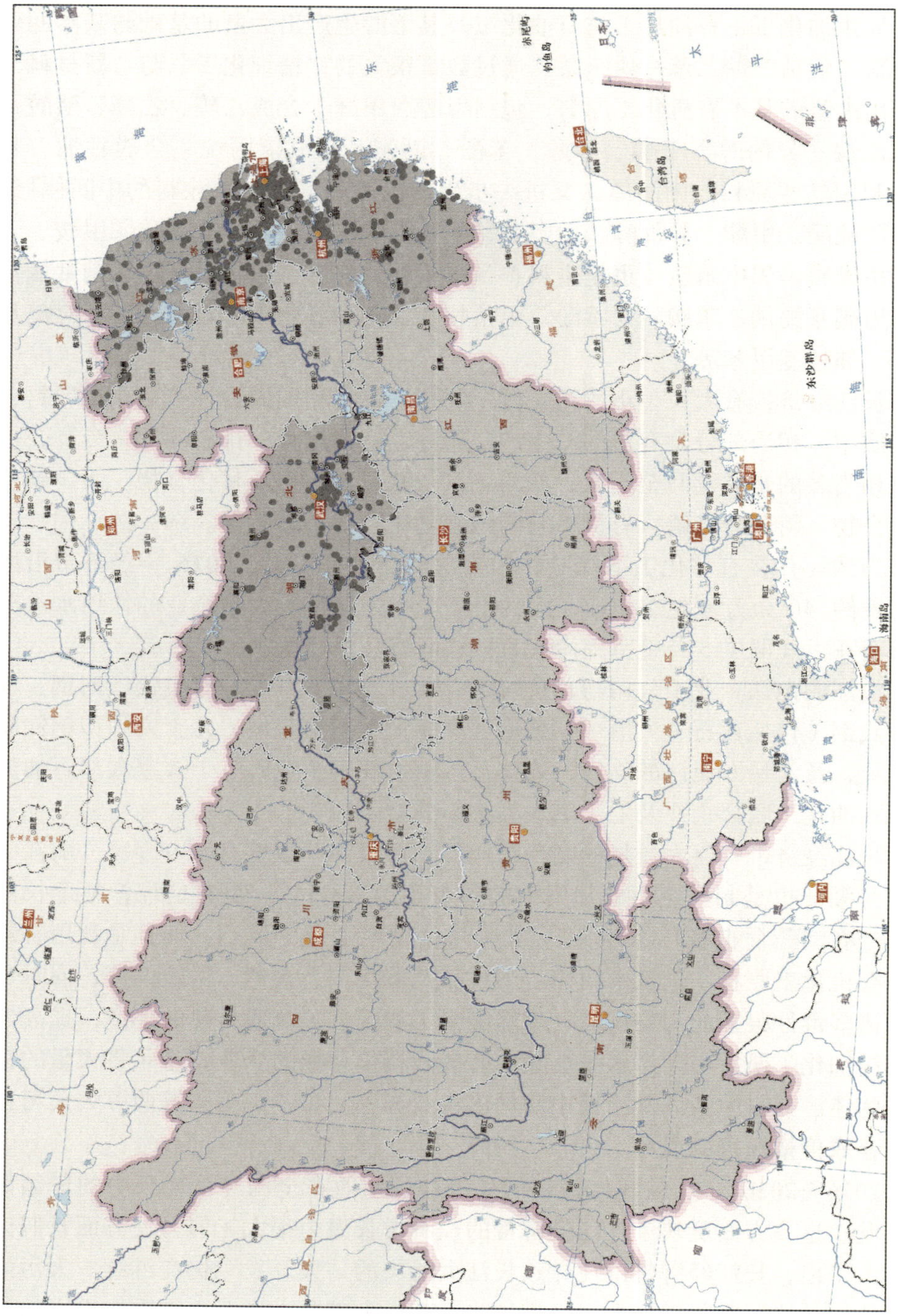

图13-5　长江经济带中的上海、江苏、浙江和湖北的制药厂分布

三、近年来长江干线港口的吞吐量仍然大幅度增加

2019 年长江干线完成货运量进一步增长到 29.3 亿吨，港口吞吐量达到 31.6 亿吨，集装箱吞吐量达到 1940 万 TEU，比 2015 年的 1423 万 TEU 增长了 36.3%。2020 年长江干线货运量突破 30 亿吨。

长江干线沿线的砂石、水泥、石化、冶金、能源、机械等部门的原材料运输 80%依靠长江航运。2019 年，矿建材料、煤炭及制品、金属矿石、集装箱、钢铁、水泥、石油天然气及制品等货物通过量均超过亿吨，合计占长江干线货物通过量的 87.8%。

三峡船闸 2011 年突破设计能力（1.0 亿吨/年），2019 年三峡船闸通过量达到 1.46 亿吨。超负荷运转致使船舶平均待闸时间逐年增加。2013 年船舶待闸平均在锚时间高达 44 小时，最高时曾出现过 240 小时。2017 年，过闸船舶积压更为严重，三峡坝区日均过闸船舶 614 艘，最高待闸船舶数量达到 990 艘，过坝船舶平均待闸时间为 105.88 小时，最长待闸时间为 643.5 小时。2019 年船舶平均待闸时间为三年前的近两倍。

四、长江沿线多个城市仍在搞以“土地开发”为先导的城市扩张

特别是正在要求或已经被批准“撤县改区”“撤市改区”等进行行政区划调整的地区，还在盲目追求对城市“做大做强”，高估对土地的需求，造成城镇用地大量占用耕地、草地、林地与水面，带来土地资源浪费的现象仍在延续。

上面提到长江上游的四省市（川、渝、滇、黔），近年来 GDP 以极快的速度增长，大量砂石、水泥、玻璃等建筑材料远距离运送。我们推断，主要用于交通建设和各类城市的大规模空间扩张。砂石属“遍在性”材料，运距超过 500 公里就不合理，水泥等的运距一般也不宜超过 1000 公里。长江的水泥、砂石大部分自江西与安徽河段上以水运送达。

五、一些治理行动与工程的进展很慢，甚至不了了之

目标设置欠合理，难以实施。有的地区提出，2020 年 12 月 31 日之前完成沿江 1 公里范围内的化工企业关改搬转；2022 年 12 月 31 日前完成 1—15 公里范围内的化工企业关改搬转。这个距离规定只是“权宜之计”。长江经济带的工业污染基本上不是微观布局引起的。这个任务提得不现实。还有，“1 公里”对厂址

范围往往无法切割，划界不清，许多地区的沿江大中企业搬迁进程很慢。

化工园区沿岸布点数量众多，布局分散，老旧企业多。2017 年共有化工园区 76 家，尤其江苏和湖北比较集中。化工生产污染给长江水安全带来很大的威胁。

南方丘陵广泛蕴藏铁、铜、金、银、铅、锌、钨、稀土等金属矿藏，以及砷、硫、石灰石等非金属矿藏，矿点分散、多数矿点储量也小，矿山开发导致的地表形态与植被严重破坏，重金属污染和矿区的地质灾害带来的问题突出。实际上，近年来的治理仅仅是对一批数量不小的废弃矿山进行土地平整与植被复绿，而正在开采的成百上千的中小型矿山，不正规的开挖、洗选造成的尾矿坝垮塌与冲刷造成的污染依旧存在。其原因是矿山数量太多，而且关系到企业与民生问题及地方财政来源。

农村污染问题一部分可以解决，因为农药供应量可以控制。但是，农民收入不能减少，农村不断增加（增加复种指数）播种面积，通过增加围湖造圩（垸），大规模发展高密度的水产养殖。针对长江经济带农业农村面源污染的各类问题，2018 年，国家发展和改革委员会、生态环境部、农业农村部、住房城乡建设部、水利部五部委联合印发《关于加快推进长江经济带农业面源污染治理的指导意见》，提出力争到 2020 年，使长江经济带农业农村面源污染得到有效治理。实现这一目标的困难是十分巨大的。

六、地区与部门各自为政的情况仍然比较突出

港口岸线的整治问题集中体现在水运部门各行业间，以及其与工业部门之间的利益矛盾。触及各地区与各部门的利益（最大化），非常困难。目前针对解决港口与铁路“最后一公里”问题已经开展一些工程建设，但有些工程并未最后完全连通，港区内还没有实现水铁无缝衔接。

此外，以砂石为主体（基本上是遍在性资源）的矿建材料，超过上千公里的长距离运输，特别是通过十分拥堵的三峡船闸，这种货运结构是非常不合理的。

各地上报不实的信息与治理成就情况比较普遍。某省在面源污染治理中上报：至 2018 年 6 月，已完成了 4764 个养殖场的搬迁或关闭任务，全部拆除 127.54 万亩围栏围网和养殖网箱，取缔 27.45 万亩投肥（粪）养殖和 4.5 万亩珍珠养殖。如果是这样大面积的、高强度的关停，该省的水产业应该在统计上表现出明显的下降。但是，在 2015—2019 年，该省的渔业总产量、养殖业总产量及总产值都没有任何减少，还是保持了高水平。农业农村面源

污染整治是一场持久战。

七、水生态与水安全问题的成因主要在于各地区水资源“过度开发”

长江水安全问题（中游大面积内涝等问题）及由此引起的沿江诸多湖泊的水生珍稀生物物种生存危机问题，基本上不是长江干流水资源开发过度而导致的。而主要是各地区为了自身的利益，大规模填湖造地（造城、造田、造水产养殖场等），使长江干流沿岸的大大小小的湖泊蓄水容积大幅度缩减而导致的。长时期以来，社会与学术舆论都认为长江中下游水生态问题和水安全问题主要是“长江干流水资源开发过度”（意即三峡工程）引起的。这并不符合实际，不是考虑全局的观点。

三峡工程没有大幅度改变长江干流的水文过程。三峡工程 2003 年夏天开始蓄水。这以前，三峡河段的流量每年呈现丰（7 月）、枯（1 月）的高程在 60—65 米之间变化。水库蓄水后，在水库上游，为了取得水库的综合效益，2003 年 1 月到 2006 年 10 月，蓄水高程在 135 米，夏季仍然保持在仅仅低于这个高程 10 米左右。2006 年秋到 2008 年秋天，枯水季节蓄水高程提高到 156 米。

从 2008 年秋天开始，枯水季节蓄水提高到 175 米。这是三峡水库长期论证的水位调度模式。在此之后，仍然呈现这种年内的变化规律。这种调度对大坝下游水位的影响实际上并不明显，表现为水位普遍比 2003 年之前低 1 米多。很显然，这是水库调节的结果，也是引起中下游水生态变化的原因之一。但只是原因“之一”，而不是主要原因（图 13-6）。

至于说，长江三峡的运行，使鄱阳湖的水量被长江干流的低水位“掏空”了（湖口处长江枯水期水位比以前低 2 米），导致“鄱阳湖看草原”。我认为，即使是“看草原”了，三峡工程也不是主要原因。三峡工程运行前后有关数据不支持这些类似说法。2008—2017 年，宜昌、汉口和大通站年平均径流量分别为 4105 亿米^3、6872 亿米^3 和 8879 亿米^3，较蓄水前分别偏少 6%、3% 和 2%。即是说，三峡工程蓄水前后大坝下游的径流量及其季节分配只有很小的变化（图 13-7）。大坝下游各站输沙量大幅减小，且减幅沿程递减，2008—2017 年，宜昌、汉口和大通站年平均输沙量分别为 0.204 亿吨、0.868 亿吨和 1.27 亿吨，较蓄水前分别偏少 96%、78%和 70%[①]。这说明，大坝对下游含沙

① 胡春宏. 三峡水库 175 m 试验性蓄水十年泥沙冲淤变化分析. 水利水电技术，2019，50（8）：18-26.

量的影响是逐渐变弱的。以到鄱阳湖口而言，中间有清江、汉江、湖南各河等流入长江干流，使得干流含沙量逐渐增加；但这区段有大量的挖沙（运到川江沿岸广大区域），导致含沙量大幅下降。真正由三峡大坝导致的鄱阳湖口河段含沙量的减少是很有限的。

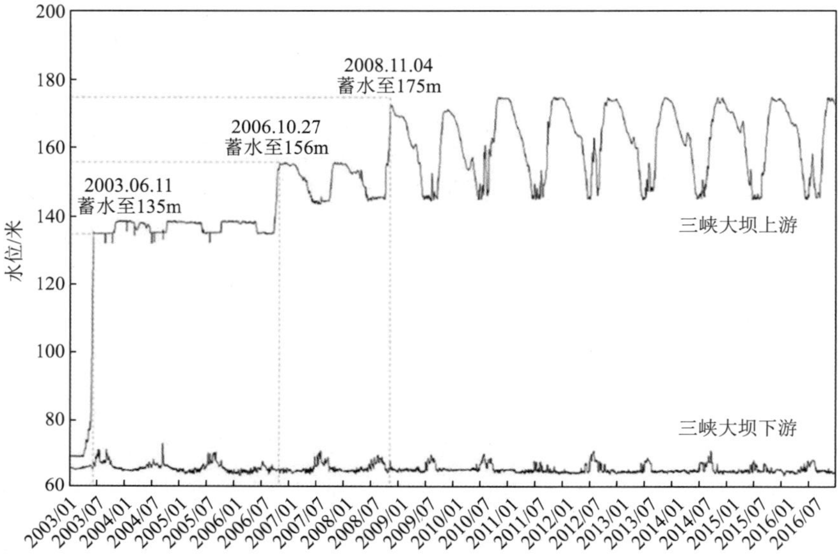

图 13-6　2006—2016 年三峡大坝上下游水位年际变化

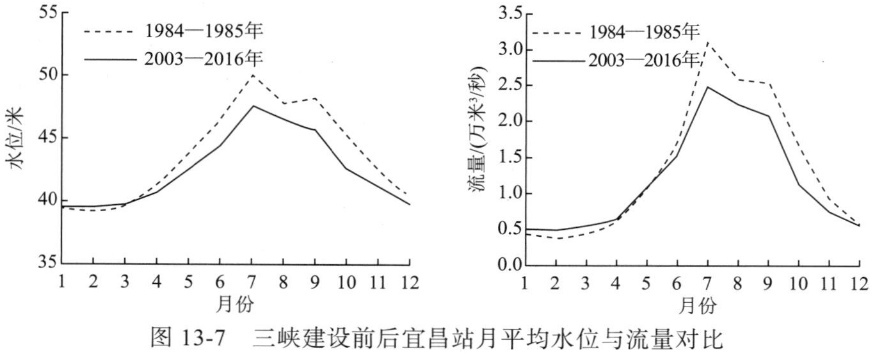

图 13-7　三峡建设前后宜昌站月平均水位与流量对比

资料来源：胡春宏. 三峡水库 175 m 试验性蓄水十年泥沙冲淤变化分析. 水利水电技术，2019，50（8）：18-26.

八、长江中游一些大中城市内涝原因何在？

放松了蓄滞洪区保护和骨干堤防的建设与修护，是长江中游及其支流的若干大中城市的内涝发生频繁的一大主要原因。由于城镇建设速度过快，沿长江湖泊与支流污染负荷远超水体自净能力，导致城镇化地区水环境长期负债积累，容量基本处在警戒状态。

20 多年来，中游一些大城市持续扩大建成区，房地产业快速发展。各地普遍大搞围湖造城，使城市周围的湖面积迅速萎缩，蓄水量大幅度减少，导致前些年夏季市区大量积水，原有的排水设施一时间上不去，造成了多个大城市出现了长期以来未曾出现的严重涝灾。

根据遥感资料，1980—2015 年，武汉市城市建成区从 212.27 千米^{2}上升到 706.45 千米^2。其中，最快的阶段为 2010—2015 年，增加了 206.46 千米^2。2015 年全市建成区 706.45 千米^{2}中，其中不透水地表面积竟占到 75.3%，绿地面积仅占 22.2%。长沙市城市建成区扩展更快，1980—2015 年，城市面积从 110.95 千米^{2}上升到 509.33 千米^2。其中，2005—2010 年，增加了 173.34 千米^2。城市不透水地表面积占总用地的比例达到 76.0%，城市绿地仅占 23.36%，城市水体面积仅仅为 0.76%。图 13-8 显示了 2000—2015 年武汉市和长沙市土地利用/覆被变化情况。

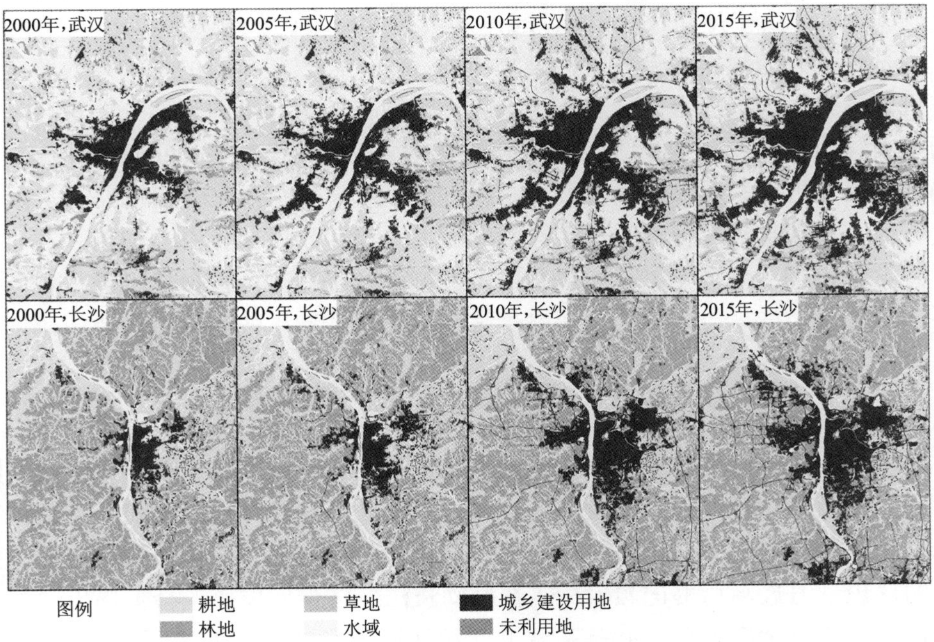

图 13-8　2000—2015 年武汉市和长沙市土地利用/覆被变化

第三节 几点建议

一、以强有力的措施对长江进行长期的治理与保护

长江经济带的水资源、环境污染与生态保护的基本特征是：长江经济带的大发展都依附于长江，也在消耗长江。过往人们似乎并没有注意到万里长江的污染承载力也是有限度的。

长江，在水资源利用、环境污染防治与生态保护方面具有高度的整体性和相对的封闭性，并且地域范围广大，对于全国经济总量（增长）与国家战略安全有特殊的意义。所以，全国与全社会，应该以强有力的措施对长江进行长期的治理与保护。

如果说，长江经济带水安全与水生态方面的问题主要表现在中游的话，那么，长江经济带的环境污染则广布整个流域，特别是中下游干流及其主要支流下游沿岸地带。而最让人担心的是南京以下的长江三角洲地区，这里是中国今天与未来最大最高级的经济核心区，人口高度密集，长江及其周围发达的水网，是上亿人的饮用水源。就污染物质而言，人们非常关心的是水体的氨氮与有机磷污染，当然还有重金属污染。人们最担心的是有毒的、部分还是持久性的化工有机物的污染。这些包括持久性有机污染物（persistent organic pollutants，POPs）在内有机物质，总（重）量不大，但毒性特别大，直接进入人体，特别是经过食物链进入，影响太大。这些物质来自石油加工—石油化工—有机化工—精细化工—合成制造产业链的各个环节，也包括黑色与有色冶金相关链条的后半段生产。长江经济带是世界上这类生产规模最大的产业带。

二、必须坚持高质量发展与保护环境的基本理念

坚定不移贯彻高质量发展基本理念，坚决落实“以国内大循环为主体、国内国际双循环相互促进”的发展新格局，正确处理发展与环境之间的关系，实现国民经济的全面深刻转型，进一步提高广大干部民众对保护长江经济带重要性的认识。习近平总书记2016年在推动长江经济带发展座谈会上提出“共抓大保护，不搞大开发”，并且强调，“长江流域经济社会迅猛发展，综合实力快速提升，是我国经济重心所在、活力所在。长江和长江经济带的地位和作用，说明推动长江经济带发展必须坚持生态优先、绿色发展的战略定位，这不仅是对

自然规律的尊重，也是对经济规律、社会规律的尊重”。

我们要切实落实习近平总书记重要指示，在理解总书记提出的“不搞大开发”时不要偏差，不要以为“不搞大开发”是短时间内的任务，不能只重视经济增长的规模与速度。要从发展与环境的关系，思考环境治理与生态保护的基本逻辑：污染物的产生、排放与治理的关系，孰轻孰重，孰先孰后？

如果我们对排放大量有害毒物质的生产企业不能下狠心采取措施，但却下决心、立死规定，要求环境保护部门限期去治理好。这样的逻辑应该受到质疑。我们认为，持续大规模发展大污染部门的生产规模、快速增加这些行业的总量的这个阶段应该逐步结束了。这些大污染行业生产规模与出口规模是难以再持续的了，要适当做“减法”。

三、几点具体建议

现在的“休养生息”，换回来的将是世界上最有文化内涵、最长历史传承、经济强大、人文宜居、极具国家安全价值与旅游价值的真正的“黄金水道”与“金色地带”。

按照党的十九大关于实现我国经济发展转型、由高速增长调整到高质量发展的基本要求，在今后至 2035 年的时间内，基本指导思想应是树立长远发展与可持续发展的科学观念，合理确定经济增长率的预期；在相互协调配合方面统一思想与协调行动，坚决抛弃只在乎本地区本部门利益而不顾他人利益的本位思想；集中各方面的规划力量，针对问题制定综合性的解决方案，各地区各部门采取具体行动。

（1）沿江地带的产业结构必须进行广泛的调整，以实现普遍的转型升级。包括要控制或限制钢铁、水泥等建筑材料，炼焦、农药及其他能源重化工生产的规模；着力促进高新技术产业与轻型制造业部门与行业的发展；部分在生产过程中使用、排放有毒的化学原料、有机中间体、合成材料等的生产企业要严格实现零排放；沿江核电站的建设决策要极其慎重，在没有达到 50 公里的隔离地带所要求的人口密度指标情况下决不可定点。

（2）在水安全与水资源合理开发利用方面，需要加强蓄滞洪区保护和骨干堤防建设维护，提升防洪泄洪能力；形成完备的以堤防为基础、重点枢纽为骨干、干支流湖泊水库与蓄滞洪区调蓄泄相结合的综合防洪体系；加强现有水库联合调度运营能力建设，提升水库蓄洪补枯功能；建立长江调水、蓄水和各地、各产业、各级城镇用水的科学分配机制；在发挥三峡工程等重大水利工程效益与中下游水环境、水安全之间寻求最佳的解决方案，使社会安全与生态安全两大目标得到兼顾；建立与完善流域水文、水资源、水环境全要素监测和管理体系。

（3）交通运输方面，要着力构建高效的集疏运系统，解决中上游航道梗阻，提高高等级航道的比重，充分发挥长江航运潜能，务必使各种运输方式衔接畅通起来；要对干流上中下游水运运量进行必要的控制，逐步改变运量结构，限制水泥、砂石乃至煤炭等货物的长距离运输。

（4）环境治理与生态修复方面，需要修订已有的污水排放标准及流域自定的标准，要在流域全部污水达标排放（国家标准）的基础上，坚决实施流域范围跨行政区域的水环境治理，理顺上下游之间的某些纠结问题；在重要的流域区段、重要支流流域及干流两侧大型湖泊范围内，确定湿地面积和比例，即留有（保持）一定量的生态自净空间；在人口密度大的区域，如长三角及其他中下游平原地区要考虑调整农业用地和林业、湿地等用地的比例关系，规范农业生产的施肥量与施肥时间；重点围绕鄱阳湖、洞庭湖、太湖、巢湖等开展环境污染综合整治，控制河流有机污染与湖泊富营养化；重点实施钢铁、建材、造纸、纺织印染、化工等行业污染物排放总量控制；发展生态循环农业，减少面源污染。严控船舶污染。

（5）各地城市及大城市群要注意发展质量，苦练“内功”，努力构建各具特色的区域创新体系。要清理沿江与主要支流上的大量的小型开发区、工业园区，凡是不符合环境标准又没有生存活力的，要实行“关停并转”。

国家已经制定了《中华人民共和国长江保护法》，需要严格依法管理。在贯彻实施过程中，有关方面还可以共同制定具有约束力的具体协议。

1300 多年前诗人李白对长江发出的千古绝唱“孤帆远影碧空尽，唯见长江天际流”，杜甫的“窗含西岭千秋雪，门泊东吴万里船”，永远激发中华民族的千古遐想。连接大海与青藏高原的万里长江，其厚重的历史文化将迸发出新的光芒。让我们中华民族为之骄傲的地球上的长江，永远在“碧空”下向“天际流”，展现出百川汇聚的磅礴气势与壮美景观。

主要参考文献

胡维忠. 长江中下游干流河道崩岸状况及其防治. 人民长江报, 2020-05-16, 第 5 版.
刘兆孝. 新时期长江流域水资源保护规划及管理工作的思考. 长江科学院院报, 2024,

41(04): 1-7.

陆大道. 国家中长期发展规划需要重视的基础性概念: 在中国区域经济 50 人论坛第十六次专题研讨会上的发言. 载: 陆大道. 陆大道文集(上册). 北京: 商务印书馆, 2023: 185-189.

陆大道等. 加快长江产业带的开发与建设. 中国科学报, 1992-06-02, 第 2 版.

水利部长江水利委员会. 坚持系统观念 强化治理管理 深入推进新阶段长江水利高质量发展. 人民长江报, 2024-03-16, 第一版.

水利部长江水利委员会. 以三峡水库为核心 探索实施控制性水库联合优化调度. 中国水利报, 2008-01-29, 第 6 版.

新华社. 习近平在推动长江经济带发展座谈会上强调走生态优先绿色发展之路让中华民族母亲河永葆生机活力. https: //www.gov.cn/xinwen/2016-01/07/content_5031289.htm [2016-01-07].

许继军, 刘建峰. 新时期长江流域生态补偿机制与关键科学问题研究. 人民长江, 2024, 6: 16-21.

周成, 冯学钢, 唐睿. 区域经济-生态环境-旅游产业耦合协调发展分析与预测——以长江经济带沿线各省市为例. 经济地理, 2016, 36(03): 186-193.

下　篇

第十四章 关于方法论的认识与总结

本书前文已阐述了点-轴系统理论及国土开发经济布局中的 T 字形结构的提出及体系化过程，特别是知识积累、目标设定、结构思考、综合思维及逻辑推导等主要环节，以及对特定领域发展特点及其过程的深入分析与概括。本章将总结我构建点-轴系统理论与 T 字形结构及体系化工作过程中所应用的方法论，以进一步深化读者对理论发现及其内涵的理解。尽管本章在内容上与前文有所重叠，但我认为基于理论研究的严谨性，这些内容的阐述依然至关重要。

第一节 运用实证主义的哲学方法论

一、关于实证主义的哲学方法论

科学方法论，是指引导人们认识世界、改造世界的最普遍、最基础的思维模式和理念，它构成了人们认识和改造世界所遵循的基本方法的理论体系。在科学研究的一般方法论基础上，诸多学科领域已形成基本共识，普遍认为辩证唯物主义的实践论是其核心。以地理学为例，实践不仅是地理学者认识的来源，也是推动认识发展的动力。实践同样是衡量和检验认识正确性的唯一标准。当然，认识对实践也具有反作用力，例如，在地理学研究中，研究者依据地理认识去塑造科学合理的地表客体的实际空间，从而推动认识的不断深化、发展和体系化。

对事物的认识必然要经历一个由不知到知、由知之不多到知之较多的过程，最终由感性认识上升到理性认识，这是认识论领域的辩证法。这种辩证法即唯物主义辩证法，对于地理学研究来说特别重要。对事物的认识必须根植于实践；就人文与经济地理学而言，认知必须源自人们的经济与社会实践；认知应具备对社会实践进行科学解释的能力，才能获得预测未来的能力；具备了预测能力，认知才能有效地指导人类的社会实践，确保实践成果符合人类与自然和谐共生，以及“人-地系统”协调发展的需求。

地理学的学科发展和研究方法论建立在实践基础之上，也就是说地理学的理论、观点、概念以及判断，均源自地球表层实际存在的客体运动特征及其空间投影的变化轨迹。就专业哲学方法论而言，这是实证主义方法论。我认为，人文与经济地理学是实证主义哲学方法论在地理学科中的体现，换言之，地理学方法论的哲学根基在于科学实证主义。

二、空间结构研究的目标——发现与反演的“路线图”

社会经济的发展在客观上会形成具有某种规律的空间结构，这种空间结构规律是客观存在的，它反映的是人类社会经济活动在地表空间的活动轨迹所遵循的科学原理。如果通过考察和分析发现这一空间结构规律，就可以利用它来指导社会实践。这样，人类便能够更加理性地运用政策措施，更加自觉且科学地塑造社会经济的空间结构，以实现最佳的发展，并促进人与自然以及社会经济各要素之间的空间协调。

问题进一步展开下去，就提出两方面任务。一是，如何去发现？二是，发现了，如何运用？也就是说，既要揭示其客观形成的过程，又要掌握应用它的方法。在构建点-轴系统与T字形结构并对其体系化工作过程中，我坚持如下的知识获取、发现、学习、掌握与运用的“路线图”。

（1）基本知识（包括基本理论）来源于对地球表层真实的事物的考察与联想➡获得真实感➡对区域性问题（即区域差异性与区域间相互依赖性）的凝练与概括➡取舍与积累（这里包括对前人的实践、案例及理论的学习），形成若干概念。

（2）对经过实际考察、分析与凝练得出的若干概念（如要素之间联系、空间组织及基本关联组合特征等）进行比对与再组合，进而进行检测、鉴别与证明，最终实现对这些概念的“人格化”处理，并判断其科学性与可应用性。

这一步即为“如何去发现”，其中最重要的是要到实践中去观察、分析与发现。我们所生存与活动的地表空间，就是我们人文与经济地理学科最重要的、最宏大的天然实验室。通过调查研究，积累大量实际知识，了解对象客体昨天与今天的真实表象与联系，进而联想、凝练，发现具有规律性的空间结构形态及可应用于实践的模式。知识来源于实践，但高于实践。这也就是本书要用几章的篇幅阐述这些内容的缘由。

（3）根据实践的需求，对可能的相关驱动力及其相关结构形态进行有针对性的加工，形成符合客观需要的理论与模式，并运用具有专业性及中国特色的话语体系对其进行描述、提炼、概括与传播推广。

这一步即为“如何应用”。具体来说，我将西方理论与中国的实际情况紧密结合，涵盖社会经济客体的空间集聚与扩散、产业分布、水土及矿产资源分布、交通运输以及国内外市场准入等条件，进而在全国宏观层面上创新性地推导出理论与模式，并向国家贡献自己的分析与策略建议。

上述路线中的各个步骤，当然不是截然分开的，而是互相交错的，甚至是“你中有我，我中有你”。

三、遵循实证主义哲学方法论是对研究者的一般性要求

对于地理学领域的研究者而言，在入门的最初若干年，需要投入70%—80%的精力在实证研究上，即通过观察、实验和调查等方法，深入了解领域内的主要客体及其在中国和其他地域范围内的分布、区域组合、结构、演变过程以及内外部相互关联性。对于以往若干历史数字、历史发展态势，也应该有重点地记住。然后，让它们可以“站起来”给你讲故事。与此同时，要了解并掌握国内外已有的最主要的结论与观点。

只有坚持做到这两点，才可能认识并大致了解我们所从事的学科研究是从哪里来的，又要往何处去。

在“实践与理论相结合”的框架下，我们应深入学习、熟练掌握并灵活运用必要的学科常识与知识，最基本的包括我国的自然地理基础（如格局、主要自然区带）、基本自然地理数据，以及全国生态系统的大格局；同时，还需掌握中国经济地理基础（包括格局、主要区域单元的经济特征）、主要农业区、工业基地、交通干线与枢纽、港口的基本概念，以及我国主要区域间的客货流情况；此外，对超大城市、特大城市、大城市等的形成发展基础、国家及国际地位、腹地、主要产业及影响力，以及国家重大发展问题、区域问题、工程问

题应予以关注与理解，对当代中国在世界上的地位及面临的地缘政治形势等基本概念，也应有所了解。不要轻看了这些最基本的常识，这些常识是我们整个学术人生全部“演出”的基础与前后台。这些基础知识与我们几十年各个时期所研究的具体内容与创新有着千丝万缕的关联，如果能够恰当地、准确地乃至“天才”般地运用这些基础知识，收获一定会很大。

地理学科的研究者在力求有所发现或是写作文著时，都认可要“有感而发”。何谓“感”呢？这里的“感”，就是“发现”的萌芽，早期的“隐形产品”；就是通过实践与实验获得了新的认识与体会，内心有自己的观点与看法了，并且已感到自身有一股“情”与“气”的压力而要表达出来了。

第二节　点-轴系统理论与T字形结构模式的寻找与发现

一、点-轴系统与T字形结构是对客观存在的发现，是“找”出来的

寻求实际事物形态与演变（运动）过程的理论和模式是发现的过程，不是创造出来的。

1. 最佳的空间组织必须具有的基本条件

我的研究对象即客观事物是什么？就是客体的地表空间组织（空间结构）及其形态。要成为最佳的空间组织，必须满足以下三个基本条件：

（1）点-轴系统，就是由“点”（各级中心城市）与“轴”组成的点—线—面形态。这种形态一般会有三种情况：其一，一条基本连续的线状地带而连接了几个若干城市；其二，两条或多条有“点”有“线”组成的彼此以各种角度相连的地带；其三，有“点”有“线”组成的多边形地带。

（2）点-轴系统，应该是“开放性”的。即在这些形态的空间系统内，任何城市之间都可能存在不同程度的对内对外联系，即发生经济与社会活动的“流”。借此，点-轴系统便可以带动所在区域（国家）的发展。“点”和“点”所在的轴带的“开放性”，是评价这个系统的效能最主要的指标。一个城市或一个轴带，若缺乏吸纳诸如资源、能源、原材料、各类制成品及人力等大量外部社会经济要素的需求，或未能向外部提供大量社会经济要素（如输出产品），则该城市或轴带将失去活力。

（3）点-轴系统，其所在的区域规模会有不同大小层次（等级），内部联系较为密切，对外联系（吸纳与辐射）区域，可实际应用与操作。

理论与模式，是不能创新出来的，也不是冥思苦想出来的，而是从合理集聚的侧面与多个层次的维度去考察实际的地表空间而找到的。观察和思维的逻辑性以及分析能力，是决定能否发现并提出理论与模式的方法论基础。

2. 空间结构的“自组织”过程与客观存在

在探讨人类社会经济发展的领域，我们关注的是社会经济活动在地表形成的空间组织，这一现象被称为“空间结构”，我们将其定义为一个空间结构系统。自人类开始从事某种活动以来，这种类型的“系统”便应运而生。尽管这种系统是客观存在的，但其清晰度和完整性是逐渐提升的，因此我们可以将其视为一个“自组织”系统。这个系统涵盖了前人对空间的合理或不合理利用、规划等，所有这些都被视为“自组织”过程的一部分。

我国在 20 世纪 50—60 年代沿哈大线的发展，以及 80 年代沿胶济线及其重点城市的建设中，均取得了显著成效。联邦德国莱茵河沿线与鲁尔河交汇处，形成了欧洲最大的点-轴集聚区；苏联开发西伯利亚大铁道沿线及其部分区段，也因大城市的集聚与扩散效应，形成了典型的点-轴系统空间结构。通过对这些实践成果进行研究，我发现成功开发和发展的地区和国家，在空间布局上往往符合点-轴系统模式。这种模式是由自然规律和社会经济规律共同塑造的。将点-轴系统拆解开，它就呈现为点—线—面的形态。因此，点-轴系统亦可被视作“自组织”系统。

一般而言，组织指的是系统内有序结构的存在及其形成过程。德国理论物理学家哈肯（H.Haken）认为，从进化形式来看，可以把组织分为两类：他组织和自组织。如果一个系统靠外部指令而形成组织，就是他组织；如果不存在外部指令，系统按照相互默契的某种规则，各尽其责而又协调地自动地形成有序结构，就是自组织。

所谓“自组织”系统，多见于复杂系统。“自组织”现象无论在自然界还是在人类社会中都普遍存在。一个系统自组织属性越强，其保持和产生新功能的能力也就越强。例如，相较于动物界，人类社会展现出更强的自组织能力，因此其功能也更为高级复杂。

3. 如何才可以发现空间结构的理论与模式

实证主义的方法论，用于解剖实际事物的形态特征，看出现象掩盖下的实质。

（1）要有关于研究对象与客体的实际知识与相关理论的储备。科学创新根植于对客观事物及其相互关系的深入认识、揭示与合理解释。地表事项中各个组成客体及这些客体的区域组合中，客观上会形成或显示出某些规律性的格局、结构与演化过程。这些客观规律在多数情况下可能呈现不完整或不完全合理的表象。研究者需具备敏锐的洞察力，以察觉、思考并解析这些规律。通过总结提炼，将这些规律提升至科学理论与规律性的层面，以此作为研究成果，指导实践应用。

（2）根据实践论的哲学思想，主动“寻找”、发现并付诸行动。就地理学科研究而言，在客观存在的环境中进行寻找与发现时，需要遵循一些基本原则（条件），这些原则应符合整体及各个要素（如交通、资源与水源供应、与国内外市场的便捷联系等）的要求。以点-轴系统的全国最高等级——T字形结构为例，其内在的发现要求（原则）包括：首先，要符合我国当时的发展阶段（即工业化初期，以能源重化工为主导的工业结构，国家力求首先实现整体经济的高速增长），并在此基础上未来继续推动技术创新、绿色发展、资源节约等工作，以实现可持续发展；其次，要从多个方面适应并满足改革开放的需求；最后，要确保经济增长的要素等条件得到满足。

在一个区域（国家）内，存在着诸多城市，这些城市之间已经形成或正在形成由交通、能源、信息等线路构成的基础设施综合通道。通过对这些通道的分析，我们可以掌握物资、人员、信息等要素的流动与交换情况（数据），进而实现交通、能源、矿产资源、淡水资源、经济基础以及国内外市场接入等条件的优化空间组合，即形成“点—线”网络。运用上述原则进行观察和分析，我们可以发现各级区域的最优空间结构，并在此基础上，通过对比和分级，确定出重点开发轴线（地带）。

（3）寻找客观存在的、合理的且具有有机特征的内在关联性。这是从另一个角度去发现并证明最佳的点-轴系统与实际区域重点开发轴线的方法，它比之前的寻找、发现过程更为综合，更能让人直观地“看见”客观事物的本质。以东北地区为例，其工商业及大中城市的空间分布主要集中在哈大铁路沿线，以及齐齐哈尔至东部几个以煤炭开采、火电为主的中等城市的铁路沿线。东北地区集中了全区约70%的工业增加值和超过50%的人口，以钢铁、煤炭、电力和机械加工与制造为主导产业，形成了雄厚的工业实力。根据国家统计局的数据，2022年1—2月，东北地区规模以上工业增加值同比增长3.2%，彰显了该地区工业生产的稳健增长态势。尽管东北地区的人口占比有所下降，但仍占据较大比重。同时，这一地区的经济发展不仅带动了广大的城乡经济与社会发展，还通过哈大、沈大、京沈等综合通道，将整个东北地区与我国关内广大区域及国外紧密地联系起来。

平台方法、透视方法和等级划分均源于实践归纳。这种方法体系主要用于发现重点发展轴线，其集中体现在对我国国土开发与经济布局 T 字形结构的探寻与发现上。在以上方法论的指导下，我逐步构建了点-轴系统理论和 T 字形结构。

（1）将《二〇〇〇年我国工业生产力布局总图的科学基础》一文的主要思想与我负责起草的 1987 年试行的《全国国土总体规划纲要（草案）》的第三章“全国建设布局的总体构想”整合在一起；将 20 世纪末 21 世纪初将要开发与建设的工程、项目等，以点—线—面且有等级体系的视角编织成全国经济社会大网络；再将这个大网络与全国各地区的自然及社会经济的差异特征对接在一起，形成一个整体有高有低、有稀有密的空间结构。这个空间结构形态就是适合我国 20 世纪及 21 世纪初年的、可行的，可操作的国土开发与经济布局结构。

（2）将沿海、沿江自然地理结构赋予宏观动态的社会经济的内涵，实现人与国土的深度融合，构建“人-地关系”大系统的最佳发展与最佳结构，让两者彼此相互促进。这有助于我国各地区逐步从发展不平衡走向较为平衡，也是国家制定并实施的区域协调发展战略取得实际成效的基础。

（3）对国内外案例的地理条件分析与经验总结，论证沿海、沿江地区作为重点轴线的 T 字形结构的合理性。

二、反演的过程就是理论与模式的论证与推导过程

1. 什么是“反演”？

诸多学科研究的方法论中都有“反演”这个概念，但实际含义有较大的不同。就地理学科而言，过去 30 年来，“反演”这一概念主要应用于解析历史时期（包括地质的和人类的）自然要素的变化对其他自然或人类活动的影响。通过反演，剖析这个漫长的过程，揭示并证明当今通过各种手段观察到的表象与历史时期变化之间的内在联系。所以，反演是科学研究与科学发现的重要组成部分。

地理学科及其相关学科，都涉及自然与社会经济的空间事物。因此，如何正确审视当前的态势的合理性，并科学地预测未来的走向，成为了这些学科重

要的研究内容。若能准确回答这些问题，将有助于我们正确认识地历史，从而在较大程度上科学地规划未来。这是科学研究不可或缺的功能。

本书中的“上篇”主要是在于对点-轴系统理论与 T 字形结构的初步寻找与发现，基于我对国内外理论与实践的认识积累，得以做出判断，在学术论文中明确地提出了。但实际上本书第三章和第四章的内容，也有反演的含义。由于还涉及当时的时代背景、我的专业学习和专业实践等方面，真正的专业性反演内容阐述集中在“中篇”的第七章与第九章。反演的工作过程，就是从社会经济客体的空间集聚与空间扩散出发，借助大量的实践与感知形成的想象思维，找出与发现点-轴系统的结构与形态在每个历史阶段的演变。这一过程就是反演推导，是通过想象进行反演得出的。这不是发现，而是对空间结构形态及其历史演变客观存在的一种揭示和阐述。

2. 通过观察逻辑分析、反演推导点-轴系统由低级到高级演变的过程

如何根据区域发展的阶段性及通过点-轴渐进式扩散而推演出点-轴-集聚区空间结构空间形态的过程，我在 1995 年出版的《区域发展及其空间结构》一书中，作了较为详细的阐述。到 21 世纪初，我进一步调整了出发点，以区域持续发展的客观过程为基础，从逻辑理性的角度对这个过程进行了归纳与构建，形成了以下关于点-轴系统逐步演化的由低而高的形态变化。

在区域（国家）的社会经济持续发展情况下，社会经济客体将自动呈现出集聚与扩散的多步动态过程。

第一步，初始点源集聚。一个区域（国家）早期人类活动开始，有一个或多个社会经济客体在一个点集聚。这种集聚比分散定点更利于日常的劳作与休息。

第二步，新的点源集聚。在区域的另外一个地点也发生类似的集聚。

第三步，连接两个点源的线状基础设施（如交通线、能源供应线等）出现。这两个集聚点之间由于劳动对象与生产方式不同，需要进行生产工具、劳动产品，甚至劳动方法的交流（交换）。

第四步，随着区域社会经济与技术继续发展，多个新的点源集聚出现，新型基础设施不断连接，主要点源上社会经济要素集聚增加和轴线形成。即中心城市（“点”）的规模日益扩大，这些主要城市之间通过多元化、能力更强的线状基础设施相连，形成通道。区域内的点-轴空间结构的基本形态形成。

第五步，当区域内或区域间两个或多个点轴系统组织出现与发展，点-轴空间结构系统开始渐进式扩散，更大的中心城市出现，在相应的范围内，

点-轴-集聚区形成。然而，集聚区的形成并不意味着这一过程的结束，其可能继续发展成为国家与更大区域范围内高级中心大城市群及其核心城市。这就是点-轴系统与点-轴-集聚区系统的更高级形态。

3. 关于空间结构的演化论

这里，所假定的过程和结果均处于最佳状态，即一种假想状态下的自组织过程。其结果自然是最优的：点-轴空间结构系统被视作生产力布局和区域发展的理想模式，其渐进式扩散则代表着区域发展宏观战略重点的逐步转移，实现从不平衡到较为平衡的发展过程。

这样的过程和结果，遵循了从提出问题到解决问题的思考逻辑，始于问题的总结，最终回归到问题的解决。在这个过程中，我从理论上分析了合理空间结构的生成方式，同时也能够回答实践中空间结构是否合理的问题。具体而言，就是从问题识别出发，经过框架构建，到达点-轴系统的应用，最终聚焦于重点开发地带与城市区域，实现问题的全面解决。

对从集聚开始的客观过程进行反演推导，这种反向的推导与分析构成了空间结构的演化论。客体实际的空间结构，我们去观察它、解析它，这种客观存在的事物就会映入我们的印象与思维中；我们对此进行概括、反推，进行必要的图形“加工与修理”，除去不合理（不规则）的成分，就成了具有必要的高度的、对于实际事物（如地区的空间结构）具有解释能力的客观存在的点-轴系统理论与 T 字形构架。这个过程就是寻找、发现并加以证明的过程。当然，运用科学语言及严谨的思维逻辑进行表述同样至关重要。

4. 小结

要有严谨态度与坚持毅力才能有所创新。积累多了，就可贯通，就会有新意，才可能产生创新。科学思维习惯的养成与训练，专业信仰与科学精神得很好结合，会有利于总结实际事物的特征，归纳出理论构架，并去实践印证、检验、应用以解释实际事物及其功能。点、线、面在我们经济地理学都是科学概念工具。在加工从实践中找来的实物形态结构时，可能归纳而产生新的理论与模式。

创新不一定等于标新立异。踏踏实实地将实际事物中的规律、道理总结出来，才是做学问之人本分。轻率地宣称发现了某某规律、某某理论，很快就会遭到广大读者，特别是学界的质疑。

怎么才能证明一个人提出了一个新的科学发现、新的科学观点、新技术和新思想？这是一个既简单又困难的问题。之所以说简单，是因为证据可以表现为多种形式和内容的文字材料与物件；之所以说困难，是因为这些证据需要涵盖时间与空间两个维度。具体来说，证据可以包括事物的形态、存在的时间、地点、场景、环境，发现事物的表象及描述内容、实践应用情况、社会认同与评价等，以及记录这一切的手记、手稿、数据、案例、出版物、物件、实验设备等。简而言之，为科学新发现或新理论（即科学创新）提供的证据，需要包含以下六个方面的要素。

（1）进行了大量实验、实地考察，或进行了长期的调查研究，并积累了相关资料和案例。

（2）全面掌握了国内外相关领域的理论成果和实践经验等基础知识。

（3）能够清晰阐述所提出理论的环境背景和针对性，即理论是如何针对特定问题或情境而提出的。

（4）能明确说明该理论是为解决什么实际需要或科学发展的关键问题而提出的。

（5）作者对理论本身的内涵进行了系统性阐述，对自己的发现和创新进行了全面总结和解释，并探讨了其带来的启示。

（6）所提出的新发现或新理论已逐渐被同行广泛认可或引用，或被实践所验证。

第三节　另辟蹊径——范式的选择与观念的挑战

一、构建地域空间结构理论与中国模式的范式选择

我在《二〇〇〇年我国工业生产力布局总图的科学基础》一文中强调：“长期以来，人们习惯于从东到西切南北向大块来区分重点与非重点开发地区。”这样的划分在一定程度上可以说是合理的，实际上它反映的是我国的地理政治分区。

当时的学者和政府官员，特别是参与了 20 世纪 80 年代初那场“战略转移”大讨论的学者，基本上都拘泥于在区域之间的转换与选择的思维定式，尤其是关于东、中、西及其组合之间的争论与选择。而我关于构建开发战略与模式时的思维范式，当时未有人发表过相同或不同的见解。

我在研究的早期接触了集聚、集聚规模、集聚形态等基本概念，1980 年

到德国学习一段时间的区位论与空间结构理论，吸取了相当多的理论与研究方法。同时，我对我国十多年国土开发与经济布局和战略转移的大量经验教训进行了多角度的总结。在此基础上，我萌生了改变以往构建国土开发战略的思维范式，构建全新空间结构理论模式的想法。我下意识地开始转变思维，不再局限于在某个区域内或在哪个区域（地带）上做选择，也不再在“东中西”“沿海与内地”等概念中徘徊，而是运用区位论中的点、线、面概念来塑造综合性的空间结构理论与中国模式。1984 年，在参与国家发展重点“战略大转移”的争论的过程中，我深刻意识到，必须摆脱以往构建模式的惯性思维，坚决摒弃“国家发展重点在大区间转移”的传统理念。这是我提出以沿海、沿江为两条一级轴线（即 T 字形结构）作为国家 20 世纪末与 21 世纪初空间开发的战略重点的思维范式的基础。

在 20 世纪 80 年代中后期，我的研究成果得到了诸多相关政府机构和领域内学者的认同。我提出的采用点-轴系统模式进行渐进式扩散的国土开发与经济布局理念，在此前我们学科领域内并未有同事明确提出过。这一理念的提出凸显了我在构思国家发展战略重点时的思维范式所发生的重大转变。

我认为，20 世纪 50 至 60 年代的大区对大区（地带）的转换策略，是由当时国内外大环境所决定的。然而，那个阶段已成过往，惯性思维所带来的弊端已经非常明显。80 年代，随着国家经济的迅猛发展和人口密度的显著增加，空间结构的演变速度较早期大大加快。经济体规模的不断扩大，使得纯粹自然状态下的自组织及其缓慢变化过程已然终结。就是说，当时的社会经济空间结构的发展形势已不再允许进行大区对大区的重点转换了，而是应该寻求能促进最佳发展的空间结构，这意味着社会经济客体空间组织需要科学化。

二、转变范式的信心从何而来?

这个问题的答案也可以用来解释我为何敢于提出 T 字形结构作为国家战略。

1. 以点、线、面组织国家区域经济的必要性的出现

我常常回想“一五”以沿海与内地划分、重点建设内地的方针，“三五”与“四五”以一二三线划分、重点建设“三线”地区的战略，再加上 1984 年夏秋国家有关方面已在考虑七五期间（1986—1990）准备划分三个地带，并赋予不同的发展目标等。这些都是以划分大区的形式确定国家发展战略重点的。

我认为，“一五”与“三五”“四五”期间，国家的经济规模还相对较小，无论是认识、管理还是规划国家的经济发展，都相对容易确定重点并做到全面兼顾。在那个时间段，以大区对大区进行重点非重点的划分，是可行的，也是易于规划与管理的。况且，那时国家同时划分了大经济区，为这种做法提供了行政体制上的保障。

然而，进入20世纪80年代后，随着国内外投资规模的日益扩大和经济总量的高速发展，经济合理性要素在规划发展中的作用越来越大。按照以前的计划经济和划分集聚区进行管理的方式开始逐渐减弱。此时，我深刻认识到国家经济空间组织科学化的必要性，这进一步增强了我提出点-轴系统理论与T字形结构的信心。

2. 相信点-轴系统开发模式是最佳的空间结构理论

我有没有那个信心与魄力，公开提出全国国土开发与经济布局可以以T字形来代表国家发展的空间战略？回答是，有。我坚信，T字形结构契合国家当时及未来长期的发展需求，既能避免再次战略转移，确保高速发展，又能沿两条一级轴线推进开放开发，并逐步扩大其范围。我认为这些区位理论与空间结构理论，具有坚实的科学基础、强大的解释能力与预测能力，点、线、面及其组合已经帮助我解决了实际问题。

党的十一届三中全会之后，大量外资涌入，来源地日趋多样化，且在投资目的地上也表现出一定的地区偏好。外资普遍追求经济利益，因此，企业布局必须在整体和局部上都体现出经济合理性。随着我国新建大中型企业数量的增多，人们对过去两次大转移所带来的经济损失有了更深入的了解，布局的经济合理性无疑成为了重点考虑的因素，即要力求取得最佳的经济效益。

在这种情况下，我认为大中型企业布局需要具备以下条件：城镇生活配套及协作条件好，劳动力素质高，对外对内交通便捷，土地、电力与淡水资源供应充足，政策优惠，相关的法律制度比较健全，等等。基于此，我认为，按照社会经济客体空间组织的客观规律，确定重点开发的点-轴系统，将是构建最佳空间结构的优选方案。

我当时就认为，科学地确定国家或地区开发的空间结构模式，准确描绘出其发展潜力的空间分布框架，能够实现生产力布局与交通运输、水土资源、城市依托以及国内外市场的最优空间组合。因此，建立在点-轴系统理论之上的T字形结构，有助于促进国家大区域社会经济的最佳发展。

3. 点-轴开发战略的提出：学者的责任与担当

学者的责任与担当，可以从以下两方面来理解。一是学者在承担实际任务，提出建议与主张时，必须确保它们是经得起检验，站得住脚的。无论是针对某个区域还是其他类型的地域单元提出发展建议，还是针对某个具体工程提出意见，都需要全面考虑各方面的关联、利弊等因素，绝不能就事论事。二是需谨防过于大胆、慷慨或轻率的倾向，在描述事物时，应清晰阐述自己的观点及其支撑理由。这些观点不仅要符合实际，还往往需要从全局的、综合的、立体的视角进行阐述。这是我们学者必须要承担的责任和担当，即要从国家全局出发，权衡利弊，不受外界干扰，勇于承担风险，果断作出'是'或'不'的判断。

对于国家来说，沿海、沿江两个一级开发轴线已不是自然地理的概念了，而是被赋予了国家发展大格局的内涵，体现了中国融入世界的发展理念。T 字形结构发展战略延续至今，取得了卓越的成就，我国很好地响应了加入 WTO 带来的各种优惠，保障了我国经济的国际化，实现了大进大出。同时，该战略又满足了产业集聚化的客观要求，一系列的经济技术开发区、科技创新示范区，因集聚产生了质变，集聚化推动了思想创新与技术创新。

第四节　满足国家发展需求的基本观念

一、中国学者也可以提出科学理论与模式

以往我国经济地理学科的种种理论与模式，几乎都是由外国学者提出的。在很长一段时间里，我们倾向于采用苏联学者的研究成果来解决我国生产力合理布局的问题；而基础性理论，如农业区位论、工业区位论、中心地理论、市场网理论、增长极理论、空间结构理论等，则主要是借鉴德国、英国和瑞典等国学者的研究成果。

在 20 世纪 80 年代的初期，中国经济地理学科在经历了十年浩劫后重新蓬勃发展起来，有众多问题亟待我们进行深入：在国土开发与城市规划领域，城市规模为何差异显著？区域发展为何存在发达与欠发达之分？区域的结构特点是否与其系统功能紧密相关？在 20 世纪 80 年代中后期，全国建设重点的战略转移为何未能实现？此外，在城市地理、经济地理、社会地理、人口地理等方

面也涌现出一系列亟待解决的问题。国家“六五”计划首次将人文地理学列为重点加强的学科之一，这既彰显了人文地理学在现代化建设中的重要性，也标志着其在国家计划中崭露头角的新地位。

同时，我也深刻认识到西方区位论与空间结构理论在与实践对接中的局限性。西欧学者由于国土面积较小，主要讨论的是静止空间，难以从大范围思考整体布局，因此其逻辑思维往往局限于行业和专业性的区位推导。而中国则有着自己特殊的经济地理条件（如地形对运输与经济流向的影响、海陆关系、历史发展与经济分布基础等），因此经济地理学所要揭示的规律及其阐述的话语体系也与西方不完全相同。

我认为，中国学者不仅能够，而且一定能够提出新的理论，这是我国科学技术发展的必然要求和客观趋势。我强烈希望将寻找科学的空间格局和模式这一愿望付诸实践。于是，我一直致力于将地域生产综合体理论与区位论在中国区域范围内进行深度融合，经过数十年的积累与不懈努力，终于厚积薄发，提出具有中国特色的点-轴理论与T字形结构模式。

二、厚积薄发是我长期从事学术研究的基本理念

国家发展空间格局的问题广泛而复杂，目标层次高，需要我们将理论与实际紧密结合，构建出既具有说服力又逻辑严密，同时具备可操作性的理论与模式。因此，将理论应用于实际，并对实际问题进行分析判断，实属不易，这也需要我们用较多的文字来阐述。从微观到宏观，经过 20 年的积累提出，再经过 40 年的完善和实践应用，以及对实践经验的总结和体系化，这些都充分证明了我为此付出了深厚的努力。

T 字形结构之所以被认为是最佳的，除了适应改革开放的需要外，还因为它具备了最佳的交通条件、资源供应优势、城市与工业布局现状，以及进入国内外市场的便利条件。在这方面，我积累了大量关于大工业企业、工业区、工业城市与铁路、水运等相互关系的案例，以及接近水源、矿产资源开采地、从国外进口资源的方便程度的案例。这些案例涵盖了各相关客体之间的关联情况与技术经济数据，通过深入思考，我从中产生了新的理念和思想。

主要参考文献

国务院发展研究中心课题组. 中国区域协调发展战略. 北京：中国经济出版社, 1994.

黄秉维. 地理学综合工作与跨学科研究.载: 陆地系统科学与地理综合研究——黄秉维院士学术思想研讨会文集. 北京: 科学出版社, 1999.

陆大道. 2000年我国工业生产力布局总图的科学基础(全文版). 效益与管理, 1985, 3.

陆大道. 工业区的工业企业成组布局类型及其技术经济效果. 地理学报, 1979, 34(3).

陆大道. 区位论及区域研究方法. 北京: 科学出版社, 1988.

陆大道. 区域发展及其空间结构. 北京: 科学出版社, 1995.

毛泽东. 实践论. 载: 毛泽东. 毛泽东选集(第一卷). 北京: 人民出版社, 1951.

吴传钧. 地理学的特殊研究领域和今后任务. 经济地理, 1981, 1(创刊号).

吴传钧. 经济地理学——生产布局的科学. 科学通报, 1960, 19.

吴传钧. 理论地理学的研究核心—人地关系地域系统, 经济地理, 1991, (3).

Hagerstrand T. Aspekte der räumlichen Struktur von sozialen Kommunikationsnetzen und der Informationsausbreitung. Berlin: Kiepenheuer & Witsch, 1970.

Lösch A. Die Räumliche Ordnung der Wirtschaft t. Auflage. Stuttgart, 1962, 3.

第十五章

点-轴系统与T字形结构的意义及展望

关于点-轴系统与 T 字形结构的意义，我在本书各个相关部分都已有阐述，学术界及政府各方面也对其进行了评价。但是，在这本全面介绍点-轴系统理论与模式的著作的最后一章中，我认为有必要客观地、简要地对其给予系统评价，以便读者了解这一理论与模式在从提出至今的 40 多年中经历了怎样的变化，以及未来是否还会继续发挥作用和将起到怎样的作用。

为提出这一国土开发区域发展理论与我国具体的宏观模式结构，我做了长时期的调查研究与资料案例的积累，较为全面地掌握了国内外相关理论成果与丰富经验等基础知识；在此基础上解释了提出理论的环境背景及重要针对性何在，并为解决国家实际需求、科学发展的关键问题作出了说明。

本章旨在系统性地总结与阐释点-轴系统与 T 字形结构的意义，并探讨理论创新带来的启示。对点-轴系统与 T 字形结构意义的解读难免会融入我个人的主观看法，但我会尽量减少个人意识的影响，力求做到客观公正。

第一节　对空间结构理论的发展

人类社会经济发展在地球表层客观上会形成带有某种规律性的地域空间结构，其中体现了科学原理。人们考察、分析发现并解释了这个原理，就可以将其用来指导人类的实践。如此，人类便能理性地制定并实施政策措施，自觉且科学地调整和优化社会经济客体的空间结构，以达到最佳的发展效果。

在20世纪80年代初，我深入研究了当时中国发展大格局中的问题，同时也吸取苏联与德国等西欧有关区域发展研究的经验。在中国国土空间范围内，我采用点—线—面的分析视角，结合中国的实际情况，深入剖析了集聚现象、集聚形态以及等级—规模法则，旨在解答国家发展宏观空间战略中的长期问题。这大概也算得上是：在学习借鉴人类文明成果的基础上，以我国经济地理与国土开发的理论研究与解析中国实践问题而概括出理论联系实际的、科学的具有中国特色的新概念，并以我们的话语体系表达出来的一个案例吧[①]。

点-轴系统理论是关于社会经济客体在地域空间上的合理集聚而成的以点线面及相应的等级体系予以概括出来的生产力综合布局与区域开发（发展）理论。该理论是对古典区位理论与20世纪60—70年代欧洲部分经济学者与地理学者提出的空间结构理论在一个方向上的发展。我国国土开发、经济布局的T字形结构（海岸地带和长江沿岸地带作为全国的一级发展轴线）是在点-轴系统理论基础上，通过总结国内外国家发展和区域发展实践、分析我国自然基础，特别是在20世纪80年代我国经济布局特点和综合国力的基础上提出的。以经济带模式进行国土开发与发展区域经济，是点-轴系统理论的应用核心。

点-轴系统理论反映了社会经济空间组织发生和发展的客观规律，旨在于阐述区域的最佳结构与最佳发展模式。具体而言，点-轴系统构成了区域发展的最佳空间结构；要使区域获得最佳发展，就需要以点-轴系统模式对社会经济客体进行组织。

针对我国当时的国情，点-轴系统理论揭示了社会经济空间格局空间扩张规律以及空间结构演变过程与格局关系，特别是与改革开放的进程的动态进程吻合，由东而西逐步扩大开放发展规模的规律。随着国家和区域经济网络的逐步形成，可以实现从区域间的不平衡到较为平衡的发展。

党的十一届三中全会确定的改革开放的大战略及随后几十年实施的一系列方针政策，展现了国家高层决策的英明与强大的行动力。点-轴系统理论和 T

① 2012年，李长春同志在马克思主义理论研究和建设工程工作会议上明确提出：“如何在学习借鉴人类文明成果的基础上，用中国的理论研究和话语体系解读中国实践、中国道路，不断概括出理论联系实际的、科学的、开放融通的新概念、新范畴、新表述，打造具有中国特色、中国风格、中国气派的哲学社会科学学术话语体系，是理论界和学术界面临的重大而紧迫的时代课题。”（参见：国防大学中国特色社会主义理论体系研究中心.打造具有中国特色、中国风格、中国气派的理论学术话语体系. 光明日报，2012-06-11.）

字形结构可以被视为对国家发展伟大成就的一种学术支撑，可能尽管影响相对细微，但仍具有重要意义。

一、宏观区域范畴发展的空间结构新型模式

20 世纪中期至 21 世纪 40 年代，即在长达一个世纪内，德国学者相继提出了农业区位论、工业区位论、城市区位论和市场区位论，这些理论为现代区域发展理论研究和模式研究提供了重要的理论支撑和贡献。然而，他们的研究对象主要局限于单一的社会经济客体，例如工业企业、农业经营方式、城市及市场区域等，这些研究主要概括了这些单项事物的空间定位规律。

第二次世界大战后，发达的工业国家及众多发展中国家进入了长期的社会经济高速发展阶段，这极大地推动了区位理论的发展。由于影响国家、区域社会经济发展的因素日益增多，因素之间相互作用的形式与结果也更为复杂，这使得 40 年代以前的区位理论难以全面解释日益复杂的社会经济现象，因而在区域发展规划、管理实践中较难加以实际应用。在这种新的社会经济发展形势的推动下，区位理论继续发展，并摆脱古典区位理论的某些局限性，在以下两个方向上得到了发展了。

一是区域分析理论。20 世纪 60 年代，美国学者，主要是区域经济学家艾萨德（W.Isard）、伯顿（I.Burton）、布劳（L.A.Brown）、莫里（R.Morrill）、加里森（W.L.Garrison）和贝里（B.J.L.Berry）等，将数学方法引入区域发展研究与规划领域，应用数理统计、线性规划来分析区域社会经济结构，规划未来的经济结构或预测未来的发展变化趋势。在这些学者的努力下，空间扩散的研究达到了相当大的规模，研究对象涉及人文与经济许多现象的空间运移规律。作为“区域科学”的主要奠基者，这部分学者多数继承了德国学者研究区位理论的考察问题方式和严谨精神，同时又摆脱了区位理论学者那种单要素专业性的纯理论推导所固有的不实用性。他们出版了大量著作，对当时的地理学和经济学产生了深远影响，其探索的一个重要成果便是为当今区域发展及其规划中广泛应用电子计算机和数学模型奠定了坚实基础。

二是空间结构理论。空间结构是指社会经济客体在空间中相互作用及所形成的空间集聚程度和集聚形态。该理论所研究的不是单要素的空间分布规律，而是综合了几乎所有社会经济客体的空间分布规律，因此又可称作“总体区位理论”。

德国人文地理学家施吕特尔（A. Schlueter）于 1906 年提出的关于人类地

理的“景观”论思想是空间结构理论的雏形。地理学家瓦尔特·克里斯塔勒（Walter Christaller）1933年出版了著名的《德国南部的中心地》一书，提出了中心地理论。他提出的六边形城市体系空间结构，被命名为城市分布体系的等级—规模法则，也被一些学者视为区域城市发展的“景观论”模型。这一理论为城市规划和区域规划提供了重要方法论依据。廖什通过分析各类商品（货物）的市场分布态势，概括出了市场网结构，这进一步丰富了社会经济客体“景观”论的研究内容。

第二次世界大战后，对空间结构理论做出系统理论分析和模型推导的是德国学者博芬特尔（E.V.Boeventer）。他结合区位论与发展理论，综合韦伯、杜能、廖什的区位论观点，强调区位论需深入探究生产、货物以及居住地、就业场所、流动性生产要素的地理分布。

20世纪50年代，在中心地理论等区位理论基础上，法国经济学家F.佩罗克斯（F.Perroux）提出了增长极理论。他基于“集聚”过程，提出了“极化”的概念，而“极化”的结果则是形成“增长极”（growth pole）。中心地理论和增长极理论，揭示了社会经济客体（即各级城市，它们代表社会经济活动的集聚点）在小区域空间中的集聚和分布规律。其中，增长极理论还动态地描绘了中心点如何向周边区域扩散并促进新的下一级中心点的形成。

在西欧等德语国家中，从事该领域研究的学者主要有波尔谢尔特（C. Borcherdt）、维尔特（E.Wirth）、巴尔特尔斯（D.Bartels）等。他们在农业区位论和集聚效果理论的基础上进行理论推导，将最佳企业规模的推导与城镇居民点合理规模的推导相结合，将城市视为企业一样，理解为一种生产过程；应用“门槛”理论，将中心地等级体系应用于区域规划的实际。

英国著名人文地理学家彼特·哈格特的著作《人文地理学中的区位分析》，论述了人文地理现象的系统和模型，各种人文地理模型的结构，现象运动的时间和空间、空间结构网络和节点，城市和人口集聚区的静态的小区域空间结构模式的分析等，哈格特的工作与著作在欧洲具有较大的影响。

二、我在空间结构理论领域提出新的认识

1）发展了空间结构理论在大区域范畴内的形态与内涵

在深入分析西方多种空间结构理论的过程中，我发现了它们存在的局限性，主要包括：局限于较小区域尺度、过多以专业行业为研究对象、缺乏对区域综合体的充分考虑，以及缺乏实践验证。这提示我，可以对区域社会经济的

空间组合状态从不同的空间尺度和层次、角度去观察，开展社会经济空间组织的构架或脉络研究，最终产生具有各自特色的理论模式。

从中心地理论、增长极理论等理论出发，我认为这些不同的结构模式都不同程度地体现了社会经济空间组织的有效形式。在思考如何发展已有的空间结构理论时，我从大区域范围出发，认为要科学地认识和规划区域的空间结构系统（如等级体系），就必须同时对基本问题进行深入剖析和综合整体研究。基于此，我提出并论证了点-轴系统理论模式。

点-轴系统理论是制定大区域内生产力合理布局和城市重点发展战略的重要结构模式，也是科学解决区域性经济密度与社会密度问题的具有可操作性的框架。点-轴系统理论基于不同的社会经济密度区的带状或面状地域组成的空间结构，解决（一国之内）大区域间社会经济发展不平衡的问题。这种不平衡主要源自自然的地带性或地区性差异、相对于海洋的不同位置、与历史上的政治中心的关系，以及与国际上经济集聚区（现代的城市群）的区位关系等因素。大地带性发展不平衡有其客观规律，即经济增长与发展不平衡之间的倒U字形相关规律。点-轴系统理论提出，应该利用这一规律，分阶段地发展区域经济，实现宏观区域内或区域之间从不平衡到较为平衡的区域发展。这属于高层空间结构范畴内的次区域转移策略。

2）提出了集聚导致渐进式扩散的观点，使点-轴系统理论具有更好的解释能力与预测能力

渐进式扩散区别于点状扩散的方式，在于它以较晚形成的较小的点-轴系统为起点，朝着新的方向持续扩散。这种动态过程，是以“点”与“轴”为一体的形式进行新的扩散与转移的。这是使空间结构理论与国土开发规划与区域规划实现有效结合的一个重要理念。在一个较长时期几个小的点-轴系统内渐进式扩散，结果可能是汇集到一起，成为新的集聚区；其中少数甚至发展成为大城市群——这是最高级别的发达的空间结构系统。我的研究，在大量微观研究基础上，从宏观区域视角，立足现阶段基本特征，描述了未来的趋势。

3）推动了空间结构理论的应用

无论是国家、区域还是城市，其社会经济各组成部分都存在着不同程度的相互作用和相互关系。经过长期的规划与发展，区域的社会经济往往会形成一个有一定结构和功能的大系统（体系），即区域（或国家）的社会经济体系。这个体系一旦形成，就如同一个生物体一样，成为一个有机的整体；当某一部分受到外部的影响，则有可能波及整个体系。社会经济体系的这种特性，使得有可能通过法律和政府行为、企业行为对区域的社会经济发展状态进行调控。

也就是说，如果要把握一个区域（或国家）的社会经济体系，就要从这个系统的结构入手，使结构能够科学地反映与控制这个体系的健全程度与变化趋势，从而满足区域（或国家）的内在需要。

通过分析区域社会经济体系内部的结构，即这个体系的组成部分及各组成部分之间相互作用关系来把握这个地区社会经济体系的特点和问题，这就是通过“结构”来研究“体系”。这是区域发展问题研究的重要的方法论。

西方学者的理论模型局限于较小区域尺度，而且论证与推导也是比较抽象的，致使人们更多地关注其理论意义，难以进行实际应用。中国是个大国，存在的是社会经济大系统，且各地区间的差异也很大。点-轴系统在宏观上充分考虑到了这一点，因此可以应用于中国发展的客观实践，为国家发展提供科学支撑。

三、点-轴系统理论是生产力及整个社会经济空间组织的指导原则

根据点-轴系统理论的要求，在制定国家和区域的开发和发展规划时，要先确定国家或地区的重点轴线和重点的中心城市。轴线和中心城市都是分等级的，国家应将力量重点置于全国性的重点轴线和重点城市上。例如，将大型金融中心、国际航运枢纽和航空枢纽、国际通信枢纽、国际商贸中心、科技发展基地等置于全国性重点发展轴和中心城市。同时，也应根据自身情况，确定不同等级的轴线和中心城市，并作出相应的重点建设和发展安排。当然，点-轴系统理论还包含其他一系列指导原则的具体内容。

长期以来，我国的国土开发、生产力布局及社会经济发展方面，只划分了重点建设区和非重点建设区，缺乏进一步的科学指导原则。虽然我们有战略方针，但其不能代替科学的指导原则。而点-轴系统理论和模式，则可以在这方面发挥长期的指导作用。

第二节　点-轴系统理论的实践价值与实际效益

我在前文中已经强调：点-轴系统理论的提出，是吸收了前人的研究成果，但并没有完全照走前人之路。它从实践中来，被概括成理论，又反过来指导实践。西方的工业区位论、农业区位论、中心地（城市）理论、空间扩散理论等，是纯理论，在阐述实际中的国家（地区）生产力布局和区域发展战略模

式等重大问题上显得力不从心。我所寻求的模式和理论是，要能在生产力布局和区域发展中将水土资源条件、城市发展条件、国内外社会经济与技术协作条件等结合起来，并能够表明空间等级关系，为决策者及实施者提供明确的点、线、面关系、层次关系和轻重缓急关系。就这一点，西方学者的理论无法做到。从点-轴系统理论发展出的我国国土开发与经济布局的T字形结构发展战略提出，“长江轴将内地两个最发达的核心地区与海岸地带轴联系起来，两轴在经济最发达的长江三角洲交会。将此二轴进一步开发建设好，就可奠定国民经济翻两番的基础，并促进与之相联结的二级三级发展轴线，使全局获得顺利发展”。这一点说明，T字形结构是对全国具有整体意义的优化开发，是全国范围内为实现最佳发展而客观形成的最佳空间结构的主体组成部分。

1. 点-轴系统理论与T字形结构模式具有中国特色，符合国家发展的客观需要

在20世纪80年代，我提出了点-轴系统理论与T字形结构模式。当时，我不仅看到了西方的理论不能直接应用，而且提出了解决方法与操作“路线图”（请参考本书第三章“点-轴系统理论的初步提出及功能预设”）。这一发展空间结构理论，其目标是指导中国的国土开发与区域发展，使其走上可行、合理、科学的道路。对于发展中的大国，中国当时要加快整个国民经济与城镇化等社会发展，就必须大规模发展基础产业，特别是需要大规模开发矿产资源、能源、水资源，这必然会产生巨大的运量，因此需要构建由多种运输方式保障的大型综合运输系统与通道。沿海地带和长江沿岸地带这两大重点发展轴，体现了生产力布局与我国的自然结构（资源、交通、水资源、城市基础及国内外市场等主要要素）的有机空间耦合。也即是T字形结构，符合中国当时及未来40年发展阶段的国情。

点-轴系统理论和T字形结构模式，符合于社会经济空间格局扩张规律，揭示了空间演变过程与格局的关系；符合我国在20世纪80年代不能实行再一次战略转移但要逐步推进全国国土开发与区域经济实现较为平衡发展的客观需求；与改革开放进程相吻合，符合当时我国由东而西逐步扩大开放发展规模的客观要求。

海岸地带和沿江地带成了国家和许多省区市的大规模投资和实施开放优惠政策的最主要目标地带。经过十多年的集中建设，至20世纪90年代末，我国沿海、沿江两大一级发展轴线（地带）成为实力强大的经济带，成为80年代中期以来（至今）我国综合国力的大幅度增强的空间布局保障因素之一。

十一届三中全会对改革开放大战略及随后几十年的一系列方针政策的支撑与实施，为这一理论模式的实践提供了坚实的政策保障。这一理论模式持续得到国家相关机构、众多社会机构、相关领域的学者的认同，作为国家层面的发展战略几十年没有改变，也说明了其科学性。

2. T字形结构彰显出中国崛起的大格局与大国意志

到 1993 年，我国形成了一个宽领域、多层次、有重点、点-线-面相结合的全方位对外开放开发大格局，我们可以清晰地看到：T 字形构架就已经不是纯粹自然范畴的沿海、沿江地带概念了，而是被赋予了国家重点发展大格局内涵的重大战略，体现了中国将以此两条宏大的水陆界面出发、并带动全国而跨过海洋走向世界的大国意志①，反映了国家决策者对于中国发展巨大潜力与前景的高瞻远瞩。

沿海地带开放开发的最初十年，通过逐步扩大对外开放，诸多方针政策得到了实践的验证，深圳等特区与开放城市及沿海全面开放开发区取得了重大成就，沿海地带基础设施建设迅速推进。全国人民信心由此大增。由于取得了巨大的经济成就，人民生活得到改善，社会各方面充满活力。90 年代初，国家做出建设浦东新区的决定，实行了一整套改革开放的新政策，大力促进以上海为核心城市的长江三角洲的建设。紧接着，国家正式开始了大规模的长江经济带开发开放。经过十年多的改革开放，我国逐步形成了南北与东西两条一级发展轴线，并在以上海为核心城市的长江三角洲地区交汇，反映了国家决策者对于中国发展的巨大潜力与前景的高瞻远瞩，彰显出中国作为大国崛起新的大格局雄心与坚定意志。

点-轴系统理论与 T 字形结构模式，对我国历时十年以上的由南至北、由东至西的对外开放历程起到了准确的空间定位与前瞻作用。点-轴系统和 T 字形结构，是改革开放至今，国际资本与新技术新产业进入我国的最合理、最有效的路径。

在祖国的地图上，对外开放历程清晰地呈现出了 T 字形结构。可以说，T 字形结构是我国 40 多年来在世界舞台上崛起的重要诠释。40 多年后的今天，我们看到一个强大的中国屹立在东方，心中充满了历史骄傲感和自豪感。

---

① 近代国际人文与经济地理学奠基人之一的拉采尔提出：“只有海洋才能造就真正的世界强国。跨过海洋这一步在任何民族的历史上都是一个重大事件。”

3. 点-轴系统理论与 T 字形结构模式是我国国土开发经济布局长时期的指导思想之一

在参与国土规划编制的过程中，我将点-轴系统理论与 T 字形结构模式融入全国总体布局一章中，将全国经济社会的点—线—面构成的有等级体系的大网络与国土各地区差异显著的地表特征相结合，形成了一个既整体统一又分层次的空间结构。这一结构被实践证明是合理的，是符合 20 世纪及 21 世纪初年需要的，是可行的也是可操作的。

T 字形结构模式，赋予了沿海沿江自然地理结构宏观动态的社会经济内涵，促进了人与土地的深度融合，构建了人-地大系统的和谐共生。在我国改革开放 40 多年的进程中，点-轴系统理论与 T 字形结构模式所提出的最佳发展与最佳结构的关系得到了印证，为实现较为平衡的发展和协调发展奠定了基础，并取得了实际成效。这是地理学家奉献给社会的一份有实际意义的研究成果。

回顾 20 世纪 80 年代，全国有 23 个省（自治区、直辖市）在编制区域性国土规划时，都认识到点-轴系统模式的重要性，在区域规划中强调了 T 字形结构的实施，并确定了各自区域内的重点轴线。例如，山东省在 1987 年将“胶济沿线”和“海岸地带”作为重点轴线，并将青岛、济南作为一级中心城市。这个规划得到了很好的实施。20 世纪末至本世纪初，山东省经济取得了巨大的增长。安徽省在 1986 年前后将建设“皖江经济带”作为全省战略重点。90 年代中期，江苏省开始将基础产业配置在长江沿岸，建设江苏省的“长江经济走廊”，取得了长时期的经济与社会效益

但同时，一些省（自治区、直辖市），没有制定科学的发展重点经济带和中心城市战略，经济建设和社会设施建设分散无序，形不成有主有从、有机联系的地域经济网络。例如，河北省长期没有将海岸地带作为重点发展地域，重点建设很分散，经济发展状态不理想。1978 年河北省和山东省的人均 GDP 基本相同，但到 2001 年山东省人均 GDP 比河北省高 30%。

值得一提的是，1999 年国家发展和改革委员会原副主任刘江在其主编的《中国地区发展回顾与展望》[①]中写道，“由沿海和长江组成的“T”型主轴线布局构想”“得到了逐步完善和发展”。学术界大量的著作明确写道：陆大道提出 T 字形战略被国家采纳，得到了实施。孙尚清、王梦奎、白和金等著名

① 参见：刘江.中国地区发展回顾与展望（共 32 卷）.中国物价出版社，1999 年。

经济学家都认为 T 字形结构战略起了重大作用[①]，并认为 21 世纪初年我国经济发展仍然要以 T 字形结构为战略重点。这些观点与我在 1984 年 9 月提出 T 字形结构的最初文本中的判断与主张相同。

4. 点-轴系统理论和 T 字形结构模式对我国区域经济发展大格局具有前瞻性指导作用，为 40 多年来我国大格局的稳定提供了学术支撑

几十年来，我国的发展实践充分证明了点-轴系统理论和 T 字形结构模式对我国区域经济发展大格局的前瞻性指导作用。在 20 世纪 80—90 年代，我国集中国力进行沿海、沿江两大地带的重点开发，符合 90 年代中后期开始的区域协调发展战略的客观要求，逐步缩小了东西部发展差距的“喇叭口”，增强了中西部地区的经济与社会实力。今天，中国持续走向了较为平衡的发展之路。为进一步实施区域协调发展战略，我国相继推出了西部开发、东北振兴、长江经济带高质量发展以及沿海地区三大城市群作为国家发展的“重中之重”等一系列重要方针，同时精准扶贫与老少边穷地区经济发展也取得了显著成效。在此期间，我国开始实施主体功能区方案，大力改善生态环境，推动实现高质量发展。

经过 40 多年的持续努力，我国形成了现阶段能够充分发挥各地区特色与优势的较为高效稳定的大格局。这一大格局的形成，正是点-轴系统理论和 T 字形结构模式在我国区域经济发展中的具体体现。由此可见，点-轴系统理论和 T 字形结构模式为 40 年来我国大格局的稳定提供了学术支撑。

第三节　点-轴系统理论、T 字形结构与学科发展

一、点-轴系统理论诠释了经济地理学的研究对象及其基本内涵

点-轴系统理论从网络空间结构角度出发，解析了经济地理学的内涵及其动态演变过程。人文与经济地理学是一门研究生产力布局的学科，点-轴系统理论和 T 字形结构的基本要点和意义与这一学科定义高度契合。

---

① 具体参见：孙尚清.长江开发开放.中国发展出版社，1996 年；王梦奎.中国经济发展的回顾与前瞻：1979—2020. 中国财政经济出版社，1999 年；王梦奎. 在经济转折中. 华文出版社，2000 年；白和金. 21 世纪初期中国经济与社会发展战略. 中国计划出版社，2000 年。

点-轴系统理论的核心是区域的“最佳结构与最佳发展”。也就是说，点-轴系统是区域发展的最佳结构；要使区域最佳发展，必然要求以点-轴系统模式对社会经济客体进行组织。因此，“点-轴系统”是“人地关系”地域系统的重要组成部分，代表了一个特定的领域或侧面。

点-轴系统理论还在很大程度上揭示了人文地理中地理过程与地理格局之间的相互关系，动态地展示了人文与经济地理格局的变化，典型地体现了人文与经济地理学的演化过程，因此，点-轴系统理论和 T 字形结构的提出也是人文与经济地理学理论研究的一个重要进展。

二、T 字形结构是中国经济地理的主体结构

一个国家（或区域）的经济地理，就是这个国家（或地区）经济活动的网络结构。中心城市就是这个网络结构上的大大小小节点。经济网络上节点是由线状基础设施（轴）相互连接起来的。

我国国土开发与经济布局的 T 字形结构就是中国经济地理的主体与骨干，T 字形标志处于中国经济地理的顶端，代表着最高端的的密集产业带，其下则延伸出的二级、三级密集产业带。

在强化地域空间开发的 T 字形空间框架的同时，还需要在这一结构的轴交叉“点”上培育若干个具有国际竞争力的大城市群，以及具有全国或大区意义的城市人口和产业集聚区，进行优化和重点开发。这一点体现在长江经济带和我国沿海地带逐步形成的三大城市群上，发展理念是一致的。

至此，对点-轴系统理论与 T 字形国土开发和经济布局结构，即以沿海地带与沿长江地带为一级轴线的战略，已经有基本明确的目标阐述，有实践基础，有西方与苏联的学术理论作为部分依据，有实际内涵及要点的揭示与说明，有形成机理、态势演进（点-轴在少数地点的初步形成、点-轴扩散与点-轴集聚区、新的点-轴系统形成的新空间）较为系统化的理论总结，有国家与社会的实践。这一理论与模式经历了 40 多年的检验与考验。

三、点-轴系统理论和 T 字形结构研究占据了我学术生涯的大部分时光

我一生学业最初是从工业布局开始起步的，并在其中找到了我学术研究的目标。如果对我的工业布局研究工作做个总结，那就是，这部分工作是我关于空间结构理论与实践研究的一部分。而如果对我所从事的人文与经济地理学研

究作出总结，从空间结构视角看，我一生都在围绕点-轴系统及其应用来丰富和完善自己的知识体系。

从点-轴系统理论和 T 字形结构的提出，到今天基本完成其体系化，这个过程所需的知识积累，都来自对省区级工业区、工业基地的微观综合调查研究，以及对全国、大区、省区、跨省区市的宏观研究。这个过程大约可以划分成前 20 年与后 40 年。在后 40 年中，我主要研究的区域有沿海地区、东北地区、西部地区、山东、两淮、新疆、广东、京津唐、京津冀、长三角、长江流域以及全国整体。在进行各类区域的发展研究与规划研究时，我从各种规模、不同特点的城市着手，解剖其功能和影响力，然后探讨各类基础设施如何适应区域社会经济需要，以及城市之间相互关系的需要，最后总结出整个研究区域的发展特征，预测或编制未来发展的基本蓝图。其中的核心内涵还是点—线—面及其中分别组成的经济地理空间投影。

要认识人文与经济地理学，从点-轴系统及点-轴渐进式扩散开始是一条好的入门之道。要认识中国的人文与经济地理学，从点-轴系统理论和 T 字形结构出发，综合其二级、三级发展轴线及其所组成的空间系统开始，也是一条便捷的入门之道。

点-轴系统是地理学的“人-地系统”的空间网络表达。地理学的“人-地系统”（或“人地关系”的地域系统），就是指国家或区域全部的社会经济要素空间分布所组成的网络系统。点-轴系统，是对经济地理学研究内涵及其内部结构、变化过程的抽象；T 字形结构，是对中国经济地理大格局的认识与把握。从这一点讲，我这一辈子研究经济地理（学），就是在研究点-轴系统与 T 字形结构的理论层面和中国实践层面。点-轴系统理论的意义既具有国别性也具有普遍性，这一点已经得到了证明。21 世纪初年，T 字形结构的重要意义逐渐明显。T 字形结构的出现，也成为我国今天稳定的区域经济宏观格局的国土空间战略的基础。

1995 年，科学出版社出版了《区域发展及其空间结构》一书，该书深入阐述了点-轴系统理论和 T 字形结构战略。2018 年科学出版社将此书收入“地学经典丛书（第一辑）”中进行了再版。2024 年初，斯普林格（Springer）出版社出版了英文版的《区域发展及其空间结构》（*Regional Development and Its Spatial Structure*），将我的两篇关于点-轴系统形成机理及区域最佳结果与最佳发展的论文收入该书的“附录”中。这两篇论文是对原著重要的理论补充与深入，分别是：《论区域的最佳结构与最佳发展—提出“点-轴系统”和“T”型结构以来的回顾与再分析》[①]（Appendix A，On the Optimal Structure and Optimal Development of Regions—Review and reanalysis since the proposal of the“point—axis system” and the T—shaped structure）；《关于“点-轴”空间结构系统的形成机理分析》[②]（Appendix B，Analysis on the Formation Mechanism of “Point—Axis”Spatial Structure System）。

小结：展望与感怀

一、对点-轴系统理论和T字形结构模式的未来展望

新旧世纪交汇时期，是我国工业化的中期阶段。现阶段转型期也可以认为我国开始过渡到工业化的后期阶段。这个过渡阶段可能要延续 10—20 年。但是，大规模发展能源重化工与整个国民经济的高速增长，将不可能再度形成。

过渡阶段与后工业化时期，产业结构逐渐会有所变化，总方向应该是更加多元化。多年来积攒的大规模的能源重化工将必须做“减法”，而且将产生新的业态与行业。在国土开发与社会经济客体的空间组织空间结构方面，肯定也会发生相应的变化。以往认为难以开发与充分利用的山区、低山丘陵、较低程度的沙漠化地区、干旱区、寒区等可能被较大程度地开发。特殊的生态系统及其部分，也会成为具有一定服务功能的稀缺资源，也就变成具有较高的开发利用价值。

随着人们收入的增加与对个性发展的需求，会要求与创造不同内涵与形式的“美丽中国”。参考发达国家所走过的工业化及其伴生的生态环境变化的道路，我国大区域之间可能会实现较为平衡的发展。

点-轴系统理论与国土开发和经济布局 T 字形结构，其产生、内涵与应用都是与中国这样一个大国的社会经济发展阶段、地理和经济国情密切相关的。在 2020 年前后的十年时期内，我国正迎来新时代的曙光。新时代的具体特点可能表现为：大开发与高速经济增长将被高技术及信息化推动的高质量发展所代替，环境污染与生态退化将逐步得到有效遏制，人们的生活环境、工作环境逐步大幅度优化。信息化时代到来，将催生出众多新产业和新业态。满足人们

① 该文中文版发表于《地理学报》2001 年第 56 卷第 2 期，127-135 页.

② 该文中文版发表于《地理学报》2002 年第 22 卷第 1 期，1-6 页.

多样化需求的文旅、文化和康养等产业将日益繁荣。人们克服、适应较差自然环境的能力将增强，多样化成为新的追求。山区、高寒区、干旱区等以往被认为环境条件较差的地区，其流动人口和常住人口将大幅增加。

生态服务功能作为一种稀缺资源，应具有其价值。经济社会客体组织的网络化，包括其中的虚拟的网络存在，表现在空间投影上就会不同于点-轴系统。虚拟的流向仍然带来实体的客流和物流。金融流也会普遍数字化，尽管带来的实体性客货流要少得多。空间结构分析仍然必要。全国、地区性的各级平台如何解析，将依赖于难以想象的信息化与智能化快速的进行。大数据的运用可能是不可缺少的，现在已经处于过渡期。

在这大背景下，社会经济活动及其空间投影，必将逐渐发生变化，T 字形的突出性将逐渐减弱。但与此同时，也可能出现与新时代及其发展态势和内涵相适应的新模式。

二、点-轴系统理论与 T 字形结构命运多舛带来的困扰

在本书正文的最后，我想写一点与点-轴系统理论与 T 字形结构本身看似没有直接逻辑关联，实则关系密切的文字。所涉及的是对点-轴系统理论与 T 字形结构模式的意义的认可及价值的肯定，只不过是从另一个侧面表示出来的。由于其实际情况比较复杂，又是属于不磊落的行为，本书考虑到现实的原因，只轻描淡写做如下的感怀描述。这些内容，如鲠在喉，不吐不快。

40 多年来，点-轴系统理论与 T 字形结构曾经遭遇了四次侵权，我这残疾之躯，内心充满了无尽的纠葛与困惑。很多问题至今我都想不明白。

其一，按照时间来说，除第一次发生在 20 世纪末外，其余三次都发生在我重度残疾之后，也就是在我提出这个理论与模式的 30 年之后。是不是因为残疾人好欺负？是不是以为我由于年代久远而没有了当时的文墨证据，或者以为我忘记了那时我所完成的工作，因而不可能追究他们做的事儿？

其二，是不是因为我过去得罪了很多人？但分析一下，有三次事儿是与我以往没有矛盾的人做的，而且部分是很熟悉的友人。剩下的一次，可能是我平时做得不够符合他人的意愿，但是也并没有错误可说。为何几十年都过来了，反而到了此时还要做这件事儿呢？我不明白了。

其三，有两次是将我的研究创新的内容做“移花接木”手术，放到别的名人的名下了。一次是学界身居高位的名人，一次是外国专家。操作者不是为了自己，那是出于何种想法呢？是不是觉得我的研究成果还不错，但是我这个人

拥有这件东西不够相称，或者认为我这个国内的研究者怎么能够提出来这个东西呢？还是移过去放在身居高位之人或国外知名学者的名下比较合适吧？念及种种，我的内心不禁泛起一阵难以名状的别扭与深深的无奈。

其四，这四次事件中，都将我长期以来的所有正式表述“点-轴系统理论与以沿海沿江两条一级轴线构成的 T 字形结构”中的两部分分割开，然后各取所需，只拿走其中的一部分，还给我留下一部分。具体的是：三次拿走了 T 字形结构，留下“点-轴系统理论”；一次是拿走了“点-轴系统理论”，留给我 T 字形结构了。想到这点，觉得我的东西大概是个“好东西”，而且，他们都还有一份善意，给我留下了一部分。所以，我还有一点儿欣慰。

四次把我辛苦取得的“创新点”硬说成是别人的成果。按照他们的逻辑推理，我是把别人的“创新点”占为己有了，那我成了什么人了呢！而且，这不仅仅他们的所言所行，不只是室内谋划与说说而已，其传播的影响是很厉害的。我对此当然是想不通的。写到此，读者或许会问，对于你的成果所遭遇的四次侵权，这些人是如何证明他们所说的？答案是：似乎有，但实际上完全没有任何实质性相关的材料证明。他们只是通过构想、剪裁、拼接而成的一连串小故事，所含的小情节非常“有趣”，内容很离奇，甚至还有一丝的真实感。但所有的这四件事，他们都没有任何可以用来佐证的文字，哪怕是一小块记有当年与我发表的观点相类似、相关联观点的碎纸片，都没有。我估计，今后也不可能有可佐证的材料文字出来。

自 2018 年来，我写了七八十万字的“答辩”“证明”、评判、事件情节、感怀等材料。收集整理的大量事情及其背景、过程史实、评论评价（包括复印件）等分装在 50—60 个纸袋中，足有 80 多公分厚。但我相信若干年后，这种事情连“都付笑谈中”的资格都将没有。

问题解决了吗？在此我可以回复，有三件事儿，都解决了。其中，有关部门与人士对问题解决做了相应的工作，视频媒体与有关报刊对我这方面的工作做过报道。我衷心感谢他们。剩下的一件事，也已接近尾声。有哲人说过：世上一些事，可能不会有真正的解决时刻，只会在沉默与疏远中被淡化。

主要参考文献

黄秉维. 地理学综合工作与跨学科研究.载：陆地系统科学与地理综合研究——黄秉维院士学术思想研讨会文集. 北京：科学出版社, 1999.

陆大道. 陆大道文集. 北京: 商务印书馆, 2023.
陆大道. 人文地理学中区域分析的初步探讨. 地理学报, 1984, 39 (4): 397-407.
吴传钧. 地理学的昨天、今天与明天——在第四次地理理学会代表大会上的学术报告, 广州, 1979.
约翰斯顿 K J. 地理理学与地理理学家. 北京: 商务印书馆, 1999.
Bahrenberg G, Giese E, Statistische Methoden und ihre Anwendung in der Geographie. Stuttgart, 1975.
Böventer E V. Standortentscheidung und Raumstruktur. Hannover, 1979.
Haggett P. Locational Analysis in Human Geography. Berlin, New York, 1973, 1992.
Lösch A. Die Räumliche Ordnungder Wirtschaft. Auflage Stuttgart, 1962.
Wirth E. Theoretische Geographie. Stuttgart, 1979.

附　　录

附录说明

本书附录的内容比较多，目的主要是佐证正文部分内容与事实的真实性，并增加其可理解程度，以便读者对有些疑惑问题做出正确的判断。其次，对于我而言，1984 年的那篇提出点-轴系统理论与 T 字形结构的文章，正好是我从 20 年的微观研究过渡到至今 40 年宏观研究的新起点。三个发表的版本虽然已收录在我的文集中，但是放在这本书的附录里，更加贴切，更可以体现我提出的理论与模式的整体性，另外还有可能使今日从事经济地理研究的年轻一代同事了解几十年前的常规工作方式。附录里的内容可充分说明：点-轴系统理论与 T 字形结构的提出，是有相当完整的“源头”的，不是“一闪念”或是“神化”的产物。我自早年就一再听到老师“不动笔墨不读书”的嘱咐，所以投身科研工作之后，就十分注意收集资料、保留笔记，习惯于不动笔墨不读书、没有资料不写书、不留资料不发（表）文。这大约就是“博观而约取”与“厚积而薄发”吧。

以下对附录中的内容做个简要的说明。

《中国工业布局的理论与实践》（1990 年，科学出版社出版）一书第二章“工业布局宏观区位决策方针的变化及其结果”中的第二节“我国工业发展与布局的‘东西问题’”（第 21—43 页），全部摘引作为本书的附录一，约有 3 万字，是对我国 1964—1976 年“三线建设”的总结评价。该书与《二〇〇〇年我国工业生产力布局总图的科学基础》一文大约是同时动手的，内容如同一体。但书的出版要晚得多。这主要是因为，80 年代初我对当时又要搞“战略转移”的“恐惧感”及强烈的不赞成，出于这种强烈的意愿，我要将《二〇〇〇年我国工业生产力布局总图的科学基础》先写成文章发表，将以往对点-轴系统的零星思考按需要融合起来，加以理论阐述，并进一步提出T字形结构，以回应“又要进行战略转移”的社会舆论。所以，“三线建设”经验教训总结与《二〇〇〇年我国工业生产力布局总图的科学基础》一文，堪称“姊妹篇”，是点-轴系统理论和T字形结构的创作源头与动力。内容虽长，但其中的事实与归纳的总结文字，已历经了30余年的检验。

附录二是《二〇〇〇年我国工业生产力布局总图的科学基础》一文的四步手稿。本书回答了读者关于我是如何提出点-轴系统理论与T字形结构的“疑问”。遗憾的是，以往40年中，由于十多次搬家，扔掉了即兴而成的碎片式手稿，总量一定比这四步手稿多得多。不过，通过现有的四步手稿，大家仍然可以了解在那个逝去的遥远年代我是如何完成这份工作的。回顾20世纪70—90年代，我手写了大量的考察记录、学习心得、著文思考，那密密麻麻的字里行间，都是我所熟知、我所不能忘怀的寂寞岁月与永不返回的年华。几十年里，我几乎养成了习惯，夜间时常睡不着就拿起床头夹有小纸片与铅笔的一块小木板，记下对来日里要做工作的想法要点。这些手稿以及初期发表的内容大致可以表明，我所提出的理论与模式，是经过长期思考积累，并汇集了由此产生的点滴新意而来的，前有大量的相关文墨，后有许多发挥与应用，不是前无痕迹后无踪影的突然意念所致。

能说出中国有沿海、沿江两大地带的天下人不计其数，但在当时，却没有人能像我这样，做出极具针对性的、符合实情的“说明”“表态”，并进行写作。这个过程，不是“神化”，而是赋予T字形结构以沿海地带、长江沿岸地带优先开放开发、实施大规模投资与发展，进而带动全国发展的国土空间开发的大国意志、使命以及科学性。

本书所有提到的历史资料，包括《二〇〇〇年我国工业生产力布局总图的科学基础》一文的四步手稿、公开发表的三个版本、各有关单位与专家学者的引用、评述等，我都保留到现在。《二〇〇〇年我国工业生产力布局总图的科学基础》一文的第三步手稿原稿现在保存于中国科学院档案馆。

附录目录

附录一　我国工业发展与布局的“东西问题”（节录自《中国工业布局的理论与实践》. 北京：科学出版社，1990.）

附录二　1984年《二〇〇〇年我国工业生产力布局总图的科学基础》一文的四步手稿、学术会议上的报告稿

附录三　1984年《二〇〇〇年我国工业生产力布局总图的科学基础》一文初期正式发表杂志原文

附录四　1985年在国土规划编制办公室时我起草的《全国国土总体规划纲要（草案）》第三章的手稿（近年来我已整理成稿件，收录在《陆大道文集》中）

附录五　部分专家学者对点-轴系统理论及我国国土开发与经济布局T字形结构的评述

附录一　我国工业发展与布局的“东西问题”①

新中国成立后，在旧中国薄弱的现代工业和极不平衡的工业布局基础上，开始了大规模的工业化进程，并取得无与伦比的、震憾世界的成就。这一进程在空间方面的表现就是致力于解决历史上遗留下来的“东西问题”，即发展不平衡问题。

几乎各国都有国内区域发展不平衡问题。长期以来，许多国家都将解决国内不平衡发展问题作为战略目标之一。但是国际经验却几乎毫无例外地证明，从不平衡到平衡的发展（转变）是个很长的历史过程；而国土面积越大，地区间条件相差越明显，其不平衡的发展过程就越长。

我国经济，特别是其中的现代工业，其不平衡发展产生于解放前几百年的历史过程中。然而，新中国的建立，在彻底埋藏半封建半殖民地旧制度的同时，是否就应当认为旧中国工业布局不平衡的过程也应当立即结束，立即进行“战略转移”。三十多年的经验和发展事实告诉我们，不能这样认为，我国现代工业在沿海地区的集聚还处在进一步发展中，过程并未结束。工业的地区均衡增长和累积增长，是我国过去三十多年遇到的一大战略问题，也是现阶段及至21世纪初年面临的一大战略问题。为了帮助人们更好地展望未来的趋势，明确应当实行什么样的工业发展、布局的空间政策，需要分析一下我国过去30多年中如何处理我国特有的“东西问题”及所取得的成就与不足。

① 本文为《中国工业布局的理论与实践》（陆大道著，科学出版社，1990年）第二章第二节的影印文件。

一、工业宏观区位决策方针的演变[1]

(一)恢复时期至"一五"时期(1949—1957年)

1. 政治经济形势与方针

这一时期我国工业发展和布局主要受到以下几方面因素的影响：

(1)1950年6月25日朝鲜战争爆发，27日美国宣布要用武力阻止我对台湾的解放，并对我国实行经济封锁。根据1945年波茨坦宣言和雅尔塔会议协定，世界上形成了"两大阵营"——以苏联为首的社会主义阵营和以美国为首的帝国主义阵营。由于这两种事态。使我国受到严重的军事威胁，迫使我们在国际斗争中实行"一边倒"的外交政策。

(2)国内工业在社会主义改造实行之前，半殖民地半封建的影响还相当严重，帝国主义和资本家的经济势力与社会主义的要求之间存在着严重的矛盾和斗争。

中华人民共和国成立之后，党和国家本想立即医治战争创伤，着手全面进行国家经济建设，但由于以上二方面因素的影响，再加上国家经济落后，特别是内地更加落后，需要逐步发展少数民族地区的经济等原因，便采取了以下两方面重大措施：

(1)1950年9月全国计划会议确定在此后二三年内不立即进行大规模的经济建设，主要任务是进行经济恢复和调整。为了迅速加强国家实力，在"一五"期间，确定了"优先发展重工业"的工业化道路。

(2)在三年经济恢复时期，国家要求改变工业生产过分集中于沿海地区的不合理现象，将一部分工厂迁移到接近原料、市场的地区。从1953年开始实行的第一个五年计划中规定："为了改变原来地区分布不合理状况，必须建立新的工业基地，而首先利用、改造和扩建原来工业基地是创造新的工业基地的一种必要条件"。

2. 建设布局

三年恢复时期，国家工业建设重点是在老重工业基地东北地区，其次是华东与华北。为了国防安全的需要，也迁搬了少数易于搬动的厂到"内地"，如沈阳轮胎厂迁到桦甸，丹东造纸厂迁到佳木斯。同时，着手在接近苏联、当时只有几十户人家的富拉尔基进行大规模建设。

"一五"期间在苏联的援助下，进行了以"156"项为中心的工业基本建设，同时包括国内自行设计建设的（投资在1000万元以上）694项限额以上的重点工程。这是初步奠定我国工业化基础的重要时期。从以下对"156"项布点和投资的分析可知，"一五"时期工业基本建设的重点已从沿海地区转到内地。

在"156"项原计划中，有四项在"一五"期间没有施工（第二汽车厂、第二拖拉机厂等），二项重复计算，实际施工建设是150项，完成投资近200亿元，单项从1000多万元到6亿元不等。按照当时六大区计，分布如表2-5。

1）本段中关于政府决策方针部分主要参考：房维中主编，中华人民共和国经济大事记（1949—1980），中国社会科学出版社，1984年。

表2-5 "一五"时期重点工程的大区分布

地　区	项　目　数	占全部项目数的百分比
东北区	56项	37.3
西北区	33项	22.0
华北区	27项	18.0
中南区	18项	12.0
西南区	11项	7.3
华东区	5项	3.4

超过十项以上的省按顺序排列是：陕西（主要是军工企业）、辽宁、黑龙江、山西、河南、吉林。这6省共105项，占全部项目的70%。一项都没有的省(区)市有：上海、江苏、浙江、福建、山东、天津、广东、广西、贵州、青海、宁夏、西藏等12个，此中有两种类型的地区：其一是条件太差的边远地区，其二是沿海经济基础和工业建设条件最好的地区。当时沿海11个省(区)市中，有8个一项也没有。

以当时的沿海和内地划分[1]，150项中沿海占32项，只占全部项目的1/5；国内建设的694个项目，472个在内地，占68%。沿海只占32%。

"一五"期间建设项目布点在宏观上是比较分散的。在中观上除了采掘工业（主要是煤炭工业，受资源分布影响）外，大多数配置在大中城市，如东北的沈阳、吉林、抚顺、哈尔滨、鞍山、齐齐哈尔，华北的北京、太原、石家庄、包头，西北的西安、兰州，西南的成都等。在微观上，相当一部分大企业经过联合选厂、成组布局，与城市建设相协调，建成为综合配套的工业区。这是"一五"时期工业建设投资较省、建设周期较短、投产后经济效益较好的重要原因之一。

3． 结构特征

恢复时期和"一五"时期工业建设投资结构的确定，一是考虑到当时恢复和发展国民经济的需要，二是加强国防实力、保卫国家安全，因此军工企业约占总数的1/3。头几年，重点建设急需的煤炭、电力工业及钢铁、化工、有色金属等原材料工业。煤炭工业、电力工业主要集中在辽宁、山西、黑龙江、北京等能源消费区及其附近。后来安排了一批军工及军工原材料工业。"一五"后期，开始动工建设以包(头)、武(汉)、太(原)三大钢铁基地为代表的重化学工业，它们占工业总投资的相当大部分。

"一五"时期的工业投资，明显地体现了"优先发展重工业"的方针。在工业基本建设总投资中，冶金工业居第一位，占18.6%，其次是机械（主要是军工）、煤炭、电力、化学、石油，加上森林与建材工业，重工业部门的总投资约占89%。轻工业中以纺织工业为主，其次是食品工业中的制糖工业。前者主要是在我国华北、华中、华东棉区附近建设几十个国棉厂，后者主要是在南方植蔗区建立了若干现代化糖厂。

1）从"一五"期间开始使用的"沿海"、"内地"概念指的区域范围是：沿海包括辽宁、河北、天津、北京、山东、江苏、上海、安徽、浙江、福建、广东、广西等12个省(区)市，其余为"内地"。

(二)"大跃进"至"文革"前半期(1958—1972年)

恢复时期和"一五"时期，由于政治安定和经济建设方针，包括工业建设布局方针基本正确，特别是由于党和政府的号召力和卓有成效的组织，整个国民经济，其中包括工业，获得了很高的增长速度(工业年平均递增17.8%)。但是在工业发展与布局方面也出现了两方面的偏差：其一，轻工业投资比重过低；其二，用于沿海工业的改造、扩建、新建的投资少了，老工业基地的作用，特别是以上海为中心的长江三角洲及华北沿海工业的作用、潜力未得到应有的加强，不仅没有大型的原材料项目，而且配套项目也很少，以致使沿海地区的工业增长速度低于内地。1952至1957年，全国工业平均年增15.5%，其中内地为17.8%，沿海为14.4%。

针对这种背景，1956年毛主席在最高国务会议上关于"十大关系"的报告中，论述了沿海与内地、轻工业与重工业的关系。此后不久，1959年3月陈云同志于《红旗》杂志发表"当前基本建设工作中的几个重大问题"的文章，专门强调了工业布局问题，指出建立完整的工业体系，不是短时间所能解决的。我们的建设力量有限，建立工业体系不能首先从协作区或省、自治区开始，而只能首先从全国范围内开始。

1．"大跃进"的影响

按照上述精神，本应对"二五"时期全国建设布局作适当调整，加强沿海老基地，加快全国工业发展速度。但是，1957年反右斗争中滋长起来的"左"的思想很快带到经济建设中，改变了经济的发展进程。1958年制订了社会主义建设"总路线"及一整套两条腿走路的方针，其中，对工业布局和工业发展有重大影响的是：

(1)优先发展重工业。

(2)在集中领导、全面规划、分工协作的条件下，实行中央工业和地方工业同时并举，大型企业和小型企业同时并举。

(3)1958年6月，作出了关于加强协作区工作的决定，将全国划分为东北、华北、华东、华南、华中、西南、西北等七个协作区。要求各区尽快分别建立大型的工业骨干和经济中心，形成若干个具有比较完整的工业体系的经济区域。尔后毛主席在视察天津时更进一步提出：地方应想办法建立独立的工业体系，首先是协作区，然后是许多省，只要有条件，都应建立比较独立的但情况不同的工业体系。

在这种政治背景下开始进入第二个五年计划，导致工业建设发生了重大失误，主要表现在：

(1)全国工业基本建设投资失去控制，恶性膨胀。据不完全统计，"二五"期间全国施工的大中小型项目达21.6万之多，新铺的工业点数以万计。五年中，全国工业基本建设投资较之"一五"时期增长了二倍。在各省(区)市中，北京是全国政治文化中心，在"争取五年内把北京建设成一个现代化的工业基地"的奋斗目标下，1958年工业投资比1957年增加2.6倍，相当于"一五"时期总和的62.4%，新扩建几十个大中型工业企业及大量的小企业。五年中，基本建设投资超过"一五"期间一倍半的有河南、四川、湖北、湖南、贵州、云南、上海等十多个省(区)市。

(2)大办"小土群"，工业遍地开花。全国各地各个角落，都办起了小钢铁。之后，"五小”工业（小钢铁、小化肥、小机械、小水泥、小煤矿）也象雨后春笋般地在全国各地大办起来。

（3）实行“以钢为纲”、“元帅升帐”的方针，钢铁生产指标一再提高。一方面，继续大规模新建、扩建“一五”期间开工的鞍山、本溪、上海、马鞍山、包头、武汉、太原、重庆等钢铁基地；另一方面，又集中大批财力、物力，先后开始建设酒泉和攀枝花两大钢铁基地。在“大跃进”年代里，几乎每个省(区)市都建设起若干个中型钢铁厂。认为钢铁工业是建立地方独立的工业体系的最主要组成部分，是必不可少的。1958年，全国钢铁工业基本建设投资占全国基本建设总投资的17.7%，超过“一五”时期水平的80%。整个“二五”期间，钢铁工业基建投资占总投资的14.8%，超过“一五”时期水平的50%。但是，由于大部分中型厂和绝大部分小型厂，资源和矿山条件很差，许多根本没有矿山，加上技术、管理、设备条件低劣，几年内即淘汰了大部分。“大跃进”带来国民经济的全面失调，农业大幅度减产，基建投资一再上升，财政赤字大量增加，市场供应十分紧张，人民生活相当困难。这种情况迫使1961年开始大幅度压缩基建投资规模：1961年由1960年的388.7亿元降至127亿元，1962年又降到71.26亿元。数以万计的工程被迫下马。“大跃进”带来了巨大的经济损失。整个“二五”期间，全国工业的增长速度年平均只有1.63%。越是投资增加幅度大的省(区)市，工业产值增长速度愈低，有少数重点投资省如四川省是负增长。

2. 反帝反修与“三线”建设

就在国内掀起“大跃进”的群众运动并带来严重经济损失（上面提到的工业布局指导方针的失误是重要原因之一）的时候，国际政治斗争形势发生了重要变化，中苏，中美关系相当紧张。这种形势导致国家对战争与和平问题的悲观估计，认为战争威胁在不断增长，战争迫在眉睫。为此，要准备“早打、大打、打核战争”；要“备战、备荒、为人民”；要两个拳头打人，准备帝、修、反一起来，即同时应付帝国主义、修正主义和反动派从几个方向来的侵略战争。

基于上述的基本估计和对外政策，采取了两项重大的战略决策，它导致了我国工业布局“总图”产生重大变化——战略转移：

（1）突击进行“三线”建设。1963年进入国民经济调整时期，在初步讨论“三五”计划时，曾想要解决好农轻重问题和吃穿用问题，但这个想法未能得到实施。1964年8月，毛主席在两次谈话中强调：现在工厂都集中在大城市和沿海地区，不利于备战，各省都要搬家，建立自己的战略后方。同年12月，根据毛主席指示拟定的“三五”计划设想，确定要加强内地建设，其中要增加的基本建设投资有：加快以攀枝花、酒泉和重庆为中心的建设，约需增加投资38亿元；增加成昆等五条铁路干线，约需增加42亿元；省、市、自治区的后方(“小三线”)建设，约需增加投资30亿元。以上三项共需增加投资110亿元，“三五”时期总投资规模达到1200亿元左右。投资重点向既不是沿海也不靠近北方的“大三线”地区转移。

（2）进一步强调建立地区独立的工业体系的战略思想。在1970年2月召开的全国计划会议上提出“四五”期间要建立不同水平、各有特点、各自为战、大力协同的经济协作区，要求到1975年，东北、华北、华东、中南和西南经济协作区钢的生产能力都将达到600万吨以上，各省、自治区都要有一批中、小钢铁企业，许多地、县也将建立自己的小矿山、小铁矿、小钢厂，形成大中小结合、星罗棋布的钢铁工业布局；要将内地建设成为一个部门比较齐全、工农业协调发展的强大战略后方；内地的工业建设要大分散、小集中，不搞大城市，工厂布点要“靠山、分散、隐蔽”，有的要“进洞”；要根据经济发展和备战的需要，划分十个经济协作区，每个区都要有步骤地建设冶金、国防、机械、燃料动力、化学等工业，山东、闽赣、新疆三个协作区，要建立小而全的经济体系。还提出要扭转“北煤南运”，发展地方“五小”等。在这种思想指导下，各地区不管条件是否具备，经济效益如何，纷纷大搞重工业，搞大而全、小而全的经济结构和工业结构。

3．建设布局

（1）投资分配

“二五”期间，本应适当加强沿海老工业基地的投资，但结果沿海工业投资仍占很小比重。在内地建设中，“二五”期间尚未明确提出“三线”地区[1)]，但重点是在靠近沿海省份的地区，即吉林、黑龙江、安徽、河南、山西等。“三五”、“四五”期间，重点转移到更加深入内地的“大三线”地区：贵州、川东、川南、陕南、鄂西等。1952—1975年间，全国基建总投资为4181亿元，沿海地区约占40%，内地占55%（其余共约占5%），内地的投资逐步上升，到“三五”时期达到最高，为66.8%（表2-6）。

表2-6　1952—1975年全国基本建设投资在大区域间的分配

时　期	沿　海（%）	内　地（%）	
		总　计	其中“三线”地区
“一五”	41.8	47.8	30.6
“二五”	42.3	53.9	36.9
调整时期	39.4	58.0	38.2
“三五”	30.9	66.8	52.7
“四五”	39.4	53.5	41.1
1952—1975	40.0	55.0	40.0

注：沿海、内地的数字总计不等于100.0，因为统一购置的运输工具等不分地区的投资未划入地区内。

国家在经济基础差的西南、西北投资所占比重，由“一五”时期占全国的16.9%上升到“三五”时期的35.1%。在东部发达地区中，同期上海的投资仅占全国的3.6%，居全国的第十三位，天津居21位，在三线建设的高潮时期，三线地区和沿海地区的投资分配见表2-7。

表2-7　1969—1972年部分省、市基本建设投资占全国总投资的比例（%）

“三线”地区		沿海地区	
四　川	12.09	辽　宁	5.13
湖　北	7.38	上　海	2.38
陕　西	6.07	天　津	1.62
河　南	4.87	江　苏	2.40
贵　州	4.22	广　东	3.44

1）“三线”地区，当时按行政管理划分，范围包括川、黔、陕、甘、青、宁、豫、鄂、湘、晋等10省（区）。

根据各地区也要建立自己的战略后方的思想，沿海、南方、北方的省(区)市也选择、建立了自己的“小三线”。这些“小三线”大都位于各省(区)位置偏僻、交通不便、地形复杂、生活生产条件相当差的山区。如山东的莱芜地区，福建的南平—三明—漳州一线，上海在安徽的皖西南地区，辽宁省的辽西山地，河北省的太行山北部山地。新疆自治区自己的“三线”建设开始较晚（60年代末），将几百公里的天山中段作为“三线”，提出“依靠天山、经营天山、建设天山”的战略思想。“一五”期间，这些地区投资很少，甚至基本没有什么重要项目。但到“三五”、“四五”期间，却成了各省区的投资重点。

(2)工业布局

“三线”地区的工业建设，曾有二次高潮。第一次在1964—1966年，主要是四川，其次是湖北、甘肃；第二次高潮在1969—1972年，建设地区涉及面较广，第一位的仍是四川，其次是湖北、陕西、河南、贵州等。

在将近十年的“三线”建设高潮中，最大的重点在四川省，工业投资占全国工业总投资的1/10以上。其中，1964年筹备、1966年全面动工的攀枝花钢铁基地是最大的工程。配合攀钢，开通了成昆铁路，建成了宝鼎煤矿以及发电厂等，成为大型的钢铁工业区；以重庆为中心的川南地区，主要部门仍是钢铁，其次是军工机械；以成都为中心，包括宝成铁路广元—成都段沿线地区，重点是特钢、无缝钢管、铁合金、军工机械、发电设备等。川东沿襄渝铁路的山区，主要是军工机械，包括电子工业，以及华蓥山煤矿。

湖北省的建设集中在鄂西北与鄂西，第二汽车制造厂是最大的工程，其次有军用船舶制造等。

陕西省“三线”建设集中于陕南的略阳—安康的铁路沿线，主要工业部门是特钢、飞机(零部件)制造等。

贵州省“三线”建设集中在以贵阳为中心的地区，主要工业部门是特钢、钢绳、以铝为主的有色冶炼、飞机制造等。黔西南、黔西的六盘水煤矿在这期间进入较大规模开发。

(三)“四五”后半期至“五五”时期(1973—1980年)

自60年代初开始的“三线”建设于1969—1970年达到高潮，尽管困难重重，到1971—1972年间，大小“三线”仍分别是全国和地方上工业投资的重点。由于政治的动乱、建设部署失当等原因，国民经济状况愈来愈糟，工业增长速度下降到5—7%，能源、原材料极其紧张。就在这种情况下，国际形势发生了重大变化，导致工业战略布局和“以钢为纲”的投资结构的改变，投资方向着手东移，能源、原材料等薄弱环节受到重视，投资增加，各省、市、自治区工业实力得到较大加强。这是我国工业布局向东部地区调整的过渡阶段。

1. 中美联合公报及设备引进

1972年2月28日中美两国在上海发表联合公报，标志着中美两国在对立了二十多年之后，开始走向关系正常化。1974年2月毛主席在接见某非洲国家元首时，提出了划分三个世界的战略，从此，我国实行的是“一条线”、“一大片”的对外政策[1]。

1973年1月，国家主管部门制定了“关于增加设备进口，扩大经济交流”的计划。到1977年

1）“一条线”、“一大片”，即加强与日本、中东、西欧（包括大洋洲）、美国的联系，团结该“线”周围的国家。

底，实际对外签约成交的达39.6亿美元。项目的内容主要是以石油化工为主的原材料工业和电站设备，其中包括13套年产30万吨合成氨的大化肥设备，4套大化纤设备，3套以乙烯裂解为主体的大型石油化工设备，一个烷基苯厂，43套综合采煤机组，3个大型电站，一米七轧机及部分附属设施，透平压缩机和燃汽轮机等。到1978年，又大幅度扩大引进规模，其中包括6套大型的以石油为原料的化工成套项目和一套以煤为原料的大化肥设备，宝山钢铁总厂及德兴、贵州有色金属冶炼，合成革与帘子布，煤矿设备等。上述引进，外汇约200亿美元，国内工程300多亿人民币。第一批引进，是我国70年代建设计划安排的重点，至1977年底，基本建成，对于改善当时国民经济严重的失调局面，增强经济实力起了积极的作用，但由于引进规模过大，年度建设难以平衡，导致工期延长；有些工程建成后，建立在国内资源基础上的配套工程仍未投产，影响到引进项目的经济效果。这种情形在第二批引进项目的建设中表现更加突出。

1977—1978年期间，钢铁等重工业基建规模过大，增长速度大大超过轻工业，但经济效益差。1978年的工业基本建设投资是历史上最多的一年，而效果是1966年以来最差的一年，大中型项目的投产率只有5.8%。1978年12月份召开的党的十一届三中全会，提出了自1979年起实行调整、改革、整顿、提高的方针，并很快收到明显的成效。

2．结构与布局特点

1973—1980年间以引进项目为中心的工业建设，是针对60年代后期以来全国工业结构上存在的主要问题而安排的，在投资方向上主要是电力工业，其次是化学工业和钢铁工业，以解决极为紧张的原材料和电力供应问题。仅以“五五”(1976—1980年)期间统计，以上三个部门的基本建设投资分别占工业基本建设总投资的17.8%、13.7%和11.3%；此外，为了解决轻重工业比例严重的不协调问题，轻纺工业的投资也明显提高。“五五”期间纺织、食品、造纸三个主要行业的基建投资较之“四五”期间分别增加了129%、82%和38%。与此相应的是，冶金工业基本建设投资占工业总投资的比重由“四五”时期的17.7%下降到15.4%，机械工业由22.2%下降到14.5%。机械工业下降如此之大，主要是由于“四五”时期大搞军工而“五五”时期压缩了这方面投资的缘故。

这时期工业布局总的特征是由内地向东部特别是沿海社会经济发达区域逐渐转移，具体特点是：

(1)东部及中部地带主要的工业城镇集聚地区是新项目布局的主要地区。在上述两批引进的47个主要成套项目中，位于东部沿海地带的有24个，中部与西部分别为12个和11个。在东部地带中，又主要集中在辽宁中部（辽阳化纤总厂、辽河化肥厂、清河电厂）、京津唐（燕山石化总厂、北京化工二厂、大港电厂、陡河电厂、天津化纤厂、沧州化肥厂）、长江三角洲及长江下游沿岸（上海金山化纤一期二期工程、栖霞山化肥厂、南京烷基苯厂、安庆化肥厂、宝钢、仪征化纤厂、仪征石化厂)、胶东(淄博胜利第二化肥厂、石油化工厂、烟台合成革厂)、江汉平原（武汉一米七轧机、湖北化肥厂、洞庭化工厂）。在西部地带中，主要集中在四川盆地的南部。上述地区基本都是解放后重点建设地区或是工业基础雄厚地区，能源供应主要是电力供应不足，原材料供应紧张，影响了生产能力的充分发挥。但发展石油化工、钢铁工业等原材料工业，其前后配套协作条件又相当好，可以就近提供技术协作和物资供应，产品生产后，可以就近进行加工。

(2)大部分重点项目配置在海岸带和长江沿岸，靠近海水及淡水水源，其中部分企业利用水运，提高了企业的投资和运营效果。自70年代起，我国北方许多发达地区，工农业用水即出现紧张。在沿海、沿江布点，使一些大厂特别是电厂，充分利用海水和长江水，避免了可能引起的矛盾。在1973—1980年期间建成投产10个大型炼油厂和4个扩建的炼油厂中，位于长江沿岸6个(不包括上海)。我国原油产于北方，在很长时期内，原油加工集中于东北，其次华北（不包括山东），大批成品油长途分运（主要是铁路）到广大的华中、华东等地。长江沿岸一系列炼油厂的建成，原油主要经由海运，节省了大量人力、物力。与炼油厂相结合，大化肥厂也主要建于沿海、沿江地带。这是我国国土开发与工业布局在总结以往经验教训基础上取得的重大进步。

（3）在微观上，多数大企业成组地配置在大中城市附近或资源产地，有较好的地区协作与配套条件，形成了有一定规模的工业区，基本上避免了"三线"建设中大量出现的弊病，即缺乏地区协作条件，"一厂一点"、"一厂一线"、"一厂一电"、"一厂一水"、"一厂一区"（生活区）等弊病。例如：吉林11.5万吨乙烯项目与吉林化学工业公司结合；大庆化肥厂和30万吨乙烯与大庆油田和石化总厂相结合；天津化纤厂、大港电厂、炼油厂等地域上相结合，组成了大港工业区；燕山乙烯、仪征化纤与乙烯等也都是结构比较合理的工业区。它们中的多数离大中城市不远，生产协作配套条件好，职工生活方便。这个经验是非常可贵的，它带来了并将带来巨大的社会经济效益。

（四）开放经济条件下的工业布局（1981年—）

70年代末，在十一届三中全会精神指引下，我国经济发展发生了一个重大转折。1979年中央确定在广东、福建两省实行"特殊政策、灵活措施"，自此，开始了对外开放、对内搞活经济的新的发展时期，使我国工业布局又发生新的巨大变化。

1． 经济特区、开放城市和经济开发区的建设

1980年8月，五届人大常委会15次会议批准了"广东省经济特区条例"，随即深圳、珠海、厦门、汕头四个经济特区的建设全面展开。1984年初，中央又决定进一步开放沿海14个港口城市：大连、秦皇岛、天津、烟台、青岛、连云港、南通、上海、宁波、温州、福州、广州、湛江、北海。1985年初至1987年底，国务院又决定把珠江三角洲、长江三角洲、闽南漳、泉、厦三角地区及山东半岛、辽东半岛等开辟为沿海经济开放区。

上述四个特区、14个开放城市和5个开放区及海南岛，组成我国沿海开放地带和工业城市群，是我国经济最发达的精华地区，具有工业、农业、交通、贸易、信息、科技和教育方面的优势。其中14个开放城市1984年的人口占全国的7.7%，工业产值却占全国的23.1%，人均工业产值为全国平均的3倍，工业固定资产占全国的12%，但提供的利税却占全国的26.2%。

沿海开放地带经济发展的主要任务是大力开展国际经济技术交流，引进国外先进技术，改造传统产业，发展新兴产业，同时要将消化了的引进技术向内地转移，扩大横向经济联合。根据不完全统计，1981—1984年间，广东与福建二省通过中外合资经营、中外合作经营、外商独资经营等形式引进外资20亿美元，已实际利用了8.4亿美元。上海、苏南、青岛、天津、大连等都对原有部分工业企业进行了大规模的设备更新和技术改造，电子、家用电器、机械、纺织、食品等工业有了很大的发展。在"六五"期间(1981—1985年)，70年代末引进的大型项目正处于建设高峰，宝钢一期工程、烟台合成革厂、仪征化纤基地等一批企业投产。

2. 投资结构与地区布局

(1)自1979年开始的3年经济调整，在投资结构调整方面一直贯穿于“六五”期间，即加强能源工业、轻纺工业。其中能源工业的基本建设投资占工业基本建设总投资的比重是：“四五”时期为31.79%，“五五”为39.77%，“六五”前4年上升为44.57%。能源工业建设主要表现在：山西煤炭能源基地的建设，1982—1987年期间，整个基地的煤产量由1.88亿吨增长到3.30亿吨，1985年原煤外运量达到1.08亿吨，这是我国能源工业的巨大飞跃；内蒙古东部三大露天矿建设全面展开并部分投产；开工并建成了一大批大型水、火电站，特别是水电投资比重增加；葛洲坝电站部分投产。这在一定程度上缓和了东部沿海地带（主要是东北南部、京津唐、长江三角洲、珠江三角洲）能源紧缺的矛盾。进一步增加了对轻工业的投资，使其占工业基本建设总投资的比重由“五五”时期的12.69%上升到15.54%，较好地满足了市场需求。

(2)地区布局适应对外开放、对内搞活经济政策和实现20年工农业总产值翻两番目标的要求。“六五”期间的工业布局特点是：增加了东部沿海地带的投资比重。1981—1985年间，沿海地带11个省(区)、市的工业基本建设投资占全国的比重由“五五”期间的44.0%提高到46.0%。1984年在全国基本建设总投资中，广东省首次居全国第一位。广东、福建二省在1980—1984年5年中，基本建设投资超过1978年以前10年的总和。在工业基本建设投资中，长期以来居后的上海居第一位，占全国的9.6%。相应地，内地投资比重明显下降，1965—1967年第一次“三线”建设高潮时四川省一省投资占全国的14.5%，1984年降为4.4%。如果说沿海地带的工业建设涉及到各部门，那么，中部地带工业建设的主要方向是能源基地（山西、黑龙江、豫西、安徽、内蒙古、葛洲坝等）、有色金属(铝——山西、河南，铜——江西、安徽，铅、锌——湖南)。西部地带在建设条件较好的关中、黄河上中游沿岸、川南川西、乌鲁木齐地区等进行重点开发和新建、扩建项目的建设。如果就南方、北方来分，“六五”期间，南方建设投资比重有所增加，特别是广东、浙江、福建以及广西。这些省(区)以往30年由于国际政治斗争形势的影响，一直没有重大项目的建设。开放政策的实施，使它们发挥了地理位置面临海洋、接近港澳的优势，国家也给予政策、资金等方面的支持，因此工业发展也最快。

(五)评价标准与布局倾向

30多年来，我国工业布局的宏观区位发生了几次重大变化，都与国际上政治、军事斗争形势及我国所采取的外交政策有密切的关系，其中又特别与对战争与和平的认识、估计有关。由于对战争爆发的可能性、迫切性估计的不同，对和平能否长期维持的认识时有很大变化，导致对工业布局合理性的评价标准差异很大，而评价标准的差异最终使宏观布局的方针、政策不同。另一方面的认识因素在于对全国工业布局“总图”宏观变化的规律性，对经济增长与平衡发展间关系如何处理，经济效益与社会效益的矛盾性与统一性等，认识上经历了一个从低级到高级的深化过程，且其中表现出反复。

将35年来我国处理“东西”间工业发展、布局问题的评价标准与布局倾向归结成表2-8。

表2-8 各主要时期工业布局评价标准与布局倾向

时 期(年 代)	国际形势与外交政策	评 价 标 准	布 局 倾 向
1949—1957	两大阵营。实行向苏联为首的社会主义阵营"一边倒"的外交政策。	1.国防安全； 2.建设新基地，发挥老基地的作用； 3.联合布局，经济效益。	改造东北、华北老工业基地；在内地建设新工业基地。工业布局开始由沿海向内地转移。
1958—1972	美苏争霸。 反对帝、修、反，"两个拳头打人"。	1.战备第一，国防安全，立足早打、大打、打核战争； 2.以钢为纲，大办小土群； 3.大区、省区的工业体系； 4.扭转"北煤南运"。	大办钢铁；小土群，遍地开花；大规模进行大小"三线"建设；"山、散、洞"； 在江南九省市找煤挖煤。
1973—1980	中美、中日关系正常化，中苏对立。实行"一条线"和"一大片"的外交政策。	1.要准备打仗； 2.地区工业体系； 3.经济效益。	继续进行"三线"建设；开始布局调整，接近原、材料与消费地，注意沿海、沿江布局。
1981—	苏美缓和。不与大国结盟，按五项原则与一切国家和平共处。	1.对外开放，横向联合； 2.经济效益，发挥地区优势。	加强沿海开放城市与特区建设，加快开发中西部的煤、电、油资源，三大地带的工业建设格局开始形成。

二、战略转移的客观效果——意义与问题

(一)战略转移的客观性

30多年来，我国工业生产力在宏观上确实发生了几次大的变化(即空间推移)。除了以上结合发展过程作了叙述外，还可借助于工业投资的大区变化和投资重心线到海岸港口的距离的变化，更清楚地看出来。

1． 大区投资的变化

按全国七大区的划分[1)]，各阶段基本建设总投资的地区变化如表2-9。

表2-9 各大区基本建设投资占全国总投资比重(%)的变化

大区＼时期	"一五"(1953—1957年)	"二五"及调整时期(1958—1965年)	"三五"(1966—1970年)	"四五"(1971—1975年)	"五五"(1976—1980年)	"六五"(1981—1985年)
西 南	6.18	10.58	16.20	11.71	10.23	8.4
西 北	12.33	10.44	13.03	11.15	10.53	8.5
华 中	11.35	14.46	15.33	15.84	15.80	11.9
华 东	7.78	11.85	8.08	10.22	12.69	15.5
华 北	11.66	21.59	16.85	19.84	24.43	22.2
东 北	22.49	15.52	10.25	13.29	14.16	12.6
华 南	5.53	7.62	6.40	7.39	8.46	11.7
不分地区	22.68	7.94	13.86	10.56	3.70	9.2

注：关于大区的范围，本书除特殊说明外，一律按经济地理原则划分。方案是：东北区——黑龙江、吉林、辽宁，华北区——内蒙古、河北、山西、山东、北京、天津，华东区——江苏、浙江、安徽、上海，华中区——河南、湖北、湖南、江西，华南区——广东、广西、福建、海南，西北区——陕西、甘肃、宁夏、青海、新疆，西南区——四川、贵州、云南、西藏。

1）按我们一些经济地理学者的意见，全国可划分七个大区。这样的划分不同于以往流行的六大区，把山东省划到华北区，原中南划成华中、华南两区，福建划到华南区，江西划到华中区。这在李文彦主编的《中国工业地理》中已有论述。需要说明的是，这并不是大经济区的划分。

表中说明，在30多年中各地区基本建设投资占全国基本建设总投资的比重呈现出有规律的变化。西北、西南二大区先升后降；华中、华南，基本上一直是上升趋势；华东、华北、东北都基本上是先降后升。从全国范围内看，从“一五”、“二五”到“三五”期间，是我国生产力向中部、西部大转移的过程；从“四五”到“五五”至“六五”期间，投资的战略重点又从西部转移到东部。在这两次战略大转移中，华中、华南比重始终都是上升的。

2．投资重心线的东西向推移

为了定量、直观地测量我国基本建设投资的空间转移状况，我们采用投资重心线的概念。由于我国解放前100多年工业生产主要集中于东部沿海地带，投资重心线距海岸平均距离的变化即可反映建设重点的空间变化。设

R　代表各时期全国基本建设投资重心(线)距海洋的平均运输距离(公里)，

S_n　各省、市、自治区省会、首府距最近海港（铁路、水路）的运输距离(公里)，

Q_n　各省、市、自治区各时期的基本建设投资(亿元)，则

$$R=\frac{\Sigma S_n Q_n}{\Sigma Q_n}$$

(如果省会、市所在地即为海港，理论上视为“0”。为了计算的需要，取最小的正整数“1”。)

计算结果[1]，绘于图2-1中。

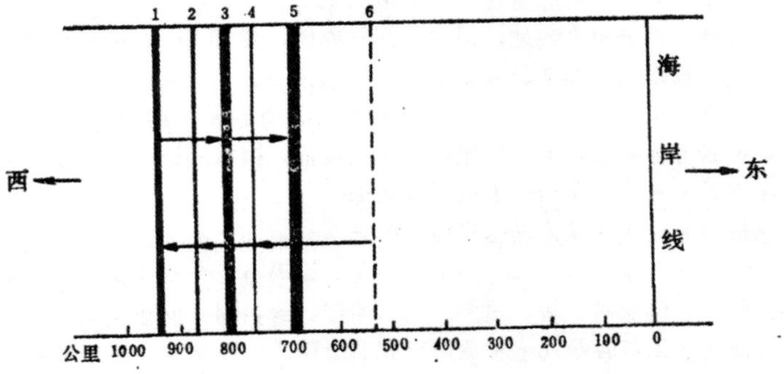

图2-1　我国各时期基本建设投资重心线的空间推移

1．“三五”和“四五”时期，2．“二五”和调整时期，3．“五五”时期，4．“一五”时期，5．“六五”时期；6．1952年

根据计算得知，恢复时期结束时(1952年)，我国工业生产力的重心线距海岸线(港口)平均运输距离约530公里。“一五”期间重心线向西(内地)推进了226公里，至“二五”、“调整”时期又向西推进了108公里，距海平均运输距离达到864.1公里。“三五”、“四五”期间，重心线进一步推进到距海洋925公里。这样，自解放初期起，在大约20年期间，全国基本建设投资重心线（也可理解为国土开发重心线）向内陆推进了约400公里。在中国这样面积辽阔、经济基础又十分薄弱的国家，实现这样大跨度的转移，在世界各国的国土开发中是没

1）未包括台湾省；1952年以工业固定资产代替投资。

有先例的。从图2-5可以看出，美国的人口重[1]心，由东北部沿海向中部推移了800英里，用了大约200年的时间。更重要的是，18世纪是美国开发的初期，重心的推移较易实现，而从1880—1960年80年间，只推移了250英里，这就很慢了。

自"五五"时期起，我国工业布局在宏观上已开始调整，投资重心线开始由西部折返，"五五"期间距海岸线799.9公里，"六五"期间进一步向沿海靠近，推进了115公里，距海洋平均运输距离为685公里，较之"一五"期间更靠近沿海。就这样，三十多年中，经历了由东向西又由西向东的大尺度空间结构转移。

(二)战略转移的意义

对上述一去一返两次战略大转移的认识究竟如何，应当说无论是对第一次的"西进"或是第二次的"东回"，都存在着不同的看法。但是70年代以来工业建设的成就，特别是80年代以来的发展，可以相当充分地说明："东回"是对的，已收到很好的结果。至于第一次"西进"，较多的舆论认为是有成绩、有教训，但也有人认为没有任何可取之处，完全是失误的。作者同意有成绩、有教训的认识。

1952年全国工业生产力重心线距海岸线平均运输距离为530公里。而大西南、大西北9省(区)省会、首府距海洋平均运距为2274公里，他们的总面积占全国的56.4%。这表明，我国工业生产力在解放前和解放初期，过份集中于沿海。由于我国沿海除铁矿等少数矿种外，大部分金属矿资源和非金属矿资源、能源都较少，也就是说，我国矿产资源主要分布在内地；就人口的数量而言，沿海省份只占全国的41.1%，58.9%分布在内地，亦即劳动资源和工业品的消费大部分也在内地。因此，开发内地，使工业生产力的布局逐步向内地推移，是符合我国的长远利益和全局利益的。

我国工业生产力第一次空间大调整，历时20年。如仅从空间距离看，"一五"期间"西进"的步子最大，但若考虑到转移的投资规模和建设规模，则"三五"、"四五"期间无疑最大。现在看来，至少在以下三个方面产生了积极的结果：

1. 为东部沿海地带开辟了资源来源与市场

解放前，广大的内地，只开采小量的铅锌、锡等有色金属和煤炭。现在，建立起了强大的煤炭、天然气、硫铁矿、磷、铝土、铜、铅锌、镍、钼、稀有和稀土矿、钾盐、石膏、耐火粘土、水泥与化工灰岩等几十种金属矿和非金属矿的开采业。在金属矿开采的基础上，部分就地加工、冶炼，也有相当一部分精矿供应沿海地带的冶炼厂，大部分金属供沿海加工成材，促进了沿海地带冶炼、加工及消耗金属材料的机械制造等工业的发展。"六五"期间，沿海的辽宁、广东、上海、天津、江苏的有色冶炼厂，85%左右的原料来自内地，而且由于当地矿产日益减少，对内地的依赖性会愈来愈大。沿海由内地输入量最大的是能源（煤炭和石油）。在12个省市自治区中，有10个能源不能自给。煤炭每年净调入量在80年代初为7800万吨左右，占全国净调入省净调入总和的78%以上。近些年来，净调入量每年平均以4.7%的速度上升。沿海集中了我国石油化工、炼油能力的大部分，原油生产也是部分由中

1）人口重心在一定程度上可以代表经济重心，这点在后文还要谈及。但人口重心比经济重心的转移要快，也就是说，美国经济中心的转移还没有图上表示那样快。当然，此地无论人口重心或经济重心，都不完全代表经济上投资开发的重心，这里仅作一般粗略对比。

部地带调入。沿海地带发达的化学工业，其中所需的化学矿：硫铁矿、有色金属尾矿、磷矿、硼矿、化工灰岩等，大部分或部分来自内地。除了矿产资源外，东部有发达的轻工业，大部分农副产品原料，包括棉花、羊毛、造纸原料、其他畜产品等也来自内地。上述资源产品产量的大幅度增加和运到沿海地带数量的扩大，都与内地的建设，特别是与工业开发分不开的。

沿海地带虽有密集的人口和经济基础，但工业品的销售市场在愈来愈大的程度上依赖内地(当然，国外市场的部分也将扩大，但绝对量毕竟是小的)，特别是沿海生产的化学纤维、棉毛纺织品、自行车、缝纫机、药品、家用电器、钢材、平板玻璃、纯碱、发电设备、电子计算机、机床、小汽车等，主要市场在内地。据估算，近年来内地每年要从沿海省份调进工业品价值200亿元以上，遥远的新疆在“六五”后期每年调入工业品价值仍达10亿元。山西省的轻工业产品大部分由京、津调入。内地工业品市场的扩大，当然与当地经济发展，特别是工业的发展分不开。工业发展了，不仅对机械、钢材等生产资料的需求量增加了，而且通过增加国民收入导致购买力的提高，扩大了轻工产品的市场。

2．内地区域经济实力加强，扩大了自我发展能力

内地18个省(区)市，解放前除山西、湖北、四川有些工业外，其余的经济都十分落后。农业呈原始状态，单产低，灾害频繁。大部分省(区)基本上没有农业的商品生产。经过“一五”和“调整”时期的建设，西南、西北两大区的工业产值仍只占全国的11%。交通闭塞，18个省(区)中，解放初有6个不通铁路，公路运输能力亦很薄弱。经过“三五”、“四五”时期的建设，内地绝大部分省(区)的经济实力较之60年代中期有了几倍的增长。现在内地已有综合性的工业大城市大型综合性工业中心十多个，还有以一两个部门为主的大型工业基地五十多个。内地省份的煤炭、原油、化肥、成品油、机器设备、水泥、纺织品等自给程度愈来愈大，有些还向东部沿海输出。由于工业的发展，生产了大量的化肥、机器、农药、水利设备、电力等，单就化肥一项，1987年内地生产化肥857万吨，占全国的51.2%，有力地促进了农、林、牧、渔各业的发展。我国商品粮基地以及大豆、甜菜、棉花、柑桔、羊毛、皮张、烟草等农畜产品生产基地大部分或部分在内地发展起来，配合内地资源的开发，建设了铁路、公路、管道、水路、航空等运输干道和地方综合运输网。内地建立起一大批工业骨干企业和几十万个地方中小型工业企业，是地方财政的最主要来源，各省(区)自己的投资能力也愈来愈大。特别是“三线”建设期间，包括“四五”时期在内，陕南、四川、贵州、鄂西、广西、湘西等“大三线”地区建起了一大批装备精良的大中型企业(沿海各省、市的“小三线”，以轻兵器为主要方向的军工企业设备也相当好)，是长时期内实现国民经济技术改造的重要技术力量。

由于内地少数民族地区和边疆地区经济的发展，大部分地区逐步摆脱了贫穷落后的面貌，各民族的团结得到加强，边疆的安全更有了保障。

3．我国生产力布局的宏观格局由沿海-内地关系演变成东、中、西三个地带的关系

由以上过程分析可知，在“西进”、“东回”两次大的空间调整中，黑龙江、吉林、内蒙古、山西、河南、湖北、安徽等省(区)都是国家投资的重点省(区)，进行了大规模的资源勘探、开发和工业、交通建设以及国土整治工作，加上资源丰富，直接靠近发达的沿海地区，因此，始终保持了较高的经济增长速度，经济实力有了很大的增长。国民经济的技术装备水平、劳动生产率与经济效益水平、国土资源的开发利用程度等，在总体上仅次于东部沿海地

区，或者说缩小了与沿海地区的差距（图 2-2 及表 2-10），而比西南、西北大区高出较多。西部地带虽然有了相当的发展，但由于面积辽阔，只是小部分地区和点上开发程度较高。从而形成了东、中、西三个在实力、水平、地位上有明显差异的梯度空间。这是三十多年来发展的结果，对今后长期的国土开发将产生很大的影响。

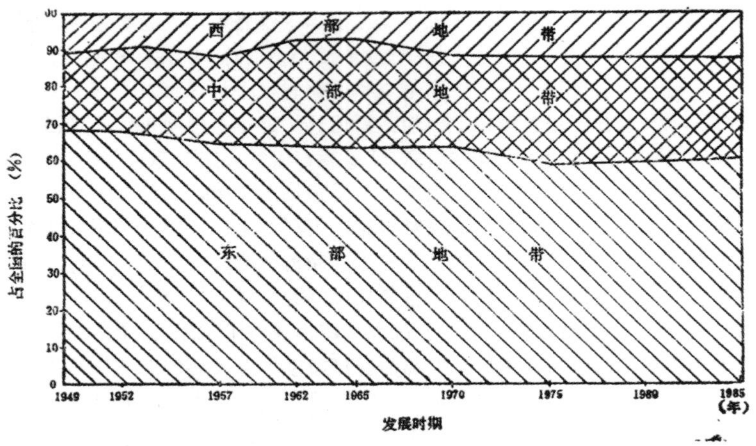

图2-2 各主要时期三大地带工业总产值占全国比重的变化

表2-10 1953—1980年中部地带主要工业部门新增能力占全国新增总能力的比重（%）

炼 钢	煤炭开采	石油开采	发电量	硫 酸	纯 碱	水 泥	棉纺织	制 糖	造纸、纸板
36.2	45.5	45.5	32.7	32.7	14.3	33.2	42.3	23.4	39.7

（三）失误与教训

自解放初至 70 年代中期，国家将大量的人力、物力投入内地落后和较不发达地区的开发，虽然以社会经济的整体衡量，取得举世瞩目的成就，使全国生产力布局不再像建国时那样极不平衡了。但如从经济效益、从提高全国工业的发展速度看，又是不理想的。无论在决策时机、决策方向上都存在重大失误，导致了严重的浪费和经济上的损失，使巨额的资金没有发挥应有的效益，在一定程度上延缓了社会经济的发展进程。1953年—1980年间，在全国形成的约 4000 亿元的固定资产中，真正发挥效益的仅 2500 多亿元；即使在这 2500 多亿元固定资产中，由于原料和燃料供应、地区协作、基础设施、厂址等问题，还有一部分在长时期内不能充分发挥作用[1)]。问题主要在大小“三线”地区。图2-3 所示的罗伦茨曲线，能精确反映该三个指标地区分布的不均衡程度。可以看出，表示1982年工业固定资产地区分布的曲线 L_1 较接近于对角线，即分布比较均衡，说明内地基础薄弱省区也拥有了可观的工业企业

1）李超伯，基本建设、环境保护与发挥地区优势问题，1981年。

和矿山等设施。然而，表示同年利税总额分布的曲线L_2却在很大程度上偏离了对角线，即地区分布是很不均衡的。但是，L_2却与1952年工业总产值地区分布的罗伦茨曲线L_3比较接近。说明1982年的利税总额各省(区)市是很不均衡的。该图可以概括地说明全国各省(区)市间（实质是东西部之间）工业生产经济效益的显著差异。

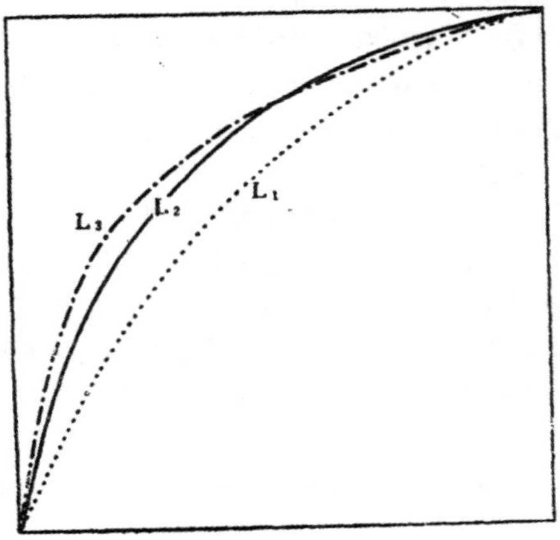

图2-3　1982年工业固定资产、工业利税总额和1952年工业总产值地区分布的罗伦茨曲线

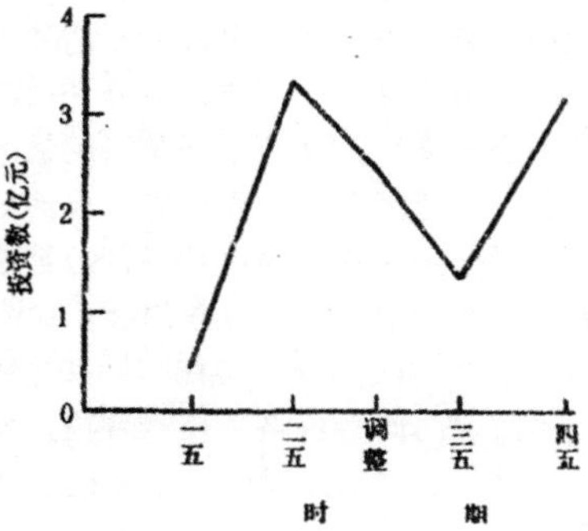

图2-4　马鞍山钢铁厂各时期投资变化

从布局角度看，"西进"大转移的主要教训有以下几点：

1．步子仓促，份额过大

"二五"和"调整"时期对东部老工业基地进行的有重点地扩建与改造及在部分省、市、自治区的新建，有相当一部分还未投产，特别是一些工程规模大的原材料工业企业正是建设高峰之时，为了突击进行"三线"建设，有一部分工程被迫放慢速度，乃至下马。例如"一五"期间开始改造、扩建的马鞍山钢铁厂，"三五"时期投资大幅度下降（图2-4）。包头钢铁公司、武汉钢铁公司都是"一五"时期新开的大基地。至60年代中期，基本建成生铁第一期工程规模，但炼钢、轧钢辅助工程、矿山等配套程度很差。就在这种情况下，开始了攀枝花和酒泉两大钢铁公司的建设，当时攀钢的全部设备、物资都是汽车运进去的[1)]。与此同时，在大小"三线"地区，先后进行几十个中型钢铁厂的建设。到70年代中期，这批中型厂几乎用去了近百亿元的基建投资。机械工业大都采取由沿海调人、调设备的办法，使原厂一分为二。由于仓促搬迁、建厂，沿海地区原有的协作配套条件无法搬过去，给生产带来了严重的不便。燃料、电力供应跟不上，城市生活设施、副食供应基地等都几乎完全没有。所有这些情况表明，在中部建设尚未全面展开，已开始建设的一些点和城市也尚未配套充实、因而立足未稳的情况下，就大踏步地向"大三线"地区推进，当然是困难重重。在各有关省、市、自治区的"小三线"建设中，同样是条件不具备就上马大干。有的距主要城市、工业集聚区相当遥远，因而缺乏立足点和依托。

1）为了建设攀钢专门修建了成昆铁路，铁路全长1085.8公里，1958年7月开工，1970年7月才全线通车，总投资33亿元。在攀钢建设的前期和中期，由于该线未建成，都由汽车运输。

"三五"期间，42%的投资、56%的大项目放到内地。这样大的份额，由于效果不理想，对一个较长时期内的全国经济影响是可想而知的。

这种影响主要表现为两个方面。其一，影响了工业企业的投资效果，二是影响到工业及整个经济发展速度。

2．地区结构上的两种偏向——缺乏配套与"地区体系"

自60年代中期至70年代中期，在内地建设的大型民用和军工项目绝大部分都很少考虑到当地的配套条件。许多大厂建成了，电供不上，供水没有保障，排污没有出路，交通线接不上或质量差，外出几千里进行工艺加工协作和零部件、元器件协作，加上各自为政、没有区域规划，造成"一厂一点"、"一厂一线"、"一厂一水"、"一厂一电"、"一厂一区"(生活区)的严重不合理局面，这是地区布局问题的一个方面，主要表现在中观和微观尺度上。但另一方面，从较大范围看，主要在省、自治区级范围，也包括许多地区级范围的工业企业，搞大而全、小而全的工业结构。各省(区)都建立了钢铁、有色冶金、燃料动力、化学、机械、建材、轻工、纺织等许多行业与门类，像青海、新疆等发展钢铁工业条件很差的省(区)，也要"以钢为纲"。有的钢铁厂的矿石由矿山运到钢厂要由汽车运输450公里，以致生铁成本大大超过当时国内调拨价格，长期亏损。

除此以外，三线建设中，由于建设条件的限制，许多企业达不到规模经济，企业规模普遍偏小。

3．厂址问题——微观决策方针的严重错误

厂址问题是工业布局与工业生产各种矛盾的焦点之一，不仅关系到工业企业基本建设的投资效益，而且影响到企业建成后的长期生产。在60年代至70年代的战略转移中，无论"大三线"、"小三线"或沿海及一二线地区，厂址上的失误都是严重的。当时提出的方针是："靠山、近水、扎大营"，"靠山、分散、隐蔽"。在实践中，又提出许多具体的要求，如："进山、进沟、进洞"，要做到"看不见、炸不垮、打不烂"，山要高、坡要陡、沟要弯，要将工厂"镶、嵌、埋、贴"在山里，等等。这些方面问题最大量的、最严重的表现是在"大三线"地区。在开始阶段，还有区别地强调军工企业必须符合上述要求，但在实行过程中，对一般民用骨干项目（冶金矿山设备、一般机床、变压器、电机、工程机械）和一般通用设备如仪表厂、工具厂、配件等都要求进山、钻沟、进洞。其造成的后果如下：

(1)选厂定点上的大量浪费　由于要符合上述战备条件，给选厂定点带来极大的困难。西南、西北及其他大小"三线"地区，地形崎岖，风沙、缺水、溶洞、潮湿、冻土、洪水、泥石流、滑坡塌方、断层、地震、地方病等不利因素常常遇到。有的工厂，为了隐蔽，又要避免以上问题发生，还要有厂外协作条件，跑遍了几十个县找不到厂址。更大量的工厂是草率定了点，在建设中甚至建成投产后，发现上述问题。如：生产设备中或产品中有精密机床的厂建在风沙区，工厂建成发现打不出地下水，有些河流在选厂时正值雨季有水，投产后才发现旱季断流。有的厂址置于溶洞上，甚至洞上有洞，洞下有洞。洞中过分潮湿导致设备腐蚀，工厂位于沟旁、沟口而被洪水冲坏，工厂受泥石流威胁，工厂建在活动断层上，工厂地区有严重的地方病，等等。结果不得不(部分)搬迁，许多厂还不止搬动一次。有的厂已花了几百万元，甚至几千万元的投资，还得放弃原址。不仅浪费了资金和物力，而且每搬动一次要延长工期一年左右。

(2)工程建设投资的增加　"三线"建设中，由于建设条件的复杂，工程投资要比"一五”、“二五”时期大得多。以电厂为例，装机2×5万千瓦的火电厂，在平地建设，只要平整一下，土方量不过10万米^{3}左右。但“三线”中，平均在100万米^{3}以上，少数电厂，终于按要求进了洞，40多米高的锅炉，挖的洞就有北京的民族文化宫那样大。有的厂找不到山可靠，就搞人造山，在工厂两侧筑起高坝进行战备防护。再有就是由于专用线延长、车间分散等引起的厂外设施投资的增加。

（3）长期生产中的不合理　大小“三线”中企业建成后，一方面由于上述自然因素的影响，能力不能充分发挥，甚至产品质量也难以保证。另一方面，布局不合理，工厂离原料、市场太远，原料运进去，产品又从同一方向运出来；工厂几个车间分散在许多山沟里，厂内车间之间的运输距离达到几十公里，甚至要经过汽车—水运—汽车进行联系；有的工厂大件产品运不出来，不得不改造交通线等。有些化工企业，车间之间建很长的管道，热、电损失很大。由于地形扩散条件不好，一些有废气的企业造成局部污染。对外开放、对内搞活经济方针实行以来，要扩大商品生产，开展竞争，信息、经济技术交流对任何一个企业（也包括军工企业）都是极为重要的生存条件，而“三线”中的许多企业恰在这方面有着致命的弱点。由于这些原因，一些企业又不得不从偏僻的山沟里迁出来。

（四）60年代至70年代中期工业布局上的失误延缓了我国经济发展进程

1950—1980年间，全国基本建设总投资7000多亿元，沿海11省市区只占不到40%，“三线”竟占到38.7%。西南、西北合计所占比重，由“一五”时期的16.9%上升到“三五”时期的35.1%，“四五”时期的24%；直到70年代中期以前，天津、上海、青岛、大连等沿海工业基地基本上未新建大型原材料工业企业，引起这些地区的钢材、化工原料及中间体、纺织原料、建筑材料等严重供应不足。在主要工业部门中，钢铁工业1949—1975年564.5亿元投资基本上在当时的六大经济区中平均分配，其中华东区的投资规模居倒数第二位。煤炭工业投资在“三五”、“四五”时期集中于江南，自60年代末至70年代末，山西省没有新开一个大井，解决东北能源供应的三大“露天”矿被迫推迟。“二五”时期以后全国铁路新线建设，无论就交通网的格局和线路走向，基本上是从那时的“战备”观点出发，集中在人烟稀少、许多线路附近资源也不多的西南、西北及鄂西、湘西、豫西地区，但工农业产值占全国87%、人口占77%的东北及东南沿海地区只修了一些延伸线及工矿支线。许多工业基地、城市的对外运输干线能力严重不足。

上述战略转移和平衡布局造成的损失是巨大的：

（1）工业基础好、占全国工业生产很大一部分的地区和城市，工业增长本来可以比实际快到多。1953—1978年间，西南、西北、中南地区工业增长速度都超过全国平均值，东北、华东两大区正相反。其中，1966—1978年间，全国工业年均增长10.2%，东北区只有8%。综合性大工业城市天津、上海在“二五”期间平均年增长只有0.5%和5.7%；调整时期，沿海投资比重有所增加，天津、上海工业年增长为15.9%和17.5%，但“三五”、“四五”时期又大大下降。

“三五”、“四五”期间，全国新建的大中型项目分别为1944和2969个，其中西南加西北分别占到41.0%和31.2%，如加上中南区，则分别为60.2%和52.2%，这是该阶段全国工业增长速度大幅度下降的重要原因之一。

非常清楚，比较落后地区有超乎平均值的，但绝对值是微小的增长，是以抑制乃至牺牲发达地区绝对值大得多的增长为代价的。

（2）基本建设周期大大延长，一些工业部门和大批企业投资效果差。就全国范围看，“一五”时期，大中型项目平均建设周期为6年，1971—1976年间平均达到11.5年。这种情况在“三线”地区更为突出。以固定资产交付使用率衡量，1952—1980年，全国平均为70.4%，西南、西北仅为该水平的80%和85%。在集中进行大小“三线”建设的“三五”、“四五”期间，全国的固定资产交付使用率由1953—1965年间的77.5%分别下降到59.5%和61.4%，而在西南、西北大体只有50—60%。从中可以看到，大批的建设资金和物资付之东流。在各工业部门中，钢铁工业是耗资最大的，1953年至1980年，钢铁工业总投资为571.12亿元，占全部工业部门投资的14.5%。以吨钢投资衡量，内地平均每增加吨钢产量的投资为2650元，沿海为1061元，内地为沿海的2.5倍。就投资积累看，沿海部属重点企业累计积累为累计投资的408%，内地钢铁企业一般在100%以下。其中，西南各重点厂为−3%，西北各重点厂为−22%[1]。

（3）一大批建成的大中型企业由于布局不当，长期背包袱。它们远离城市和经济发达区，燃料及原材料要由几百公里乃至上千公里运去，成品又要运出来。许多企业所在区域没有配套协作条件，被迫搞小而全，“工厂办社会”。当然，其中也有些企业，进入80年代生产已经正常，成为国家的骨干企业。但人们不应忽视它们的地区布局（有的还包括厂址选择）是不当的，年复一年地、不知不觉地支付着大量的超额费用。

四、东、中、西三大地带工业发展的现实差异

东、中、西三大地带的划分的主要依据是国土资源开发利用程度、经济技术发展水平以及在今后十多年中所承担的发展任务的差异，其中一个重要因素是表现在工业发展方面。

三大地带工业发展差异的实质是实力、水平、结构的不同。

（一）实力的差异

尽管在“三五”、“四五”期间国家在内地进行了大量的基本建设，但三大地带间工业发展实力方面的差距仍然很大。1984年，东部地带工业总产值仍占全国的60%。最近几年以来，三大地带工业发展速度基本一样，但是应当注意到，东部地带工业产值占的比例大，基数大，在同样的增长速度下，增加的绝对量要大得多。因此，三大地带间的差距最近几年实际

表2-11 三大地带各主要部门产值占全国比重（%）（1987年）

部门 / 地带	冶金	电力	煤炭	石油	化学	机械	建材	森林	食品	纺织	其他	工业总计
东部地带	54.91	49.73	34.50	53.25	63.37	64.75	57.81	31.20	49.75	68.43	67.52	59.75
中部地带	29.05	34.10	50.86	36.47	25.58	23.11	30.20	56.52	32.30	22.31	23.15	27.71
西部地带	16.04	16.17	14.64	10.28	11.05	12.14	11.99	12.28	17.95	9.26	9.33	12.54
合计	100.00	100.00	100.00	100.00	100.00	100.00	100.00	100.00	100.00	100.00	100.00	100.00

1）吴尚云，工业生产力的合理布局与经济效益，1983年。

上是扩大了。如1982年、东、中西三个大地带工业总产值分别为3333.56亿元、1540.04亿元和703.85亿元；1984年分别达到4202.56亿元、1919.62亿元和907.67亿元。也就是说，两年中，东部地带产值增长了869亿元，而中部、西部只分别增长380亿元和204亿元。预计差距扩大的趋势还将继续若干年，以人均工业总产值衡量，1984年东部地带为996元，分别为中部地带和西部地带的1.95倍和2.61倍。各主要工业部门在全国的地位见表2-11。

由表可以看出：几个主要工业部门，即冶金、电力、石油（包括原油加工）、化学、机械、建材、纺织、其他（主要是造纸、缝纫、皮革等）部门，仍然集中在东部沿海地带。其中，10大钢铁基地沿海占有6个；电力工业由于接近负荷的需要，东部必然占的比重大；全国大中型炼油厂能力约1亿吨，东部地带占69%；化学工业中，大型石油化工基地和无机化工基地也主要在沿海城市。但是中部煤炭工业有较大的优势，特别是70年代以来加强了以山西为中心的能源基地的建设，煤、电在全国地位不断提高。石油工业中的原油开采55%在中部地带。

(二)技术水平和经济效益的差异

在30多年的经济发展中，由于历史上文化、技术的影响，三大地带工业生产和管理水平的差异仍然未消除。特别是70年代末以来，东部在对外经济技术交流方面远居于优势地位；在新技术的采用、新产业的开发、新产品的试制方面，进展比中、西部快得多。相对于西部而言，中部地带已建成较多的中心城市，与沿海地区联系也较方便，在工业生产技术水平方面又明显高于西部。西部地带由于开发较晚，对外联系比较困难，包括运输能力不足和交通线太长，一些产品运不出，一些产品由于运输成本太高而不能往外运，都限制商品生产的发展；反过来又因资金、设备的不足而影响到技术设备的改进。信息事业的发展及其对工业生产发展影响的加强，更使东、中、西三个地带技术梯度明显化。近几年三个地带工业生产技术水平与经济效益差异主要表现在产品质量、劳动生产率及能源消耗等方面。其他技术经济指标，如各种工业产品生产中原料材料消耗量、设备利用率、产品合格率、单位产品成本等，也都呈明显的差别。例如，新疆纺织工业（1980年）主要指标为全国平均水平的百分比是：棉纱千锭时产量——95%，纱锭设备利用率——90%，百米精纺毛织品净用毛量——120%。

作为工业生产经济效益、水平的综合性指标之一的百元固定资产（原值）利税额，1984年东、中、西三地带分别为31.69元、15.50元、12.40元。从中可以看出，中、西部之间相差不大，与东部相差很大。这其中除了技术、经济水平因素影响外，还有工业结构的因素。

以上经济、技术水平指标的差异，在各工业部门中是不相同的，总的特点是：采掘工业相差不大，原材料工业明显有差异，制造工业差异比较大。如煤炭工业，新疆乌鲁木齐矿务局原煤生产成本1980—1984年平均为20.74元/吨，低于全国水平。

(三)结构特征

从南北向大的地带看，我国工业地域结构特征相差不大，这一方面是由于每个地带的面积仍很大，资源仍具有多样性，客观上有可能发展部门、行业比较齐全的工业结构；另一方面，也是由于长时期内力求建立地区性的工业体系的缘故。

以轻、重工业的关系论，东部轻工业发达，特别是纺织工业、食品工业产值比重较大。

80年代以来，轻工业总产值一直居于主要地位，1984年占53.8%；而中、西部地带，轻工业所占比例几乎一样，为43%。其部门结构如表2-12。

表2-12 三大地带工业产值结构(1987年)(%)

地带 \ 部门	冶金	电力	煤炭	石油	化学	机械	建材	森林	食品	纺织	其他	合计
东部地带	8.78	2.61	1.45	4.77	12.06	27.32	5.57	0.83	10.36	13.66	12.59	100.00
中部地带	10.01	3.86	4.60	7.05	10.50	21.03	6.28	3.25	14.51	9.60	9.31	100.00
西部地带	12.22	4.04	2.93	4.39	10.02	24.41	5.51	1.56	17.81	8.81	8.30	100.00

由表看出，三个地带内机械、纺织、食品、化学工业等都占有较大的比重。所不同的是，东部地带机械、纺织占有更大的比重，说明制造工业发达。中部地带煤炭、石油所占比例在三个地带中最高，是作为能源基地建设的结果。

五、国际上区域开发大尺度推移的实践

生产力如同纷纭繁杂的物质世界的每一个组成部分一样，总是处于不断运动之中，在运动中实现生产力的发展和提高。生产力的运动包括数量的扩大、质量的发展以及生产力空间组合的变化等。

在现代社会中，工业是国民经济的主导部门，特别是处于工业化发展阶段的国家和地区尤其如此。许多国家和地区的经济开发历史表明，工业发展往往成为地区（或国家）开发的先导，也是生产力在空间上实施大尺度转移的主要内容。

在一些西方国家以及苏联、日本等国的工业化和区域开发过程中，都曾产生工业在大尺度空间上的变化。当然这类变化并不意味着伴随新区的开发就是老区的衰落，大多数情形是原有的经济中心和工业中心通过结构调整和改善技术、管理，得到继续开发、充实和发展；有资源但发展程度较低甚至根本没有得到开发的地区得到逐步开发，其经济实力在全国（或大区域范围内）的比重有明显提高。在这种情形下，老区与新区、老基地与新基地之间，无论在建设规模或经济实力等方面，并未产生位置上的颠倒。世界上主要发达国家仍属此种情形。在不大的范围内，也产生过另一种情形：随着新区的开发。老区日渐衰落，以致落后于新区。随之，经济重心产生根本性的转移。工业在空间上实施大尺度的转移，一般有两种基本的途径：

一是由国家（政府）根据本国资源和人口分布的相对关系，制定工业生产力战略转移的总体规划，并直接组织实施。主要是利用投资分配、基础设施建设等办法。二是由国家制订区域开发政策，并利用基础设施、财政手段等诱导私人和国家、社团去新区投资，实现社会经济活动和工业生产在新区不断集聚。

不管是由哪种途径实现工业发展的转移，都体现了共同的规律，即任何一个地区的工业开发都有一个逐步深化和扩大的过程，这个过程的实质是将各种自然资源和社会经济资源愈来愈多地吸引到经济发展中来；随着经济活动规模的扩大，部分地区(开发条件较好的地区)的资源已经不能满足社会需要，这时客观上便导致将更多地区的资源也吸引到经济利用中来。工业生产活动包括工业投资、产品生产以及由工业发展所引起的交通、城市建设、人口

等便在地区间产生转移。

1. 美国

美国资本主义商业和工业的发展大约从18世纪中、后期开始的。当时最先开发的是大西洋东北部，纺织、机器制造业等最早的制造生产集聚于东北部的新英格兰六州。其原因与日本及我国沿海地带工业发展有某种类似，即这里最先建设了通往海外贸易(欧洲)的港口，刺激附近资源的开发和工业的发展。在此之后，美国的工业产生了两个方向的运动。其一，沿大西洋沿岸南下，逐步达到大西洋沿岸的中部。南部地区由于港口条件较差，资源当时尚未被发现，而长期处于落后状态；其二，由大西洋沿岸东北部经五大湖地区向西。主要由于滨湖地区苏必利尔铁矿，以及阿巴拉契亚煤矿的发现和大规模开发引起的。与此同时，伊利运河开通，以五大湖为中心的水运系统日渐完善，促进了工业开发由东向西的转移，19世纪中后期至本世纪30年代，是美国中部、西部大规模开发时期。本世纪70年代，进一步转而开发西南部的"阳光地带"。这样，工业在美国国土上全面展开大约用了200年。

图2-5是美国人口重心在空间上的变化，是由地理学家列夫特(D.S.Neft，1962)利用潜力理论计算编制的。它不仅能直观地反映美国人口分布的变化，为商业服务业的布局提供依据，同时，也能确切地表述美国工业生产力布局的客观变化。因为，只有以工业为主体的生产力布局总图才是人口宏观布局的最主要基础。美国人口重心由东北部大西洋沿岸转到中部，也大约经历了200年。

2. 苏联

苏联是个幅员辽阔、陆地呈东西向延伸的国家。十月革命时经济远远落后于西方资本主义国家，生产力布局严重不平衡。工业生产主要集中在欧洲地区的中部第聂伯河沿岸的顿巴斯盆地以及波罗的海沿岸少数几个城市，占国土面积70%以上的亚洲部分和欧洲部分的北部，基本上处于未开发状态。十月革命后，经过国内战争及经济恢复阶段，于1928年实行第一个五年计划的建设。从"一五"至"三五"期间，为了奠定社会主义工业化的基础，巩固苏维埃政权，实行了优先发展重工业的发展方针，在1928—1941年中，重工业的投资占全部工业的82.5%。而重工业建设的重点又是在冶金、煤炭、电力、机械制造等部门。在建设布局的地区分布上，仍集中在苏联欧洲部分的西、中部，特别是顿巴斯-第聂伯的第一煤炭-冶金基地的综合实力有了很大加强和充实，与此同时，向东建设了乌拉尔-库兹涅茨第二煤炭-冶金基地，向南扩大开发了巴库油田，向东开发了伏尔加河沿岸的"第二巴库"油田，带动这些地区电力、机器、化工等部门的发展。至于在广大的东部（西伯利亚、远东）只是加强了采矿和森林采伐工业。经过三个五年计划的建设，虽说新区比重有所增长，但主要经济实力仍在欧洲部分。仅以1941年底被法西斯德国占领部分（苏联欧洲部分的大部分）工业生产占全苏比重而论，其工业总产值占全苏60%，煤炭产量占68%，生铁能力和钢生产能力分别占68%和58%，铝产量占60%，机械工业产值占全苏的60%。

二次大战期间，苏联工业生产被迫进行战略转移，有1400个企业由西部和欧洲部分的中部迁到乌拉尔及其以东的西西伯利亚、北哈萨克斯坦地区，民用生产开始转为军工生产，同时，基础工业也在上述地区得到了一定的发展。

战后50年代开始，一方面恢复、加强西部地区的工业，同时也强调东部地区的发展。其中一个重要原因是苏联欧洲部分能源资源不足，能源供需平衡状况日趋严重。而苏联东部地区有丰富的水力资源，并发现有储量极大的石油、天然气资源以及铁、煤、铝土矿等。

苏联开发东部地区首先选择水电开发，在十多年中，在叶尼塞河等河的上游建设了七个100万千瓦以上的大型水电站。至80年代初，西伯利亚的水电装机达到2000多万千瓦，占全国一半以上，所生产的廉价电能一部分通过超高压输电线输向苏联欧洲部分，另一方面在电能生产基础上，在当地建设了一系列动能生产综合体，如电-铝氧-电解铝-水泥，电-木材加工-纸浆及造纸-林产化学，电(水、火电)-钢铁-重型机器制造。

苏联东部地带的大规模开发，在布局上的重要特点，一是由乌拉尔→西西伯利亚→中、东西伯利亚及远东逐步推进，二是自西伯利亚大铁道沿线向南北（主要是北部）进行局部延伸。为了适应北部大规模开发的需要，用了十多年时间，建成与西伯利亚大铁道平行的贝阿铁路。西伯利亚及远东北部的大部分地区，由于开发条件极差，至今仍属待开发地区。由于选择较为有利条件的地区进行开发，经济效益较好。东西伯利亚的水电单位投资只及伏尔加-卡马河的50%，第聂伯河的1/3。

3. 澳大利亚、巴西和加拿大

澳大利亚自建立国家至今只200多年，国土面积770.4万公里^2。二次大战前的100多年间，只开发了东南部、南部以及西南部沿海狭窄地带。战后开始开发东北部沿海，西北部至本世纪60年代发现富铁矿后才着手开发。

巴西独立已160多年，国土面积851.2万公里^2。直至30多年前，经济和人口仍集中在东南沿海一隅。60年代将首都由沿海迁往靠近内地高原的巴西利亚，同时着手高原地区的开发。80年代，开辟亚马孙河经济区，即开发赤道丛林地区。

加拿大于200多年前成为英国的殖民地，国土面积为995.7万公里^2。至今只开发建设了东南部、西南部两块和南部沿国界边的狭窄长条带。广大的北部国土仍有待于开发。[1)]

1）以上参考：吴传钧，对我国国土整治区划的构思，中国国土整治战略问题探讨，能源出版社，1985年。

附录二　1984年《二〇〇〇年我国工业生产力布局总图的科学基础》一文的四步[①]手稿、学术会议上的报告稿

第一步手稿

这是1984年9月《二〇〇〇年我国工业生产力布局总图的科学基础》一文的第一稿，即最初的框架构思手稿，题目为《2000年大经济区的发展》，写在地理所八开带格子的大稿纸上，共9页，创作于1984年7—8月。虽然题目写的是大经济区的发展，主要篇幅也是大经济区的数据整理和初步分析，但第一页是对《二〇〇〇年我国工业生产力布局总图的科学基础》一文的总体构思，在该页下方有一个全文各部分的二级标题："三，区域开发的战略重点——海岸地带与长江沿岸两大发展轴线"。在最后一页（第9页）的中部，有：生产力布局：1、不会发生大区间战略转移，2、轴线发展，一级二级，3、小尺度调整。

① 如正文中所述，这里用"步"，而不是"部"，实际上是想表示，这四篇文稿之间是步步递进的关系。

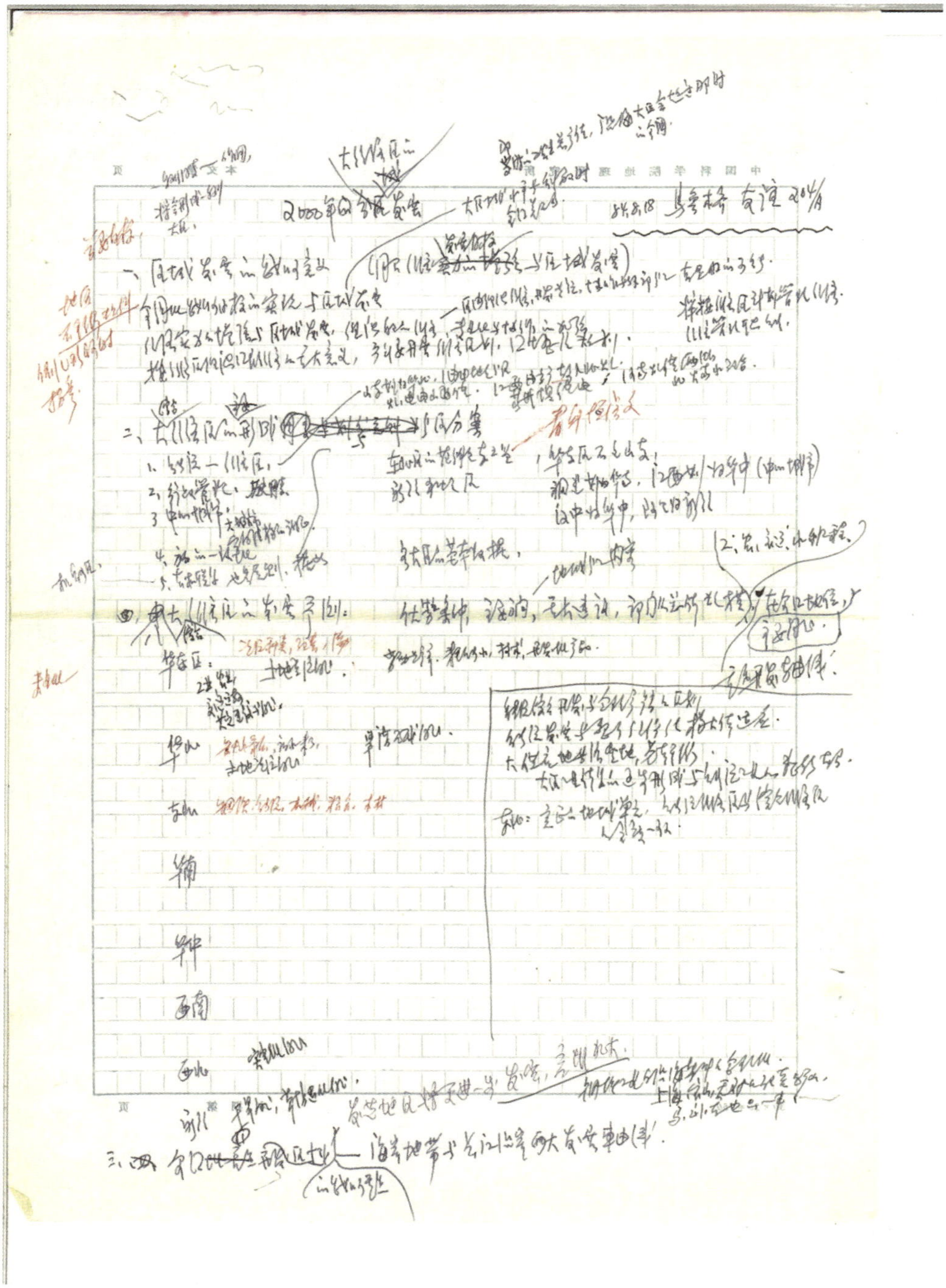
2000年全国发展报告

一、区域发展的战略意义

华北

东北

西南

西北

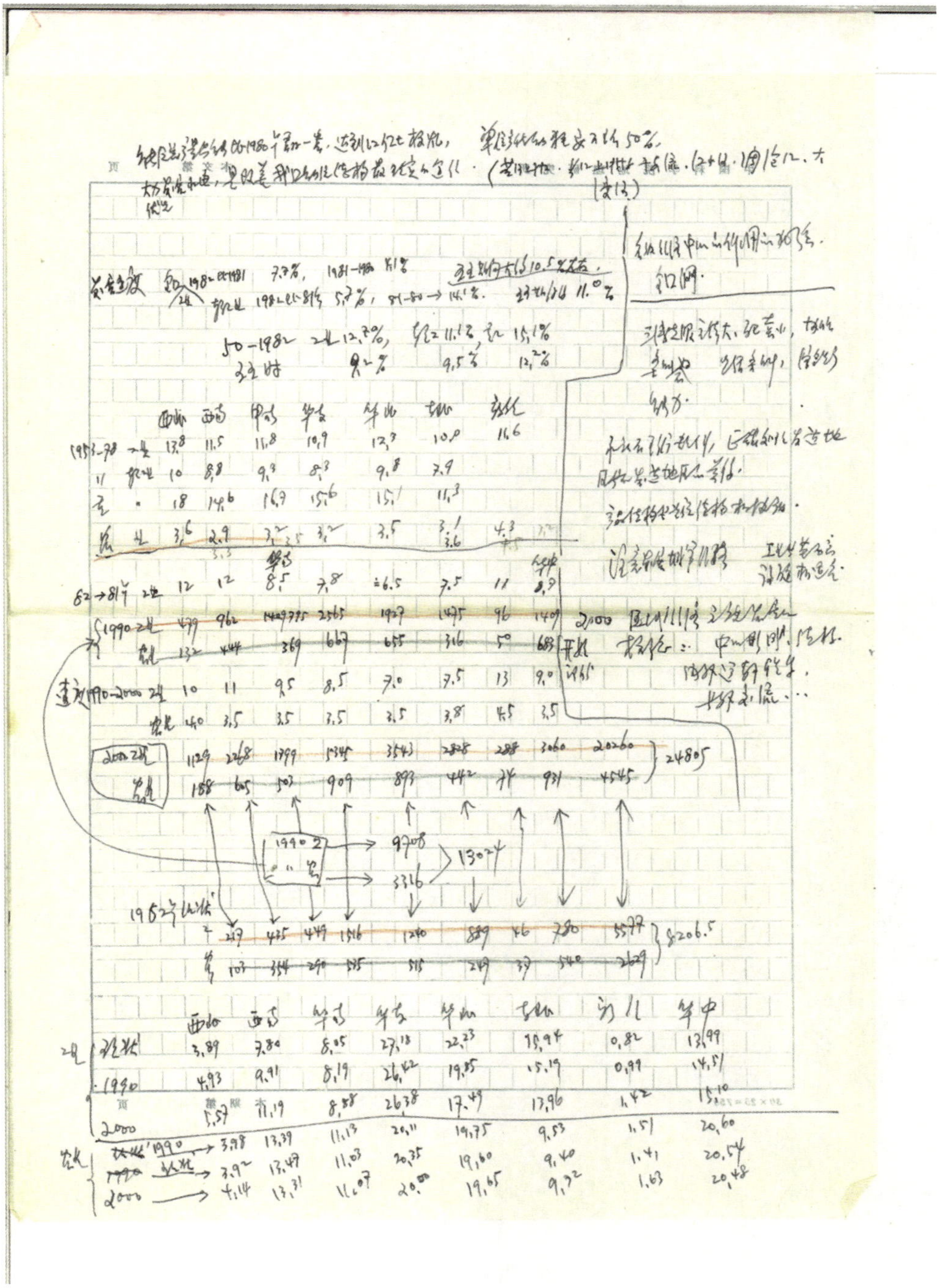

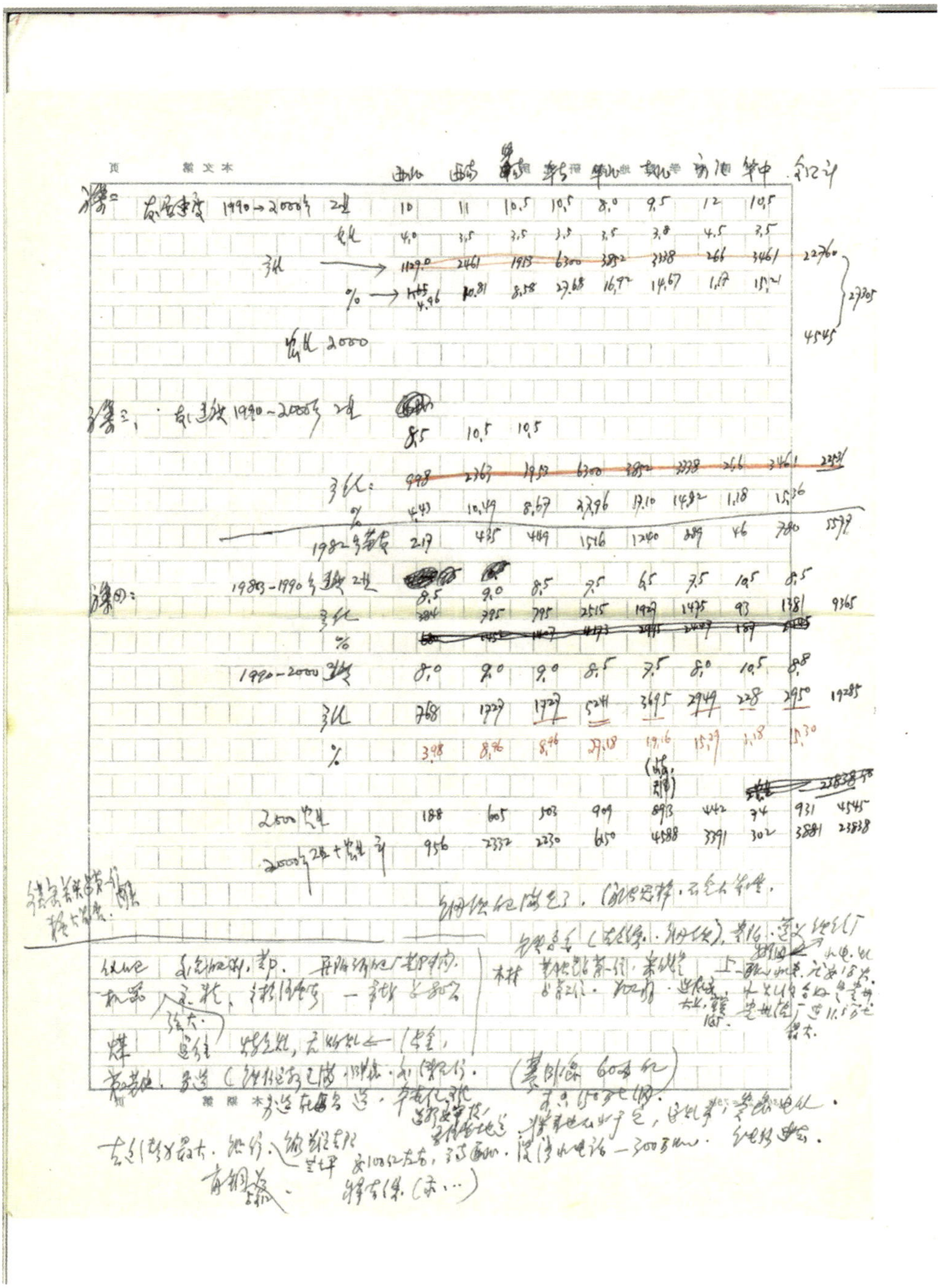

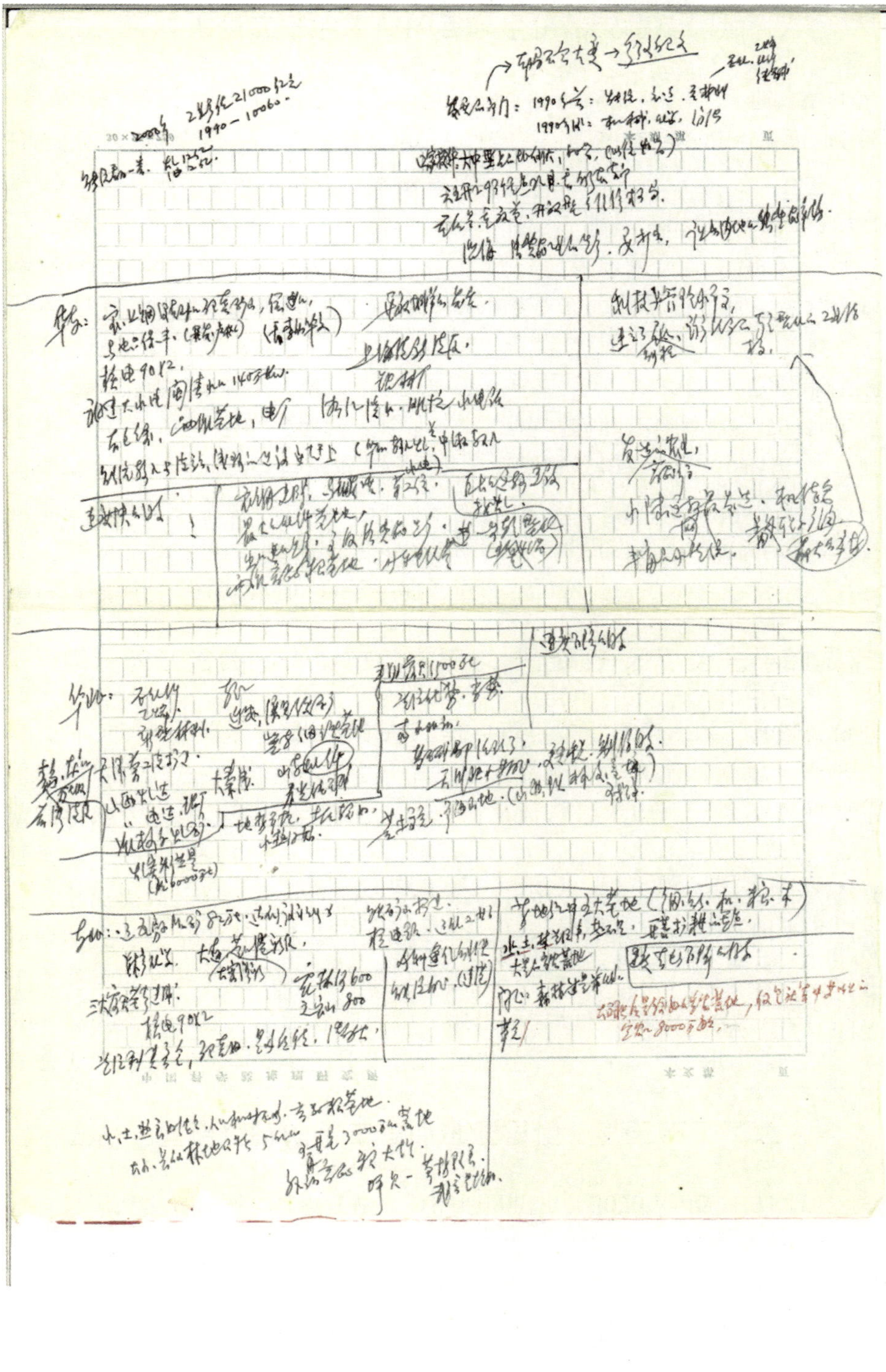

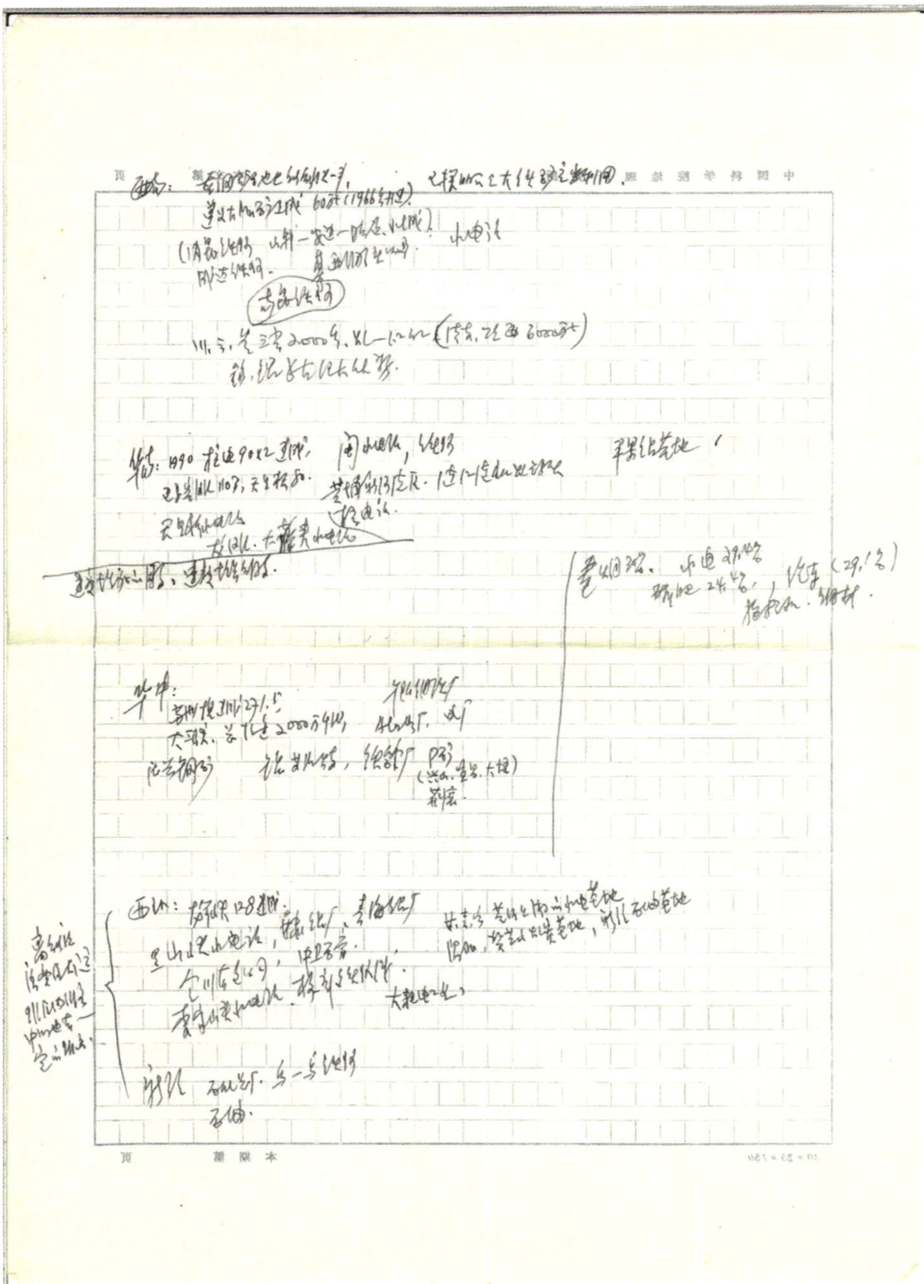

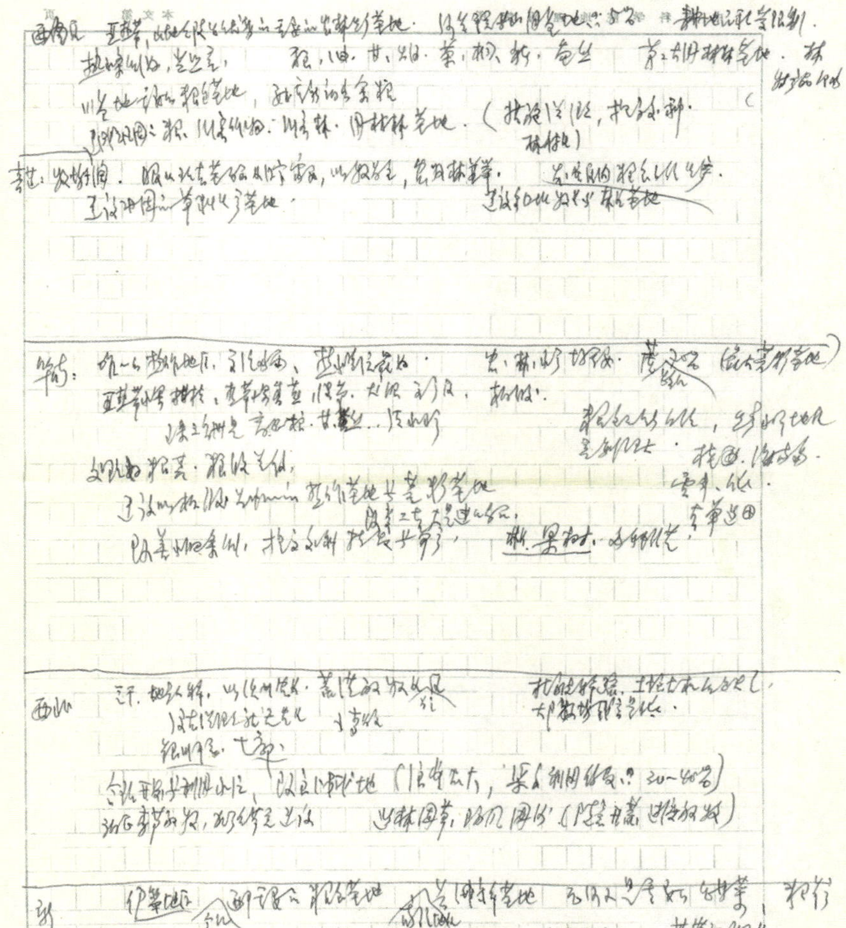

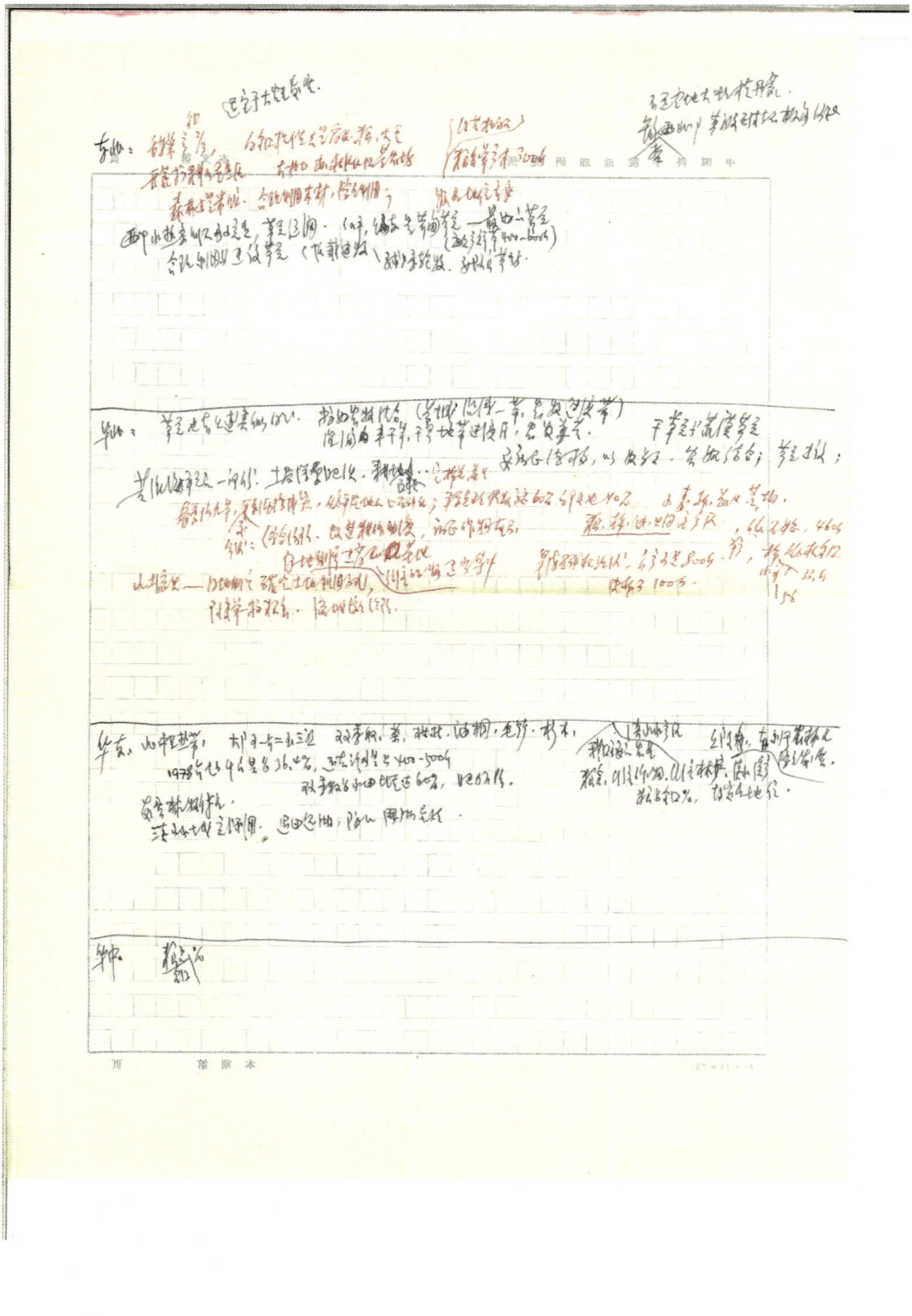

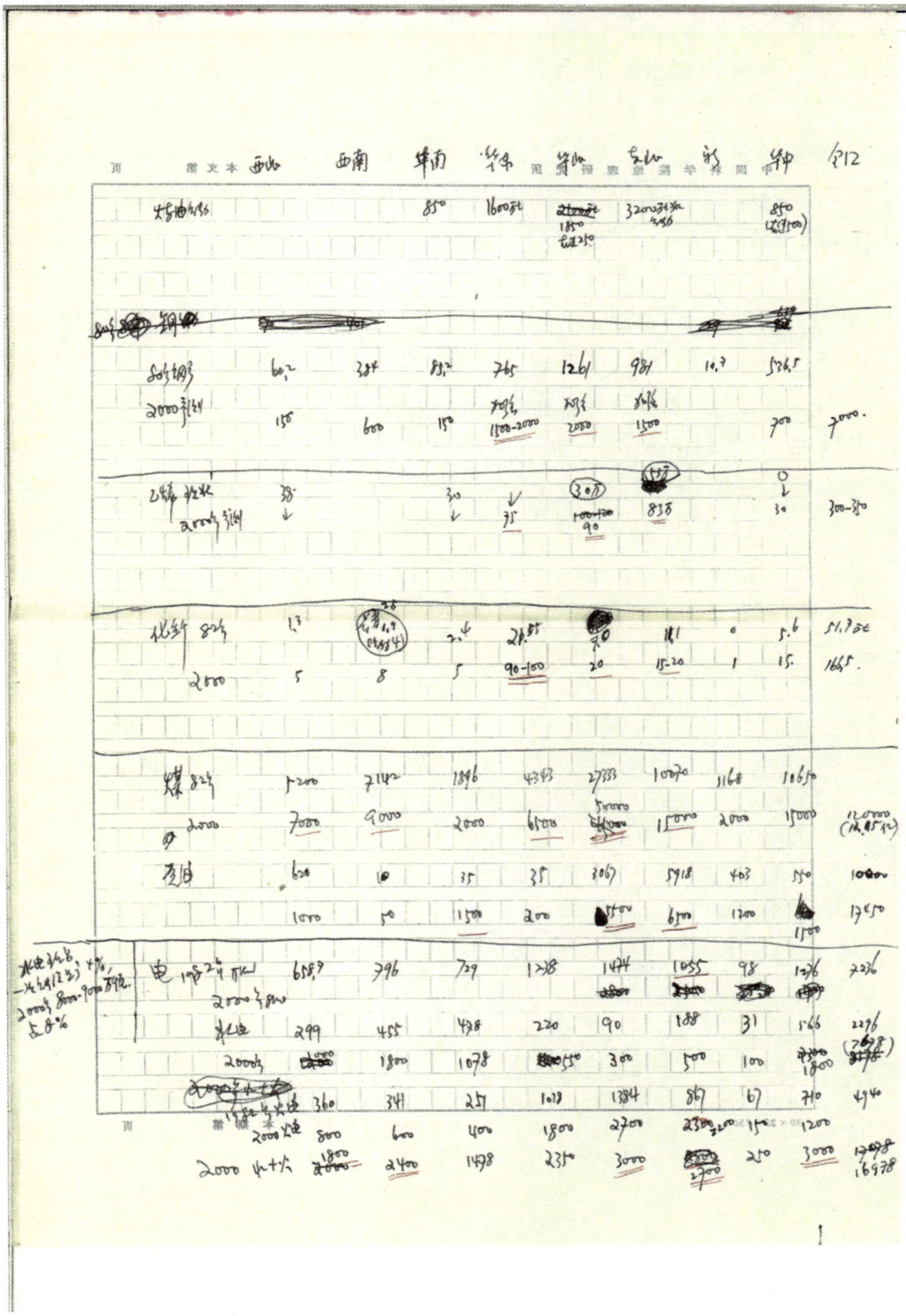

	西北	西南	华南	华东	华北	东北	新	中南	全国
大亚油…			850	1600	1850	3200		850	
80年钢	60.2	384	83.2	765	1261	981	14.3	536.5	
2000年	150	600	150	1500-2000	2000	1500		700	7000.
乙烯	38		30	35	30万			0	
2000年	↓		↓	↓	90	83万		30	300-350
化纤 82年	1.3		2.4	21.85	7.0	18.1	0	5.6	51.7万吨
2000	5	8	5	90-100	20	15-20	1	15.	166.5.
煤 82年	1200	7142	1896	4343	27333	10070	1168	10650	
2000	7000	9000	2000	6500	50000	15000	2000	15000	12000 (12.05亿)
原油	620	10	35	35	3067	5918	403	550	10000
	1000	50	1500	200	3500	6500	1200	1500	17450
电 1982年 万kw	658.9	796	729	1238	1474	1055	98	1236	7236
水电	299	455	438	220	90	188	31	566	2296
2000年	[illegible]	1800	1078	550	300	500	100	1800	(7698)
1982年火电	360	341	257	1018	1384	867	67	710	4940
2000火电	800	600	400	1800	2700	2200	150	1200	
2000 水+火	1800	2400	1498	2350	3000	2700	250	3000	16978

水电投资……2000年8000-9000万kw 占8%

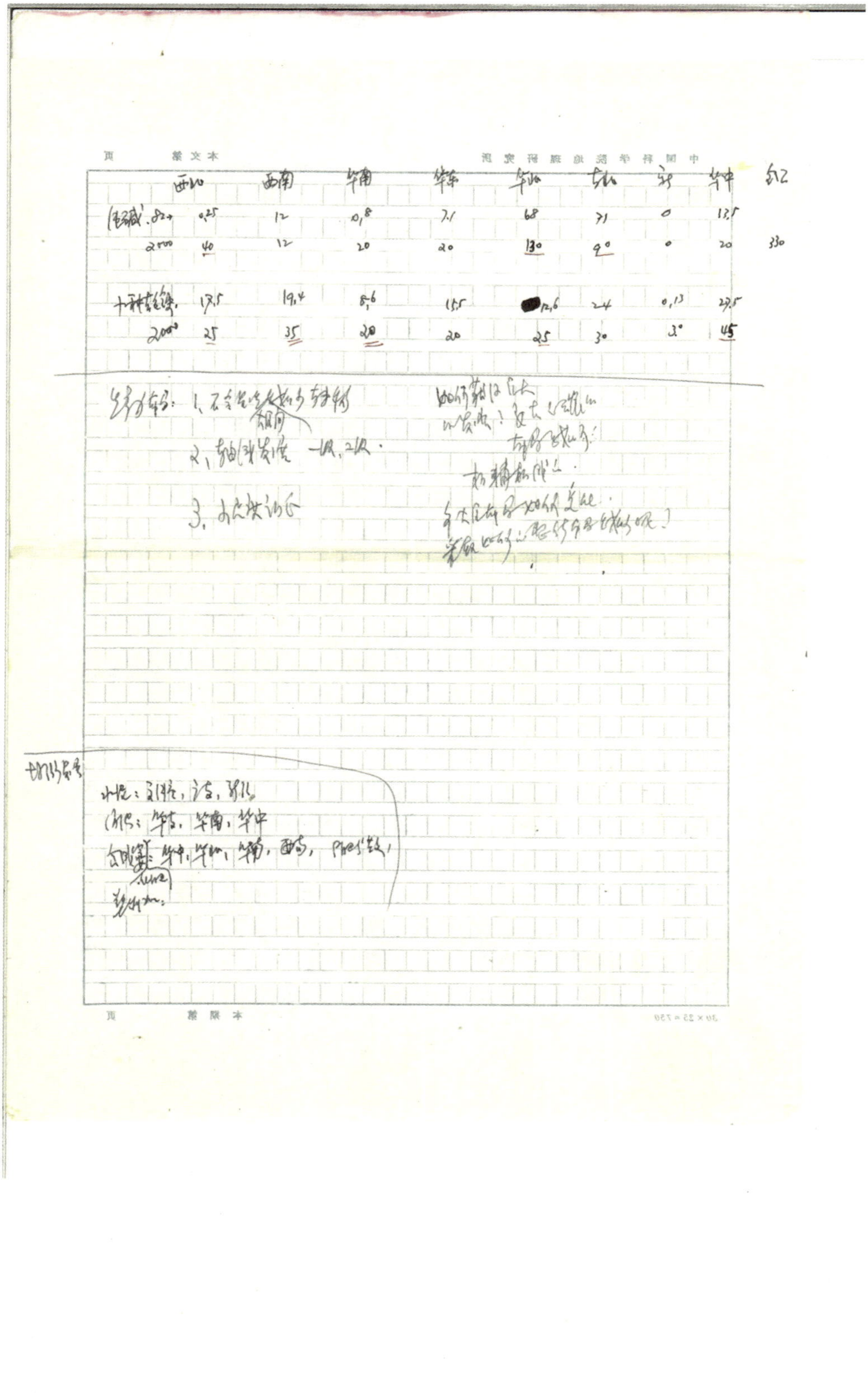

页 本文稿 中国科学院地理研究所

	西北	西南	华南	华东	华北	东北	新	华中	合计
[illegible] 82	0.25	12	0.8	7.1	68	71	0	13.5	
2000	40	12	20	20	130	90	0	20	330
[illegible]	17.5	19.4	8.6	15.5	12.6	24	0.13	27.5	
2000	25	35	20	20	25	30	30	45	

页 本期稿 30×25=750

第二步手稿

第二步手稿的题目为《2000年中国的大经济区发展与生产力布局》，是对第一稿（即构思稿）的全面写作。手稿的内容主体是“2000年中国的大经济区发展”，即一、二、两个部分，占了全文34页中的22页，在第22页中部与第三部分“三、生产力布局总图的变化趋势”相衔接。就内容而言，二、三部分是完全一体与连贯的。这里想作一个说明，一、二部分为手写草稿，后续粘贴的第三部分则是手稿整理后人工誊抄的。所以从外观上看，第三部分与前两部分看似并非连贯书写、一气呵成。

这个第二稿的“一、”“二、”两部分，我当时（暂时）是“放弃掉”的。因为，我认为当时需要强调的是：不能实行战略转移，同时，还要回答在不实行战略转移的前提下，如何在中长期内逐步推进生产力的空间延伸与扩散，实现较为平衡的区域发展。在这个理念的基础上，我完成了第三稿《二〇〇〇年我国工业生产力布局总图的科学基础》。

直到学术会议召开的一年多以后的1986年初，接到华东师范大学出版社发来的“1984年全国经济地理学术讨论会文集”编辑委员会的通知，他们将着手编辑出版会议文集，书名是《国土规划与经济区划》，并提出，1984年学术讨论会当时已经收到50篇左右这方面的会议论文，如果参会人员还有这方面的论文，可以立即寄给他们一并综合考虑，遴选出版。得到通知后，我就将《2000年中国的大经济区发展与生产力布局》一文原手稿中的“大经济区”部分，即第二步手稿中的第一第二两个标题下内容，改写成文，投给了编辑部。题目是《我国大经济区的划分及其发展战略分析》。该文被收录于“一九八四年中国地理学会经济地理专业学术讨论会文”《国土规划与经济区划》一书中，由华东师范大学出版社于1986年10月出版。

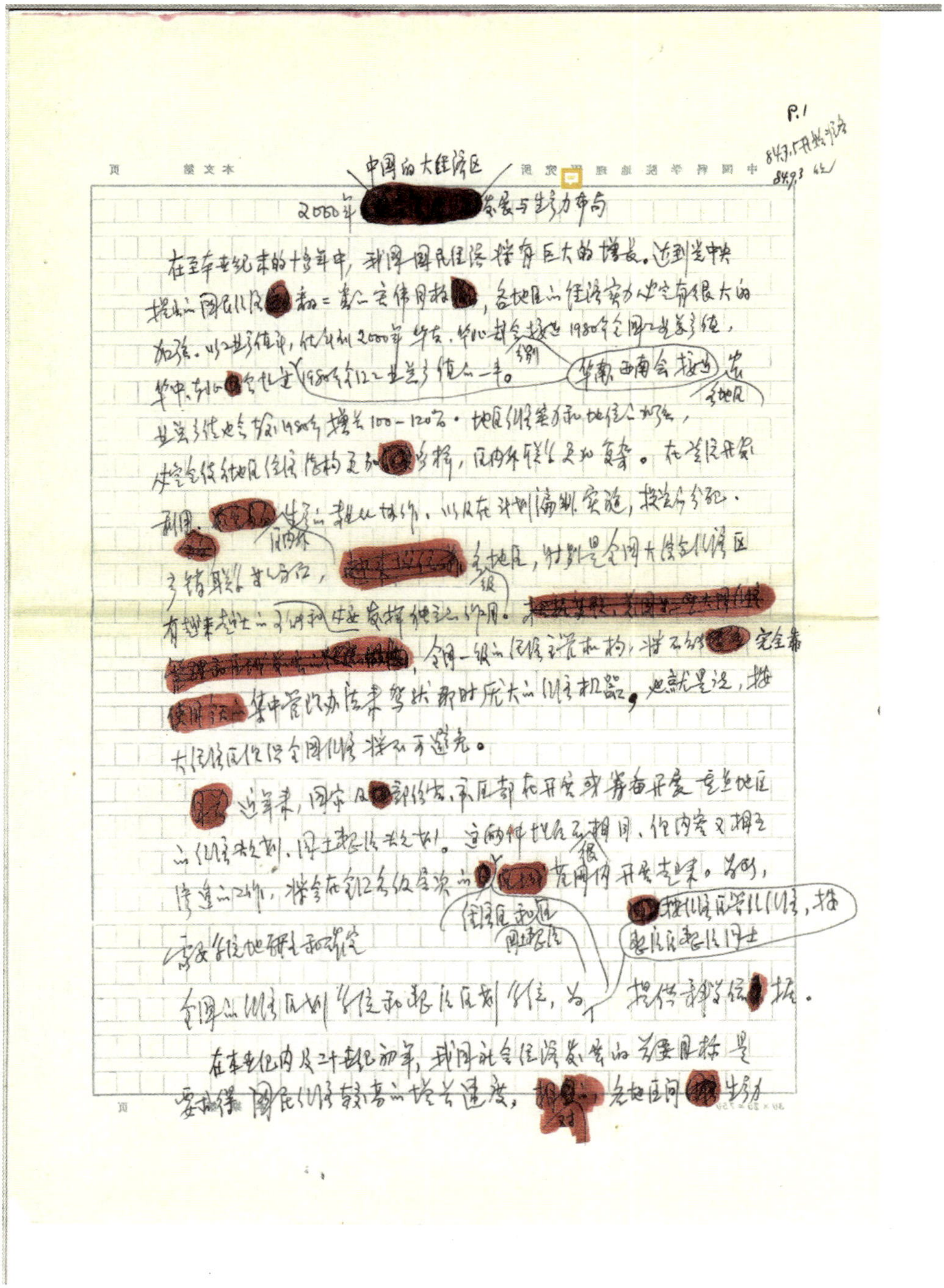
P.1

中国的大经济区

2050年[redacted]发展与生产力布局

的均衡发展仅是第二位的发展目标。长期以来，许多国家都将国内地区间的平衡发展作为社会经济的发展目标。我国自五十年代末和七十年代初，也曾力图谋求全国工业、交通一切份布局而采取了大尺度的空间结构的调整（战略转移），但效果都不理想。经验和理论都告诉人们：

平衡发展是个很长的历史过程；

由于地区间地理位置、自然条件、经济和历史基础的差异，平衡发展也只是相对的；

地区间社会经济的发展差异愈大，达到平衡的相对性即差异程度就愈大。

[redacted]无论国家和地区，在经济大规模开发的初始及稍后一段时期，由于资金、物力及区域基础设施[redacted]不足的限制，只能[redacted]在少数点或地带上重点发展，这可以获得较快[redacted]经济的经济增长速度。只[redacted]到国家（整体）经济高度发展，经济在少数点（城市）上、地带上过份集聚，导致一系列"膨胀病"时，社会经济不但经济力也已允许[redacted]实现战略转移、全面开发新区，实现大范围均衡发展。这就是经济增长与平衡发展之间的"倒U"字形相关关系。

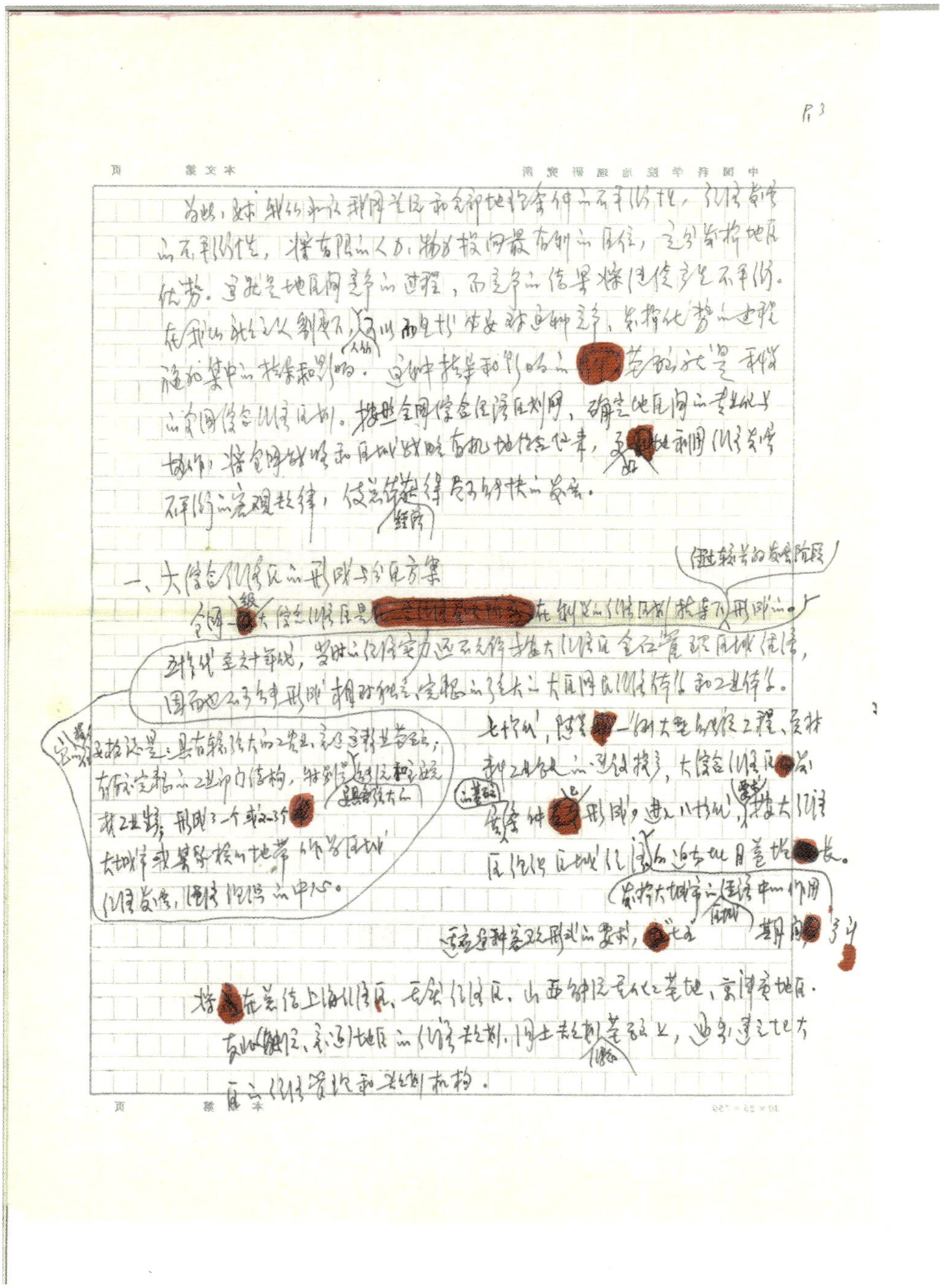

P.3

中国科学院地理研究所 本文稿 页

为此，必须我们承认我国各地区和各部地区条件的不平衡性，经济发展的不平衡性，将有限的人力、物力投向最有利的区位，充分发挥地区优势。这就是地区间竞争的过程，而竞争的结果将使经济发展不平衡。在我们就应认识到，不同地区（人们）之间必然存在着这种竞争，以及在优势的过程中造成集中的趋势和影响。这种趋势和影响的[redacted]范围就是我们的全国综合经济区划。按照全国综合经济区划网，确定地区间的专业化与协作，将全国战略和区域战略有机地结合起来，更好地利用经济发展不平衡的客观规律，使经济建设得到更好更快的发展。

一、大综合经济区的形成与分区方案

全国一级大综合经济区是[redacted]在我国经济区域[illegible]形成的。（经过较长的发展阶段）

五十年代至六十年代，当时的经济实力还不足以支撑大经济区全面发展区域经济，因而也不可能形成相对独立完整的多个大区内的经济体系和工业体系。

（这样的经济区是以具有强大的工业基地、交通运输和较完整的工业部门结构，能够在全国具有强大的工业基地，形成了一个或二三个[redacted]大城市或集聚核心地带作为区域经济发展、经济组织的中心。）

七十年代，随着[redacted]一系列大型建设工程、交通和工业基地的建设投产，大综合经济区[redacted]的基本条件[redacted]形成，进入八十年代，各大经济区区域经济的自我发展能力日益增[redacted]长。（发挥大城市的经济中心作用）满足各种类型开发的要求，[redacted]七五期间[redacted]

将[redacted]在总结上海经济区、东北经济区、山西能源基地、京津唐地区、[illegible]地区的经济规划、国土规划基础上，逐步建立七大区的经济协调和规划机构。

中国科学院地理研究所 本文稿 页 20×25=500

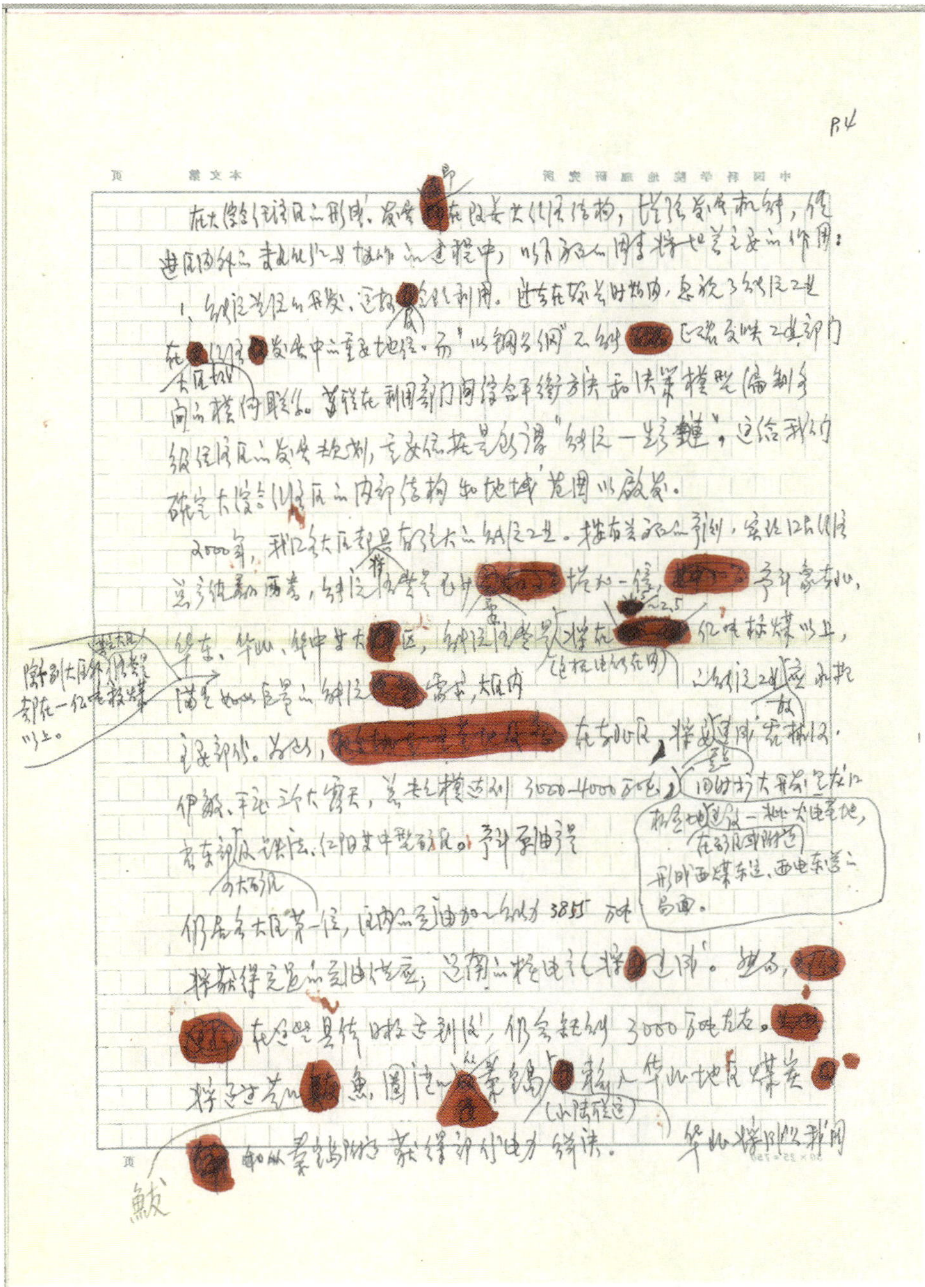

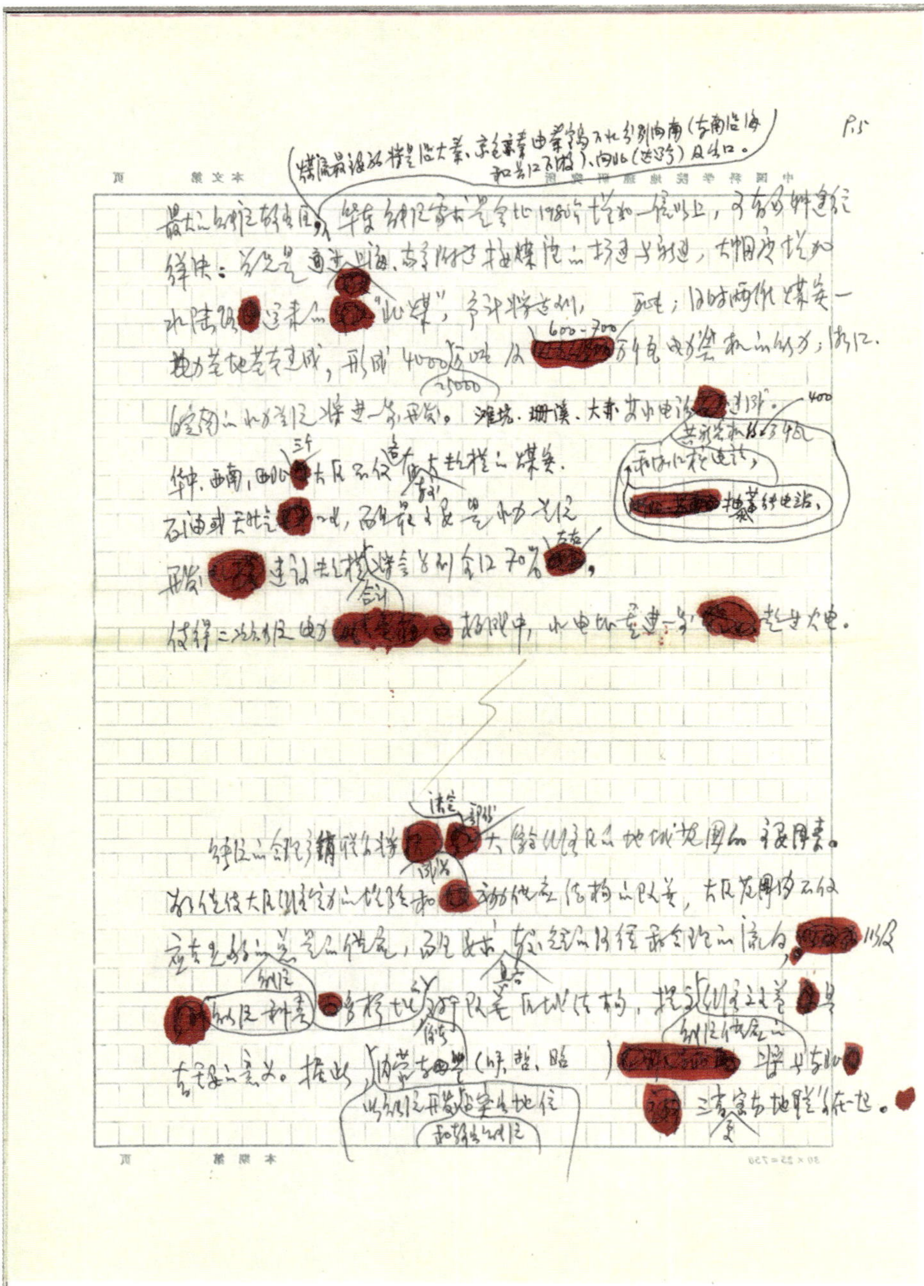

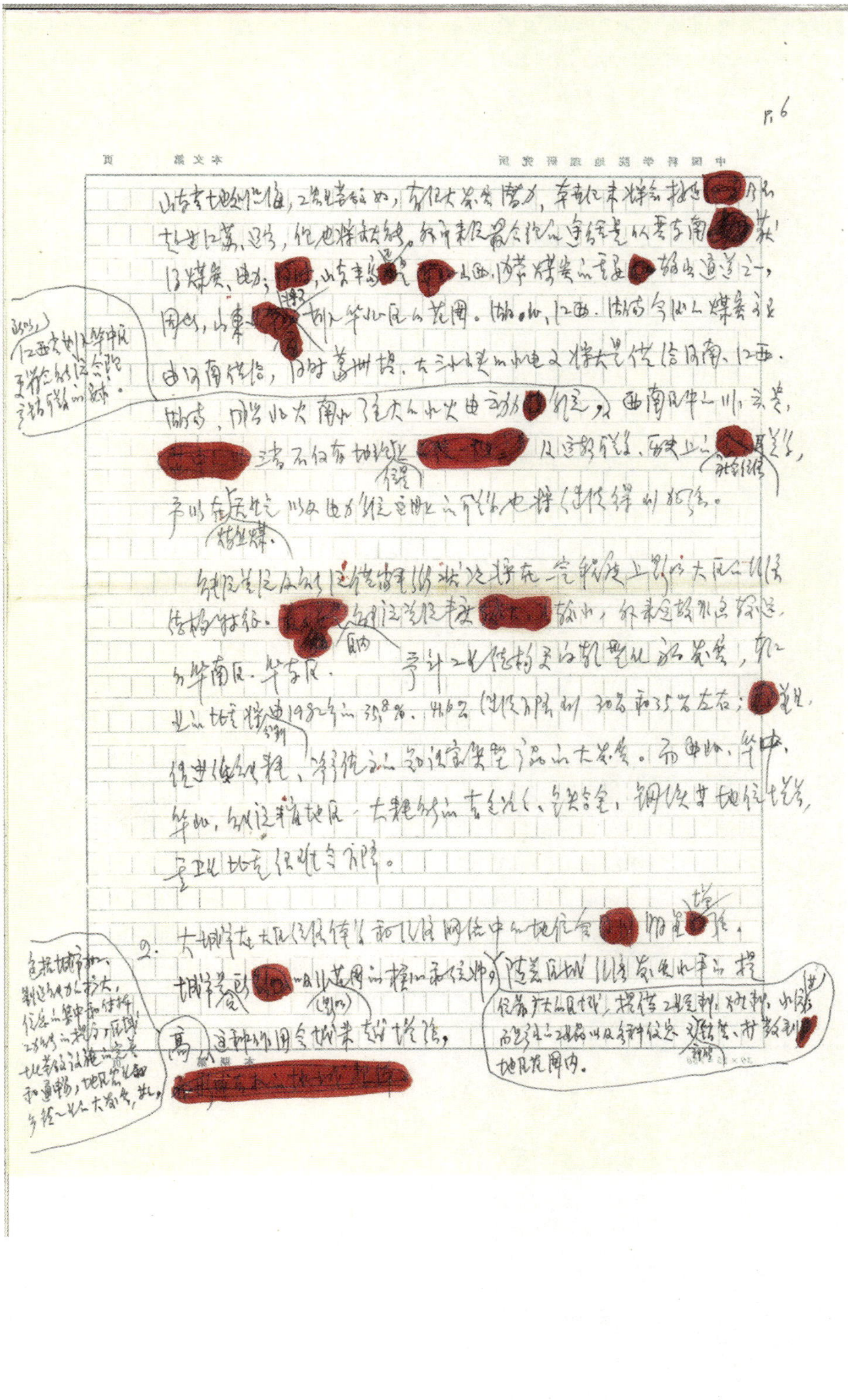

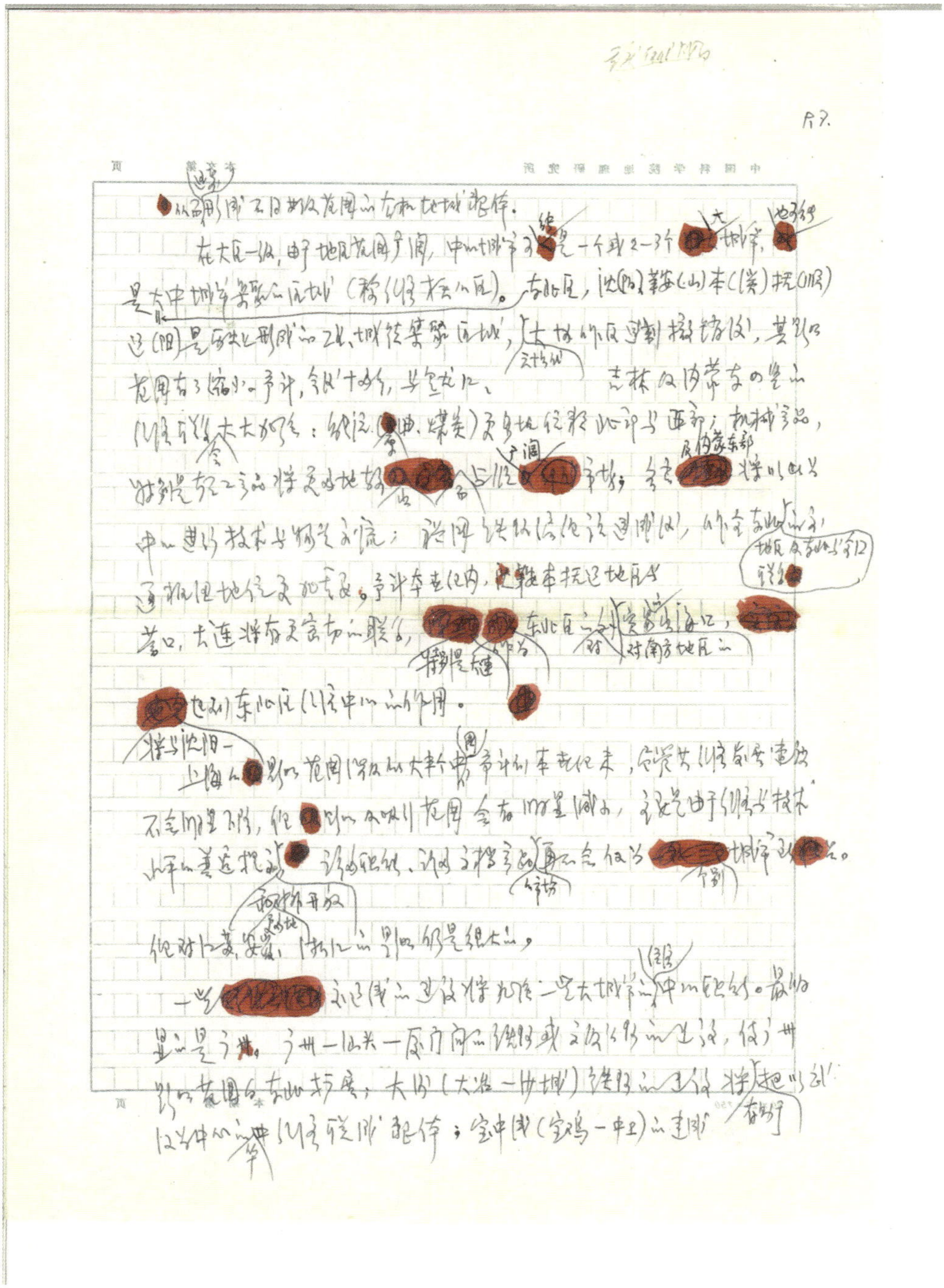

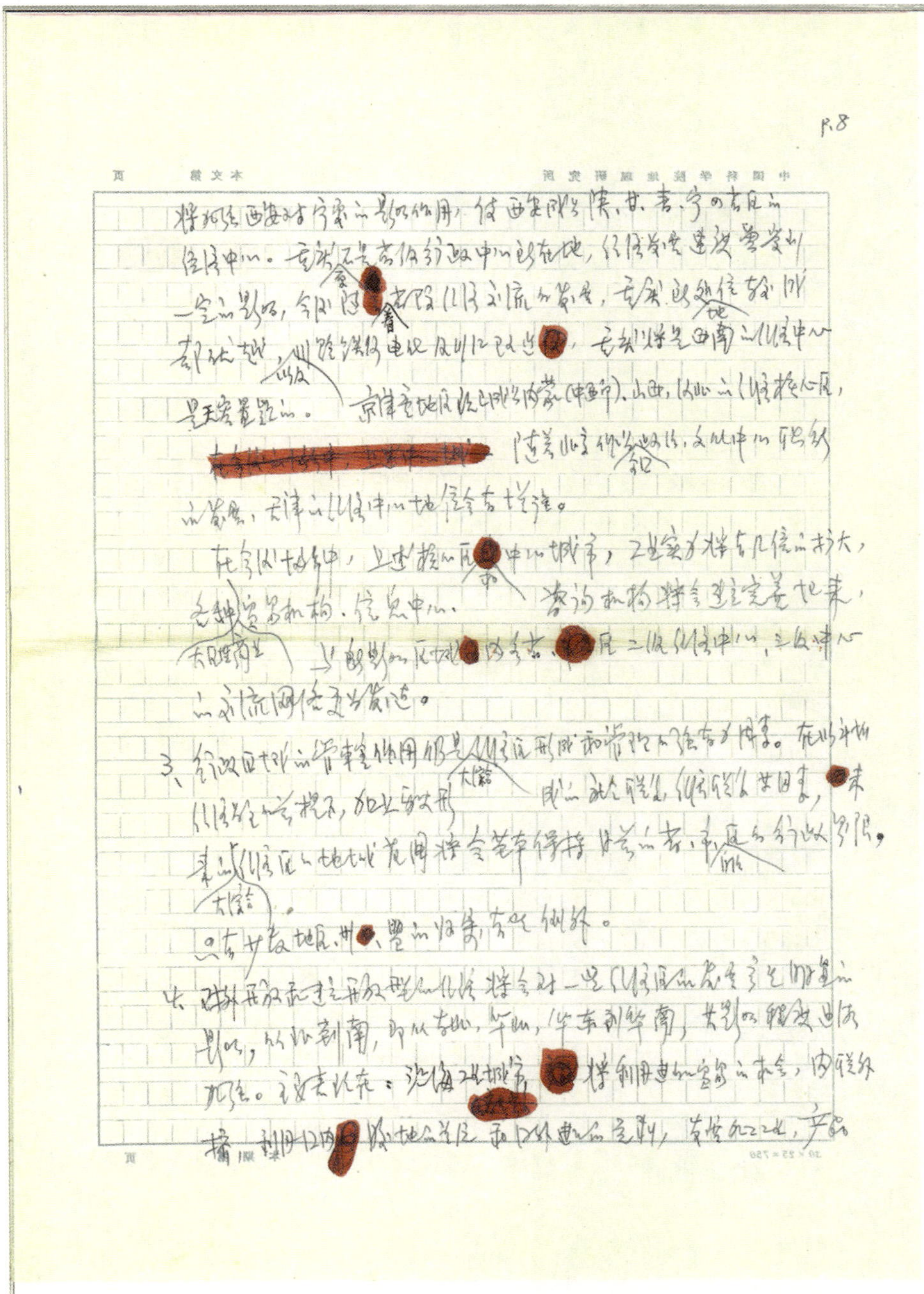

P.8

将对于西安对于宁夏的影响作用，使西安成为陕、甘、青、宁四省区的经济中心。西安不是古代行政中心所在地，经济发展速度曾受到一定的影响，今以[illegible]古代经济交流的发展，西安的地位较从前提高，以及陇海铁路电气化以[illegible]，西安将是西北的经济中心是无容置疑的。京津唐地区汇合内蒙（中西部）、山西、河北的经济核心区，~~[illegible]~~随着北京作为政治、文化中心职能的发展，天津的经济中心地位会有提高。

在今后时期中，上述核心区[illegible]中心城市，工业实力将会几倍的扩大，各种贸易机构、信息中心、咨询机构将会建立完善起来，与邻近的区域[illegible]内各省、[illegible]区二级经济中心、三级中心的交流网络更为发达。

3、行政区域的管辖作用仍是经济区形成和发展的强大因素。在北部和西部经济欠发达地区，加上交通与外部的联系，经济联系少些因素，[illegible]未来的经济区的地域范围将会基本保持目前的省、市、区的行政界限。只有少数地区，如[illegible]、豫的归属有些例外。

4、对外开放和建立开放型的经济将会对一些经济区的发展产生明显的影响，从北到南，即从东北、华北、华东到华南，共有四个经济区将受影响。设想如下：沿海城市[illegible]将利用廉价劳动力的优势，内陆外部播，利用[illegible]内地的资源和国外最新的资料，发展加工工业，产品

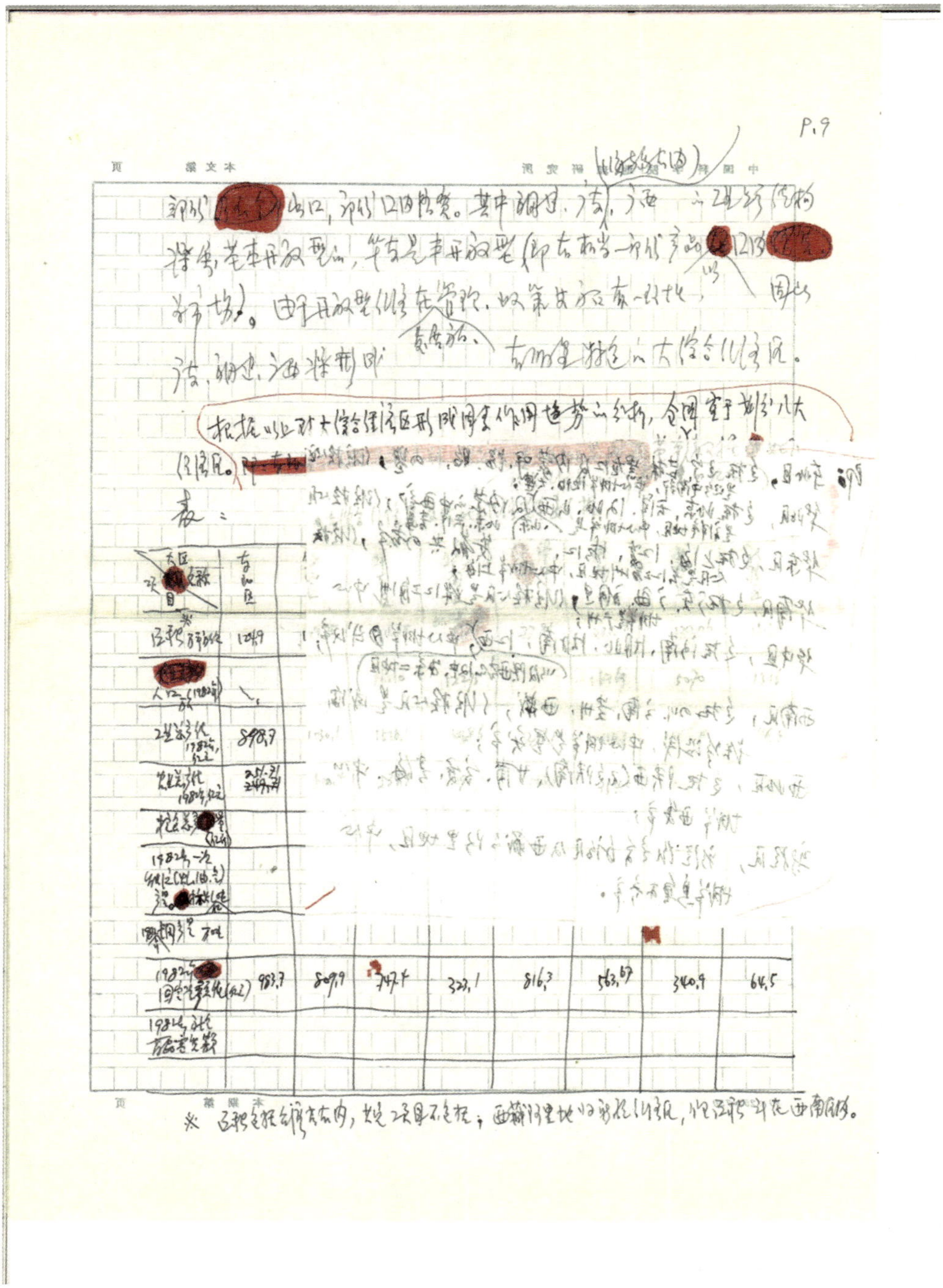
P.9

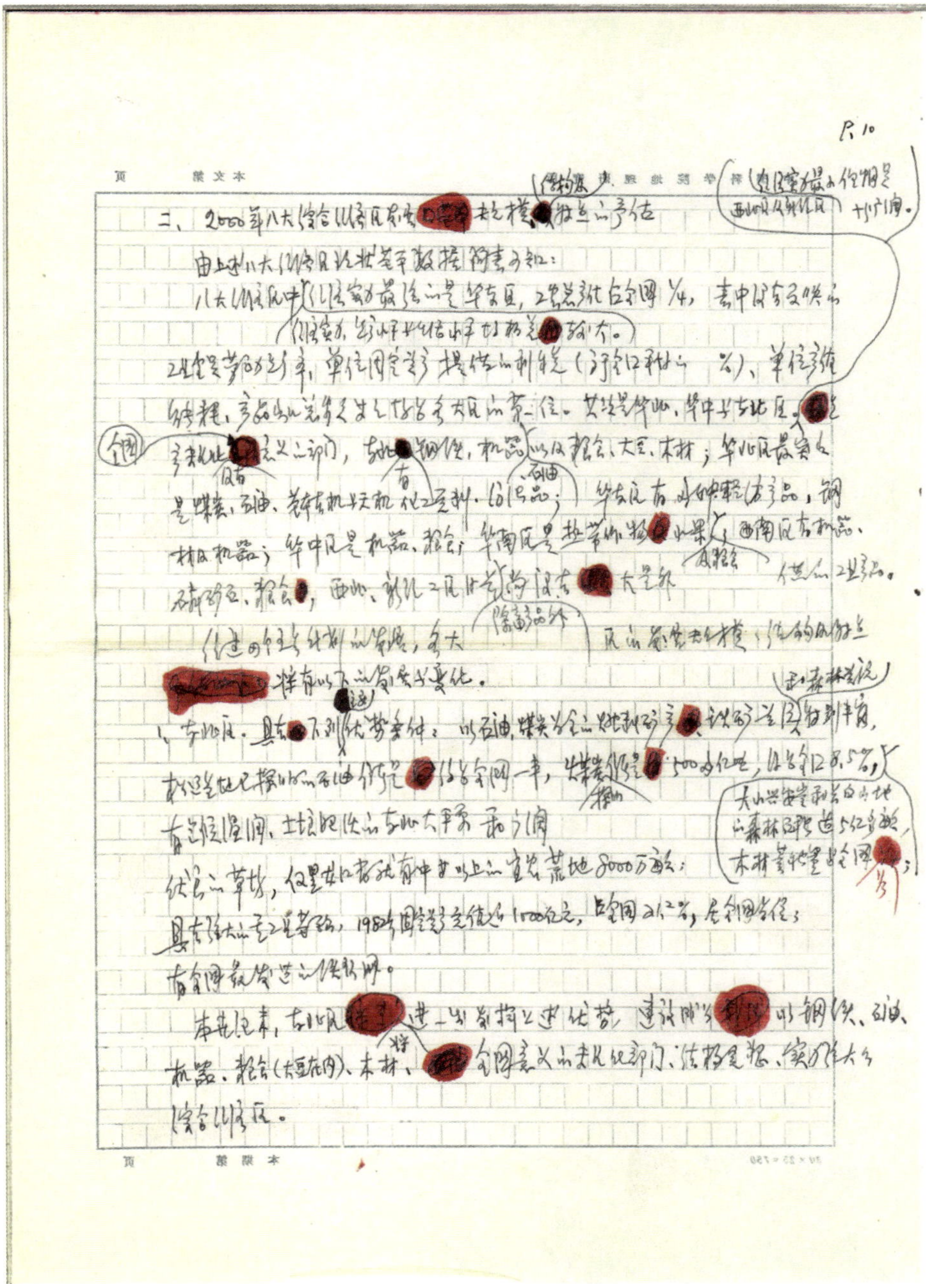

P.10

二、2000年八大综合经济区发展[redacted]和规模、[redacted]特点的预估

由上述八大经济区比较优势数据可以看出：

八大经济区中经济实力最强的是华东区，工业总产值占全国1/4，其中以上海为代表的经济实力、发展水平比较高且相差[redacted]较大。

工业生产的劳动生产率，单位固定资产提供的利税（约全国平均的　%）、单位资源能耗，产品的竞争力等等都居各大区的第一位。其次是华北、华中和东北区。[redacted]全国主要（能源）[redacted]基础工业部门，东北[redacted]钢铁、机器以及粮食、大豆、木材；华北区最突出的是煤炭、石油、农业机械、拖拉机、化工原料、纺织品；华东区有多种轻纺产品，钢材和机器；华中区是机器、粮食；华南区是热带作物、[redacted]水果；西南区有机器、有色矿产、粮食[redacted]，西北、新疆二区比较少，除畜产品外[redacted]大量外供给工业产品。

经过四个五年计划的发展，各大区的经济规模，结构和特点将有以下的发展和变化。

1、东北区。具有[redacted]不可比拟的优势条件：以石油、煤炭为主的地下资源十分丰富，已探明的石油储量[redacted]约占全国一半，煤炭储量[redacted]500多亿吨，约占全国8.5%；大小兴安岭和长白山地的森林面积达5亿亩，木材蓄积量占全国[redacted]%；有广阔肥沃、土壤肥沃的东北大平原和辽阔的草场，仅黑龙江就有可开垦的宜农荒地8000万亩；具有强大的重工业基础，1982年固定资产原值达1000亿元，占全国21%，居全国首位；有全国最发达的铁路网。

本世纪末，东北区[redacted]进一步发挥上述优势，建设成为[redacted]以钢铁、石油、机器、粮食（大豆在内）、木材、[redacted]全国主要的基础工业部门、能源基地、综合性大型综合经济区。

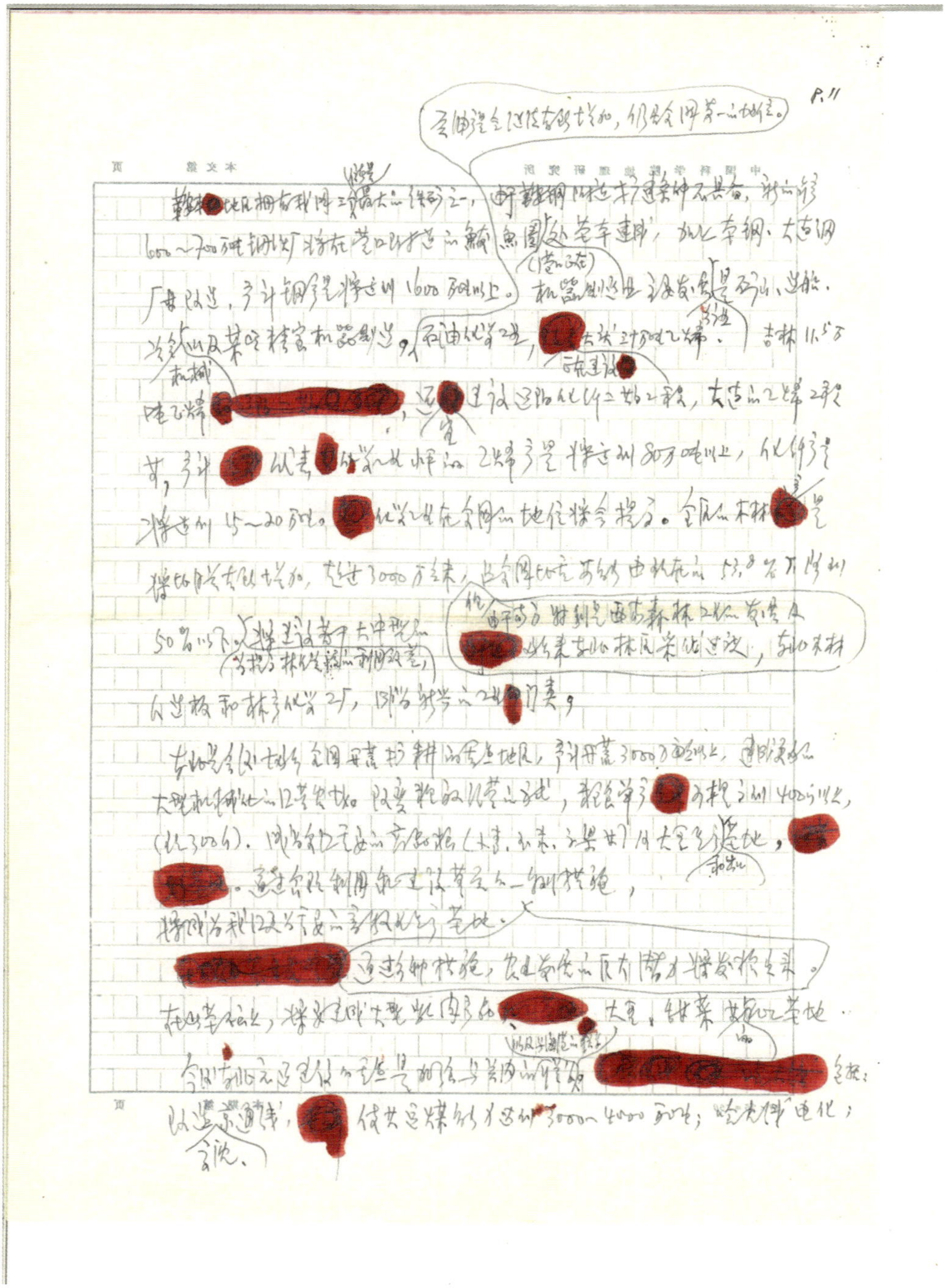

P.12

滨州、滨海的建成投产。大连港（大窑湾）新港煤码头，[redacted]大连港的吞吐量将增加一倍左右。

东北区当前的主要问题是能源供应和有色的交通[redacted]能力不足。预计2000年，东北地区煤炭产量达到1.5亿吨，把预计建成的核电站包括在内，仍缺煤3000[redacted]万吨以上（由山西经陆运煤[redacted]3000–4000万吨[redacted]），通过建设中的营口鲅鱼圈港由秦皇岛来煤也只能解决一部分。

由于东北地区[redacted]2亿以上耕地、丰富的农产品资源优势，轻工业[redacted]特别是纺织工业有发展优势，预计东北地区2000年工业总产值达到3500亿元左右，为1982年的3倍。

2、华北区。[redacted]具有下列优势条件：矿产资源极其丰富，其中煤炭探明储量占全国的60%以上，山西一省即占全国的1/3左右。石油储量占全国第二，且陆海域均有很好的开发前景。铁矿储量约115亿吨，占全国27.3%；[redacted]是我国著名的稀土资源以及铝土矿产地；有[redacted]的平原和适宜于农牧发展的草原地带；有[redacted]2000公里的海岸线，[redacted]和吞吐能力占全国第一位的海港；由于是首都所在，是全国陆上、空中交通的枢纽；已经建立起门类齐全、较完善的工业基础。

本世纪末华北区将成为我国能源的重工业基地、钢铁、化学[redacted]机械工业，及其他的农业和轻工业也将得到[redacted]综合性工业区。

国家将大规模地开发利用本地区的能源和矿产资源，其中山西、内蒙[redacted]能源煤田的[redacted]规模将达到4亿吨左右，[redacted]由大秦、京包、京原、石太、太焦、邯长、侯西等线运出[redacted]，同时[redacted]将在淮北、苏东南

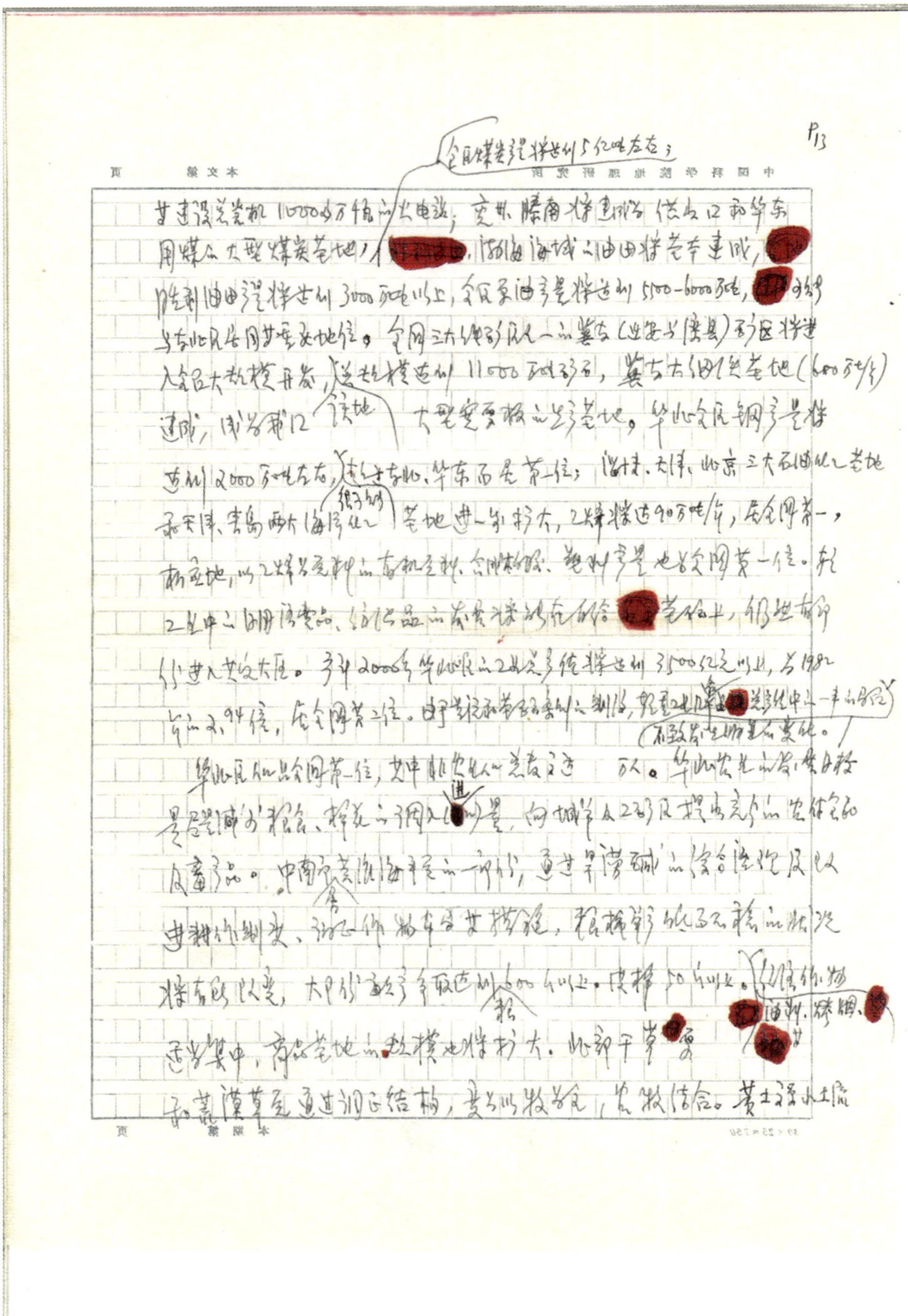
全国煤炭产量将达到5亿吨左右；

P13

并建设装机1000多万千瓦的火电站；变成滕南煤建设 供应江苏和华东用煤的大型煤炭基地，[redacted]，渤海海域的油田将要建成，[redacted]胜利油田产量将达到3000万吨以上，全区原油产量将达到5500-6000万吨，[redacted][illegible]华北区在全国举足轻重地位。全国三大铁矿区之一的冀东（迁安与滦县）矿区将进入全面大规模开发，[illegible]产量将达到11000万吨矿石，冀东大钢铁基地（600万吨/年）建成，成为我国[illegible]大型重要板材的生产基地。华北全区钢产量将达到2000万吨左右，超过东北、华东而居第一位；淄博、天津、北京三大石油化工基地和天津、青岛两大海洋化工[illegible]基地进一步扩大，乙烯产量达90万吨/年，居全国第一，相应地，以乙烯为原料的有机原料、合成材料、塑料产量也占全国第一位。轻工业中的日用消费品、纺织品的发展将在很大[redacted]基础上，仍然有所进入更大发展。预计2000年华北区的工业总产值将达到3500亿元以上，为1982年的3.94倍，居全国第二位。由于能源和原材料工业的[illegible]，[redacted][illegible]

华北区人口居全国第一位，其中[illegible]。华北农业的[illegible]是[illegible]粮食、棉花的[illegible]进[redacted]量，向城市人口提供充分的农副产品。[illegible]，通过[illegible]的综合治理以及[illegible]，[illegible]粮棉的[illegible]。大部分[illegible]600[illegible]。[illegible][redacted]油料、烤烟、[redacted]集中，商品基地的规模也将扩大。北部干旱[illegible]和[illegible]草原通过调整结构，变[illegible]，农牧结合。黄土[illegible]水土流

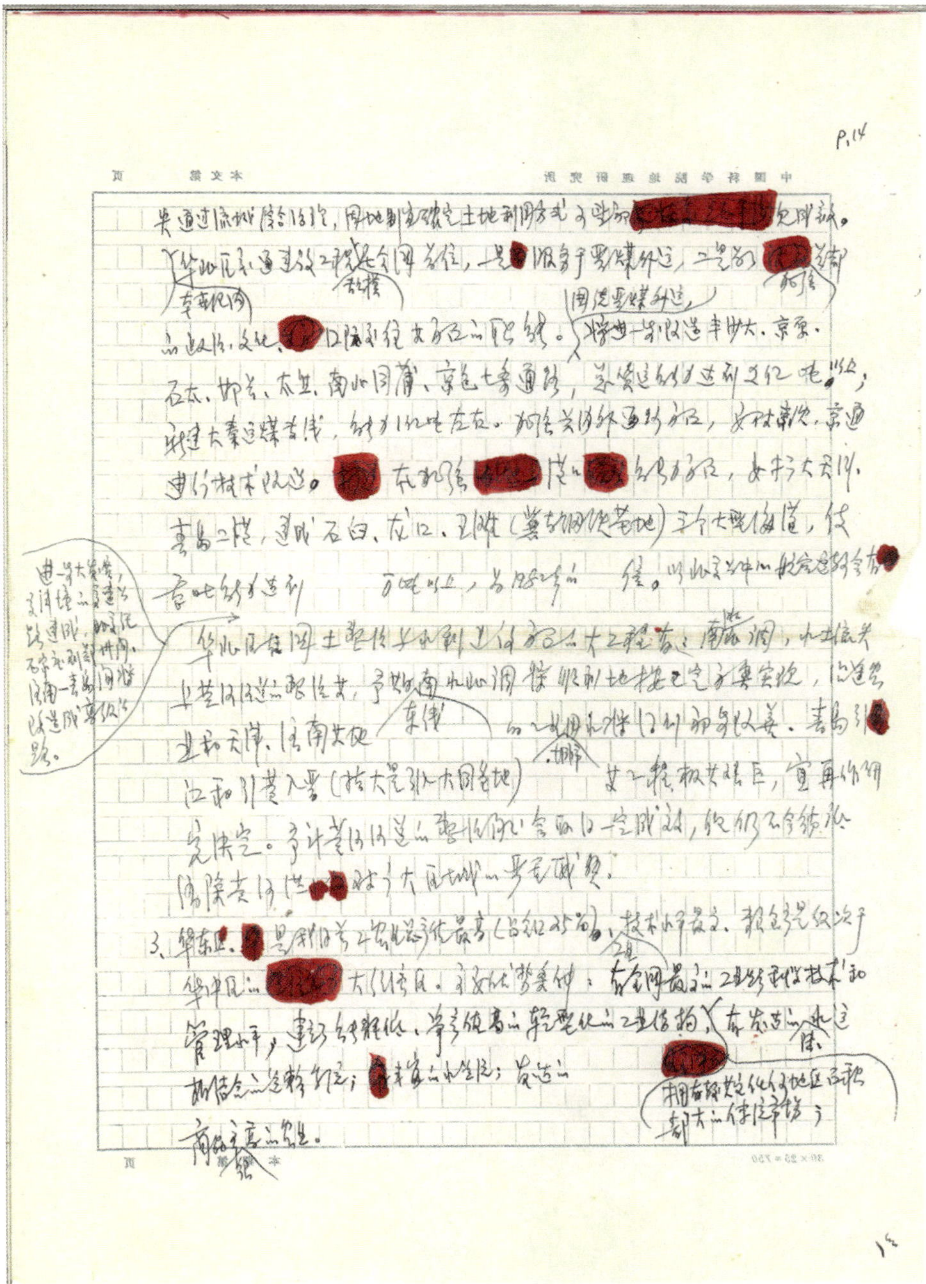

P.14

要通过调整城市综合经济，用地划定确定土地利用方式和坐标[redacted]发展规划。

华北区交通建设工程在全国首位，一是[redacted]服务于晋煤外运，二是为[redacted]首都的政治、文化、[redacted]国际交往中心的职能。将进一步改造丰沙大、京原、石太、邯长、太焦、南北同蒲、京包七条通路，并新建大秦运煤专线，能力增加到七亿吨左右。对若干关内外通路加以改造，如对京沪、京通进行技术改造。[redacted]在秦皇岛[redacted]港口[redacted]能力加强，如扩大天津、青岛二港，建成石臼、龙口、王滩（冀东油田港地）三个大型海港，使吞吐能力增加到[illegible]万吨以上，为[illegible]。以北京为中心的航空运输[redacted]

华北区在国土整治中面临的任务之一是大工程建设：南水北调，以解决华北地区缺水的问题，争取南水北调（东线）早日实施，以满足北京、天津、河南、山东的工业用水和城市用水需要。青岛引江和引黄入晋（指大同引水入大同盆地）等工程都是极其复杂的，宜再作研究决定。今后华北地区的整治应全面规划，统筹兼顾，消除当前存在的[redacted]对于大城市的严重威胁。

3、华东区[redacted]是我国重工业和轻工业最发达的地区，技术水平最高。粮食生产仅次于华中区的[redacted]大区。今后的发展要重视全国最高的工业和科学技术和管理水平，建设和发展新兴的、带头作用的轻型化工业结构，[redacted]加强农业的基础地位；[redacted]加快交通的建设；发展商品经济的繁荣。

（旁注：进一步扩大京津、唐山、秦皇岛沿海地区的开放，加强石家庄、保定……成为联系……的通道。）

（旁注：利用长江中下游地区的优势……）

15

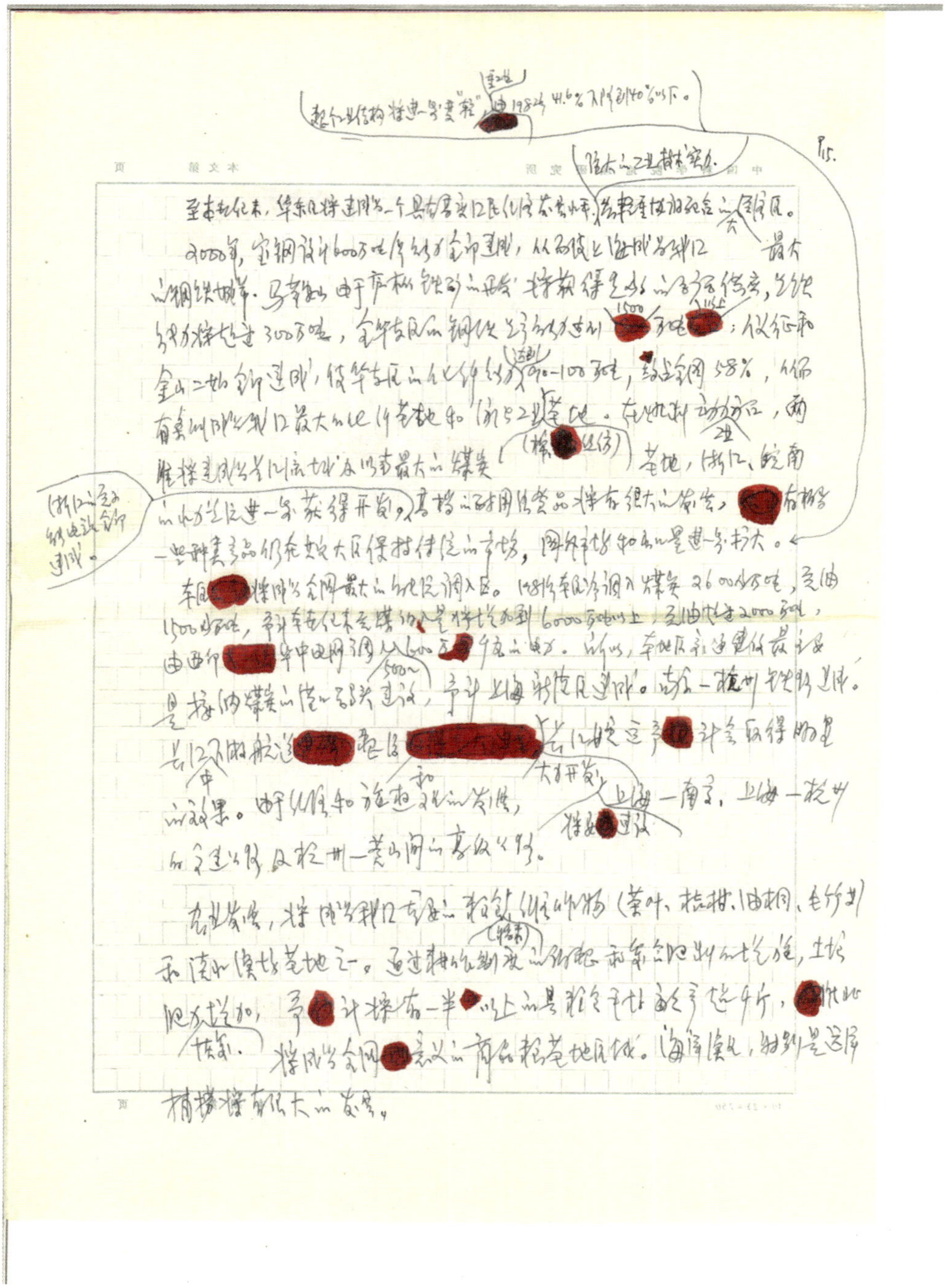

整个工业结构将进一步变"轻"，重工业由1984年41.6%下降到40%以下。[redacted]

P15.

除大的工业基本完成。

至本世纪末，华东区将建成第一个具有当代江区技术水平，发展重工业相配合的会综合区。

2000年，宝钢设计600万吨年生产能力全部建成，从而使上海成为我国最大的钢铁城市。马鞍山由于扩大铁矿的开发，将获得更大的发展空间，其生产能力将达到300万吨，全华东区的钢铁生产能力将达到[redacted]（1500）万吨[redacted]（1150）；仪征和金山二期全部建成，使华东区的化纤生产能力（达到）90—100万吨，约占全国58%，以苏浙沪为我国最大的化纤基地和纺织工业基地。在能源方面，两淮将建成为长江流域和以东地区最大的煤炭（[redacted]火电）基地，浙江、皖南的水力资源进一步获得开发。（浙江的秦山核电站即将建成。）高档的耐用消费品将有很大的发展，[redacted]有相当一些种类产品仍会较大程度保持传统的市场，国外市场和出口量进一步扩大。

本区[redacted]将成为全国最大的能源调入区。1985年本区净调入煤炭2600多万吨，原油1500多万吨，到本世纪末煤的调入量将增加到6000万吨以上，原油将达2000万吨，由西部[redacted]华中地区调入600万[redacted]千瓦的电力。所以，本地区交通建设最主要是接纳煤炭的港口码头建设，（500~）上海新港区建成。京沪—杭州铁路复线。长江中下游航道[redacted]和[redacted]长江航运[redacted]计会获得明显的效果。由于以铁路和海运为主的发展，上海—南京、上海—杭州铁路[redacted]建设和合宁、连云港及杭州—芜湖间的高级公路。

农业发展，将成为我国主要的粮食（经济）作物（茶叶、柑橘、油桐、毛竹等）和淡水渔业基地之一。通过耕作制度的改革和集约化水平的提高，土地利用效率增加，[redacted]计将有一半[redacted]以上的县粮食平均亩产达千斤，[redacted]将成为全国[redacted]意义的商品粮基地区域。海洋渔业，特别是近海捕捞将有很大的发展。

P.16.

预计华东区的工业在全国比重的增长速度将低于华中、华南，估计到2000年全区工业总产值将达到7000亿元，占全国比重为[redacted]26%左右，超过目前的比重。

华东区人多地少，生存空间尤其不足。应该严格控制人口增长和节约土地，控制围海、围江的开发，但是要防止进一步围湖垦殖，某些地[redacted]区应退田还湖。

4. 华中区。有良好的优势条件：[redacted]丰富的动力（煤炭、水力）。有连结全国各经济区的枢纽地位，处于我国水陆运输的中枢地位；已建立起拥有一批大型骨干的工业基础。

本世纪内，华中区将建设成为具有强大生产能力和发达的农业、交通运输发达的综合性经济区。

以大三峡和葛洲坝为中心的电力系统[redacted]将建成，全区[redacted]达到3500万千瓦以上[redacted]的电力，除大量电流东送华东区，并与西北、华北联网。与此同时，豫西的铝工业、湖北的钢铁联合企业大规模发展，将建成[redacted]万吨钢铁，并有大型的汽车工业基地、[redacted]内部结构合理的联合企业；湖北的磷矿开发规模将大幅度增加，成为全国重要的磷矿和复合肥料的生产基地。汉江工业在全区的地位更加重要。京广中轴全区主要部门一是钢铁、[redacted]粮油加工，同时亦保持着全国重要地位，但一些高精度尖端产品的生产仍不能满足区内需要。

华中区农业发展条件相当优越。[redacted]是全国商品粮基地最集中的大区之一。此外黄淮平原，随着治理

武钢

中型拖拉机

500—600

（铝土矿和豫西铝土矿将投入全面大规模开发。）

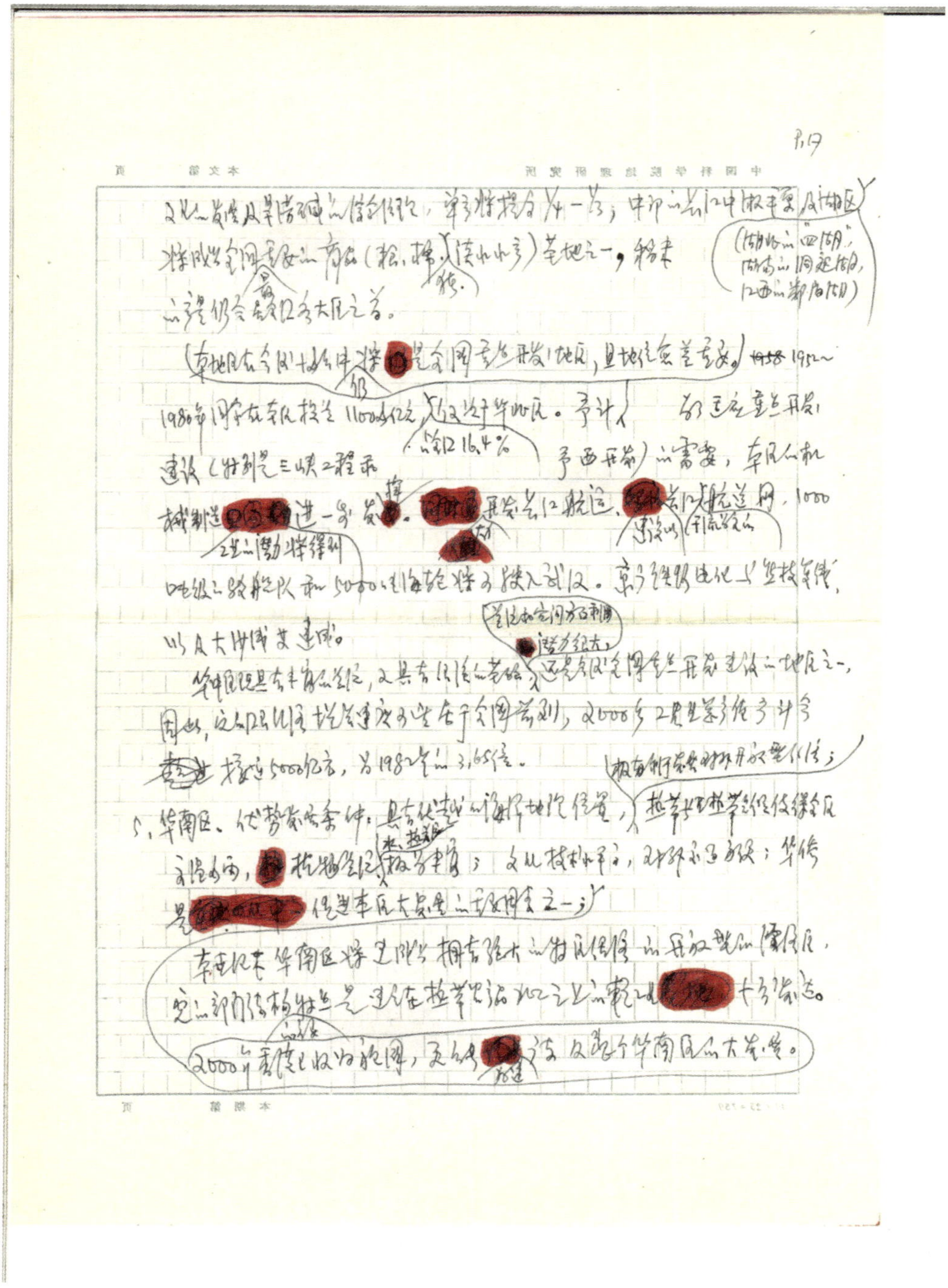
P.17
中国科学院地理研究所
本文稿 页
文化发达及其劳动力的综合优势，单是将提供1/4一半；中部的长江中游平原及湖区
将成为全国最主要的商品（粮、棉、[illegible]、淡水水产）基地之一，将来
的建设会[illegible]大区之首。
（[illegible]是全国重点开发地区，且地位愈益重要。1952～
1980年国家在本区投资1100多亿元，[illegible]。今后
建设（特别是三峡工程和[illegible]）的需要，本区的机
械制造[redacted]进一步发[redacted]。[redacted]开发长江航运，[redacted]长江航道网，1000
吨级的驳船队和5000吨级海轮将可驶入武汉。京广线电气化与[illegible]，
以及大批项目建成。
华中区既是[illegible]，又具有[illegible]，[redacted]还是今后全国重点开发建设的地区之一，
因此，[illegible]，2000年工农业总产值预计会
[illegible]接近5000亿元，为1982年的3.65倍。
5、华南区、优势资源条件：具有优越的[illegible]地理位置，[illegible]
亚热带[illegible]，[redacted][illegible]；文化技术水平[illegible]；华侨
是[redacted]促进本区大发展的主要因素之一；
本世纪末华南区将建成[illegible]开放型的[illegible]区，
它的部门结构特点是[illegible]十分发达。
2000年[illegible]，[redacted][illegible]整个华南区的大发展。
本稿纸 页

P.18

本世纪末，广东、海南岛、福建都建立起[redacted]相当[redacted]发达的制造业，特别是广州湾生产将由以农林产品、矿产品为主逐步过渡到以机械、轻工、精细化工、电脑、新型材料为主；热带[redacted]加工发展了各种热带、亚热带[redacted]农产品的罐头，制糖，橡胶加工以及纸浆、苗木基地及其他林产品的生产工业，本世纪[redacted]的全部都将建成……的基地；随着珠江口、南海石油的大规模勘探与开采，原油加工[redacted]（年加工能力800～1000万吨），炼油化纤工程及石油化工[redacted]联合企业；……[redacted]平果……大厂锡矿等……基地建成，[redacted]估计有300万千瓦的电窑是输送到珠江三角洲和香港，南昆线将建成，从而使本区……煤炭[redacted]有北煤和西煤两个方向。

农业方面，除了珠江三角洲外，其它大片的区域……得到一定的改善，各种热带和亚热带作物将大幅度提高（如湛江、海南岛、雷州半岛的单造田），[redacted]除了有大规模的地区，粮食将可达到基本自给。亚热带水果，热带水果、天然橡胶的……以海南岛为主的橡胶种植将有大幅度增加，为国家的橡胶作出贡献。

根据现代化的发展，广州、汕头、湛江、海口等港将实施大规模扩建工程，[redacted]将形成[redacted]沿海港湾。特别是接卸煤炭的专用码头及陆上运输线居重要地位。[redacted]中小港口的建设也大为增加；

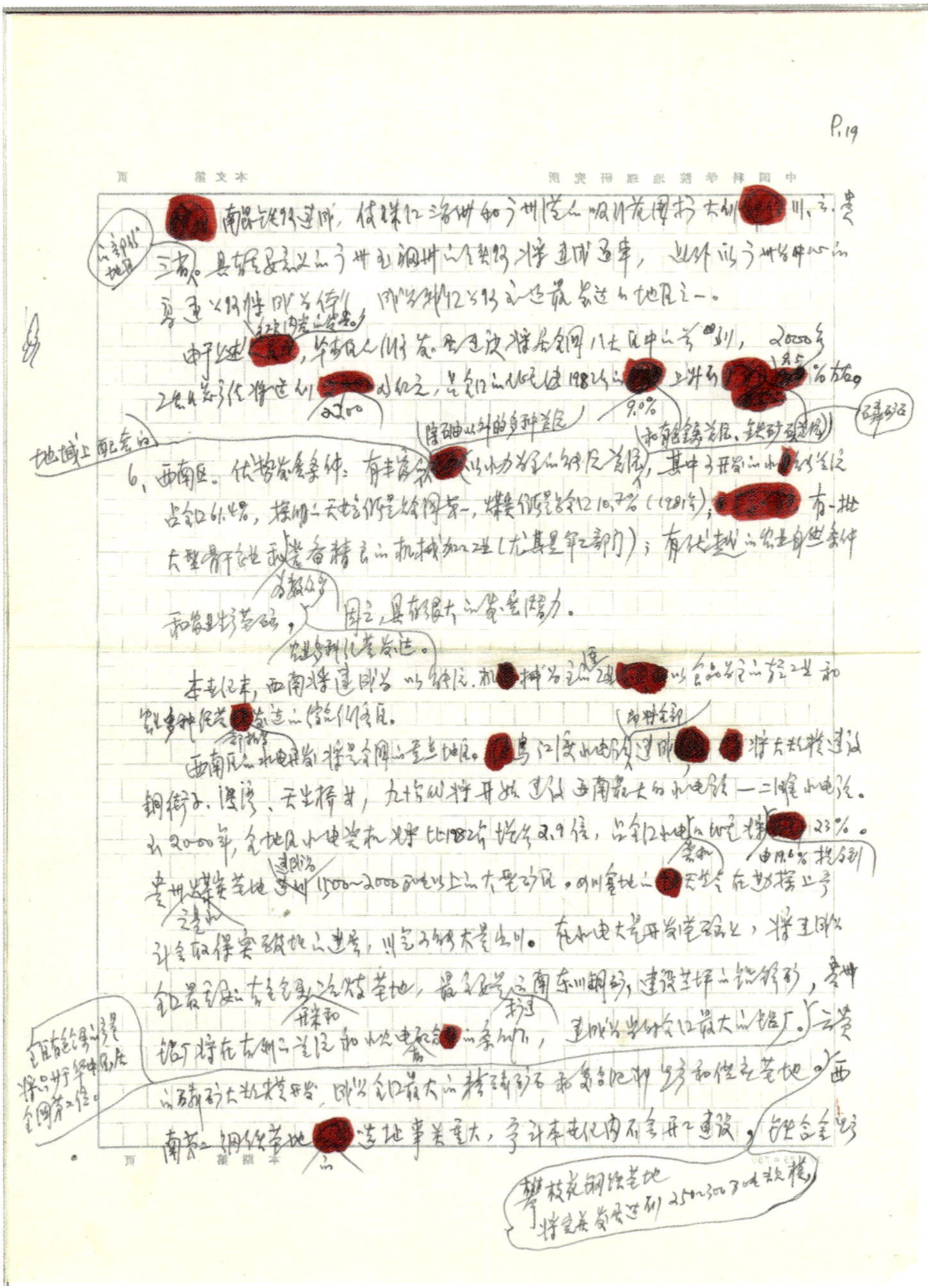
P.19

中国科学院地理研究所 本文稿 页

[redacted]南昆铁路建成，使珠江沿岸和广州港的吸引范围扩大到[redacted]川、云、贵三省。[illegible]将建成通车，此外以广州为中心的高速公路将成为[illegible]，所以珠江三角洲是[illegible]最发达的地区之一。

由于上述[redacted]，华南区人均[illegible]将居全国八大区中的第[illegible]，2000年[illegible]将达到[redacted]的[illegible]，占全国的比重由1982年的[redacted]上升到[redacted]%左右。

6、西南区。优势资源条件：有丰富的[redacted]以水力资源和[illegible]资源，其中开发的[redacted][illegible]占全国的[illegible]，探明的天然气储量[illegible]第一，煤炭储量占全国10.7%（1981年）；[redacted]有一批大型骨干企业和[illegible]的机械加工业（尤其是军工部门）；有优越的农业自然条件和农业生产基础，因之，具有很大的发展潜力。

本世纪末，西南将建成以[illegible]、机[redacted]等为主的[redacted]以[illegible]和[illegible][redacted][illegible]。

西南区的水电开发将是全国的重点地区。[redacted][illegible]江[illegible]水电站建成[redacted][redacted]将大规模建设铜街子、漫湾、天生桥等，九十年代将开始建设西南最大的水电站——二滩水电站。到2000年，全地区水电装机容量比1982年增长2.9倍，占全区[illegible]发电量[redacted]23%。贵州[illegible]煤炭基地[illegible]1500～2000万吨以上的大型矿区。四川[illegible]天然气在[illegible]上[illegible][illegible][illegible]。在水电大规模开发的基础上，将[illegible][illegible]，最有名的是云南东川铜矿，建设兰坪的铅锌矿，贵州铝厂将在[illegible]和[illegible][redacted]的条件下，建成为全国最大的铝厂。云贵的[illegible]大规模开发，成为全国最大的[illegible]和[illegible]基地。西南的钢铁基地[redacted]选址事关重大，争取本世纪内有[illegible]开工建设。

P.20

中国科学院地理研究所 本文稿 页

将有很大的发展。利用实物研究的机械工业等部门，生产了精密的产品，高档消费品的生产将获得较大的发展，满足国内大部分的需要。[redacted]森林采伐及木材加工将成为新工业部门，而造纸工业会有较明显的扩大。[redacted]（通过技术条件，发展林材生产的一个新村建设，）

利用亚热带、热带的山区生长（发挥）的优势，（以及山地丘陵等多）把西南建成为全国主要的农林生产基地，包括油料、[redacted]（柑橘）、茶、油桐、紫胶，有的（董）试种（推广）向外调出粮食，木材的采伐量将会超过华南而居全国第二位，西藏[redacted]牧业[redacted]将有较大的发展（和粮食的经济生产）。

交通条件是西南社会经济发展的关键。预计本世纪末川江[redacted]航运运量有[redacted]明显提高，500吨级船队到达重庆，南昆铁路全线通车，贵昆、成渝、川黔三条铁路电气化（或内燃化）。红水河等大山区的经济发展，[redacted]公路网的发展将有很大的增加。尽管如此，交通条件仍将是制约经济发展的主要因素。（单位运费有大的降低。）

7、西北区。优势资源条件：[redacted]有丰富的[redacted]能资源和有色金属资源（和能源（水力、煤炭）），有较好的草场。

本世纪末，西北区将建成为[redacted]水电（和）有色冶金[redacted]和……（棚方[redacted]）在陕西的关中和新疆的北疆将出现一些经济发达的畜牧业区，预计会有较快的发展。

黄河上游的[redacted]开发[redacted]的大型水电工程预计将基本完成，龙羊峡、李家峡、黑山峡（或大柳树）等建成发电，总装机将达到1000万千瓦左右。甘肃的[redacted]铝[redacted]将增长1～2倍。[redacted]渭北、陕北煤炭基地[redacted]的较大规模[redacted]达到[redacted]甘肃的铜、镍、铅冶炼

页 本附 页

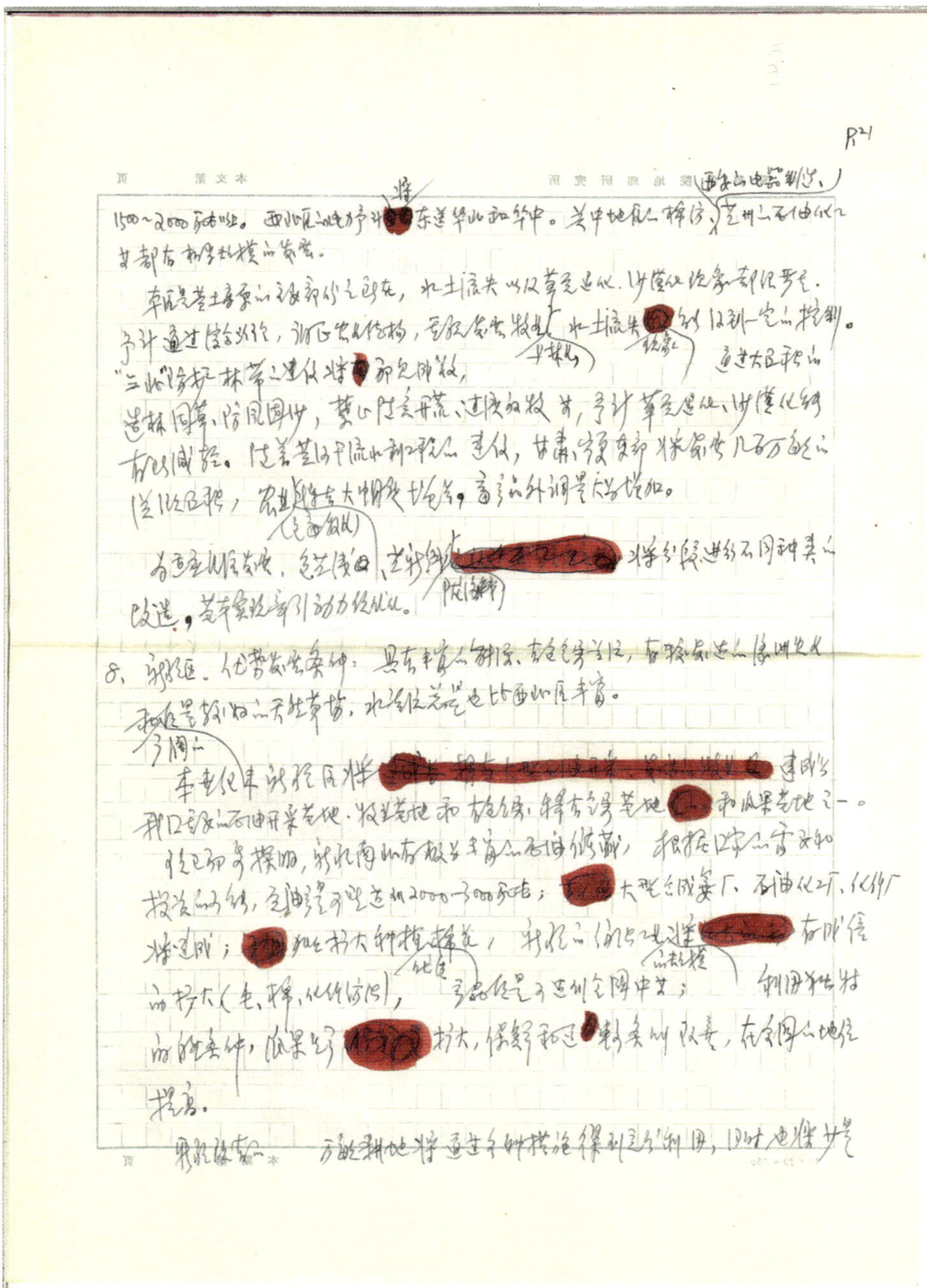

P.21

1500～2000万亩以上。西北石油地方产量将[redacted]东送华北和华中。关中地区的棉纺、西安的电器制造、兰州的石油化工等都有相当规模的发展。

本区是黄土高原的主要部分之所在，水土流失以及草原退化、沙漠化现象都很严重。预计通过综合治理，调整农业结构，包括农业牧业和林业比例，水土流失[redacted]现象将得到一定的控制。通过大区域的"三北"防护林带的建设将[redacted]初见成效，造林固草、防风固沙，禁止陡坡开荒、过度放牧等，预计草原退化、沙漠化的扩展将减轻。随着黄河中游水利工程的建设，甘肃、宁夏东部将实现几百万亩以上的灌溉面积，农业生产将大幅度增长（包括畜牧业），商品粮外调量大为增加。

为适应城镇发展，包兰线、兰新线、陇海线[redacted]将分段进行不同种类的改造，并普遍实现牵引动力现代化。

8、新疆、伊犁、和田地区：具有丰富的能源、有色金属资源，有数量巨大的后备土地资源和广阔的天然草场，水资源也比西北其他区丰富。

本世纪末前后将[redacted]建成为我国重要的石油开采基地、棉花基地和有色金属、稀有金属基地[redacted]和瓜果基地之一。

随着勘探的深入，新疆将探明丰富的石油储藏，根据目前的需要和投资的可能，原油产量可望达到2000～3000万吨；[redacted]大型合成氨厂、石油化工厂、化纤厂将建成；[redacted]加上扩大种植棉花，新疆的纺织工业将[redacted]有很大的扩大（毛、棉、化纤纺织），产品将可达到全国中等；利用新疆特殊的自然条件，瓜果生产[redacted]扩大，保鲜和运输[redacted]问题将得以改善，在全国的地位提高。

新疆有宜农……万亩耕地将通过各种措施得到充分利用，同时也将……

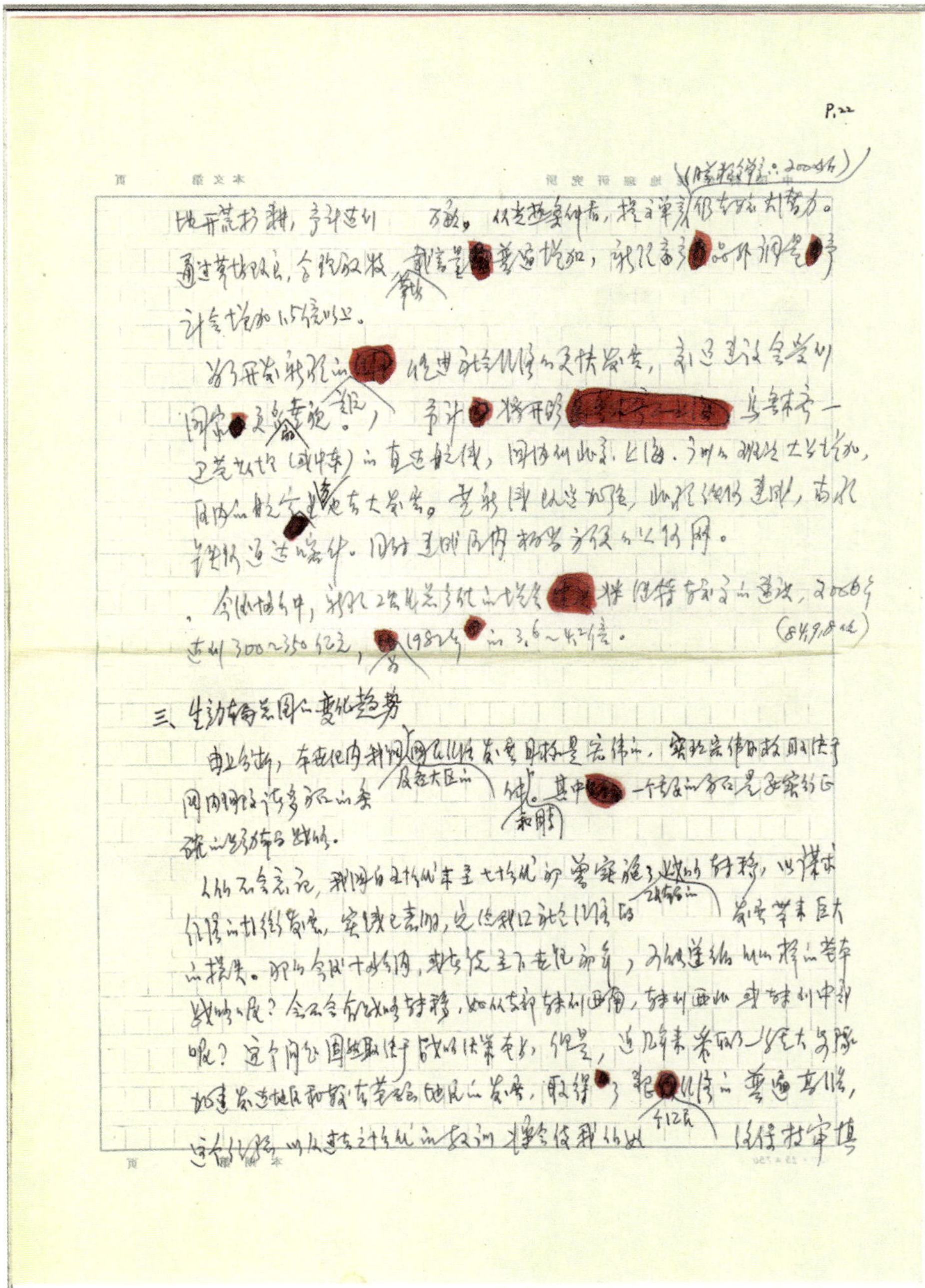

P.22

地开荒扩耕，可开垦约 万亩。什么是粮食仓库，指的单产低的地区的大潜力。

通过草场改良，合理放牧，载畜量[redacted]普遍增加，我们畜产[redacted]品外调量[redacted]可

计会增加1.5倍以上。

为了开发新疆的[redacted]经济进一步扩大对外贸易，应进一步建设…同东欧[redacted]支援建设。预计[redacted]将开辟[redacted]与…一

卫星城（或中东）的直达航线，同时从北京、上海、广州的航线大量增加，国内航空将有更大发展。要新建伊犁…机场，以及…建成…，同时建成区内…网。

今后十年中，我们工农业总产值的增长[redacted]将保持较高的速度，2000年达到300～350亿元，[redacted]1982年[redacted]的3.6～4.2倍。（84年9.8亿）

三、生产力布局的变化趋势

由上分析，本世纪内我国国民经济发展目标是宏伟的，实现宏伟目标取决于国内国外许多方面的条件。其中[redacted]一个重要的方面是正确的生产力布局战略。

人们不会忘记，我国自五十年代末至七十年代初曾实施了战略转移，以牺牲经济的效益为代价，实践已证明，它给我们的经济建设带来了巨大的损失。那么今后十几年，或者说至本世纪末，我们是否还有必要进行战略转移呢？会不会有战略转移，如从东部转到西南，转到西北，或转到中部呢？这个问题固然取决于战略决策者，但是，近几年来我国加大了对外开放，加速发展沿海地区和城市，发挥沿海地区的优势，取得了[redacted]较[redacted]经济的普遍高涨，这种趋势以及本世纪末之前的教训，将会使我们以…保持较…

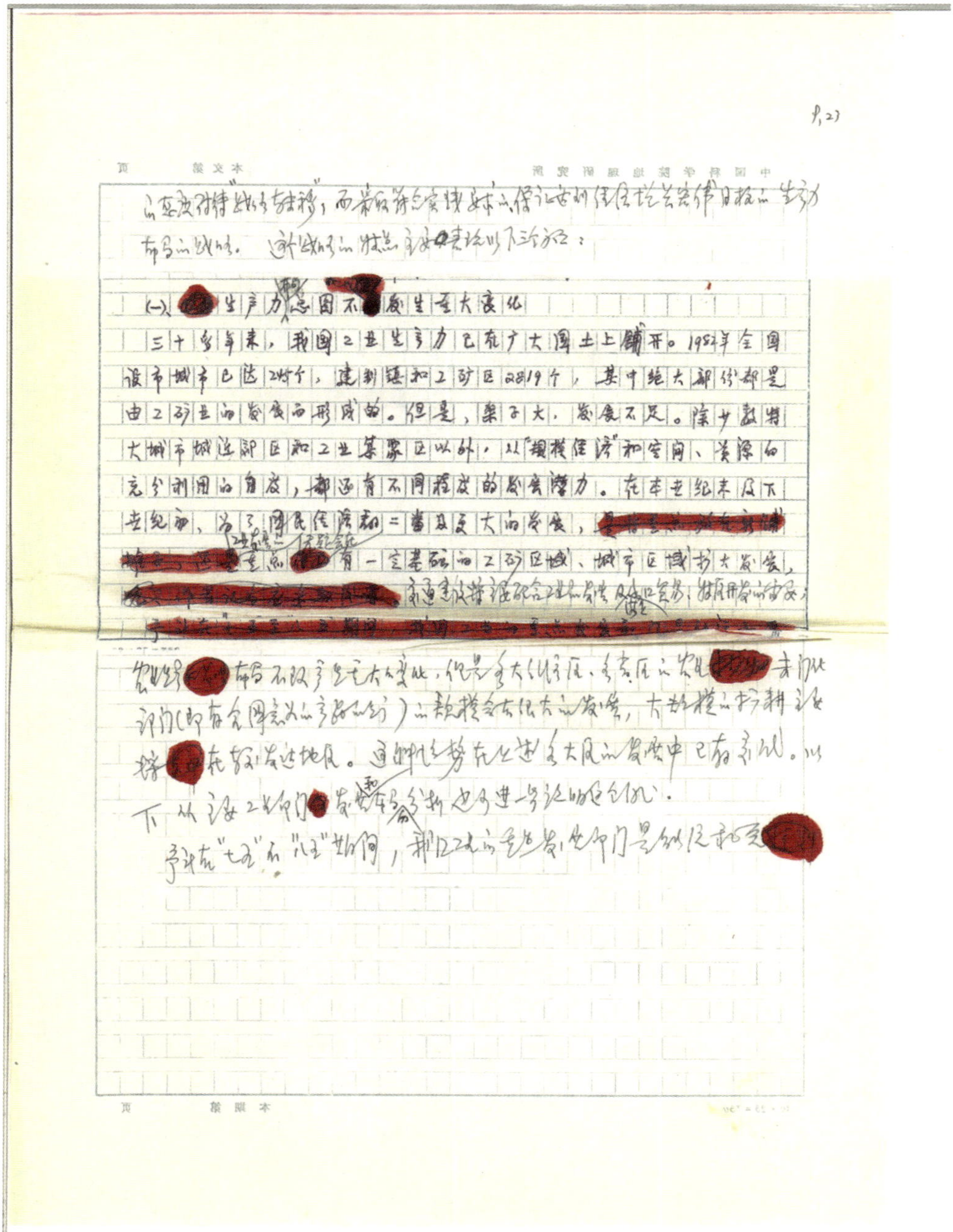
p,23

中国科学院地理研究所 本文稿 页

的基础设施"线"与"轴线"，而前段并没有具体地说明这些经济线路生产力布局的战略。这种战略的特点主要表现在以下几方面：

(一)、[redacted]生产力总图不[redacted]发生重大变化

三十多年来，我国工业生产力已在广大国土上铺开。1982年全国设市城市已达245个，建制镇和工矿区2819个，其中绝大部分都是由工矿业的发展而形成的。但是，架子大，发展不足。除少数特大城市城近郊区和工业基地以外，从"规模经济"和空间、资源的充分利用的角度，都还有不同程度的发展潜力。在本世纪末及下世纪初，为了国民经济翻二番及更大的发展，[redacted]重点[redacted]有一定基础的工矿区域、城市区域扩大发展，[redacted]交通建设等将配合工业和经济发展的需要，

[redacted]

发展[redacted]布局不致于发生大的变化，但是多大的规模、多大的发展[redacted]未的部门（即在全国意义的主要部门）的规模会有很大的发展，大规模的扩建将在较发达地区。这种趋势在近年来的发展中已有表现。以下从几个部门[redacted]发展和分析也可进一步说明这个问题。

预计在"七五"和"八五"期间，我国工业的总产值，其中部门是钢铁和[redacted]

本文稿 页

材料工业，从九十年代中期至2000年前后，化学工业和机械、电子工业将有高速度发展，同时，建材、纺织工业在全部工业部门结构中的地位也将会有所上升。主要部门的区位变化趋势如下：

能源工业。1985年前后，煤炭开发建设总规模2.2亿吨，重点是山西、东北（三大露天为主）、内蒙，其次是宁西、鲁西南、两淮、黔西南。进入九十年代，要扩大宁夏、新疆、陕西的煤炭开发，但重点仍在前述所指地区。石油开采根据已获得的勘探结果，除了大庆、胜利仍是主要油区外，南海、新疆有可能成为主要产油区。电力工业的地区布局将有较大变化：上述煤炭基地附近，将建设一批坑口电站；西南（包括广西西部）的红水河、雅砻江、大渡河等，西北的黄河上游以及三峡等水电基地将作为全国水电重点开发地区，预计西南水电装机将达到1500～1800万千瓦，三峡建成后，华中地区水电将超过2000万千瓦，西北将达到1000～1200万千瓦。为接近负荷地及完善电力系统的合理运行，东部及东南沿海仍需积极开发可能开发的水电（浙江、福建、皖南），建设核电（广东、江苏、杭州湾）及火电厂。至本世纪末，能源工业的布局将形成以下明显的空间格局：东北—石油、煤炭、火电，华北—煤炭，火电，西北—水电、石油，东南沿海—火电、核电，西南—水电。

冶金工业。目前已形成鞍山、上海、武汉、北京、本溪、攀枝花、包头、马鞍山、太原、天津十大钢铁基地，钢产量占全国60%以上。中型骨干企业50多家。总之，数量已经相当多了。钢铁工业发展的最突出的问题是矿石供应及轧钢能力不足。本世纪内要达到7000万吨水平，主要措施将是改造和扩大已有的钢铁基地，和扩建沿海、沿江地区的钢铁能力，以便扩大从国外进口矿石。预计可增加产钢能力1200～1400万吨；为使我国钢铁工业形成系列，改变钢材大量依赖进口的局面，将在资源丰富的西南和冀东新建600万吨以上的若干大型钢铁企业。中小钢铁厂亏损严重，主要原因之一是结构不完善。但要使完善，需十五年以上及几十亿投资，不如另开新点。铁合金生产将进一步集中到山西、四川、湖北、贵州等能源丰富区；铝、铜、铅锌、锡等有色金属的冶炼将会集中在山西、郑州、贵州、湖南、广西、云南等矿区附近，精炼将由大城市地区转到西北、西南的能源产区。

石油化学、无机化学及煤化学工业将有迅速的发展。目前全国炼厂原油加工能力1.05亿吨，大中型炼厂36个，占总加工能力的90%。全国炼厂能力利用率不到70%。当本世纪末原油达到2亿吨时，依靠现有炼厂改扩（250万吨可改到350万吨）加上在东南沿海新建少量炼厂，即可完成1.5亿吨左右的加工量。与此相应，建立在原油加工基础上的乙烯裂解及大宗有机原料、大型化纤单体生产、合成橡胶等也可以在现有炼油基地区域发展，如天津乙烯及化纤二期，武汉、广州、安庆、洛阳等地的乙烯工程等，使这些炼油厂变为综合性的石油化工基地。以酸碱为主的无机化学，将在内蒙、宁夏新建大型纯碱厂，但重点仍在老基地（大连、天津、上海、青岛、南京、福州）扩建及新建（如冀东、浙江、广东）。煤焦化学的规模受到一定因素的限制，其区位应基本与冶金工业相一致。大型合成氨肥厂除采用油气路线外，以煤作原料在贵州重视；磷肥工业受到硫酸供应的影响，也不可能太集中，精细化工品种多、批量小、技术复杂，无疑应利用现有基础，结合改造，引进技术在上海、青岛、天津、大连、南京、广州等地进一步发展。

建材工业。我国水泥已达9000万吨水平，但存在着大区间调拨的不合理现象。今后应重点加强京津唐地区、广东省及宁夏、新疆等地区的大型水泥厂的建设。森林工业布局的变化将表现在：在主要林区东北、西南、东南沿海及进口木材的港口地区的木材加工、人造板和林产化学的发展。

机械、电脑、新型材料、纺织、食品是今后我国着重发展的工业部门，也是我国引进技术、发展出口生产、满足国内不断增长的消费的主要部门。这些部门技术水平高的生产在已形成的基地，特别是在沿海沿江实行经济开[redacted]放的城市更为有利。

综合上述各部门的布局趋势，表明：在本世纪及下世纪初年，我国工业生产力布局总图从大区角度不致发生重大变化，各省市自治区工业总规模的差异不会缩小。

这种趋势还可用我国基本建设投资占固定资产投资中的比重变化加以佐证。三十多年来，这一比重不断下降，更新改造部分所占比重不断上升，已在进行的"六五"计划占到36%。预计这个比例仍会上升（实际曲线S将会沿S_1方向[redacted]外推），见图三。曲线S的趋势可以综合自变反映扩建和新建的关系以及工业区位总体变化的趋势，更新改造投资所占比重愈大，工业区位总体变化程度就愈小。

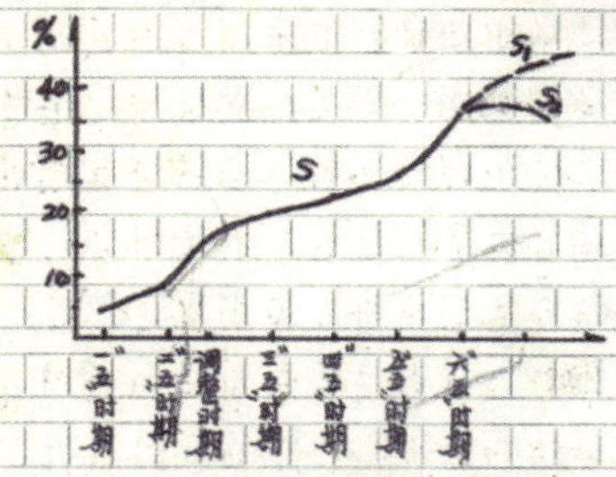

图三、各时期更新改造投资占固定资产投资的比重（%）变化趋势

(二)、重点发展的轴线及点轴系统

尽管在本世纪末前后，我国工业生产力布局不致发生从东部到西部或东部到中部之类的战略变化，[redacted]仍要在全国范

但总体上　将

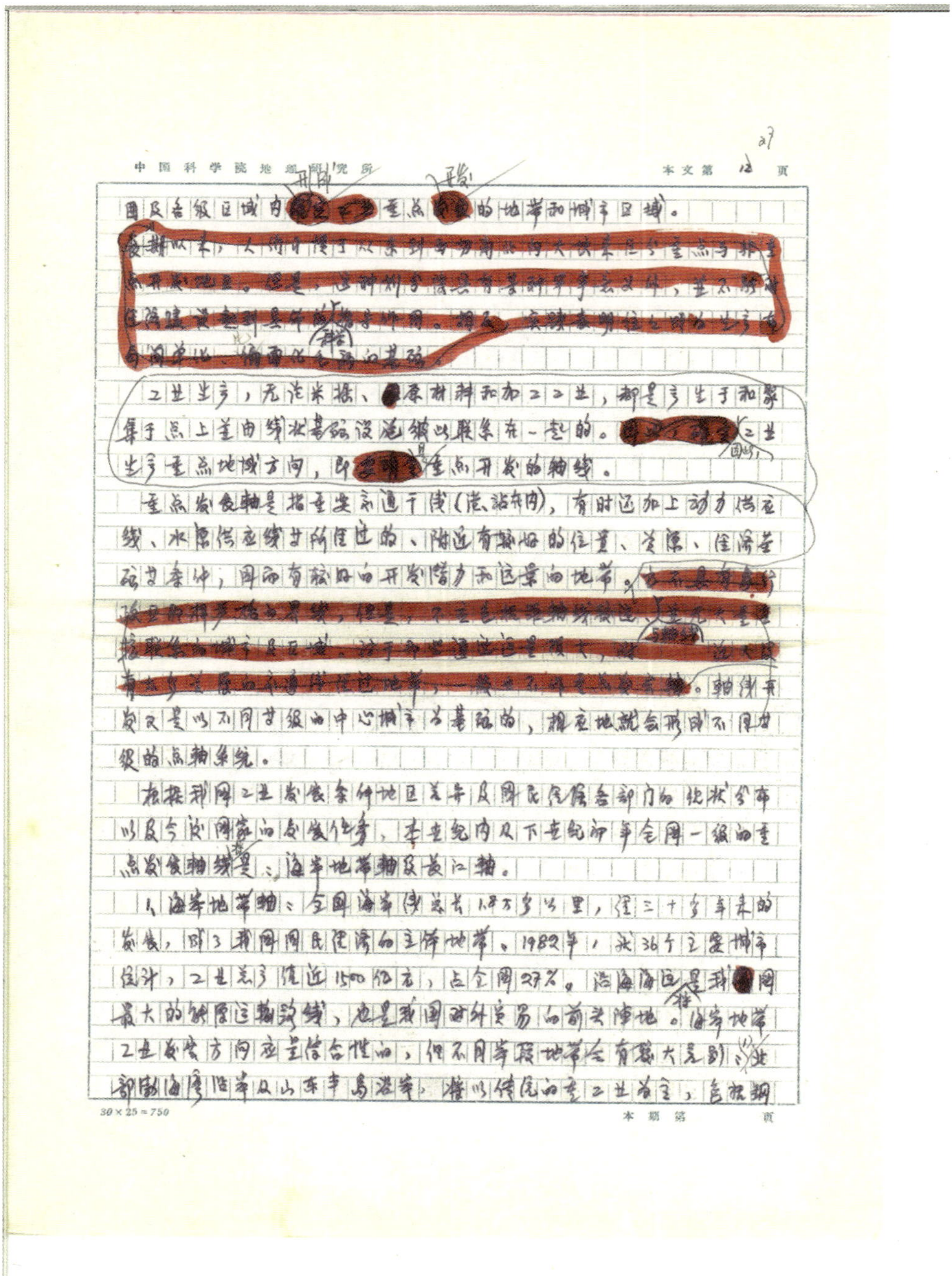

中国科学院地理研究所　　本文第 12 页　27

围及各级区域内[redacted]重点[redacted]的地带和城市区域。

[redacted]

工业生产，无论采掘、[redacted]原材料和加工工业，都是主要生产于和聚集于点上并由线状基础设施将此联系在一起的。[redacted]工业生产重点地域方向，即[redacted]重点开发的轴线。

重点发展轴是指重要交通干线（港、站在内），有时还加上动力供应线、水源供应线等所经过的、附近有较好的位置、资源、经济基础条件，因而有较好的开发潜力和远景的地带。[redacted]。轴线开发又是以不同等级的中心城市为基础的，相应地就会形成不同等级的点轴系统。

根据我国工业发展条件地区差异及国民经济各部门的现状分布以及今后国家的发展任务，本世纪内及下世纪初我全国一级的重点发展轴线是：海岸地带轴及长江轴。

1、海岸地带轴：全国海岸线总长1.8万多公里，经三十多年来的发展，成了我国国民经济的主体地带。1982年，我36个主要城市统计，工业总产值近1500亿元，占全国27%。沿海海区是我[redacted]国最大的航海运输路线，也是我国对外贸易的前沿阵地。海岸地带工业发展方向应呈综合性的，但不同岸段地带会有较大差别：北部渤海湾沿岸及山东半岛沿岸，应以传统的重工业为主，包括钢

30×25=750　　本期第　页

铁、石油化工与海洋化工、化学纤维、造船、机械及电子，同时发展在出口贸易及利用港口腹地内资源基础上的轻纺、食品、水产加工与木材加工等工业部门，其中外向型的产品也[redacted]占一定比重。配合发展火电。主要的开发中心城市及港口区域[redacted]是：大连—营口段，冀东滨海，天津滨海的汉沽—塘沽—大港段，龙口—烟台段，青岛及附近沿岸，石臼所和连云港附近。②长江口至浙江南部，是我国最大的综合性工业基地之所在，高档的轻重工业产品主要生产地。今后主要扩[redacted]发展外向型和内向型产品的生产，如各种各样的机械、电子电器、精细化工、新型化工及建筑材料、丝绸、毛纺、食品、工艺美术等。[redacted]利用有利的对外联系条件发展开发性产品的生产。主要开发的中心城市及地段：以上海为中心的东海沿岸和长江口南岸地段，宁波附近。③浙江南部以南海岸地带。除了珠江三角洲外，工业基础尚薄弱。但发展潜力大，最突出的是外向型工业有很广阔前途，以轻工、电脑、新型材料、食品为主，同时[redacted]发展石油化工、造船、海洋开发设备以制造业。主要的开发城市及地段：福州—厦门，漳州附近、汕头附近，以广州、香港、深圳、珠海为中心的三角地带，湛江—茂名，海南岛。

海岸地带轴将以超过全国平均值的速度发展，预计到本世纪末，占全国工业总产值的比重将提高到[redacted]左右。

2.长江沿岸轴。长江是我国东西向的运输大动脉，近年来运量已超过5000万吨。运输开发潜力很大。正在建设中的葛洲坝和规划建设中的三峡水利枢纽完工后，将有一千万千瓦的电力输送（其中三峡的有600万千瓦。[redacted]具有丰富的供水水源。所以，应成为我国仅次于海岸地带的强大的发展轴。1987年，据31个主要城市（上海计算在内）计的工业总产值1354亿元，占全国24.3%。集中了全国十大钢铁基地中的五个，有两个大型石油化工基地、八个大型炼油厂及一个天然气化工基地。东部上海是我国最大的海港、工业城市及贸易口岸，其吸引和影响范围以及到华东、华中、西南、西北等广大地域。在长江轴所经过的8省市中，四川、安徽、是两个铁矿、能源资源、有色金属都很丰富的省份；湖北、湖南、贵州、云南的磷矿占全国的90%以上，湖北的水电资源丰富，且位于全国经济联系的中枢地带。长江流域的农产品占全国44%，除云南外，都是全国农业发达区。长江轴的工业开发，有助于进一步开发长江流域的水利、水产、农业和劳动力资源。长江轴工业结构的现状特点是原材料和制造工业发达。今后要发挥工业结构中的优势，充分开发利用长江水运，依靠南北向的几条铁路干线，运来煤、原油、矿石等，发展钢铁、石油化学、有色冶炼、机械、轻纺等工业。在地域部署上，除上海经济区外，以南京为中心，包括沿江的镇江、扬州、马鞍山、芜湖、安庆、铜陵等，以武汉为中心，包括南昌、九江、黄石、沙市、宜昌等，以重庆为中心，包括万县、泸州、宜宾等，成为三个工业集聚地带。

长江轴工业的大规模发展，必开发长江航道，加强港口码头建设，解决支流局部存在的碍航、阻断航问题。沿江一带有大量的适宜于工业、交通设施建设的土地，但要采取防洪措施。

上述两大重点轴构成了"T"字型。长江轴将内地两个最发达的核心地区与海岸地带轴联系起来，两轴在经济最发达的长江三角洲汇合。这种空间结构形式较准确地反映我国国土资源、经济实力及开发潜力空间分布的基本框架，也有助于今后更好地利用与国外经济技术交流中所激发起来的巨大动力。按此二轴进一步开发这设好，就可奠定国民经济翻二番的基础，并促进与之相联结的二级三级发展轴线，促全面获得顺利发展。

重点的二级发展轴线，是指有发展条件与潜力的若干区向线状基础设施所经过的地带，有：

1) 珠江—南昆（南宁—昆明）轴。包括珠江干流、黔桂边境的红水河及规划中南宁—昆明铁路线。将是华南及云贵三省发展的核心地带。进一步发展的目标是大规模开发红水河的水力资源，平果铝矿（基地），黔南的煤、磷，云南的[redacted]有色金属等，并将动力、原材料、工业（原料和产品）供给珠江三角洲。而当珠江三角洲地带获得足够的发展之（用武之地）来促进华北与经贸的发展配合，工业、商业贸易、进出口、农业、城市发展等就会经济各方面将会获得较之以往快得多的速度。

（北同蒲—太焦—）2) 焦枝轴。即[redacted]（宜昌）铁路沿线（太原、大同）地带。有丰富的煤炭、有色金属、水资源等，解放以来，已在洛阳、平[redacted]顶山、南阳、襄樊、荆门等建设了几十项重点工程。本世纪内，将作为重要的能源、有色金属、钢铁、机械等重工业集聚地带来建设。

3) 哈大轴。即哈尔滨至大连的铁路沿线地带，是东北地区的经济核心地带，联结四个工业城镇集聚地区。在东北西部三大露天煤矿建成、能源供应获得改善后，会有巨大的发展潜力。北[redacted]部以哈尔滨、长春为中心的两个大城市区域将以机械等工业为主，沈鞍本抚辽(阳)是[redacted]综合性的以重工业为主的地区。大连、营口（及周围）是海岸地带轴和哈大轴的组成部分，是东北地区的出海门户。

4) 胶济轴。即山东胶济铁路沿线地带，线状基础设施有铁路、东黄输油管线及输电线。附近油气、煤炭资源较丰富，发展条件好。进一步发展的部门是石油化工及化纤、纺织、海洋化工、工发展大片。

(5) 黄河上中游地带（从龙羊峡至乌海市附近），即黄河水电开发路线所经过的地带，将青海、甘肃、宁夏的主要工业区联系在一起。发展的主要基础是水电资源的大规模开发，以及有色冶金、铁合金、煤炭、化工、毛纺等。

(6) 成渝—宝成（成都—广元段）线轴，是四川及目前西南地区的经济核心地带，联结两大综合性工业城市。随着调节水平一系列大水电站的建成，该地带将就近获得廉价的水电供应，机械、电冶金、天然气化工、军工、食品均具有雄厚的基础和开发前景。特别是结合大量的军工调整转产，机械工业具有很大的发展[redacted]潜力。

上述一级二级共8条重点开发轴线，有的彼此直接相联结，有的通过交通线联成一体。进一步划分还可分出三级、四级地区性的重点发展轴。轴线开发，总是从若干个点着手，而点（城市、工矿区）也是分等级的，即各级中心城市。这样，全国便形成由（点）轴[redacted]—多级开发体系。在重点发展轴线以外，有的城市由于具有有利条件也将会成为一定区域范围内重点发展的城市或工矿区。

(四) 大中城市及工业集聚区空间结构的小尺度调整[redacted]将促进发达地区经济的更大发展。

在本世纪至下世纪初年，全国范围内不仅大尺度的空间结构调整（转移），也在许多大中城市和工业集聚地带进行以小尺度为主的空间结构调整，对于充分利用我国的经济基础和潜力、合理利用空间与资源，改善环境质量，实现国民经济发展目标都是十分必要的，也是具有全国战略意义的措施。

上海、天津、北京、广州、武汉、大连、沈鞍本抚辽、沪宁沿线等大城市区（城近郊）[redacted]（及工业集聚区）工业、城市人口及各种基础设施过分拥挤，已达到不同程度上限制城市及工业本身发展的程度。有些沿海沿河的城市工业区，由于局部地形和城市发展的影响，发展的空间显著不足；

1）许多工业企业，从技术改造和合理配套的角度，应当扩建发展，但用地、内外交通、用水、环境问题难以解决。例如，北京的城区及东郊工业区，天津的城区，沈阳的铁西区、武汉的汉口沿江岸，上海的吴淞、五角场等地。

2）由于历史原因，上述城市中的多数，解放以来工业在城市中的分布格局变化不大。大量的企业，混杂在稠密的居住区，生活环境质量明显下降（严重污染扰民）。天津市中心区集中全市70%以上的工业（平均每平方公里有工厂18.5家），工业用地占中心区用地的22.5%，这些区域的人口密度都有2～3万人/平方公里（广州、上海的密度更高）。上海市虽然重视了近郊工业区的建设，但1978年市区的工业总产值仍占全市的83%。

3）由于没有统一规划，大量在生产上、工艺上及利用基础设施方面有密切联系的企业分布在城近郊区，难以开展生产协作，严重影响了经济效益的提高，而且形成大量的市内不合理运输。

由于上述问题的存在，不少人认为"东部地区已经开发过份了"，因而认为不能再在东部地区发展，应作战略转移了。我们认为，该问题应在城市和工业集聚区附近进行小尺度空间结构的调整来解决。根据不同的具体条件，可采取如下措施：

1）在工业及城市集聚区域附近几十公里至100公里左右，选择开发条件有利的地点（或已有城市），发展工业，使其成为区域的次级经济中心，起到分散工业和人口（及加速工业发展）的作用；

2）在大中城市的远郊区建立以工业为主体的卫星城镇和独立的工业区。

如：京津唐地区今后要有步骤控制工业和人口继续向京津二市

P.34

中国科学院地理研究所　　本文第 页

聚的同时，把工业开发的重点向渤海和冀东推进，同时建设京津二市的卫星城镇，沈鞍本抚辽地区要在充实已有的郊区小城镇的同时，把耗能大、占地用水多的企业放到营口附近的海岸地带；上海的调整方向应是金山卫至南汇地带的海岸、和宝山至常熟的长江南岸。武汉应沿长江两岸从黄埔路至阳逻一带建设新的工业区和港口，……。

七十年代初以来，人们从调动中已开始认识到上述小尺度空间结构调整的重大意义，在许多大中城市边部开辟了新工业区。但是，总点[redacted]成为一次战略性的[redacted]政策。

为实施以上小尺度调整，要实行新工业区及卫星城镇的综合开发（可由有关地区、有关部门合作）、联营、企业的成组布局。

1984.9.9

（四）大经济区的划分及其工业发展目标

制定科学的经济区划方案是实现全国工业合理布局，发挥地区优势，使区内区间经济联系合理化的重大措施。

以编制区域发展规划为目的而划分的经济区，实质上是机能区而不是均质区。机能区，即是区内各组成部分之间具有紧密经济联系的区域有机体。这种联系主要表现在能源、主要原材料的供应关系，一个或若干个中心城市对其影响范围的吸引和统帅作用。

过去在较长时期内，忽视了能源工业在大经济区形成、发展中的首要地位。"以钢为纲"的口号未能正确反映工业部门间的主要横向联系。苏联在利用部门间综合平衡方法和线性模型编制各级经济区的发展规划，重要依据是所谓"能源—经济部门生产链"。这给我们划分经济区以十分重要的启发。

我国曾提出的六大区，基本反映了我国行政和经济发展方面的地区特点和历史基础。但也有若干明显的缺点。如：内蒙古

30×25=750　　本稿第 页

第三步手稿

第三步手稿的题目是《二〇〇〇年我国工业生产力布局总图的科学基础》。这篇文章凝聚了我二十年对国内外大量资料的研究以及深厚的理论积淀，充分体现了我的强烈愿望与社会责任。文章的核心观点是：将建立在点-轴系统理论基础之上的T字形宏观结构，即以沿海沿江两个一级地带，作为我国“至本世纪末及下世纪初年”国土开发与经济布局的战略重点。实践证明，点-轴系统理论和T字形结构，是我国长时期实行区域经济合理组织及逐步实行建设重点的空间推移的最有效的模式，也是合理组织经济区、贯彻三个地带战略的有效理论支撑与模式。

我在前面基础上一气呵成写成的第三步手稿，20世纪末被收入中国科学院档案馆。本书所呈现的是中国科学院档案馆提供给我的电子扫描文件。

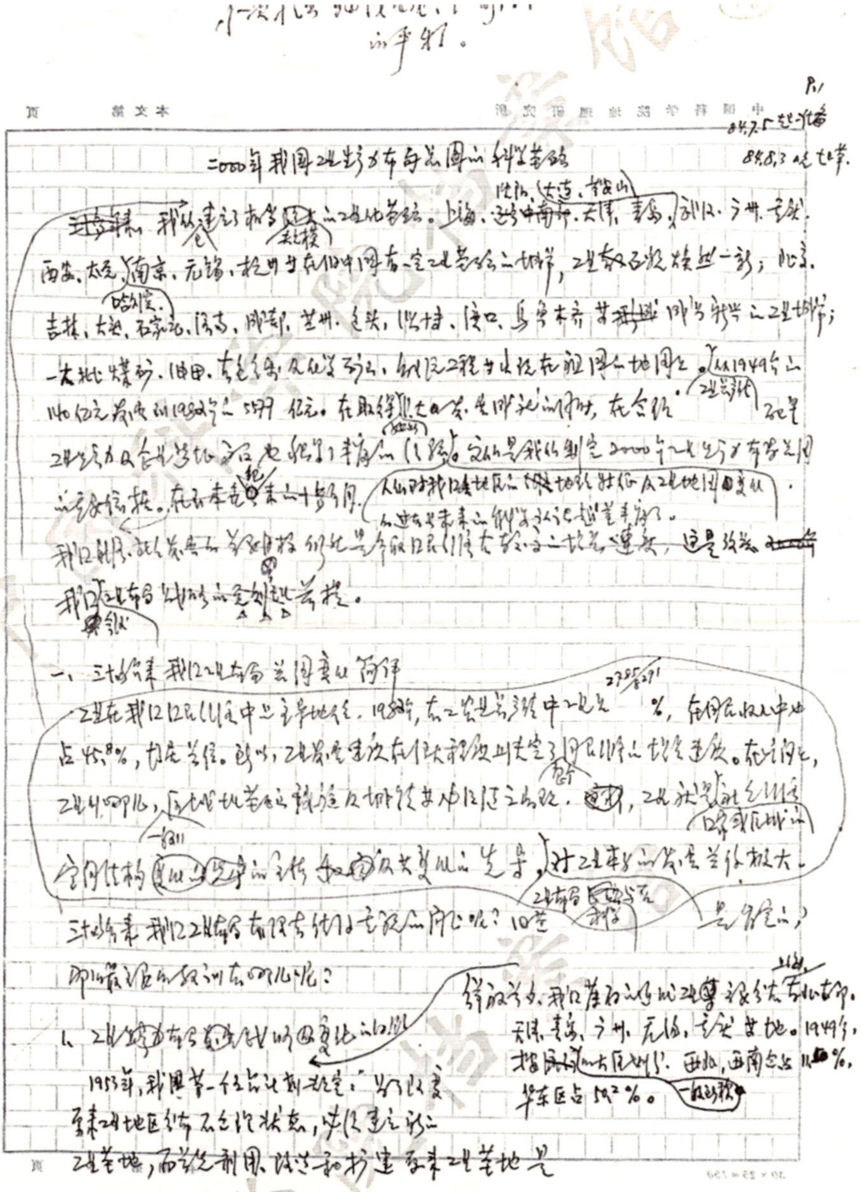
二000年我国工业生产力布局总图的科学基础
84.7.5 起草
84.8.3 改定
一、三十多年来我国工业布局总图变化简评
1953年，我国第一个五年计划期间，……
华东区占 59.2%。

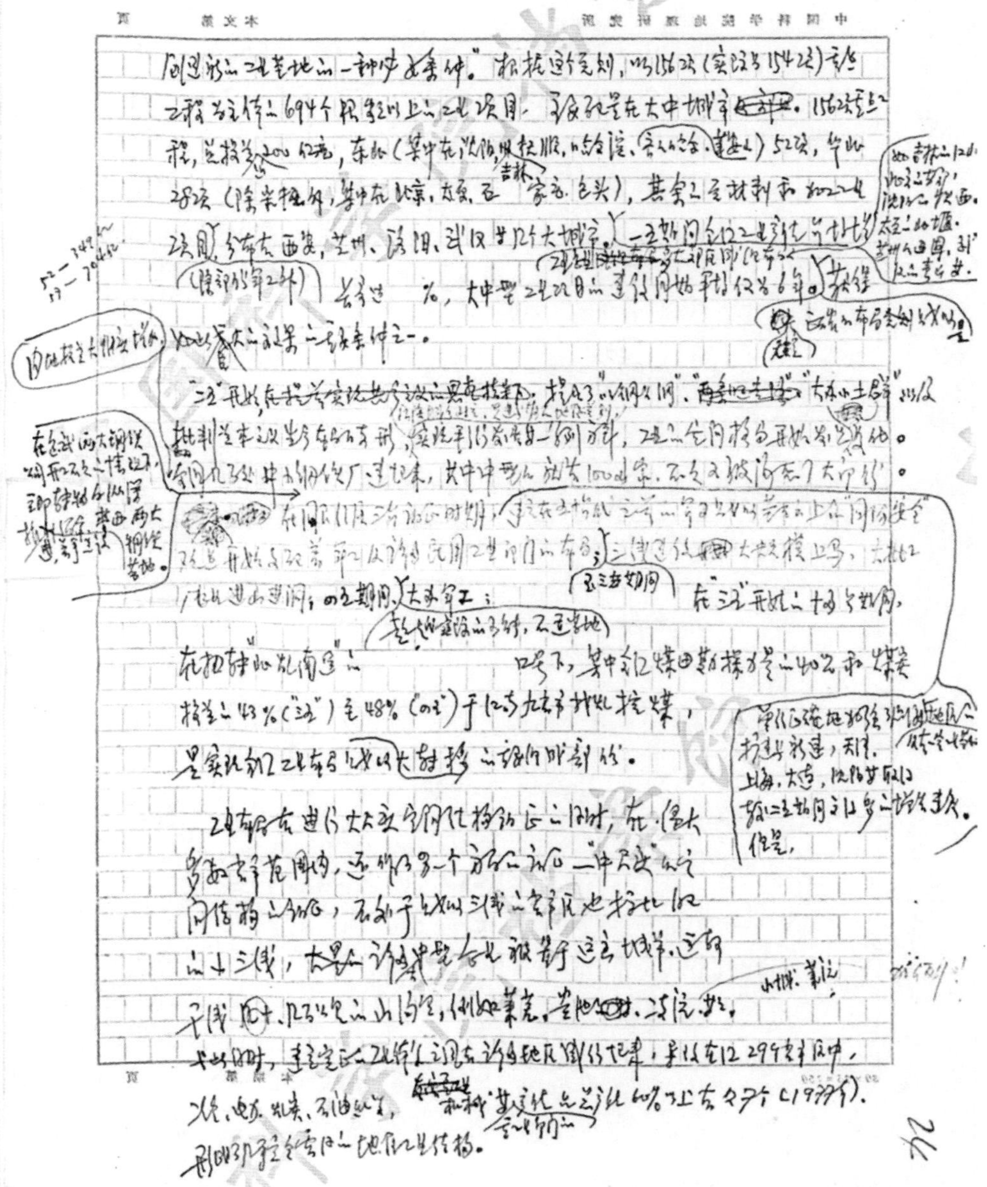

P2

创造新的工业基地的一种[illegible]条件。"根据这个规划，以156项（实际为154项）为[illegible]工程[illegible]的694个限额以上的工业项目，[illegible]在大中城市[illegible]。156项重点工程，总投资[illegible]亿元，东北（其中在沈阳、[illegible]、哈尔滨、[illegible]）52项，华北28项（[illegible]，其中在北京、太原、石家庄、包头），其余[illegible]项目分布在西安、兰州、洛阳、武汉等几个大城市。[illegible]

[illegible]%，大中型工业项目的建设[illegible]6年。[illegible]

[illegible]

"二五"开始，[illegible]"大办小土群"[illegible]

[illegible]

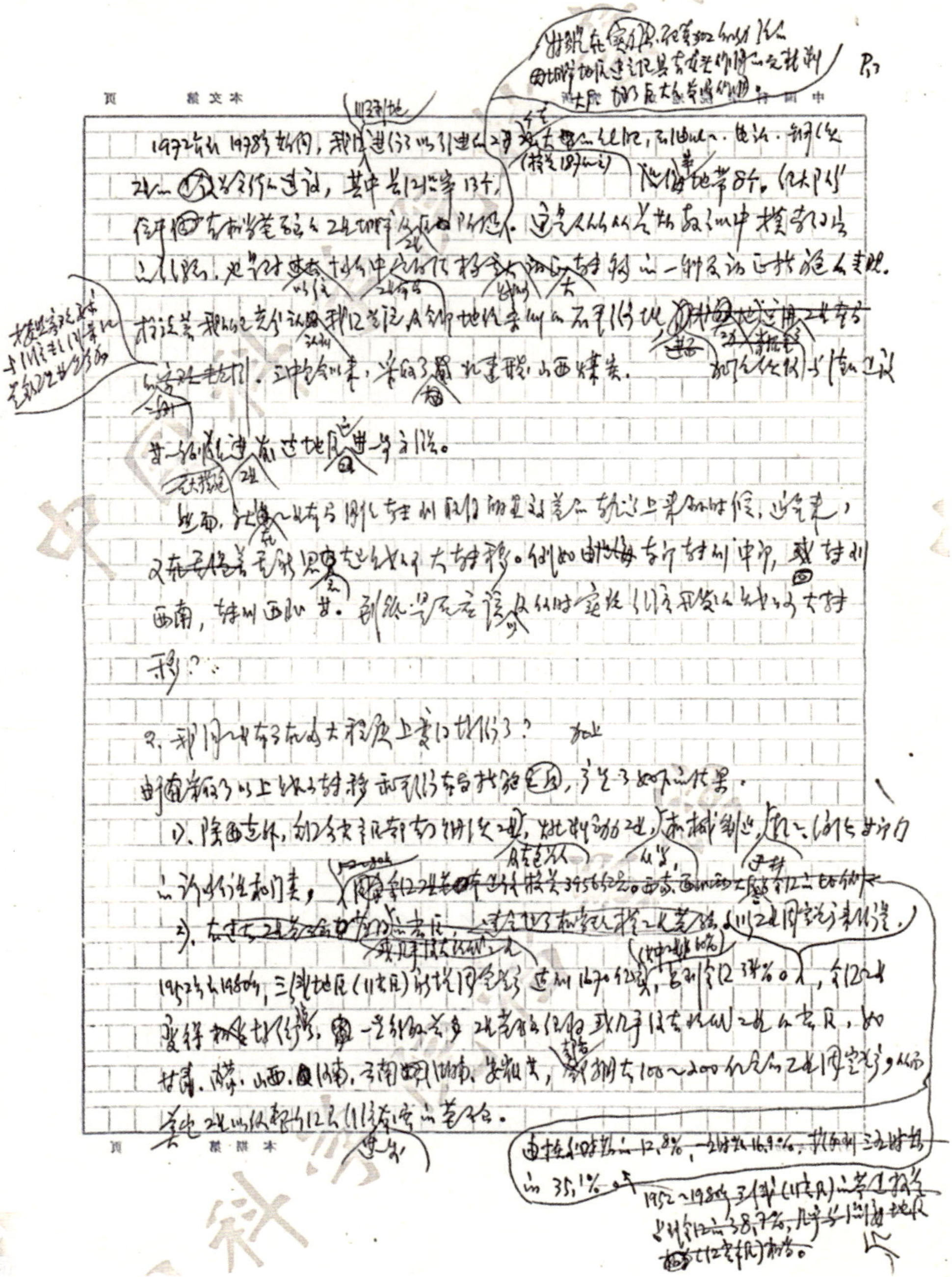

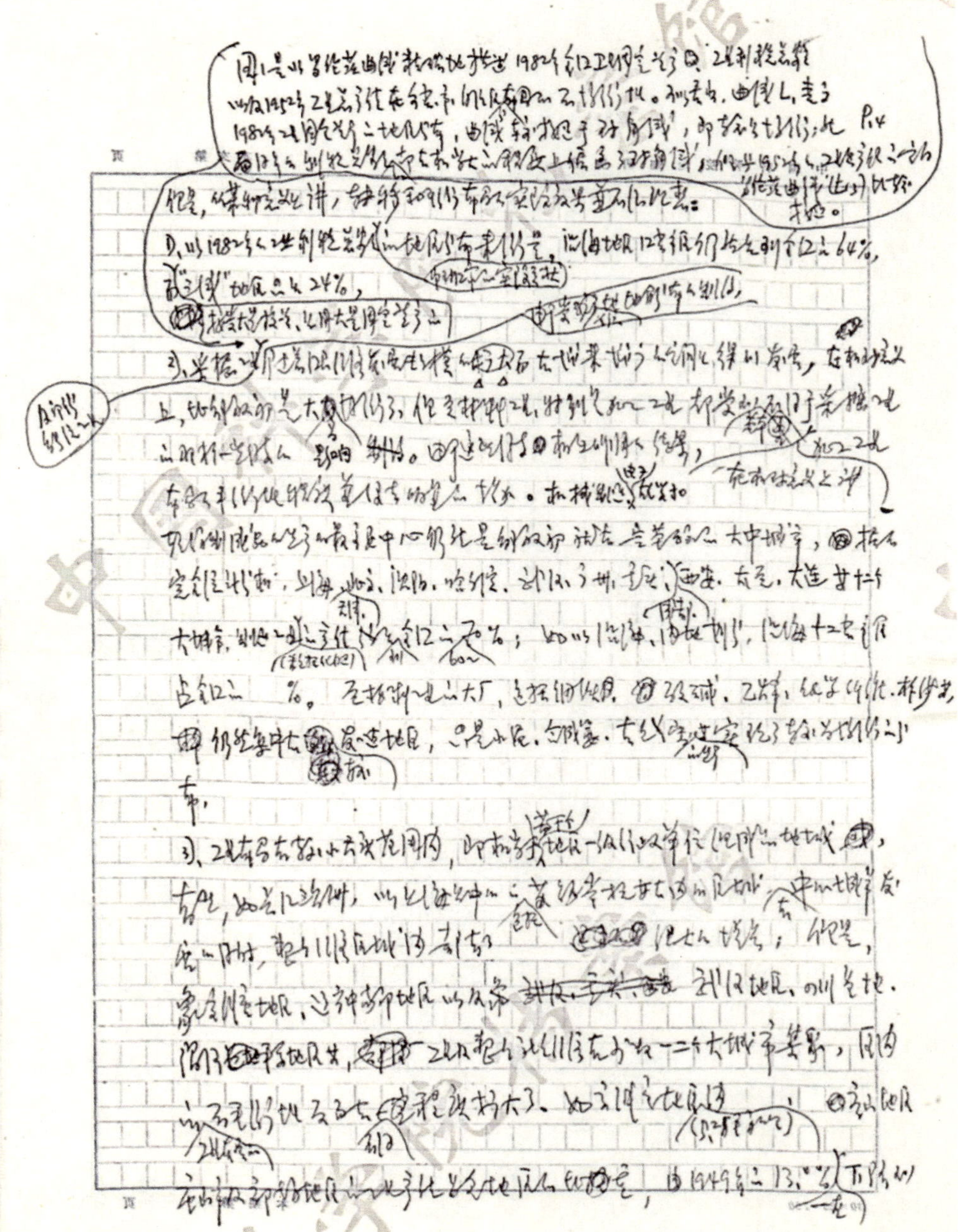

P.5

上[illegible]6.8%，[illegible]9.5%，[illegible]

[illegible]过程。

3、在[illegible]过程。

长时期内，[illegible]

[illegible]

[illegible]

[illegible]

[illegible]

1950～1980年期内，[illegible]

[illegible] 41.4%，[illegible] 38.7%，[illegible]

[illegible] 16.4%，[illegible] 35.1%，[illegible] 24%。

[illegible]

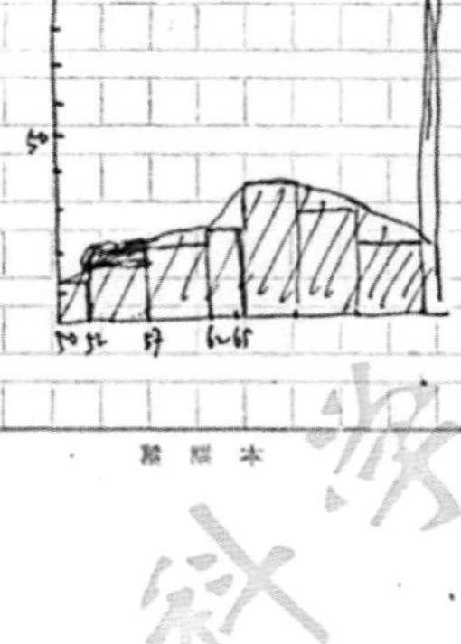

[illegible]，上海、青岛、广州、[illegible]

[illegible]

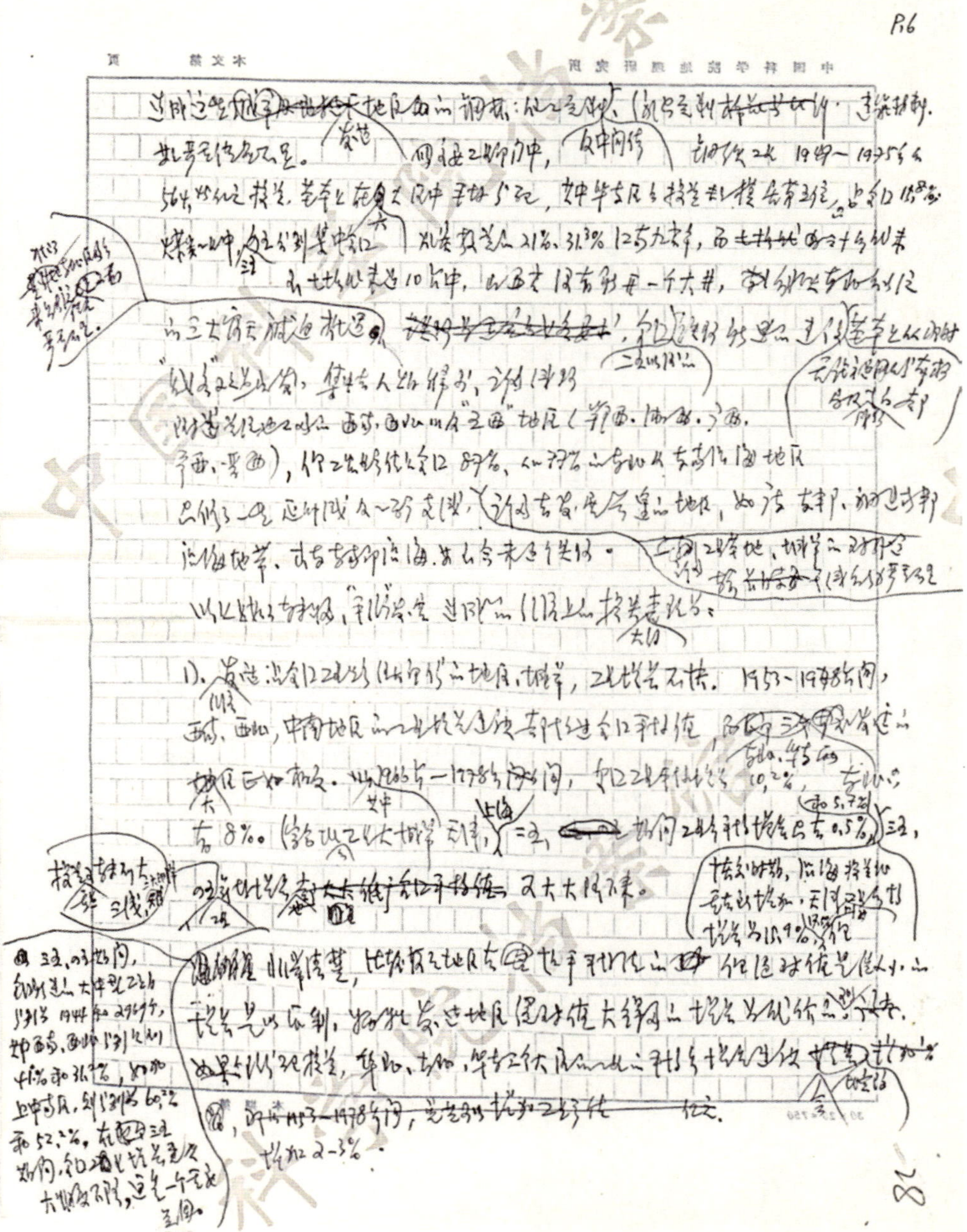

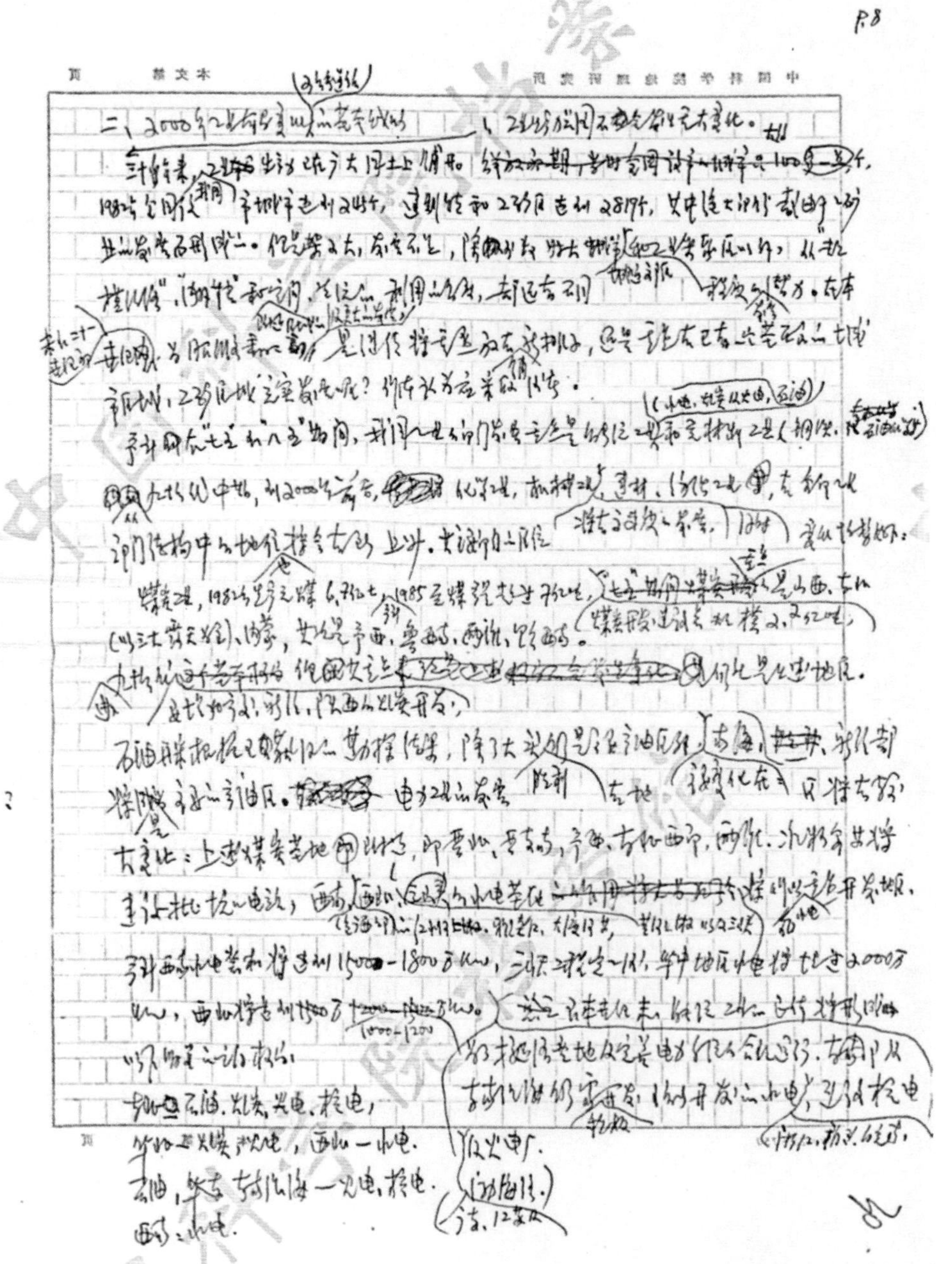

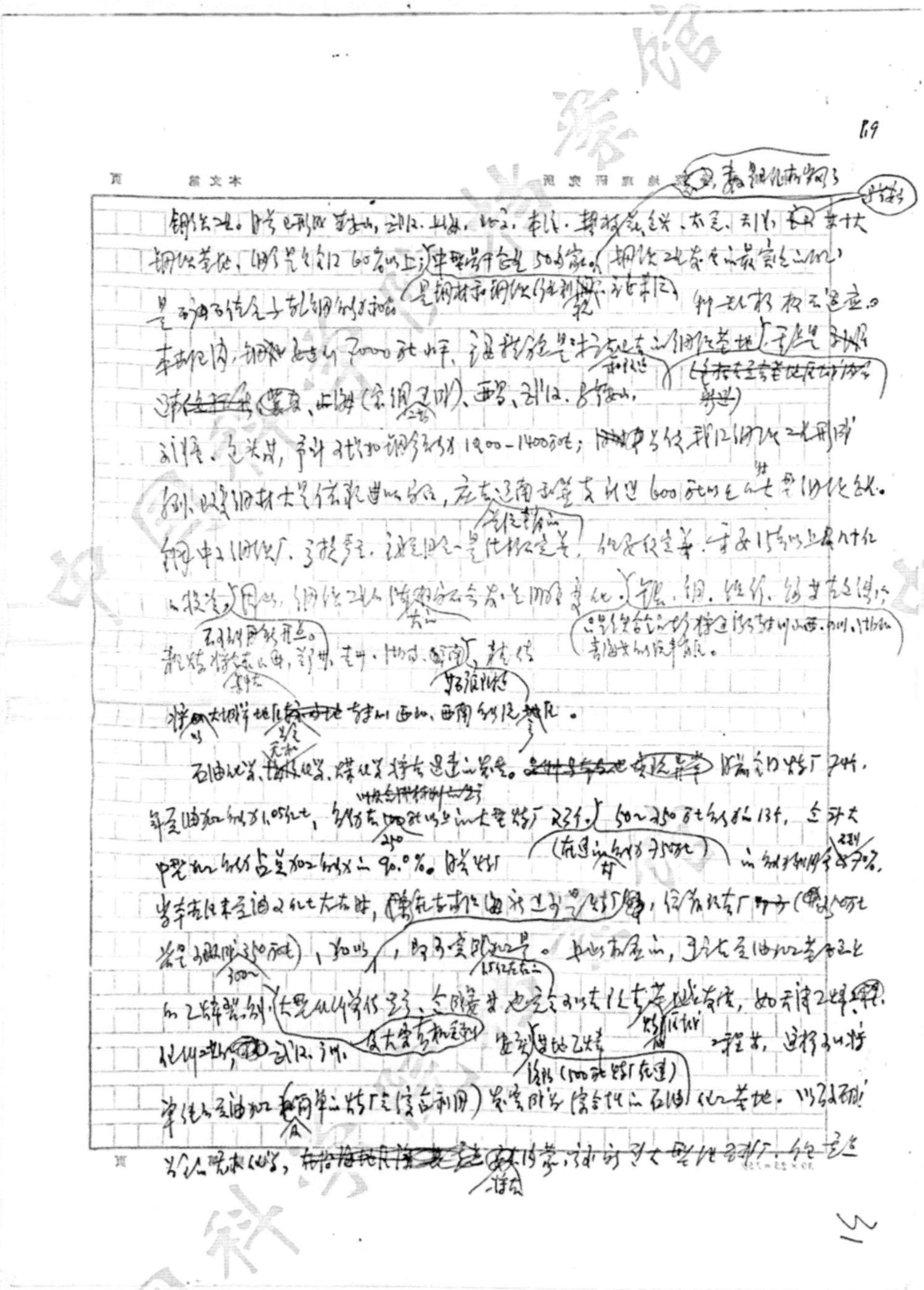

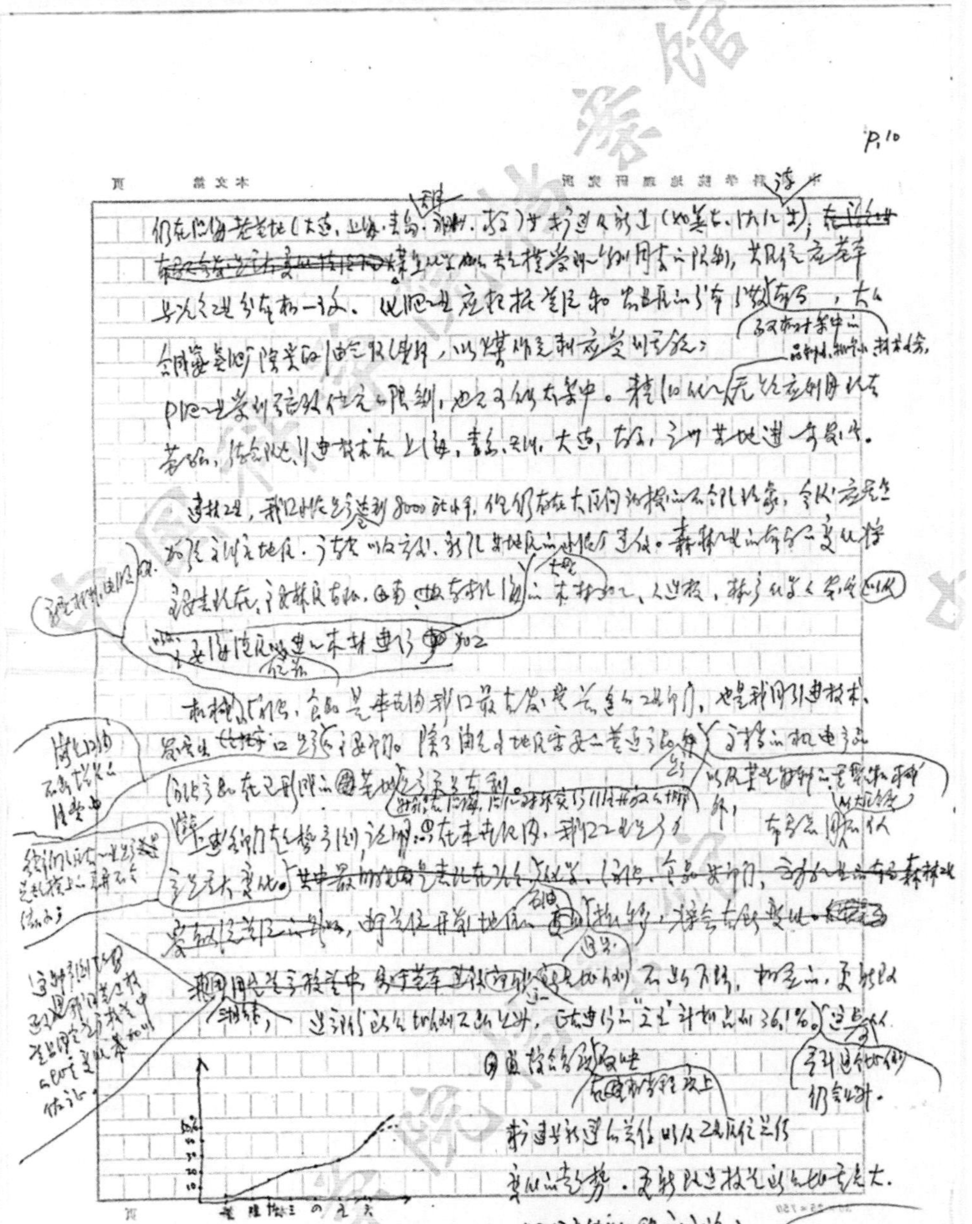
P.10

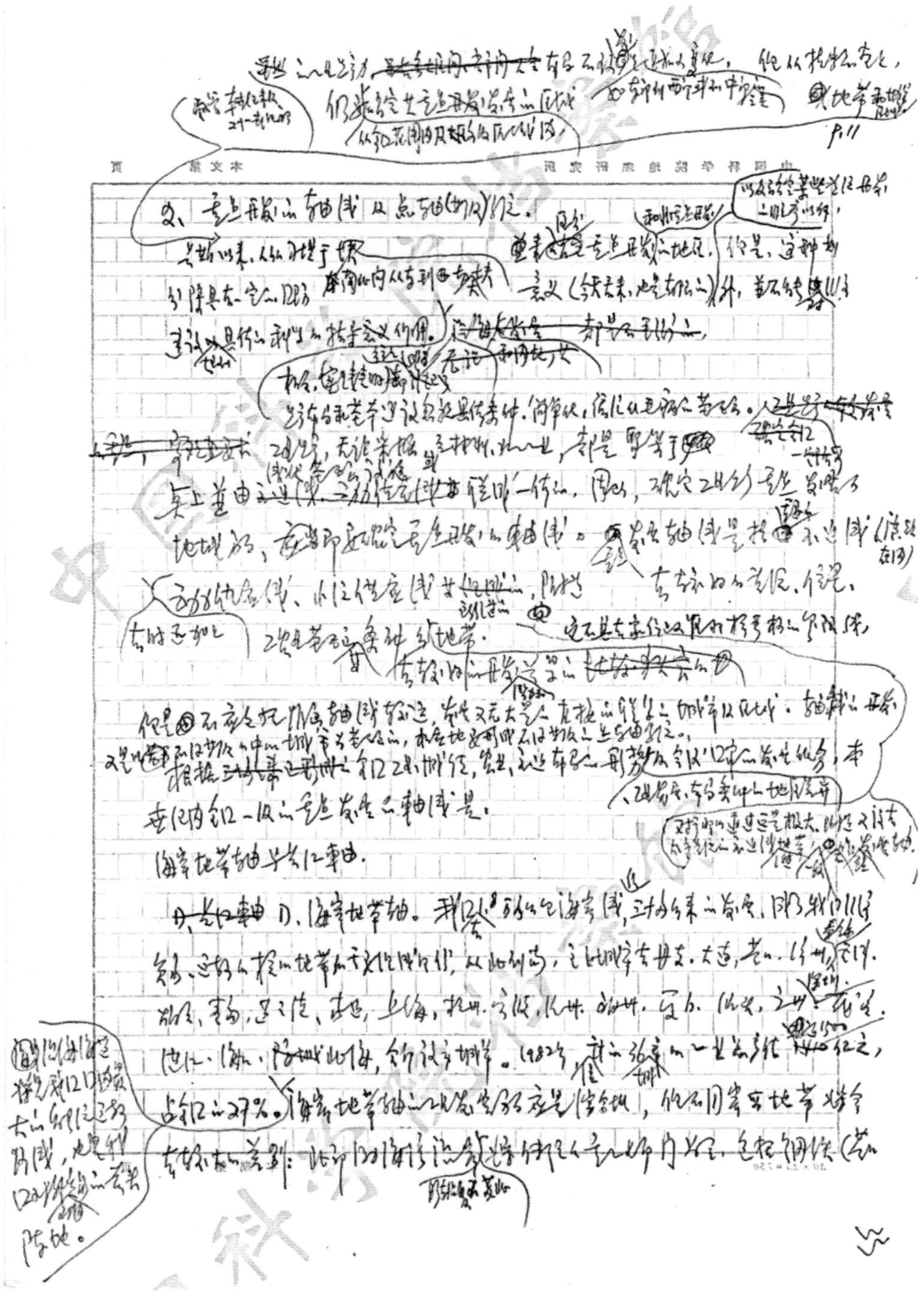

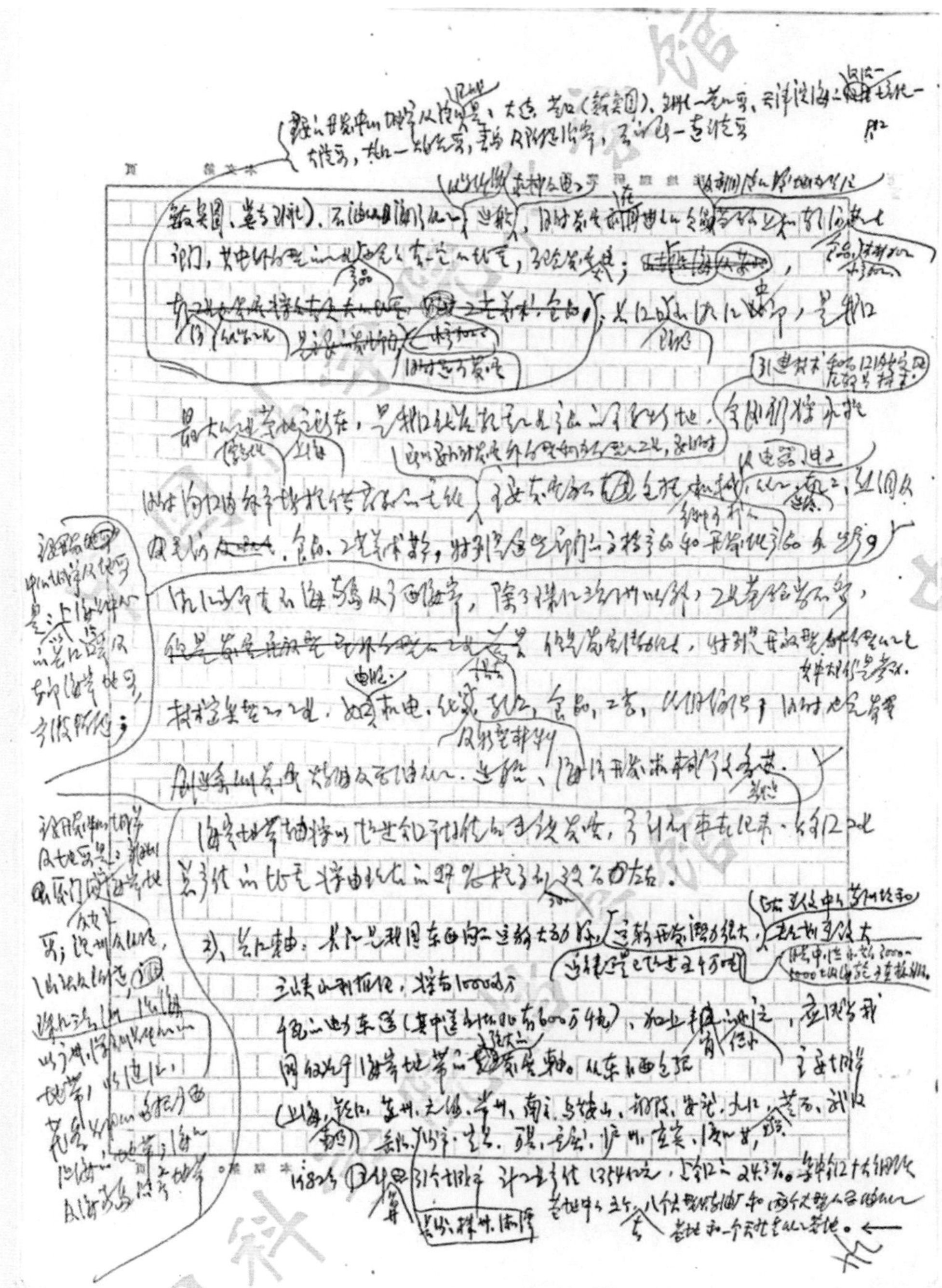

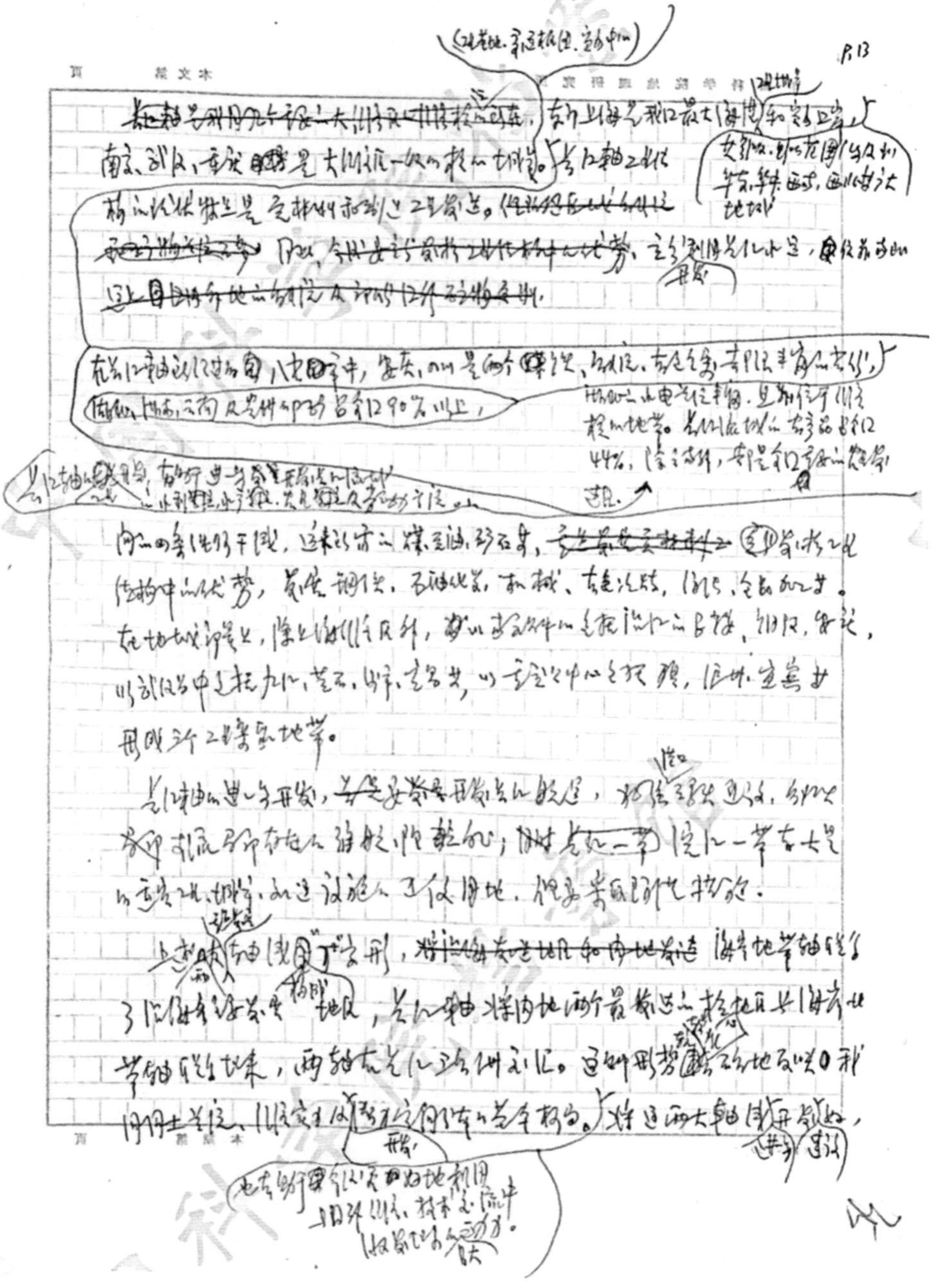

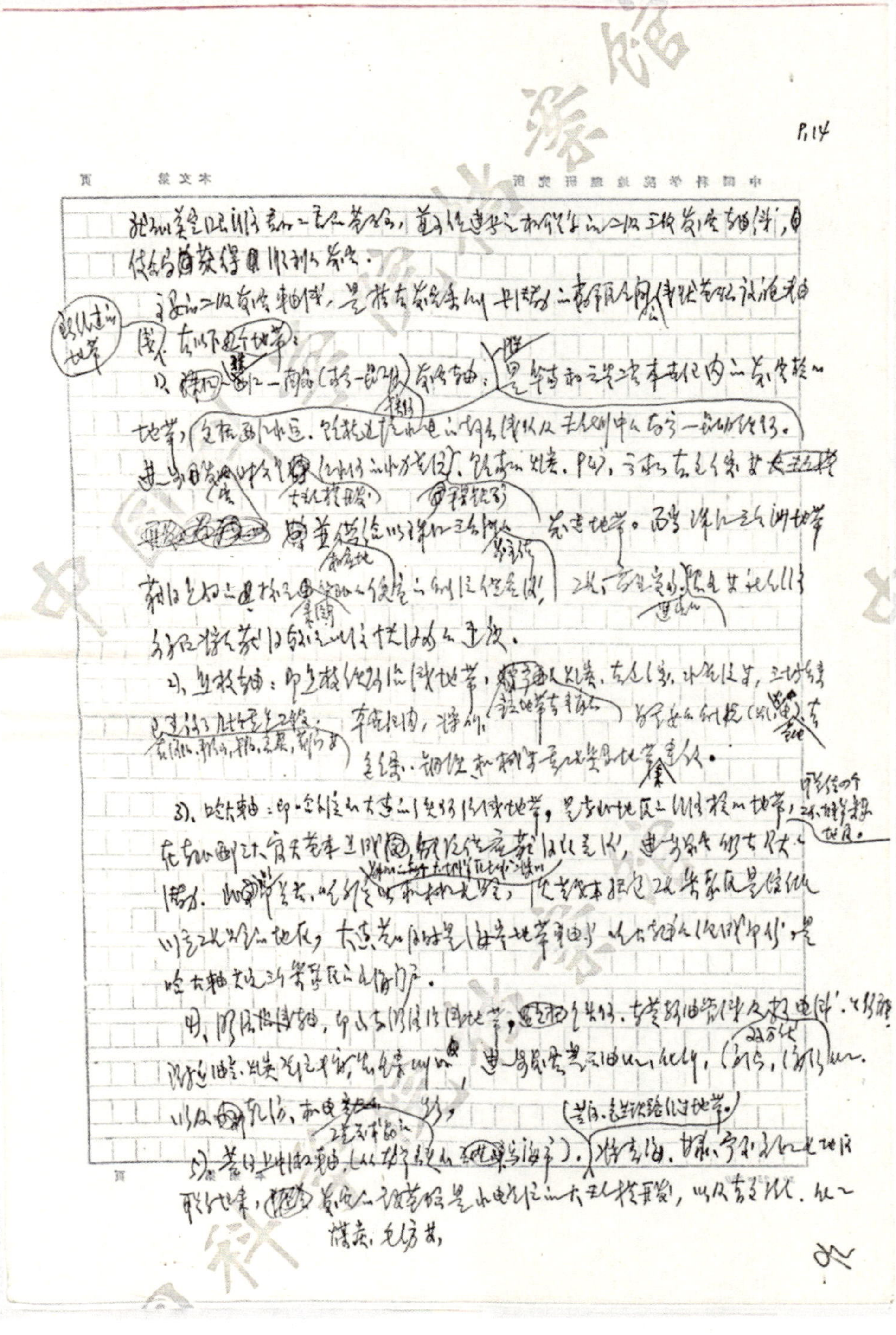

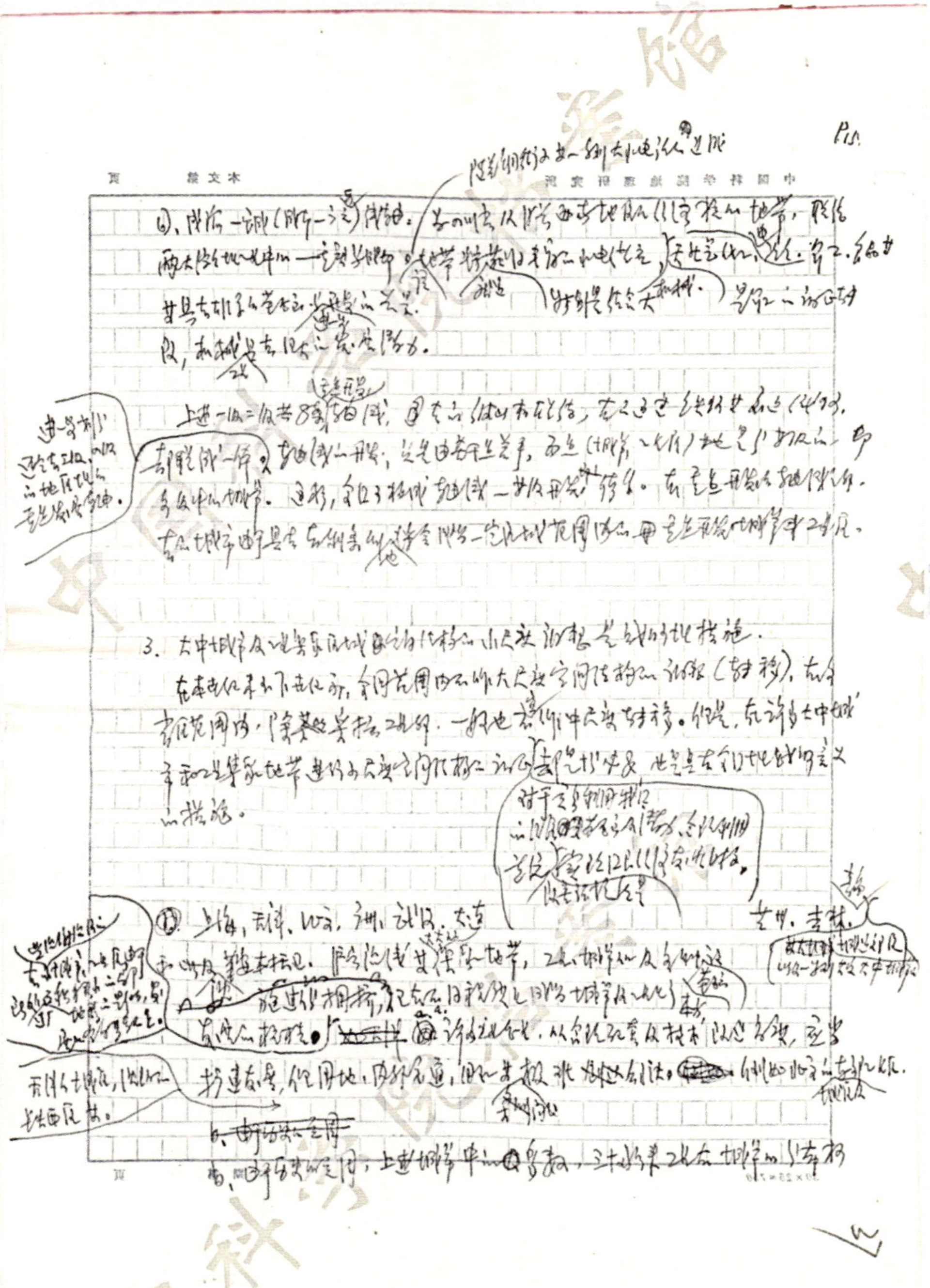

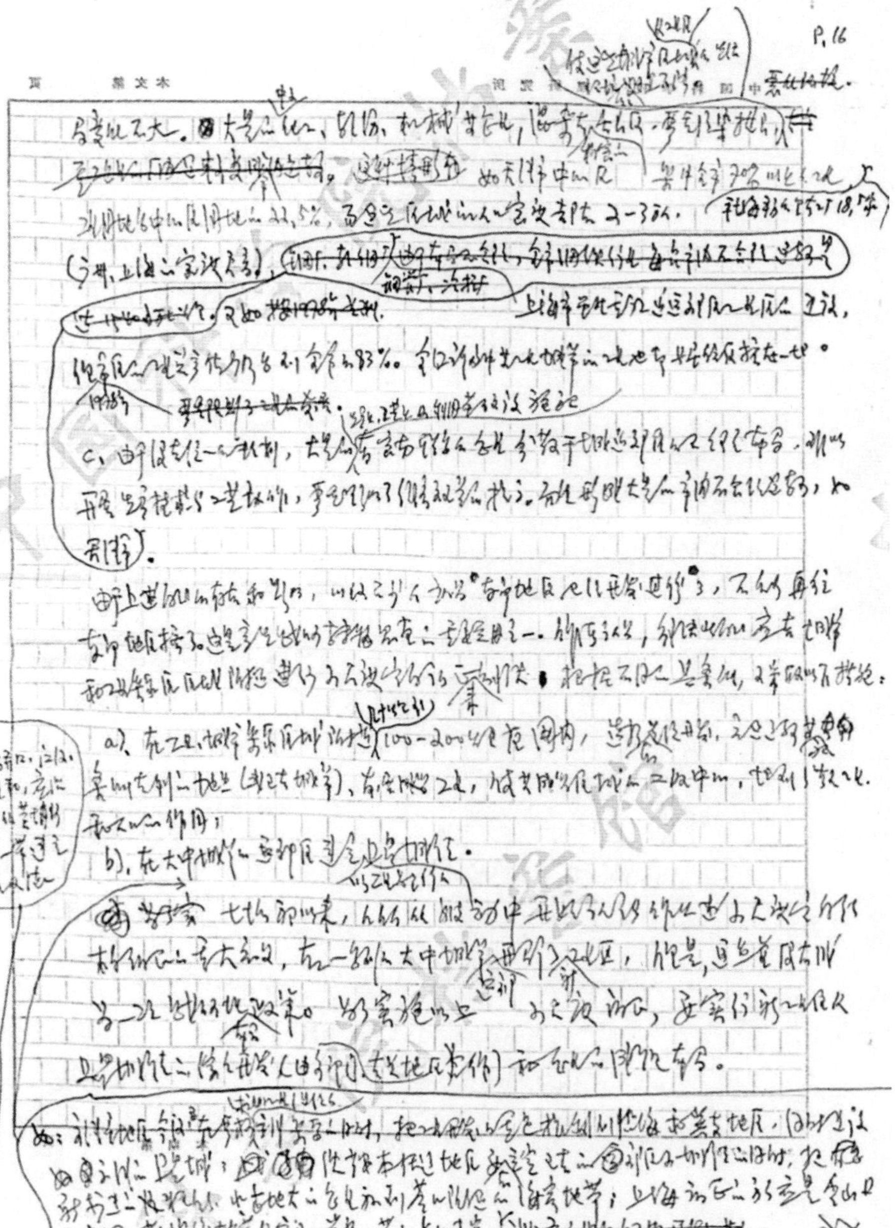

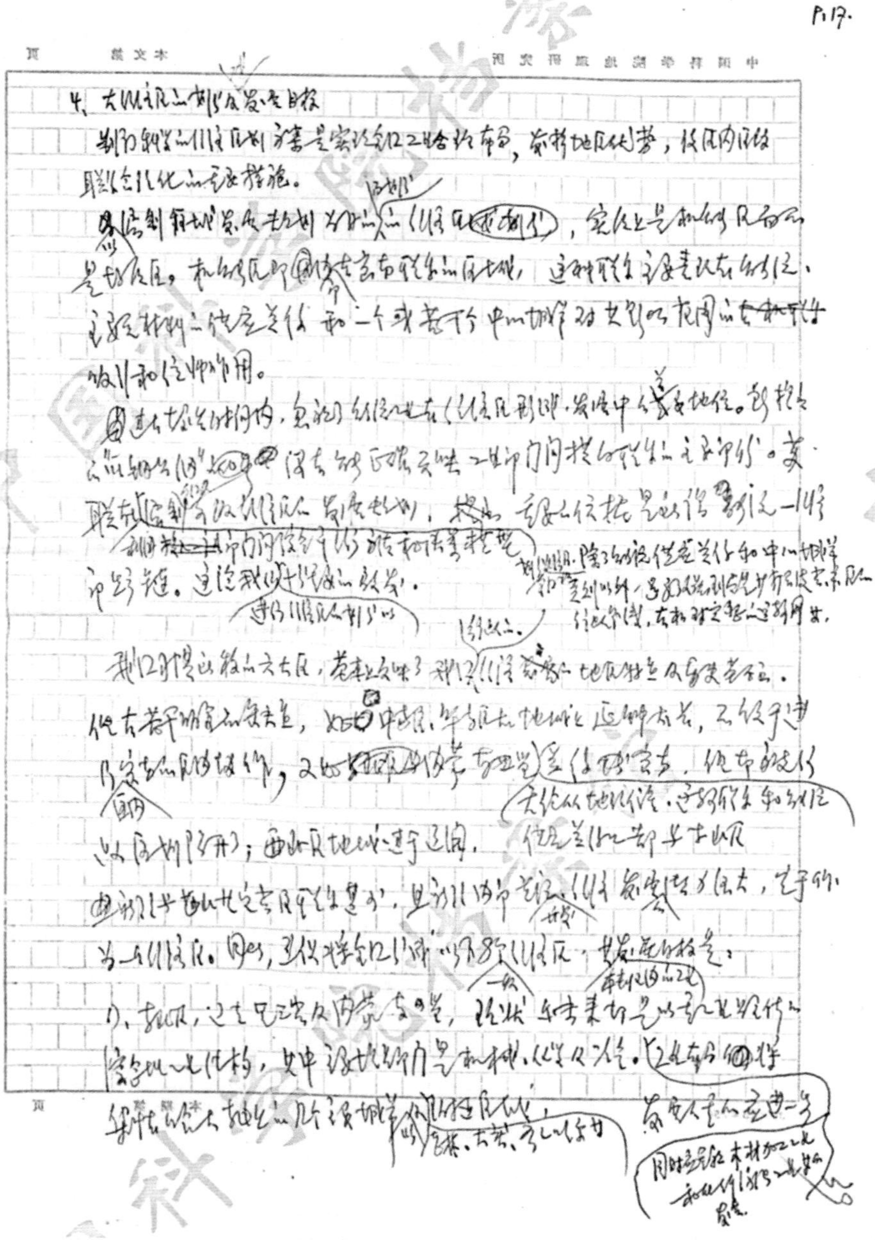

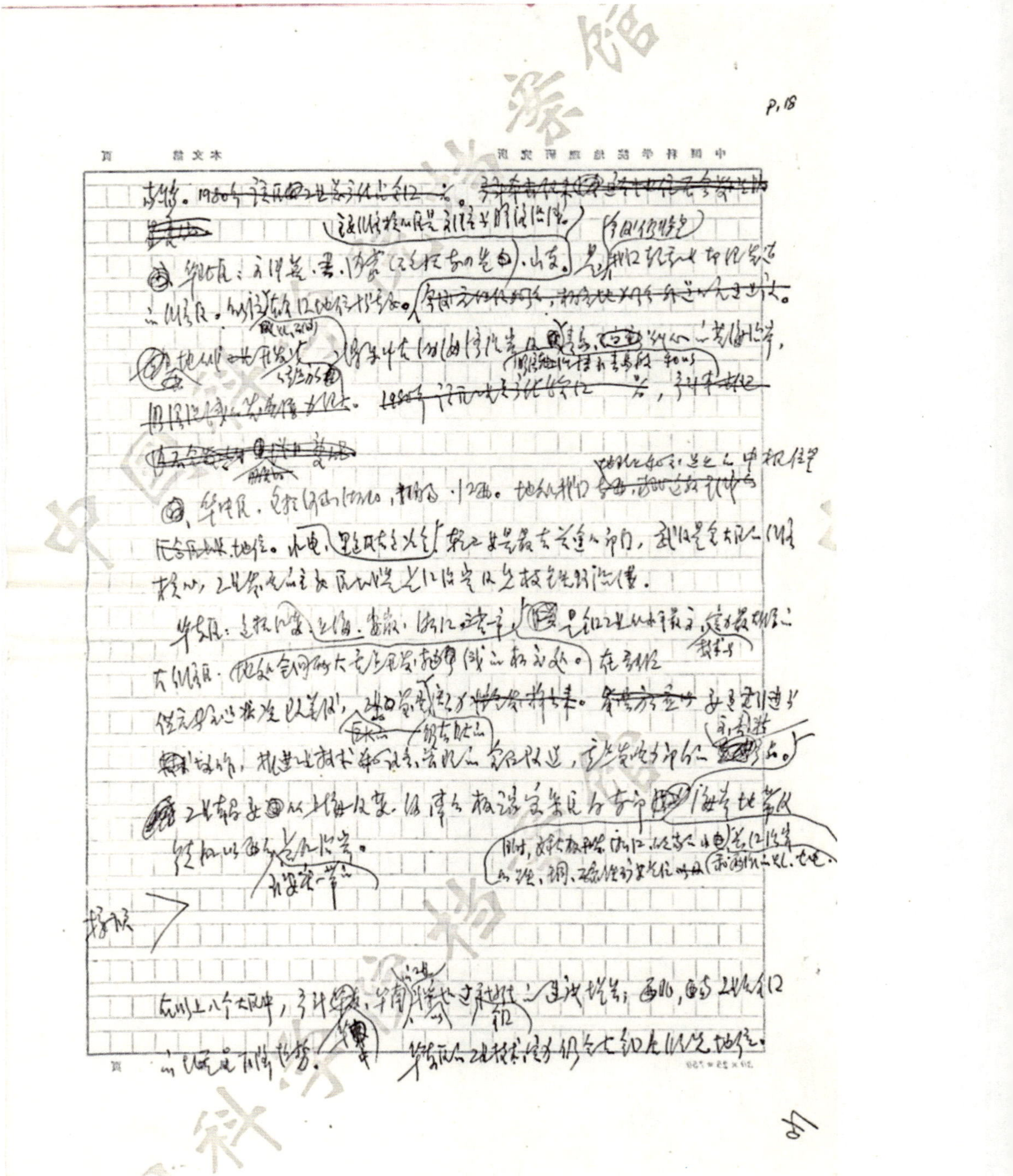

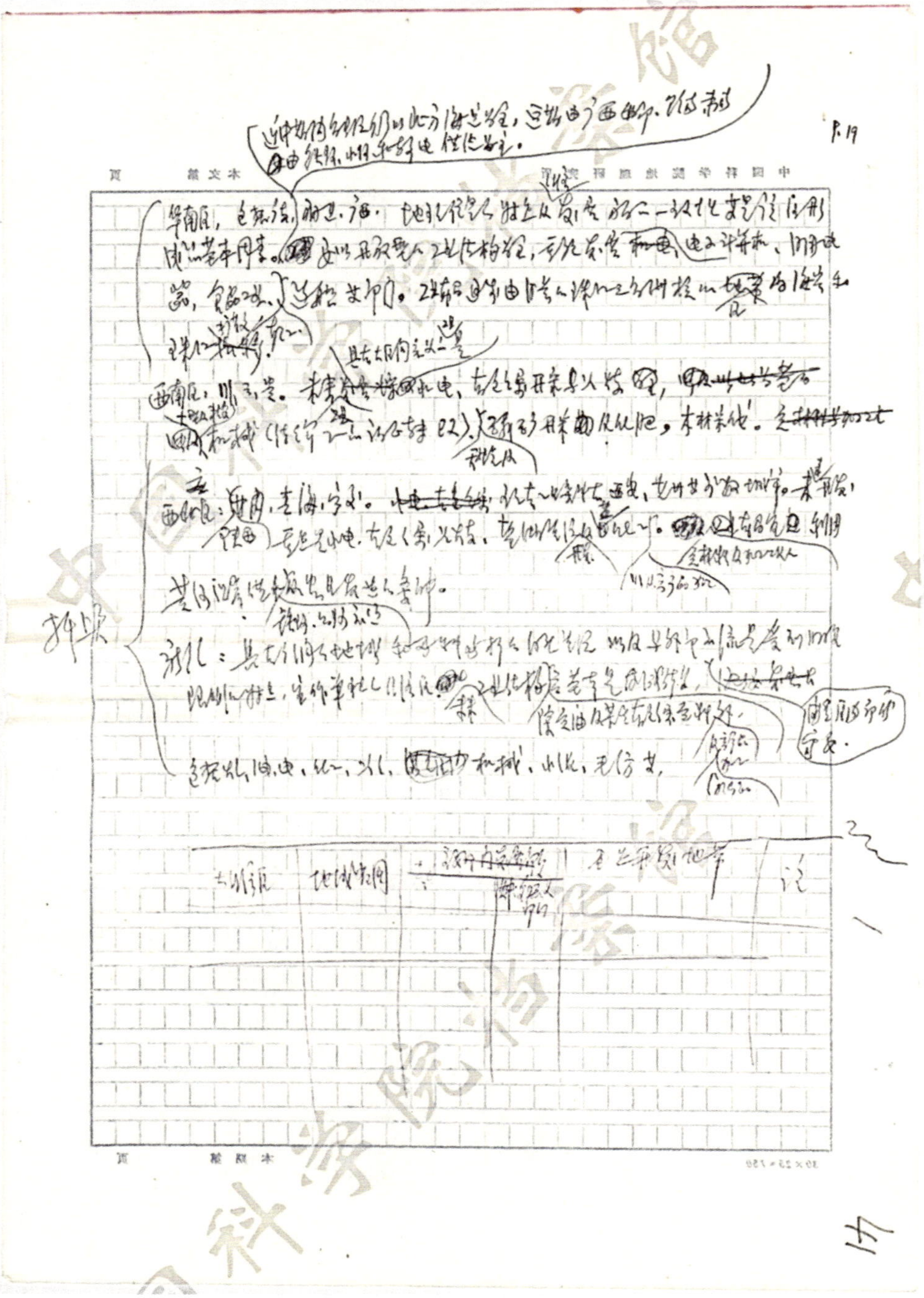

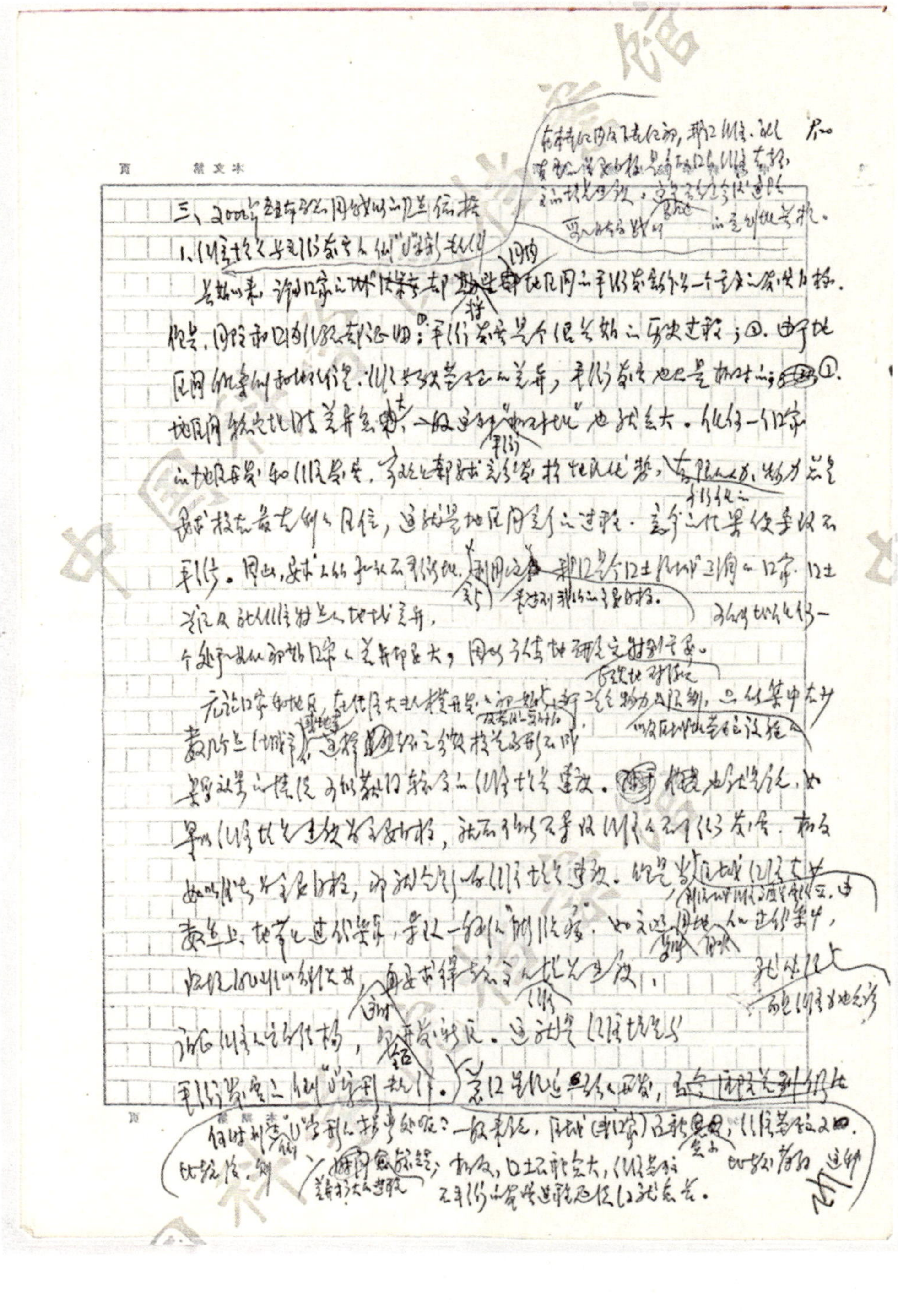

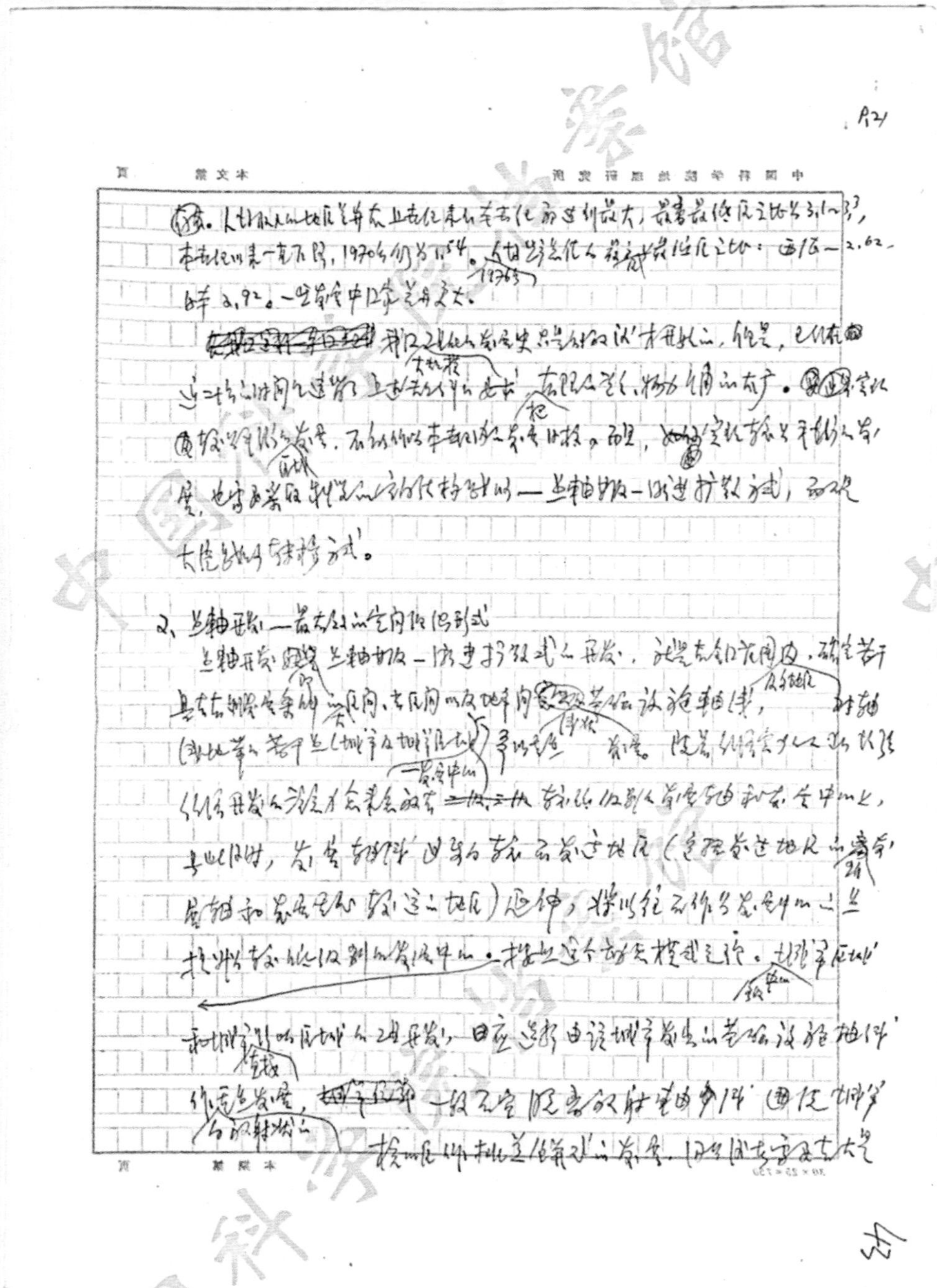

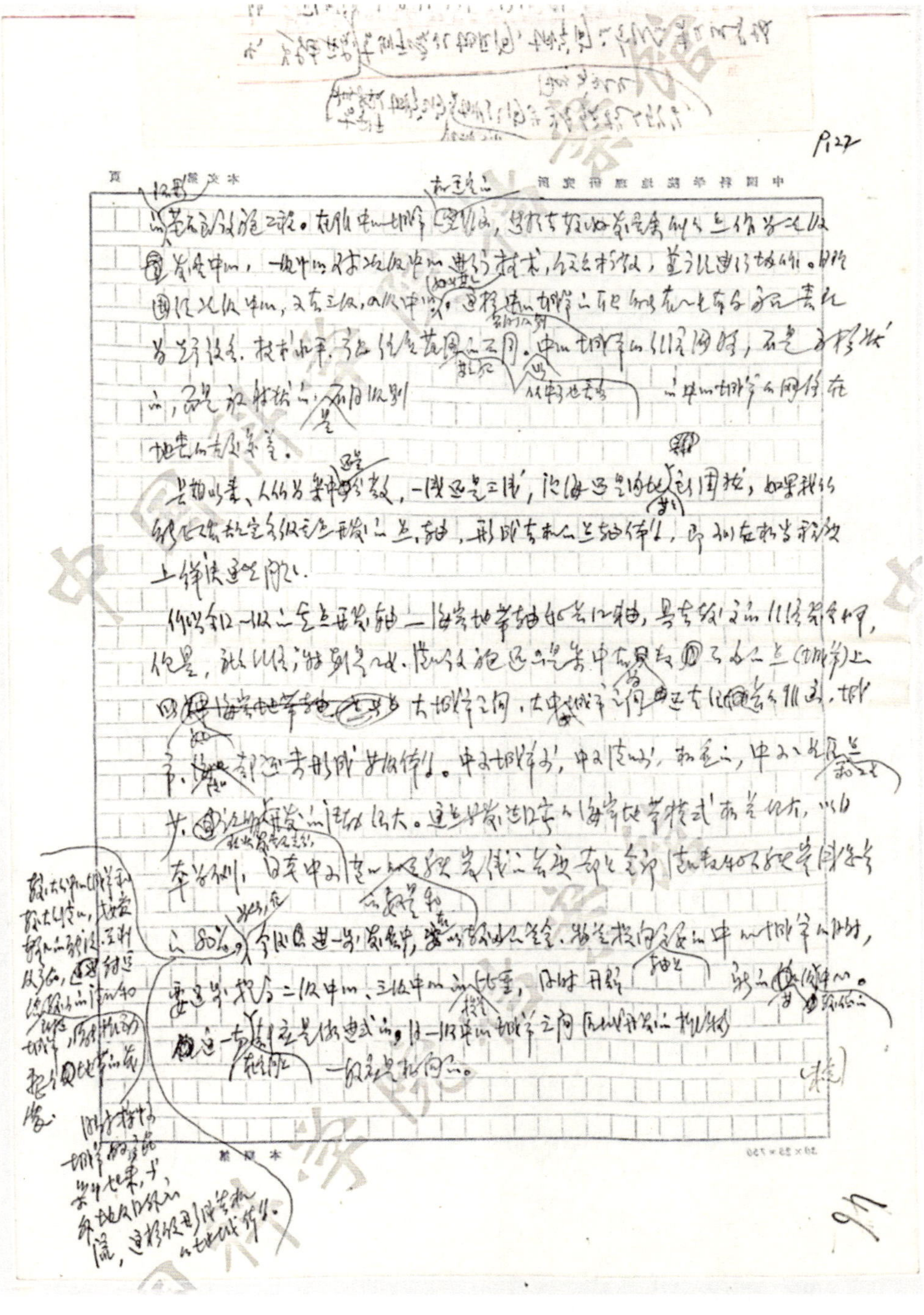

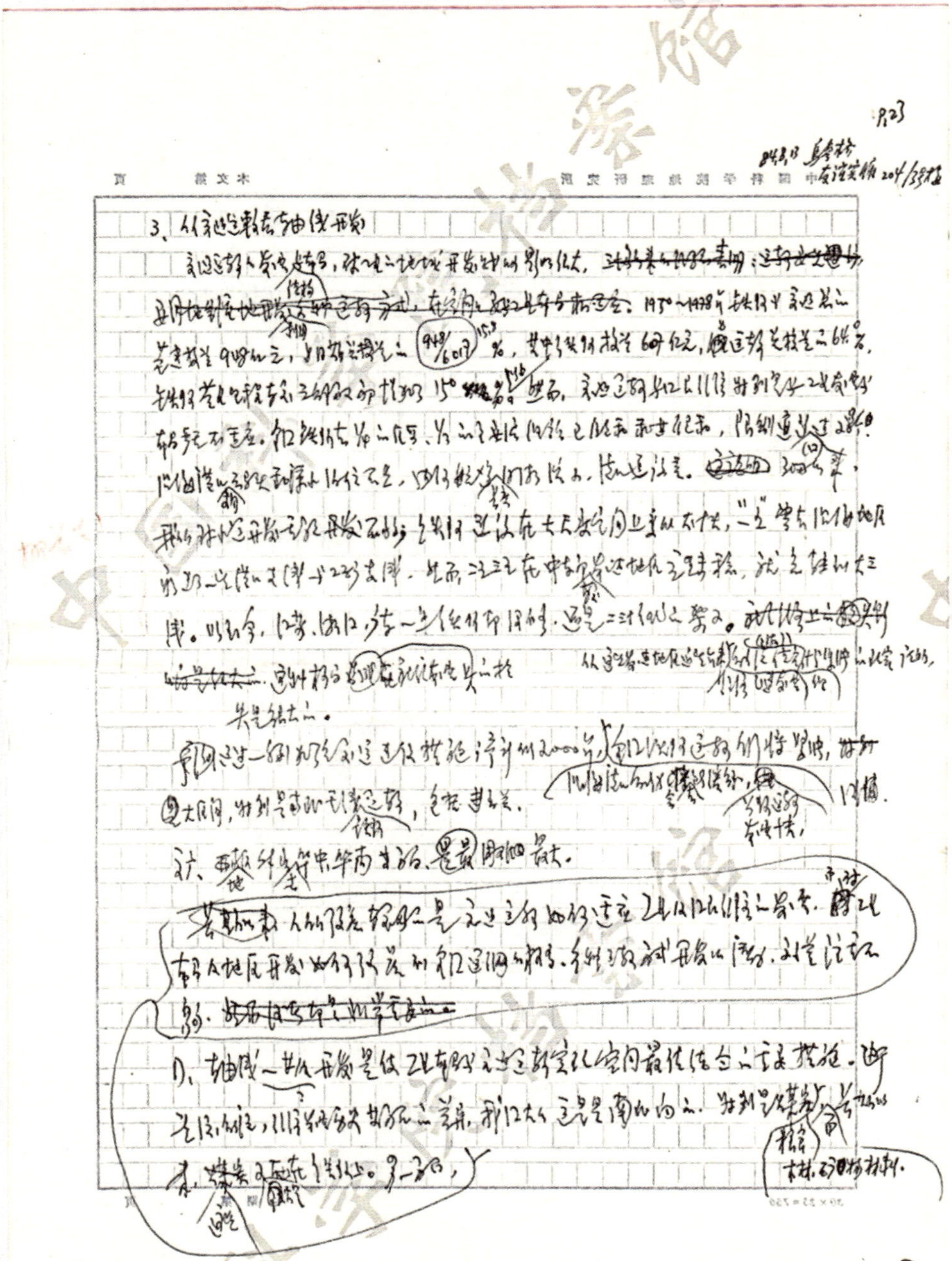
3、从交通建设看轴线开发

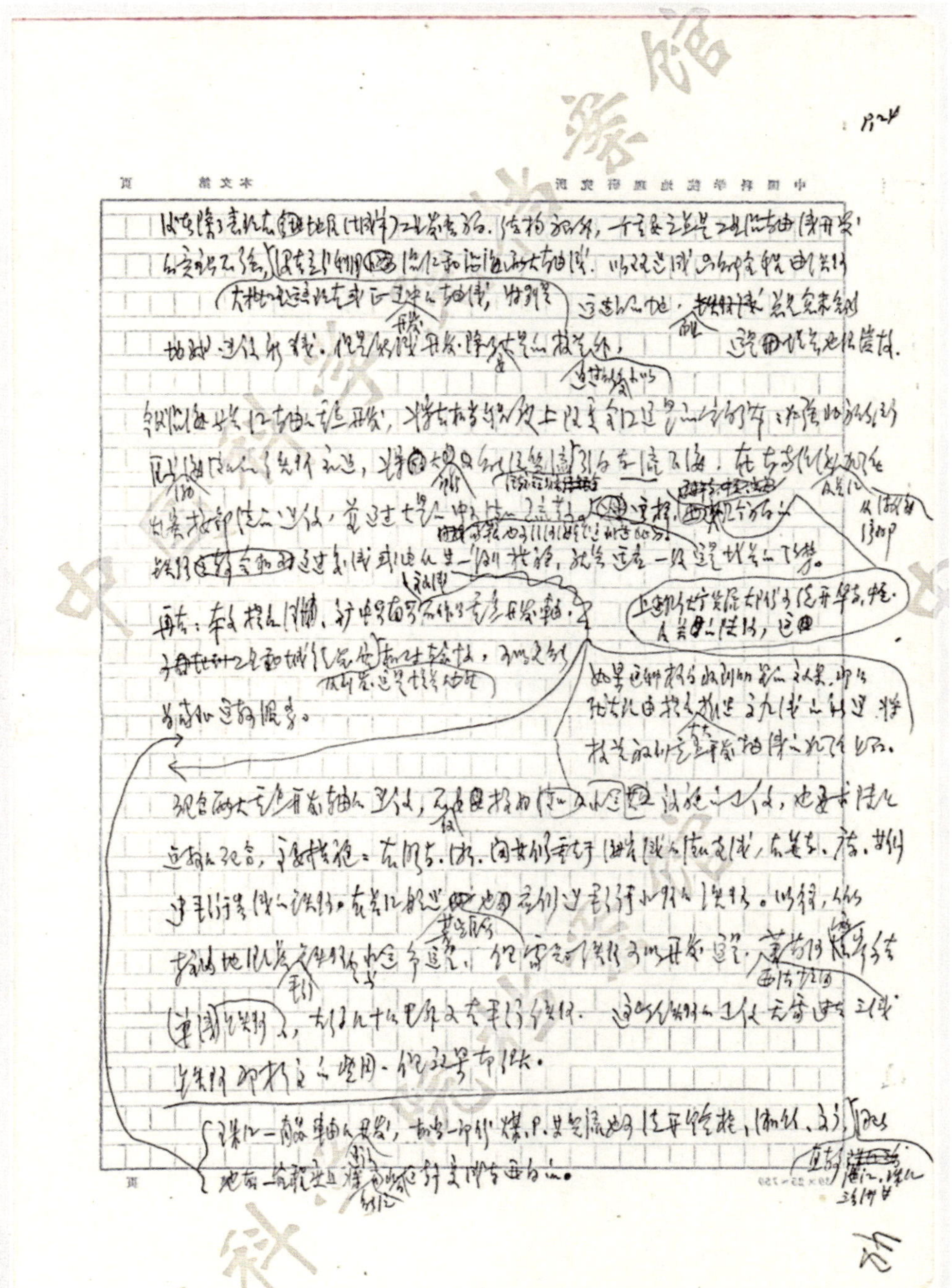

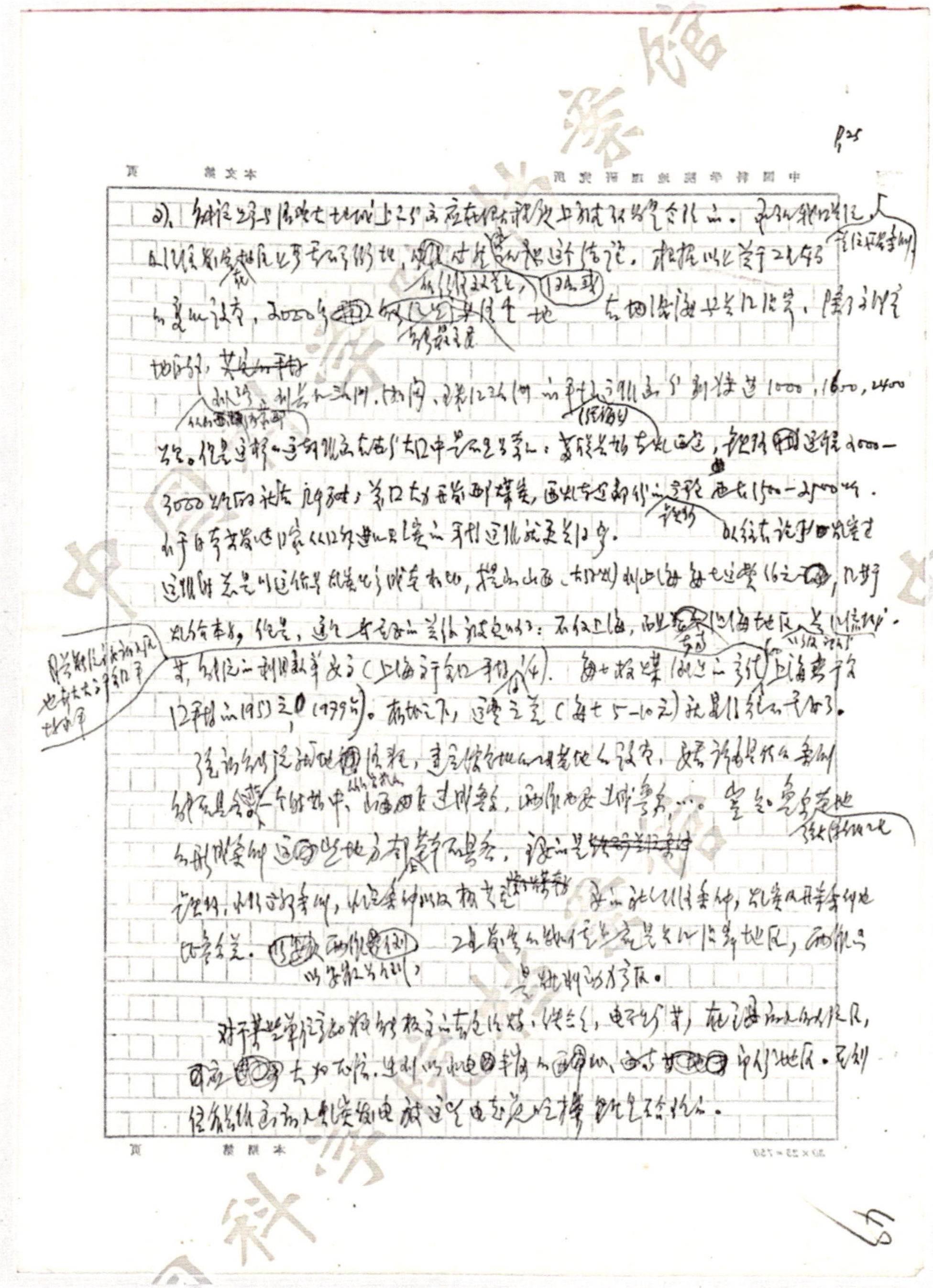

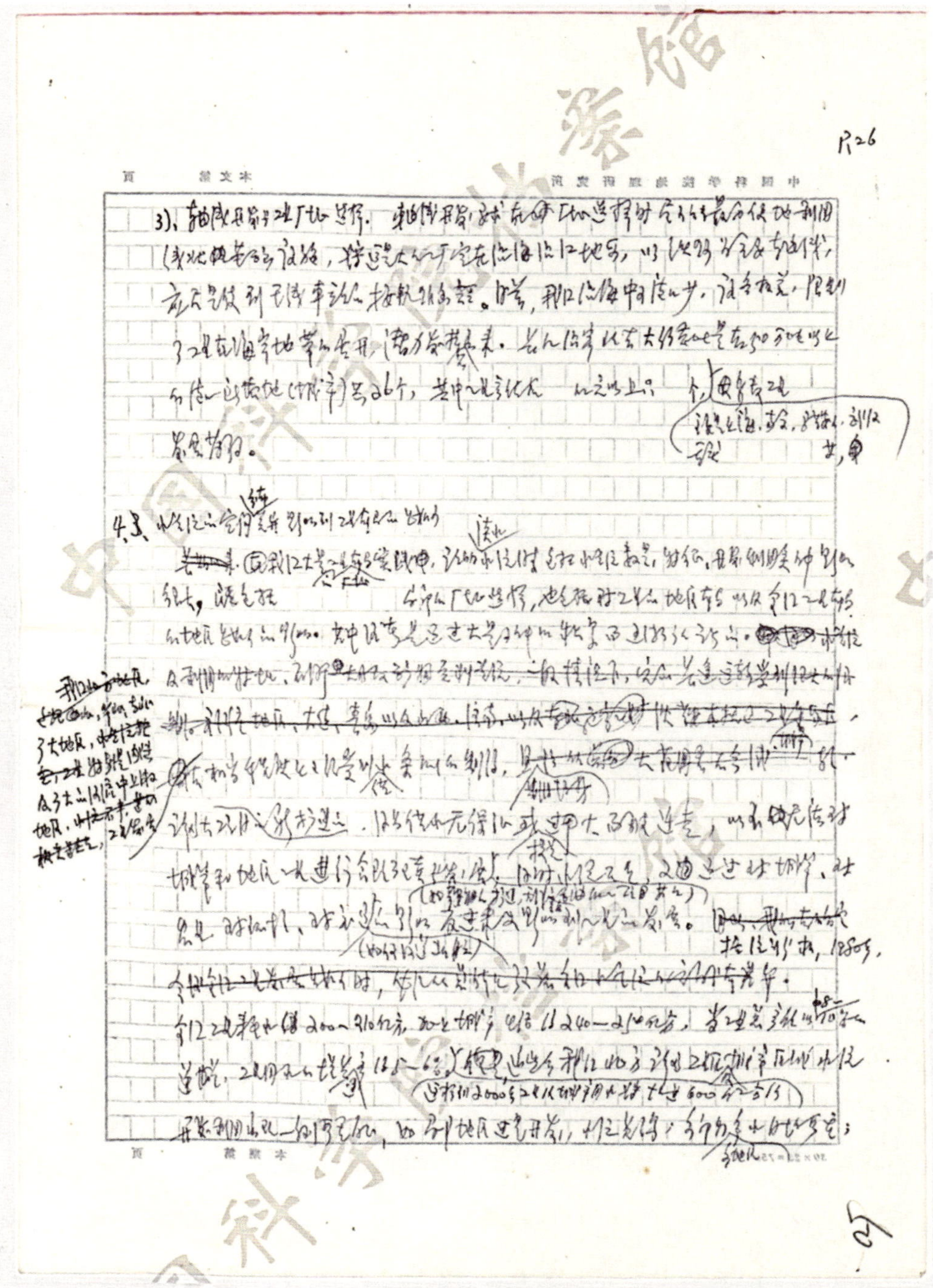

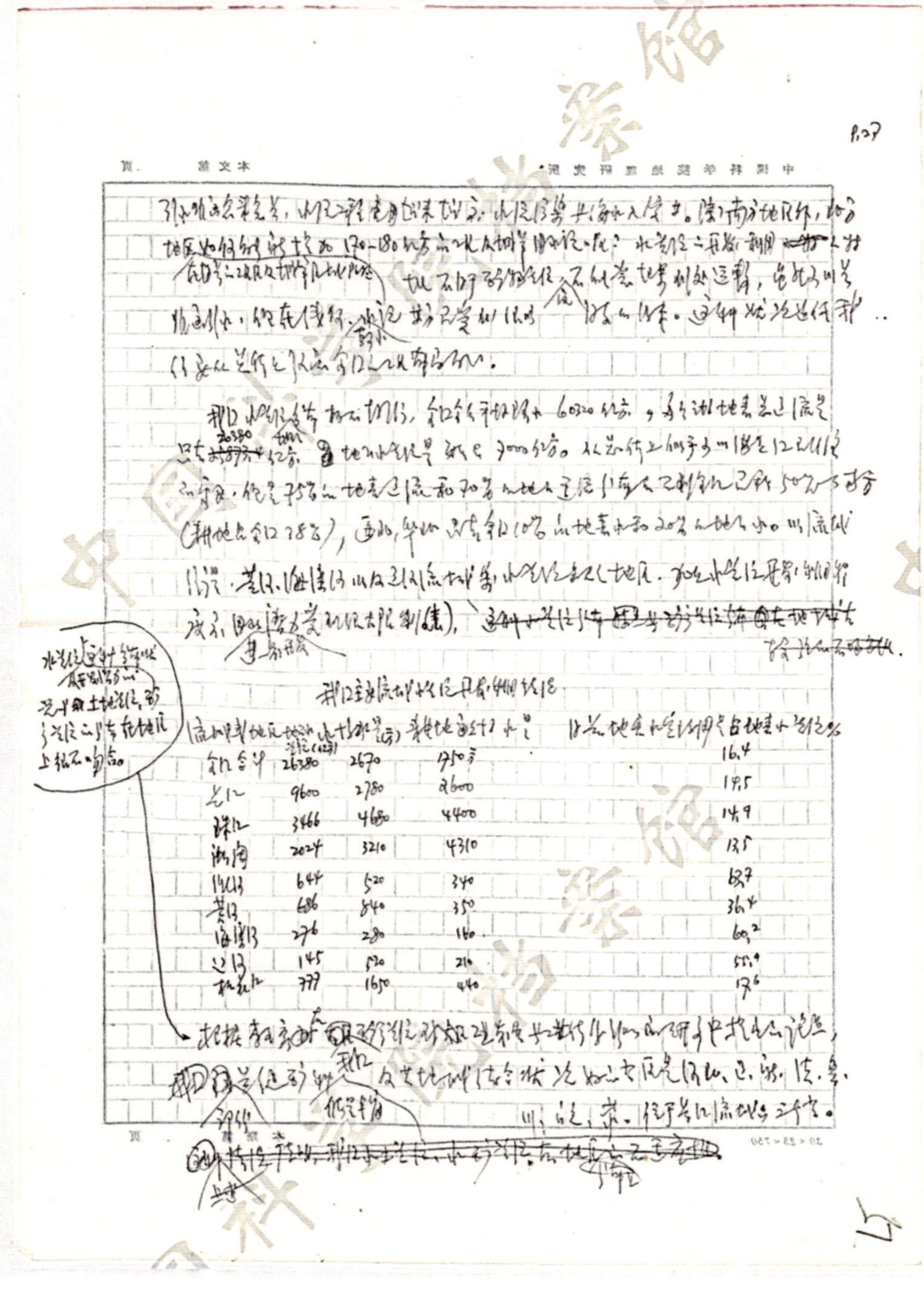

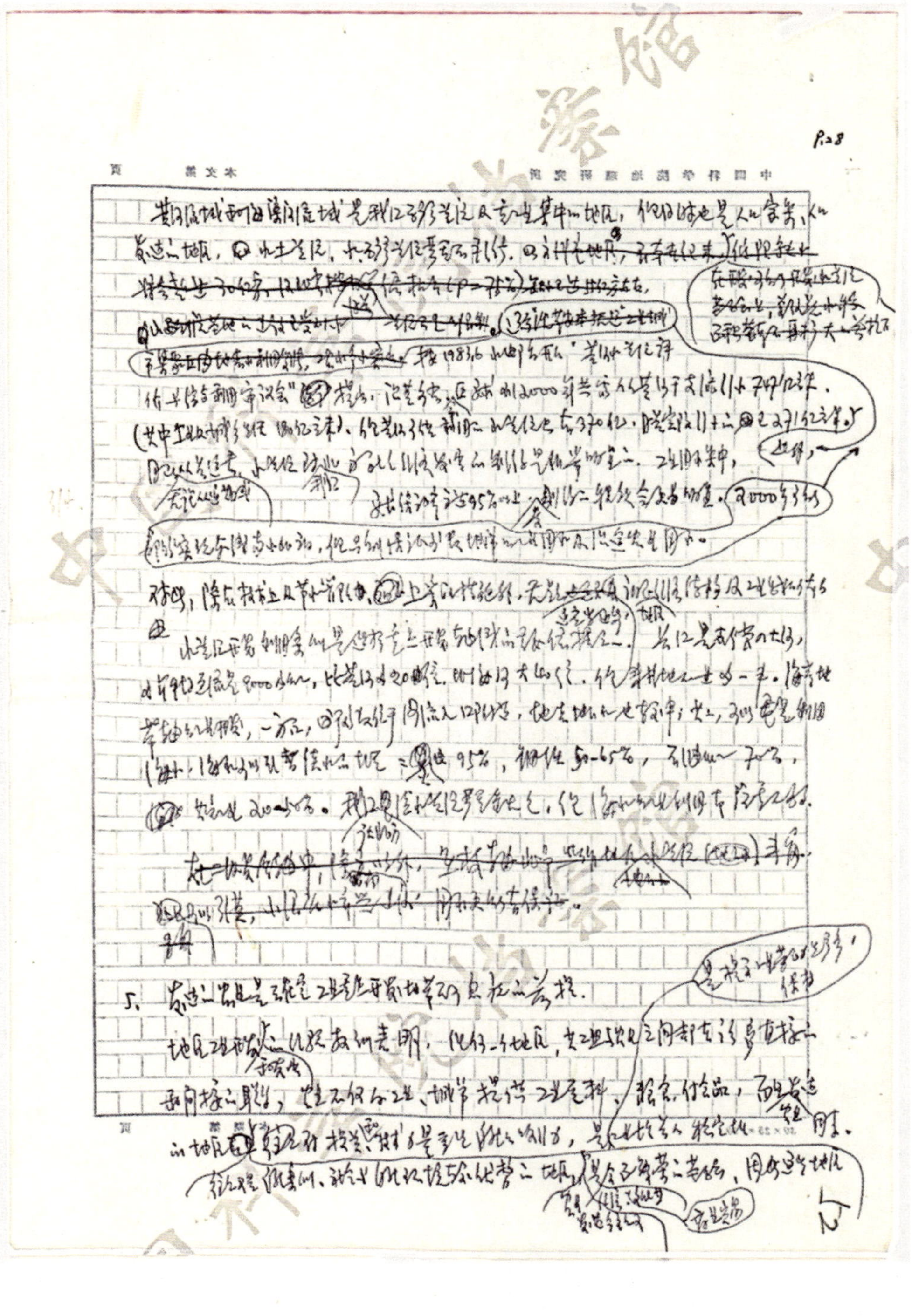

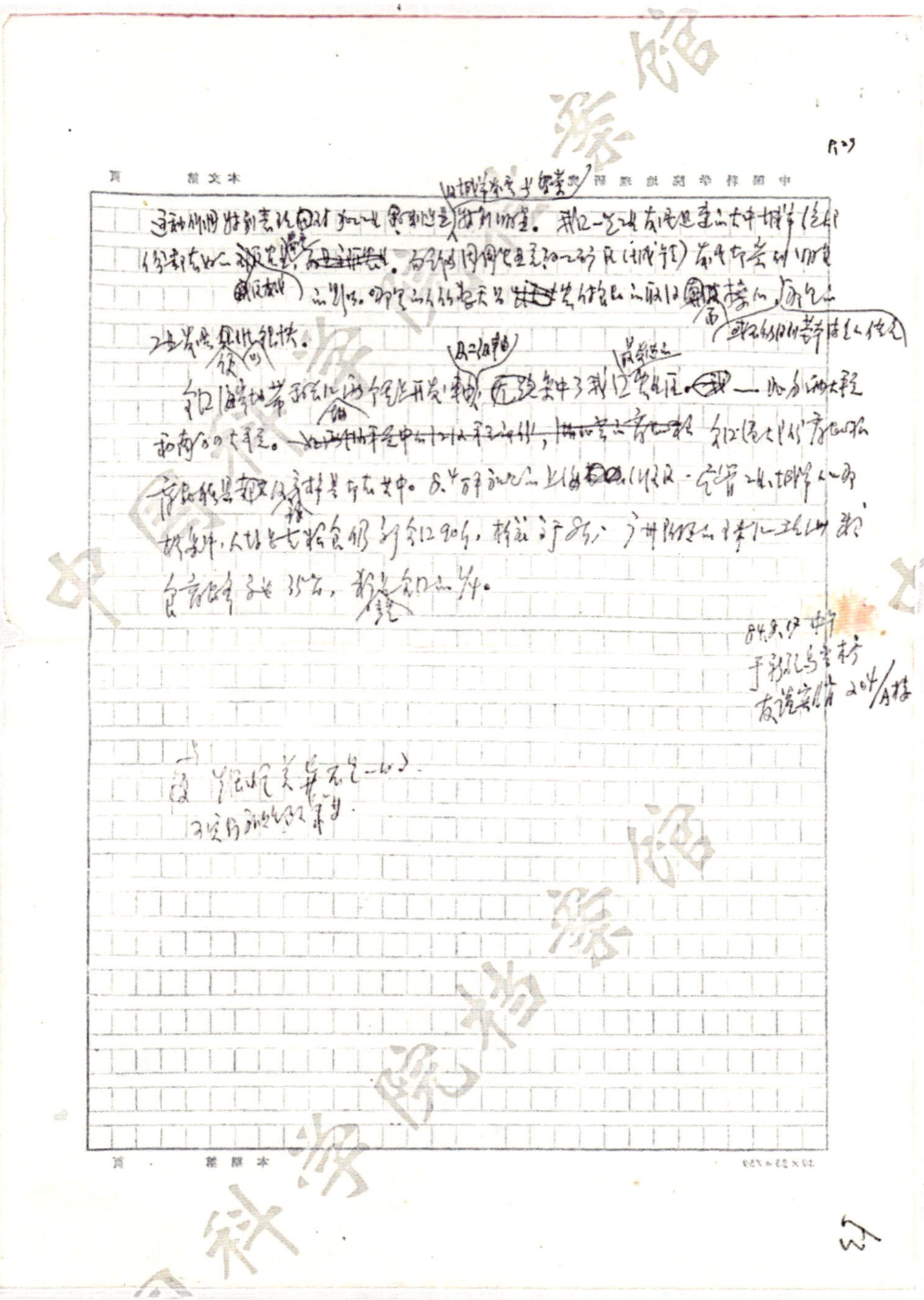
[illegible]

84.5.17 [illegible]
[illegible]
[illegible] 204/A [illegible]

[illegible]

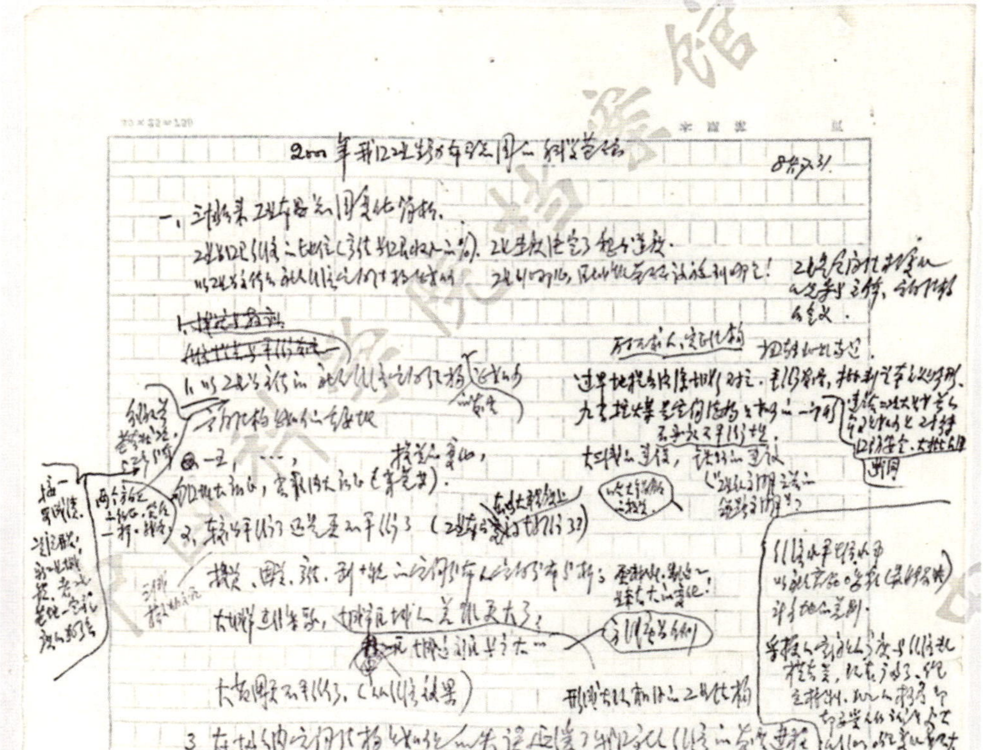

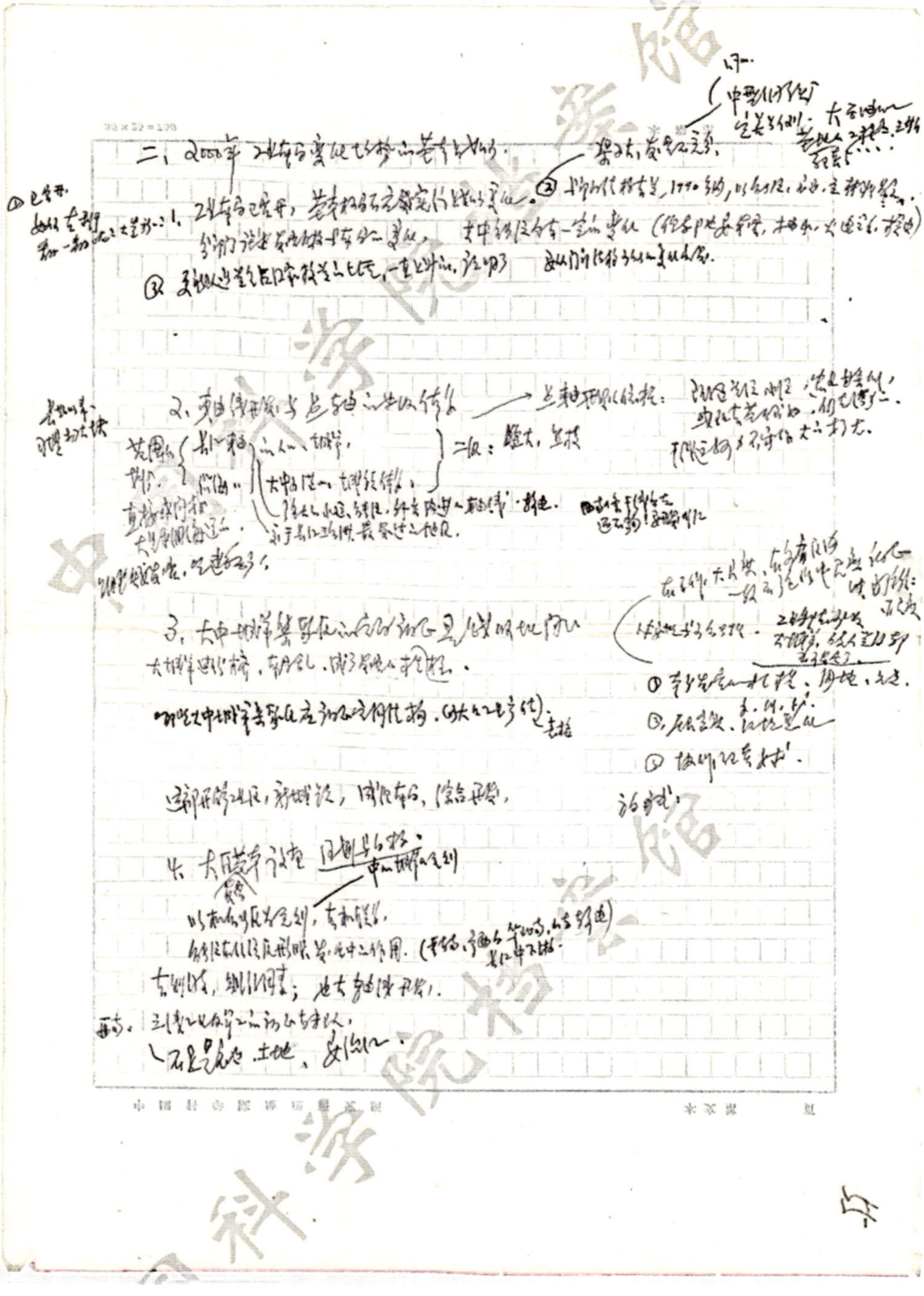

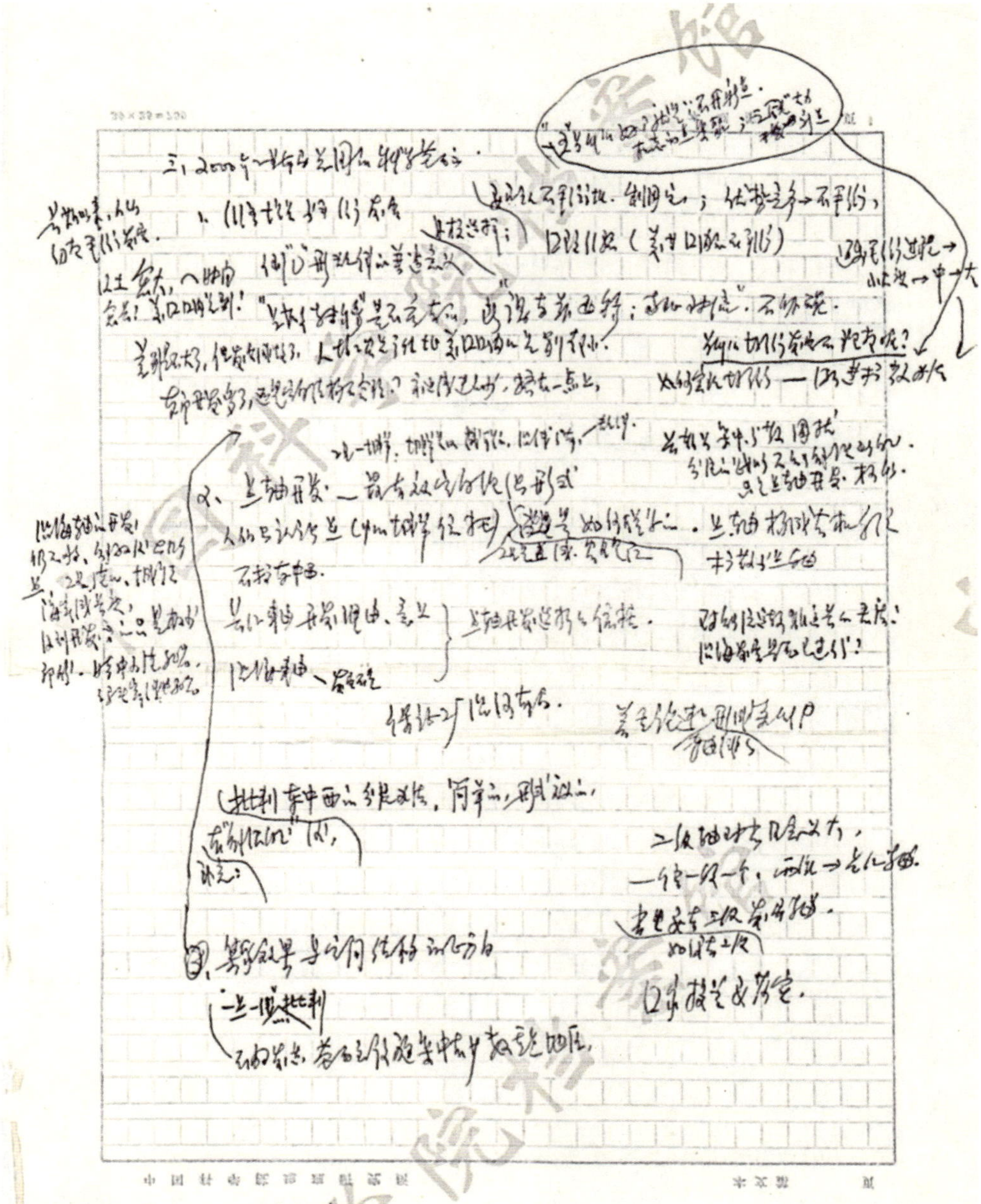

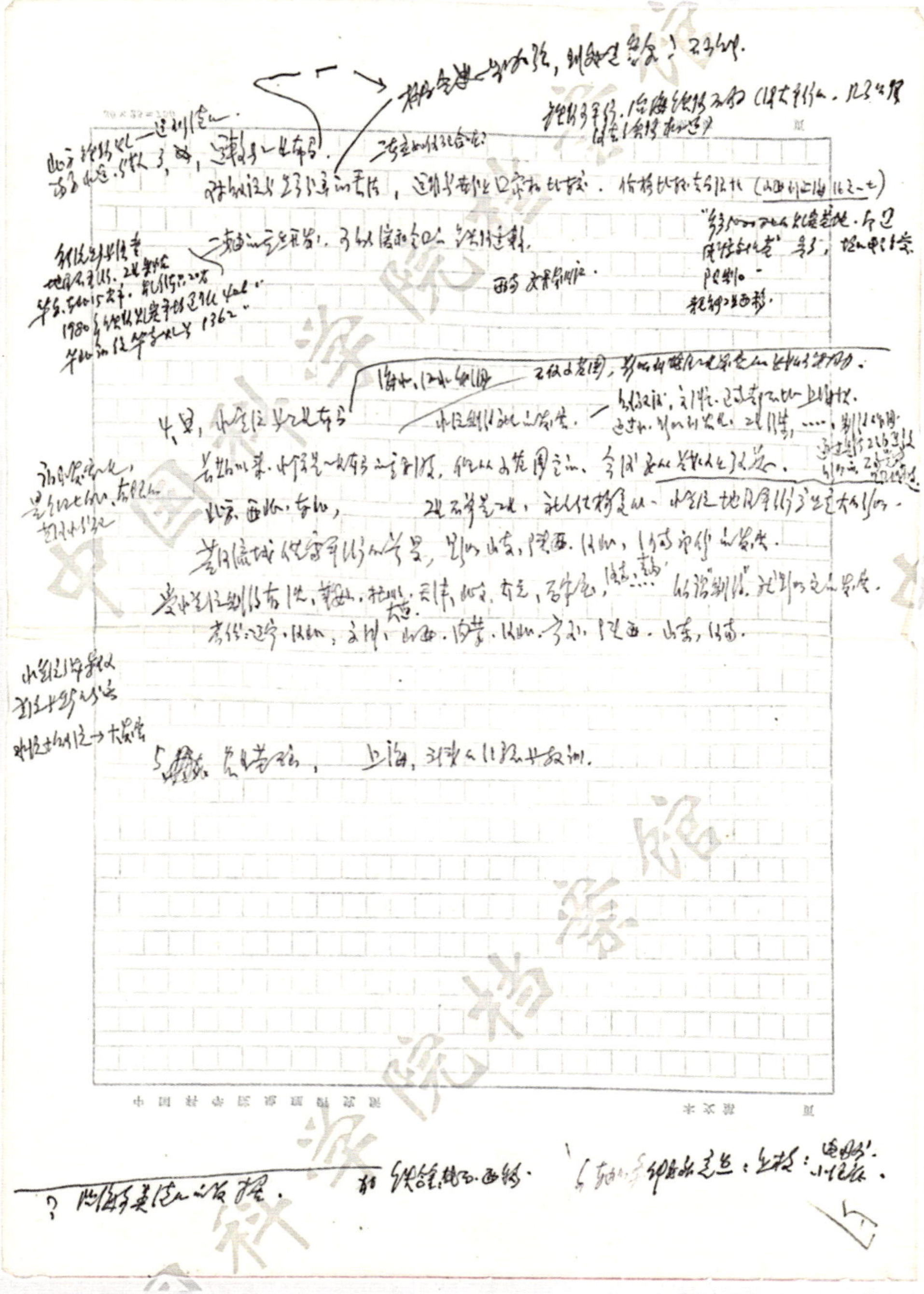

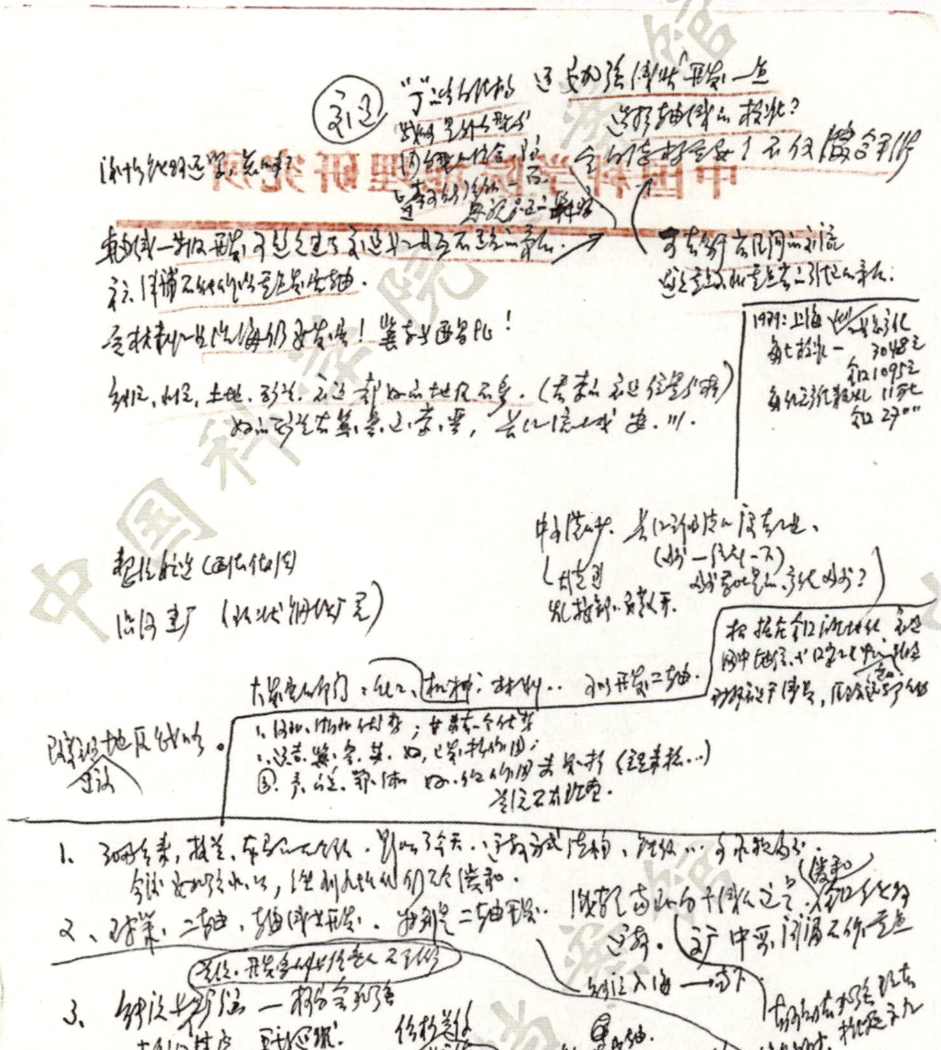

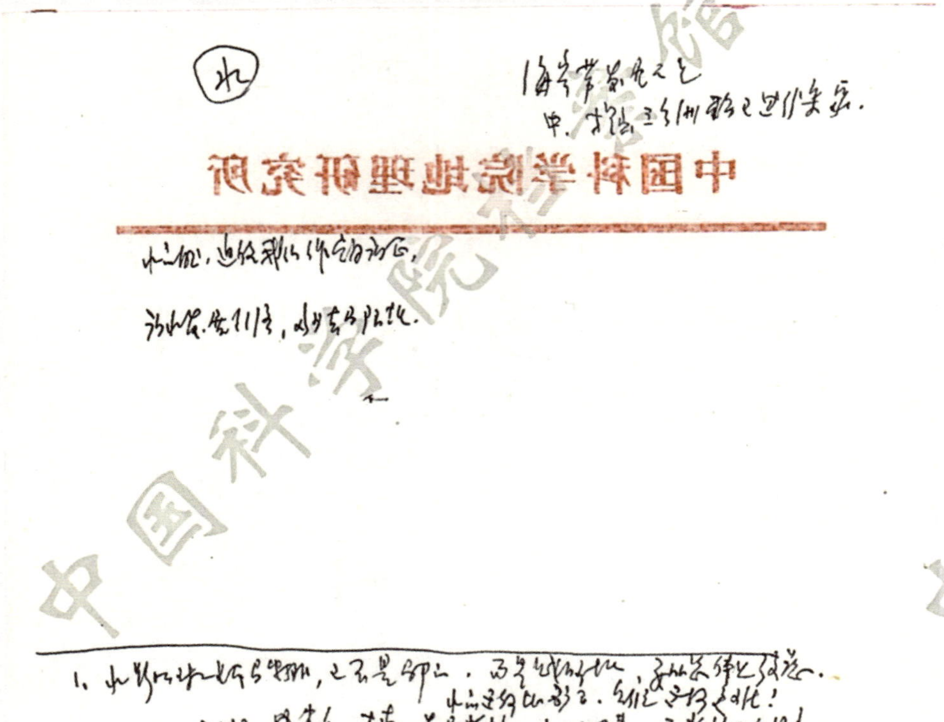

第四步手稿

第四步手稿的题目是《二〇〇〇年我国工业生产力布局总图的科学基础》，是最后手抄的送出打印的稿子。遗憾的是，开始的总标题页丢失，现存内容从第二页（目录页）起，共32页。其内容与1984年9月底提交给“中国地理学会经济地理专业学术讨论会”并在第一天大会上发言的油印稿完全一致。

需要说明的是，第7页（以目录页为第1页开始计算，下同）是一幅插图，稿纸上未标号。文章第10页中间开始第二部分，标题为“二、二〇〇〇年工业布局变化可能遵循的基本战略”，该页以下空白。第11—21页，当时请了一位临时工帮忙抄写。之后，从第22页起由我继续抄写，中间插入了一页关于点-轴系统五点科学功能内容，直至第32页文章结束。

特别要交代的是，第四稿作为定稿，本应有一个“结束语”。然而，在20世纪末整理文稿时发现，最后两页各有小半页破损，去掉破损部分后两页虽可粘贴在一起，但“结束语”三个字已缺失，可参照打印稿的“结束语”。

中国科学院地理研究所　　本文第　　页

目　录

本文提要：我国自五十年代末至七十年代初工业布局战略上的转移，违背了经济增长与平衡发展间倒"U"字形相关规律的要求，曾给我国社会经济发展带来巨大的损失。鉴于我国自然及全部地理条件的不平衡性及经济增长仍是我国发展的长期首要目标，本文提出：在本世纪末至下世纪初叶，全国工业生产力布局总图不宜发生重大的变化（转移）；以海岸地带、长江沿岸两个一级重点发展轴线为主的点轴系统是最有效的工业空间组织形式；大中城市及工业集聚区的小尺度空间结构调整是促进工业发展的战略性措施。

30×25=750　　第　　页

二000年我国工业生产力布局总图的科学基础

（粗　稿）

工业在我国国民经济中占主导地位。1982年工业占工农业总产值的66%，在国民收入中也占45%，均居首位。因此，工业发展速度在很大程度上决定了整个国民经济的增长速度。在空间上，工业到哪儿，一系列区域性基础设施及城镇等必须随之出现，即工业是国家或区域社会经济空间结构的主体及其变化的先导。三十多年来，我国建立了相当规模的工业化基础。一批在解放前有一定基础的城市，工业面貌焕然一新；北京、吉林、大庆、石家庄、济南、淄博、兰州、包头、成都、渡口、株洲、六盘水、平顶山等城市为新兴的工业城市。一大批煤矿、油田、有色及黑色金属矿山、铁路工程也出现在祖国的地图上。工业总产值由1949年的140亿元发展到1982年的5577亿元。在取得如此巨大发展成就的同时，在合理配置工业生产力及合理选址方面也积累了丰富的经验，人们对我国各地区的地理特征及工业地图变化的科学认识愈来愈丰富了。这是我们制定2000年工业生产力布局总图的重要依据。

一、三十多年来我国工业布局总图变化简评

（一）工业布局战略变化的回顾

解放前夕，我国薄弱的现代工业主要分布在上海、东北南部、天津、青岛、广州、无锡、武汉、重庆、太原等地。1949年，按一般所称的大区划分，西北、西南合占11.5%，华东占50.2%。

1953年我国第一个五年计划规定："为了改变原来地区分布不合理状态，必须建立新的工业基地，而首先利用、改造和扩建原来工业基地是创造新的工业基地的一种必要条件"。根据这个原则，以156项（实际为154项）重点工程为主体的694个限额以上的工业项目，

主要配置在大中城市。156项重点工程总(投资)200亿元，东北(集中在沈阳、吉林、抚顺、哈尔滨、鞍山、齐齐哈尔等)52项，华北(除采掘外，集中在北京、太原、石家庄、包头)28项，其余的原材料和加工工业项目，除部分军工外，分布在西安、兰州、洛阳、武汉等几个大城市。工业企业多在城市郊区成组布局，如吉林的江北、北京的东郊、沈阳的铁西、太原的北郊、兰州的西固、武汉的青山等。"一五"期间全国工业产值年均增长达18%，大中型工业项目的建设周期平均仅为6年。无疑，正确的工业布局战略是获得如此巨大效果的重要条件之一。

"二五"开始，提出了"以钢为纲"、"大办小土群"，以及批判资本主义生产时期分布，消除城乡对立、[illegible]先进地区与落后地区的差别，实现平衡发展等一系列方针，工业的空间格局开始发生变化。内地和不发达地区的投资大幅度增长。全国成百上千家中小钢铁厂建立起来，其中中型的就有100多家，不久又被淘汰了大部分。在包头、武汉两大钢铁基地开工不久的情况下，急速转移向纵深推进，着手建设酒泉、攀西两大基地。在三年调整时期，曾正确地加强了沿海及有了一定基础地区的扩建与新建，天津、上海、大连、青岛、沈阳取得了较"二五"时期高得多的速度。但是，建立在五十年代之前的军事战略之上的"国防安全"观点开始支配着军工和许多民用工业部门的布局。至"三五"期间，"三线"建设大规模上马，大批工厂进山进洞。"四五"期间，超越实际可能，不适当地大搞军工。在"三五"开始的以后十多年中，在"扭转北煤南运"的口号下，集中全国煤田勘探力量的40%和煤炭投资的43%("三五")～48%("四五")于江南九省市找煤挖煤，是实现全国工业布局大转移战略的重要组成部分。

中国科学院地理研究所　　本文第 3 页

在进行大尺度空间结构调整的同时，在许多省、区内，还作了另一种尺度——中尺度的调整。不处于战略"三线"的省、市、区均搞起了自己的"小三线"，许多大中型企业被置于远离城市、运输干线几百公里的山沟里，例如景泰、贵池、水城、太原等钢铁厂。与此同时，建立"地区工业体系"之风盛行，导致全国29个省市区中，冶金、电力、煤炭、石油、化学、机械等重工业部门的产值占总产值60%以上的有27个（1977年），形成几乎雷同的地区工业结构。

1972～1978年间，我国陆续建设了引进的27个（投资187亿元）重大的化肥、石油化工、电站、钢铁企业[illegible]，其中长江沿岸13个，海岸地带8个。很大部分位于有相当基础的工业城市和工业区附近。特别是在配套加工能力强的城市区域建立起具有龙头作用的原材料大厂，起了巨大的发展作用。这是人们从长期教训中摸索得出的经验，也是对以往十多年中工业布局空间结构战略大转移的反调节措施，标志着我们已充分认识到我国资源及全部地理条件的不平衡性，按客观要求和经济规律来配置全国工业生产力。三中全会以来，采取了加速开发山西煤炭、加快铁路与港口建设等一系列重大措施，促进发达地区和较有基础地区的进一步发展。

然而，就在工业布局刚转到具有明显效益轨道上来的时候，近年来，又重新提起战略大转移：转到西北，转到西南，转到中部等等。到底是否应该在本世纪内及二十一世纪初实现经济开发的战略大转移？

提法值得斟酌！

(二)、我国工业布局在多大程度上取得均衡了？

上述战略转移和平衡布局措施，产生了如下结果：

1、除西藏外，全国各省市区都有了钢铁、有色冶金、燃料动力、化学、机械、建材、轻工、纺织等许多行业和[illegible]门类；

30×25＝750　　本期第　页

2、以工业固定资产衡量，工业生产力较之解放前变得均衡多了。1952～1980年，"三线"11省区新增固定资产达到1670亿元（其中工业占60%），占全国34%。一些解放前工业基础很薄弱或几乎没有现代工业的省区，如甘肃、内蒙、新疆、河南、云南、安徽、湖南等，都各拥有100～200亿元的固定资产。从而奠定了工业及整个国民经济进一步发展的基础；

3、但是，从某种意义上讲，转移和平衡布局的实际效果并不很理想：

1）、以1982年的工业利税总额即对国家的实际贡献的地区分布来衡量，沿海12省市区仍然占到全国的64%，而接受大量投资、占有大量固定资产的"三线"地区只占24%。图一是以罗伦兹曲线精确地描述1982年全国工业固定资产、工业利税总额以及1952年工业总产值在各省市区分布的不均衡性。可以看出，表示1982年工业固定资产地区分布的曲线L_1较接近于对角线，即较为均衡。然而表示同年利税总额分布的曲线L_2却在相当大的程度上偏离了对角线，即不均衡程度大；但是，L_2却与1952年工业总产值空间罗伦茨曲线L_3比较接近。

2）、采掘工业及部分能源工业，发展受资源地区分布的制约，在[illegible]间的空间上得到发展，相对比解放前均衡了。但原材料工业，特别是加工工业都受到若干不同于采掘工业那样一些因素的影响。这些因素相互作用的结果，加工工业的分布不平衡性并没有明显地减弱。机械制造、电子、化学和轻纺制品的最主要生产中心仍是解放前就有一定基础的大中城市。据不完全统计分析，上海、天津、北京、沈阳、哈尔滨、武汉、广州、重庆、成都、西安、太原、大连等十二个大城市，其制造工业的产值占全国制造工业的一半以上；如以沿海内地划分，沿海12省市区占到全国

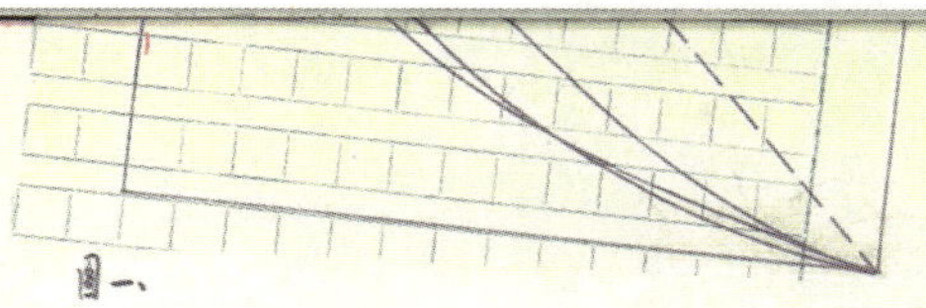

图一、

的51.2%。原材料工业的大厂，包括钢铁、纯碱、乙烯、化学纤维、棉纱等，仍然集中在较发达地区，水泥、合成氨、有色冶金等实现了较为均衡的分布。

3)、工业布局在较小尺度范围内，即相当于若干个地区一级行政区[illegible]组成的地域，有些，如长江三角洲以上海为中心包括苏锡常杭等在内的区域，在主要中心城市发展的同时，整个经济区域内都有了很大的发展。但是，象京津唐、辽宁中南部地区、武汉地区、四川盆地、渭河平原地区等，工业及整个社会经济设施在少数一二个大城市集聚，区内工业发展的不平衡性在不同程度扩大了。如唐山地区、唐山市及廊坊地区的工业产值占整个京津唐地区的比重，由1949年的12.6%一直下降到1978年的6.9%，只是近年来有些回升，但仍然只有8.0%。因此，可以说是继续了解放前的不平衡发展过程。

(三) 六十年代工业布局战略上的失误延缓了我国社会经济发展进程

长时期内，人们不大承认工业发展和布局不平衡性的合理性及在一定阶段的必要性。在国民经济取得较大发展时，就谋求改变方向，战略转移。争投资、争项目之风盛行，投资分配和项目安排只好吃大锅饭，诸如：每省一个至几个中型钢铁厂，一个炼油厂，一个维尼纶厂，每县一个小化肥厂、水泥厂，等等。在铁矿石、原油、棉花等供不应求的情况下，大厂仍在不断地新建或扩建。国民经济建设投资撒在广阔的地域范围内，有发展优势的地区得不到足够的资金、原料及动力供应。1950～1980年间，全国基本建设总投资7021亿元，沿海12省市区只占44.4%，"三线"竟占到38.7%。西南、西北合计所占比重，"一五"的16.9%，上升到"三五"的35.1%，"四五"

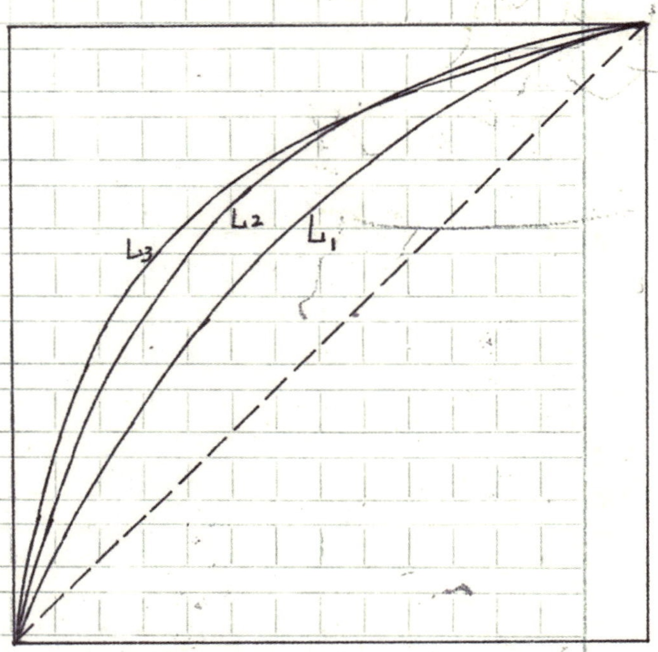

图一、一九八二年工业固定资产、工业利税总额及一九五二年工业总产值地区分布的罗伦茨曲线

的24%；在比较发达的地区中，同期上海总投资235.7亿元（其中工业不到150亿元），仅占全国的3.34%，居第13位，天津居21位。直到七十年代中期以前，天津、上海、青岛、大连等沿海工业基地基本上未新建大型原材料工业企业，引起这些地区的钢材、化工原料及中间体、纺织原料、建筑材料等严重供应不足。主要工业部门中，钢铁工业1949～1975年564.5亿元投资基本上在六大区中平均分配，其中华东区的投资规模居倒数第二位。煤炭工业投资在"三五""四五"中集中于江南，自六十年末至七十年代末，山西没有新开一个大井，解决东北能源供应的三大"露天"矿迫推迟。"二五"以后全国铁路新线建设，无论就交通网的格局和线路走向，基本上是从那时的"战备"观点出发，集中在人烟稀少、许多铁路附近资源也不多的西南、西北及"五西"（鄂西、湘西、广西、豫西、晋西）地区，而工农业产值占全国87%、人口占77%的东北及东南沿海地区只修了一些延伸线及工矿支线。许多工业基地、城市的对外运输干线能力严重不足，一些很有发展前途的地区，如广东东半部，福建南半部，山东东南部沿海等至今未通铁路。

上述战略转移、平衡布局造成的损失是极甚巨大的。

1、工业基础好、占全国工业生产很大部分的地区和城市，工业增长本来可以比实际快得多。1953～1978年间，西南、西北、中南地区工业增长速度都超过全国平均值，东北、华东两大区正相反。其中，1966～1978年间，全国工业年均增长10.2%，东北区只有8%。综合性大工业城市天津、上海在"三五"期间平均年增长只0.5%和5.7%；调整时期，沿海投资比重有所增加，天津、上海工业年增长为[illegible]15.9%和17.5%，但"三五"、"四五"又大大降下来。

"三五"、"四五"期间，全国新建的大中型项目分别为1944和2969个，其中西南西北合计分别占到41.0%和31.2%，如加上中南区，则分别为60.2%和52.2%。这是该阶段全国工业增长速度大幅度下降的重要原因之一。

非常清楚，比较落后地区有超乎平均值的、但绝对值是微小的增长，是以压制、牺牲发达地区绝对值大得多的增长为代价的。

2、全国各地区基本建设固定资产形成比例相差达20~30%，许多大中型民用及军工企业，建了停了，乃至迁厂搬家。就是在全国形成的4000亿元固定资产中，真正能发挥作用的只有2500亿元（止1980年）。有些花了几亿元、几十亿元投资的大厂被迫弃置，或经转段，但只能发挥小得多的作用。湖北省三十年中煤炭工业（地煤）投资高达153元，1958~1960年，1970~1978年两次大办煤矿，报废矿井分别为69对和99对，经济损失共达2亿多元。再以百元固定资产（原值）利税率比较，1982年全国平均为33.5元，各地最大相差达10倍以上（见图二）。可见工业投资和生产效益的空间差异是何等之大！还应当指出的是：固定资产形成比例和利税率的差异在空间上基本是一致的。

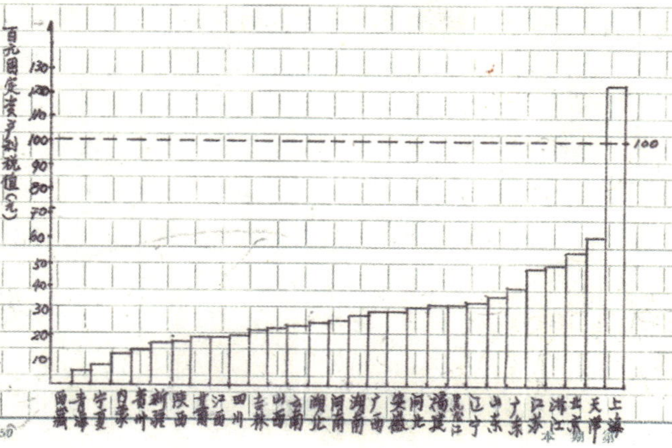

图二、1982年工业百元固定资产利税值的地区差异

3、一大批建成的大中型企业由于布局不当，长期背包袱。它们远离城市和经济发达区，燃料及原材料要由几百公里乃至上千公里运去，成品又要运出来。许多企业所在区域没有配套协作条件，迫于搞小而全；生活供应困难。当然，其中也有些企业，近年生产已进入正常，成为国家的骨干企业，但人们不应忽视它们的地区布局(有的还包括厂址选择)是不当的，年复一年地、不知不觉地支付着大量的超额费用。

现在可以设想：如果以往一直采取较正确的工业布局空间结构战略，那么，东部及内地中的较发达地区会保持较实际高2—3%的年均增长速度，固定资产形成比例差别不大，全国有多于实际500亿元以上的固定资产能发挥效益，平均利税率达到35-38%，大中型企业的布局都是按科学的区域规划实施的，等等，那么，我国目前的经济发展水平乃至社会发展水平要比实际高得多。

二、2,000年工业布局变化可能遵循的基本战略

[redacted]度，[redacted]倍。

三、[redacted]

由上分析，本世纪内我国及各大区的国民经济发展目标是宏伟的，实现宏伟目标取决于国内国际诸多方面的条件和因素。其中一个重要的方面是要实行正确的生产力布局战略。

人们不会忘记，我国自五十年代末至七十年代初曾实施了工业布局的战略转移，以谋求经济的均衡发展，实践已表明，它给我国社会经济的发展带来巨大的损失。那么今后十多年内，或者说至下世纪初年，可能遵循什么样的基本战略呢？会不会有战略转移，如从东部转到西南，转到西北或转到中部呢？这个问题固然取决于战略决策本身，但是，近几年来采取了一系列重大步骤加速发达地区和较有基础地区的发展，取得了全国国民经济的普遍高涨，这个经验以及过去六十年代的教训将会使我们如何保持审慎的态度对待"战略转移"，而采取符合实践要求的保证达到经济增长宏伟目标的生产力布局的战略。这个战略的特点主要表现以下三个方面：

㈠生产力布局总图不发生重大变化

三十多年来，我国工业生产力已在广大国土上铺开。1982年全国设市已达245个，建制镇和工矿区2819个，其中绝大部分都是由工矿业的发展而形成的。但是，架子大，发展不足。除少数特大城市城近郊区和工业集聚区以外，从"规模经济"和区间、产业的充分利用的角度，都还有不同程度的发展潜力。在本世纪末及下世纪初，为了国民经济翻二番及更大的发展，工业发展的重点无疑会在有一定基础的工矿区域、城市区域扩大发展，交通建设将主要配合工业的发展及满足出口贸易、特区开发的需要，农业生产布局不致发生重大的变化，但是各大经济区、各省区的农业专门化部门（即有全国意义的产品的部门）的规模会有很大的发展，大规模的扩耕主要将在较发达地区。这种趋势在上述各大区的发展中已有交代。以下从主要工业部门发展和布局的分析也可进一步说明这个问题。

预计在"七五"至"八五"期间，我国工业的重点发展部门是能源和原材料工业，从九十年代中期至2000年前后，化学工业和机械、电子工业将有高速度发展，同时，建材、纺织工业在全部工业部门结构中的地位也将会有所上升。主要部门的区位变化趋势如下：

能源工业。1995年前后，煤炭开发建设总规模2.2亿吨。重点是山西、东北（三大煤矿为主）、内蒙，其次是豫西、鲁西南、两淮、黔西南。进入九十年代，要扩大宁夏、新疆、陕西的煤炭开发，但重点仍在前面所指地区。石油开采根据已获得的勘探结果，除了大庆、胜利仍是主要油区外，南海、新疆最有可能成为主要产油区。电力工业的地区布局将有较大变化：上述煤炭基地附近，将建设一批坑口电站；西南（包括广西西部）的红水河、雅砻江、大渡河等，西北的黄河上游以及三峡等水电基地将作为全国水电重点开发地区，预计西南水电装机将达到1500—1800万千瓦，三峡建成后，华中地区水电将超过2000万千瓦，西北将达到1000—1200万千瓦。为接近消费地及完善电力系统的合理运行，东部及东南沿海仍需积极开发可能开发的水电（浙江、福建、广东），建设核电（广东、江苏、渤海湾）及火电厂。至本世纪末，能源工业的总体将形成以下明显的布局格局：东北—石油、煤炭、火电，华北—煤炭，火电、西北—水电、石油，东南沿海—火电、核电，西南—水电。

冶金工业。目前已形成鞍山、上海、武汉、北京、本溪、攀枝花、包头、马鞍山、太原、天津十大钢铁基地，钢产量占全国60%以上。中型骨干企业50多家。总之，数量已经相当多了。钢铁工业发展的最突出的问题是矿石供应及轧钢能力不足。本世纪内要达到7000万吨水平，主要措施将是改造和扩大已有的钢铁基地，特别是沿海、沿江地区的钢铁企业，以便扩大国外进口矿石。预计可增加产钢能力1200～1400万吨；为使我国钢铁工业形成系列，改变钢材大量依赖进口的局面，将在资源丰富的辽南和冀东新建600万吨以上的特大型钢铁企业。中小钢铁厂亏损严重，主要原因之一是结构不完善。但要使之完善，需十五年以上及几十亿投资，不可能再开新点。铁合金生产将逐渐集中到山西、四川、湖北、青海等能源丰富区；铝、铜、铅锌、锡等有色金属的粗炼将会集中在山西、郑州、贵州、湖南、广西、云南等矿区附近，精炼将由大城市地区转到西北、西南的能源产区。

石油化学、无机化学及轻化学工业将有迅速的发展。目前全国炼厂原油加工能力1.05亿吨，大中型炼厂36个，占总加工能力的90%。全国炼厂能力利用率不到70%。当本世纪末原油达到2亿吨时，依靠现有炼厂改扩（250万吨可改到350万吨）加上在东南沿海新建少量炼厂，即可完成1.5亿吨左右的加工量。与此相应，建立在原油加工基础上的乙烯裂解及大宗有机原料、大型化纤单体生产、合成氨等也可以在现有炼油基地区域发展，如天津乙烯化纤二期，武汉、广州、安庆、岳阳等地的乙烯工程等，使这些炼油厂变为综合性的石油化工基地。以酸碱为主的无机化学，将在内蒙、宁夏新建大型纯碱厂，但重点仍在老基地（大连、天津、上海、青岛、南京、福州）扩建及新建（如冀东、广东）。煤炭化学的规模受到一系列因素的限制，其区位基本与冶金工业相一致。大型合成氨氮肥厂除采用油气路线外，以煤作原料应受到重视；磷肥工业受到硫酸供应的影响，也不可能太集中，精细化工品种多、批量小、技术复杂、无疑应利用现有基础，结合改造，引进技术在上海、青岛、天津、大连、南京、广州等地进一步发展。

建材工业。我国水泥已达9000万吨水平，但存在着大区间调拨的不合理现象。今后应重点加强京津唐地区、广东省及宁夏、新疆等地区的大型水泥厂的建设。森林工业布局的变化将表现在：在主要林区东北、西南、东南沿海及进口木材的沿港地区的木材加工、人造板和林产化学的发展。

机械、电子、新型材料、纺织、食品是今后我国最有发展前途的工业部门，也是我国引进技术、发展出口生产、满足国内不断增长的消费的主要部门。这些要求技术水平高的生产在已形成的基地，特别是在沿海沿江实行经济开放的城市更为有利。

综合上述各部门的预测趋势，表明：在本世纪及下世纪初年，我国工业生产力布局总的从大区角度不致发生巨大变化，各省市自治区工业总规模的差异不会缩小。

这种趋势还可利用我国基本建设投资占固定资产投资中的比重变化加以佐证。三十多年来，这一比重不断下降，更新改造部份所占比重不断上升，正在进行的"六五"计划占到30.1%。预计这个比例仍会上升（实际曲线S将会沿S_1方向外推），见图二。曲线S的趋势可以从综合角度反映扩建和新建的关系以及工业区位

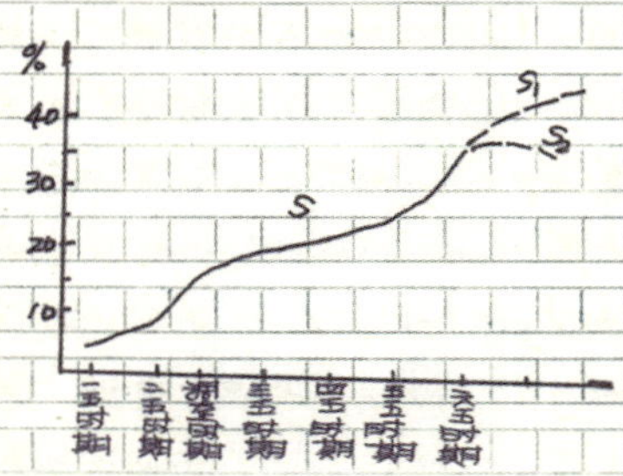

总体变化的趋势，更新改造投资所占比重愈大，工业区位总体变化程度就愈大。

图三 各时期更新改造投资占固定资产投资的比重(%)变化趋势

二 (二)重点发展的轴线及点轴系统

尽管至本世纪末前后，我国工业生产力布局不致发生如东部到西部、或东部到中部之类的战略变化，但宏观上仍将要在全国范围及各级区域内形成重点开发的地带和城市区域。

重点发展轴是指重要交通干线（港、站在内），有时还加上动力供应线、水源供应线等所经过的、附近有较好的位置、资源、经济基础等条件，因而有较好的开发潜力和远景的地带。工业生产，无论采掘、原材料和加工工业，都是产生于和聚集于点上并由线状基础设施彼此联系在一起的。因此，工业生产重点地域方向，即是重点开发的轴线。轴线开发又是以不同等级的中心城市为基础的，相应地就会形成不同的各级点轴系统。

根据我国工业发展条件地区差异及国民经济各部门的现状分布以及今后国家的发展任务，本世纪内及下世纪初年全国一级的重点发展轴线将是：沿海地带轴及长江轴。

1、沿海地带轴。全国海岸线总长1.8万多公里，经三十多年来的发展，成了我国国民经济的主体地带。1982年，就36个主要城市统计，工业总产值近1500亿元，占全国27%。沿海海运将是我国最大的能源运输路线，也是我国对外贸易的前头阵地。海岸地带工业发展方向仍是综合性的，但不同岸段地带会有较大差别：1)北部渤海湾沿岸及山东半岛沿岸，将以传统的重工业为主，包括钢铁、石油化工与海洋化工，化学纤维、造船、机械及电子，同时发展在进出口贸易及利用港口腹地内资源基础上的轻纺、食品、水产加工与木材加工等工业部门，其中外向型的产品也占一定比重。配合发展火电。主要的开发中心城市及港口区域是：大连—营口段，冀东滨海，天津滨海的汉沽—塘沽—大港段，龙口—烟台段，青岛及附近沿岸，石臼所及连云港附近。2)长江口至浙江南部，是我国最大的综合性工业基地之所在，高档的轻重工业产品主要生产地。今后主要将发展外向型和内向型产品的生产，如各种各样的机械、电子仪器、精细化工、新型化工及建筑材料、丝绸、毛纺、食品、工艺美术等。利用有利的对外联系条件发展开发性产品的生产。主要开发的中心城市及地段：以上海为中心的东海沿岸和长江口南岸地段，宁波附近。3)浙江南部以南海岸地带。除了珠江三角洲外，工业基础尚薄弱。但发展潜力大，最突出的是外向型工业有很广阔前途，以轻工、电脑、新型材料、食品为主，同时发展石油化工、造船、海洋开发设备的制造等。主要的开发城市及地段：福州—厦门，泉州附近、汕头附近、以广州、香港、深圳、珠海为中心的三角地带、湛江—茂名，海南岛。

海岸地带轴将以超过全国平均值的速度发展，予计到本世纪末，占全国工业总产值的比重将提高到1/3左右。

2、长江沿岸轴、长江是我国东西向的运输大动脉，近年来运量已超过5000万吨。运输开发潜力很大。正在建设中的葛洲坝和规划建设中的三峡水利枢纽见工后，将有一千万千瓦的电力来送（其中出湖北省有600万千瓦。还具有丰富的供水水源。所以，应成为我国仅次于沿岸地带的重大发展轴。1982年，按31个主要城市（上海计算在内）计的工业总产值1354亿元，占全国24.3%，集中了全国十大钢铁基地中的五个，有两个大型石油化工基地、八个大型炼油厂及一个天然气化工基地。东部上海是我国最大的海港、工业城市及贸易口岸，其吸引和影响范围涉及到华东、华中、西南、西北的广大地域。在长江轴所经过的8省市中，四川、安徽是两个铁矿，能源资源、有色金属都很丰富的省份；湖北、湖南、贵州、云南的磷矿占全国的90%以上，湖北的水电资源丰富，且位于全国经济联系的中枢地带。长江流域的农产品占全国44%，除云南外，都是全国农业发达区。长江轴的工业开发，有助于进一步开发长江流域的水利、水产、农业和劳动力资源。长江轴工业结构的现状特点是原材料和制造工业发达。今后将发挥工业结构中的优势，充分开发利用长江水运，依靠南北向的几条铁路干线，运来煤、原油、矿石等，发展钢铁、石油化学、有色冶炼、机械、轻纺等工业。在地域布局上，除上海经济区外，以南京为中心，包括沿江的镇江、扬州、马鞍山、芜湖、安庆、铜陵等，以武汉为中心，包括南昌、九江、黄石、沙市、宜昌等，以重庆为中心，包括万县、泸州、宜宾等，成为三个工业集聚地带。

长江轴工业的大规模发展，要开发全部长江航道，加强港口码头建设，解决支流局部存在的碍航、阻航问题，滨江一带有大量的适宜于工业、交通设施建设的土地，但要采取防洪措施。

上述两大重点轴构成"T"字形。长江轴将内地两个最发达的核心地区与海岸地带轴联系起来，两轴在经济最发达的长江三角洲交汇。这种空间结构形式较准确地反映我国国土资源、经济实力及开发潜力空间分布的基本框架，也有助于今后更好地利用与国外经济技术交流中所激发起来的巨大动力。将此二轴进一步开发建设好，就可奠定国民经济翻两番的基础，并促进与之相联结的二级三级发展轴线，使全局获得顺利发展。

重点的二级发展轴线，是指有发展条件与潜力的省市区间线状基础设施所经过的地带，有：

1）珠江—南昆（南宁—昆明）轴。包括珠江干流、黔桂边境的水电输出线及规划中南宁—昆明铁路线。将是华南及云贵三省发展的核心地带。进一步发展的目标是大规模开发红水河的水力资源，平果铝基地，黔南的磷、煤，云南的有色金属矿，并将动力、原材料、工业用农业原料等供给珠江三角洲。而当珠江三角洲地带获得足够的较之来源于华北的便宜的能源供应后，工业、商业贸易、进出口、农业、城市发展等社会经济各方面将会获得较之以往快得多的速度。

2）北同蒲—太焦—焦枝轴。即这几条铁路沿~~太原—大同~~线地带。有丰富的煤炭、有色金属、水资源等，解放以来，已在太原、大同、洛阳、平顶山、南阳、襄樊、荆门等　钢铁、机械等重工业集聚地带来建设。

3）哈大轴。即哈尔滨至大连的铁路沿线地带，是东北地区的经济核心地带，联结四个工业、城镇集聚地区。在东北西部三大电厂建成、能源供应获得改善后，会有巨大的发展潜力。北部以哈尔滨、长春为中心的两个大城市区域将以机械等工业为主，地鞍本抚辽仍是综合性的以重工业为主的地区。大连、营口同时是沿岸地带轴和哈大轴的组成部分，是东北地区的出海门户。

4)胶济轴。即山东胶济铁路沿线地带，线状基础设施有铁路、东黄输油管线及输油线。附近油气、煤炭资源较丰富，农业条件好。进一步发展的部门是石油化工及化纤、纺织、海洋化工、工艺美术等。

5)黄河上中游地带（从龙羊峡至乌海市附近），即黄河与包兰铁路所经过的地带，将青海、甘肃、宁夏的主要工业区联系在一起。发展的重要基础是水电资源的大规模开发，以及有色冶金、铁合金、煤炭、化工、毛纺等。

6)成渝—宝成（成都—广元段）线轴，是四川及目前西南地区的经济核心地带，联结两大综合性工业城市。随着铜街子等一系列大水电站的建成，该地带将就近获得廉价的水电供应，机械、电冶金、天然气化工、军工、食品等具有雄厚的基础和开发前景。特别是综合大型的军工调正转　，机械工业具有很大的发展潜力。

上述一级二级共8条重点开发轴线，有的彼此直接相联系，有的通过交通线联成一片。进一步划分还可分出三级、四级地区性的重点发展轴。轴线开发，总是从若干个点着手，而点（城市、工矿区）也是分等级的，即各级中心城市。这样，全国便可构成点轴—等级开发体系。在重点发展轴线以外，有的城市由于具有有利条件也将会成为一定区域范围内的重点发展的城市或工矿区。

(三)大中城市及工业集聚区空间结构的小尺度调整将促进发达地区经济的更大发展。

在本世纪至下世纪初年，全国范围内不作大尺度的空间结构调整（转移），但在许多大中城市和工业集聚地带进行小尺度为主的空间结构调整，对于充分利用我国的经济基础和潜力、合理利用空间与资源，改善环境质量，实现国民经济发展目标都是十分必要的，也是具有全国战略意义的措施。

上海、天津、北京、广州、武汉、大连、沈鞍本抚辽、沪宁沿线等大城市或近郊区及工业集聚区工业、城市人口及各种基础设施过份拥挤，已经在不同程度上成为城市及工业本身发展的桎梏。有些沿江沿河的城市工业区，由于局限地形和城市发展的影响，发展的空间严重不足

1) 许多工业企业，从技术改造和合理配套的角度，应当扩建发展，但用地、内外交通、用水、环境问题等极难解决。例如，北京的城区及东郊工业区，天津的城区，沈阳的铁西区、武汉的江汉、江岸，上海的吴淞、五角场等等。

2) 由于历史原因，上述城市中的多数，解放以来工业在城市中的分布格局变化不大。大量的企业，混杂在稠密的居住区，严重污染扰民，使生活环境质量明显下降。天津市中心区集中全市70%以上的工业，平均每平方公里有工厂18.5家，工业用地占中心区用地的22.5%，这些区域的人口密度都有2~3万人/平方公里（广州、上海的密度更高）。上海市虽然重视了近远郊工业区的建设，但1978年市区的工业总产值仍占全市的93%。

3) 由于没有统一规划，大量在生产上、工艺上及利用基础设施方面有密切联系的企业分布在城近郊区，难以开展生产协作，严重影响了经济效益的提高，而且形成大量的市内不合理运输。

由于上述问题的存在，不少人认为"东部地区已经开发足够了"，因而认为不能再在东部地区发展，应作战略转移了。我们认为，该问题应在城市和工业集聚区附近进行小尺度空间结构的调整来

解决。根据不同的具体条件，可采取如下措施：

1) 在工业区城市集聚区域附近七十公里至100公里左右，选择开发条件有利的地点（或已有城市），发展工业，使其成为区域的次级经济中心，起到分散工业和人口及加速工业发展的作用；

2) 在大中城市的远郊区建立以工业为主体的卫星城镇和独立的工业区。

如：京津唐地区今后要在严格控制工业和人口继续向京津二市集聚的同时，把工业开发的重点向渤海和冀东推进，同时建设京津二市的卫星城，沈鞍本抚辽地区要在完善已有的郊区小城镇的同时，把耗能大、占地用水多的企业放到营口附近的海岸地带，上海的调整方向应是金山卫至南汇的海岸地带和昆山至常熟的长江南岸。武汉应当长江北岸从黄浦路至阳逻一带建设新的工业区和港口……。

七十年代初以来，人们从被动中已开始认识到上述小尺度空间结构调整的重大意义，在许多大中城市远郊开辟了新工业区。但是，这点还应当成为今后一项战略性的布局政策。

为实施以上小尺度调整，将要实行新工业区及卫星城镇的综合开发（即由有关地区、有关部门合作）、联营和企业的成组布局。

盟。无论从地理位置、运输联系和能源与市场方面都与东北区关系密切，却被行政界线隔开了；中南、华东二区在地域上延伸过长，不利于区内协作的进行；西北区地域过于辽阔，新疆与西北其它省区联系甚少，且内部的资源开发、经济发展的潜力很大，宜单独为一个经济区。建议将全国划分为8个一级经济区，它们的工业发展目标见下表：

表　全国一级经济区的范围及工业发展目标

大经济区	地域范围	工业发展方向及具有全国意义的部门	重点开发的轴线
东北区	黑龙江、吉林、辽宁、内蒙东四盟	以重工业为主的综合性工业结构。机械、化学、冶金、木材加工。	哈大轴，哈尔滨至齐齐哈尔，吉林市以远。
华北区	北京、天津、河北、山东、山西、内蒙中西部	以能源工业为主要特征的重轻工业发展结构。煤炭、石油、钢铁、机械、轻纺。	渤海湾沿岸、津唐线。
华东区	江苏、上海、安徽、浙江	以技术密集型生产为特征的综合性工业结构。机械、化学、电子、轻纺。	沿海地带，长江沿岸
华中区	河南、湖北、湖南、江西	以重工业为主的综合性工业结构。黑色与有色冶金、水电、轻工。	长江沿岸，京广线
华南区	福建、广东、广西（台湾、香港、澳门）	以开放型技术密集型生产为特征。电子、电器、造船、食品、轻工。	海岸地带
西南区	四川、云南、贵州、西藏	以能源和高耗能工业为特征。水电、有色冶金、磷矿、机械。	成渝—宝成轴
西北区	陕西、甘肃、宁夏、青海	以资源型为特征的工业结构。水电、有色冶炼、湖盐化工、畜产加工。	兰州—包兰线轴
新疆区	新疆、西部阿里地区	以能源开发为主的综合结构。石油、化学、有色金属、[illegible]、食品、纺织。	规划中的北疆铁路

以上八个大经济区中，预计华南、华中的工业将以超过全国平均值的速度增长；西南、西北工业占全国的比重将进一步下降；华东区的工业技术和实力将明显超过东北、华北二大区而居领先地位。

三、二〇〇〇年工业布局总图设想的几点依据

(一)、经济增长和平衡发展间的倒"U"字形相关

在本世纪内及二十一世纪初年，我国经济和社会发展的首要目

标是争取国民经济有较高的增长速度。这当然是确定今后工业布局与总体战略的原则性前提。

长期以来，许多国家都将国内地区间的平衡发展作为一个重要的发展目标。但是，国外和我国发展的经验都证明：

平衡发展是个很长的历史过程；

由于地区间自然条件、地理位置、经济与历史基础的差异，平衡发展也只是相对的；

地区间稳定性的因素差异愈大，这种"平衡"的相对性和差异程度就愈大。

任何一个国家的地区开发与发展，客观上都要求充分发挥地区优势，各部门各地区有限的人力物力总是力求投向最有利的区位。这就是地区间竞争的过程。竞争的结果便导致不平衡。因此，要求人们承认不平衡，充分利用它来达到我们的主要目标。我国疆域辽阔，国土资源和社会经济发展的地域差异可能比任何一个处工业化初期的国家都要大，这应当引起我们的重视。

无论国家和地区，在经济大规模开发的初期及若后一段时期，由于资金、物力和区域基础设施的限制，只能集中在少数几个点或地带。这样，较之分散投资而形不成集聚效果的情况可以获得较高的经济增长速度。也就是说，如果以经济增长速度为主要目标，就不可能不导致经济的不平衡发展。相反，如果以后者为主要目标，就会影响整体的经济增长速度。但是，当整体经济达到高度发达阶段，区域经济在少数点上、地带上过份集聚，导致一系列的"城市病"：交通紧张，用地困难，人口过份集中，环境问题难以解决，基础设施建设代价太高等，这时，再要求得较高的经济增长速度，必然要而且经济力也已允许调整经济的空间结构，

由于极端复杂化而

即全面开发新区。这就是经济增长与平衡发展之间的倒"U"字形相关规律。何时达到倒"U"形的转变处呢？一般来说，区域(或国家)面积愈小，经济基础又比较强，则差异扩大的过程愈短；相反，国土面积愈大，经济基础比较薄弱，这种不平衡的发展过程延续得就愈长。美国已经一百多年的开发，至今区际差别仍然不小。其人均收入的地区差异上世纪末本世纪初达到最大，最高最低区之比为3.1~3.3，本世纪以来一直下降，1970年仍为1.54。1976年人均生产总值最高区与最低区之比：西德—2.62，日本—2.97。一些发展中国家差异更大。

我国大规模工业化的发展史只是解放后才开始的，在过去近二十年里违背了上述规律的要求，把有限的资金、物力铺得太广。实现较为平衡的区域发展，不能作为本世纪内的主要目标。而且，更不可采用大范围战略转移方式全面铺开，而只能采用轴线延伸、逐步推进的渐进方式。

(二)点轴开发—最有效的空间组织形式

为什么是最有效的道理说得不透

点轴开发，即点轴—双级渐进扩散式开发，就是在全国(或地区)范围内，确定若干具有有利发展条件的大区间、省区间及地市间线状基础设施轴线，对轴线地带的若干个点(城市及城市区域—发展中心)予以重点发展。随着经济实力的不断增强，经济开发的注意力愈来愈多地放在较低级别的发展轴和发展中心上。与此同时，发展轴线逐步向较不发达地区延伸(包括发达地区内距发展轴和发展中心较远的地区)，将以往不作为发展中心的点确定为较低级别的发展中心。

按照这个动态模式，各级中心城市区域和城市直接影响区域的工业开发，应选择由该城市发出的基础设施轴线作放射状的重点发展，一般不宜脱离放射轴线围绕城市中心区作摊煎饼式的扩展。因为后者需要有大量的环形基础设施工程。在中心城市的适宜的距离，选择有较好发展条件的点作为次级发展中心。一级中心对次级中心进行技术、信息扩散和生产协作。同理，围绕次级中心，又有三级四级中心，如此等等。不同级别中心城市的职能在工业布局上表现为生产规模、技术水平、产品销售范围等方面的不同。从中还可得出，中心城市的经济网络，空间形式不应是方格状的而是放射状的，是不同级别的中心城市的网络在地表的重叠复盖。

长期以来，人们为集中还是分散，"一线还是三线"，沿海还是内地所困扰。如果我们能科学地规定各级重点开发的点、轴，形成有机的点轴体系，即可在相当程度上解决这些问题。

作为全国一级重点开发轴（沿海地带和长江沿岸），具有较高的经济发展水平，但社会经济设施，如港口、城市、工业、交通线路等，还只是集中在为数不多的点上。大城市之间，大中城市和港口之间，还有很长的距离。城市、港口还未形成等级体系，中小城市少，中小港口少，中小工业点、工业区少，说明现状发展不充分，开发潜力很大。发达国家海岸地带与此不同。如日本中小港口的数量和码头岸线的长度都占全部港口数和码头岸线总长的80%。今后我国两大发展轴的建设，应加强中小城市和港口的建设。较大的城市和港口，接受输入的燃料、原料、产品，转运给附近较小的港口和城市，同时将中小城市、港口及其腹地的产品集中起来，与外面交流，形成有机的地域体系，推动整个地带的发展。

(三)从交通运输看轴线开发

交通运输发展水平、结构与布局对工业地域开发的影响很大。有关部门预测，通过一系列加强交通建设的措施，到2000年，

1、点……上集……在工……域……距……大的……
2、点……城……区……发展……形……
3、建……设……重点……避……的……
4、……工业……考虑……
5、……定一……

1、点轴开发可以顺应工业发展必须在空间上集聚成点、发挥集聚效果的客观要求。在工业地区、工业城市、工业区三种不同地域范围内，当确定了合理的工业结构及工业与区域性基础设施之间的有机结合，便产生巨大的空间集聚效果。只有以点轴的形式发展才能充分利用这种效果。

2、点轴开发可以充分发挥各级中心城市的作用。城市是区域的核心和统帅，城市在区域经济发展中产生，依赖所影响区域提供的原料、能源、食品、劳力而发展，城市以工业品、信息、技术、政策供给和统帅它的区域。要把广大区域发展起来，必须把各级中心城市作为不同等级的开发重点。

3、轴线重点开发可实现工业布局与线状基础设施之间最佳的空间结合。即可使各级范围重点的交通干线、能源、水源建设线路与重点建设的城镇、工矿区取得必然的一致，避免其以往实践中出现的空间上、时间上的相互脱离。

4、点轴开发有利于城市之间、区域之间、城乡之间便捷的联系。因此，客观上，有利于实现地区间、城市间的专业化协作，形成有机的地域经济网络。

5、各级区域范围内重点发展轴线的确定，可以使区内各地区、各部门都有明确统一的地域开发方向，有利于提高基本建设投资效果和管理组织水平。

沿海港口能力会有所缓和，出路运输较快，铁路运输仍将紧张。长距离，特别是全国南北向干线铁路运输困难仍很大，[redacted]主要关卡在进出关、京广、西南地区对外方向、津浦等。解决运输问题有多种途径，其中使工业合理布局是重要措施之一。

1、轴线[redacted]开发可实现工业布局和交通运输空间最佳结合。由于资源、能源、经济发展等历史等方面的原因，我国大宗货流是南北向的，如煤炭、粮食、木材、原油、某些矿物原料。长期以来，它们基本都压在铁路上。另一方面，人们议论较多的是交通运输如何适应工业及国民经济的发展，而对工业布局、地区开发如何适应到全国运网的格局、各种运输方式开发的潜力和改善注重不够。这除了表现在地区工业发展方向、结构方面外，就是沿轴线发展工业的意识不强。大批工业远离已有的和正在建设中的轴线，特别是没有充分利用海岸地带和长江沿岸，以致造成全程由铁路运达目的地，而且总是要求建设新线。

海岸地带和长江沿岸的开发，将在相当程度上改变全国运量的空间分布：通过加强北方能源产地与沿海港口的铁路联系，大部分能源货流经较短距离引向东港下海；在东南沿海、渤海湾北部及长江加强煤炭接卸港的建设，并由大、中、小港口和陆上运输疏散。南粮北运部分经由海路运到北方。这样，[redacted]上述几个大宗货流大部分可绕开华东、中南及出关的铁路，这几个方向的铁路通过复线、电化等措施，会适应一般运量增长的要求。本文提出津浦、京广、京山不作为重点的工业发展轴线，工业和城镇发展及到发运量的增长必然相对较慢，可以更好地为南北运输服务。沿江和南昆线的建设，将会使一部分货流（煤、磷、金属矿石等）绕开黔桂、湘黔、京广，也在一定程度上将部分南北向运输变为东西向。

如果上述设想是合乎实际要求的，那么就有理由提出大大推迟京九线的建设，将近期投资的效果转到重点轴线的开发上。

配合两大重点轴线的产业发展，在陆上运输方面措施有：在浙闽、胶东修建垂直于海岸线的港口支线，在冀东、广东、福建修建平行于岸线的铁路。在长江航运的某些区段也应建平行铁路。人们顾虑平行铁路会与水运争运量，但铁路可以开发运量。西德境内莱茵河两岸各有铁路一条，几十公里外又有平行铁路。这些铁路的建设无须以往"三线"铁路那样多的费用，但效果却很大。

2. 能源生产与消费在地域上的分离应在很大程度上被认为是合理的。承认我国资源、自然条件、经济发展地区上的分布不平衡性，从经济效益上，必然得出或承认这个结论。2000年，能源的主要消费地在沿海与长江沿岸，除京津唐地区外，从山西、内蒙西部到辽宁、长江三角洲、浙闽、珠江三角洲经水陆联运的平均距离达到1000、1600-1800、2400-2600公里。但是，这样的运距对世界许多国家是不足为奇的。苏联长期东煤西运，陆上运程2000～3000公里的每年就有几千万吨；美国大力开发西部煤炭，西煤东运的铁路平均运程也在1500—2000公里。至于欧洲、日本从美国、中国、澳大利亚进口煤炭的运距就更长了。

以往在评述煤炭远距离运输时，总是以单位运输成本与煤炭生产成本相比。提出山西(大同)煤运到上海，每吨运费达16元，几乎等于煤炭生产成本，因之是不合理的。但是，这里一个重要的关系被忽略了：上海，及整个东南沿海，长江流域部份地区，能源的利用效率比能源产地高得多。每吨标煤所创造的产值大大高于全国平均水平，其中每吨标（能源需要调入区）煤在上海所创造的产值比全国平均值高1953元(1979年)，相比之下，运费之差（大同来说与两淮来煤每吨运费之差不到10元）就显得很不重要了。

强调根据资源地价类，建立综合性工业基地的设想，要看许多具体条件是否具备。过去人们曾提出：山西要建中国鲁尔，两淮也要建成鲁尔，……。岂知鲁尔这个综合性工业基地的形成条件这些地方基本上不具备：发达的铁路、水路运输，丰富的水质，优越的水文地质条件，煤种煤质及开采条件也比鲁尔差些。对于安徽来说，未来工业发展的重点区域宜在长江沿岸及合肥，两淮基本上是燃料动力生产供应地。

对于某些单位产品耗能极高的有色冶炼、铁合金、电石生产，在主要发能区应予以压缩，逐步迁到以水电丰富的西北、西南地区。否则依靠长距离调入煤炭发电满足这些“电老虎”吃饭是不合算的。

3、轴线开发与工业厂址选择。轴线开发要求企业最方便地利用线状基础设施，使运量大的工厂能直接利用水运，以铁路为主要轴线的，应使企业到干线车站的接轨距离尽可能短。目前，我国沿海沿江中小港口少，设备极差，限制了工业在海岸、江岸地带展开，潜力发挥不出来。长江沿岸现有吞吐量在50万吨以上的港口所在地（城市）26个，其中工业产值在10亿元以上的只有14个，许多港口城市工业极薄弱。

（四）水资源空间分布差异影响到工业布局的战略

我国丰富的工业布局实践已充分说明：淡水水源的数量、供给、开发利用条件，既影响到局部的厂址选择，也影响到全国工业的地区安排。我国西北、华北、东北广大地区，工业发展、布局已在相当大的程度上受到供水不足的制约。许多新建和扩建的大项目因为供水无保证或水源工程投资过大而不能落实，影响到工业的合理配置和发展，例如鞍钢的扩建和天津的石油化工项目。水源不足，又通过对城市、农业、环境、交通（如使河道断航）的影响而阻碍工业的发展。据统计分析，1980年全国工业耗水200～210亿方，加上城市生活为240～250亿方。当工业总产值以8-10%的速度增长，工业用水的增长速率为5～6%。到2000年全国工业、城市用水将超过600亿方/年。近些年我国北方许多工业区及城市区域水资源开发利用出现一系列严重问题，如：局部地区过量开发，水源失调；各部门各地区争水问题严重；引水距离愈来愈长，水源工程费用愈来愈高；水质污染，海水入侵，等等。除了南方地区外，北方地区在目前工业区和城市区域附近，如何能增加供应170～180亿方/年的工业、城市用水呢？水资源的开发利用由于不同于矿物资源，不能靠远距离来调运。这种状况迫使我们要从总体上考虑全国工业布局的战略安排。

我国水资源地理分布极不均衡。多年平均地表径流量26380亿方，地下水资源量7000亿方。75%的地表径流和70%的地下径流分布在不到全国面积50%的南方，耕地只占全国的38%；西北、华北只有全国10%的地表水和20%的地下水。以流域为单位，黄河、海滦河、辽河流域系水资源缺乏地区，加上水资源开发利用程度已相当高，进一步开发潜力受到很大限制。

我国主要流域水资源开发利用表

流域或地区	地面水资源(亿方)	人均量(方/年)	耕地亩均水量(方/亩)	地表水实际用量占地表水资源量的%
全国合计	26380	2670	1750	16.4
长江	9600	2780	2600	14.5
珠江	3466	4680	4400	14.9
浙闽	2024	3210	4310	13.5
淮河	644	520	340	63.7
黄河	686	840	310	36.4
海滦河	276	280	160	60.2
辽河	145	520	210	65.9
松花江	777	1650	440	17.6

上表说明：水资源及开发潜力的分布状况与土地资源、矿产资源的分布很不吻合。根据李文彦在我国矿产资源对工业发展与工业布局影响的研究中提出的意见，我国部份关键矿种储量丰富且地域结合状况好的省区是：河北、辽宁、新疆、云南、山东、四川、安徽、内蒙。位于长江流域的只三个省。

黄河流域和海滦河流域是我国矿产资源及重工业集中的地区，也是人口密集、经济发达的地区，水土资源、水矿资源严重不平衡。按1983年6月水电部召开的"黄河水资源评价与综合利用审议会"提出：沿黄各省市区要求到2000年共需从黄河干支流引水747亿立米，其中工业及城市180亿立米，但黄河可供利用的水资源只有370亿方，目前实际引水已达271亿立米。2000年可能实现东线南水北调，但只能保证北方海岸地带轴上的工业、城市的需要及沿途农业用水。

水资源开发利用条件是选择重点开发轴线的重要依据之一。长江是世界第四大河，每年的径流量比黄河多20多倍，比海河大40倍，但耕地不过比它们多一半。海岸地带轴的工业开发，一方面位于河流的下游入海处，地表地下水也较丰富；另一方面，可以尽量利用海水。海水可以代替淡水的比重：火电—95%，钢铁50-60%，石油化工、炼油—70%，其它工业—20~50%。我国北方淡水资源严重缺乏，但海水的工业利用又重视不够。

(四)、发达的农业是确定工业重点开发地带不可忽视的前提

地区工业发展的经验教训表明：每一个地区，工业和农业之间都有许多直接、间接的联系。农业不仅向工业提供工业原料、粮食、副食品，而且农业发达的地区往往又是自然条件、社会环境较为优越的地区，农业发达往往是经济、文化全面繁荣的基

中国科学院地理研究所　　　　本文第 28 页

础，这样的地区会对投资和技术力量产生自然的吸引力，因而也是提高劳动生产率、保证工业增长的稳定性因素。这种作用对加工工业、制造业及城市发展特别明显。我国一些工业迅速发展的城市绝大部份都有好的区域农业，而许多周围农业差的工矿城镇发展受到明显的影响。那里的人们整天为取得农付食品而操心，或不能取得基本满足的供应，那里的工业发展很难以很快。

全国海岸地带和长江两个重点发展轴及二级轴，集中了我国最发达的农业区——北方两大平原和南方四大平原，全国很大部份商品粮县、商品棉县、主要产糖县集中在六大平原上。5.4万平方公里的上海经济区，尽管工业、城市、人口那样集中，人均占有粮食仍高于全国90斤，棉花高于25斤。珠江三角洲粮食商品率高达35%，糖产量占全国1/4。

以下为注释：原来两张稿纸分别上下损坏，这是将原来两张上下部分拼接。此处加“结束语”三个字

全国工业和各地区的平衡发展，[illegible]经济实力，可以通过区域联营、民族联营更大幅度地增加对发展较慢地区财力物力人力上的支持，以提高这些地区的经济水平和生活水平。事实上，目前某些边远和民族地区以人均社会商品销售额、人均工业总产值、千人拥有的职工数和技术人员数出发指标衡量的社会经济发展水平已居全国中等。

在我所经济地理部的农业、工业、城市人口三个研究室全体同志长期从事地区性、全国性生产力布局研究工作。吴传钧先生不久前主持全部同志对全国战略布局问题进行了讨论。这些是本文写作的基础。编写中参阅了杨吾扬、邹请于同志的有关论文，陈航、李文彦、陈汉欣、郭来喜同志先后提了指导性意见。谨在此一并致谢。

30×25=750

3、本文成文仓促，许多问题尚待进一步研究。如：全国及各地区点轴系统的结构问题；海岸地带与长江沿岸发展重点发展轴的发展条件，有待进一步论证。

学术大会报告稿

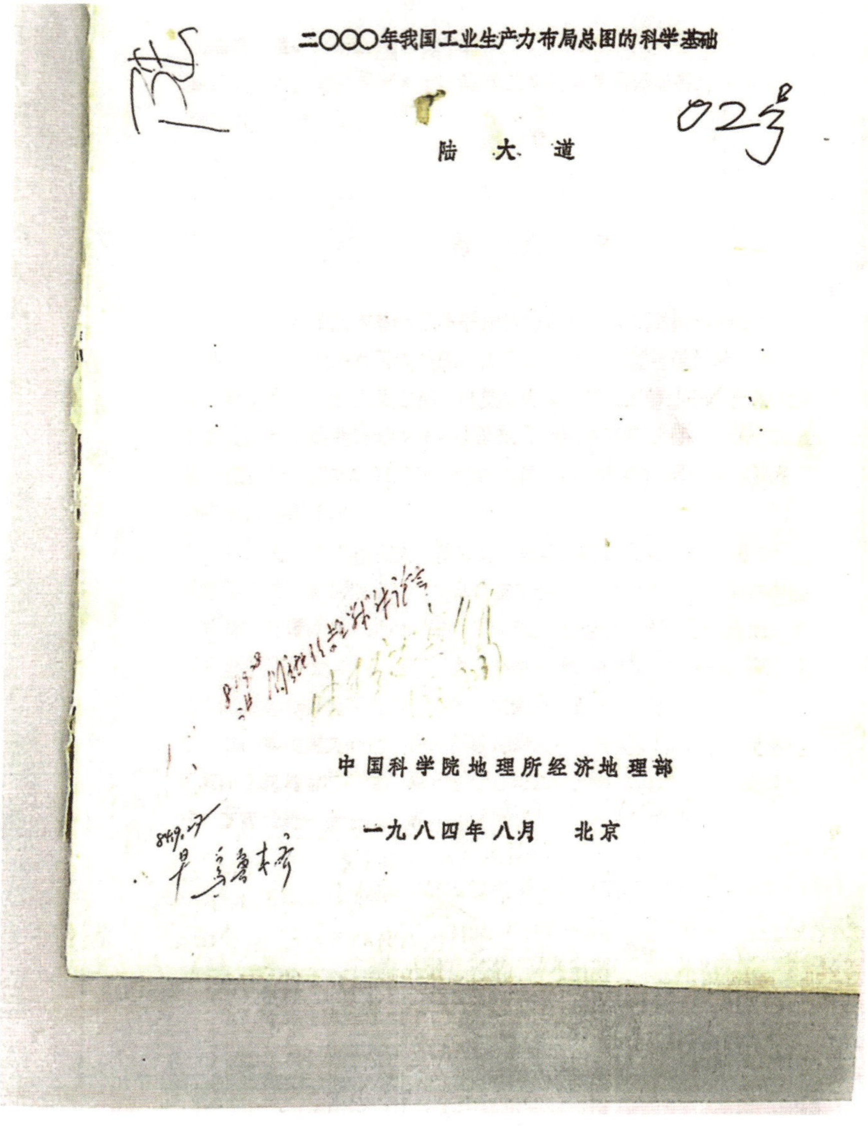

二〇〇〇年我国工业生产力布局总图的科学基础

陆 大 道

中国科学院地理所经济地理部

一九八四年八月 北京

目　　录

本文提要：我国自五十年代末至七十年代初工业布局战略上的转移，违背了经济增长与平衡发展间倒“U”字形相关规律的要求，曾给我国社会经济发展带来巨大的损失。鉴于我国资源及全部地理条件的不平衡性及经济增长仍是我国发展的长期首要目标，本文提出：在本世纪末至下世纪初年，全国工业生产力布局总图不应发生重大的变化（转移）；以海岸地带、长江沿岸两个一级重点发展轴为主的点轴系统是最有效的工业空间组织形式；大中城市及工业集聚区的小尺度空间调整是促进工业发展的战略性措施。

注明 出处 作者 编者

二〇〇〇年我国工业生产力布局总图的科学基础
〔粗稿〕

工业在我国国民经济中占主导地位。1982年工业占工农业总产值的66%，在国民收入中也占45%，均居首位。因此，工业发展速度在很大程度上决定了整个国民经济的增长速度。在空间上，工业到哪儿，一系列区域性基础设施及城镇等必须随之出现，即工业是国家或区域社会经济空间结构的主体及其变化的先导。三十多年来，我国建立了相当规模的工业化基础。一批在解放前有一定基础的城市，工业面貌焕然一新；北京、吉林、大庆、石家庄、济南、淄博、兰州、包头、成都、渡口、株州、六盘水、平顶山等成为新兴的工业城市。一大批煤矿、油田、有色及黑色金属矿山、能源工程等出现在祖国的地图上。工业总产值由1949年的140亿元发展到1982年的5577亿元。在取得如此巨大发展成就的同时，在合理配置工业生产力及企业选址方面也积累了丰富的经验，人们对我国各地区的地理特征及工业地图变化的科学认识愈来愈丰富了。这是我们制定2000年工业生产力布局总图的重要依据。

一、三十年多年来我国工业布局总图变化简评

（一）工业布局战略变化的回顾

解放前夕，我国薄弱的现代工业主要分布在上海、东北南部、天津、青岛、广州、无锡、武汉、重庆、太原等地。1949年，按一般所称的大区划分，西北、西南合占11.5%，华东占50.2%。

1953年我国第一个五年计划规定："为了改变原来地区分布不合理状态，必须建立新的工业基地，而首先利用、改造和扩建原来工业基地是创造新的工业基地的一种必要条件。"根据这个原则，以156项（实际为154项）重点工程为主体的694个限额以上的工业项目，主要配置在大中城市。156项重点工程总投资近200亿元。东北（集中在沈阳、吉林、抚顺、哈尔滨、鞍山、齐齐哈尔等）52项，华北（除采掘外，集中在北京、太原、石家庄、包头）28项，其余的原材料和加工工业项目，除部份军工外，分布在西安、兰州、洛阳、武汉等几个大城市。工业企业多在城市郊区成组布局。（如吉林的江北、北京的东郊、沈阳的铁西、太原的北坦、兰州的西固、武汉的青山等。）"一五"期间全国工业产值年均增长达14.2%。大中型工业项目的建设周期平均仅为6年。无疑，正确的工业布局战略是获得如此巨大效果的重要条件之一。

"二五"开始，提出了"以钢为纲"、"大办小土群"，以及批判资本主义生产畸形分布，消除城乡对立、先进地区与落后地区的差别，实现平衡发展等一系列方针，工业的空间格局开始发生变化。内地和不发达地区的投资大幅度增长。全国成百上千家中小钢铁厂建立起来，其中中型的就有100多家，不久又被淘汰了大部份。在包头、武汉两大钢铁基地开工不久的情况下，急速转移向纵深推进，着手建设酒泉、渡口两大基地。在三年调整时期，曾正确地加强了沿海及有了一定基础地区的扩建与新建，天津、上海、大连、青岛、沈阳取得了较"二五"时期高得多的速度。但是，建立在五十年代之前的战略之上的"国防安全"观点开始支配着军工和许多民用工业部门的布局。至"三五"期间，"三线"建设大规模上马，大批工厂进山进洞。"四五"期间，超越实际可能，不适当地大搞军工。在"三五"开始的以后十多年中。在“扭转北煤南运”的口号下，集中全国煤田勘探力量的40%和煤炭投资的43%（“三五”）～48%（“四五”）于江南九省市找煤挖煤，是实现全国工业布局大转移战略的重要组成部份。

在进行大尺度空间结构调整的同时，在许多省、区内，还作了另一种尺度——中尺度的调整。不处于战略“三线”的省、市、区搞起了自己的“小三线”。许多大中型企业被置于远离城市、运输干线几百公里的山沟里，例如莱芜、贵池、水城、凌源等钢铁厂。与此同时，建立“地区工业体系”之风盛行，导致全国29个省市区中，冶金、电力、煤炭、石油、化学、机械等重工业部门的产值占总产值60%以上的有27个（1977年），形成几乎雷同的地区工业结构。

1972～1978年间，我国顺利地建设了引进的27个（投资187亿元）重大的化肥、石油化工、电站、钢铁企业，其中长江沿岸13个，海岸地带8个。很大部份位于有相当基础的工业城市和工业区附近。特别是在配套加工能力强的城市区域建立起具有龙头作用的原材料大厂，起了巨大的发展作用。这是人们从长期教训中摸索得出的经验，也是对以往十多年中工业布局空间结构战略大转移的反调节措施，标志着我们已认识到我国资源及全部地理条件的不平衡性，按客观要求和经济规律来配置全国工业生产力。三中全会以来，采取了加速开发山西煤炭、加快铁路与港口建设等一系列重大措施，促进发达地区和较有基础地区的进一步高涨。

就在工业布局刚转到具有明显效益轨道上来的时候，近年来，又重新提起战略大转移：转到西北，转到西南，转到中部，等等。到底是否应该在本世纪内及二十一世纪初实现经济开发的战略大转移？

(二)、我国工业布局在多大程度上变得均衡了？

上述战略转移和平衡布局措施，产生了如下结果：

1．除西藏外，全国各省市区都有了钢铁、有色冶金、燃料动力、化学、机械、建材、轻工、纺织等许多行业和门类；

2．以工业固定资产衡量，工业生产力较之解放初变得均衡多了。1952～1980年，“三线”11省区新增固定资产达到1670亿元（其中工业占60%），占全国34%。一些解放前夕工业基础很薄弱或几乎没有现代工业的省区，如甘肃、内蒙、新疆、河南、云南、安徽、湖南等，都各拥有100～200亿元的固定资产。从而奠定了工业及整个国民经济进一步发展的基础；

3．但是，从某种意义上讲，转移和平衡布局的实际效果并不很理想：

1）、以1982年的工业利税总额即对国家的实际贡献的地区分布来衡量，沿海12省市区仍然占到全国的64%，而接受大量投资、占有大量固定资产的“三线”地区只占24%。图一是以罗伦次曲线精确地描述1982年全国工业固定资产，工业利税总额以及1952年工业总产值在各省市区分布的不均衡性。可以看出，表示1982年工业固定资产地区分布的曲线L_1较接近于对角线，即较为均衡。然而表示同年利税总额分布的曲线L_2却在相当大的程度上偏离了对角线，即不均衡程度大。但是，L_2却与1952年工业总产值空间罗伦次曲线L_3比较接近。

2）、采掘工业及部份能源工业，受资源地区分布的制约，在愈来愈广阔的空间上得到发展，相对比解放初均衡了。但原材料工业，特别是加工工业却受到基本不同于采掘工业那样一些因素的影响。这些因素相互作用的结果，加工工业的分布不平衡性并没有明显地减弱。

机械制造、电子、化学和轻纺制成品的最主要生产中心仍是解放初就有一定基础的大中城市。据不完全统计分析，上海、天津、北京、沈阳、哈尔滨、武汉、广州、重庆、成都、西安、太原、大连等十二个大城市，其制造工业的产值占全国制造工业的一半以上。如以沿海内地划分，沿海１２省市区占到全国的６１．２%。原材料工业的大厂，

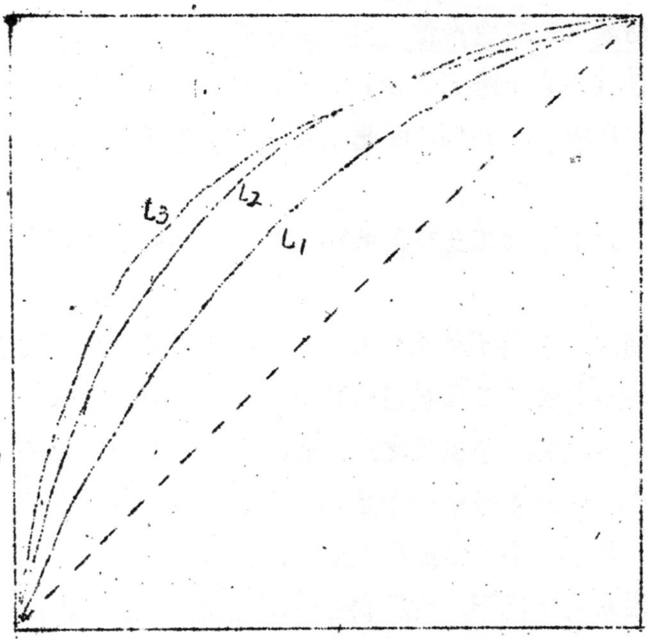

图一、我国一九八二年工业固定资产、工业利税总额及一九五二年工业总产值地区分布的罗伦茨曲线

包括钢铁、酸碱、乙烯、化学纤维、棉纱等，仍然集中在较发达地区，水泥、合成氨、有色冶金等实现了较为均衡的分布。

3）、工业布局在较小尺度范围内，即相当于若干个地区一级行政区组成的地域，（有些，如长江三角洲以上海为中心包括苏锡常杭等在内的区域，）在主要中心城市发展的同时，整个经济区域内都有了很大的发展。（但是，象京津唐、辽宁中南部地区、武汉地区、四川盆地、渭河平原地区等，工业及整个社会经济设施在少数一、二个大城市集聚，）区内工业发展的不平衡性反而不同程度扩大了。（如唐山地区、唐山市及廊坊地区的工业产值占整个京津唐地区的比重，由1949年的12．6％一直下降到1970年的6．9％，只是近年来有些回升，但仍然只有9．8％。因此，）可以说是继续了解放前的不平衡发展过程。

（三）、六十年代工业布局战略上的失误延缓了我国社会经济发展进程

长时期内，人们不大承认工业发展和布局不平衡性的合理性及在一定阶段的必要性。（在国民经济取得较大发展时，就谋求改变方向，战略转移。争投资、争项目之风盛行，投资分配和项目安排只好吃“大锅饭”，诸如：每省一个至几个中型钢铁厂，一个炼油厂，一个维尼纶厂，每县一个小化肥厂、水泥厂，等等。在铁矿石、原油、棉花等供不应求的情况下，大厂仍在不断地新建或扩建。）国民经济建设投资撒在广阔的地域范围内，有发展优势的地区得不到足够的资金、原料及动力供应。1950～1980年间，全国基本建设总投资7021亿元，沿海12省市区只占41．4％，“三线”竟占到38．7％。西南、西北合计所占比重：由“一五”的16．9％，上升到“三五”的35．1％，“四五”的24％；在比较发达的

地区中，同期上海总投资234.7亿元（其中工业不到150亿元），仅占全国的3.34%，居第13位，天津居21位。直到七十年代中期以前，天津、上海、青岛、大连等沿海工业基地基本上未新建大型原材料工业企业，引起这些地区的钢材、化工原料及中间体、纺织原料、建筑材料等严重供应不足。主要工业部门中，钢铁工业1949～1975年564.5亿元投资基本上在六大区中平均分配，其中华东区的投资规模居倒数第二位。煤炭工业投资在“三五”“四五”中集中于江南，自六十年来末至七十年代末，山西省没有新开一个大井，解决东北能源供应的三大“露天”被迫推迟。“二五”以后全国铁路新线建设，无论就交通网的格局和线路走向，基本上是从那时的“战备”观点出发，集中在人烟稀少、许多线路附近资源也不多的西南、西北及“五西”（鄂西、湘西、广西、豫西、晋西）地区，但工农业产值占全国87%、人口占77%的东北及东南沿海地区只修了一些延伸线及工矿支线。许多工业基地、城市的对外运输干线能力严重不足。一些很有发展前途的地区，如广东东半部，福建南半部，山东东南部沿海等至今未通铁路。

上述战略转移、平衡布局造成的损失是巨大的：

1．工业基础好、占全国工业生产很大部份的地区和城市，工业增长本来可以比实际快得多。1953～1978年间，西南、西北、中南地区工业增长速度都超过全国平均值，东北、华东两大区正相反。其中，1966～1978年间，全国工业年均增长10.2%，东北区只有8%。综合性大工业城市天津、上海在“二五”期间平均年增长只0.5%和5.7%；调整时期，沿海投资比重有所增加，天津、上海工业年增长为15.9%和17.5%，但“三五”“四五”又大大降下来。

“三五”、“四五”期间，全国新建的大中型项目分别为1944和2969个，其中西南西北合计分别占到41．0%和31．2%，如加上中南区，则分别为60．2%和52．8%，这是该阶段全国工业增长速度大幅度下降的重要原因之一。

非常清楚，比较落后地区有超乎平均值的，但绝对值是微小的增长，是以抑制、牺牲发达地区绝对值大得多的增长为代价的。

2．全国各地区基本建设固定资产形成比例相差达20～30%，许多大中型民用及军工企业，建建停停，乃至迁厂搬家。就是在全国形成的4000亿元固定资产中，真正能发挥作用的只有2500亿元（止1980）。有些花了几亿元、几十亿元投资的大厂被迫弃置，或经转改，但只能发挥小得多的作用。湖北省三十年中煤炭工业吨煤投资高达153元，1958～1960年，1970～1972年两次大办煤矿，报废矿井分别为67对和97对，经济损失共达2亿多元。再以百元固定资产（净值）利税率比较，1982年全国平均为33．5元，各地最大相差达20倍以上（见图二）。可见工业投资和生产效益的空间差异是何等之大！还应当指出的是：固定资产形成比例和利税率的差异在空间上基本上是一致的。

（图见下页）

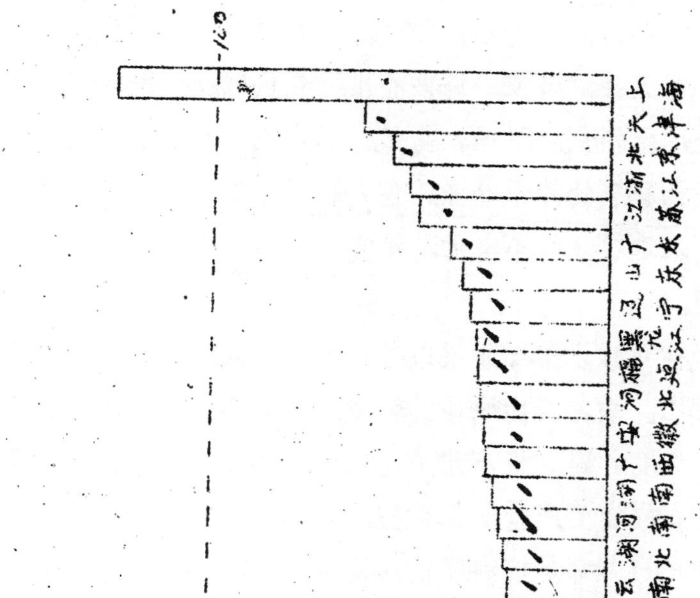

图二、1982年工业百元固定资产利税值的地区差异

3．一大批建成的大中型企业由于布局不当，长期背包袱。它们远离城市和经济发达区，燃料及原材料要由几百公里乃至上千公里运去，成品又要运出来。许多企业所在区域没有配套协作条件，迫于搞小而全，生活供应困难。当然，其中也有些企业，近年生产已进入正常，成为国家的骨干企业。但人们不应忽视它们的地区布局（有的还包括厂址选择）是不当的，年复一年地、不知不觉地支付着大量的超额费用。

现在可以设想：如果以往一直采取较正确的工业布局空间结构战略，那么，东部及内地中的较发达地区会保持较实际高2～3%的年均增长速度，固定资产形成比例差别不大，全国有多于实际500亿元以上的固定资产能发挥效益，平均利税率达到35－38%，大中型企业的布局都是按科学的区域规划实施的，等等，那么，我国目前的经济发展水平乃至社会发展水平要比实际高得多。

二、二〇〇〇年工业布局变化可能遵循的基本战略

（一）、工业生产力布局总图不宜发生重大变化

三十多年来，我国工业生产力已在广大国土上铺开。1982年全国设市城市已达245个，建制镇和工矿区2819个，其中绝大部份都是由工矿业的发展而形成的。但是，架子大，发展不足。除少数特大城市城近郊区和工业集聚区以外，从“规模经济”和空间、资源的充分利用的角度，都还有不同程度的发展潜力。在本世纪末及下世纪初，为了国民经济翻两番及更大的发展，是将重点放在新铺摊子，还是重点在已有一定基础的工矿区域、城市区域扩大发展呢？作者认为应采取后者。

是很好的：

予计在"七五"至"八五"期间，我国工业的重点发展部门是能源和原材料工业。从九十年代中期至2000年前后，化学工业和机械、电子工业将有高速度发展，同时，建材、纺织工业在全部工业部门结构中的地位也将会有所上升。主要部门的区位变化趋势如下：

能源工业。1985年前后，煤炭开发建设总规模2．2亿吨，重点是山西、东北（三大露天为主）、内蒙，其次是豫西、鲁西南、两淮、黔西南。进入九十年代，要扩大宁夏、新疆、陕西的煤炭开发，但重点仍在前面所指地区。石油开采根据已获得的勘探结果，除了大庆、胜利仍是主要油区外，南海、新疆最有可能成为主要产油区。电力工业的地区布局将有较大变化：上述煤炭基地附近，将建设一批坑口电站；西南（包括广西西部）的红水河、雅砻江、大渡河等，西北的黄河上游以及三峡等水电基地将作为全国水电重点开发地区。予计西南水电装机将达到1500～1800万千瓦，三峡建成后，华中地区水电将超过2000万千瓦，西北将达到1000～1200万千瓦。为接近消费地及完善电力系统的合理运行，东部及东南沿海仍需积极开发可能开发的水电（浙江、福建、皖南），建设核电（浙江、广东、辽宁）及火电厂。到本世纪末，能源工业的整体将形成以下明显的空间格局：东北——石油、煤炭、火电，华北——煤炭、火电，西北——水电、石油，东南沿海——火电、核电，西南——水电。

冶金工业。目前已形成鞍山、上海、武汉、北京、本溪、攀枝花、包头、马鞍山、太原、天津十大钢铁基地，钢产量占全国60％以上。中型骨干企业50多家。总之，数量已经相当多了。钢铁工业发展的最突出的问题是矿石供应及轧钢能力不足。本世纪内要达到8000万吨水平，主要措施是：改造和扩大已有的钢铁基地，予计可增加产钢能力1200～1400万吨，为使我国钢铁工业形成系列，改变钢材大量依赖进口的局面，应在资源丰富的辽南和冀东新建600万吨以上的特大型钢铁企业。中小钢铁厂亏损严重，主要原因之一是结构不完善。但要使完善，需十五年以上及几十亿投资，不可能再开新点。铁合金生产将逐渐集中到山西、四川、湖北、青海等能源丰富区；铝、铜、铅锌、锡等有色金属的粗炼将会集中在山西、郑州、贵州、湖南、广西、云南等矿区附近，精炼将由大城市地区转到西北、西南的能源产区。

石油化学、无机化学及煤化学工业将有迅速的发展。目前全国炼厂原油加工能力1.05亿吨，大中型炼厂36个，占总加工能力的90%。全国炼厂能力利用率不到70%。当本世纪末原油达到2亿吨时，依靠现有炼厂改扩（250万吨可改到350万吨）加上在东南沿海新建少量炼厂，即可完成1.5亿吨左右的加工量。与此相应，建立在原油加工基础上的乙烯裂解及大宗有机原料、大型化纤单体生产、合成氨等也可以在现有炼油基地区域发展。如天津乙烯及化纤二期，武汉、广州、安庆、洛阳等地的乙烯工程等，使这些炼油厂变为综合性的石油化工基地。以酸碱为主的无机化学，将在内蒙、宁夏新建大型纯碱厂，但重点仍在老基地（大连、天津、上海、青岛、南京、福州）扩建及新建（如冀东、浙江、广东）。煤焦化学的规模受到一系列因素的限制，其区位应基本与冶金工业相一致。大型合成氨氮肥厂除采用油气路线外，以煤作原料应受到重视，磷肥工业受到硫酸供应的影响，也不可能太集中；精细化工品种多、批量小、技术复杂，无疑应利用现有基础，结合改造、引进技术在上海、青岛、天津、大连、南京、广州等地进一步发展。

建材工业。我国水泥已达9000万吨水平，但存在着大区间调拨的不合理现象。今后应重点加强京津唐地区、广东省及宁夏、新疆等地区的大型水泥厂的建设。森林工业布局的变化将表现在：在主要林区东北、西南、东南沿海及进口木材的海港地区的木材加工、人造板和林产化学的发展。

机械、电脑、新型材料、纺织、食品是今后我国最有发展前途的工业部门，也是我国引进技术、发展出口生产、满足国内不断增长的消费的主要部门，这些要求技术水平高的生产在已形成的基地，特别是在沿海沿江实行经济开放的城市更为有利。

综合上述各部门的予测趋势，表明：在本世纪及下世纪初年，我国工业生产力布局总图从大区角度不致发生重大变化，各省市自治区工业总规模的差异不会缩小。

这种趋势还可用我国基本建设投资占固定资产投资中的比重变化加以佐证。三十多年来，这一比重不断下降，更新改造部份所占比重不断上升（实际曲线 S 将会沿 S_1 方向外推），见图三。曲线 S 的趋

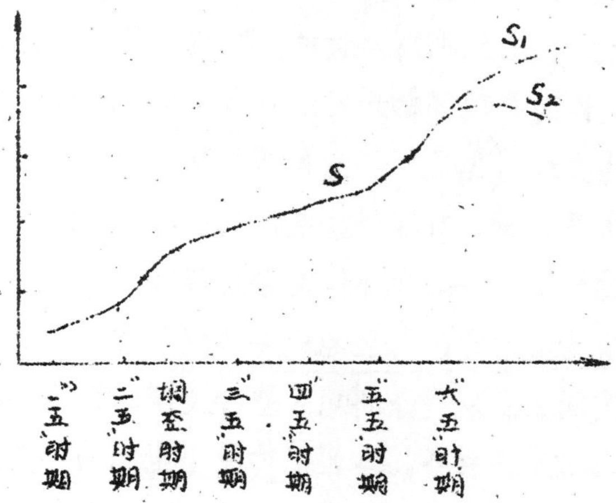

图三、各时期更新改造投资占固定资产投资的比重（%）变化趋势

势可从综合角度反映扩建和新建的关系以及工业区位总体变化的趋势，更新改造投资所占比重愈大，工业区位总体变化程度就愈小。

（二）、重点发展的轴线及点轴系统

尽管至本世纪末前后，我国工业生产力布局不致发生如东部到西部或东部到中部之类的战略变化，但从指导思想上，仍要在全国范围及各级区域内确定工业重点发展的地带和城市区域。

长期以来，人们习惯于从东到西切南北向大块来区分重点与非重点开发地区。但是，这种划分除具有某种军事意义外，并不能对经济建设起到具体的科学指导作用。相反，实践表明往往成为生产布局简单化、片面化毛病的基础。

工业生产，无论采掘、原材料和加工工业，都是产生于和聚集于点上并由线状基础设施彼此联系在一起的。因此，确定工业生产重点地域方向，即要确定重点开发的轴线。

重点发展轴是指重要交通干线（港、站在内），有时还加上动力供应线、水源供应线等所经过的、附近有较好的位置、资源、经济基础等条件，因而有较好的开发潜力和远景的地带。它不具有象行政区那样严格的界线。但是，不应包括距轴线较远、与轴线并无大量直接联系的城市及区域。对于那些通过运量极大，附近又没有太多资源的交通线经过地带，一般也不作重点发展轴。轴线开发又是以不同等级的中心城市为基础的，相应地就会形成不同等级的点轴系统。

根据我国工业发展条件地区差异及国民经济各部门的现状分布以及今后国家的发展任务，本世纪内及下世纪初年全国一级的重点发展轴线是：海岸地带轴及长江轴。

1．海岸地带轴：全国大陆海岸线总长1．8万多公里，经三十多年来的发展，成了我国国民经济的主体地带。1982年，就36

个主要城市统计，工业总产值近1500亿元，占全国27%。沿海海运将是我国最大的能源运输路线，也是我国对外贸易的前沿阵地。海岸地带工业发展方向应是综合性的，但不同岸段地带会有较大差别：⑴、北部渤海沿岸及山东半岛沿岸，将以传统的重工业为主，包括钢铁、石油化工与海洋化工、化学纤维、造船、机械及电子，同时发展在进出口贸易及利用港口腹地内资源基础上的轻纺、食品、水产加工与木材加工等工业部门。其中外向型的产品也应占一定比重。配合发展火电。主要的开发中心城市及港口区域是：大连——营口段，冀东滨海，天津滨海的汉沽——塘沽——大港段，龙口——烟台段，青岛及附近沿岸，石臼所和连云港附近。⑵、长江口至浙江南部，是我国最大的综合性工业基地之所在，高档的轻重工业产品主要生产地。今后要同时发展外向型和内向型产品的生产，如各种各样的机械、电子电器、精细化工、新型化工及建筑材料、丝绸、毛纺、食品、工艺美术等。应特别注意利用有利的对外联系条件发展开发性产品的生产。主要开发的中心城市及地段：以上海为中心的东海沿岸和长江口南岸地段，宁波附近。⑶、浙江南部以南海岸地带。除了珠江三角洲外，工业基础尚薄弱。但发展潜力大，最突出的是外向型工业有很广阔前途，以轻工、电脑、新型材料、食品为主，同时也应发展石油化工、造船、海洋开发设备的制造等。主要的开发城市及地段：福州——厦门、温州附近、汕头附近，以广州、香港、深圳、珠海为中心的三角地带、湛江——茂名，海南岛。

海岸地带轴将以超过全国平均值的速度发展，予计到本世纪末，占全国工业总产值的比重将提高到1／3左右。

2．长江沿岸轴。长江是我国东西向的运输大动脉，近年来运量已超过5000万吨，运输开发潜力很大。正在建设中的葛洲坝和规划建设中的三峡水利枢纽完工后，将有1000万千瓦的电力东送（其中出湖北省有600万千瓦）还具有丰富的供水水源。所以，应成为我国仅次于海岸地带的强大的发展轴。1982年，按31个主要城市（上海计算在内）计的工业总产值1354亿元，占全国24．3%，集中了全国十大钢铁基地中的五个，有两个大型石油化工基地、八个大型炼油厂及一个天然气化工基地。东部上海是我国最大的海港、工业城市及贸易口岸，其吸引和影响范围涉及到华东、华中、西南、西北等广大地域。在长江轴所经过的8省市中，四川、安徽是两个铁矿、能源资源，有色金属都很丰富的省份，湖北、湖南、贵州、云南的磷矿占全国的90%以上。湖北的水电资源丰富，且位于全国经济联系的中枢地带。长江流域的农产品占全国44%，除云南外，都是全国农业发达区。长江轴的工业开发，有助于进一步开发长江流域的水利、水产、农业和劳动力资源。长江轴工业结构中的现状特点是原材料和制造工业发达。今后可发挥工业结构中的优势，充分开发利用长江水运，依靠南北向的几条铁路干线，运来煤、原油、矿石等，发展钢铁、石油化学、有色冶炼、机械、轻纺等工业，在地域部署上，除上海经济区外，以南京为中心，包括沿江的镇江、扬州、马鞍山、芜湖、安庆、铜陵等，以武汉为中心，包括南昌、九江、黄石、沙市、宜昌等，以重庆为中心，包括万县、泸州、宜宾等，成为三个工业集聚地带。

长江轴工业的大规模发展，要开发整治长江航道，加强港口码头建设，解决支流局部存在的碍航、阻航问题。滨江一带有大量的适宜于工业、交通设施建设的土地，但要采取防洪措施。

上述两大重点轴构成"T"字形。长江轴将内地两个最发达的核心地区与海岸地带轴联系起来。两轴在经济最发达的长江三角洲交会。这种空间结构形式较准确地反映我国国土资源、经济实力及开发潜力空间分布的基本框架，也有助于今后更好地利用与国外经济技术交流中所激发起来的巨大动力。将此二轴进一步开发建设好，就可奠定国民经济翻两番的基础，并促进与之相联结的二级三级发展轴线，使全局获得顺利发展。

重点的二级发展轴线，是指有发展条件与潜力的省市区间线状基础设施所经过的地带，有：

(1)、珠江——南昆（南宁——昆明）轴。包括珠江干流、黔桂边境的水电输出线及规划中南宁——昆明铁路线。将是华南及云贵二省发展的核心地带。进一步发展的目标是大规模开发红水河的水力资源、平果铝基地、黔南的煤、磷、云南的有色金属等，并将动力、原材料、工业用农业原料等供给珠江三角洲。而当珠江三角洲地带获得足够的较之来源于华北的便宜的能源供应后，工业、商业贸易、进出口、农业、城市发展等社会经济各方面将会获得较之以往快得多的速度。

(2)、北同蒲——太焦——焦枝轴。即北同蒲、太焦、焦枝等铁路沿线地带，有丰富的煤炭、有色金属、水资源等，解放以来，已在太原、大同、洛阳、平顶山、午阳、丹江口、襄樊、荆门等建设了几十项重点工程。本世纪内，将作为重要的能源、有色金属、钢铁、机械等重工业集聚地带来建设。

(3)、哈大轴。即哈尔滨及大连的铁路沿线地带，是东北地区的经济核心地带，联结四个工业、城镇集聚地区。在东北西部三大露天建成、能源供应获得改善后，会有巨大的发展潜力。北部以哈尔滨、长春为中心的两个大城市区域将以机械等工业为主，沈鞍本抚辽仍是综合性的以重工业为主的地区。大连、营口同时是海岸地带轴和哈大轴的组成部份，是东北地区的出海门户。

(4)、胶济轴。即山东胶济铁路沿线地带，线状基础设施有铁路、东黄输油管及输电线。附近油气、煤炭资源较丰富，农业条件好。进一步发展的部门是石油化工及化纤、纺织、海洋化工、工艺美术等。

(5)、黄河上中游地带（从龙羊峡至乌海市附近），即黄河与包兰铁路所经过的地带，将青海、甘肃、宁夏的主要工业区联系在一起。发展的重要基础是水电资源的大规模开发，以及有色冶金、铁合金、煤炭、化工、毛纺等。

(6)、成渝——宝成（成都——广元段）线轴，是四川及目前西南地区的经济核心地带，联结两大综合性工业城市。随着铜街子等一系列大水电站的建成，该地带将就近获得廉价的水电供应，机械、电冶金、天然气化工、军工、食品等具有雄厚的基础和开发前景。特别是结合大量的军工调整转改，机械工业具有很大的发展潜力。

上述一级二级共8条重点开发轴线，有的彼此直接相联结，有的通过交通线联成一体。进一步划分还可分出三级、四级地区性的重点发展轴。轴线开发，总是从若干个点着手，而点（城市、工矿区）也是分等级的，即各级中心城市。这样，全国便可构成点轴——等级开发体系。在重点发展轴线以外，有的城市由于具有有利条件也将会成为一定区域范围内重点发展的城市或工矿区。

(三)、大中城市及工业集聚区空间结构的小尺度调整是战略性措施。

在本世纪至下世纪初年，全国范围内不作大尺度的空间结构调整（转移），但在许多大中城市和工业集聚地带进行以小尺度为主的空间结构调整，对于充分利用我国的经济基础和潜力，合理利用空间与资源，改善环境质量，实现国民经济发展目标都是十分必要的，也是具有全国战略意义的措施。

上海、天津、北京、广州、武汉、大连、沈鞍本抚辽、沪宁沿线等大城市城近郊区及工业集聚区工业、城市人口及各种基础设施过份拥挤，已经在不同程度上成为城市及工业本身发展的桎梏。有些沿海沿河的城市工业区，由于局部地形和城市发展的影响，发展的空间严重不足：

1）、许多工业企业，从技术改造和合理配套的角度，应当扩建发展，但用地、内外交通、用水、环境问题等极难解决。（例如，北京的城区及东郊工业区，天津的城区、沈阳的铁西区，武汉的江汉、江岸，上海的吴淞、五角场等等。）

2）、由于历史原因，上述城市中的多数，解放以来工业在城市中的分布格局变化不大。大量的企业，混杂在稠密的居住区，严重污染居民，使生活环境质量明显下降。天津市中心区集中全市70％以上的工业，平均每平方公里有工厂18．5家。工业用地占中心区用地的22．5％，这些区域的人口密度都有2～3万人／平方公里（广州、上海的密度更高）。上海市虽然重视了近远郊工业区的建设，但1978年市区的工业总产值仍占全市的83％。

3）、由于没有统一规划，大量在生产上、工艺上及利用基础设施方面有密切联系的企业分散在城近郊区，难以开展生产协作，严重影响了经济效益的提高，而且形成大量的市内不合理运输。

由于上述问题的存在，不少人认为"东部地区已经开发过份了"，因而认为不能再在东部地区发展，应作战略转移了。作者认为，该问题应在城市和工业集聚区附近进行小尺度空间结构的调整来解决。根据不同的具体条件，可以采取如下措施：

1）、在工业及城市集聚区域附近几十公里至100公里左右，选择开发条件有利的地点（或已有城市），发展工业，使其成为区域的次级经济中心，起到分散工业和人口及加速工业发展的作用；

丢外同　或以城为讲

2）、在大中城市的远郊区建立以工业为主体的卫星城镇和独立的工业区。

如：京津唐地区今后要在严格控制工业和人口继续向京津二市集聚的同时，把工业开发的重点向沿海和冀东推进，同时建设京津二市的卫星城，沈鞍本抚辽地区要在充实已有的郊区小城镇的同时，把耗能大、占地用水多的企业放到营口附近的海岸地带；上海的调整方向应是金山卫至南汇的海岸地带和宝山至常熟的长江南岸。武汉应沿长江北岸从黄埔路至阳逻一带建设新的工业区和港口，……。

七十年代初以来，人们从被动中普遍开始认识到上述小尺度空间结构调整的重大意义，在许多大中城市远郊开辟了新工业区。但是，这点还没有成为一项战略性的布局政策。

为实施以上小尺度调整，要实行新工业区及卫星城镇的综合开发（即由有关地区、有关部门合作）和企业的成组布局。

（四）、大经济区的划分及其工业发展目标

制定科学的经济区划方案是实现全国工业合理布局，发挥地区优势，使区内区间经济联系合理化的重大措施。

以编制区域发展规划为目的而划分的经济区，实质上是机能区而不是均质区。机能区，即是区内各组成部份之间具有密切经济联系的区域有机体。这种联系主要表现在能源、主要原材料的供应关系，一个或若干个中心城市对其影响范围的吸引和统帅作用。

过去在较长时期内，忽视了能源工业在大经济区形成、发展中的首要地位。“以钢为纲”的口号未能正确反映工业部门间的主要横向联系。苏联在利用部门间综合平衡方法和决策模型编制各级经济区的发展规划，重要依据是所谓“能源——经济部门生产链”。这给我们划分经济区以十分重要的启发。

我国习惯所称的六大区，基本反映了我国行政和经济发展方面的地区特点和历史基础。但也有若干明显的缺点。如：内蒙东四盟无论从地理位置、运输联系和能源产销方面都与东北区关系密切，却被行政界线隔开了；中南、华东二区在地域上延伸过长，不利于区内协作的进行；西北区地域过于辽阔，新疆与西北其它省区联系甚少，且内部的资源开发、经济发展的潜力很大，宜单独为一个经济区。建议将全国划分为8个一级经济区，它们的工业发展目标见下表：

表　全国一级经济区的范围及工业发展目标

大经济区	地域范围	工业发展方向及具有全国意义的部门	重点开发的轴线
东北区	黑龙江、吉林、辽宁、内蒙东四盟	以重工业为主的综合性工业结构。机械、化学、冶金、木材加工。	哈大轴，哈尔滨至齐齐哈尔，吉林市附近。
华北区	北京、天津、河北山东、山西、内蒙中西部	以能源工业为主要特征的重轻工业发展结构、煤炭、石油、钢铁、机械、轻纺。	渤海湾沿岸，胶济线
华东区	江苏、上海、安徽浙江	以技术密集型生产为特征的综合性工业结构。机械、化学、电子轻纺。	海岸地带，长江沿岸
华中区	河南、湖北、湖南、江西	以重工业为主的综合性工业结构。黑色与有色冶金、水电、轻工。	长江沿岸，焦枝线

续上表

华南区	福建、广东、广西（台湾、香港、澳门）	以开放型技术密集性生产为特征。电子、电器、造船、食品、轻工。	海岸地带 珠江—南昆轴
西南区	四川、云南、贵州、西藏	以能源和高耗能工业为特征。水电、有色冶金、磷矿、机械。	成渝——宝成轴
西北区	陕西、甘肃、宁夏、青海	以资源型为特征的工业结构。水电、有色冶炼、湖盐化工、畜产加工。	黄河——包兰线轴
新疆区	新疆、西藏阿里地区	以能源开采为主的综合结构。石油、煤炭、有色金属、食品、纺织	规划中的北疆铁路

以上八个大经济区中，予计华南、华中的工业将以超过全国平均值的速度增长，西南、西北工业占全国的比重将进一步下降，华东区的工业技术和实力将明显超过东北、华北二大区而居领先地位。

三、二〇〇〇年工业布局总图设想的几点依据

(一)、经济增长和平衡发展间的倒“U”字形相关

在本世纪内及二十一世纪初年，我国经济和社会发展的首要目标是争取国民经济有较高的增长速度。这当然是确定今后工业布局总图战略的原则性前提。

长期以来，许多国家都将国内地区间的平衡发展作为一个重要的发展目标。但是，国际和我国发展的经验都证明：

平衡发展是个很长的历史过程；

由于地区间自然条件、地理位置、经济与历史基础的差异，平衡发展也只是相对的；

地区间稳定性的因素差异愈大，这种“平衡”的相对性即差异程度就愈大。

任何一个国家的地区开发与发展，客观上都要求充分发挥地区优势，各部门各地区有限的人力物力总是力求投向最有利的区位。这就是地区间竞争的过程。竞争的结果便导致不平衡。因此，要求人们承认不平衡，充分利用它来达到我们的主要目标。我国疆域辽阔，国土资源和社会经济特点的地域差异可能比任何一个处工业化初期的国家都要大，这应当引起我们的重视。

无论国家和地区，在经济大规模开发的初期及稍后一段时期，由于资金、物力和区域基础设施的限制，只能集中在少数几个点或地带。

这样，较之分散投资而形不成集聚效果的情况可以获得较高的经济增长速度。也就是说，如果以经济增长速度为主要目标，就不可能不导致经济的不平衡发展。相反，如果以后者为主要目标，就会影响整体的经济增长速度。但是，当整体经济达到高度发展阶段，区域经济在少数点上、地带上过份集聚，导致一系列的“膨胀病”：交通紧张，用地困难，人口过份集中，环境问题难以解决，基础设施建设复杂化而代价太高等。这时，再要求得较高的经济增长速度，就必须而且经济力也已允许调整经济的空间结构，即全面开发新区。这就是经济增长与平衡发展之间的倒“U”字形相关规律。何时达到倒“U”形的拐弯处呢？一般来说，区域（或国家）面积愈小，经济基础又比较强，则差异扩大的进程较短，相反，国土面积愈大，经济基础比较薄弱，这种不平衡的发展过程延续得就愈长。美国虽经一百多年的开发，至今区际差别仍然不小。其人均收入的地区差异上世纪末本世纪初达到最大，最高最低区之比为３．１～３．３，本世纪以来一直下降，１９７０年仍为１．５４。１９７６年人均生产总值最高区与最低区之比：西德——２．６２，日本——２．９２。一些发展中国家差异更大。

我国大规模工业化的发展史只是解放后才开始的，在过去一段时间里违背了上述规律的要求，把有限的资金、物力铺得太广。实现较为平衡的区域发展，不能作为本世纪内的主要目标。而且，更不可采用大片战略转移方式实现它，而只能采用轴线延伸，逐步积累的渐进方式。

（二）、点轴开发——最有效的空间组织形式

点轴开发，即点轴—等级渐进扩散式开发，就是在全国（或地区）范围内，确定若干具有有利发展条件的大区间、省区间及地市间线状

基础设施轴线，对轴线地带的若干个点（城市及城市区域——发展中心）予以重点发展。随着经济实力的不断增强，经济开发的注意力愈来愈多地放在较低级别的发展轴和发展中心上。与此同时，发展轴线逐步向较不发达地区延伸（包括发达地区的距发展轴和发展中心较远的地区），将以往不作为发展中心的点确定为较低级别的发展中心。

按照这个动态模式，各级中心城市区域和城市直接影响区域的工业开发，应选择由该城市发出的基础设施轴线作放射状的重点发展，一般不宜脱离放射轴线围绕城市中心区作摊煎饼式的扩展。因为后者需要有大量的环形基础设施工程。

在中心城市相适宜的距离，选择有较好发展条件的点作为次级发展中心。一级中心对次级中心进行技术、信息扩散和生产协作。同理，围绕次级中心，又有三级四级中心，如此等等。不同级别中心城市的职能在工业布局上表现为生产规模、技术水平、产品销售范围等方面的不同。从中还可得出，中心城市的经济网络、空间形式不应是方格状的而是放射状的，是不同级别的中心城市的网络在地表的重复复盖。

长期以来，人们为集中还是分散，“一线”还是“三线”，沿海还是内地所困扰。如果我们能科学地规定各级重点开发的点、轴，形成有机的点轴体系，即可在相当程度上解决这些问题。

1．点轴开发可以顺应工业发展必须在空间上集聚成点，发挥集聚效果的客观要求。在工业地区、工业城市、工业区三种不同地域范围内，当确定了合理的工业结构及工业与区域性基础设施之间的有机结合，便产生巨大的空间集聚效果。只有以点轴的形式发展才能充分利用这种效果。

2．点轴开发可以充分发挥各级中心城市的作用。城市是区域的核心和统帅，城市在区域经济发展中产生，依靠所影响区域提供的原料、能源、食品、劳力等而发展。城市以工业品、信息、技术、政策等供给和统帅它的区域。要把广大区域发展起来，必须把各级中心城市作为不同等级的开发重点。

3．轴线重点开发可实现工业布局与线状基础设施之间最佳的空间结合，即可使各级范围内重点的交通干线、能源、水源建设线路与重点建设的城镇、工矿区取得必然的一致。避免其以往实践中出现的空间上、时间上的相互脱离。

4．点轴开发有利于城市之间、区域之间、城乡之间便捷的联系。因此，客观上，有利于实现地区间、城市间的专业化与协作，形成有机的地域经济网络。

5．各级区域范围内重点发展轴线的确定，可以使区内各地区、各部门有明确统一的地域开发方向，有利于提高基本建设的投资效果和管理组织水平。

作为全国一级重点开发轴，海岸地带和长江沿岸，具有较高的经济发展水平，但社会经济设施，如港口、城市、工业、交通线站等，还只是集中在为数不多的点上。大城市之间、大中城市和港口之间，还有很长的距离。城市、港口还未形成等级体系：中小城市少，中小港口少，中小工业点，工业区少，说明现状发展不充分，开发潜力很大。发达国家海岸地带与此不同。如日本中小港口的数量和码头岸线的长度都占全部港口数和码头岸线总长的80%。今后我国两大发展轴的建设，要加强中小城市和港口的建设。较大的城市和港口，接受输入的能源、原料、产品、转运给附近较小的港口和城市，同时将中小城市、港口及其腹地的产品集中起来，与外面交流，形成有机的地域体系，推动整个地带的发展。

(三)、从交通运输看轴线开发

交通运输发展水平、结构与布局对工业地域开发战略影响很大。有关部门予测，通过一系列加强交通建设的措施，到２０００年，沿海港口能力会有所缓和，公路运输发展很快，铁路运输仍将紧张。大区间，特别是全国南北向干线铁路运输困难仍很大，主要关卡在进出关、京广、西南地区对外方向、津浦等。解决运输问题有多种途径，其中使工业合理布局是重要措施之一。

1．轴线开发可实现工业布局和交通运输空间最佳结合。由于资源、能源、经济发展历史等方面的原因，我国大宗货流是南北向的，如煤炭、粮食、木材、原油、某些矿物原料。长期以来，它们基本都压铁路上。另一方面，人们考虑较多的是交通运输如何适应工业及国民经济的发展，而对工业布局、地区开发如何考虑到全国运网的格局、各种运输方式开发的潜力和效益注重不够。这除了表现在地区工业发展方向、结构方面外，就是沿轴线发展工业的意识不强。大批工业远离已有的和正在建设中的轴线，特别是没有充分利用海岸地带和长江沿岸，以致造成全程由铁路运达目的地，而且总是要求建设新线。

海岸地带和长江沿岸的开发，将在相当程度上改变全国运量的空间分布：通过加强北方能源产地与渤海港口的铁路联系，大部份能源货流经较短距离引向东流下海，在东南沿海、渤海湾北部及长江加强煤炭接卸港的建设，并由大量的中小港口和陆上运输疏散。南粮也可部份经河海联运到达北方。这样，上述几个大宗货流大部份可绕开华东、中原及出关的陆路；这几个方向的铁路通过复线、电化等措施，会适应一般运量增长的要求。本文提出津浦、京广、京山不作为重点的工业发展轴线，工业和城镇发展及到发运量的增长必然相对较慢，可以更能为南北运输服务。珠江和南昆线的工业建设，将会使一部份货流（煤、磷、金属矿石等）绕开黔桂、湘黔、京广，也在一定程度上将能源南北向运输变为东西向。

如果上述设想是合乎实际要求的，那么就有理由提出大大推迟京九线的建设，将延期投资的效果转到重点轴线的开发上。

配合两大重点轴线的工业发展，在陆上运输方面措施有：在浙、闽、胶东修建垂直于海岸线的港口支线。在冀东、广东、福建修建平行于岸线的铁路。在长江航运的某些区段也应建平行铁路。人们顾虑平行铁路会与水运争运量，但铁路可以开发运量。西德境内莱茵河两岸各有铁路一条，几十公里外又有平行铁路。这些铁路的建设无须以往"三线"铁路那样高的费用，但效果却很大。

2．能源生产与消费在地域上的分离应在很大程度上被认为是合理的。承认我国资源、资源开发条件、经济发展地区上的严重不平衡性，从经济效益上，必然得出或承认这个结论。2000年，能源的主要消费地在沿海与长江港岸，除京津唐地区外，从山西、内蒙西部到辽宁、长江三角洲、浙闽、珠江三角洲经水陆联运的平均距离分别达到1000，1600～1800，2400～2600公里。但是，这样的运距对世界许多国家是不足为奇的。（苏联长期东煤西运，陆上运程2000～3000公里的每年就有几千万吨；美国大力开发西部煤炭，西煤东运的铁路平均运程也在1500～2000公里。至于欧洲、日本从美国、中国、澳大利亚进口煤炭的运距就更长了。）

以往在论述煤炭过远距离运输时，总是以单位运输成本与煤炭生产成本相比。提出山西（大同）煤运到上海，每吨运费达16元，几乎等于煤炭生产成本，因之是不合理的。但是，这里一个重要的关系被忽略了：上海，及整个东南沿海，长江流域部份地区，能源的利用效率比能源主要产地高得多。能源主要调入区每吨标煤所创造的产值大大高于全国平均水平，其中每吨标煤在上海所创造的产值比全国平均值高１９５３元（１９７９年）。相比之下，运费之差（大同来煤与两淮来煤每吨运费之差不到１０元）就显得很不重要了。

强调能源就地消费，建立综合性工业基地的设想，要看许多具体条件是否具备。过去人们曾提出：山西要建成鲁尔，两淮也要建成鲁尔，……。岂知鲁尔强大综合性工业基地的形成条件这些地方基本上不具备：发达的铁路、水路运输，丰富的水源，优越的社会经济条件煤种煤质及开采条件也比鲁尔差些。对于安徽来说，未来工业发展的重点区域宜在长江沿岸及合肥，两淮基本上是燃料动力产区与供应地。

对于某些单位产品耗能极高的有色冶炼、铁合金、电石生产，在主要受能区应予以压缩，逐步迁到以水电丰富的西北、西南地区。否则依靠长距离调入煤炭发电被这些“电老虎”吃掉是不合算的。

３．轴线开发与工业厂址选择。轴线开发要求企业最方便地利用线状基础设施，使运量大的工厂能直接利用水运。以铁路为主要轴线的，应使企业到干线车站的接轨距离尽可能短。目前，我国沿海沿江中小港口少，设备极差，限制了工业在海岸、江岸地带展开，潜力发挥不出来。长江沿岸现有吞吐量在５０万吨以上的港口所在地（城市）２６个，其中工业产值在１０亿元以上的只有１４个，许多港口城市工业极薄弱。

（四）、水资源空间分布差异影响到工业布局的战略

我国丰富的工业布局实践已充分说明：淡水水源的数量、特征、开发利用条件，既影响到局部的厂址选择，也影响到全国工业的地区安排。我国西北、华北、东北广大地区，工业发展、布局已在相当大的程度上受到供水不足的制约。许多新建和扩建的大项目因为供水无保证或水源工程投资过大而不能落实，影响到工业的合理配套和发展，例如鞍钢的扩建和天津的石油化工项目。水源不足，又通过对城市、

农业、环境、交通（如使河道断航）的影响而阻碍工业的发展。据统计分析，1980年全国工业耗水200～210亿方，加上城市生活为240～250亿方，当工业总产值以8－10％的速度增长，工业用水的增长速率为5～6％。到2000年全国工业、城市用水将超过600亿方／年。近些年我国北方许多工业区及城市区域水资源开发利用出现一系列严重问题，如：局部地区过量开发，水源贫竭；各部门各地区争水问题严重，引水距离愈来愈长，水源工程费用愈来愈高；水源受污染，海水入侵，等等。除了南方地区外，北方地区在目前工业区和城市区域附近，如何能增加供应170～180亿方／年的工业、城市用水呢？水资源的开发利用特性不同于矿物资源，不能装起来到处运输。这种状况迫使我们要从总体上考虑全国工业布局的战略安排。

我国水资源地理分布极不均衡。多年平均地表总迳流量26380亿方，地下水资源量7000亿方。75％的地表迳流和70％的地下迳流分布在不到全国面积50％的南方，耕地只占全国的38％；西北、华北只有全国10％的地表水和20％的地下水。以流域为单位，黄河、海滦河、辽河流域属水资源缺乏地区，加上水资源开发利用程度已相当高，进一步开发潜力受到很大限制。

（表见下页）

我国主要流域水资源开发利用表

流域或地区	地面水资源亿方	人均水量方/年	耕地亩均水量方/年	地表水实际用量占地表水资源量的%
全国合计	26380	2670	1750	16.4
长　江	9600	2780	2600	14.5
珠　江	3466	4680	4400	14.9
浙　闽	2024	3210	4310	13.5
淮　河	644	520	340	63.7
黄　河	686	840	350	36.4
海滦河	276	280	160	60.2
辽　河	145	520	210	55.9
松花江	777	1650	440	17.6

上表说明：水资源及开发潜力的分布状况与土地资源、矿产资源的分布很不吻合。根据李文彦在我国矿产资源对工业发展与工业体系影响的研究中提出的意见，我国部份关键矿种储量丰富、且地域结合状况好的省区是：河北、辽宁、新疆、云南、山东、四川、安徽、内蒙。位于长江流域的只三个省。

黄河流域和海滦河流域是我国矿产资源及重工业集中的地区，也是人口密集，经济发达的地区，水土资源、水矿资源严重不平衡。按1983年6月水电部召开的“黄河水资源评价与综合利用审议会”提出：沿黄各省市区要求到2000年共需从黄河干支流引水747

亿立米，其中工业及城市180亿立米。但黄河可供利用的水资源只有370亿方。目前实际引水已达271亿立米。2000年可能实现东线南水北调。但只能保证北方海岸地带轴上的工业、城市的需要及沿途农业用水。

水资源开发利用条件是选择重点开发轴线的重要依据之一。长江是世界第三大河。年平均迳流量比黄河多20多倍，比海河大40倍，但耕地不过比它们多一半。海岸地带轴的工业开发，一方面位于河流的下游入海处，地表地下水也较丰富；另一方面，可以尽量利用海水。海水可以代替淡水的比重：火电—95%，钢铁50—60%，石油化工、炼油—70%，其它工业—20～50%。我国北方淡水资源严重缺乏，但海水的工业利用又重视不够。

(四)、发达的农业是确定工业重点开发地带不可忽视的前提

地区工业发展的经验教训表明：每一个地区，工业和农业之间都有许多直接、间接的联系。农业不仅向工业提供工业原料，粮食、付食品，而且农业发达的地区往往又是自然条件、社会环境较为优越的地区。农业发达往往是经济、文化全面繁荣的基础。这样的地区会对投资和技术力量产生自然的吸引力，因而也是提高劳动生产率、保证工业增长的稳定性因素。这种作用对加工工业、制造业及城市发展特别明显。我国一些工业迅速发展的城市绝大部份都有好的区域农业。而许多周围农业差的工矿城镇发展受到明显的影响。哪里的人们整天为取得农付食品而操心，或不能取得基本满足的供应，那里的工业发展便难以很快。

全国海岸地带和长江两个重点发展轴及二级轴，集中了我国最发达的农业区——北方两大平原和南方四大平原。全国很大部份商品粮县、商品猪县、主要产棉县集中在六大平原上。8。4万平方公里的

上海经济区，尽管工业、城市、人口那样集中，人均占有粮食仍高于全国90斤，棉花高于8斤。珠江三角洲粮食商品率高达35％，粮产量占全国1／4。）

结　束　语

1．全国工业布局地区不平衡性的发展，可以更快地加强国家的经济实力，可以通过区域政策、民族政策更大幅度地增加对发展较慢地区财力物力人力上的支持，以提高这些地区的经济水平和生活水平。事实上，目前某些边远和民族地区以人均社会商品销售额、人均工业总产值、千人拥有的职工数和技术人员数等指标衡量的社会经济发展水平已居全国中等。

2．我所经济地理部所属工交、农业、城市人文三个研究室长期从事地区性、全国性生产力布局研究工作。吴传钧先生不久前主持全部同志对全国战略布局问题进行了讨论，这些是本文写作的基础。编写中参考了李文彦、邵清于同志的有关论文，陈航、李耀武、陈汉欣、郭来喜同志先后提了指导性意见。在此一并致谢。

3．本文成文仓促，许多问题尚待进一步研究。如：全国及各地区点轴系统的结构问题；海岸地带与长江沿岸等重点发展轴的发展条件、方向的进一步论证，等。

附录三 1984 年《二〇〇〇年我国工业生产力布局总图的科学基础》一文初期正式发表杂志原文

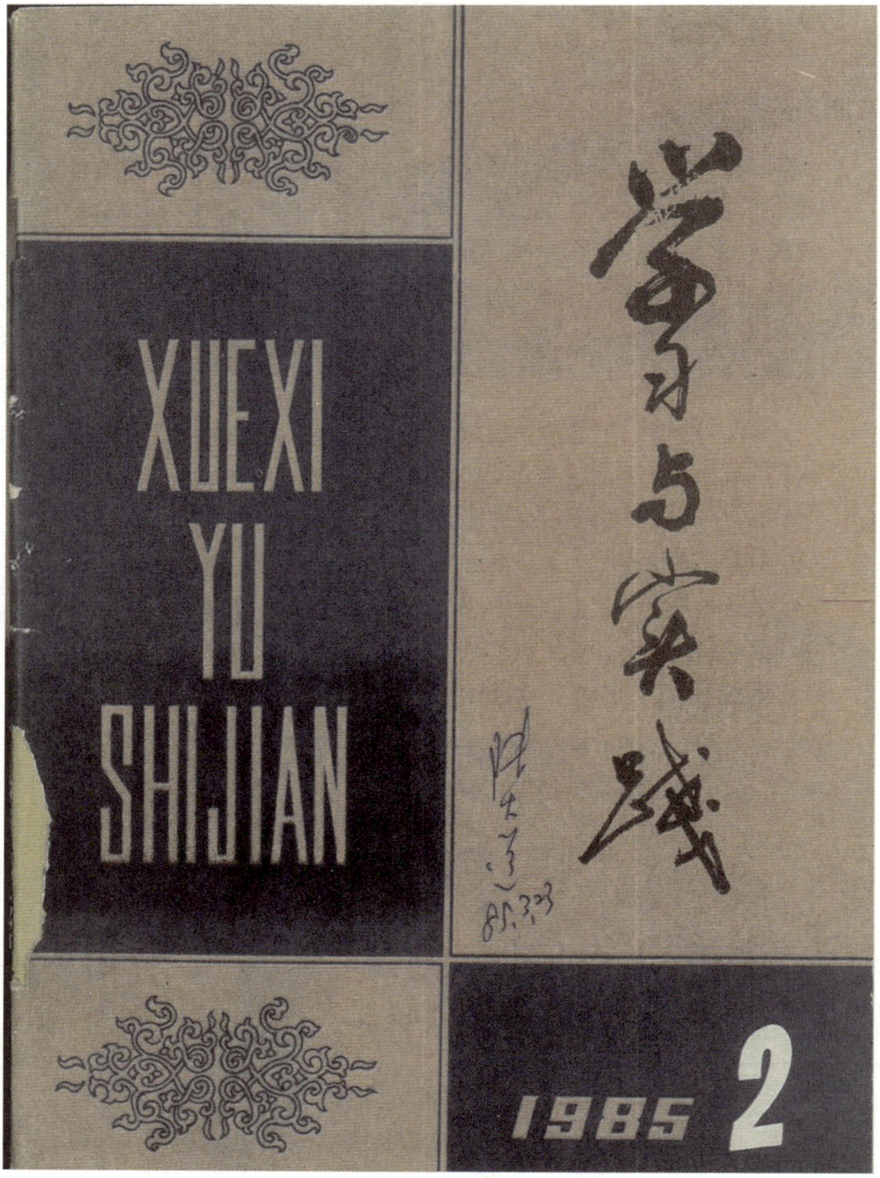

学习与实践（月刊）目录

一九八五年 第二期 （总第12号）

“[illegible]”（武汉），1985.2

工业的点轴开发模式与长江流域经济发展

长江流域经济探讨

·陆　大　道·

开发长江沿岸经济的意义和措施，应该从我国工业生产力布局总图和点轴开发的模式来认识。本文就这个问题来谈谈一些看法。

（一）

解放前夕，我国薄弱的现代工业主要分布在上海、东北南部、天津、青岛、广州、无锡、武汉、重庆、太原等地。按一般所称的大区划分，西北、西南合占１１·５%，华东占５０·２%。

第一个五年计划规定：“为了改变原来地区分布不合理状态，必须建立新的工业基地，而首先利用、改造和扩建原来工业基地是创造新的工业基地的一种必要条件。”根据这个原则，以１５６项重点工程为主体的６９４个限额以上的工业项目，主要配置在大中城市。“一五”期间，全国工业产值年均增长达１４·２%，大中型工业项目的建设周期平均仅为６年。无疑，正确的工业布局战略是获得如此巨大效果的重要条件之一。

“二五”开始，提出了“以钢为纲”、“大办小土群”，以及批判资本主义生产畸形分布，消除城乡对立，消除先进地区与落后地区的差别，实现平衡发展等一系列方针，工业的空间格局开始发生变化，内地和不发达地区的投资大幅度增长。至“三五”期间，“三线”建设大规模上马，大批工厂进山进洞。“四五”期间，超越实际可能，不适当地大搞军工。在“三五”开始的以后十多年中，在“扭转北煤南运”的口号下，集中全国煤田勘探力量的４０%和煤炭投资的４３%（“三五”）——４５%（“四五”）于江南九省市找煤挖煤。

在进行大尺度空间结构调整的同时，在许多省、区内还作了中尺度的调整。不处于战略“三线”的省、市、区搞起了自己的“小三线”。许多大中型企业被置于远离城市和运输干线几百公里的山沟里。建立“地区工业体系”之风盛行，各地形成了几乎雷同的地区工业结构。

这种战略转移和平衡布局措施，使得除西藏外，全国各省市区都有了钢铁、有色冶金、燃料动力、化学、机械、建材、轻工、纺织等许多行业和门类；以工业固定资产衡量，工业生产力较之解放初变得均衡多了，这奠定了工业及整个国民经济进一步发展的基础。但是，从某种意义上讲，这种战略转移和平衡布局措施的实际效果并不理想，它造成了巨大的损失，延缓了我国经济社会发展的进程。要是没有这种战略转移和平衡布局，那么工业基础好、占全国工业生产很大部分的地区和城市，工业增长本来可以比实际快很多。比较落后地区虽有超乎平均值的增长，但是绝对值微小，而且是以抑制、牺牲发达地区绝对值大得多的增长为代价的。在全国形成的约４０００亿元固定资产中，真正能正常发挥作用的只有约２５００亿元。一大批建成的大中型企业由于布局不当，长期背上包袱，年复一年地、不知不觉地支付着大量的超额费用。

历史的经验告诉我们，在近期内，我国工业生产力布局不应该再发生如东部到西部或东部到中部之类的战略变化。

长期以来，许多国家都曾将国内地区间的平衡发展作为一个重要的目标。但是，经验证明，平衡发展是个很长的历史过程。由于地区间自然条件、地理位置、经济与历史基础的差异，平衡发展也只是相对的。地区间稳定性的因素差异愈大，这种“平衡”的相对性就愈大。一个国家的、地区的开发与发展客观上都要求充分发挥地区优势，各部门各地区有限的人力物力总是力求投向最有利的区位。这就是地区竞争的过程，竞争的结果便导致不平衡。因此，要求人们承认不平衡，充分利用它来达到我们的主要目标。无论国家或地区，在经济大规模开发的初期及稍后一段时期，由于资金、物力和区域基础设施的限制，只能集中在少数几个点或地带。这样，较之分散投资而形不成集聚效果的情况可以获得较高的经济增长速度。也就是说，如果以经济增长速度为主要目标，就不可能不导致地区间的不平衡发展。相反，如果以地区间的平衡发展为主要目标，就会影响整体的经济增长速度。当然不是说我们完全不要去考虑实现较为平衡的区域发展，而是说不能把它作为近期内的主要目标，更不可采取大片战略转移方式去实现。

（二）

尽管近期内我国工业生产力布局不应该再发生如东部到西部或东部到中部之类的战略变化，但从指导思想上，仍要在全国范围及各级区域内确定工业重点发展的地带和城市区域。

从前，人们习惯于从东到西切南北向的大块来区分重点与非重点开发地区。今天看来，这种划分除具有某种军事意义外，并不能对经济建设起到科学的具体的指导作用。相反，它往往成为生产布局简单化、片面化毛病的基础。那么，该怎样确定重点地域方向呢？工业生产，无论采掘、原材料和加工工业，都是产生于和聚集于点上并由线状基础设施彼此联系在一起的。因此，确定工业生产重点地域方向，就是要确定重点发展的轴线。

重点发展轴是指重要交通干线，有时还加上动力供应线、水源供应线等所经过的，附近有较好的位置、资源、经济基础等条件，因而有较大的开发潜力和较好的远景的地带。它不具有象行政区那样严格的界线，不包括距轴线较远、与轴线并无大量直接联系的城市及区域。

除了全国性的重点开发轴线之外，进一步还可分出二级、三级、四级地区性的重点发展轴。

轴线开发又是以不同等级的中心城市为基础的，即是从若干个点着手的。这样，相应地就会形成不同等级的点轴系统。

在全国（或地区）范围内，确定若干具有有利发展条件的轴线以及轴线地带的若干个点，予以重点发展，随着经济实力的不断增强，经济开发的注意力愈来愈多地放到较低级别的发展轴和点上，并使发展轴线逐步向较不发达地区延伸，这就是点轴开发的模式。它是使国民经济有较高增长速度的最有效的模式。

（三）

根据我国工业发展条件的地区差异及国民经济各部门的现状分布以及今后国家的发展任务，本世纪内及下世纪初，全国一级的重点发展轴线应该是：海岸地带轴及长江沿岸轴。

海岸地带轴。全国大陆海岸线总长1·8万多公里，经过三十多年来的发展，它成了我国国民经济的主体地带。1982年，就34个主要城市统计，工业产值近1500亿元，占我国的27%。今后沿海海运将是我国最大的能源运输路线，也是我国对外贸易的前沿阵地。预计海岸地带轴将以超过全国平均值的速度发展。到本世纪末，占全国工业总产值的比重将提高到三分之一左右。

长江沿岸轴。长江是我国东西向的运输大动脉，近年来运量已超过5000万吨，运输开发潜力很大。正在建设中的葛洲坝和规划建设的三峡水利枢纽完工后，将有上千万千瓦的电力东送。长江还具有丰富的供水水源。所以，长江应成为我国仅次于海岸地带的强大的发展轴。1982年，按31个主要城市（上海计算在内）计，工业总产值1354亿元，占全国的24·3%。这个轴集中了全国十大钢铁基地中的五个，有两个大型石油化工基地、八个大型炼油厂及一个天然气化工基地。东部上海是我国最大的海港、工业城市及贸易口岸，其吸引和影响范围涉及到华东、华中、西南、西北等广大地域。在长江轴所经过的省市中，四川、安徽是铁矿、有色金属、能源资源都很丰富的两个省份；湖北、湖南、贵州、云南的磷矿占全国的90%以上；湖北的水电资源丰富，且位于全国经济联系的中枢地带。长江流域的农产品占全国40%以上，是全国农业发达区。长江轴工业结构中的现状特点是原材料和制造工业发达。今后可发挥这种优势，充分开发利用长江水运，并依靠南北向的几条铁路干线，运来煤、原油、矿石等，发展钢铁、石油化学、有色冶炼、机械、轻纺等工业。在地域部署上，除上海经济区外，以南京为中心，包括沿江的镇江、扬州、马鞍山、芜湖、安庆、铜陵等，以武汉为中心，包括南昌、九江、黄石、沙市、宜昌等，以重庆为中心，包括万县、卢州、宜宾等，成为三个工业集聚地带。

现在，长江沿岸的社会经济设施，如港口、城市、工业、交通线站等，还只是集中在为数不多的点上，大城市之间，大中城市和港口之间，还有很长的距离。城市、港口还未形成等级体系：中小城市少，中小港口少，中小工业点和工业区少。这说明现状发展不充分，开发潜力很大。今后要加强中小城市和港口的建设。较大的城市和港口，接受输入的能源、原料、产品，转运给附近较小的港口和城市，同时将中小城市、港口及其腹地的产品集中起来，与外面交流，形成有机的地域体系，推动整个地带的发展。

长江轴工业的大规模发展，需要整治长江航道，加强港口码头建设，解决支流局部存在的碍航、阻航问题。滨江一带有大量的适宜于工业、交通设施建设的土地，但要采取防洪措施。

上述两大重点轴构成“T”字形。两轴在经济最发达的长江三角洲交会。这种空间结构形式较准确地反映我国国土资源、经济实力及开发潜力空间分布的基本框架，也有助于今后更好地利用与国外经济技术交流中所激发起来的巨大动力。将此二轴进一步开发建设好，就可奠定工农业产值翻两番的基础，并促进与之相联结的二级三级发展轴线，使全局获得顺利发展。

长期以来，人们为集中还是分散、“一线”还是“三线”、沿海还是内地所困扰。如果我们以海岸轴和长江轴作为全国一级的重点发展轴线，并科学地规定各级重点开发的点、轴，形成有机的点轴体系，即可在相当程度上解决这些问题。

（作者单位：中国科学院地理所经济地理部）

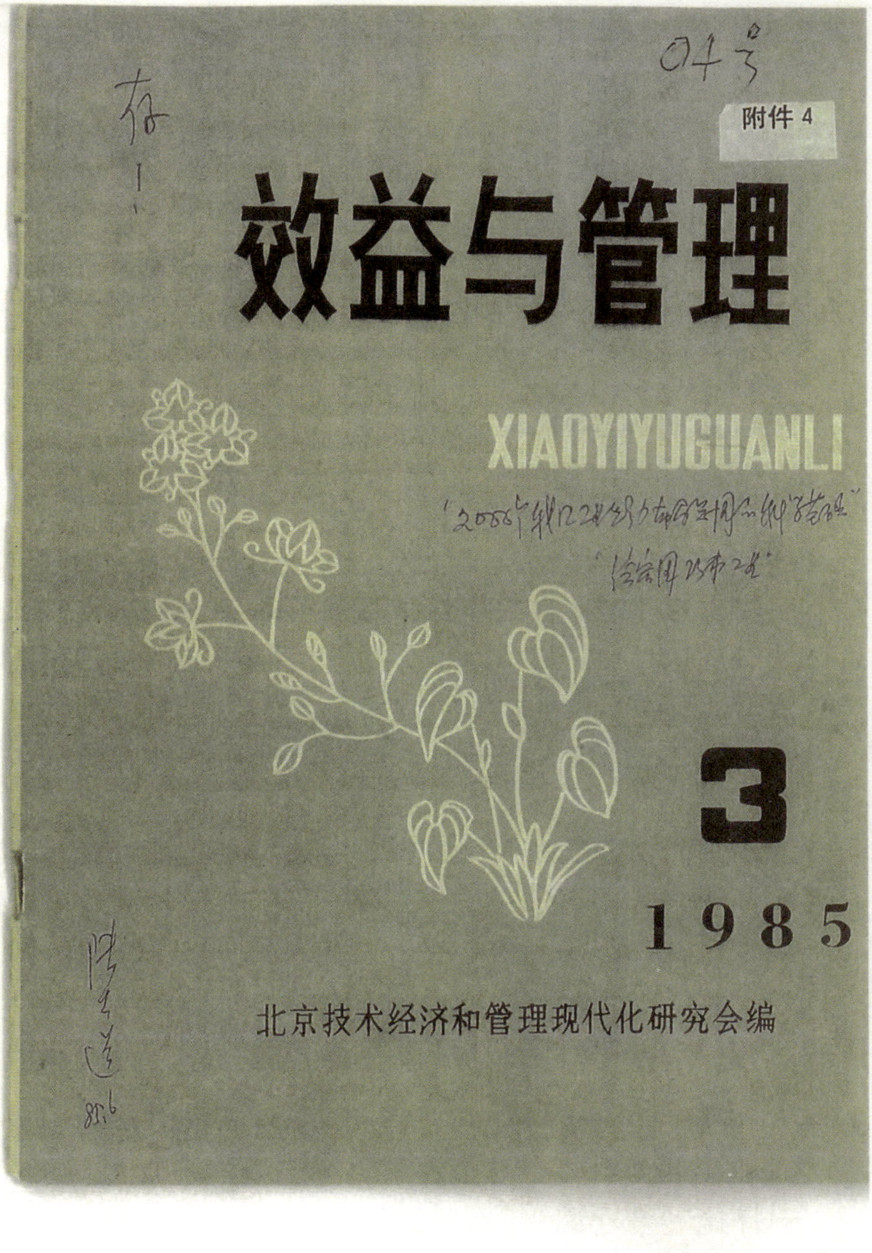
附件 4
效益与管理
XIAOYIYUGUANLI
3
1985
北京技术经济和管理现代化研究会编

附件 4

效益与管理

3

1985

北京技术经济和管理现代化研究会编

目　录

本期责任编辑：陈栋生

二〇〇〇年我国工业生产力布局总图的科学基础*

陆 大 道

工业在我国国民经济中占主导地位。1982年工业占工农业总产值的66%，在国民收入中也占45%，均居首位。因此，工业发展速度在很大程度上决定了整个国民经济的增长速度。在空间上，工业到那儿，一系列区域性基础设施及城镇等必须随之出现，即工业是国家或区域社会经济空间结构的主体及其变化的先导。三十多年来，工业面貌焕然一新：北京、吉林、大庆、石家庄、济南、淄博、兰州、包头、成都、渡口、株州、六盘水、平顶山等成为新兴的工业城市。一大批煤矿、油田、有色及黑色金属矿山、能源工

伐抚育与深度的加工利用也是大问题，过采滥伐的结果已经引起小区域气候变化和水土流失，也需要认真规划，彻底改变过去错误的做法。

八、积累资金和培养人才。

新企业的建设、现有企业的改造，都需要资金。"七五"计划精神主要是重点改造现有企业。地方想上的项目，资金全靠国家接济也不可能。所以地方经济必须自求振兴之道。越是时代紧迫感给我们加重思想压力，我们越是要保持冷静。要从实际出发谋求生财、聚财、用财之道，确保利税增盈。如开发准格尔的设想，"以煤换路"、定期回收资金、归还信贷，是一种办法。如赤峰那样，选点发展城乡集体经济、增加工业比重、搞活商业流通，以众多小城镇企业积累资金，是苏南经验的移植，见效很快，又是一种办法。把国家的接济尽可能变"雪里送炭"为"锦上添花"之用，又是一种办法。

万事俱备，独缺人才了。如何扎深根基，大量培育人才？从干部系统的素质提高开始，实行干部在职进修，定期轮训，是一个办法。对若干中等城市，放宽政策，多办专科学校、专业训练、岗前实习和开设综合性大学的分校，这是百年树人的大事，也是"三年之艾"式的准备，有备而无患。重视知识、重视人才，给富有事业心的人才不拘一格地创造合适的工作环境，使成果好出，贡献多树。在提倡人才流动中，依靠政策解决人才外流，还要大量吸引人才（如外省技工、技术骨干）进来，充实和提高了智力系统，才能有后劲迎接二十一世纪。

这些意见，对内蒙古自治区和有关省、市、区的区域经济规划工作，能否有促进作用？能否对各位从事社会主义建设的同志有些参考价值呢？请大家批评！

---

* 我所经济地理部所属工交、农业、城市人文三个研究室长期从事地区性、全国性生产力布局研究工作。吴传均先生不久前主持全部同志对全国战略布局问题进行了讨论。这些是本文写作的基础。编写中参考了李文彦、邵清子同志的有关论文，陈航、李耀武、陈汉欣、郭来喜、李文彦同志先后提了指导性意见。在此一并致谢。

程等出现在祖国的地图上。工业总产值由1949年的140亿元发展到1982年的 5577 亿元。在取得如此巨大发展成就的同时，在合理配置工业生产力及企业选址方面也积累了丰富的经验，人们对我国各地区的地理特征及工业地图变化的科学认识愈来愈丰富了。这是我们制定2000年工业生产力布局总图的重要依据。

一、三十年多年来我国工业布局总图变化简评

（一）工业布局战略变化的回顾

解放前夕，我国薄弱的现代工业主要分布在上海、东北南部、天津、青岛、广州、无锡、武汉、重庆、太原等地。1949年，按一般所称的大区划分，西北、西南合占11.5%，华东占50.2%。

1953年我国第一个五年计划规定："为了改变原来地区分布不合理状态，必须建立新的工业基地，而首先利用、改造和扩建原来工业基地是创造新的工业基地的一种必要条件。"根据这个原则，以１５６项（实际为１５４项）重点工程为主体的６９４个限额以上的工业项目，主要配置在大中城市。156项重点工程总投资近200亿元，东北（集中在沈阳、吉林、抚顺、哈尔滨、鞍山、齐齐哈尔等）52项，华北（除采掘外，集中在北京、太原、石家庄、包头）28项，其余的原材料和加工工业项目，除部份军工外，分布在西安、兰州、洛阳、武汉等几个大城市。工业企业多在城市郊区成组布局，如吉林的江北北京的东郊、沈阳的铁西、太原的北堰、兰州的西固、武汉的青山等。"一五"期间全国工业产值年均增长达14.2%。大中型工业项目的建设周期平均仅为６年。无疑，正确的工业布局战略是获得如此巨大效果的重要条件之一。

"二五"开始，提出了"以钢为钢"、"大办小土群"，以及批判资本主义生产畸形分布，消除城乡对立、先进地区与落后地区的差别，实现平衡发展等一系列方针，工业的空间格局开始发生变化。内地和不发达地区的投资大幅度增长。全国成百上千家中小钢铁厂建立起来，其中中型的就有100多家，不久又被淘太了大部份。在包头、武汉两大钢铁基地开工不久的情况下，急速转移向纵深推进，着手建设酒泉、渡口两大基地。在三年调整时期，曾正确地加强了沿海及有了一定基础地区的扩建与新建，天津、上海、大连、青岛、沈阳取得了较"二五"时期高得多的速度。但是建立在五十年代之前的战略之上的"国防安全"观点开始支配着军工和许多民用工业部门的布局。至"三五"期间，"三线"建设大规模上马，大批工厂进山进洞。"四五"期间，超越实际可能，不适当地大搞军工。在"三五"开始的以后十多年中，在"扭转北煤南运"的口号下，集中全国煤田勘探力量的40%和煤炭投资的43%（"三五"）～48%（"四五"）于江南九省市找煤挖煤，是实现全国工业布局大转移战略的重要组成部份。

在进行大尺度空间结构调整的同时，在许多省、区内，还作了另一种尺度——中尺度的调整。不处于战略"三线"的省、市、区搞起了自己的"小三线"，许多大中型企业被置于远离城市、运输干线几百公里的山沟里，例如莱芜、贵池、水城、凌源等钢铁厂。与此同时，建立"地区工业体系"之风盛行，导致全国29个省市区中，冶金、电力煤炭、石油、化学、机械等重工业部门的产值占总产值60%以上的有27个（1977年），

形成几乎雷同的地区工业结构。

1972～1978年间，我国顺利地建设了引进的27个（投资187亿元）重大的化肥、石油化工、电站、钢铁企业，其中长江沿岸13个，海岸地带8个。很大部份位于有相当基础的工业城市和工业区附近。特别是在配套加工能力强的城市区域建立起具有龙头作用的原材料大厂，起了巨大的发展作用。这是人们从长期教训中摸索得出的经验。要充分考虑到我国资源及全部地理条件不平衡性。按客观要求和经济规律来配置全国工业生产力。三中全会以来，采取了加速开发山西煤炭、加快铁路与港口建设等一系列重大的措施，促进发达地区和较有基础地区的进一步高涨。

就在工业布局刚转到具有明显效益轨道上来的时候，近年来，又重新提起战略大转移：转到西北，转到西南，转到中部，等等。到底是否应该在本世纪内及二十一世纪初实现经济开发的战略大转移？

（二）我国工业布局在多大程度上变得均衡了？

上述战略转移和平衡布局措施，产生了如下结果：

1．除西藏外，全国各省市区都有了钢铁、有色冶金、燃料动力、化学、机械、建材、轻工、纺织等许多行业和门类；

2．以工业固定资产衡量，工业生产力较之解放初变得均衡多了。1952～1980年、“三线”11省区新增固定资产达到1670亿元（其中工业占60%），占全国34%。一些解放前夕工业基础很薄弱或几乎没有现代工业的省区，如甘肃、内蒙、新疆、河南、云南安徽、湖南等，都各拥有100～200亿元的固定资产。从而奠定了工业及整个国民经济进一步发展的基础；

3．但是，从某种意义上讲，转移和平衡布局的实际效果并不很理想：

1）、以1982年的工业利税总额即对国家的实际贡献的地区分布来衡量，沿海12省市区仍然占到全国的64%，而接受大量投资、占有大量固定资产的“三线”地区只占24%。图一是以罗论茨曲线*精确地描述1982年全国工业固定资产，工业利税总额以及1952年工业总产值在各省市区分布的不均衡性。可以看出，表示1982年工业固定资产地区分布的曲线L_1较接近于对角线，即较为均衡。然而表示同年利税总额分布的曲线L_2却在相当大的程度上偏离了对角线，即不均衡程度大；但是，L_2却与1952年工业总产值空间罗论茨曲线L_3比较接近。

2）、采掘工业及部份能源工业，受资源地区分布的制约。在愈来愈广阔的空间上得到发展，相对比解放初均衡了。但是原材料工业，特别是加工工业却受到基本不同于采掘工业那样一些因素的影响。这些因素相互作用的结果，加工工业的分布不平衡性并没有明显地减弱。机械制造、电子、化学和轻纺制成品的最主要生产中心仍是解放初就有一定基础的大中城市。据不完全统计分析，上海、天津、北京、沈阳、哈尔滨、武汉、

---

* 罗论茨曲线是美国统计学家罗论茨(LOrenz)提出的，最初用于表达国民收入在社会各阶层，各集团中分配不均衡性，后来广泛用于区域研究方面。它的横坐标代表各地区(或部门)按它们比较数值的大小顺序排列，纵坐标是各地区(或部门)数值百分比的累计值。现象分布不平衡性由曲线的梯形程度或与对角线之间形成的面积来衡量，拱形程度大或面积大，则表明分布不平衡程度大。

广州、重庆、成都、西安、太原、大连等十二个大城市，其制造工业的产值占全国制造工业的一半以上；如以沿海内地划分，沿海12省市区占到全国的61.2%。原材料工业的大厂。包括钢铁、酸碱、乙烯、化学纤维、棉纱等。仍然集中在较发达地区，水泥、合成氮、有色冶金等实现了较为均衡的分布。

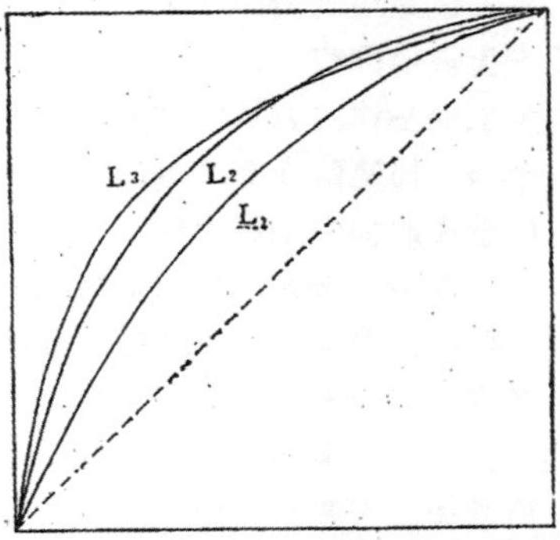

图一、我国一九八二年工业固定资产、工业利税总额及一九五二年工业总产值地区分布的罗伦茨曲线

3）、工业布局在较小尺度范围内，即相当于若干个地区一级行政区组成的地域，有些，如长江三角州以上海为中心包括苏锡杭常等在内的区域，在主要中心城市发展的同时，整个经济区域内都有了很大的发展。但是，象京津唐、武汉地区、四川盆地、渭河平原地区等，工业及整个社会经济设施在少数一、二个大城市集聚，区内工业发展的不平衡性反而不同程度扩大了。如唐山地区，唐山市及廊坊地区的工业产值占整个京津唐地区的比重，由1949年的12.6%一直下降到1970年的69%，只是近年来有些回升，但仍然只有9.8%。因此，可以说是继续了解放前的不平衡发展过程。

（三）六十年代工业布局战略上的失误延缓了我国社会经济发展进程

长时期内，人们不大承认工业发展和布局不平衡性的合理性及在一定阶段的必要性。在国民经济取得较大发展时，就谋求改变方向，战略转移。争投资、争项目之风盛行，投资分配和项目安排只好吃“大锅饭”，诸如：每省一个至几个中型钢铁厂，一个炼油厂一个维尼纶厂，每县一个小化肥厂、水泥厂，等等。在铁矿石、原油、棉花等供不应求的情况下，大厂仍在不断地新建或扩建。国民经济建设投资撒在广阔的地域范围内，有发展优势的地区得不到足够的资金、原料及动力供应。1950～1980年间，全国基本建设总投资7021亿元，沿海12省市区只占41.4%，“三线”竟占到38.7%。西南，西北合计所占比重：由“一五”的16.9%上升到“三五”的35.1%。“四五”的24%；在比较发达的地区中，同期上海总投资234.7亿元（其中工业不到150亿元），仅占全国的3.34%，居第13位，天津居21位。直到七十年代中期以前，天津、上海、青岛、大连等沿海工业基地基本上未新建大型原材料工业企业，引起这些地区的钢材、化工原料及中间体、纺织原料、建筑材料等严重供应不足。主要工业部门中，钢铁工业1949年—1975年564.5亿元投资基本上在六大区中平均分配，其中华东区的投资规模居倒数第二位。煤炭工业投资在“三五”“四五”中集中于江南，自六十年代末至七十年代末，山西省没有新开一个大井，解决东北能源供应的三大“露天”（如包括华北则有五大“露天”）被迫推迟。“二五”以后全国铁路新线建设，无论就交通网的格局和线路走向，基本上是从那时的“战备”观点出发，集中在人烟稀少、许多线路附近资源也不多的西南、西北及三西”（鄂西、湘西、豫西）地区，但工农业产值占全国87%、人口占77%的东北及东南沿海地区只修了一些延伸线及工矿支线。许多工业基地、城市的对外运输干线能力严重不足，一些很有发展前途的地区，如广东东半部，福建南半部，山东东南部沿海等些至今都未通铁路。

上述战略转移、平衡布局造成的损失是巨大的：

1．工业基础好、占全国工业生产很大部份的地区和城市，工业增长本来可以比实际快得多。1953～1978年间，西南、西北、中南地区工业增长速度都超过全国平均值，东北、华东两大区正相反。其中，1966～1978年间，全国工业年均增长10.2%，东北区只有8%。综合性大工业城市天津、上海在“二五”期间平均年增长只0.5%和5.7%；调整时期，沿海投资比重有所增加，天津、上海工业年增长为15.9%和17.5%，但“三五”“四五又大大降下来。

“三五”“四五”期间，全国新建的大型项目分别为1944和2969个，其中西南、西北合计分别占到41.0%和31.2%，如加上中南区，则分别为60.2%和52.2%，这是该阶段全国工业增长速度大幅度下降的重要原因之一。

非常清楚，比较落后地区有超乎平均值的，但绝对值是微小的增长，是以抑制牺牲发达地区绝对值大得多的增长为代价的

2．全国各地区基本建设固定资产形成比例相差达20～30%，许多大中型民用及军工企业，建建停停，乃至迁厂搬家。就是在全国形成的4000亿元固定资产中，真正能发挥作用的只有2500亿元（截止1980年）。有些花了几亿元、几十亿元投资的大厂被迫弃置，或经转改，但只能发挥小得多的作用。湖北省三十年中煤炭工业吨煤投资高达153元，1958～1960年，1970～1972年两次大办煤矿，报废矿井分别为67对和97对，经济损失共达2亿多元。再以百元固定资产（净值）利税率比较，1982年全国平均为33.5元，各地最大相差达20倍以上（见表）。可见工业投资和生产效益的空间差异是何等之大！还应当指出的是：固定资产形成比例和利税率的差异在空间上基本上是一致的。

表：一九八二年工业百元固定资产（净值）利税值的地区差异

单位：元

全国	上海	天津	北京	浙江	江苏	广东	山东	辽宁
33.5	122.6	59.6	54.4	48.9	47.0	39.6	37.9	32.3
黑龙江	福建	河北	安徽	广西	湖南	河南	湖北	云南
31.7	31.7	29.9	28.6	28.6	27.3	24.4	24.0	22.4
山西	吉林	四川	江西	甘肃	陕西	新疆	贵州	内蒙
21.7	21.0	19.5	19.4	19.4	17.1	16.5	13.6	12.5
宁夏	青海	西藏						
8.5	6.2							

3. 一大批建成的大中型企业由于布局不当，长期背包袱。它们远离城市和经济发达的地区，燃料及原材料要由几百公里及至上千公里运去，成品又要运出来。许多企业所在的区域没有配套协作条件，迫于搞小而全；生活供应困难。当然，其中也有些企业近年生产已进入正常，成为国家的骨干企业，但人们不应忽视它们的地区布局（有的还包括厂址选择）是不当的，年复一年地、不知不觉地支付着大量的超额费用。

现在可以设想：如果以往一直采取较正确的工业布局空间结构战略，那么，东部及内地中的较发达地区会保持较实际高2～3％的年均增长速度，固定资产形成比例差别不大，全国有多于实际500亿元以上的固定资产能发挥效益，平均利税率达到35～38％，大中型企业的布局都是按科学的区域规划实施的，等等，那么，我国目前的经济发展水平乃至社会发展水平要比实际高得多。

二、二〇〇〇年工业布局变化可能遵循的基本战略

（一）、工业生产力布局总图不宜发生重大变化

三十多年来，我国工业生产力已在广大国土上铺开。1982年全国设市城市已达245个，建制镇和工矿区2819个，其中绝大部份都是由工矿业的发展而形成的。但是，架子大、发展不足。除少数特大城市近郊区和工业集中区以外，从“规模经济”和空间、资源的充分利用的角度，都还有不同程度的发展潜力。在本世纪末及下世纪初，为了国民经济翻两番及更大的发展，是将重点放在新铺摊子，还是重点在已有一定基础的工矿区域城市区域扩大发展呢？作者认为应采取后者。

予计在“七五”至“八五”期间，我国工业的重点发展部门是能源和原材料工业，从九十年代中期至2000年前后，化学工业和机械、电子工业将有高速度发展，同时，建材、纺织工业在全部工业部门结构中的地位也将会有所上升。主要部门的区位变化趋势如下：

能源工业。1985年前后，煤炭开发建设总规模2.2亿吨，重点是山西、东北（三大露天为主）、内蒙，其次是豫西、鲁西南、两淮、黔西南。进入九十年代，要扩大宁夏、陕西的煤炭开发，但重点仍在前面所指地区。石油开采根据已获得的勘探结果，除了大庆、胜利仍是主要油区外，南海、新疆最有可能成为主要产油区。电力工业的地区布局将有较大变化：上述煤炭基地附近，将建设一批坑口电站；西南（包括广西西部）的红水河、雅砻江、大渡河等，西北的黄河上游以及三峡等水电基地将作为全国水电重点开发地区，予计西南水电装机将达到1500～1800万千瓦，三峡建成后，华中地区水电将超过2000万千瓦，西北将达到1000～1200万千瓦。为接近消费地及完善电力系统的合理运行，东部及东南沿海仍需积极开发可能开发的水电（浙江、福建、皖南），建设核电（浙江广东、辽宁）及火电厂。到本世纪末，能源工业的整体将形成以下明显的空间格局：东北——石油、煤炭、火电，华北——煤炭、火电、石油，西北——水电、石油，东南沿海——火电、核电，西南——水电。

冶金工业。目前已形成鞍山、上海、武汉、北京、本溪、攀枝花、包头、马鞍山、太原、天津十大钢铁基地，钢产量占全国60％以上。中型骨干企业50多家。总之，数量

已经相当多了。钢铁工业发展的最突出的问题是矿石供应及轧钢能力不足。本世纪内要达到8000万吨水平，主要措施是：改造和扩大已有的钢铁基地，予计可增加产钢能力1200～1400万吨；为使我国钢铁工业形成系列，改变钢材大量依靠进口的局面，应在资源丰富的辽南和冀东新建600万吨以上的特大型钢铁企业。中小钢铁厂亏损严重，主要原因之一是结构不完善。但要使完善，需十五年以上及几十亿元投资，不可能再开新点。铁合金生产将逐渐集中到山西、四川、湖北、青海等能源丰富区；铝、铜、铅锌、锡等有色金属的粗炼将会集中在山西、郑州、贵州、湖南、广西、云南等矿区附近，精炼将由大城市地区转到西北、西南的能源产区。

石油化学、无机化学及煤化学工业将有迅速的发展。目前全国炼厂原油加工能力1.05亿吨，大中型炼厂36个，占总加工能力的90%。全国炼厂能力利用率不到70%。当本世纪末原油达到2亿吨时，依靠现有炼厂改扩（250万吨可改到350万吨）加上在东南沿海新建少量炼厂，即可完成1.5亿吨左右的加工量。与此相应，建立在原油加工基础上的乙烯裂解及大宗有机原料、大型化纤单体生产、合成氨等也可以在现有炼油基地区域发展、如天津乙烯及化纤二期，武汉、广州、安庆等地的乙烯工程等，使这些炼油厂变为综合性的石油化工基地。以酸碱为主的无机化学，将在内蒙、宁夏新建大型纯碱厂但重点仍在老基地（大连、天津、上海、青岛、南京、福州）扩建及新建（如冀东、浙江、广东）。煤焦化学的规模受到一系列因素的限制，其区位应基本与冶金工业相一致，大型合成氨氮肥厂除采用油气路线外，以煤作原料应受到重视；磷肥工业受到硫酸供应的影响，也不可能太集中；精细化工品种多、批量小、技术复杂，无疑应利用现有的基础，结合改造、引进技术在上海、青岛、天津、大连、南京、广州等地区的进一步的发展。

建材工业。我国水泥已达9000万吨水平，但存在着大区间调拨的不合理现象。今后应重点加强京津唐地区、广东省及宁夏、新疆等地区的大型水泥厂的建设。森林工业布局的变化将表现在：在主要林区东北、西南、东南沿海及进口木材的海港地区的木材加工、人造板和林产化学的发展。

机械、电脑、新型材料、纺织、食品是今后我国最有发展前途的工业部门，也是我国引进技术、发展出口生产、满足国内不断增长的消费的主要部门这些要求技术水平高的生产在已形成的基地，特别是在沿海沿江实行经济开放的城市更为有利。

综合上述各部门的予测趋势，表明：在本世纪及下世纪初年，我国工业生产力布局总图从大区角度不致发生重大变化，各省市自治区工业总规模的差异不会缩小。

这种趋势还可用我国基本建设投资占固定资产投资中的比重变化加以佐证。三十多

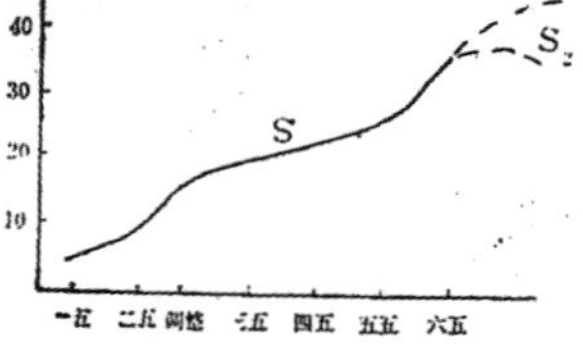

图二、各时期更新改造投资占固定资产投资的比重（%）变化趋势

年来，这一比重不断下降，更新改造部分所占比重不断上升（实际曲线S将会沿S_1方向外推），见图三。曲线S的趋势可从综合角度反映扩建和新建的关系以及工业区位总体变化的趋势，更新改造投资所占比重愈大；工业区位总体变化程度就愈小。

附件 4

（二）重点发展的轴线及点轴系统

尽管至本世纪末前后，我国工业生产力布局不致发生如东部到西部或东部到中部之类的战略变化，但从指导思想上，仍要在全国范围及各级区域内确定工业重点发展的地带和城市区域。

长期以来，人们习惯于从东到西切南北向大块来区分重点与非重点开展地区。但是这种划分除具有某种军事意义外，并不能对经济建设起到具体的科学指导作用。相反，实践表明往往成为生产布局简单化、片面化毛病的基础。

工业生产，无论采掘、原材料和加工工业，都是产生于和聚集于点上并由线状基础设施彼此联系在一起的。因此，确定工业生产重点地域方向，即要确定重点开发的轴线。

重点发展轴是指重要交通干线（港、站在内），有时还加上动力供应线、水源供应线等所经过的、附近有较好的位置、资源、经济基础等条件，因而有较好的开发潜力和远景的地带。它不具有象行政区那样严格的界线，但是，不应包括距轴线较远、与轴线并无大量直接联系的城市及区域。对于那些通过运量极大，附近又没有太多资源的交通线经过地带，一般也不作重点发展轴。轴线开发又是以不同等级的中心城市为基础的，相应地就会形成不同等级的点轴系统。

根据我国工业发展条件地区差异及国民经济各部门的现状分布以及今后国家的发展任务。本世纪内及下世纪初年全国一级的重点的发展轴线是：海岸地带轴及长江轴。

1． 海岸地带轴：全国大陆海岸线总长1.8万多公里，经三十多年来的发展，成了我国国民经济的主体地带。1982年，就36个主要城市统计，工业总产值近1500亿元，占全国27%。沿海海运将是我国最大的能源运输路线，也是我国对外贸易的前沿阵地。海岸地带工业发展方向应是综合性的，但不同岸段地带会有较大差别：（1）北部沿海沿岸及山东半岛沿岸。将以传统的重工业为主，包括钢铁、石油化工与海洋化工、化学纤维、造船、机械及电子，同时发展在进出口贸易及利用港口腹地内资源基础上的轻纺、食品、水产加工与木材加工等工业部门，其中外向型的产品也应占一定比重。配合发展火电。主要的开发中心城市及港口区域是：大连——营口段，冀东滨海，天津滨海的汉沽——塘沽——大港段，龙口——烟台段，青岛及附近沿岸，石臼所和连云港附近。（2）、长江口至浙江南部，是我国最大的综合性工业基地之所在，高档的轻重工业产品主要生产地。今后要同时发展外向型和内向型产品的生产，如各种各样的机械、电子电器精细化工、新型化工及建筑材料、丝绸、毛纺、食品、工艺美术等。应特别注意利用有利的对外联系条件发展开发性产品的生产。主要开发的中心城市及地段：以上海为中心的东海沿岸和长江口南岸地段，宁波附近。（3）、浙江南部以南海岸地带。除了珠江三角州外，工业基础尚薄弱。但发展潜力大，最突出的是外向型工业有很广阔前途，以轻工、电脑、新型材料、食品为主，同时也应发展石油化工、造船、海洋开发设备的制造等。主要的开发城市及地段：福州——厦门、汕头附近，以广州、香港、深圳、珠海为中心的三角地带、湛江——茂名，海南岛。

海岸地带轴将以超过全国平均值的速度发展，予计到本世纪末，占全国工业总产值的比重将提高到1／3左右。

2．长江沿岸轴。长江是我国东西向的运输大动脉，近年来运量已超过5000万吨。运输开发潜力很大。正在建设中的葛洲坝和规划建设中的三峡水利枢纽完工后，将有1000万千瓦的电力东送（其中出湖北省有600万千瓦），还具有丰富的供水水源。所以，应成为我国仅次于海岸地带的强大的发展轴。1982年，按31个主要城市（上海计算在内）计的工业总产值1354亿元，占全国24.3％，集中了全国十大钢铁基地中的五个，有两个大型石油化工基地、八个大型炼油厂及一个天然气化工基地。东部上海是我国最大的海港、工业城市及贸易口岸，其吸引和影响范围涉及到华东、华中、西南、西北等广大地域。在长江轴所经过的8省市中，四川、安徽是两个铁矿、能源资源，有色金属都很丰富的省份；湖北、湖南、贵州、云南的磷矿占全国的90％以上，湖北的水电资源丰富，且位于全国经济联系的中枢地带。长江流域的农产品占全国44％，除云南外，都是全国农业发达区。长江轴的工业开发，有助于进一步开发长江流域的水利、水产、农业和劳动力资源。长江轴工业结构中的现状特点是原材料和制造工业发达。今后可发挥工业结构中的优势，充分开发利用长江水运，依靠南北向的几条铁路干线，运来煤、原油、矿石等，发展钢铁、石油化学、有色冶炼、机械、轻纺等工业，在地域部署上、除上海经济区外，以南京为中心，包括沿江的镇江，扬州、马鞍山、芜湖、安庆、铜陵等，以武汉为中心，包括南昌、九江、黄石、沙市、宜昌等，以重庆为中心，包括万县、泸州、宜宾等，成为三个工业集聚地带。

长江轴工业的大规模发展，要开发整治长江航道，加强港口码头建设，解决支流局部存在的碍航、阻航问题。滨江一带有大量的适宜于工业、交通设施建设的土地，但要采取防洪措施。

上述两大重点轴制成“T”字形。长江轴将内地两个最发达的核心地区与海岸地带轴联系起来，两轴在经济最发达的长江三角洲交会。这种空间结构形式较准确地反映我国国土资源、经济实力及开发潜力空间分布的基本框架，也有助于今后更好地利用与国外经济技术交流中所激发起来的巨大动力。将此二轴进一步开发建设好，就可奠定国民经济翻两番的基础，并促进与之相联结的二级三级发展轴线，使全局获得顺利发展。

重点的二级发展轴线，是指有发展条件与潜力的省市区间线状基础设施所经过的地带，有：

（1）、珠江——南昆（南宁——昆明）轴。包括珠江干流、黔桂边境的水电输出线及规划中南宁——昆明铁路线。将是华南及云贵二省发展的核心地带。进一步发展的目标是大规模开发红水河的水力资源，平果铝基地，黔南的煤、磷，云南的有色金属等，并将动力、原材料、工业用农业原料等供给珠江三角洲。而当珠江三角洲地带获得足够的较之来源于华北的便宜的能源供应后，工业、商业贸易、进出口、农业、城市发展等社会经济各方面将会获得较之以往快得多的速度。

（2）、北同蒲——太焦——焦枝轴。即北同蒲、太焦、焦枝等铁路沿线地带，有丰富的煤炭、有色金属、水资源等，解放以来，已在太原、大同、洛阳、平顶山、午阳、丹江口、襄樊、荆门等建设了几十项重点工程。本世纪内，将作为重要的能源、有色金属、钢铁、机械等重工业集聚地带来建设。

（3）、哈大轴。即哈尔滨及大连的铁路沿线地带，是东北地区的经济核心地带，联结四个工业、城镇集聚地区。在东北西部三大露天建成、能源供应获得改善后，会有巨大的发展潜力。北部以哈尔滨、长春为中心的两个大城市区域将以机械等工业为主，沈鞍本抚辽仍是综合性的以重工业为主的地区。大连、营口同时是海岸地带轴和哈大轴的组成部份，是东北地区的出海门户。

（4）、胶济轴。即山东胶济铁路沿线地带，线状基础设施有铁路、东黄输油管及输电线。附近油气、煤炭资源较丰富，农业条件好。进一步发展的部门是石油化工及化纤、纺织、海洋化工、工艺美术等。

（5）、黄河上中游地带（从龙羊峡至乌海市附近）。即黄河与包兰铁路所经过的地带，将青海、甘肃、宁夏的主要工业区联系在一起。发展的重要基础是水电资源的大规模开发，以及有色冶金、铁合金、煤炭、化工、毛纺等。

（6）、成渝——宝成（成都——广元段）线轴，是四川及目前西南地区的经济核心地带，联结两大综合性工业城市。随着铜街子等一系列大水电站的建成，该地带将就近获得廉价的水电供应，机械、电冶金、天然气化工、军工、食品等具有雄厚的基础和开发前景。特别是结合大量的军工调整转改，机械工业具有很大的发展潜力。

上述一级二级共8条重点开发轴线，有的彼此直接相联结，有的通过交通线联成一体。进一步划分还可分出三级、四级地区性的重点发展轴。轴线开发，总是从若干个点着手，而点（城市、工矿区）也是分等级的，即各级中心城市。这样，全国便可构成点轴——等级开发体系。在重点发展轴线以外，有的城市由于具有有利条件也将会成为一定区域范围内重点发展的城市或工矿区。

（三）大中城市及工业集聚区空间结构的小尺度调整是战略性措施。

在本世纪至下世纪初年，全国范围内不作大尺度的空间结构调整（转移），但在许多大中城市和工业集聚地带进行以小尺度为主的空间结构调整，对于充分利用我国的经济基础和潜力，合理利用空间与资源，改善环境质量，实现国民经济发展目标都是十分必要的，也是具有全国战略意义的措施。

上海、天津、北京、广州、武汉、大连、沈鞍本抚辽、沪宁沿线等大城市近郊区及工业集聚区工业、城市人口及各种基础设施过份拥挤，已经在不同程度上成为城市及工业本身发展的桎梏。有些沿海沿河的城市工业区，由于局部地形和城市发展的影响，发展的空间严重不足：

1）、许多工业企业，从技术改造和合理配套的角度，应当扩建发展，但用地、内外交通、用水、环境问题等极难解决。例如，北京的城区及东郊工业区、天津的城区、沈阳的铁西区，武汉的江汉、江岸，上海的吴淞、五角场等等。

2）、由于历史原因，上述城市中的多数，解放以来工业在城市中的分布格局变化不大。大量的企业，混杂在稠密的居住区，严重污染扰民，使生活环境质量明显下降。

天津市中心区集中全市70%以上的工业，平均每平方公里有工厂18.5家，工业用地占中心区用地的22.5%，这些区域的人口密度都有2～3万人/平方公里（广州、上海的密度更高）。上海市虽然重视了近远郊工业区的建设，但1978年市区的工业总产值仍占全市的83%。

3）、由于没有统一规划，大量在生产上、工艺上及利用基础设施方面有密切联系的企业分散在城近郊区，难以开展生产协作，严重影响了经济效益的提高，而且形成大量的市内不合理运输。

由于上述问题的存在，不少人认为"东部地区已经开发过份了"，因而认为不能再在东部地区发展，应作战略转移了。作者认为，该问题应在城市和工业集聚区附近进行小尺度空间结构的调整来解决。根据不同的具体条件，可以采取如下措施：

1）、在工业及城市集聚区域附近几十公里至100公里左右，选择开发条件有利的地点（或已有城市），发展工业，使其成为区域的次级经济中心，起到分散工业和人口及加速工业发展的作用；

2）、在大中城市的远郊区建立以工业为主体的卫星城镇和独立的工业区。

如：京津唐地区今后要在严格控制工业和人口继续向京津二市集聚的同时，把工业开发的重点向沿海和冀东推进，同时建设京津二市的卫星城。沈鞍本抚辽地区要在充实已有的郊区小城镇的同时，把耗能大、占地用水多的企业放到营口附近的海岸地带；上海的调整方向应是金山卫至南汇的海岸地带和宝山至常熟的长江南岸。武汉应沿长江北岸从黄埔路至阳逻一带建设新的工业区和港口，……。

七十年代初以来，人们从被动中普遍开始认识到上述小尺度空间结构调整的重大意义，在许多大中城市远郊开辟了新工业区。但是，这点还没有成为一项战略性的布局政策。

为实施以上小尺度调整，要实行新工业区及卫星城镇的综合开发（即由有关地区、有关部门合作）和企业的成组布局。

（四）大经济区的划分及其工业发展目标

制定科学的经济区划方案是实现全国工业合理布局，发挥地区优势，使区内区间经济联系合理化的重大措施。

以编制区域发展规划为目的而划分的经济区，实质上是机能区而不是均质区。机能区，即是区内各组成部份之间具有密切经济联系的区域有机体。这种联系主要表现在能源、主要原材料的供应关系，一个或若干个中心城市对其影响范围的吸引和统帅作用。

过去在较长时期内，忽视了能源工业在大经济区形成、发展中的的首要地位。"以钢为纲"的口号未能正确反映工业部门间的主要横向联系。苏联在利用部门间综合平衡方法和决策模型编制各级经济区的发展规划，重要依据是所谓"能源——经济部门生产链"。这给我们划分经济区以十分重要的启发。

我国习惯所称的六大区，基本反映了我国行政和经济发展方面的地区特点和历史基础。但也有若干明显的缺点。如：内蒙东四盟无论从地理位置、运输联系和能源产销方面都与东北区关系密切，却被行政界线隔开了。中南、华东二区在地域上延伸过长，不利于区内协作的进行；西北区域过于辽阔，新疆与西北其它省区联系甚少，且内部的资源开发、经济发展的潜力很大，宜单独为一个经济区。建议将全国划分为8个一级经济区，它们的工业发展目标见下表：

表 全国一级经济区的范围工业发展目标

大经济区	地域范围	工业发展方向及具有全国意义的部门	重点开发的轴线
东北区	黑龙江、吉林、辽宁、内蒙东四盟	以重工业为主的综合性工业结构。机械、化学、冶金、木材加工。	哈大轴，哈尔滨至齐齐哈尔，吉林市附近。
华北区	北京、天津、河北山东、山西、内蒙中西部	以能源工业为主要特征的重轻工业发展结构、煤炭、石油、钢铁、机械、轻纺。	渤海湾沿岸，胶济线
华东区	江苏、上海、安徽、浙江	以技术密集型生产为特征的综合性工业结构。机械、化学、电子、轻纺。	海岸地带，长江沿岸
华中区	河南、湖北、湖南、江西	以重工业为主的综合性工业结构。黑色与有色冶金、水电、轻工。	长江沿岸，焦枝线
华南区	福建、广东、广西（台湾、香港、澳门）	以开放型技术密集性生产为特征。电子、电器、造船、食品、轻工。	海岸地带 珠江—南昆轴
西南区	四川、云南、贵州、西藏	以能源和高耗能工业为特征，水电、有色冶金、磷矿、机械。	成渝—宝成轴
西北区	陕西、甘肃、宁夏、青海	以资源型为特征的工业结构。水电、有色冶炼、湖盐化工、畜产加工。	黄河—包兰线轴
新疆区	新疆、西藏阿里地区	以能源开采为主的综合结构。石油、煤炭、有色金属、食品、纺织	规划中的北疆铁路

以上八个大经济区中，予计华南、华中的工业将以超过全国平均值的速度增长；西南、西北工业占全国的比重将进一步下降；华东区的工业技术和实力将明显超过东北、华北二大区而居领先地位。

三、二〇〇〇年工业布局总图设想的几点依据

（一）经济增长和平衡发展间的倒“U”字形相关

在本世纪内及二十一世纪初年，我国经济和社会发展的首要目标是争取国民经济有

较高的增长速度。这当然是确定今后工业布局总图战略的原则性前提。

长期以来，许多国家都将国内地区间的平衡发展作为一个重要的发展目标。但是，国际和我国发展的经验都证明：

平衡发展是个很长的历史过程；

由于地区间自然条件、地理位置、经济与历史基础的差异，平衡发展也只是相对的；

地区间稳定性的因素差异愈大，这种“平衡”的相对性即差异程度就愈大。

任何一个国家的地区开发与发展，客观上都要求充分发挥地区优势，各部门各地区有限的人力物力总是力求投向最有利的区位。这就是地区间竞争的过程。竞争的结果便导致不平衡。因此，要求人们承认不平衡，充分利用它来达到我们的主要目标。我国疆城辽阔，国土资源和社会经济特点的地域差异可能比任何一个处工业化初期的国家都要大，这应当引起我们的重视。

无论国家和地区，在经济大规模开发的初期及稍后一段时期，由于资金、物力和区域基础设施的限制，只能集中在少数几个点或地带。这样，较之分散投资而形不成集聚效果的情况可以获得较高的经济增长速度。也就是说，如果以经济增长速度为主要目标，就不可能不导致经济的不平衡发展。相反。如果以后者为主要目标，就会影响整体的经济增长速度。但是，当整体经济达到高度发展阶段，区域经济在少数点上、地带上过份集聚，导致一系列的“膨胀病”：交通紧张，用地困难，人口过份集中，环境问题难以解决，基础设施建设复杂化而代价太高等。这时，再要求得较高的经济增长速度，就必须而且经济力也已允许调整经济的空间结构，即全面开发新区，这就是经济增长与平衡发展之间的倒“U”字形相关规律，何时达到倒“U”形的拐弯处呢？一般来说，区域（或国家）面积愈小，经济基础又比较强，则差异扩大的进程较短；相反，国土面积愈大，经济基础比较薄弱，这种不平衡的发展过程延续得就愈长。美国虽经一百多年的开发，至今区际差别仍然不小。其人均收入的地区差异上世纪末本世纪初达到最大，最高最低区之比为3.1～3.3，本世纪以来一直下降，1970年仍为1.54。1976年人均生产总值最高区与最低区之比：西德——2.62，日本——2.92。一些发展中国家差异更大。

我国大规模工业化的发展史只是解放后才开始的，在过去一段时间里违背了上述规律的要求，把有限的资金、物力铺得太广。实现较为平衡的区域发展，不能作为本世纪内的主要目标。而且，更不可采用大片战略转移方式实现它。而只能采用轴线延伸，逐步积累的渐进方式。

（二）点轴开发——最有效的空间组织形式

点轴开发，即点轴一等级渐进扩散式开发，就是在全国（或地区）范围内，确定若干具有有利发展条件的大区间、省区间及地市间线状基础设施轴线，对轴线地带的若干个点（城市及城市区域——发展中心）予以重点发展。随着经济实力的不断增强，经济开发的注意力愈来愈多地放在较低级别的发展轴和发展中心上。与此同时，发展轴线逐步向较不发达地区延伸（包括发达地区的距发展轴和发展中心较远的地区），将以往不作为发展中心的点确定为较低级别的发展中心。

按照这个动态模式，各级中心城市区域和城市直接影响区域的工业开发，应选择由该城市发出的基础设施轴线作放射状的重点发展，一般不宜脱离放射轴线围绕城市中心区作摊煎饼式的扩展。因为后者需要有大量的环形基础设施工程。

在中心城市相适宜的距离，选择有较好发展条件的点作为次级发展中心。一级中心对次级中心进行技术、信息扩散和生产协作。同理，围绕次级中心，又有三级四级中心，如此等等。不同级别中心城市的职能在工业布局上表现为生产规模、技术水平、产品销售范围等方面的不同。从中还可得出，中心城市的经济网络、空间形式不应是方格状的而是放射状的，是不同级别的中心城市的网络在地表的重复复盖。

长期以来，人们为集中还是分散，“一线”还是“三线”，沿海还是内地所困扰。如果我们能科学地规定各级重点开发的点、轴，形成有机的点轴体系，即可在相当程度上解决这些问题。

1．点轴开发可以顺应工业发展必须在空间上集聚成点，发挥集聚效果的客观要求。在工业地区、工业城市、工业区三种不同地域范围内，当确定了合理的工业结构及工业与区域性基础设施之间的有机结合，便产生巨大的空间集聚效果。只有以点轴的形式发展才能充分利用这种效果。

2．点轴开发可以充分发挥各级中心城市的作用。城市是区域的核心和统帅，城市在区域经济发展中产生，依靠所影响区域提供的原料、能源、食品、劳力等而发展，城市以工业品、信息、技术、政策等供给和统帅它的区域。要把广大区域发展起来，必须把各级中心城市作为不同等级的开发重点。

3．轴线重点开发可实现工业布局与线状基础设施之间最佳的空间结合，即可使各级范围内重点的交通干线、能源、水源建设线路与重点建设的城镇、工矿区取得必然的一致。避免其以往实践中出现的空间上、时间上的相互脱离。

4．点轴开发有利于城市之间、区域之间、城乡之间便捷的联系。因此，客观上，有利于实现地区间、城市间的专业化与协作，形成有机的地域经济网络。

5．各级区域范围内重点发展轴线的确定，可以使区内各地区、各部门有明确统一的地域开发方向，有利于提高基本建设的投资效果和管理组织水平。

作为全国一级重点开发轴，海岸地带和长江沿岸，具有较高的经济发展水平，但社会经济设施，如港口、城市、工业、交通线站等，还只是集中在为数不多的点上。大城市之间、大中城市和港口之间，还有很长的距离。城市、港口还未形成等级体系：中小城市少，中小港口少，中小工业点，工业区少，说明现状发展不充分，开发潜力很大。发达国家海岸地带与此不同。如日本中小港口的数量和码头岸线的长度都占全部港口数和码头岸线总长的80%。今后我国两大发展轴的建设，要加强中小城市和港口的建设。较大的城市和港口，接受输入的能源、原料、产品、转运给附近较小的港口城市，同时将中小城市、港口及其腹地的产品集中起来，与外面交流，形成有机的地域体系，推动整个地带的发展。

（三）从交通运输看轴线开发

交通运输发展水平、结构与布局对工业地域开发战略影响很大。有关部门予测，通过一系列加强交通建设的措施，到2000年，沿海港口能力会有所缓和，公路运输发展很快，铁路运输仍将紧张。大区间，特别是全国南北向干线铁路运输困难仍很大，主要关卡在进出关、京广、西南地区对外方向、津浦等。解决运输问题有多种途径，其中使工业合理布局是重要措施之一。

1．轴线开发可实现工业布局和交通运输空间最佳结合。由于资源、能源、经济发展历史等方面的原因，我国大宗货流是南北向的。如煤炭、粮食、木材、原油、某些矿物原料。长期以来，它们基本都压铁路上。另一方面，人们考虑较多的是交通运输如何适应工业及国民经济的发展，而对工业布局、地区开发如何考虑到全国运网的格局、各种运输方式开发的潜力和效益注重不够。这除了表现在地区工业发展方向、结构方面外，就是沿轴线发展工业的意识不强。大批工业远离已有的和正在建设中的轴线，特别是没有充分利用海岸地带和长江沿岸，以致造成全程由铁路运达目的地，而且总是要求建设新线。

海岸地带和长江沿岸的开发，将在相当程度上改变全国运量的空间分布：通过加强北方能源产地与渤海港口的铁路联系，大部份能源货流经较短距离引向东流下海：在东南沿海、渤海湾北部及长江加强煤炭接卸港的建设，并由大量的中小港口和陆上运输疏散。南粮也可部份经河海联运到达北方。这样，上述几个大宗货流大部份可绕开华东、中原及出关的陆路；这几个方向的铁路通过复线、电化等措施，会适应一般运量增长的求。本文提出津浦、京广、京山不作为重点的工业发展轴线，工业和城镇发展及到发运量的增长必然相对较慢，可以更能为南北运输服务。珠江和南昆线的工业建设，将会使一部份货流（煤、磷、金属矿石等）绕开黔桂、湘黔、京广、也在一定程度上将能源南北向运输变为东西向。

如果上述设想是合乎实际要求的，那么就有理由提出大大推迟京九线的建设，将延期投资的效果转到重点轴线的开发上。

配合两大重点轴线的工业发展，在陆上运输方面措施有：在浙、闽、胶东修建垂直于海岸线的港口支线，在冀东、广东、福建修建平行于岸线的铁路。在长江航运的某些区段也应建平行铁路。人们顾虑平行铁路会与水运争运量，但铁路可以开发运量。西德境内莱茵河两岸各有铁路一条，几十公里外又有平行铁路。这些铁路的建设无须以往“三线”铁路那样高的费用，但效果却很大。

2．能源生产与消费在地域上的分离应在很大程度上被认为是合理的。承认我国资源、资源开发条件、经济发展地区上的严重不平衡性，从经济效益上，必然得出或承认这个结论。2000年，能源的主要消费地在沿海与长江港岸，除京津唐地区外，从山西、内蒙西部到辽宁、长江三角洲、浙闽、珠江三角洲经水陆联运的平均距离分别达到1000，1600～1800，2400～2600公里。但是，这样的运距对世界许多国家是不足为奇的。苏联长期东煤西运，陆上运程2000～3000公里的每年就有几千万吨；美国大力开发西部煤炭，西煤东运的铁路平均运程也在1500～2000公里。至于欧洲、日本从美国、中国、澳大利亚进口煤炭的运距就更长了。

以往在论述煤炭过远距离运输时，总是以单位运输成本与煤炭生产成本相比。提出山西（大同）煤运到上海，每吨运费达16元，几乎等于煤炭生产成本，因之是不合理的。但是，这里一个重要的关系被忽略了：上海，及整个东南沿海，长江流域部份地区，能源的利用效率比能源主要产地高得多。能源主要调入区每吨标煤所创造的产值大大高于全国平均水平，其中每吨标煤在上海所创造的产值比全国平均值高1953元（1979年），相比之下，运费之差（大同来煤与两淮来煤每吨运费之差不到10元）就显得很不重要了。

强调能源就地消费，建立综合性工业基地的设想，要看许多具体条件是否具备。过去人们曾提出：山西要建成鲁尔，两淮也要建成鲁尔，内蒙中西部，也要建成鲁尔，……。岂知鲁尔强大综合性工业基地的形成条件这些地方基本上不具备：发达的铁路、水路运输，丰富的水源，优越的社会经济条件。煤种煤质也比鲁尔差些。对于安徽来说，未来工业发展的重点区域宜在长江沿岸及合肥，两淮基本上是燃料动力产区与供应地。

对于某些单位产品耗能极高的有色冶炼、铁合金、电石生产，在主要受能区应予以压缩，逐步迁到以水电丰富的西北、西南地区。否则依靠长距离调入煤炭发电被这些“电老虎”吃掉是不合算的。

3．轴线开发与工业厂址选择。轴线开发要求企业最方便地利用线状基础设施，使运量大的工厂能直接利用水运，以铁路为主要轴线的，应使企业到干线车站的接轨距离尽可能短。目前，我国沿海江中小港口少，设备极差，限制了工业在海岸、江岸地带展开，潜力发挥不出来。长江沿岸现有吞吐量在50万吨以上的港口所在地（城市）26个，其中工业产值在10亿元以上的只有14个，许多港口城市工业极薄弱。

（四）水资源空间分布差异影响到工业布局的战略

我国丰富的工业布局实践已充分说明：淡水水源的数量、特征、开发利用条件，既影响到局部的厂址选择，也影响到全国工业的地区安排。我国西北、华北、东北广大地区，工业发展、布局已在相当大的程度上受到供水不足的制约。许多新建和扩建的大项目因为供水无保证或水源工程投资过大而不能落实，影响到工业的合理配套和发展，例如鞍钢的扩建和天津的石油化工项目。水源不足，又通过对城市、农业、环境、交通（如使河道断航）的影响而阻碍工业的发展。据统计分析，1980年全国工业耗水200～210亿方，加上城市生活为240～250亿方，当工业总产值以8—10%的速度增长，工业用水的增长速率为5～6%。到2000年全国工业、城市用水将超过600亿方/年。近些年我国北方许多工业区及城市区域水资源开发利用出现一系列严重问题，如：局部地区过量开发，水源贫竭；各部门各地区争水问题严重；引水距离愈来愈长，水源工程费用愈来愈高；水源受污染，海水入侵，等等。除了南方地区外，北方地区在目前工业区和城市区域附近，如何能增加供应170～180亿方/年的工业、城市用水呢？水资源的开发利用特性不同于矿物资源，不能装起来到处运输。这种状况迫使我们要从总体上考虑全国工业布局的战略安排。

我国水资源地理分布极不均衡。多年平均地表总迳流量26380亿方，地下水资源7000亿方。75%的地表迳流和70%的地下迳流分布在不到全国面积50%的南方，耕地只占全国的38%；西北、华北只有全国10%的地表水和20%的地下水。以流域为单位，黄河、海滦河、辽河流域属水资源缺乏地区，加上水资源开发利用程度已相当高，进一步开发潜力受到很大限制。

（见下表）

我国主要流域水资源开发利用表

流域或地区	地面水资源 亿方	人均水量 方/年	耕地亩均水量 方/年	地表水实际用量占地表水资源的%
全国合计	26380	2670	1750	16.4
长江	9600	2780	2600	14.5
珠江	3466	4680	4400	14.9
浙闽	2024	3210	4310	13.5
淮河	644	520	340	63.7
黄河	686	840	350	36.4
海滦河	276	280	160	60.2
辽河	145	520	210	55.9
松花江	777	1650	440	17.6

上表说明：水资源及开发潜力的分布状况与土地资源、矿产资源的分布很不吻合。根据李文彦在我国矿产资源对工业发展与工业体系影响的研究中提出的意见，我国部份关键矿种储量丰富、且地域结合状况好的省区是：河北、辽宁、新疆、云南、山东、四川、安徽、内蒙。位于长江流域的只三个省。

黄河流域和海滦河流域是我国矿产资源及重工业集中的地区，也是人口密集，经济发达的地区，水土资源、水矿资源严重不平衡。按1983年6月水电部召开的“黄河水资源评价与综合利用审议会”提出：沿黄各省市区要求到2000年共需从黄河干支流引水747亿立米，其中工业及城市180亿立米，但黄河可供利用的水资源只有370亿方，目前实际引水已达271亿立米。2000年可能实现东线南水北调，但只能保证北方海岸地带轴上的工业、城市的需要及沿途农业用水。

水资源开发利用条件是选择重点开发轴线的重要依据之一。长江是世界第三大河，年平均迳流量比黄河多20多倍，比海河大40倍，但耕地不过比它们多一半。海岸地带轴的工业开发，一方面位于河流的下游入海处，地表地下水也较丰富；另一方面，可以尽量利用海水。海水可以代替淡水的比重：火电—95%，钢铁50—60%，石油化工、炼油—70%，其它工业—20～50%。我国北方淡水资源严重缺乏，但海水的工业利用又重视不够。

（四）发达的农业是确定工业重点开发地带不可忽视的前提

地区工业发展的经验教训表明：每一个地区，工业和农业之间都有许多直接、间接的联系。农业不仅向工业提供工业原料，粮食、付食品，而且农业发达的地区往往又是自然条件、社会环境较为优越的地区，农业发达往往是经济、文化全面繁荣的基础，这样的地区会对投资和技术力量产生自然的吸引力，因而也是提高劳动生产率、保证工业增长的稳定性因素。这种作用对加工工业、制造业及城市发展特别明显。我国一些工业迅速发展的城市绝大部份都有好的区域农业，而许多周围农业差的工矿城镇发展受到明显的影响。哪里的人们整天为取得农付食品而操心，或不能取得基本满足的供应，那里的工业发展便难以很快。

全国海岸地带和长江两个重点发展轴及二级轴，集中了我国最发达的农业区—北方两大平原和南方四大平原，全国很大部份商品粮县、商品猪县、主要产棉县集中在六大平原上。8.4万平方公里的上海经济区，尽管工业、城市、人口那样集中，人均占有粮食仍高于全国90斤，棉花高于8斤。珠江三角洲粮食商品率高达35%。

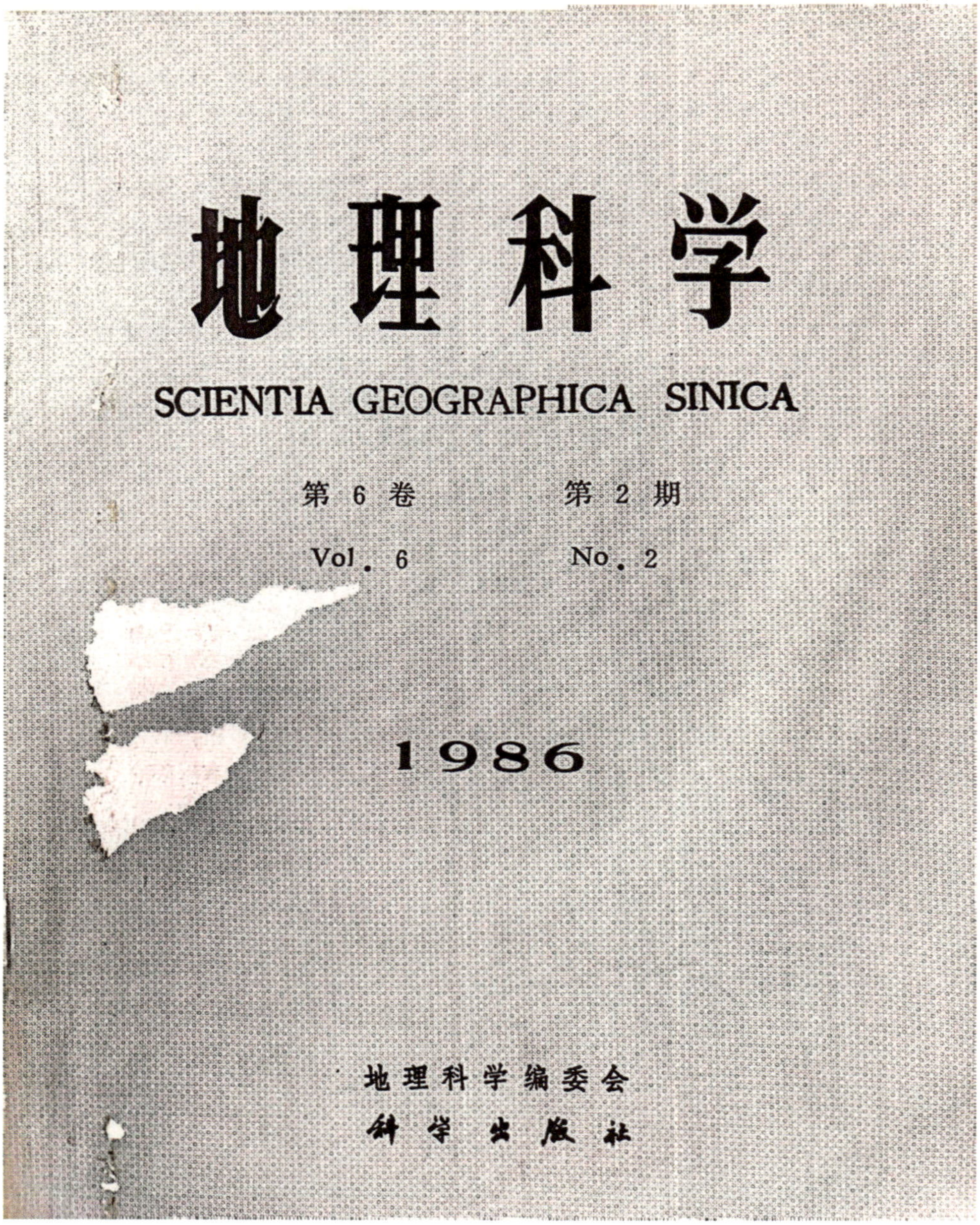
地理科学
SCIENTIA GEOGRAPHICA SINICA
第 6 卷 第 2 期
Vol. 6 No. 2
1986
地理科学编委会
科学出版社

二〇〇〇年我国工业生产力布局总图的科学基础

陆　大　道

（中国科学院地理研究所，北京）

关键词　二〇〇〇年　工业生产力布局　点轴开发

内　容　提　要

分析了二〇〇〇年我国工业生产力布局总图的依据，指出点轴开发是最有效的空间组织形式。提出工业布局变化应遵循的基本战略，如工业布局总图不宜发生重大变化；重点发展的轴线及点轴系统；大中城市及工业集聚区空间结构的小尺度调整等。

一、二〇〇〇年工业布局总图设想的几点依据

（一）经济增长与平衡发展间的倒“U”字形相关

在本世纪内及二十一世纪初年，我国经济和社会发展的首要目标是争取国民经济有较高的增长速度。这当然是确定今后工业布局总图战略的原则性前提。

长期以来，许多国家都将国内地区间的平衡发展作为一个重要的发展目标。但是，国际和我国发展的经验都证明：平衡发展是个很长的历史过程；由于地区间自然条件、地理位置、经济与历史基础的差异，平衡发展也只是相对的；地区间稳定性的因素差异愈大，这种“平衡”的相对性即差异程度就愈大。

任何一个国家的地区开发与发展，客观上都要求充分发挥地区优势，各部门各地区有限的人力物力总是力求投向最有利的区位。这就是地区间竞争的过程。竞争的结果便导致不平衡。因此，要求人们承认不平衡，充分利用它来达到我们的主要目标。我国疆域辽阔、国土资源和社会经济特点的地域差异可能比任何一个处于工业化初期的国家都要大，这应当引起我们的重视。

无论国家和地区，在经济大规模开发的初期及稍后一段时期，由于资金、物力和区域基础设施的限制，只能集中在少数几个点或地带。这样，较之分散投资而形不成集聚效果的情况可以获得较高的经济增长速度。也就是说，如果以经济增长速度为主要目标，就不能不导致经济的不平衡发展。相反，如果以后者为主要目标，就会影响整体的经济增长速度。但是，当整体经济达到高度发展阶段，区域经济在少数点上、地带上过分集聚，导致一系列的“膨胀病”：交通紧张，用地困难，人口过分集中，环境问题难以解决，基础设施建设复杂化而代价太高等。这时，再要求得较高的经济增长速度，就

必须而且经济力也已允许调整经济的空间结构，即全面开发新区，这就是经济增长与平衡发展之间的倒“U”字形相关规律。何时达到倒“U”形的拐弯处呢？一般来说，区域（或国家）面积愈小，经济基础又比较强，则差异扩大的进程较短；相反，国土面积愈大，经济基础比较薄弱，这种不平衡的发展过程延续得就愈长。美国虽经一百多年的开发，至今区际差别仍然不小。其人均收入的地区差异上世纪末本世纪初达到最大，最高最低区之比为3.1～3.3，本世纪以来一直下降，1970年仍为1.54。1976年人均生产总值最高区与最低区之比：西德—2.62，日本—2.92。一些发展中国家差异更大。

我国大规模工业化的发展史只是解放后才开始的，在过去一段时间里违背了上述规律的要求，把有限的资金、物力铺得太广。实现较为平衡的区域发展，不能作为本世纪内的主要目标。而且，更不可采用大片战略转移方式实现它，而只能采用轴线延伸，逐步积累的渐进方式。

（二）点轴开发——最有效的空间组织形式

点轴开发，即点轴一等级渐进扩散式开发，是在全国（或地区）范围内，确定若干具体有利发展条件的大区间、省区间及地市间线状基础设施轴线，对轴线地带的若干个点（城市及城市区域—发展中心）予以重点发展。随着经济实力的不断增强，经济开发的注意力愈来愈多地放在较低级别的发展轴和发展中心上，与此同时，发展轴线逐步向较不发达地区延伸（包括发达地区的距发展轴和发展中心较远的地区），将以往不作为发展中心的点确定为较低级别的发展中心。

长期以来，人们为集中还是分散，“一线”还是“三线”，沿海还是内地所困扰。如果我们能科学地规定各级重点开发的点、轴，形成有机的点轴体系，即可在相当程度上解决这些问题。

1. 点轴开发可以顺应工业发展必须在空间上集聚成点，发挥集聚效果的客观要求。在工业地区、工业城市、工业区三种不同地域范围内，当确定了合理的工业结构及工业与区域性基础设施之间的有机结合，便产生巨大的空间集聚效果。只有以点轴的形式发展才能充分利用这种效果。

2. 点轴开发可以充分发挥各级中心城市的作用。城市是区域的核心和统帅，城市在区域经济发展中产生，依靠所影响区域提供的原料、能源、食品、劳力等而发展，城市以工业品、信息、技术、政策等供给和统帅它的区域。要把广大区域发展起来，必须把各级中心城市作为不同等级的开发重点。

3. 轴线重点开发可实现工业布局与线状基础设施之间最佳的空间结合，即可使各级范围内重点的交通干线、能源、水源建设线路与重点建设的城镇、工矿区取得必然的一致。避免其以往实践中出现的空间上、时间上的相互脱离。

4. 点轴开发有利于城市之间、区域之间、城乡之间便捷的联系。因此，客观上，有利于实现地区间、城市间的专业化与协作，形成有机的地域经济网络。

5. 各级区域范围内重点发展轴线的确定，可以使区内各地区、各部门有明确统一的地域开发方向，有利于提高基本建设的投资效果和管理组织水平。

（三）从交通运输看轴线开发

交通运输发展水平、结构与布局对工业地域开发战略影响很大。有关部门预测，通过一系列加强交通建设的措施，到2000年，沿海港口能力会有所缓和，公路运输发展很快，铁路运输仍将紧张。大区间，特别是全国南北向干线铁路运输困难仍很大，主要关卡在进出关、京广、西南地区对外方向、津浦等。解决运输问题有多种途径，其中使工业合理布局是重要措施之一。

1．轴线开发可实现工业布局和交通运输空间最佳结合。由于资源、能源、经济发展历史等方面的原因，我国大宗货流是南北向的，如煤炭、粮食、木材、原油、某些矿物原料。长期以来，它们基本都压在铁路上。另一方面人们考虑较多的是交通运输如何适应工业及国民经济的发展，而对工业布局、地区开发如何考虑到全国运网的格局、各种运输方式开发的潜力和效益注重不够，这除了表现在地区工业发展方向、结构方面外，就是沿轴线发展工业的意识不强。大批工业远离已有的和正在建设中的轴线，特别是没有充分利用海岸地带和长江沿岸，以致造成全程由铁路运达目的地，而且总是要求建设新线。

如海岸地带和长江沿岸得到重点开发，将会在相当程度上改变全国运量的空间分布：通过加强北方能源产地与渤海港口的铁路联系，大部分能源货流经较短距离引向东流下海；在东南沿海、渤海湾北部及长江加强煤炭接卸港的建设，并由大量的中小港口和陆上运输疏散。南粮也可部分经河海联运到达北方。这样，上述几个大宗货流大部分可绕开华东、中原及出关的陆路；这几个方向的铁路通过复线、电化等措施，会适应一般运量增长的要求。本文以下提出津浦、京广、京山不作为重点的工业发展轴线，工业和城镇发展及到发运量的增长必然相对较慢，可以更能为南北运输服务。珠江和南昆线的工业建设，将会使一部分货流（煤、磷、金属矿石等）绕开黔桂、湘黔、京广，也在一定程度上将能源南北向运输变为东西向。

如果上述设想是合乎实际要求的，那么就有理由提出大大推迟京九线的建设，将延期投资的效果转到重点轴线的开发上。

配合两大重点轴线的工业发展，在陆地运输方面措施有：在浙、闽、胶东修建垂直于海岸线的港口支线，在冀东、广东、福建修建平行于岸线的铁路。在长江航运的某些区段也应建平行铁路。人们顾虑平行铁路会与水运争运量，但铁路可以开发运量。这些铁路的建设无须以往“三线”铁路那样高的费用，但效果却很大。

2．能源生产与消费在地域上的分离应在很大程度上被认为是合理的。承认我国资源、资源开发条件、经济发展地区上的严重不平衡性，从经济效益上，必然得出或承认这一结论。2000年，能源的主要消费地在沿海与长江港岸，除京津唐地区外，从山西、内蒙西部到辽宁、长江三角洲、浙闽、珠江三角洲经水陆联运的平均距离分别达到1000，1600～1800，2400～2600公里。但是，这样的运距对世界许多国家是不足为奇的。苏联长期东煤西运，陆上运程2000～3000公里的每年就有几千万吨，美国大力开发西部煤炭，西煤东运的铁路平均运程也在1500～2000公里。至于欧洲、日本从美国、中国、澳大利亚进口煤炭的运距就更长了。

以往在论述煤炭过远距离运输时，总是以单位运输成本与煤炭生产成本相比。提出山西（大同）煤运到上海，每吨运费达16元，几乎等于煤炭生产成本，因之是不合理的。但是，这里一个重要的关系被忽略了：上海，及整个东南沿海，长江流域部分地区，能源利用效率比能源主要产地高得多。能源主要调入区每吨标煤所创造的产值大大高于全国平均水平，其中每吨标煤在上海所创造的产值比全国平均值高1953元(1979年)相比之下，运费之差(大同来煤与两淮来煤每吨运费之差不到10元)就显得很不重要了。

强调能源就地消费，建立综合性工业基地的设想，要看许多具体条件是否具备。过去人们曾提出：山西要建成鲁尔，两淮也要建成鲁尔……。岂知鲁尔强大综合性工业基地的形成条件如发达的铁路、水路运输，丰富的水源，以及其它经济条件，这些地方并不很具备。煤种煤质及开采条件也比鲁尔差些。对于安徽来说，未来工业发展的重点区域宜在长江沿岸及合肥，两淮基本上是燃料动力产区与供应地。

对于某些单位产品耗能极高的有色冶炼、铁合金、电石生产，在主要受能区应予以压缩，逐步迁到水电资源丰富的西北、西南地区。

3. 轴线开发与工业厂址选择。轴线开发要求企业最方便地利用线状基础设施，使运量大的工厂能直接利用水运。以铁路为主要轴线的，应使企业到干线车站的接轨距离尽可能短。目前，我国沿海沿江中小港口少，设备极差，限制了工业在海岸、江岸地带展开，潜力发挥不出来。长江沿岸地有吞吐量在50万吨以上的港口所在地(城市)26个，其中工业产值在10亿元以上的只有14个，许多港口城市工业极薄弱。

（四）水资源空间分布差异影响到工业布局的战略

我国丰富的工业布局实践已充分说明：淡水水源的数量、特征、开发利用条件，即影响到局部的厂址选择，也影响到全国工业的地区安排。我国西北、华北、东北广大地区，工业发展与布局已在相当大的程度上受到供水不足的制约。许多新建和扩建的大项目因为供水无保证或水源工程投资过大而不能落实，影响到工业的合理配套和发展，例如鞍钢的扩建和天津的石油化工项目。水源不足，又通过对城市、农村、环境、交通（如使河道断航）的影响而阻碍工业的发展。据统计分析，1980年全国工业耗水200～210亿方，加上城市生活为240～250亿方，当工业总产值以8～10％的速度增长，工业用水的增长速率为5～6％。到2000年全国工业、城市用水将超过600亿方/年。近些年我国北方许多工业区及城市区域水资源开发利用出现一系列严重问题。如局部地区过量开发，水源贫竭；各部门各地区争水问题严重；引水距离愈来愈长，水源工程费用愈来愈高；水源受污染，海水入侵， 等等。 这种状况迫使我们要从总体上考虑全国工业布局的战略安排。

我国水资源地理分布极不均衡。 多年平均地表总迳流量 26380亿方， 地下水资源7000亿方。75％的地表迳流和70％的地下迳流分布在不到全国面积50％的南方西北、华北只有全国10％的地表水和20％的地下水。以流域为单位，黄河、海滦河、辽河流域属水资源缺乏地区，加上水资源开发利用程度已相当高，进一步开发潜力受到很大限制。

长江是世界第三大河，年平均迳流量比黄河多20多倍，比海河大40倍，但耕地不过比它们多一半。海岸地带轴的工业开发，一方面位于河流的下游入海处，地表地下水也较丰富；另一方面，可以尽量利用海水。

（五）发达的农业是确定工业重点开发地带不可忽视的前提

地区工业发展的经验教训表明：每一个地区，工业和农业之间都有许多直接、间接的联系。农业不仅向工业提供工业原料，粮食、副食品，而且农业发达的地区也往往又是自然条件、社会环境较为优越的地区，农业发达往往是经济、文化全面繁荣的基础，这样的地区会对投资和技术力量产生自然的吸引力，因而也是提高劳动生产率、保证工业增长的稳定性因素。这种作用对加工工业、制造业及城市发展特别明显。我国一些工业迅速发展的城市绝大部分都有好的区域农业，而许多周围农业差的工矿城镇发展受到明显的影响。

全国沿海地带和长江两个重点发展轴及二级轴，集中了我国最发达的农业区……北方两大平原和南方四大平原，全国很大部分商品粮县、商品猪县、主要产棉县集中在六大平原上。8.4万平方公里的上海经济区，尽管工业、城市、人口那样集中，人均占有粮食棉花仍分别高于全国人均数的90斤和8斤。

二、二〇〇〇年工业布局变化可能遵循的基本战略

（一）工业生产力布局总图不宜发生重大变化

三十多年来，我国工业生产力已在广大国土上铺开。1982年全国设市城市已达245个，建制镇和工矿区2819个，其中绝大部分都是由工矿业的发展而形成的。但是，架子大，发展不足。除少数特大城市近郊区和工业集聚区以外，从“规模经济”和空间、资源的充分利用的角度，都还有不同程度的发展潜力。在本世纪末及下世纪初，为了国民经济翻两番及更大的发展，是将重点放在新铺摊子，还是重点在已有一定基础的工矿区域、城市区域扩大发展呢？作者认为应采取后者。

预计在“七五”至“八五”期间，我国工业重点发展部门是能源和材料工业，从九十年代中期至2000年前后，化学工业和机械、电子工业将高速度发展。同时，建材、纺织工业在全部工业部门结构中的地位也将会有所上升。主要部门的区位变化趋势如下：

1. 能源工业。煤炭开发建设重点是山西、东北(三大露天矿为主)、内蒙，其次是豫西、鲁西南、两淮、黔西南。石油开采除了大庆、胜利仍是主要油区外，南海、新疆最有可能成为主要产油区。电力工业的地区布局将有较大变化：煤炭基地附近，将建设一批坑口电站；西南、西北以及三峡等水电基地将作为全国水电重点开发地区。到本世纪末，能源工业的整体将形成以下明显的空间格局：东北—石油、煤炭、火电，华北—煤炭、水电、石油，西北—水电、石油，东南沿海—火电、核电，西南—水电。

2. 冶金工业。目前已形成鞍山、上海、武汉、北京、本溪、攀枝花、包头、马鞍山、太原、天津十大钢铁基地，钢产量占全国60%以上。中型骨干企业50多家。总之，数量已经相当多了。除了在资源丰富的辽南和冀东新建600万吨以上的特大型钢铁企业外，不可能再开新点。铁合金生产将逐渐集中到山西、四川、湖北、青海等能源丰富区；铝、铜、铅锌、锡等有色金属的粗炼将会集中在山西、河南、贵州、湖南、广西、云南等矿区附近，精炼将由大城市地区转到西北、西南的能源产区。

3. 石油化学、无机化学及煤化学工业。目前全国炼厂原油加工能力1.05亿吨，大中型炼厂36个，占总加工能力的90%。全国炼厂能力利用率不到70%。当本世纪末原油达到2亿吨时，依靠现有炼厂改扩加上在东南沿海新建少量炼厂，即可完成1.5亿吨左右的加工量。与此相应，建立在原油加工基础上的乙烯裂解及大宗有机原料、大型化纤

单体生产、合成氨等也可以在现有炼油基地区域发展，如天津乙烯及化纤二期，武汉、广州、安庆、洛阳等地的乙烯工程等，使这些炼油厂变为综合性的石油化工基地。以酸碱为主的无机化学，将在内蒙、宁夏新建大型纯碱厂，但重点仍在老基地（大连、天津、上海、青岛、南京、福州）扩建及新建（如冀东、浙江、广东）。精细化工品种多、批量小、技术复杂，无疑应利用现有基础，结合改造、引进技术在上海、青岛、天津、大连、南京，广州等地进一步发展。

4. 建材工业。我国水泥已达9000万吨水平，但存在着大区间调拨的不合理现象。今后应重点加强京津唐地区、广东省及宁夏、新疆等地区的大型水泥厂的建设。森林工业布局的变化将表现在：在主要林区东北、西南、东南沿海及进口木材的海港地区的木材加工、人造板和林产化学工业的发展。

5. 机械、电子、新型材料、纺织、食品工业。这些是今后我国最有发展前途的工业部门，也是我国引进技术、发展出口生产、满足国内不断增长的消费的主要部门。这些要求技术水平高的生产在已形成的基地，特别是在沿海沿江实行经济开放的城市更为有利。

综合上述各部门的预测趋势，表明：在本世纪及下世纪初年，我国工业生产力布局总图从大区角度不致发生重大变化，各省市自治区工业总规模的差异不会缩小。

（二）重点发展的轴线及点轴系统

尽管至本世纪末前后，我国工业生产力布局不致发生如东部到西部或东部到中部之类的战略变化，但从指导思想上，仍要在全国范围及各级区域内确定工业重点发展的地带和城市区域。

工业生产，无论采掘、原材料和加工工业，都是产生和聚集于点上并由线状基础设施彼此联系一起的。因此，确定工业生产重点地域方向，即要确定重点开发的轴线。

重点开发轴是指重要交通干线（港、站在内），有时还加上动力供应线、水源供应线等所经过的、附近有较好的位置、资源、经济基础等条件，因而有较好的开发潜力和远景的地带。它不具有象行政区那样严格的界线，但是，不应包括距轴线较远、与轴线并无大量直接联系的城市及区域。对于那些通过运量极大，附近又没有太多资源的交通线经过地带，一般也不作重点发展轴。轴线开发又是以不同等级的中心城市为基础的，相应地就会形成不同等级的点轴系统。

建国以来，部分地区的工业实际上已是沿着轴线重点发展的，如北京—郑州、开封—西安、哈尔滨—大连、成都—重庆、武汉—株州等，而今后将有更多的轴线得到发展，并形成全国性的大型轴线，即工业带。

根据我国工业发展条件地区差异及国民经济各部门的现状分布以及今后国家的发展任务，本世纪内及下世纪初年全国一级的重点发展轴线是：海岸地带轴及长江轴。

1. 海岸地带轴：全国大陆海岸线总长1.8万多公里，经三十多年来的发展，成了我国国民经济的主体地带。1982年，就36个主要城市统计，工业总产值近1500亿元，占全国27%。沿海海运将是我国最大的能源运输路线，也是我国对外贸易的前沿阵地。海岸地带将以超过全国平均速度发展，其工业发展方向应是综合性的，但不同岸段地带会有较大差别：①北部渤海沿岸及山东半岛沿岸，将以传统的重工业为主，包括钢铁、石油化工与海洋化工、化学纤维、造船、机械与电子，同时发展在进出口贸易及利用港口腹地内资源基础上的轻纺、食品、水产加工与木材加工等工业部门，其中外向型的产品也应占一定比重。配合发展火电。②长江口至浙江南部，是我国最大的综合性工业基地之所在，是高档的轻重工业产品主要生产地。今后要同时发展外向型和内向型产品的生产，如各种各样的机械、电子电器、精细化工、新型化工及建筑材料、丝绸、毛纺、食品、工艺美术等。应特别注意利用有利的对外联系条件发展开发性产品的生产。③浙江南部以南海岸地带，除了珠江三角洲外，工业基础尚薄弱。但发展潜力大，最突出的是外向型工业有很广阔前途，以轻工、电脑、新型材料、食品为主，同时也应发展石油化工、造船、海洋开发设备的制造等。

2. 长江沿岸轴。长江是我国东西向的运输大动脉，近年来运量已超过5000万吨。运输开发潜力很大。正在建设中的葛洲坝和规划建设中三峡水利枢纽完工后，将有1000万千瓦的电力东送（其中出湖北省有600万千瓦），还具有丰富的供水水源。所以，应成为仅次于海岸地带的强大发展轴，东部上海是我国最大的海港、工业城市及贸易口岸，其吸引和影响范围涉及华东、华中、西南、西北等广大地域。在长江轴经过的8省市中，四川、安徽是两个铁矿、能源资源、有色金属都很丰富的省份；湖北、湖南、贵州、云南的磷矿占全国的90%以上，湖北的水电资源丰富，且位于全国经济联系的中枢地带。长江流域的农产品占全国44%，除云南外，都是全国农业发达区。长江轴的工业开发，有助于进一步开发长江流域的水利、水产、农业和劳动力资源。长江轴工业结构中的现状特点是原材料和制造工业发达。今后可发挥工业结构中的优势，充分开发利用长江水运，依靠南北向的几条铁路干线，运来煤、原油、矿石等，发展钢铁、石油化学、有色冶炼、机械、轻纺等工业，在地域部署上，除上海经济区外，以南京为中心，包括沿江的镇江、扬州、马鞍山、芜湖、安庆、铜陵等，以武汉为中心，包括南昌、九江、黄石、沙市、宜昌等，以重庆为中心，包括万县、泸州、宜宾等，成为三个工业集聚地带。

上述两大重点轴构成“T”字形。长江轴将内地两个最发达的核心地区与海岸地带轴联系起来，两轴在经济最发达的长江三角洲交会。这种空间结构形成较准确地反映我国国土资源、经济实力及开发潜力空间分布的基本框架，也有助于今后更好地利用与国外经济技术交流中所激发起来的巨大动力。将此二轴进一步开发建设好，就可奠定国民经济翻两番的基础，并促进与之相联结的二级三级发展轴线，使全局获得顺利发展。

重点的二级发展轴线，是指有发展条件与潜力的省市区间线状基础设施所经过的地带，有：

（1）珠江—南昆(南宁—昆明)轴。包括珠江干流、黔桂边境的水电输出线及规划中南宁—昆明铁路线。将是华南及云贵二省发展的核心地带。进一步发展的目标是大规模开发红水河的水力资源，平果铝基地，黔南的煤、磷，云南的有色金属等，并将动力、原材料、工业用农业原料等供给珠江三角洲。

（2）北同蒲—太焦—焦枝轴。即北同蒲、太焦、焦枝等铁路沿线地带，有丰富的煤炭、有色金属、水资源等，解放以来，已在太原、大同、洛阳、平顶山、午阳、丹江口、襄樊、荆门等建设了几十项重点工程。本世纪内，将作为重要的能源、有色金属、钢铁、机械等重工业集聚地带来建设。

（3）哈大轴。在东北西部三大露天煤矿建成、能源供应获得改善后，会有巨大的发展潜力。北部以哈尔滨、长春为中心的两个大城市区域将以机械等工业为主，沈鞍本抚辽仍是综合性的以重工业为主的地区。大连、营口同时是海岸地带轴和哈大轴的组成部分，是东北地区的出海门户。

（4）胶济轴。即山东胶济铁路沿线地带，线状基础设施有铁路、东黄输油管及输电线。附近油气、煤炭资源较丰富，农业条件好。进一步发展的部门是石油化工及化纤、纺织、海洋化工、工艺美术等。

（5）黄河上中游地带（从龙羊峡至乌海市附近），即黄河与包兰铁路所经过的地带，将青海、甘肃、宁夏的主要工业区联系在一起。发展的重要基础是水电资源的大规模开发，以及有色冶金、铁合金、煤炭、化工、毛纺等。

（6）成渝—宝成（成都—广元段）线轴，是四川及目前西南地区的经济核心地带，联结两大综合性工业城市。随着铜街子等一系列大水电站的建成，该地带将就近获得廉价的水电供应，机械、电冶金、天然气化工、食品等具有雄厚基础和开发前景。

上述一级二级共8条重点开发轴线，有的彼此直接相联结，有的通过交通线联成一体。进一步划分还可分出三级、四级地区性的重点发展轴。轴线开发，总是从若干个点着手，而点（城市、工矿区）也是分等级的，即各级中心城市。这样，全国便可构成点轴一等级开发体系。在重点发展轴线以外，有的城市由于具有有利条件也将会成为一定区域范围内重点发展的城市或工矿区。

（三）大中城市及工业集聚区空间结构的小尺度调整是战略性措施

在本世纪至下世纪初年，全国范围内不作大尺度的空间结构调整（转移），但在许多大中城市和工业集聚地带进行以小尺度为主的空间结构调整，对于充分利用我国的经济基础和潜力，合理利用空间与资源，改善环境质量，实现国民经济发展目标都是十分必要的，也是具有全国战略意义的措施。

上海、天津、北京、广州、武汉、大连、沈鞍本抚辽、沪宁沿线等大城市城近郊区及工业集聚区工业、城市人口及各种基础设施过份拥挤，已经在不同程度上成为城市及工业本身发展的桎梏。有些沿海沿河的城市工业区，由于局部地形和城市发展的影响，发展的空间严重不足：①许多工业企业，从技术改造和合理配套的角度，应当扩建发展，但用地、内外交通、用水、环境问题等极难解决。②由于历史原因，上述城市中的多数，解放以来工业在城市中的分布格局变化不大。大量的企业，混杂在稠密的居住区，严重污染居住环境。③由于没有统一规划，大量在生产上、工艺上及利用基础设施方面有着密切联系的企业分散在城近郊区，难以开展生产协作，严重影响了经济效益的提高，而且形成大量的市内不合理运输。

由于上述问题的存在，不少人认为“东部地区已经开发过份了”，因而认为不能再在东部地区发展，应作战略转移了。作者认为，该问题应在城市和工业集聚区附近进行小尺度空间结构调整来解决。根据不同的具体条件，可以采取如下措施：①在工业及城市集聚区域附近几十公里至100公里左右，选择开发条件有利的地点（或已有城市）发展工业，使其成为区域的次级经济中心，起到分散工业和人口及加速工业发展的作用；②在大中城市的远郊区建立以工业为主体的卫星城镇和独立的工业区。如京津唐地区今后要在严格控制工业和人口继续向京津二市集聚的同时，把工业开发的重点向沿海和冀东推进，同时建设京津二市的卫星城，沈鞍本抚辽地区要在充实已有的郊区小城镇的同时，把耗能大、占地用水多的企业放在营口附近的海岸地带；上海的调整方向应是金山卫至南汇的海岸地带和宝山至常熟的长江南岸。武汉应沿长江北岸从黄浦路至阳逻一带建设新的工业区和港口等等。

注：吴传钧先生主持我所经济地理部同志对全国战略布局进行讨论＂是本文写作的基础。编写中参考了李文彦、邵清于同志的有关论文，陈航、李耀武、陈汉欣、郭来喜同志先后提出意见，在此一并致谢。

SCIENTIFIC BASIS FOR THE OVERALL PLAN OF INDUSTRIAL PRODUCTIVE ALLOCATION OF CHINA UP TO 2000

Lu Dadao

(Institute of Geography, Academia Sinica, Beijing)

Key words: Industrial allocation up to 2000; Point-oxis developing system

ABSTRACT

The author argues that there shouldn't occur any essential change(shifting) in the overall plan of the industrial productive allocation and it is inappropriate to set the more balancing regional development as the major target during the rest of the century. Since the production of industrial enterprises, either mining. raw material production or its processing, emerges from and agglomerates on geographical points and is connected each other by linear infra-structures, identification of the major industrial regions means the defining of key axes of development. By means of axes development an optimum spatial combination of the allocation of industry and that of transportation can be realized. Through analysis the author concludes that the most effective pattern of the spatial organization of industry is a point-axis system consisting of two first-order key developing axes, i.e. the coastal belt and the Yangtze River banks, and eight second-order developing axes. Another strategic measure to promote the development of industry is the small-scale adjustment of the rpatial structure of the large and medium-sized cities and industrial agglomerations.

这里需要作个说明。在乌鲁木齐经济地理学术讨论会上我的报告的油印本《二〇〇〇年我国工业生产力布局总图的科学基础》，最后由三点内容组成的“结束语”。其中，第二点如下：

> 2. 我所经济地理部所属工交、农业、城市人文三个研究室长期从事地区性、全国性生产力布局研究工作。吴传钧先生不久前主持全部同志对全国战略布局问题进行了讨论。这些是本文写作的基础。编写中参考了李文彦、邵清于同志的有关论文，陈航、李耀武、陈汉欣、郭来喜同志先后提了指导性意见。在此一并致谢。

在这篇“精炼版”（地理科学，1986年，第二期，约9000字）中，我对自己在大会报告稿与《效益与管理》杂志发表全文版时的“结束语”中的第二点内容（如下）作了简化，成为：

> 注：吴传钧先生主持我所经济地理部同志对全国战略布局进行讨论，是本文写作的基础。编写中参考了李文彦、邵清于同志的有关论文，陈航、李耀武、陈汉欣、郭来喜同志先后提出意见，在此一并致谢。

我的这个简化，即减去了“我所经济地理部所属工交、农业、城市人文三个研究室长期从事地区性、全国性生产力布局研究工作。”在“是本文写作的基础。”之前还省去了“这些”二字。这是我当时犯下的一桩“疏忽”。在学术会议上的报告稿（第四步手稿、打印稿）的“结束语”及“效益与管理”发表全文的标题页下的“脚注”，内容更为确切。

“这些是本文写作的基础”这句话的前面是句号，表明这里的“基础”是指工作基础，是长期形成的业务影响，不是指我论文中观点的直接来源。我是出于对我的老师吴传钧院士及其主持的这次讨论会的尊重而提到这次讨论会的。把“我所经济地理部所属工交、农业、城市人文三个研究室长期从事地区性、全国性生产力布局研究工作。”一句去掉了，客观上可能给人以误解。

附录四　1985年在国土规划编制办公室时我起草的《全国国土总体规划纲要（草案）》第三章的手稿

在这里，对1985年6月至1986年底在《全国国土总体规划纲要》编制办公室承担的纲要第三章“全国建设布局的总体构想”的手稿进行一个说明。

根据国务院1985年3月26日《国务院批转国家计委关于编制全国国土总体规划纲要的报告的通知》国发〔1985〕44号文的精神，国家计委于1985年5月即组织全国国土总体规划纲要编制组并进驻北京市材料公司招待所。编制组由时任计委国土局副局长陈鹄与该局规划处处长方磊任正副组长，人员组成以国土局为主，邀请了在1982—1984期间承担京津唐国土规划试点工作中表现出色的中国科学院地理研究所4人参加（自然地理2人，经济地理2人），此外天津市城市规划院1人等，大约在12人左右。由于陈鹄、方磊等都参加了1984年9月在乌鲁木齐召开的中国地理学会经济地理专业学术讨论会，了解我关于全国国土开发的战略观点，分配我承担第三章“全国建设布局的总体构想”的编写工作。

本附录文件是1985年在国土规划编制办公室时我起草的第三章的手稿。这个手稿，观点上是成熟的，因为这些观点主要来自1984年9月的大会报告稿。但是，大会报告稿是理论性的研究稿。来国土规划编制办公室写的稿子，则是应用性的规划稿。当时手稿有许多空格没有填写数据。但我在1985年7月中旬上交到纲要编制办公室的稿子，肯定是没有任何空格的初稿即第一稿。

1985年7月25日，在北京市材料公司招待所，国家计委组织的国土规划编制组讨论了我执笔编写的“全国建设布局的总体构想”一章（第三章）。会议主持人是国家计委国土地区司规划处处长方磊。参会人有黎福贤（计委国土司副处长）、刘颖秋（计委国土司）、范春永（计委国土司）、高广生（计委国土司）、胡序威（中国科学院地理研究所）、李桓（天津市城市规划局）、郑度（中国科学院地理研究所）、陆大道（中国科学院地理研究所）等。会上我对各位参会人员的发言作了记录。

我先简要汇报了“全国建设布局的总体构想”编写观点与内容。讨论会上，主持人方磊一开始就作了发言，比较明确地肯定了我编写的稿子，“点式的开发与轴线相结合”，“是战略选择的部分”。李桓可能有些保留。接着是刘颖秋、范春永、高广生三同志，对点-轴问题没有不同意见。后胡序威也表示需要有点-轴部分，“西部据点式，点轴系统还是要，全国的网络系统问题，可简化，与后面的城市系统相结合”。副组长黎福贤表示支持 T 字形结构。中国科学院地理研究所的两位自然地理学者没有明显提到T字形结构。会议就基本通过了我的第一稿及其观点，提出的修改意见比较分散。我对各位观点的记录肯定没有错误，但记录的文字是表达不全的字句与简化语言。史料保留至今。这里就不详细书写了。

在编制办公室一年多的工作期间，对于我提出的国土开发与经济布局T字形战略结构，并没有激烈的争论。整个编制工作进展顺利。1986年上半年主要是国土局领导（开始时徐青任局长、陈鹄副局长）与计委分管国土局的吕克白副主任商议修改并报计委领导层审查修改等工作。1986年秋天，国家计委宋平主任（国务委员）在国务院一招主持召开各省市区负责国土工作的副省长（副主席、副市长）会议，讨论了《全国国土总体规划纲要》讨论稿。纲要编制组成员到会旁听了会议情况。

讨论会后，我根据讨论会大家提的意见，作了不小的结构变动，但主要的观点没有改变。修改稿即第二稿交到编制办公室。不久，工作组领导找我谈话，说修改稿的内容观点有些不突出，结构有些乱，认为还是在第一稿上面考虑大家合理意见加工就可以了。之后几天，我就完成了这件任务，上交了第三稿。第一二三稿我都没有留下副本（可能是不允许，也可能是没有复印机）。现在，作为本书的附件只是我的留有一些空格的草稿，但不影响其史料价值。

2021年，我将这件草稿按照原稿原意并找到部分数据整理成为合格稿件，对由于缺数据而没有把握的描述，干脆予以删掉。以原标题收录在2023年5月商务印书馆出版的《陆大道文集（上册）》中。

本书附件只收录了我在国土规划编制办公室起草的纲要第三章“全国建设布局的总体构想”的草稿。在1987年3月25日以草案形式发到全国的《全国国土规划纲要》中的第三章名称是“国土开发总体布局”。

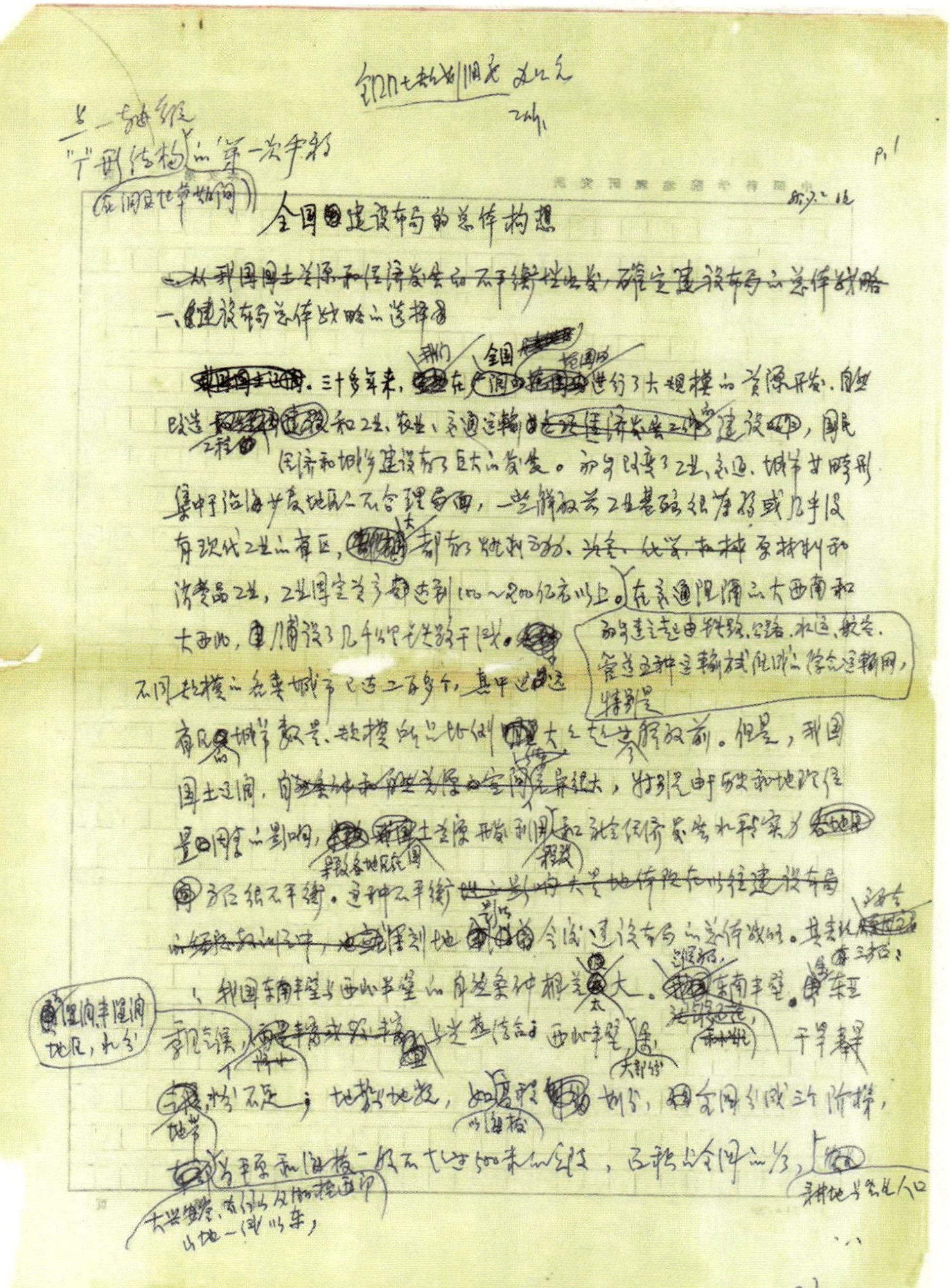
全国建设布局的总体构想
一、建设布局总体战略的选择

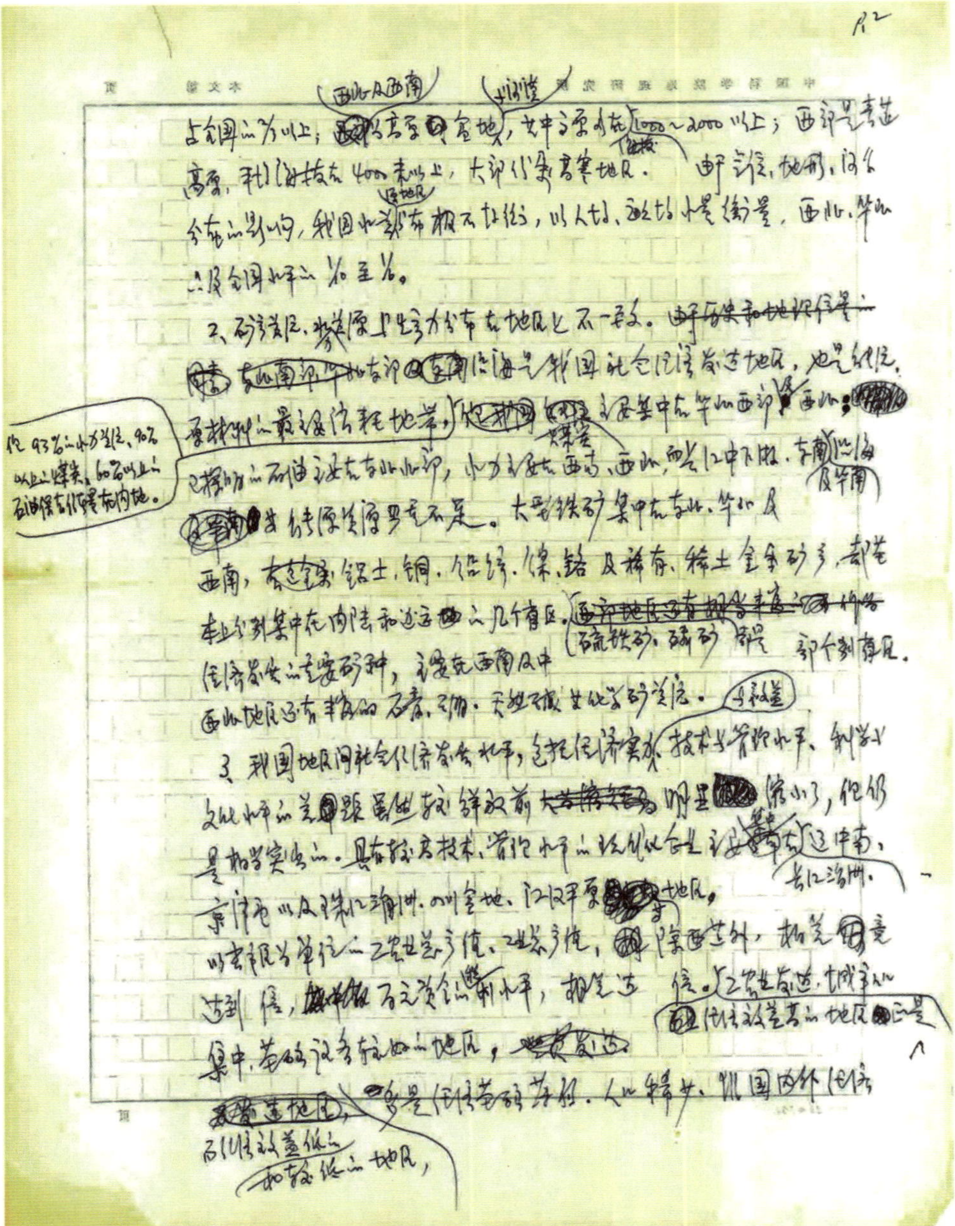

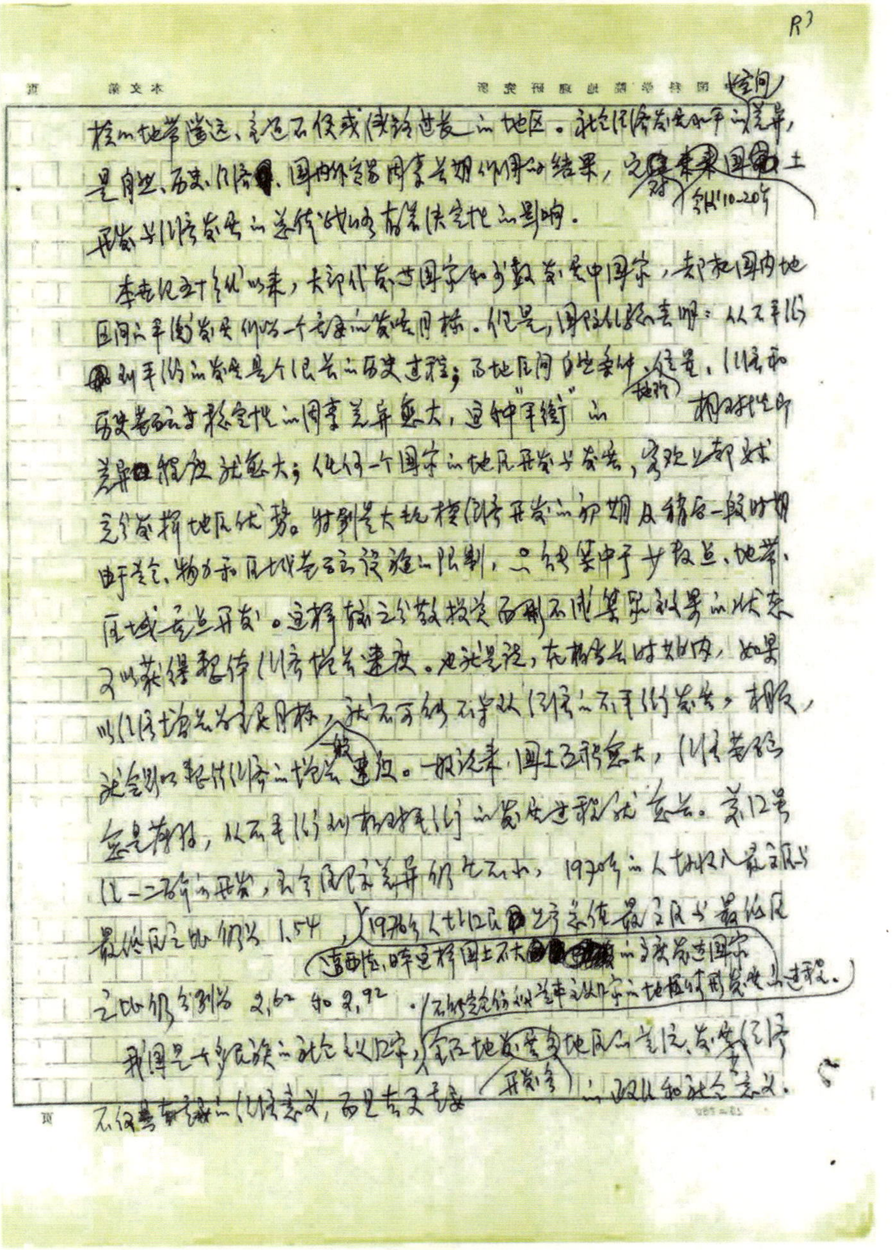

较好的地带发达，它也不仅或经济进步的地区。我国经济发展水平的空间差异，是自然、历史、经济[illegible]、国内外各种因素长期作用的结果，它将对未来国土开发与经济发展的总体战略方案决定性的影响。今后10-20年

本世纪五十年代以来，大部分发达国家和多数发展中国家，都把国内地区间的平衡发展作为一个重要的发展目标。但是，国际经验表明：从不平衡到平衡的发展是个很长的历史过程；各地区间自然条件、经济地理位置、经济和历史基础等综合性的因素差异越大，这种"平衡"的相对性所差异的程度就越大；任何一个国家的地区开发与发展，实际上都要充分发挥地区优势。特别是大规模经济开发的初期及稍后一段时期，由于资金、物力和区域基础设施的限制，只能集中于少数点、地带、区域重点开发。这样就可以较快地取得显著效果的状态，可以获得整体经济增长速度。也就是说，在相当长时期内，如果以经济增长为主要目标，就不可能不导致经济的不平衡发展，相反，就会影响整体经济的增长一般速度。一般说来，国土面积越大，经济基础越薄弱，从不平衡到相对平衡的发展过程就越长。美国是发达，从不平衡到相对平衡的发展过程就越长。美国经过一二百年的开发，至今区际差异仍然不小，1970年的人均收入最高的与最低的比值为1.54，1976年人均工业总产值最高区与最低区之比分别为2.62和2.92。（苏联、印度等国土大[illegible]的发展中国家也经历了地区间不平衡发展的过程。）

我国是个多民族的社会主义国家，边疆地区少数民族地区的开发，不仅具有经济意义，而且有更重要的政治和社会意义。

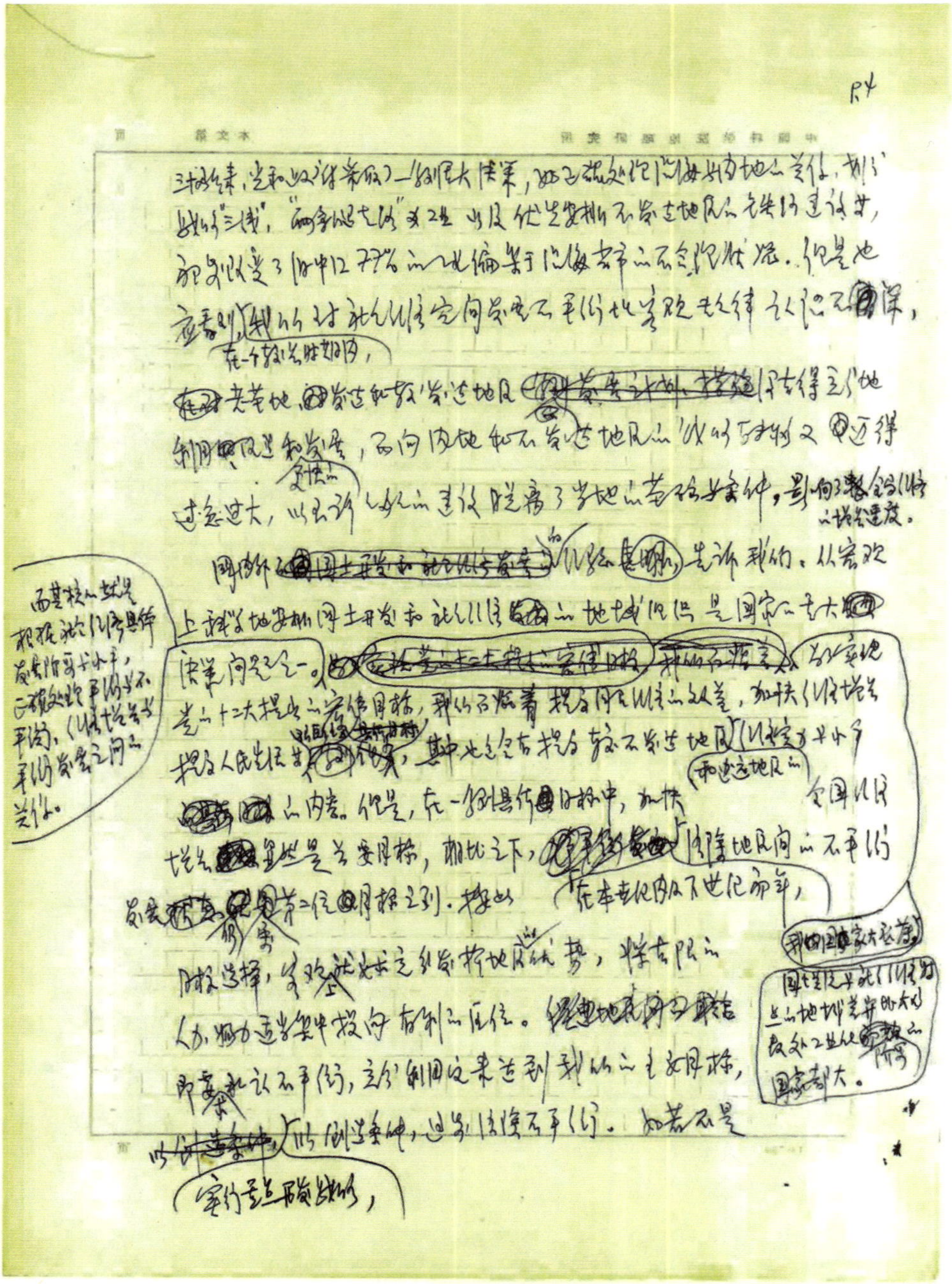

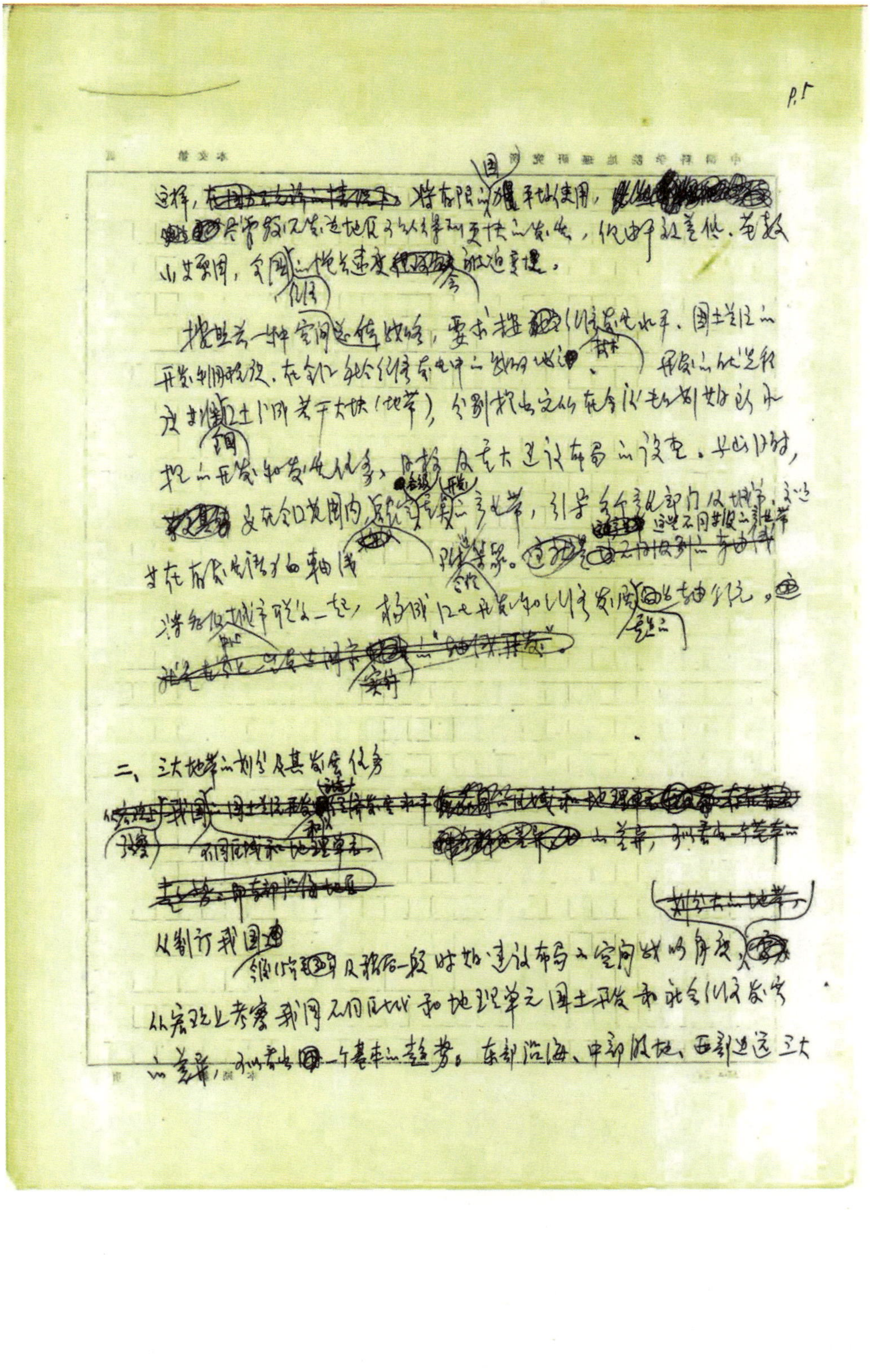
P.5
二、三大地带的划分及其发展任务

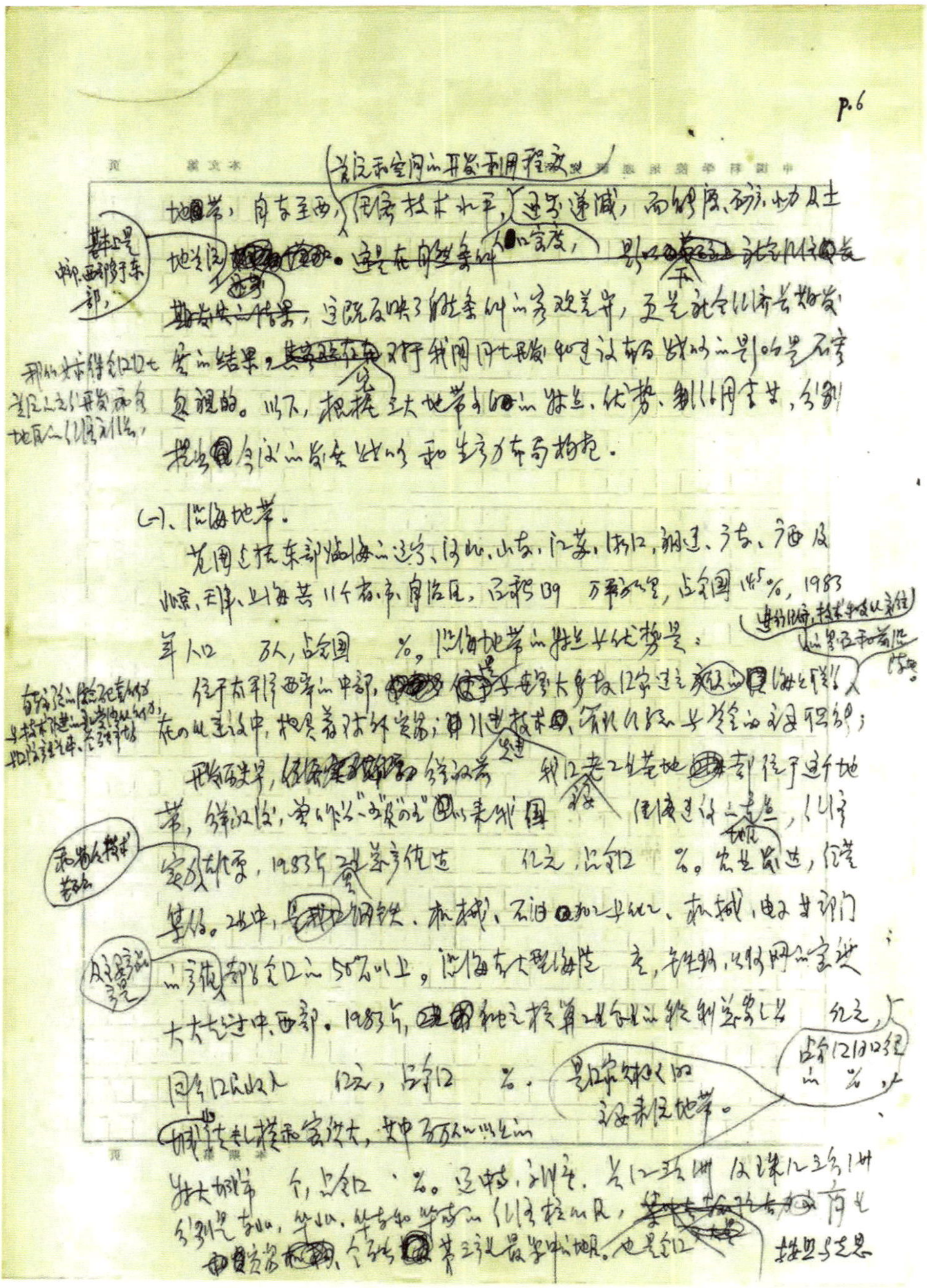
p.6

地带，自东至西，经济技术水平，逐步递减，而资源、劳动力及土地资源……这是在自然条件……这既反映了自然条件的客观差异，又是社会经济历史发展的结果。对于我国国土开发和建设布局战略的影响是不容忽视的。以下，根据三大地带的特点、优势、制约因素，分别提出今后的发展战略和生产力布局构想。

(一)、沿海地带。

范围包括东部临海的辽宁、河北、山东、江苏、浙江、福建、广东、广西及北京、天津、上海共11个省市自治区，面积129万平方公里，占全国13.5%，1983年人口 万人，占全国 %。沿海地带的特点与优势是：

位于我国西太平洋的中部，……在四化建设中，担负着引进外资、先进技术、管理经验的……作用；

开发历史早，经济基础较好，……地带，……1983年工农业总产值 亿元，占全国 %。农业发达，……其中钢铁、机械、石油加工、化工、机械、电子等部门的产值都占全国的50%以上。沿海各大型海港……大大高于中西部。1983年，……国民收入 亿元，占全国 %。

……城市密集……其中……大城市 个，占全国 %。……

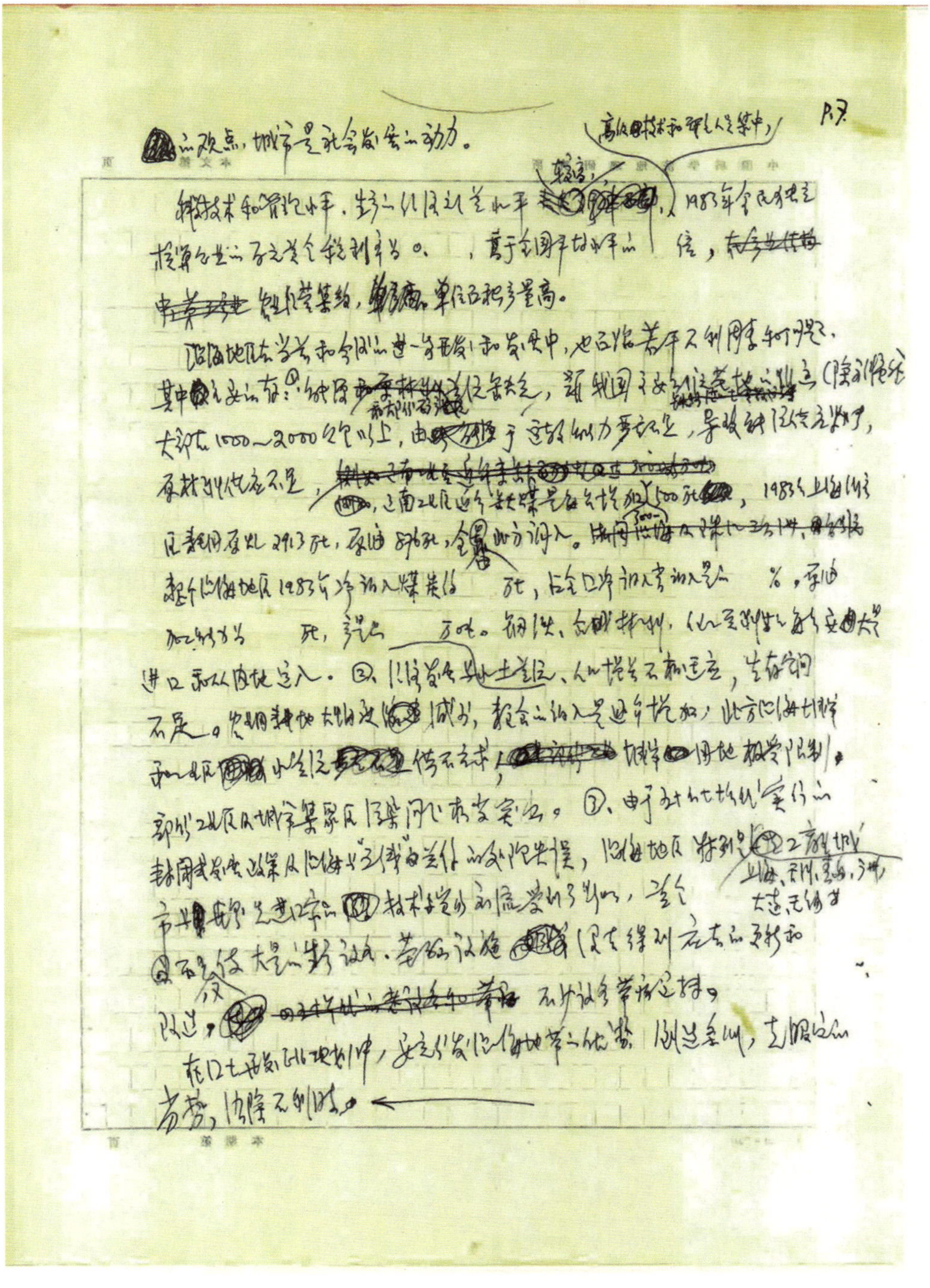

[illegible]的观点，城市是社会发展的动力。

高级的技术和管理人员集中

P.7

[illegible]技术和管理水平，生产的[illegible]，1983年全民所有制[illegible]

[illegible]

经济管理集约，单位面积产量高。

沿海地区在资源和外部[illegible]中，也存在若干不利因素和问题。

[illegible]

大部分1000～2000人以上，[illegible]

原材料供应不足，[illegible]，1983年上海[illegible]

[illegible]

[illegible]1983年[illegible]万吨，[illegible]%，[illegible]

[illegible]万吨，[illegible]万吨。钢铁、[illegible]

进口或从内地运入。②[illegible]

不足。[illegible]

[illegible]

[illegible]。③、由于[illegible]

[illegible]

[illegible]

[illegible]

改造，[illegible]

在[illegible]

方式，[illegible]。

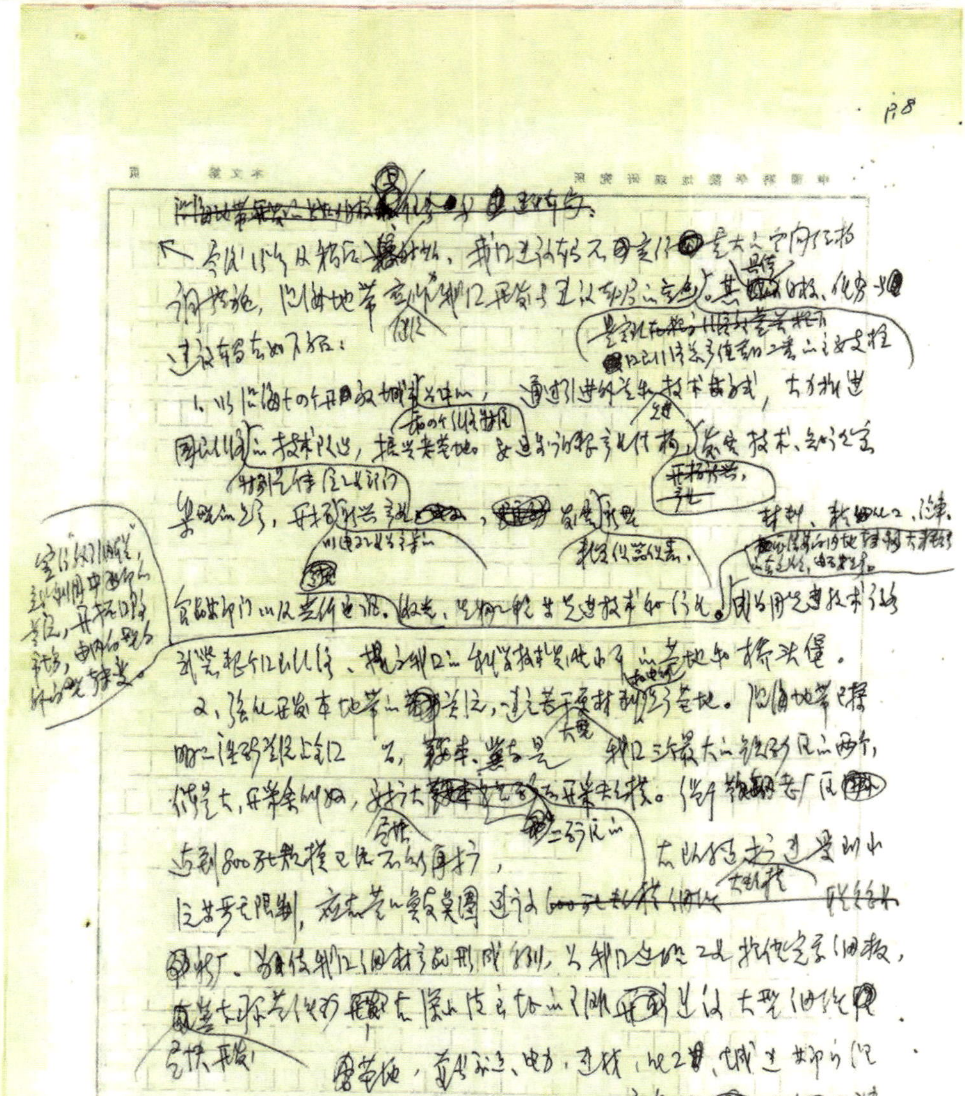

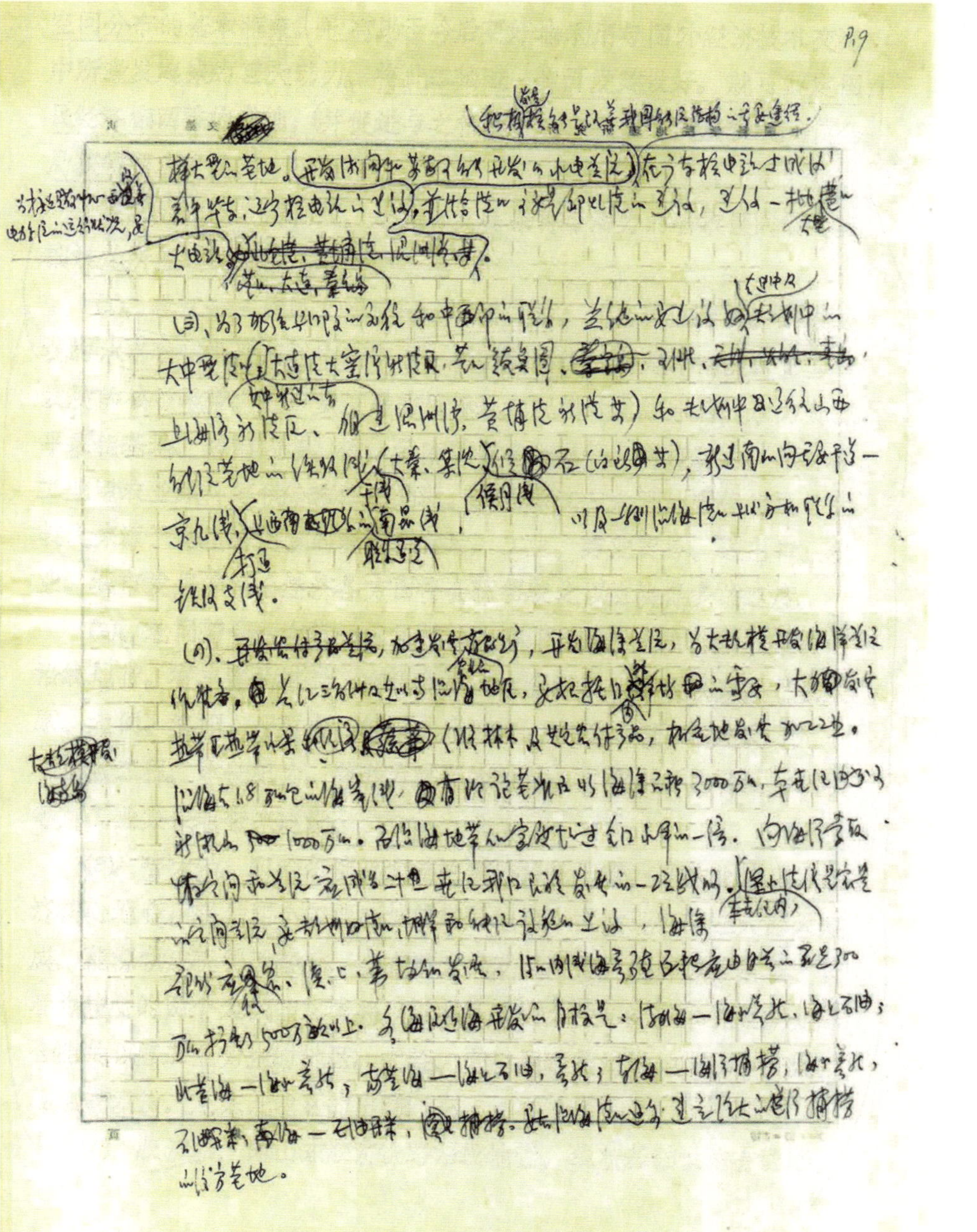

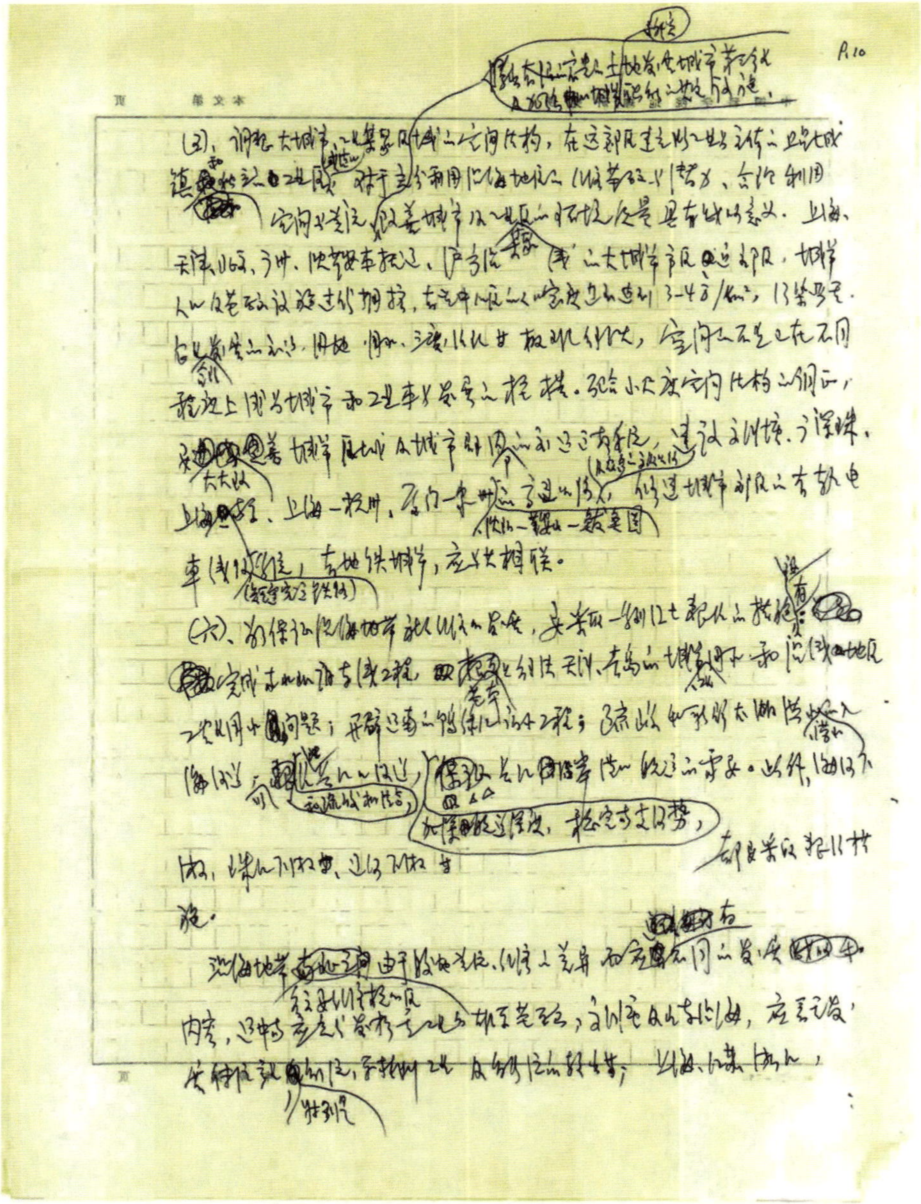

P.11

是我们最大的[illegible]生产基地之所在，应以[illegible]为[illegible]；[illegible]肉、蛋、橡胶[illegible]利用[illegible]的地理优势，建立[illegible]结构；[illegible]海南岛的热带作物、土地和[illegible]海域[illegible]，把[illegible]在我们[illegible]中的地位。

二、中部地带

范围包括黑龙江、吉林、内蒙古中部，山西、河南、湖北、湖南、江西，陕西、宁夏、甘肃东部、青海东部、四川东部中部、贵州、云南东部，[illegible]面积[illegible]100多万平方公里，[illegible]全国[illegible]

[illegible]，

中部地带大部分位于我国的腹地，是中华民族文化的发祥地，也是近代中国[illegible]的所在。中部地带最主要的特点和优势是：①、有丰富的[illegible]资源[illegible]，据1983年的勘探资料，在[illegible]种主要矿物中，中部地区占第一位的有煤炭、石油、天然气、[illegible]铁矿、铜、铝、稀土[illegible]，其中最主要的是[illegible]能源（包括水力）和有色金属。

中部地带[illegible]平原、黄淮海平原、长江中下游平原的主体部分、四川盆地、内蒙古草原[illegible]土地资源[illegible]，东北、内蒙古东部，云南、江西等省有荒地[illegible]，仅[illegible]宜农荒地就有8000万亩。②、中部地带是我国[illegible]“三线”[illegible]建设的重点，[illegible]1300多个[illegible]，占全国同期投资的[illegible]%，有一大批[illegible]、科研机构和[illegible]。③、中部[illegible]大中城市，位于我们[illegible]的中枢地位，[illegible]

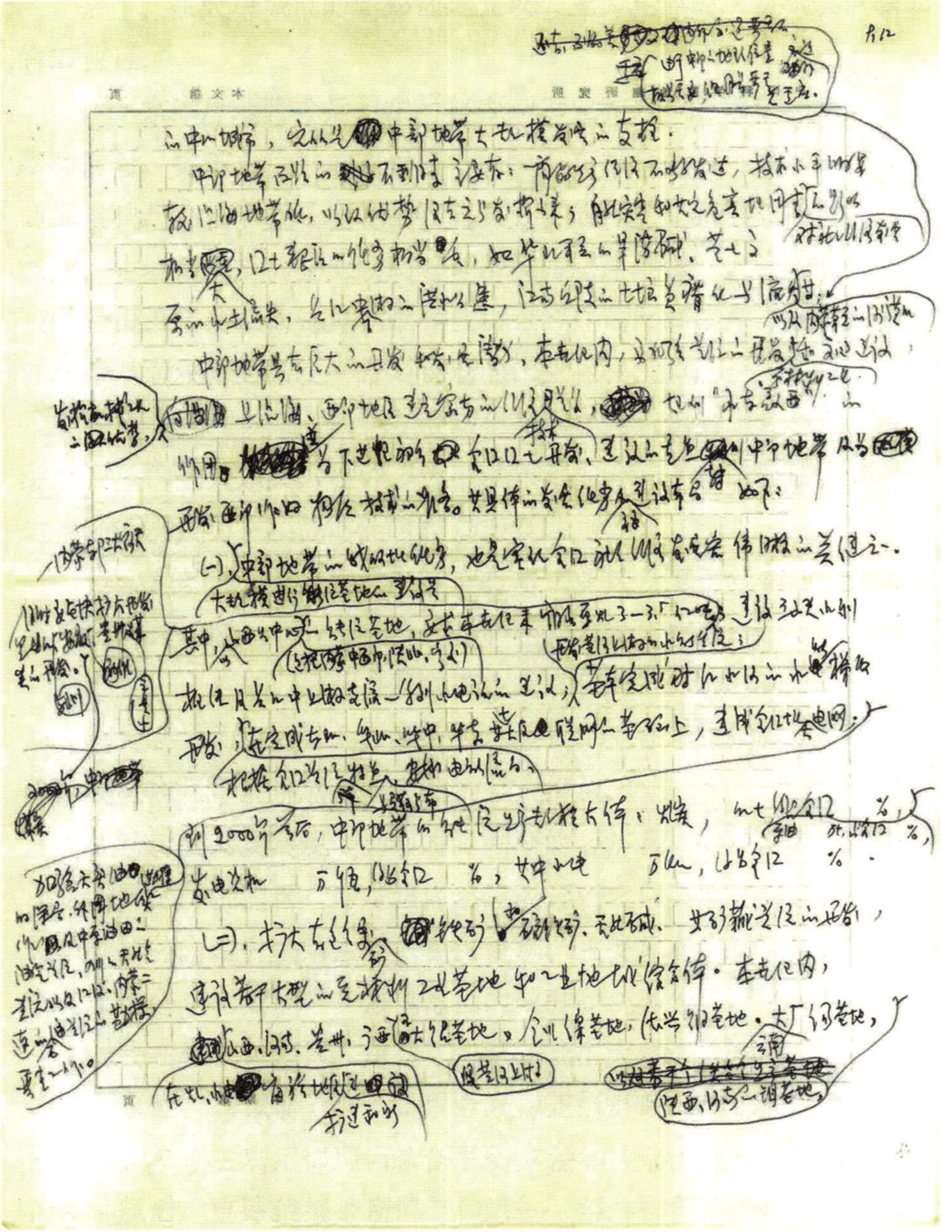

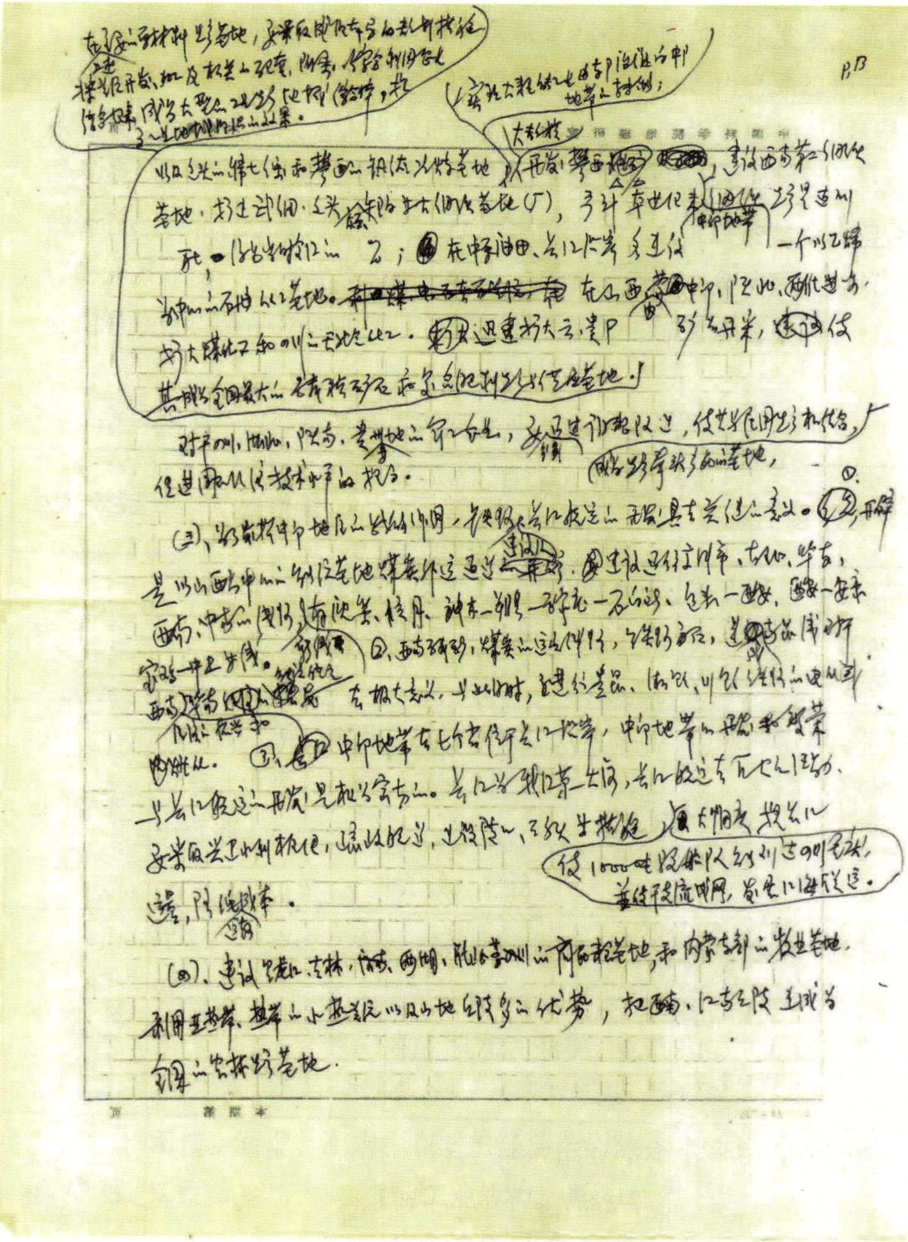

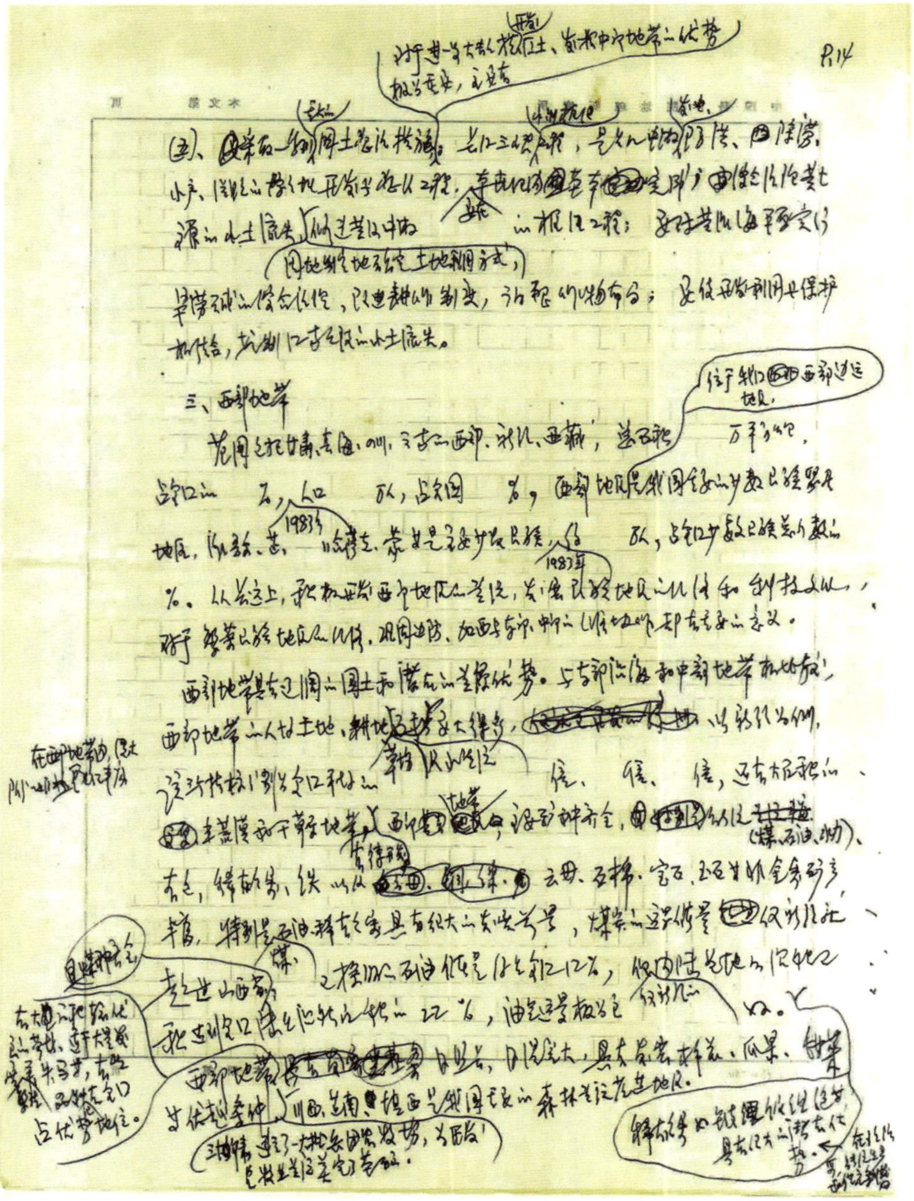

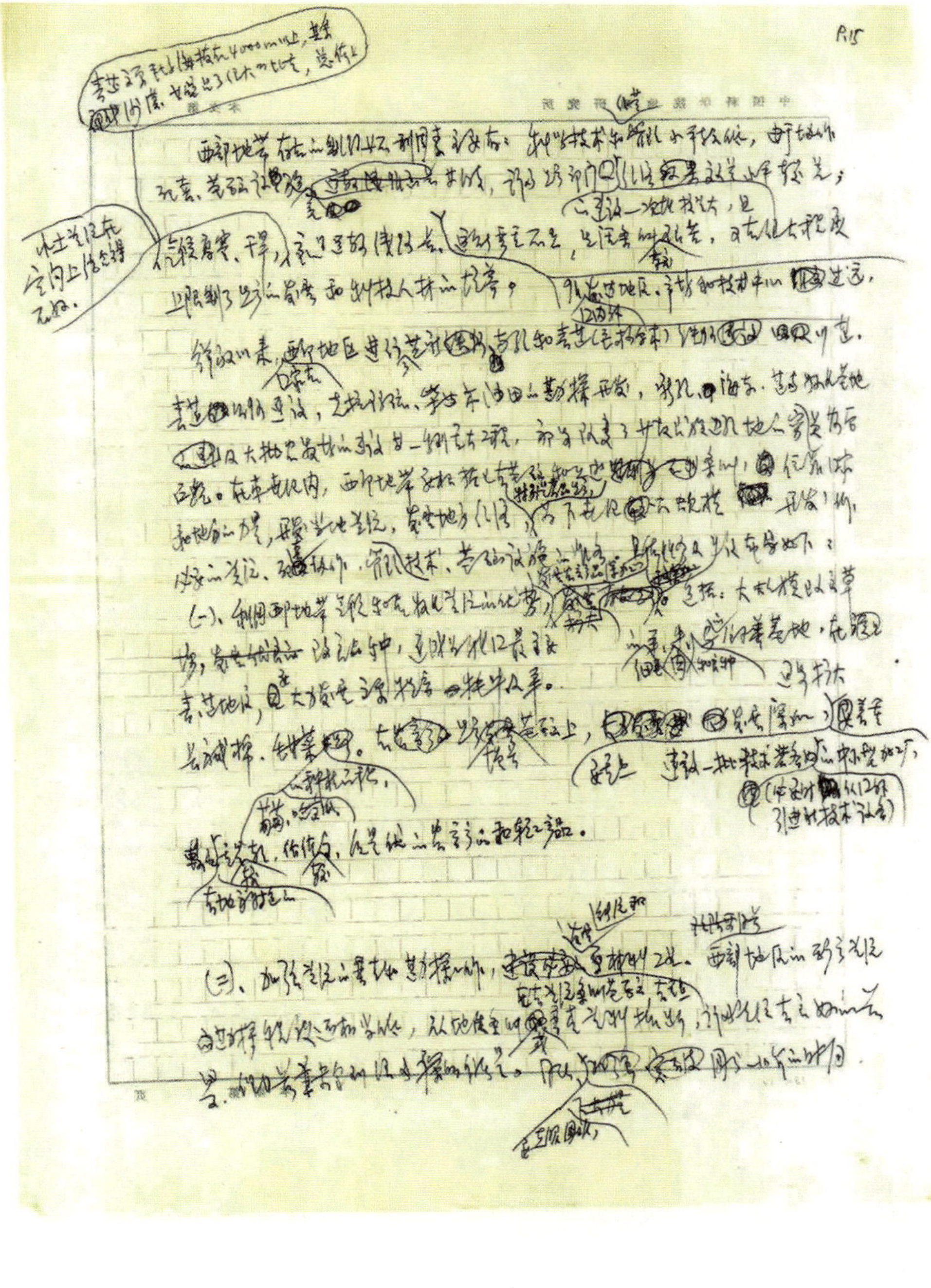

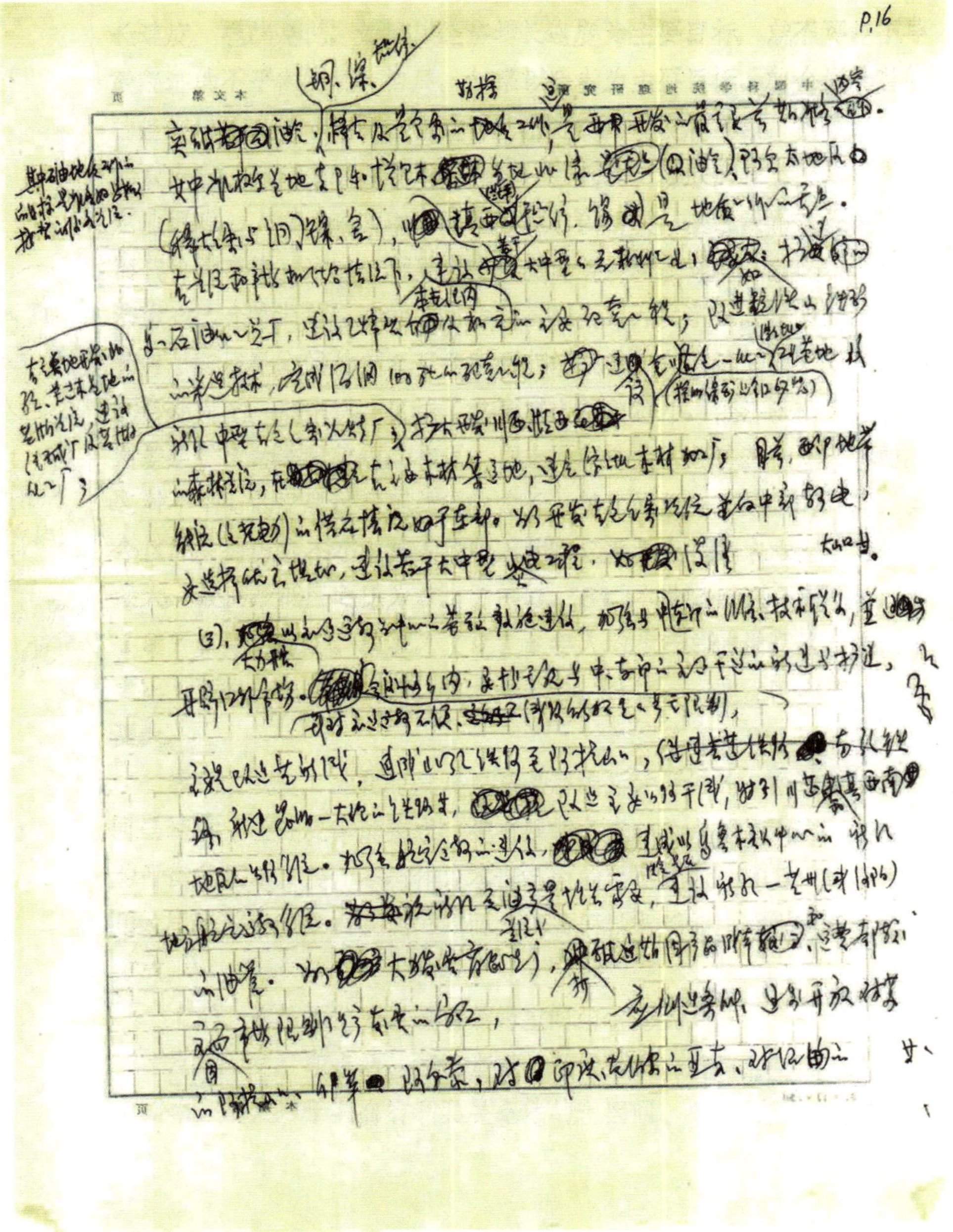
P.16

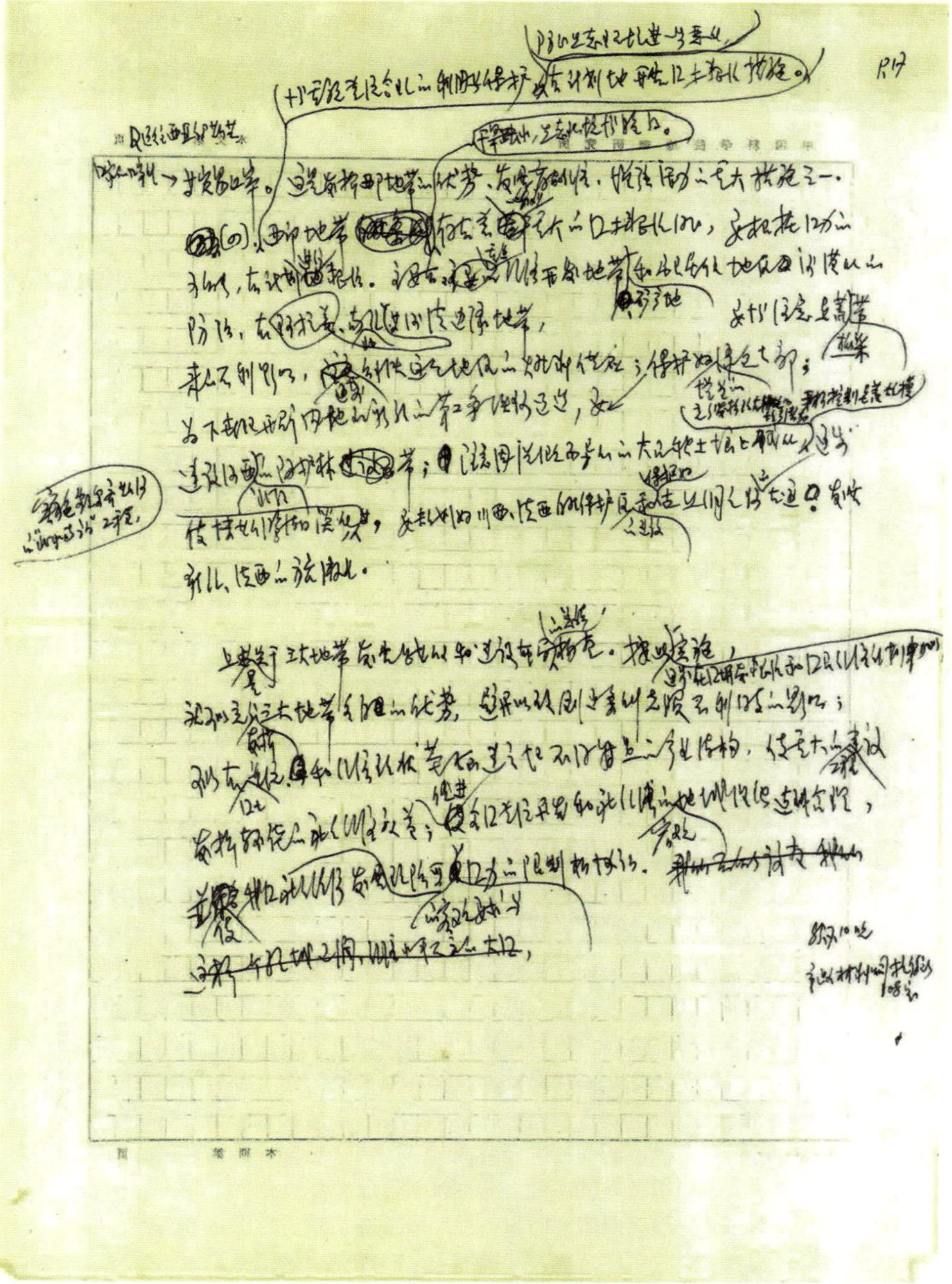

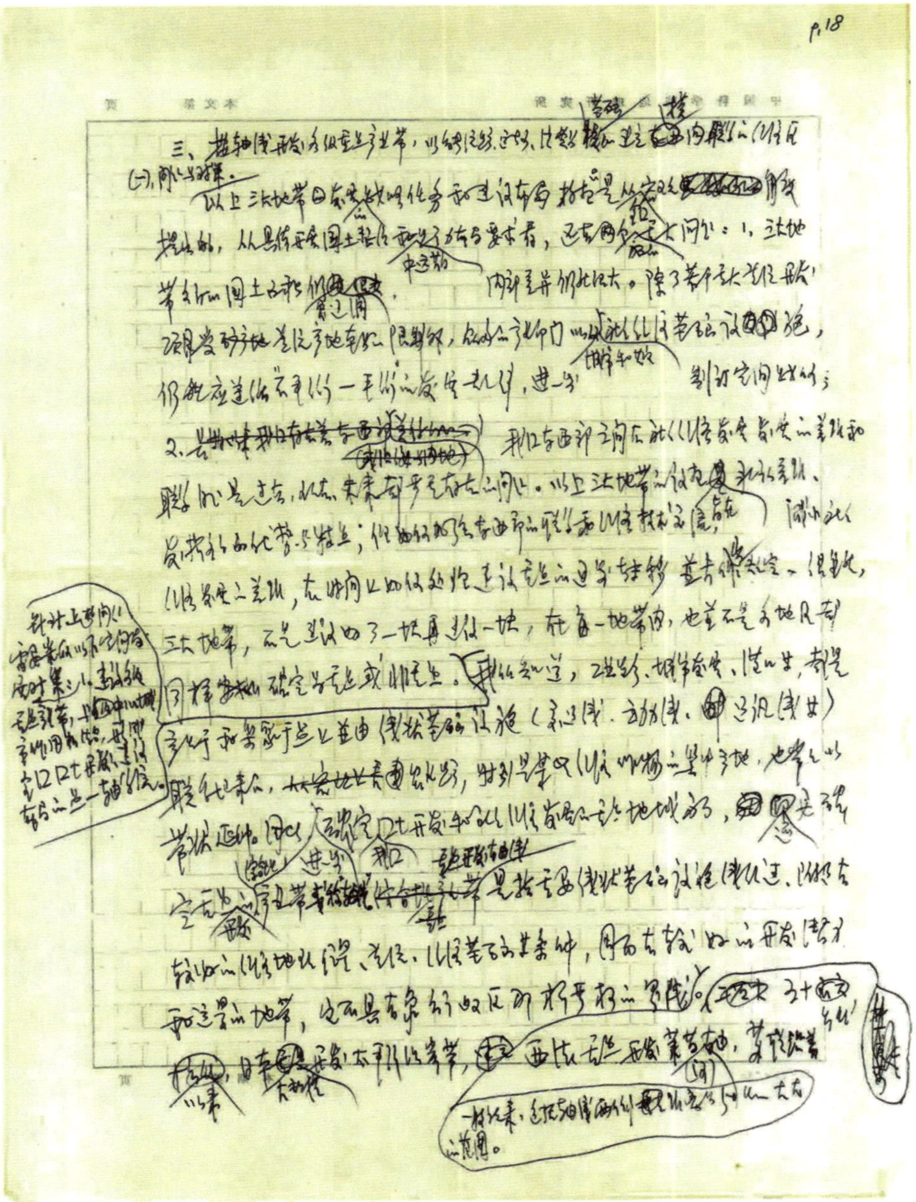
p.18

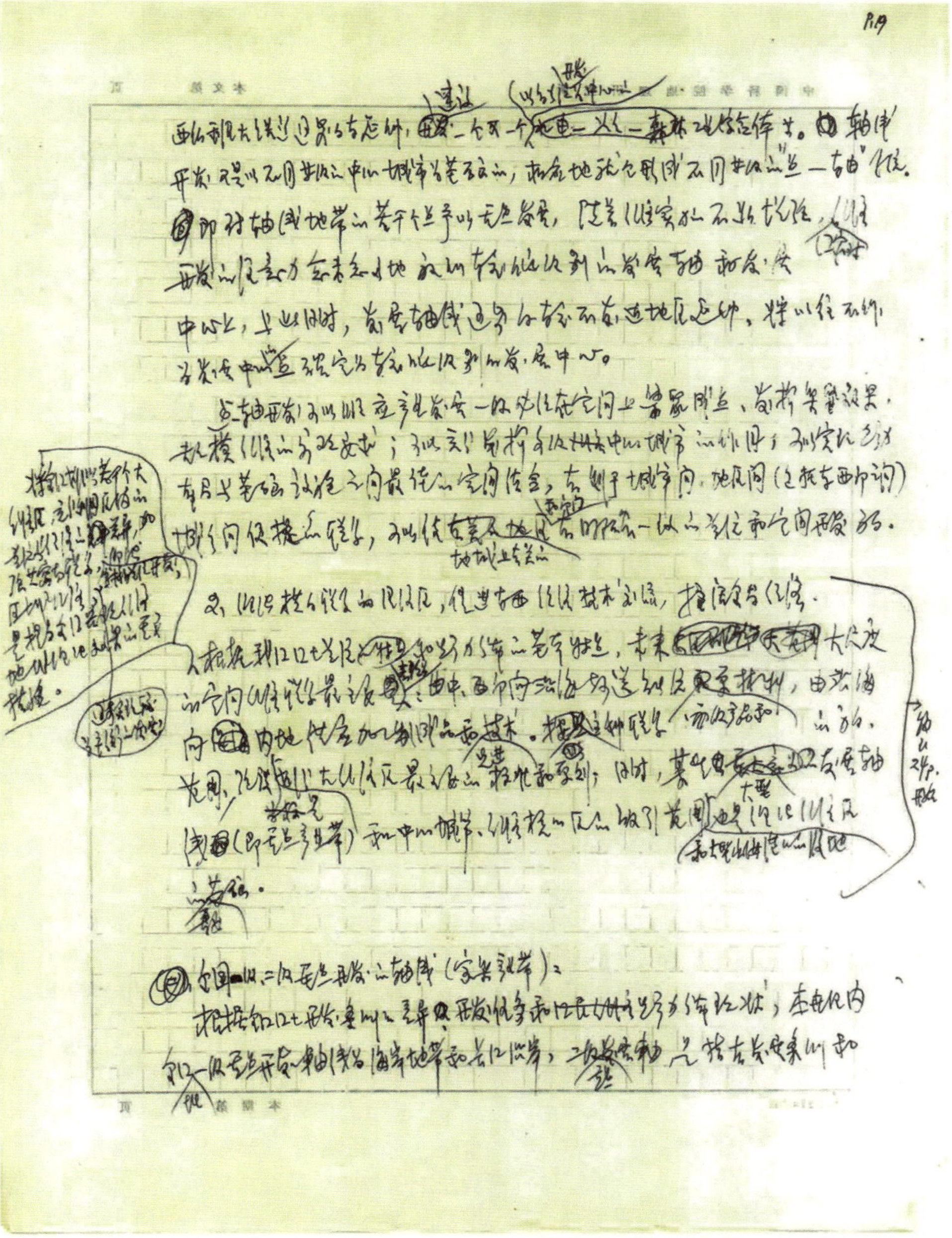

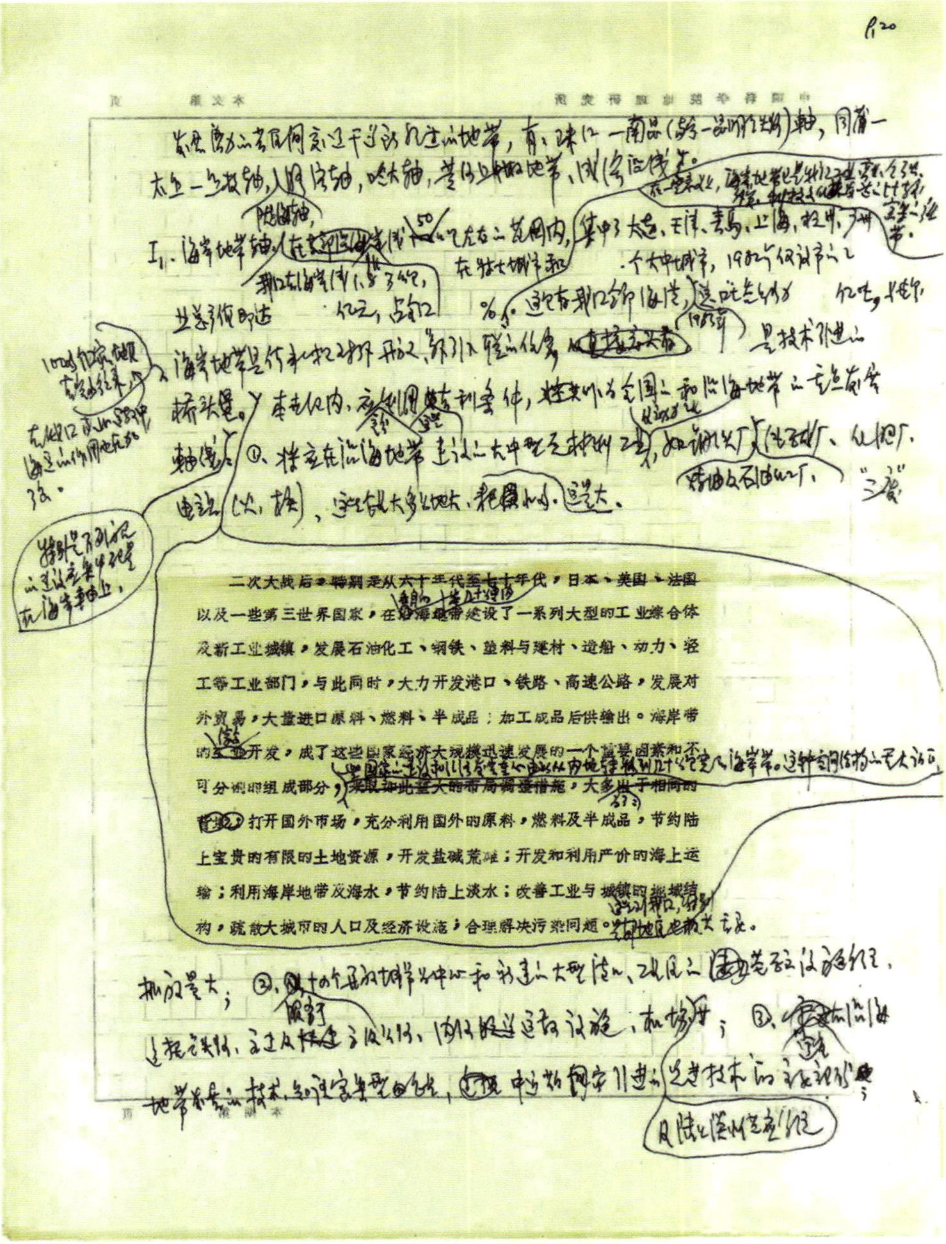
二次大战后，特别是从六十年代至七十年代，日本、美国、法国以及一些第三世界国家，在沿海地带建设了一系列大型的工业综合体及新工业城镇，发展石油化工、钢铁、塑料与建材、造船、动力、轻工等工业部门，与此同时，大力开发港口、铁路、高速公路，发展对外贸易，大量进口原料、燃料、半成品；加工成品后供输出。海岸带的[illegible]开发，成了这些国家经济大规模迅速发展的一个重要因素和不可分割的组成部分，采取如此重大的布局调整措施，大多出于相同的背景：打开国外市场，充分利用国外的原料，燃料及半成品，节约陆上宝贵的有限的土地资源，开发盐碱荒滩；开发和利用廉价的海上运输；利用海岸地带及海水，节约陆上淡水；改善工业与城镇的地域结构，疏散大城市的人口及经济设施；合理解决污染问题。

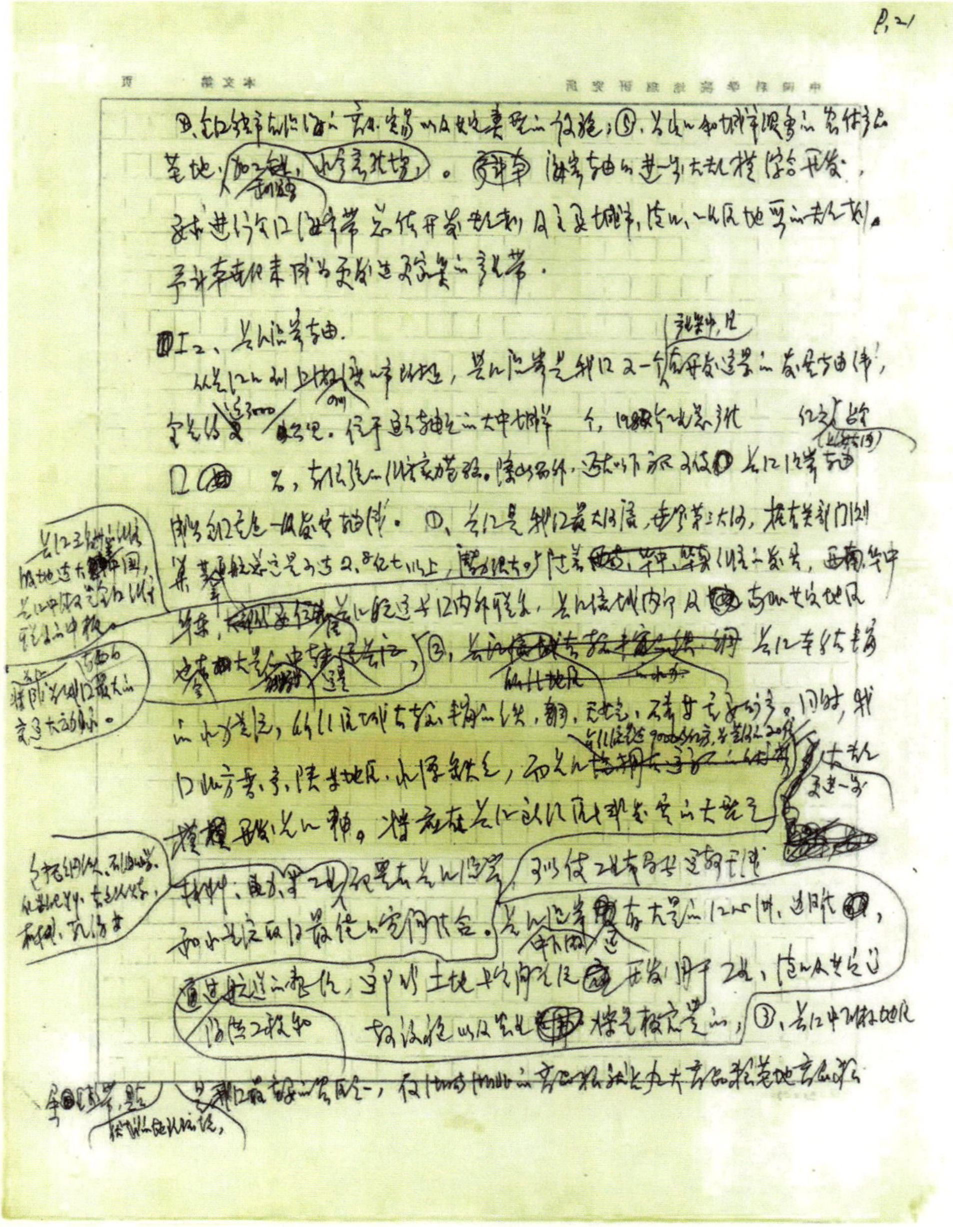

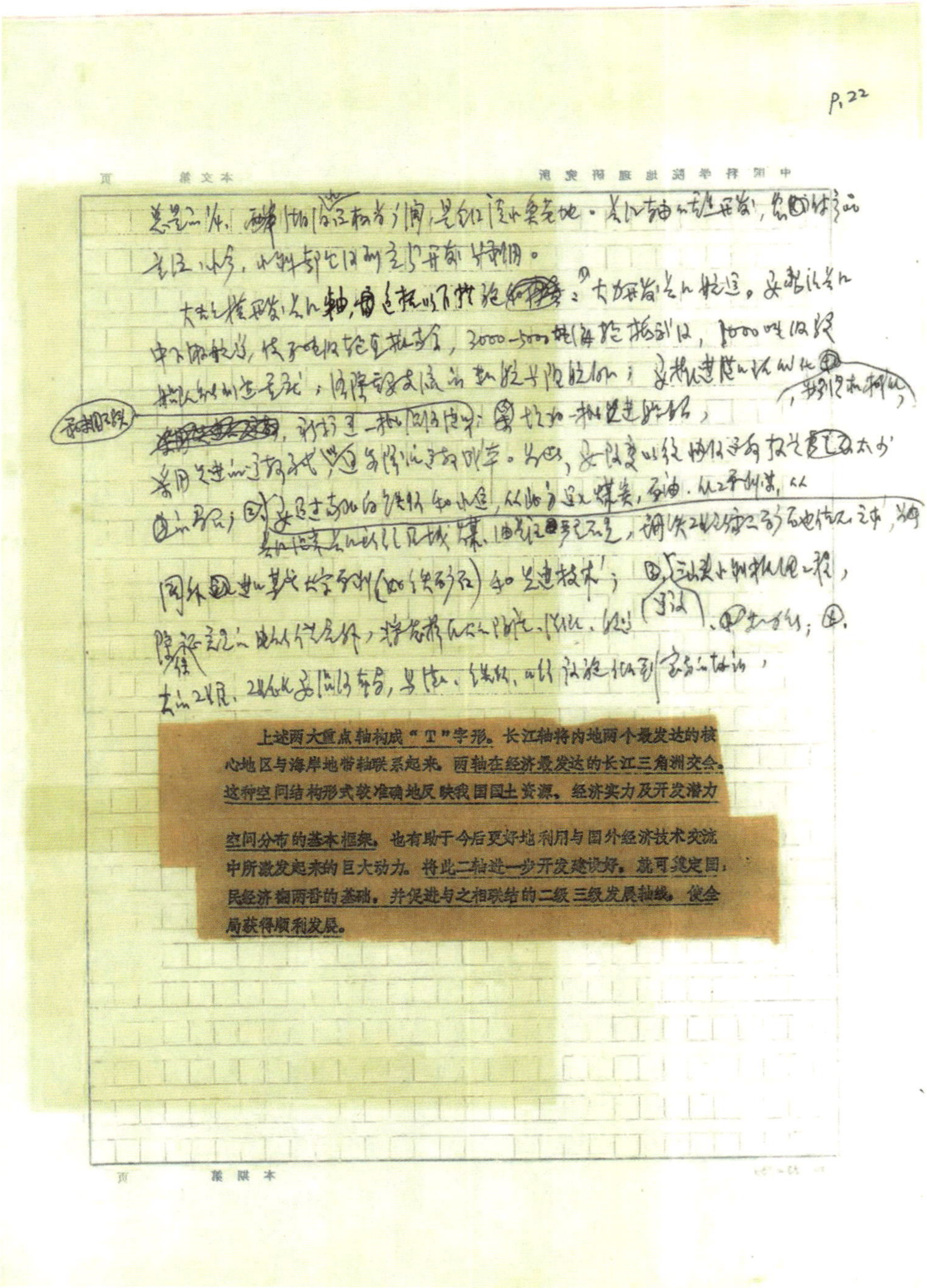

上述两大重点轴构成“T”字形。长江轴将内地两个最发达的核心地区与海岸地带轴联系起来。两轴在经济最发达的长江三角洲交会。这种空间结构形式较准确地反映我国国土资源、经济实力及开发潜力空间分布的基本框架，也有助于今后更好地利用与国外经济技术交流中所激发起来的巨大动力。将此二轴进一步开发建设好，就可奠定国民经济腾飞的基础，并促进与之相联结的二级三级发展轴线，使全局获得顺利发展。

P23.

(1)、陇海沿线。陇海铁路全长约2000公里，是我国东西向最大的铁路干线，这个地带主要经过……是西北、新疆、华北腹部、中南北部通向海洋的必经之地，[illegible]，农业发达。该轴线将连接[illegible]山、洛阳、陕西中部、陇东工业城市以及交通设施的集聚地带，是未来开发西部的支撑和通道。

重点的二级发展轴线。是指有发展条件与潜力的省市区间线状基础设施所经过的地带。有：

(2)、珠江—— 南昆（南宁—— 昆明）轴。包括珠江干流、黔桂边境的水电输出线及规划中南宁—— 昆明铁路线。将是华南及云贵二省发展的核心地带。进一步发展的目标是大规模开发红水河的水力资源。平果铝基地。黔南的煤、磷，云南的有色金属等。并将动力、原材料、工业用农业原料等供给珠江三角洲。而当珠江三角洲地带获得足够的较之来源于华北的便宜的能源供应后，工业、商业贸易、进出口、农业。城市发展等社会经济各方面将会获得较之以往快得多的速度。

(3)、北同蒲—— 太焦—— 焦枝轴。即北同蒲、太焦、焦枝等铁路沿线地带。有丰富的煤炭、有色金属、水资源等。解放以来。已在太原、大同、洛阳、平顶山、午阳、丹江口、襄樊、荆门等建设了九十项重点工程。本世纪内。将作为重要的能源、有色金属、钢铁、机械等重工业集聚地带来建设。

(6)、哈大轴。即哈尔滨及大连的铁路沿线地带，是东北地区的经济核心地带。联结四个工业、城镇集聚地区。在东北西部三大露天建成、能源供应获得改善后，会有巨大的发展潜力。北部以哈尔滨、长春为中心的两个大城市区域将以机械等工业为主。沈鞍本抚辽仍是综合性的以重工业为主的地区。大连、营口同时是海岸地带轴和哈大轴的组成部份，是东北地区的出海门户。

(4)、胶济轴。即山东胶济铁路沿线地带，线状基础设施有铁路、东黄输油管及输电线。附近油气、煤炭资源较丰富。农业条件好。进一步发展的部门是石油化工及化纤、纺织、海洋化工、工艺美术等。

(5)、黄河上中游地带（从龙羊峡至乌海市附近）。即黄河与包兰铁路所经过的地带。将青海、甘肃、宁夏的主要工业区联系在一起。发展的重要基础是水电资源的大规模开发。以及有色冶金、铁合金、煤炭、化工、毛纺等。

(6)、成渝——宝成（成都——广元段）线轴。是四川及目前西南地区的经济核心地带。联结两大综合性工业城市。随着铜街子等一系列大水电站的建成，该地带将就近获得廉价的水电供应。机械、电冶金、天然气化工、军工、食品等具有雄厚的基础和开发前景。特别是结合大量的军工调整转改。机械工业具有很大的发展潜力。

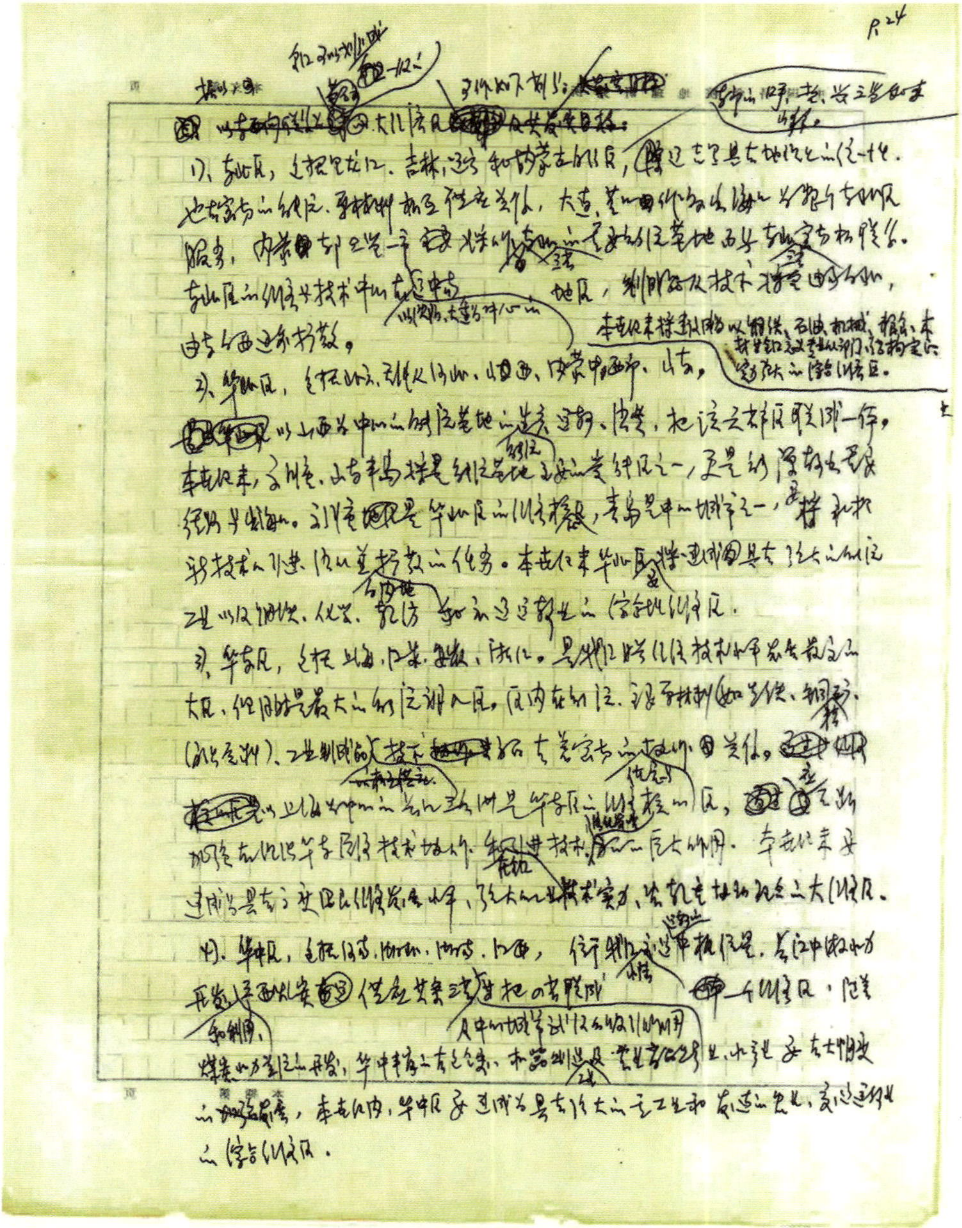

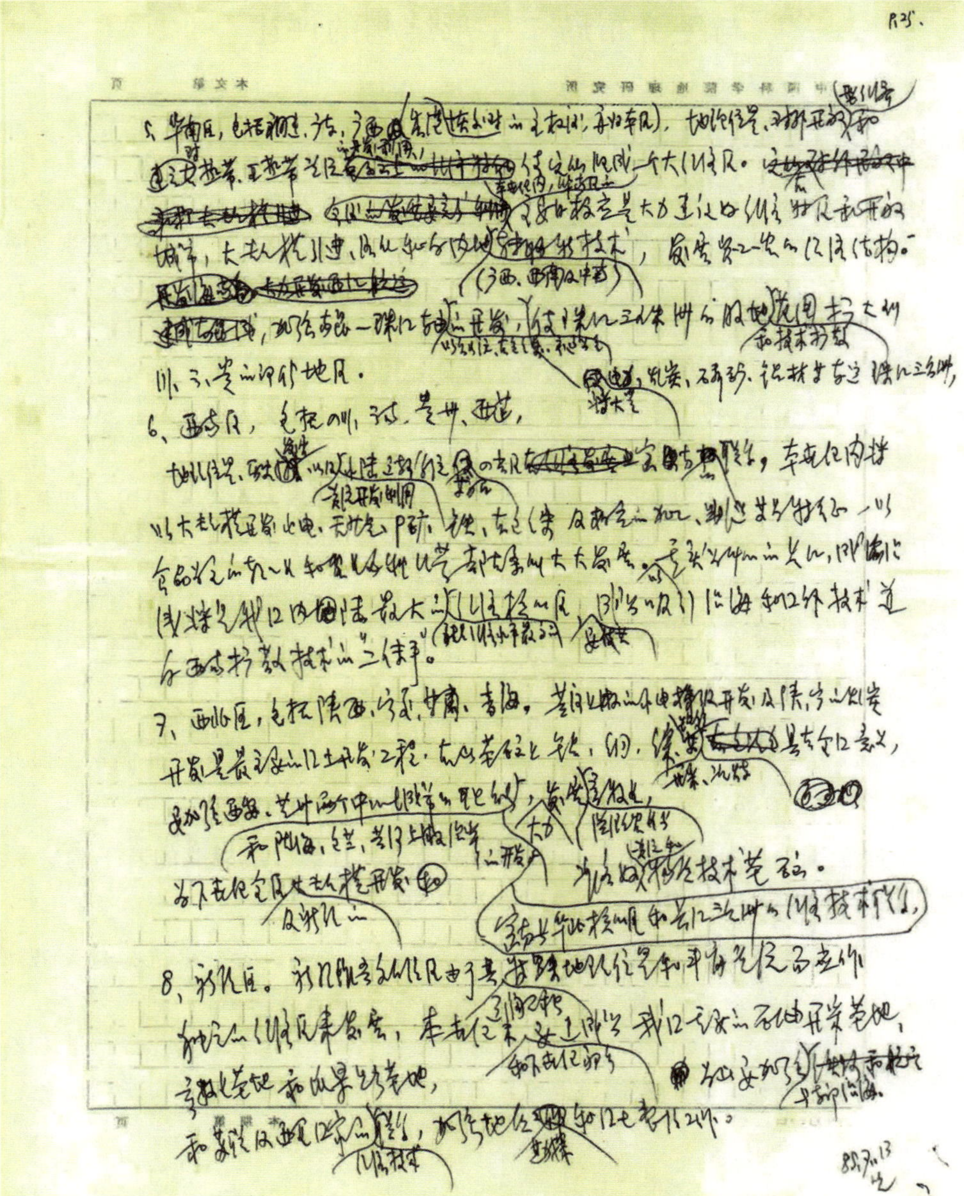
P.25.

5、华南区，包括福建、广东、广西[illegible]

6、西南区，包括四川、云南、贵州、西藏，[illegible]

7、西北区，包括陕西、宁夏、甘肃、青海。[illegible]

8、新疆区。[illegible]

85.7.13

附录五 部分专家学者对点-轴系统理论及我国国土开发与经济布局T字形结构的评述[①]

1.《全国国土总体规划纲要（草案）》，1987年3月25日

在生产力总体布局方面，以东部沿海地带和横贯东西的长江沿岸相结合的“T”型结构为主轴线，以其他交通干线为二级轴线，按照点、线、面逐步扩展的方式展开生产力布局。

……

我国东部沿海地带和横贯东西的长江形成密切结合的“T”字型态势，是2000年或更长时期内进行重点开发和布局的两条最主要的轴线。

……

作为重点开发的二级轴线，使之与T型结构相配合，构成我国国土开发和生产建设总体布局的基本框架。进行轴线开发，要实行点、线、面结合。即以中心城市为依托，沿主要交通干线兴建大中型工业企业通过中心城市联系广大区域，带动区域经济的发展，同时促进其他资源丰富、条件优越地区的开发与建设。

……

我们认为，作为国土开发和经济建设的一级主轴线，应当突出重点，因此以“T”型轴线为宜。

2. 桂世镛，魏礼群.《关于到本世纪末经济和社会发展战略的若干构想》.《计划经济研究》，1987年，C1期，第2-17页.

总的设想是：强化发展沿海地区，……着手开发长江黄金水道，建设沿江经济走廊，逐步使沿海、沿江形成“T”字型的一级开发轴线。

（桂世镛：著名经济学家，时任国家计划委员会副主任；魏礼群：著名经济学家，时任国家计划委员会秘书长，后曾任国务院发展研究中心主任）

① 商务印书馆出版的《陆大道文集》（2023年5月）附录中收录了汇总的评述。近半年多来，我又补充了一些内容，而且我认为在本书的附录中刊载这些评述应该更为“对口”。

3. 刘江主编.《中国地区发展回顾与展望（综合卷）》. 北京：中国物价出版社，1999 年.

《全国国土总体规划纲要（草案）》提出由沿海和沿江组成的全国“T”字型布局的主轴线构想，在大力发展外向型经济的大背景下，得到了逐步完善和发展。

（刘江，时任国家国家计划委员会副主任）

4. 白和金、林兆木主编，刘福垣、王永治、王一鸣、沈志群副主编.《21 世纪初期中国经济和社会发展战略》. 北京：中国计划出版社，2000 年.

长江经济带对我国经济发展的战略意义是其他经济地带不能代替的，……从我国经济发展由沿海向内地推进的趋势和长江经济带综合开发的条件来看，长江经济带已经具备了综合开发的条件。……经过 20～30 年或者更长一些时间的努力，建成与沿海经济带相辅相成的，具有强大经济实力的国家一级经济轴线。

（白和金，著名经济学家，曾任国家计划委员会宏观研究院原院长；林兆木，著名经济学家，曾任国家计划委员会宏观研究院副院长；刘福垣：著名经济学家，曾任国家计划委员会宏观研究副院长；王一鸣，区域经济学家，曾任国家计划委员会宏观研究副院长）

5. 国家计委国土开发与地区经济研究所著.《我国地区经济协调发展研究》. 北京：改革出版社，1996 年.

90 年代，我国在生产力总体布局上，应实行“T”字形的发展战略。沿长江地区将继沿海地区之后成为我国对外开放的重点又一条经济增长轴线。

6. 国家计委宏观研究院国土开发与地区经济研究所.《地区经济的合理布局与协调发展研究》（1991—1997 年课题研究报告）. 1997 年.

经济发展轴线布局。经济发展轴线也称为经济布局轴线。全国的一级轴线有两条，其一是沿海轴线，……；其二是沿江轴线，……。

7.《国务院关于实施西部大开发若干政策措施的通知》（国发〔2000〕33 号），2000 年 12 月 28 日

实施西部大开发，……以线串点，以点带面，逐步形成我国西部有特色的西陇海兰新线、长江上游和南（宁）贵（阳）昆（明）等跨行政区域的经济带，带动其他地区发展，有步骤有重点地推进西部大开发。

8. 胡长顺.《21 世纪中国新工业化战略与西部大开发》，北京：中国计划出版社，2002 年.

陆大道先生提出了点-轴系统理论”和“T”型结构”。……“T”字型结构与“点-轴系统”概念被写进了全国第一次国土规划纲要（草案），……在“七五”计划到“九五”计划期间的十几年间，“点-轴系统”理论模式被全国 20 多个省区规划（研究）所采用。

陆大道率先在中国提出了“点-轴系统”理论。

（胡长顺，时任国家发展和改革委员会国务院西部办处长，副研究员）

9. 孙尚清.《以“两通”为突破口加快长江流域的开发开放》. 载：孙尚清主编.《长江开发开放》(第二章). 北京：中国发展出版社，1996 年.

我国为实现第三步战略目标，正在深化改革并构造开发开放的新格局。因此，以加快沿江地区和整个流域的经济繁荣，并推动全国经济的腾飞。因此，可以说，“长江战略”，是我国下一世纪经济整体发展战略的一个重要的有机组成部分。

……

在“九五”期间乃至下个世纪，我们在继续推进东部沿海地区发展的同时，还要建造一个足以辐射和支撑全国的开发开放架构。这个架构就是以沿海开放地区为横轴，以长江流域为纵轴的“T”型开发开放战略。

……

为实现第三步战略目标，我国需要形成新的经济增长点或增长带。长江作为中国第一大水系，流经十个省市自治区，流域面积达 180 多万平方公里，经济总量占全国的 40%。它与沿海经济带连成一体，构成“T”字型经济增长格局，发展后劲强而有力，对我国经济的长远发展举足轻重，意义重大，对沟通沿海与内地的经济联系，促进各地区经济协调发展也将起到重要作用。

（孙尚清，著名经济学家，曾任国务院发展研究中心主任）

10. 李泊溪. 我国区域协调发展战略. 载：孙尚清主编.《长江开发开放》(第三章). 北京：中国发展出版社，1996 年.

空间一体化战略的具体内容是，促进以沿海沿江“T”字型地域为核心的全国地域分工体系的发展。沿海沿江“T”字型区域由南、北部沿海和长江沿岸地区构成。“T”型区域是全国地域分工的核心地区，是我国跨世纪的增长极带。该地区应充分发挥地理位置优越、经济技术基础雄厚的优势，在全国经济发展中起核心和带动作用，这就从地区协调发展角度说明长江开发开放的重要性，也是所以把地区协调发展战略作为长江开发开放研究成果体系的原因。”

……

（2）促进以沿江沿海“T”字形地域为核心的全国地域分工体系的发展。随着沿江地区市场经济的形成和发展，国家应适时调整原有的按照沿海和内地考虑和规划的我国经济中心区和外围区的方法，应将沿海沿江所构成的“T”字型地域作为我国经济核心区的规划范围，其他广大地区应视为经济外围地区，以更好地反映和指导我国经济地域体系的发展。

①沿海沿江“T”字型区域由长江沿岸和南、北部沿海“一江两海”地区构成，这一地域就当充分发挥地理位置优越、经济技术基础雄厚优势，适应国际竞争优势从自然资源和劳动向金融资本、技术、人才的客观趋势，以及我国经济从主要依靠资金、劳动投入转移到主要依靠科技进步和人的素质提高轨道上来的要求。坚持面向国际国内两个市场，利用两种资源，……。

（李泊溪，著名区域经济学家，曾任国务院发展研究中心发展部部长）

11. 冯传武、简永福等.《长江开发开放在全国经济发展中的地位与作用》. 载：孙尚清主编.《长江开发开放》（第六章）. 北京：中国发展出版社，1996 年.

其次，从战略转变看，在沿海战略到“T”战略转变过程中，无论是东靠西移论，一个半重点论，三圈分层论，还是Π字型，山字型，H字型战略，虽然强调重点各有侧重，但有一个共同点，就是都肯定了长江流域在全国发展主干地位。

……

在形象化的几种战略中，无论是Π字、山字、还是H字型战略，都是以“T”字型战略为原型的，都是在肯定长江主干的基础上提出的。此外，从战略背景考察，全国以沿海为重点的核心与外围的空间战略主要是战略起步阶段，从毗邻港澳台地缘优势考虑的。

12. 王梦奎主编，王慧炯、李善同副主编.《中国经济发展的回顾与前瞻（1979—2020）》. 北京：中国财政经济出版社，1999 年.

长江流域历来是我国又一重要经济带。以开发和开放上海浦东为龙头，重振上海，使其成为国际经济、金融、贸易的中心之一，并以长江三角洲和沿长江开放城市为龙身组成的沿江开放带，旨在加快开发长江流域的丰富资源，振兴国家布置的这一重要的装备工业地带，搞好国有大中型企业和军工企业，并且通过长江这一黄金水道东出大洋连接世界经济舞台，西连广阔内地，辐射和带动中西部地区经济起飞。从宏观布局看，沿江开放地带与沿海开放地带组成我国“T”字型开放主干架构。使我国最重要的两条经济带在开放的洗礼中增强国际竞争力，支援国民经济加快发展，同时把开放的效应传递到广大的内地。

国家在开展制定“全国国土规划纲要”的工作中吸收了有关专家学者的意见，该纲要根据“点轴发展战略“的思路，将沿海地区和沿长江地区作为第一级发展轴，提出了“T”字型发展轴构想，沿长江地区的开发和开放成为国家的重要战略部署。

（王梦奎，著名经济学家，时任国务院发展研究中心主任；王慧炯，著名经济学家，时任国务院发展研究中心学术委员会主任；李善同，著名区域经济学家，时任国务院发展研究中心发展战略部部长）

13. 王梦奎，李善同等著.《中国地区社会经济发展不平衡问题研究》. 北京：商务印书馆，2000年.

加快长江经济带的综合开发，建成继沿海之后的又一经济发展先行区。……长江经济带都将是我国今后经济增长潜力最大的地区，也将是支持21世纪中国经济成长的重要区域增长轴线。

加快长江经济带的发展是我国第二、三步经济发展战略的重要组成部分，对全国的经济发展具有全局性意义。

14. 中国经济学会编，陈栋生主编，魏后凯、陈耀副主编.《跨世纪的中国区域发展》. 北京：经济管理出版社，1999年.

经济发展轴线也可称经济布局轴线。全国的一级轴线有两条，其一是沿海轴线……；其二是沿江轴线……

（陈栋生，著名区域经济学家，中国社会科学院研究员，中国社会科学院荣誉学部委员）

15. 魏后凯著.《走向可持续协调发展》. 广州：广东经济出版社，2001年.

点轴开发模式最初是由中国科学院地理研究所陆大道同志提出并系统阐述的。他主张在2000年以前集中力量开发沿海轴线和长江沿岸轴线，由此形成“T”字型战略布局的总体格局。在80年代国家计委编制的《全国国土总体规划纲要》中，曾经采用了这种“T”字型点轴开发模式……

在改革开放以来的近20年时间内，我国生产力布局和区域经济开发的重点主要集中在沿海和沿江地区，由此就奠定了“T”字型战略布局的基本框架。……国家采取的这种“T”字形点轴开发战略是符合我国当时经济发展阶段和国情特点的。它一方面有力地促进了我国经济的高速增长和资金的有效利用，另一方面又将有利于东西向的横向经济运动和整体经济网络系统的形成。

（魏后凯，时任中国社会科学院西部发展研究中心秘书长、工业经济研究所区域经济研究室主任、研究员）

16. 陆玉麒.《论点-轴系统理论的科学内涵》.《地理科学》，2002 年，第 2 期，第 136-143 页.

陆大道“点-轴系统”理论自 1984 年提出已有整整 17 年时间，即使从该理论在《地理科学》发表算起，也有 15 年时间。”……该理论是“产生于中国土地上的著名的地理学理论…。

“‘点-轴系统’理论与‘中心地’理论一起构成为有关区域发展的两大基本理论。……‘点-轴系统’理论是中国人文地理学界贡献给社会的一个具有较大影响的理论成果。”

（陆玉麒，南京师范大学教授）

17. 北村嘉行，杨郁华.《评〈中国工业地理〉和〈中国工业布局的理论与实践〉》.《地理学报》，1991 年，第 3 期.

陆大道著《中国工业布局的理论和实践》（1990，科学出版社）与近几年出版的工业地理学读物截然不同，与其说是《中国工业地理》的姐妹篇，不如说是后者的理论篇。除第 7、8 章外，均由陆大道执笔。16 开，共 243 页。

第 1 章首先论述工业配置论的重要性和主要因素及其因地域大小不同所造成的差异。第 2 章论述了历史上工业配置的东西问题和南北问题，第 3 章论述能源、矿产资源，第 4 章论述水资源，第 5 章论述交通运输问题。第 6 章是该书焦点，这章对工业结构划分类型进行区划，对工业地域的结构进行模式化，论述由点到线的工业地域结构及因而造成的工业地域联合体的形成和发展。

总之，该书从韦伯等区位论（重视资源）的工业配置论出发，参考苏联的巴朗斯基、科洛索夫斯基或普洛勃斯特的生产综合体论，展开了重视生产联系合理性的工业生产地域的形成或计划论的探讨。在中国，经营的主体和动态与资本主义国家不同，所以对生产的功能要素区划进行得很少，也就不能充分指出生产要素、生产地域分化等，但作为工业联系论，可期待今后发展。

…….

最后第9章是著者关于21世纪工业生产力配置理论及其科学依据的论述。主要从五个方面考虑：①社会经济空间结构的发展阶段论；②不均衡发展的倒"U"型相关法则；③由点到线、由线到面发展的空间扩散论；④地域的信息化理论；⑤资源论。特别是②和③是作者的崭新理论。

在此理论的基础上，具体提出了南北的地域结构和外向发展的工业模式，阐明了中国工业发展的轴线。最后对城镇单元、地域规模小空间结构调整进行了论述。

总之，该书是寻求新理论体系的尝试，它为传统的地理学打开新的工业地理学门户，必将得到世界的高度评价。

（北村嘉行，日本著名经济地理学家，东洋大学教授）

18. 张敦富.《区域经济开发研究》. 北京：中国轻工业出版社，1998年.

点轴开发模式。……，自配鲁提出增长极理论之后，……不断提出新的见解，从而将增长极理论进行引申和扩展，点轴理论就是一个成功的例子。

（张敦富，著名区域经济学家，曾任中国人民大学区域经济研究所所长）

19. 左大康，李文彦，许越先，王平.《面向经济建设，发展地理科学》. 载：左大康主编.《地理学研究进展：纪念中国科学院地理研究所成立五十周年》. 北京：科学出版社，1990年.

陆大道从区位理论上研究了工业布局问题，提出了社会经济空间结构发展的阶段论、"点-轴系统"理论和我国今后几十年国土开发和经济建设的宏观区域战略，重点发展海岸带和长江沿岸两条一级开发轴线，……。这个"点-轴系统"理论结合我国的具体情况，发展了国外学者提出的空间结构理论和工业区位理论，在全国国土规划纲要和地区性国土规划中得到了应用，受到了经济界的广泛关注。

（左大康，时任中国科学院地理研究所所长，著名地理学家；李文彦，时任中国科学院地理研究所副所长，著名地理学家）

20. 张文尝主编，金凤君、樊杰副主编.《交通经济带》. 北京：科学出版社，2002年.

1984年，中国科学院地理研究所陆大道研究员提出了"点-轴系统"理论。该理论以增长极理论和生长轴理论为基础，将二者有机地结合起来，不仅在理论上更完善，而且对区域开发的实际指导意义更强，更易于操作。

……

80年代中期，陆大道研究员提出了点轴开发理论，建议我国生产力布局采取“T”字型主轴结构。即以沿海运输通道为重点开发的沿海经济带和以长江为轴线的长江经济带构成全国一级开发轴线，辅之以二级发展轴线……

（张文尝、金凤君、樊杰均为中国科学院地理科学与资源研究所研究员，著名经济地理学家）

21. 樊杰主编，曹忠祥副主编.《经济全球化与区域发展》.北京：人民教育出版社，2001年.

“点-轴开发”理论最早由陆大道先生在中国提出。他在综合了克里斯泰勒的中心地理论、增长极理论和德国的开发轴理论后，于1984年最早提出，并在1995年出版的《区域发展及其空间结构》一书中最终形成完整的理论体系。

陆大道1984年提出的“T”字型的宏观框架。……。陆大道先生的上述观点基本被1990（应是1987年，陆大道注）年编制的《全国国土总体规划纲要》全部采纳，并在各个层次的地方国土规划中予以采用。因此，T字型开发模式在我国具有重要的应用价值，它是经济地理学贡献给我国社会主义经济建设的最有影响的一个理论模式。

（樊杰，著名经济地理学家，中国科学院地理科学与资源研究所研究员）

22. 王铮.《理论经济地理学》.北京：科学出版社，2002年.

陆大道（1988）提出增长中心不一定是一个点，而可能是一条线段，……。这种理论又被称作“点—轴”理论。“点—轴”也形成了一种区域结构。

（王铮，著名理论地理学家，中国科学院政策所研究员，华东师范大学教授）

23. 戴敦峰.《陆大道点轴理论影响中国》.《中国国家地理》，2009年10月.

点轴理论……这一理论曾被写入《全国国土总体规划纲要（草案）》，并被国家八五和九五规划所采纳，影响了近20多年来中国经济宏观布局与发展。

1984年10月，陆大道在乌鲁木齐召开的中国经济地理和国土规划学术讨论会上提出了点-轴理论模型。

1984年陆大道在点轴理论基础上又提出了中国国土开发和经济布局的T字型战略……因此，陆大道总结出“未来15年乃至更长一段时期我国国土开发与经济布局以沿海地带和长江沿岸两个一级轴线为基本框架的T字型战略”。这一论断被明确写进了《全国国土总体规划纲要》，《纲要》经过多次修改，1987

年3月25日开始在全国试行。

24. 李朱.《长江经济带发展战略的政策脉络与若干科技支撑问题探究》.《中国科学院院刊》，2020年，第8期，第1000-1006页.

长江经济带覆盖9省2市，横跨我国东、中、西三大板块，所辖人口和地区经济总量均超过全国的40%，是我国经济的活力和潜力所在。从学术背景看，长江经济带所隐含的相关理论形成较早，1984年9月，经济地理学家陆大道就在全国经济地理与国土规划学术讨论会上作了《2000年我国工业生产力布局总图的科学基础》的报告，初步提出“点-轴系统”理论及我国国土开发和经济布局的“T”字型空间结构战略。

从政策角度看，推动长江经济带发展是以习近平同志为核心的党中央作出的重大决策，是关系国家发展全局的重大区域发展战略，对实现“两个一百年”奋斗目标、实现中华民族伟大复兴的中国梦具有重要意义。

25. 其他部分评述文章

（1）金凤君.《陆大道词条》. 载：孙鸿烈主编.《20世纪中国知名科学家学术成就概览（地学卷）》. 北京：科学出版社，2010年，第564-574页.

（2）陈明星.《“点-轴系统”理论与“T”字型国土空间开发结构：创新与贡献》. 载：樊杰等著.《中国人文与经济地理学者的学术探究和社会贡献》. 北京：商务印书馆，2016年，第149-177页.

（3）孙东琪，刘卫东，陈明星.《点-轴系统理论的提出及在我国实践中的应用》.《经济地理》，2016年，第36卷，第3期，第1-7页。

（4）陆玉麒，董平.《区域空间结构模式的发生学解释——区域双核结构模式理论地位的判别》.《地理科学》，2011年，第31卷，第9期，第1035-1041页.

（5）陆玉麒，董平.《新时期推进长江经济带发展的三大新思路》.《地理研究》，2017年，第36卷，第4期，第605-614页.

（6）陆玉麒.《中国空间格局的规律认知与理论提炼》.《地理学报》，2021年，第76卷，第12期，第2885-2897页.

（7）陆玉麒，董平.《中国主要产业轴线的空间定位与发展态势——兼论点-轴系统理论与双核结构模式的空间耦合》.《地理研究》，2004年，第23卷，第4期，第521-529页.

（8）陆玉麒，袁林旺，钟业喜.《中心地等级体系的演化模型》.《中国科学·地球科学》，2011年，第41卷，第8期，第1160-1171页.

（9）吴传清，孙智君，许军.《点轴系统理论及其拓展与应用：一个文献述评》.《贵州财政经济学报》，2007 年，第 2 期，第 30-36 页.

（10）吴传清，周晨晨.《增长极理论在中国的新发展：基于学说史视角的考察》.《贵州社会科学》，2013 年，总 286 期，第 10 期，第 47-52 页.

（11）魏清泉.《点-轴开发理论》. 载：崔功豪，魏清泉，刘科伟编著.《区域分析与区域规划（第三版）》. 北京：高等教育出版社，2018 年.

（12）樊杰.《我国经济地理学的历史沿革、现状特征与发展策略》.《经济地理》，2021 年，第 41 卷，第 10 期，第 10-15 页.

（13）段进军，李雪，玄泽源.《“点-轴系统”理论及“T”字型空间格局的科学性思考》.《区域经济评论》，2022 年，第 3 期，第 30-36 页.

（14）苏昌贵，孙东琪，肖林.《点-轴系统理论与国土开发的“T”字型战略架构的探索历程与启示》.《长江流域资源与环境》，2023 年，第 32 卷，第 8 期，第 1620-1627 页.

26. 新闻媒体报道

（1）王仁贵.《长江经济带战略诞生记》.《瞭望》，2014 年 9 月 10 日. https://www.gov.cn/xinwen/2014-09/10/content_2748306.htm.

“由东向西、由沿海向内地，沿大江大河和陆路交通干线，推进梯度发展。”这是今年两会期间，政府工作报告勾勒的中国区域经济发展的新棋局，并且首次将“长江经济带战略”落实到国务院施政纲领中。

在外界看来，这意味着长江经济带建设正式上升为国家战略，也预示着我国经济发展的“T”形结构正在形成。而要回顾这一战略的形成，则要追溯到 30 年前。

决策部署步步推进

1984 年 9 月底，经济地理学家陆大道在乌鲁木齐“全国经济地理与国土规划学术讨论会”上作了“2000 年我国工业生产力布局总图的科学基础”的报告，初步提出“点-轴开发”理论和我国国土开发、经济布局的“T”字形宏观战略。

自 1985 年 5 月至 1987 年，陆大道参与由国家计委组织的《全国国土总体规划纲要》的制定工作，承担“全国生产力总体布局”部分的编写。作为未来 15 年我国国土开发和经济布局基本框架的“T”字形战略明确被写进了“纲要”。

此后，国务院发展研究中心原主任，著名经济学家孙尚清也强调，在“九五”期间乃至 21 世纪，要建设一个辐射和支撑全国的开发开放架构。这个架构就是以沿海开放地区为纵轴，以长江流域为横轴的“T”形开发开放战略。

……

（2）刘如楠.《他有些“不近人情”，却最能读懂中国国情》.《中国科学报》“风范”栏目，2023年4月6日，第四版.

一生最重要论述牵动亿万百姓生存与发展

陆大道办公室一角的书架上，依次排列着60多个笔记本，用牛皮纸重新装订过，书脊和封皮上标注着年份与地点。随意打开一本，满篇整齐的小字，记录着发电厂位置、钢铁厂成本、油田开采量、淡水水源地开采水量……如果将这些记录定位到实地，便是一幅我国各地早期工业布局图。

心里装着这张无形的图，陆大道总能看到别人难以发现的问题。

1984年9月28日，乌鲁木齐，博格达宾馆，一场关于西部地区大开发问题的讨论会正在进行。

10位报告人围绕“将经济发展重点向西部战略转移”的问题，展开了各式各样的论述，“梯度论”“均衡论”“跳跃式发展”“超越战略”……每场报告结束，台下都是一片掌声。

轮到陆大道了，他眉头微皱，举着近2万字的论文手稿，快步走上台，一字一顿地说：“不能转移！”

话音落下，100多人的会场里一片寂静。

“受严峻的国际地缘政治影响，我国已经进行了10多年的三线建设，大量企业搬迁至川黔渝和‘三西’（豫西、鄂西与湘西）地区。企业进沟进洞，有的甚至建在悬崖边上，选址仓促，建设速度快，给国民经济带来了重创。但这是在当时的国情下不得不做的。”陆大道进一步解释道，“而如果现在再次战略转移，沿海地区大量的重点工程、厂房园区、配套基础设施、政策体系将会成为‘半拉子’工程，境外投资者和商人将不知所措，甚至大规模撤资。这完全违背国土开发、区域经济发展的客观规律。一旦如此，我国改革开放将陷入困境。”

随即，他提出了一生中最重要的论述——“点-轴”理论模型和“T”字形宏观战略。

“点-轴”理论认为，在国家和地区发展过程中，大部分社会经济要素都在点上聚集，点与点之间形成轴。这里的点是中心城市和各级居民点，轴是由交通、通信、能源、水源等连接起来的基础设施轴。

点就像一扇门上的合页，轴就像门轴。合页带动门轴，整个门板随之转动，从而带动整个区域的经济发展。而连接多个中心城市的沿海地带和相当于5条铁路干线运量的长江及沿岸地带，构成“T”字形，是我国最重要的“门轴”。

“现在整个国家工业基础有限，国力也有限，要想得到快速发展，必须集中投资到重点区域。因此，在未来15年乃至更长一个时期，我国国土开发和经济布局，应实施‘T’字形战略，不能转移。同时，可以通过轴线延伸与渐进式扩散，逐步实现较为平衡的区域发展。”陆大道说。

很快，侃侃而谈的陆大道被主持人“拉”回了会场，下一位报告人已在候场了。他的论述可能是105篇论文中唯一的不同意见，就像投进湖水中的一枚石子，和水面短暂接触后，迅速沉了下去。

出乎意料的是，这枚石子引起了时任国家计划委员会国土局局长陈鹄、处长方磊的注意。会后，他们邀请陆大道参加《全国国土规划纲要》(以下简称《纲要》)编制工作，并负责“全国生产力总体布局”的编写。“点-轴”理论和“T”字型宏观战略，作为我国生产力总体布局和国土开发的基本框架被写进了《纲要》。

1987年3月，《纲要》以草案形式在全国发布。“点-轴”理论如血液一般流进全国各地的城区中，形成了城镇与区域发展的主动脉，也牵动着那些处在神经末梢、数以亿计的百姓。他们的生存与发展，构成了几十年来宏大GDP背后的生动图景。

20世纪90年代中期，时任国家计划委员会国土地区司司长方磊回忆，全国有20多个省区市编制“国土规划”，更多的地市、跨地市的区域、县也编制了“国土规划”，这些规划遵行全国“T”字形宏观战略的同时，都应用“点-轴”概念规划了各自的重点发展轴线。

“10多年来，我国区域发展的实践已经充分说明，这个理论和观点产生了难以估量的社会经济效果。”方磊评价道。

(3)《大国科学家 陆大道：破解国土开发的“地理密码”》.中央电视台新闻频道13，新闻直播间，2023年5月29日.

【新闻主持人】明天5月30号是第七个全国科技工作者日，主题为点亮精神火炬。从今天起新闻频道推出系列报道，大国科学家。带您认识几位奋斗在科研一线的两院院士，讲述科技工作者胸怀祖国、服务人民的故事，弘扬新时代科学家精神。我们先来认识一位经济地理学家陆大道院士，他在深入调研的基础上提出的点轴理论和‘T’字形空间战略，写入国家国土总体规划，产生了巨大的社会经济效益。虽然晚年饱受病痛的折磨，陆大道却从来没有放弃对科研的追求。如今83岁的他依旧在学习研究破解国土开发的地理密码。

【陆大道】我关心的是国家要建设的一些重大工程的合理安排、合理布局的问题。现在南水北调一期工程已经完成了，发挥的效益，很多地方还是不错的，但是有些地方效益没有充分发挥。

【旁白】一讲到自己的专业，陆大道就来了精神，滔滔不绝，一点也看不出是一位常年受病痛折磨的老人。2011年一次意外脊椎损伤，陆大道第十一节胸椎以下瘫痪，之后神经疼痛便总是困扰着他，疼的睡不着的时候，他就索性拿起手机写下对学科发展、国家政策的思考。

【陆大道】要把工作当成事业，对待事业需要有敬畏之心，把我的事业做到极致，有灵魂、有信仰，做学问时内心要纯洁，要静下来，要有长远坚持。

【旁白】陆大道1940年出生于安徽，1958年9月考入北京大学地质地理系，1966年在中国科学院地理研究所获硕士学位，毕业后留所工作至今。长期从事经济地理学和国土开发区域发展问题研究。

【陆大道】我觉得经济地理经济有两个意思，一个是发展经济，另外一方面经济的概念就是节约。我的信仰就是节约，我的价值观就是为国家负责。

【旁白】在陆大道办公室一角的书架上依次排列着60多个笔记本，书籍和封皮上标注着年份和地点。

【记者】您这密密麻麻记的都是什么内容?

【陆大道】都是当时工作地点的，我要了解的那些现象怎么分布的。都是我的功夫哇。

【记者】这是画在哪里？您还记得吗?

【陆大道】当然记得了，这是莱芜电厂，这个出来大概是个交通线，然后这边（指左）到济南，这边就到青岛。

【旁白】随意打开一本。记录着发电厂位置，钢铁厂成本，油田开采量，如果将这些记录定位到实地，便是一幅我国各地早期工业布局图，300多万字的调研资料，为他的宏观研究打下了坚实的基础。1984年9月，陆大道在全国经济地理与国土规划学术会议上提出了点-轴理论和T字型空间战略。点-轴理论认为，在国家和地区发展过程中，大部分社会经济要素都在点上聚集，点与点之间形成轴。这里的点是中心城市和各级居民点，轴是由交通、通信、能源、水源等连接起来的基础设施轴。

【陆大道】最重要的点，它们之间的连线，构成比较强大的通道，它就变成轴，还有二等的三等的，这样一个等级体系，形成这样一个空间的有机的整体，它的效率、它的连接、它的结构，人和自然之间的关系就比较协调，这样我们就可以达到既发展经济，又能够使空间上的资源得到合理利用。

【旁白】1987 年 3 月，全国国土规划纲要以草案形式在全国发布，点-轴理论如血液一般流进全国各地的城市中，形成了城镇与区域发展的主动脉。如今点轴理论已经成为区域经济和经济地理的经典理论，T 字型空间战略即将沿海经济带和长江经济带作为我国社会经济发展最重要的两个一级轴线，以构成我国区域发展最重要的空间战略，产生了不可估量的社会经济效应。

【陆大道】必须为国家的长远利益负责，所以我就要认真，我要负责任，我有敬畏感，我的建议如果实施了会发生什么效果，我要反复的论证，我有大量的资料，证明这个东西是基本正确的。我提的建议不多不少，力求做到这样。

【旁白】除了脊椎损伤，最近两年陆大道的植物神经也出现了紊乱，即使在初夏的北京 20 多度的气温下，他也要穿三件毛衣，再加上一件厚外套才不觉得冷。陆大道说，只有专注工作的时候才能让他暂时忘记自己的病痛。在受病痛折磨的 12 年里，他撰写了 15 篇学术论文，牵头编写完成 5 部著作，他起草的 10 多篇咨询报告，例如涉及符合我国国情的城镇化道路，区域可持续发展战略，京津冀协同发展，长江大保护，黄河流域高质量发展，渤海海峡铁路隧道等，他用力对抗着病痛，也继续对抗着那些不节约、不合理。

【陆大道】战略科学家，那就是从全局上的从前瞻性的（角度）考虑国家的重大的问题，包括科学问题在内，我希望更多的年轻人要学会从战略上考虑问题，要有取舍，要有综合，要有前后，要有轻重，多个层面来考虑问题。

后　记

长期以来，我写了有大约20本书的“后记”或“结束语”，绝大部分文字很短，内容基本上也都与书的主题相关。唯独两年前在我的文集中，“结束语：人生的回顾与感怀”涉及的内容广，篇幅超过万言。

在本书的后记中，关于人生感言及与本书有关的体会等，我本已无言可说了。但是，近年来学术界人才培养与创新文化的动态，以及不少自媒体对其的评述，使我又产生了一些零星的思考与顾虑，想在这里说一说。还有，就是借这个机会，衷心而诚恳地对给予我关怀、帮助的学界人士、管理部门工作人员及家人表达感激、感恩与致谢。因此，又写了一个不同于以往的“后记”，敬请诸位读者批评指导。

一、从“善良，无需考核”的故事说起

之前看过一个故事，这个故事讲述的是巴西著名导演沃尔特·塞勒斯在为自己执导的电影挑选主角时，被一个衣衫褴褛、面黄肌瘦的擦皮鞋小男孩的善良举动深深打动。工作人员筛选了几个较适合的孩子，但沃尔特却在小男孩录用合同的免试原因一栏中写了这样几个字：你的善良，无需考核！

这个小男孩名叫文尼西斯。在沃尔特的指导下，他成功扮演了电影《中央车站》中主人公小男孩的角色。电影大获好评，并获得了1999年的奥斯卡金像奖。后来，文尼西斯成为一家影视文化公司董事长。

沃尔特在文尼西斯自传《我的演艺生涯》一书的扉页上，亲笔题字：你的善良，无需考核。他以小字作出评价：“是善良，曾经让他把机遇让给别的孩子；

同样也是善良，让人生的机遇不曾错过他!”

我们科研人员从一进入研究队伍，从助理研究员到副研究员再到研究员，其间还要申请各种项目，都需要经历考核。当然，申请重点基金以上的课题，初审、中期、最后验收也都要经过答辩“考核”。整个学业人生过程需要多少次考核？数字惊人。而且每次考核都要看发表的论文有多少，国内的还是国外的，期刊等级、被引频次，等等。特别是要看 SCI 论文多少。为了应付大量的考核，科研人员终年终日疲惫不堪。我们能不能少一些考核？能不能不单纯以论文多少及其期刊档次来论“英雄”呢？2018 年 10 月，科技部、教育部、人力资源和社会保障部、中国科学院、中国工程院等五部门发出通知，联手开展清理“四唯”的专项行动。在我看来，这项工作面临的困难很大，其中的原因有很多。

我们不是总是强调，要发挥科技人员的主动性与自由选择嘛！那么，支撑主动性与自由选择的思想观念又是什么呢？我说，是责任感。而支撑责任感的应该是道德理念。是什么样的道德理念呢？就是对科学、对人民的热爱和忠诚。有了责任感也必然会生出敬畏感。什么是敬畏感呢？大概就是对于国家交给我们的研究任务及为我们工作与生活所创造的种种条件，有一种如同接受神圣使命与千斤重担的心理负担，并由此产生冲破前行道路上的迷雾与种种困难的动力。这样的逻辑，我们能不能说：科研人员有强烈的责任感与敬畏感，还需要那样多的考核嘛！？施一公院士在介绍西湖大学终身副教授的评审标准时说：不看重发表了多少论文，引用率是多少，而是让教师讲述自己的科研故事，“我的贡献在我的领域里有多重要，如果离开我的贡献，这个领域会不会出现一个无法愈合的缝隙”。按照这样的标准，科研人员自己给自己的压力就已经很大了。

通观世界上许多国家的科学家为科学事业做出巨大的历史性的贡献，还有我国“两弹一星”功勋们所做出的贡献，哪一个是由量化指标激励而取得的？

有些科研管理人员会问，“不以（SCI）论文为标准，那我们以什么指标来衡量科技成果与人才呢？”我认为这是不值得讨论的伪命题。之所以提出此问题，或因管理部门有此客观需要；或因科研队伍中一些人也希望能制造人才“金字塔”；还有，或许这样可以作为筛选研究队伍的一种手段。这三个理由，我本人是不认可的。以 SCI 为核心的论文挂帅，在我看来其逻辑的实质是：论文➡课题与资金➡学术头衔➡职务、地位和收入。

频繁的考核，在扭曲科研人员的价值观、制造科研有机体普遍“超重”的同时，还在科研队伍内部制造了矛盾。这种以论文为基础而最终创造出来的科研“货币化”，真的能够给国家带来大规模的创新，推动我国科技大发展吗？

二、关于地理学的发展的问题

几十年来，我国的地理学界一直没有正式且全面地讨论地理学的理论问题，当然对于地理学发展史的研究是没有间断的。关于地理学的学科性质、研究对象、分支学科发展、对新中国成立以来地理学发展的评价等，虽然有零星的著述出现，但整体讨论仍缺乏深度整合。对于“地理学是否是一门科学”的问题，在 70 年前建国初期，就存在不同的看法。历经几十年的学科发展，这一分歧并未消弭，而是隐性地存在。分歧集中在两方面：其一，地理学是不是一门独立存在而具有整体性的学科，即是否存在“地理学”？其二，地理学是不是一门介于自然与社会之间的交叉性科学？过去老一辈科学家基本上都认为“地理学是一门交叉科学”，强调其综合性研究范式。然而，当前一些学者主张“地理学属于自然科学范畴”，试图将其社会科学的属性分离出去。而另一些学者则坚持地理学是一门社会科学，并认为那些主张地理学为交叉学科的群体主要是社会科学领域的学者。此外，目前主张地理学是一门独立存在的科学的人实际上越来越少了。所以，我认为地理学发展存在着事实上的危机。

在我几十年的科研实际工作中，如何准确理解以及如何正确处理环境与发展的关系——这一地理学理论核心问题之一，给我带来了不少的困扰。

第一个困扰我的问题是，社会上存在重视经济发展、轻视环境的实际做法。一部分对国家决策有较大影响的学界人士，他们平时也强调保护环境的重要性，但是在对事关短期与中期经济发展计划进行决策建议时，只是强调投资、消费与出口，即所谓“三驾马车”说。在他们眼里，环境的承载力似乎是一个具有无限弹性的皮球，可以任意挤压。在我看来，在工业化发展到一定阶段，环境与发展必然会成为一对矛盾。在一定的区域范围内，经济的规模、增长速度和结构共同影响环境的状况。经济的规模过大、增长的速度过快，或者经济结构不合理，都会导致环境的破坏。也就是说，要减少对环境的破坏，就应该限制经济增长的规模或速度，或者调整经济结构。因此，在制订经济增长目标和增长速度时，首先需要认真评估当前环境状况与经济增长之间的平衡问题，不能总是将经济增长置于首要位置，而是要致力于经济结构的调整，从而达到国民经济提质升级。为此，我们需要构建衡量社会经济可持续发展的指标体系并付诸实施，建设资源节约型的社会。

第二个困扰我的问题是，有一部分学者认为我国西部地区及其某几个具体区域由于过分重视经济发展，使天然生态系统“遭到严重破坏”，因此需要坚决消除“人类干扰”。针对这样的观点，我有两个看法。其一，我不同意某地区的天然生态系统受到严重破坏这样的观点。几十年来该地区是减少了几百万亩天然绿洲，但是却增加了 4000 万～5000 万亩的人工绿洲，承载的人口也增加了两倍以上。由此产生的巨大的社会效益与经济效益，需要我们认真地去体会。那种认为世界上凡是天然的生态系统（要素）（绝对）都是好的，都是要保护的，破坏了就是“人类干扰”，我认为是“唯生态主义”。在这个地球上人类出现以前，尽管不断地有地动山摇的变化，也谈不上“合理不合理”；人类出现之后，才有合理不合理问题。因此我认为，人类才是包括人类在内的综合生态系统的核心。但我的这种看法遭到不少人的强烈反弹。其二，我也不同意某河流有部分人口从下游迁到了中上游是“生态难民”的说法，我认为这是合理的“生态移民”。因为在河流出山口处水量相同的情况下，中上游能够承载较多的人口与产业发展规模，这是因为相较于下游，中上游少了数百公里的河水蒸发量。历史上，塔里木河下游河道尾闾多次变迁，导致罗布泊干涸；新中国成立之后，总体而言，人类对塔里木河水资源的开发（以屯垦为主）改变了其下游生态格局，但部分年份流域降水量减少是气候因素所致。这两种情况均不能简单归为“人类干扰”的结果。

近年来，有少数学人呼吁要搞“藏水入疆”。理由是，新疆是地球上大型的干旱区，干旱意味着缺水，缺水就应该大规模调水，调水以从雅鲁藏布江调最好。我不同意这一呼吁，理由如下。其一，新疆南、西、北三面的昆仑山、帕米尔高原、西天山、阿尔泰山及东西向横亘于境内的天山，有大面积的冰川与终年积雪，是新疆主要的补给水源之一，年际变化很小。全疆的年水资源量高达 800 多亿立方米，是保证率很高、很稳定的水资源量。其二，新疆在地球上属于暖温带，这个大型干旱区，与地球上其他的大范围干旱区有相当大的不同。夏季里，全疆（山前及盆地区域）可感到室外日晒强烈，室内清凉。冬天，只有极少的地区（阿勒泰）属于“严寒”，绝大部分地区属于“寒冷”。

对于我国各地区的水资源供需平衡而言，我国西北地区是缺水的，主要在黄土高原及其周围地区。新疆并不缺水，所以我要呼吁“调藏水入疆”是不恰当的。现在南疆地区每个农业人口的水浇地有 6.2 亩，每年全疆棉花种植面积大约 5000 万亩。在国家面临特殊情况时，当年就可以改成粮食与饲料种植。所以，新疆才是我国最大的潜在的粮食生产基地。如果从长江上游调水入疆，每立方米水到达新疆大约不少于 10 元的成本。如果从雅鲁藏布江调水到新疆，每立方米水成本难以低于 15～20 元的。这样昂贵的水，调过去干什么？

主张“调水入疆”的学者，忽视了新疆的暖温带气候，忽视那么多的高山终年积雪而具有（多年平均）800 亿立方米水资源，忽视调水过去干什么这三个最重要问题。我担心，盲目地“调水入疆”可是要花掉国家大钱的。

三、系统思维与目标思维

在正文中已对这两种思维模式进行过阐述，这里再做一些延伸。早在20世纪七八十年代，我就从很多实际案例的分析中提炼过类似概念，如综合思维、整体思维及单项思维、单一思维等。这是由我所从事的经济地理学的交叉学科的特点与任务所决定的。经过长期的训练，这两种思维模式已经成为我的工作习惯，也是我的专业信仰所必备的。近年来，在网络上见到系统思维与目标思维，觉得这个名称更加准确，也就“拷贝”过来了。对这两种思维模式，我有以下的粗略解释。

无论研究一个区域或一个领域的发展、一个工程项目的建设等，都要从其对一定范围的条件、适应程度、部门与行业之间及前后左右的关系出发，进行各项因素的多维度（关系平台）分析，找出因素之间的（对于资源供应、交通流量分配、市场进入等）适应与矛盾，并从整个系统作出评判，找出可行的较为综合有利的若干结点，最后进行轻重缓急的取舍。

目标思维，所应用的研究任务在方向上比较单一，如城市发展合理规模、产业及其行业发展方向、水资源保护与开发利用，或是一个重大工程的建设等。研究工作集中在发展条件、发展方向与规模等方面，提出合乎某方面需要（利益）的与可行的建议。但是，体现单方面的需求与利益的建议，如果应用到实践中去，则不一定是可行的与科学的。

再一种情况是一个大的任务，需要由多个学科的专家在一起共同研讨。例如，我国西部地区干旱问题及长距离调水问题。此问题涉及到区域自然基础（结构）、水资源、国土开发与产业布局、生态与生态系统等多个方面，需要多学科学者合作。但在工作过程中，不可避免的是，不同学者的专业信仰不一样，主张也各异，提出方案往往是目标思维的产物。因此，需要有较高认知、较强综合统筹能力的专家，发挥好系统思维的优势，为高层决策提供较好的支撑。

在科学研究中，这两种不同的思维范式时常会引发不同的观点。例如，上文提到的长距离调水入疆问题。一部分水问题学者，特别强调长距离调水对水资源地区平衡的必要性。还有专门研究宏观生态系统的专家提出，被“破坏”了几十种植被类型都要大力恢复，确保它们都有必要的水土供给。这反映的是其各自的专业信仰，着眼于自己的研究对象能够发展得最好。这部分研究，一般都很深入，研究成果的科学性很强。而系统思维，往往会提出不同意或不完全同意某种角度的观点。

任何一个领域、事项、政策、工程的决策与实施，看似是某个单方面的事情，但实际上都涉及多个方面。因此，需要从多方面做可行性的支撑分析。无论从地区层面还是行业层面，仅仅从一个地区或从某一个部门的角度出发去分析事物与问题，都是片面的，而不是从事物的整体观察与分析，即所谓的“全方位”的分析，得出不很全面甚至不可行的结论就是很自然的。

对于各地区的综合管理部门而言，有时也很需要强调系统思维。因为无论是决策建议还是计划编制，或是安排本地区建设的规模与时序，都需要将当地实际情况与国家战略与政策结合起来，以一种较为平衡的观念看待自己区域与国家其他地区的发展全局。

对于我们人文与经济地理学者来说，对区情、国情的了解认识，以及其与战略和政策之间的关系，系统思维是其中的纽带。因此，我们要更加重视对于系统思维的运用与训练。

四、感想与期待

这本书的写作考虑已有许多年。只是近些年来所遇到的特殊情况，加速了写作的进程。书中的主题是以点-轴系统理论与 T 字形结构模式为主要内容，以揭示空间结构与发展的客观规律。对于这方面主题的写作，不夸张地说，我“写了”60 年。因此，本书也是我的人生学业总结的一部分。

除这本书以外，由我牵头并起草的中国科学院咨询报告合集《关于中国国土开发与可持续发展的报告》（2019 年，科学出版社出版）的“序言”与《陆大道文集》（2023 年，商务印书馆出版）的“前言（对内容的说明）”也都是我人生学业的总结。但是，这些都是对我写作（编辑出版）的动机与观念的一般性说明，诸多的涉及具体工作的思想认识、内容取舍与表达等的内容很少。所以，我还很想再写一本反映我的学业人生与价值观念的著作。几十年，我遇到的困难一方面来自工作本身，另一方面也来自工作中所遇到的人和事。这两方面，都包含有我对研究工作的态度与理念。在人生的有些时候，我觉得做人很难，做一个正直的坦诚讲话的人更难。

五、感激与致谢

在这本书中的结束语里面，我还想发自内心地感谢我的学业人生中的“贵人”，他们在我读私塾、读小学、读中学、读大学，特别是我 1963 年进入中国科学院地理研究所读研究生并参加科研工作中，给了我如何学知识、如何为国家及社会工作及如何做人等多方面的指导与关怀。

首先，我想要感谢的是我的研究生导师吴传钧院士。他从我到中科院地理所学习第一天就给我讲经济地理学是“经世致用”的学问，讲作为学者要“学业并重”——在进行科学研究，为发展科学事业做出贡献的同时，也要用自己的学识为国家服务。吴先生是我国土地利用、农业地理等方面的主要的学术奠基人，他带领中国地理学走向了世界。在他人生最后的十年中，特别关注我的学术荣誉一事，使我永不忘怀。他为人谦和，曾深受委屈仍能坦然而无言，真正的高风亮节。

我在北京大学学习经济地理学的五年，侯仁之院士领导下的地质地理系，是我学习地理科学（那时除经济地理外，包括地貌、自然地理、水文、土壤、气候、植物学、外国地理及普通地质学）基础知识的“天堂”。侯先生讲到他如何“突然”产生一辈子研究北京城志向的故事，从好奇到兴趣到深入并终其一生，成为享誉国内外的大学者，是我永远追寻的榜样。

北京大学经济地理教研室的仇为之、胡兆量、魏心镇、杨吾扬等多位学者，他们以高尚的师德与深厚的学识，让我心中始终怀有神圣的敬意。

中国科学院地理所的李文彦、郭来喜等几位学业长者，在学风方面重视调查研究，重视理论与实践结合，是我长时期学习的榜样。我所在的研究团队中的几位年轻学者，在这二三十年中协助我完成了多项重要课题的研究，彼此间相互成就，共同促进了学科的发展。

除了我长时期学习、工作的科研单位的领导之外，还有两位领导我特别感激。第一位是曾任中国科学院副院长的孙鸿烈院士，他从20世纪90年代开始了解并逐步肯定了我的学术方向与工作，对我的学术成长给予了宝贵的支持。第二位是曾任原国家计划委员会司长的方磊先生，他与他的同事较早地对我提出的点-轴系统理论与T字形结构模式给予了积极的支持，给了我很重要的鼓励，而且长期给予我关怀和指导。

曾经的国家计划委员会、国家基本建设委员会、地质矿产部，以及机构改革后的国家发展和改革委员会、住房和城乡建设部、自然资源部，几十年来给予我们地理学研究人员以学习的平台与工作的培养，对于我们学科的作用，今天作如何高度的评价都不为过。

在我的人生中，最为感激与最不能忘怀的两位女性亲人，是我的母亲与我的夫人。在2023年出版的《陆大道文集》的“结束语：人生的回顾与感怀”中，我对我的母亲作了较长篇幅的记述，在这里就不再多写了。我和我的夫人杨军

（又名“梅春”），至今年（2025 年）一月，已经相互扶持走过了 55 个春秋，度过人生有快乐、更有艰难的岁月。20 世纪 70 年代，我常年出外考察研究；80 年代，有近 1/3 的时间在德国作访问学者或作客座教授。这 20 年中，她时常独自一人操持全部家务，起早歇晚。晚上既要批改作业与备课，还要照顾孩子及辅导学习，常常要到十一二点，才筋疲力尽地结束一天的忙碌。她忠于职守，获得了当时很难得到的教师职称。退休后，原想可以享受一下老年轻松的生活了，可是 2011 年 3 月，我竟然突发脊髓损伤导致下身瘫痪，成为一个重度残疾之人，最初甚至以为生命不保。我的灾难使她极度痛苦难过。在后来三年多的住院治疗康复期间，每天早晨 3 点多她就起床给我做一天的饭菜，6 点多就乘中科院地理所派的车把饭菜送到我的病床边。她的付出给了我继续生存下去的巨大勇气。残疾后的十多年中，我还要继续抓紧做需要我做也是我很愿意做的工作。于是，她又操心照顾我的冷暖与饮食，“合理饮食”是她每天事情的“重中之重”。家里家外的各项事务，如安装燃气炉，购买与安装空调机等，她也得亲力亲为。古人云：“仁者寿”，她是我家的“仁者”。在此，我期许刚刚步入“80后”的她，能顺利迈入“90 后”高龄老人的行列，尽享美好生活。以此表达我对她几十年的奉献与吃苦的情谊与感激。

几十年来，科学出版社编辑出版了我个人的及我牵头合作的著作计有 15 本（包括这一本）。先后有多位编辑为这些著作的出版付出了艰辛的劳动，度过了寂寞的岁月，我是永远感谢他（她）们的。本书由富有很强专业责任感与丰富经验的牛玲同志担任责任编辑，在整个图书的编校过程中，她与出版社内有关领导将此书稿的编辑出版当作一项重点工作。牛玲女士多次主动与我商量书稿的要求，并对书稿的部分章节的结构做了合理的调整，对不少的国外人名及尾注、脚注等，不惜时间地查找印证。她的求真与一丝不苟的科学精神，保障了本书及其出版的质量，使我非常感动。在此，对参与本书出版的所有编校人员、质检人员、装帧设计及印刷工作人员表示衷心的感谢。

陆大道

2025 年 4 月 2 日